中国 2005 林业统计年鉴

CHINA FORESTRY STATISTICAL YEARBOOK

国家林业局 编

中国林业出版社
CHINA FORESTRY PUBLISHING HOUSE

国家林业局图书出版基金资助出版

图书在版编目(CIP)数据

中国林业统计年鉴.2005/国家林业局编. -北京:中国林业出版社,2006.9
ISBN 7-5038-4559-7

Ⅰ.中… Ⅱ.国… Ⅲ.林业经济-统计资料-中国-2005-年鉴 Ⅳ.F326.2-66

中国版本图书馆 CIP 数据核字(2006)第 103797 号

中国林业统计年鉴(2005)

作者:国家林业局
地址:北京东城区和平里东街 18 号
电话:010-84238422
E-mail:tongjichu@forestry.gov.cn
出版:中国林业出版社(100009 北京西城区刘海胡同 7 号)
E-mail:cfphz@public.bta.net.cn 电话:66184477
www.zglybook.com
发行:新华书店北京发行所
印刷:北京地质印刷厂
版次:2006 年 9 月第 1 版
印次:2006 年 9 月第 1 次
开本:880mm×1230mm 1/16
印张:38
字数:1100 千字
印数:1~1000 册
定价:150.00 元

2005 中国林业统计年鉴

编辑委员会

说　明

一、为了适应改革开放的需要，便于国内外各界了解中国林业建设与发展情况，我们编辑的《中国林业统计年鉴》已从1987年开始公开出版，并列为正式图书，每年出版一册，供广大读者作为资料性的工具书使用。

二、本资料系根据各省、自治区、直辖市林业管理部门和国家林业局直属单位上报的2005年林业统计年报和其他有关资料编辑的。全书分为：森林资源、林业产业总产值、营林生产、林业重点工程、工业生产、从业人员和劳动报酬、固定资产投资、林业教育等八个部分，并附录：国有林区135个木材采运企业和20个重点营林局主要统计指标、林业工作站和乡村林场基本情况、全国分县造林情况、全国历年主要统计指标完成情况、1996～2005年主要林产品进出口情况和世界主要国家林业情况。

三、本资料除特别标注外不包括香港特别行政区、澳门特别行政区以及台湾省。

四、为了不断提高图书质量，竭诚欢迎广大读者提出改进意见。

编者

2006年6月

Preface

China Forestry Statistical Yearbook has been annually published since 1987. The yearbooks are informative in terms of China's forestry construction and development status, which help both domestic and overseas readers be aware of the situation of China's forestry development.

China Forestry Statistical Yearbook 2005 is composed of eight parts including forest resources, total output value of forestry industry, silviculture and afforestation, key forestry development projects, forest industry, employment, investment of fixed assets and forestry education. This yearbook also contains appendices of major statistical data of 135 forest industry enterprises and 20 major silviculture bureaus of state owned forest zones, forestry working stations and rural forest farms, afforestation in countries, major forestry statistical data of the whole country over years, import & export of major forest products & forest status in some foreign countries.

China Forestry Statistical Yearbook 2005 is edited on the basis of the statistics submitted from competent forestry departments of various province or autonomous regions as well as that submitted from institutions affiliated to the State Forestry Administration and other relevant information.

This yearbook (in case there are no specific notes) does not include the data of Hong Kong Special Administrative Region, Macao Special Administrative Region and Taiwan Province.

Finally, constructive recommendations are welcome in order to improve the quality of the yearbook.

Authors

June, 2006

目 录

一、森林资源

全国森林资源情况 …… (2)
全国湿地资源情况 …… (3)
各地区湿地资源情况 …… (4)

二、林业产业总产值

林业产业总产值(按现行价格计算) …… (10)
各地区林业产业总产值(按现行价格计算) …… (12)

三、营林生产

全国营林生产主要指标2005年与2004年比较 …… (20)
各地区按造林方式分造林面积2005年与2004年比较 …… (21)
各地区全部营林生产情况 …… (22)
全国主要经济林产品、花卉生产情况 …… (27)
各地区主要经济林产品、花卉生产情况 …… (28)
全国森林主要灾害情况 …… (33)
各地区森林火灾情况 …… (34)
各地区森林病虫鼠害防治检疫机构情况 …… (38)
各地区森林病虫鼠害防治情况 …… (40)
各地区森林病害防治情况 …… (42)
各地区森林虫害防治情况 …… (43)
各地区森林鼠害防治情况 …… (44)
各地区松毛虫防治情况 …… (45)
各地区杨树食叶害虫防治情况 …… (46)
各地区杨树蛀干害虫防治情况 …… (47)
林业系统各地区森林公园主要指标 …… (48)

四、林业重点工程

林业重点工程建设情况 …… (52)
各地区林业重点工程造林面积 …… (54)
天然林资源保护工程建设情况 …… (55)
各地区天然林资源保护工程建设情况 …… (56)
东北、内蒙古等国有重点林区天然林资源保护工程建设情况 …… (60)
长江上游、黄河上中游各地区天然林资源保护工程建设情况 …… (64)

退耕还林工程建设情况 …………………………………………………………………… (68)
各地区全部退耕还林工程建设情况 …………………………………………………… (69)
各地区退耕还林工程建设情况 ………………………………………………………… (73)
各地区京津风沙源治理工程中退耕还林工程建设情况 ……………………………… (77)
京津风沙源治理工程建设情况 ………………………………………………………… (81)
各地区京津风沙源治理工程建设情况 ………………………………………………… (82)
三北及长江流域等重点防护林体系工程建设情况 …………………………………… (83)
各地区三北及长江流域等重点防护林体系工程建设情况 …………………………… (84)
各地区三北防护林四期工程建设情况 ………………………………………………… (88)
各地区长江流域防护林体系二期工程建设情况 ……………………………………… (92)
各地区沿海防护林体系二期工程建设情况 …………………………………………… (96)
各地区珠江流域防护林体系二期工程建设情况 ……………………………………… (100)
各地区太行山绿化二期工程建设情况 ………………………………………………… (104)
各地区平原绿化二期工程建设情况 …………………………………………………… (108)
林业系统野生动植物保护及自然保护区工程建设情况 ……………………………… (112)
各地区林业系统野生动植物保护及自然保护区工程建设情况 ……………………… (113)
各地区林业系统自然保护区分类情况 ………………………………………………… (116)
各地区林业系统自然保护区分级情况 ………………………………………………… (117)
重点地区速生丰产用材林基地工程建设情况 ………………………………………… (118)
各地区速生丰产用材林基地工程建设情况 …………………………………………… (119)

五、工 业 生 产

全国森林工业主要工业产品产量 2005 年与 2004 年比较 ………………………………… (124)
林业系统工业总产值和销售产值(按现行价格计算) …………………………………… (125)
林业系统各地区工业总产值(按现行价格计算) ………………………………………… (126)
林业系统各地区工业销售产值(按现行价格计算) ……………………………………… (128)
林业系统独立核算工业企业增加值(按生产法、现行价格计算) ……………………… (130)
林业系统各地区独立核算工业企业增加值(按生产法、现行价格计算) ……………… (131)
林业系统各地区国有独立核算工业企业增加值(按生产法、现行价格计算) ………… (132)
林业系统各地区独立核算木材加工企业增加值(按生产法、现行价格计算) ………… (133)
林业系统各地区独立核算林产化学企业增加值(按生产法、现行价格计算) ………… (134)
林业系统各地区独立核算专用设备、仪器仪表制造企业增加值(按生产法、现行价格计算)
…………………………………………………………………………………………… (135)
全国主要木材、竹材产品产量 ………………………………………………………… (136)
各地区主要木材、竹材产品产量 ……………………………………………………… (137)
全国森林工业主要产品产量 …………………………………………………………… (139)
各地区主要森林工业产品产量 ………………………………………………………… (140)
各地区林业系统主要森林工业产品产量 ……………………………………………… (146)
林业系统国有独立核算大中型工业企业经济效益指标 ……………………………… (152)
林业系统木材、木材加工及林产化学主要工业产品销售实际平均价格 …………… (152)
林业系统各地区国有独立核算大中型工业企业经济效益指标 ……………………… (153)
林业系统各地区木材、木材加工及林产化学主要工业产品销售实际平均价格 …… (155)

六、从业人员和劳动报酬

林业系统国有单位从业人员和劳动报酬主要指标 2005 年与 2004 年比较 …………（160）
林业系统按行业分全部单位个数、从业人员和劳动报酬情况 …………（161）
林业系统各地区按行业分企、事业及机关单位个数 …………（164）
林业系统各地区按行业分从业人员年末人数 …………（170）
林业系统各地区按行业分在册职工人数 …………（176）
林业系统各地区按行业分在岗职工人数 …………（182）
林业系统各地区按行业分在岗职工中长期职工人数 …………（188）
林业系统各地区按行业分在岗职工中临时职工人数 …………（194）
林业系统各地区按行业分在岗职工中女性人数 …………（200）
林业系统各地区按行业分在岗职工中专业技术人员 …………（206）
林业系统各地区按行业分在岗职工中使用的农村劳动力人数 …………（212）
林业系统各地区按行业分下岗待安置职工人数 …………（218）
林业系统各地区按行业分离开本单位仍保留劳动关系的职工人数 …………（224）
林业系统各地区按行业分其他从业人员人数 …………（230）
林业系统各地区按行业分年末实有离退休人员人数 …………（236）
林业系统各地区按行业分在岗职工年平均人数 …………（242）
林业系统各地区按行业分在岗职工年工资总额 …………（248）
林业系统各地区按行业分离退休人员年生活费 …………（254）
林业系统各地区按行业分在岗职工年平均工资 …………（260）
林业系统按行业分职工伤亡事故情况 …………（266）
林业系统各地区按行业分职工轻伤事故情况 …………（267）
林业系统各地区按行业分职工重伤事故情况 …………（268）
林业系统各地区按行业分职工死亡事故情况 …………（269）
国家林业局机关及直属单位从业人员和劳动报酬情况 …………（270）

七、固定资产投资

林业系统固定资产投资 2005 年主要指标与 2004 年比较 …………（274）
林业系统各地区林业固定资产投资完成情况 …………（275）
林业系统固定资产投资和资金来源情况 …………（276）
林业系统各地区固定资产投资和资金来源情况 …………（277）
林业系统各地区营林固定资产投资和资金来源情况 …………（282）
林业系统各地区营林基本建设投资和资金来源情况 …………（286）
林业系统各地区营林更新改造投资和资金来源情况 …………（290）
林业系统各地区森工固定资产投资和资金来源情况 …………（294）
林业系统各地区森工基本建设投资和资金来源情况 …………（298）
林业系统各地区森工更新改造投资和资金来源情况 …………（302）
林业系统各地区森工其他投资和资金来源情况 …………（306）
国家林业局机关及直属单位基本建设投资和资金来源情况 …………（310）
林业系统按事业分的营林基本建设投资完成情况 …………（318）
林业系统各地区按事业分的营林基本建设投资完成额 …………（319）
林业系统各地区按事业分的营林基本建设国家投资完成额 …………（321）
林业系统各地区按事业分的营林基本建设由国家林业局安排的国家投资完成额 …………（323）

林业系统各地区按事业分的国有林场、苗圃营林基本建设投资完成额 …………………(325)
林业利用外资基本情况 ……………………………………………………………………………(327)
各地区林业利用外资项目个数 ……………………………………………………………………(328)
各地区林业实际利用外资情况 ……………………………………………………………………(330)
各地区林业协议利用外资情况 ……………………………………………………………………(332)
林业系统林业建设资金到位情况 …………………………………………………………………(334)
林业系统各地区本年应拨、贷资金额 ……………………………………………………………(335)
林业系统各地区本年实际到位资金额 ……………………………………………………………(339)

八、林 业 教 育

2005～2006 学年初普通高、中等林业院校和其他高、中等院校林科基本情况 ………………(344)
2005～2006 学年初普通高等林业院校教职工情况 …………………………………………………(345)
2005～2006 学年初普通高等林业院校校舍情况 ……………………………………………………(346)
2005～2006 学年初普通高等林业院校资产情况 ……………………………………………………(348)
2005～2006 学年初普通高等林业院校和其他高等院校、科研院所林科分单位
研究生情况 …………………………………………………………………………………………(349)
2005～2006 学年初普通高等林业院校和其他高等院校、科研院所林科分学科专业
研究生情况 …………………………………………………………………………………………(351)
2005～2006 学年初普通高等林业院校和其他高等院校林科分学校本专科学生情况 ……(353)
2005～2006 学年初普通高等林业院校和其他高等院校林科分专业本专科学生情况 ……(359)
2005～2006 学年初普通中等林业(园林)职业学校和其他中等职业学校林科分
学校基本情况 ………………………………………………………………………………………(362)
2005～2006 学年初普通中等林业(园林)职业学校和其他中等职业学校林科分专业
基本情况 ……………………………………………………………………………………………(370)
2005～2006 学年初普通中等林业(园林)职业学校教职工基本情况……………………………(372)

附录一　国有林区 135 个木材采运企业和 20 个重点营林局主要统计指标

国有林区企业总产值、销售产值和增加值(按现行价格计算) …………………………………(376)
国有林区分企业的企业总产值、销售产值和增加值(按现行价格计算) ……………………(377)
国有林区主要产品产量 ……………………………………………………………………………(397)
国有林区分企业的主要产品产量 …………………………………………………………………(398)
国有林区非木材产品产量 …………………………………………………………………………(408)
国有林区分企业的非木材产品产量 ………………………………………………………………(409)
国有林区主要经济效益指标 ………………………………………………………………………(415)
国有林区营林生产情况 ……………………………………………………………………………(415)
国有林区分企业的主要经济效益指标 ……………………………………………………………(416)
国有林区分企业的营林生产情况 …………………………………………………………………(426)
国有林区分企业的从业人员和劳动报酬情况 ……………………………………………………(436)
国有林区从业人员和劳动报酬情况 ………………………………………………………………(446)
国有林区固定资产投资和资金来源情况 …………………………………………………………(447)
国有林区分企业的固定资产投资和资金来源情况 ………………………………………………(448)
分树种的原木销售实际平均价格 …………………………………………………………………(458)

重点木材采运企业红松原木销售实际平均价格 …………………………………………… (458)
重点木材采运企业白松原木销售实际平均价格 …………………………………………… (459)
重点木材采运企业落叶松原木销售实际平均价格 ………………………………………… (459)
重点木材采运企业水曲柳原木销售实际平均价格 ………………………………………… (460)
重点木材采运企业柞木原木销售实际平均价格 …………………………………………… (460)
重点木材采运企业杨木原木销售实际平均价格 …………………………………………… (461)
重点木材采运企业桦木原木销售实际平均价格 …………………………………………… (461)
重点木材采运企业榆木原木销售实际平均价格 …………………………………………… (462)
重点木材采运企业椴木原木销售实际平均价格 …………………………………………… (462)

附录二　林业工作站和乡村林场基本情况

各地区乡镇林业工作站基本情况 ………………………………………………………… (464)
各地区地、县林业工作站及管理人员情况 …………………………………………………… (466)
各地区乡镇林业工作站人员素质和培训情况 ……………………………………………… (468)
各地区乡镇林业工作站投资完成情况 ……………………………………………………… (470)
各地区乡镇林业工作站职能作用主要指标及多种经营情况 ………………………………… (472)
各地区乡村护林员情况统计表 ……………………………………………………………… (474)
各地区乡村林场基本情况 ………………………………………………………………… (476)

附录三　全国分县造林情况

分县人工、飞播造林和人工更新、封山(沙)育林完成情况 ………………………………… (480)

附录四　全国历年主要统计指标完成情况

全国历年造林面积 ………………………………………………………………………… (562)
全国历年迹地更新面积 ……………………………………………………………………… (563)
全国林业重点工程历年完成造林面积 ……………………………………………………… (564)
全国林业重点工程历年实际完成投资及国家投资情况 …………………………………… (566)
全国历年木材、竹材及木材加工、林产化学主要产品产量 ………………………………… (568)
全国历年林业系统固定资产投资完成额 …………………………………………………… (570)
全国历年林业系统基本建设投资完成额 …………………………………………………… (572)

附录五　1996 ~ 2005 年主要林产品进出口情况

1996 ~ 2005 年主要林产品进出口金额 ……………………………………………………… (576)
1996 ~ 2005 年主要林产品进出口数量 ……………………………………………………… (578)

附录六　野生动植物进出口情况

全国野生动植物进出口情况 ………………………………………………………………… (582)
各办事处野生动植物进出口情况 …………………………………………………………… (584)

附录七　世界主要国家林业情况

2000 年世界主要国家森林面积及变化 ……………………………………………………… (592)
2000 年世界主要国家林产品产量、贸易量和消费量 ……………………………………… (593)

中国林业统计年鉴 2005
CHINA FORESTRY STATISTICAL YEARBOOK

1

森林资源

全国森林资源情况

单位:万公顷、万立方米

地　区	林业用地面积	森林面积①	其中:人工林面积	森林覆盖率%①		活立木总蓄积量	森林蓄积量
				森林覆盖率%	排序		
全国合计	**28492.56**	**17490.92**	**5364.99**	**18.21**	**—**	**1361810.00**	**1245584.58**
北　京	97.29	37.88	27.08	21.26	18	1176.36	840.70
天　津	13.44	9.35	8.99	8.14	25	234.18	140.35
河　北	624.55	328.83	179.48	17.69	20	8657.98	6509.92
山　西	690.94	208.19	99.19	13.29	23	7309.34	6199.93
内蒙古	4403.61	2050.67	241.29	17.70	19	128806.70	110153.15
辽　宁	634.39	480.53	267.60	32.97	11	18546.33	17476.57
吉　林	805.57	720.12	148.22	38.13	10	85359.17	81645.51
黑龙江	2026.50	1797.50	172.63	39.54	9	150153.09	137502.31
上　海	2.25	1.89	1.89	3.17	30	233.63	33.24
江　苏	99.88	77.41	74.17	7.54	26	4073.18	2285.27
浙　江	654.79	553.92	255.63	54.41	3	13846.75	11535.85
安　徽	412.32	331.99	185.51	24.03	15	12667.41	10371.90
福　建	908.07	764.94	356.98	62.96	1	49671.38	44357.36
江　西	1044.69	931.39	275.25	55.86	2	37435.19	32505.20
山　东	284.64	204.64	194.40	13.44	22	5819.42	3201.65
河　南	456.41	270.30	161.11	16.19	21	13370.51	8404.64
湖　北	766.00	497.55	145.90	26.77	14	17518.13	15406.64
湖　南	1171.42	860.79	390.39	40.63	8	30211.67	26534.46
广　东	1048.14	827.00	440.83	46.49	5	29703.35	28365.63
广　西	1366.22	983.83	449.62	41.41	6	40287.06	36477.26
海　南	194.47	166.66	109.10	48.87	4	7863.61	7195.16
重　庆	366.84	183.18	62.87	22.25	17	10580.49	8441.08
四　川	2266.02	1464.34	343.29	30.27	13	158216.65	149543.36
贵　州	761.83	420.47	183.50	23.83	16	21022.16	17795.72
云　南	2424.76	1560.03	251.45	40.77	7	154759.40	139929.16
西　藏	1657.89	1389.61	2.76	11.31	24	229448.04	226606.41
陕　西	1071.78	670.39	169.21	32.55	12	33422.35	30775.77
甘　肃	745.55	299.63	67.32	6.66	27	19542.61	17504.33
青　海	556.28	317.20	4.36	4.40	29	4101.39	3592.62
宁　夏	115.34	40.36	9.81	6.08	28	478.39	392.85
新　疆	608.46	484.07	45.90	2.94	31	31419.68	28039.68
台　湾[1]	210.24	210.24	39.26	58.79	—	35874.40	35820.90
香　港[2]	1.92	1.92	—	17.10	—	—	—
澳　门[3]	0.06	0.06	—	21.70	—	—	—

①全国森林覆盖率和森林面积含清查间隔期内新增的国家特别规定的灌木林,各省(自治区、直辖市)森林覆盖率和森林面积含国家特别规定的灌木林。

[1]台湾省数据来源于《第三次台湾森林资源及土地利用调查(1993年)》。

[2]香港特别行政区的森林面积来源于香港环境资源顾问有限公司2003年在香港特区政府持续发展组的委托下编写的《陆上栖息地保护价值评级及地图制》,其土地面积来源于《香港2003年统计年鉴》的数据。

[3]澳门数据来源于《澳门2003年统计年鉴》的数据,森林面积为总绿化面积,该森林覆盖率指绿化面积占土地面积的比例。

全国湿地资源情况

单位:公顷

指　　标	总　　计
湿地面积总计	**38485525**
一、近海及海岸湿地	**5941696**
浅海水域	3280091
潮下水生层	1936
珊瑚礁	64608
岩石性海岸	97187
潮间沙石海岸	146265
潮间淤泥海岸	958961
潮间盐水沼泽	90340
红树林	22025
海岸性咸水湖	87456
海岸性淡水湖	6516
河口水域	660452
三角洲湿地	525861
二、河流湿地	**8206982**
永久性河流	6823208
季节性河流	312044
泛洪平原湿地	1071730
三、湖泊湿地	**8351586**
永久性淡水湖	4115456
季节性淡水湖	466710
永久性咸水湖	3693160
季节性咸水湖	76260
四、沼泽和沼泽化草甸湿地	**13700289**
藓类沼泽	139787
草本沼泽	6478209
沼泽化草甸	5754374
灌丛沼泽	188126
森林沼泽	137593
内陆盐沼	987582
地热湿地	14617
淡水泉和绿洲	—
五、库塘	**2284972**

各地区湿地

地区	总计	近海及						
		小计	浅海水域	潮下水生层	珊瑚礁	岩石性海岸	潮间沙石海岸	潮间淤泥海岸
全国合计	**38485525**	**5941696**	**3280091**	**1936**	**64608**	**97187**	**146265**	**958961**
北京	34359	—	—	—	—	—	—	—
天津	171780	58090	21070	—	—	—	—	37020
河北	1081939	278792	115930	—	—	224	12202	104364
山西	499900	—	—	—	—	—	—	—
内蒙古	4245048	—	—	—	—	—	—	—
辽宁	1219615	738097	464200	—	—	5820	15780	222404
吉林	1203356	5825	—	—	—	—	—	—
黑龙江	4314835	—	—	—	—	—	—	—
上海	319714	305421	—	—	—	2502	—	13495
江苏	1674670	843527	823526	—	—	—	—	20001
浙江	802172	574275	286453	—	—	6009	628	145009
安徽	653870	—	—	—	—	—	—	—
福建	442997	370599	260219	—	3570	10917	15580	65432
江西	998797	—	—	—	—	—	—	—
山东	1784099	1210932	632716	—	—	66942	17483	210959
河南	624129	—	—	—	—	—	—	—
湖北	927329	—	—	—	—	—	—	—
湖南	1226909	—	—	—	—	—	—	—
广东	1398074	1017813	422191	1706	41222	270	45849	70027
广西	656107	348362	172000	—	300	—	24370	69200
海南	311469	189963	81786	230	19516	4503	14373	1050
重庆	43206	—	—	—	—	—	—	—
四川	961680	—	—	—	—	—	—	—
贵州	79410	—	—	—	—	—	—	—
云南	235304	—	—	—	—	—	—	—
西藏	5232000	—	—	—	—	—	—	—
陕西	292895	—	—	—	—	—	—	—
甘肃	1258096	—	—	—	—	—	—	—
青海	4125967	—	—	—	—	—	—	—
宁夏	255643	—	—	—	—	—	—	—
新疆	1410156	—	—	—	—	—	—	

资源情况(一)

单位:公顷

海岸湿地						河流湿地			
潮间盐水沼泽	红树林	海岸性咸水湖	海岸性淡水湖	河口水域	三角洲湿地	小计	永久性河流	季节性河流	泛洪平原湿地
90340	**22025**	**87456**	**6516**	**660452**	**525861**	**8206982**	**6823208**	**312044**	**1071730**
—	—	—	—	—	—	4984	4984	—	—
—	—	—	—	—	—	55120	55120	—	—
20328	—	—	1202	6552	17990	319313	69614	49517	200182
—	—	—	—	—	—	454142	444152	6690	3300
—	—	—	—	—	—	607459	220463	1876	385120
680	—	—	—	15703	13510	252171	252171	—	—
—	—	—	—	—	5825	581393	514801	13842	52750
—	—	—	—	—	—	460684	337362	—	123322
—	—	—	—	289425	—	7191	7191	—	—
—	—	—	—	—	—	203337	188147	15190	—
21024	21	—	5159	78631	31341	118496	89594	—	28902
—	—	—	—	—	—	239508	233849	5659	—
—	615	—	—	14266	—	31064	31064	—	—
—	—	—	—	—	—	314883	314883	—	—
—	—	48515	—	5317	229000	301088	92320	208768	—
—	—	—	—	—	—	472721	462726	—	9995
—	—	—	—	—	—	377446	355674	—	21772
—	—	—	—	—	—	683130	683130	—	—
19500	9084	12501	—	245392	150071	231653	204283	—	27370
—	8375	118	—	—	74000	219134	219134	—	—
28808	3930	26322	155	5166	4124	38270	34067	—	4203
—	—	—	—	—	—	31624	31624	—	—
—	—	—	—	—	—	563868	563868	—	—
—	—	—	—	—	—	57960	57960	—	—
—	—	—	—	—	—	119781	119781	—	—
—	—	—	—	—	—	231115	231115	—	—
—	—	—	—	—	—	252056	113577	110	138369
—	—	—	—	—	—	565600	565600	—	—
—	—	—	—	—	—	107528	107372	156	—
—	—	—	—	—	—	104076	39700	10236	54140
—	—	—	—	—	—	200188	177883	—	22305

各地区湿地

地　区	湖泊湿地					
	小计	永久性淡水湖	季节性淡水湖	永久性咸水湖	季节性咸水湖	小计
全国合计	**8351586**	**4115456**	**466710**	**3693160**	**76260**	**13700289**
北　京	—	—	—	—	—	—
天　津	12330	12330	—	—	—	8180
河　北	307248	12897	282043	12308	—	136944
山　西	8063	2943	320	4800	—	—
内蒙古	495190	323346	29720	100524	41600	3098149
辽　宁	6250	6250	—	—	—	110237
吉　林	74486	19361	—	55125	—	354672
黑龙江	401860	289983	—	111877	—	3320274
上　海	6803	6803	—	—	—	—
江　苏	604193	604193	—	—	—	—
浙　江	3020	3020	—	—	—	114
安　徽	350465	341201	9264	—	—	—
福　建	19542	19542	—	—	—	—
江　西	443208	443208	—	—	—	114823
山　东	165476	164376	1100	—	—	3941
河　南	2587	2587	—	—	—	6914
湖　北	294676	294676	—	—	—	58350
湖　南	359266	359266	—	—	—	5061
广　东	1547	1547	—	—	—	1024
广　西	—	—	—	—	—	—
海　南	17312	17312	—	—	—	11025
重　庆	278	278	—	—	—	—
四　川	13376	12946	430	—	—	342298
贵　州	2297	2297	—	—	—	5690
云　南	96538	91245	5293	—	—	3950
西　藏	2538637	596200	—	1913667	28770	2461700
陕　西	7300	5895	—	1405	—	17829
甘　肃	44346	34406	300	9640	—	521500
青　海	1232039	254520	—	977519	—	2748100
宁　夏	148327	4247	138240	680	5160	—
新　疆	694927	188582	—	505615	730	369513

资源情况(二)

单位:公顷

沼泽和沼泽化草甸湿地								库塘
藓类沼泽	草本沼泽	沼泽化草甸	灌丛沼泽	森林沼泽	内陆盐沼	地热湿地	淡水泉和绿洲	
139787	**6478209**	**5754374**	**188126**	**137593**	**987582**	**14617**	—	**2284972**
—	—	—	—	—	—	—	—	29375
—	8180	—	—	—	—	—	—	38060
—	62072	15702	—	—	59171	—	—	39641
—	—	—	—	—	—	—	—	37695
2160	2309073	—	53410	92430	641076	—	—	44250
—	110237	—	—	—	—	—	—	112860
100	336905	—	600	2387	14680	—	—	186980
131500	1801943	1219500	132000	35331	—	—	—	132017
—	—	—	—	—	—	—	—	299
—	—	—	—	—	—	—	—	23613
—	114	—	—	—	—	—	—	106267
—	—	—	—	—	—	—	—	63897
—	—	—	—	—	—	—	—	21793
337	114486	—	—	—	—	—	—	125883
—	3941	—	—	—	—	—	—	102662
—	6914	—	—	—	—	—	—	141907
—	52350	—	—	6000	—	—	—	196857
—	5061	—	—	—	—	—	—	179452
—	1024	—	—	—	—	—	—	146037
—	—	—	—	—	—	—	—	88611
—	10561	347	—	—	—	117	—	54899
—	—	—	—	—	—	—	—	11304
—	342298	—	—	—	—	—	—	42138
5690	—	—	—	—	—	—	—	13463
—	3125	825	—	—	—	—	—	15036
—	540400	1681400	—	—	225400	14500	—	548
—	13959	—	—	—	3870	—	—	15710
—	409500	88500	—	—	23500	—	—	126650
—	—	2748100	—	—	—	—	—	38300
—	—	—	—	—	—	—	—	3240
—	346067	—	2116	1445	19885	—	—	145529

2

林业产业总产值

林业产业总产值(一)

(按现行价格计算)　　单位:万元

指 标 名 称	合计
总　　计	**84587418**
一、第一产业(农、林、牧、渔业)	**43555608**
其中:1. 农业	23949160
其中:花卉	3863639
茶、桑、果	15312069
中药材	1601187
2. 林业	17034266
(1)林木的培育和种植	6197799
(2)木材采运	3940579
①商品材	2801317
②农民自用材	510785
③农民烧材	628477
(3)竹材采运	943743
其中:小杂竹	201988
(4)林产品的采集	5952145
其中:野生植物采集	506905
3. 畜牧业	1508702
其中:狩猎和捕捉动物	72121
其他野生动物饲养繁殖	523924
4. 林业服务业	465801
二、第二产业	**34865412**
1. 采矿业	231993
2. 制造业	34225317
(1)非木质林产品加工制造业	2927990
(2)木材加工及木、竹、藤、棕、草制品业	18757273
①锯材、木片加工	2611491
②人造板制造	10940219
③木制品制造	3630278
④竹、藤、棕、草制品制造	1575286

林业产业总产值（二）

（按现行价格计算） 单位：万元

指 标 名 称	合计
（3）木质、竹藤家具制造	4279612
（4）木、竹浆造纸及纸制品业	5137686
（5）林产化学产品制造	786615
（6）专用设备、仪器仪表制造业	29339
（7）木、竹、藤工艺品制造业	1539664
（8）建筑材料制造业	84861
（9）其他	682277
3. 电力、煤气、水的生产供应业和建筑业	408102
三、第三产业	**6166398**
1. 交通运输、仓储及邮政业	372646
2. 信息传输、计算机服务、软件业、科学研究、技术服务和地质勘查业	78665
3. 批发零售业与住宿餐饮业	2425339
4. 租赁、商务服务业、居民服务及其他服务业	352558
5. 水利、环境和公共设施管理业	2296286
其中：自然保护区（包括森林、湿地、荒漠生态和野生动植物类型）管理	181007
野生动植物保护	38755
森林风景名胜区管理	1841116
6. 教育、卫生、社会保障、社会福利业、文化、体育和娱乐业	197785
7. 金融业、房地产业、公共管理和社会组织	443119
补充资料：全部山区县茶、桑、果产值	5256520
全部丘陵县茶、桑、果产值	4213337
森林旅游业	2385397

各地区林业

（按现行价格

地区	总计	第一产业（农、							
		合计	农业				其		
			小计	其中			小计	林木的培育和种植	计
				花卉	茶、桑、果	中药材			
全国合计	**84587418**	**43555608**	**23949160**	**3863639**	**15312069**	**1601187**	**17034266**	**6197799**	**3940579**
北京	441105	400848	248409	63242	166334	7480	136482	97127	10429
天津	48346	42374	19113	12503	6610	—	19998	16735	3263
河北	4534721	2196976	1572675	134023	1379064	27174	539271	333584	35449
山西	725850	676799	357841	14264	278576	23348	286075	205858	1930
内蒙古	1126853	675974	145417	2987	33655	48456	476865	291438	158977
内蒙古集团	501401	202498	16206	—	—	—	163141	35247	121298
辽宁	2616117	1684260	921195	162287	515577	142253	531195	228149	119775
吉林	2360091	758214	164194	10799	41876	71189	419037	79643	272707
吉林集团	400033	120751	9933	30	318	9263	96413	15239	70544
黑龙江	2355218	1139986	300025	1640	4879	32380	603371	114919	311532
龙江集团	1636524	701701	200124	30	514	12559	338123	19876	249315
上海	278594	261130	189443	47978	95587	—	69910	64021	301
江苏	6512047	1881992	1097604	395914	225970	21742	609377	361139	198990
浙江	9179816	3206326	2016234	580828	1309454	52075	1072289	223127	131005
安徽	2293112	1456074	608367	75072	419758	99076	826237	260973	222239
福建	9194809	2850645	1559334	258856	1243042	56184	1242085	72171	421607
江西	3837166	1833047	795937	188026	451628	95142	950926	227239	259349
山东	6207959	3423583	2031983	172749	1814555	16809	1349824	601255	127686
河南	2882171	1981653	1085979	307114	677437	88283	853510	403846	190479
湖北	3501595	1939954	1273539	125542	545473	153092	422567	208890	102808
湖南	4539345	1998131	729031	220177	318331	141664	1186932	500539	313700
广东	4407009	3309844	2305360	533950	1400595	45867	617538	145831	168071
广西	2934454	1841467	1101523	42227	1024642	34654	710637	117924	226997
海南	1687155	1116676	633670	47133	578502	8035	469070	61624	23651
重庆	1092656	578371	368146	80181	234749	49899	200841	121569	17322
四川	4003314	2009655	1143164	200904	847318	79348	813755	396200	152895
贵州	984295	744352	262226	21000	166390	40455	419762	203739	99255
云南	2377919	1680672	567762	122048	374967	64230	1055286	147874	195063
西藏	139988	109223	85674	—	524	85149	22028	6037	10819
陕西	1263118	1184339	759335	14542	613357	88733	387998	206261	19185
甘肃	568753	520443	296041	20938	267169	5691	219110	176574	3773
青海	27074	26629	4224	1304	764	944	19555	18248	950
宁夏	240410	239470	160051	1172	61794	14957	55318	52444	7
新疆	1799754	1571918	1083289	4239	213492	6878	325238	246260	31649
新疆兵团	1161770	993045	833431	55	29396	852	52361	48547	3419
大兴安岭	426604	214583	62375	—	—	—	122179	6562	108716

产业总产值(一)

计算) 单位:万元

林、牧、渔业)											
中											
林业							畜牧业				
木材采运			竹材采运		林产品的采集		小计	其中		林业服务业
商品材	农民自用材	农民烧材	计	其中:小杂竹	计	其中:野生植物采集		狩猎和捕捉动物	其他野生动物饲养繁殖		
2801317	**510785**	**628477**	**943743**	**201988**	**5952145**	**506905**	**1508702**	**72121**	**523924**	**465801**	
3699	6728	2	—	—	28926	—	212	—	—	10950	
2178	1085	—	—	—	—	—	—	—	—	—	
25652	7710	2087	—	—	170238	18375	65161	603	48914	5813	
1360	538	32	—	—	78287	1251	342	97	194	2688	
152717	3508	2752	—	—	26451	4652	28472	208	1290	20623	
121298	—	—	—	—	6596	1621	18604	—	844	1889	
85327	10059	24389	—	—	183271	68522	166139	553	156171	9478	
257102	5764	9841	—	—	66687	25015	158813	1651	101979	15015	
69362	—	1182	—	—	10630	3856	11907	—	4919	2430	
310663	844	25	—	—	176920	24193	213825	251	4033	14473	
249292	23	—	—	—	68932	21053	146881	—	361	8281	
11	290	—	838	715	4750	—	—	—	—	1777	
184852	11209	2929	6636	1625	42612	1883	146855	601	30852	28156	
96228	21021	13756	124287	12824	593870	22670	62738	8155	46496	31642	
111863	70373	40003	67604	15547	275421	24108	2722	673	1184	16469	
275754	29329	116524	150505	13196	597802	60108	27777	11236	16541	21449	
191167	21918	46264	52621	1772	411717	24844	54444	8435	3407	28176	
107710	15279	4697	—	—	620883	—	15651	—	8615	20736	
84661	75002	30816	8478	2482	250707	6244	9238	8	1746	17666	
48140	22054	32614	40692	18132	70177	12044	212721	24350	75009	31127	
218296	46435	48969	75221	9628	297472	42110	51225	10238	9303	30943	
146020	13503	8548	112392	12780	191244	23381	73179	2041	115	10483	
217787	4329	4881	95713	13857	270003	2236	1776	—	1214	27531	
18076	590	4985	30396	7378	353399	2198	5205	—	5204	8731	
940	10161	6221	6802	5184	55148	12605	2062	970	308	5600	
27426	36386	89083	77797	64243	186863	17498	10906	6	3516	39076	
22242	17456	59557	24790	13891	91978	18249	52585	340	79	9779	
81661	48908	64494	65934	7188	646415	64589	26494	634	4504	31130	
4854	843	5122	230	77	4942	4111	1180	—	—	214	
1239	10205	7741	2769	1431	159783	15145	7416	598	1680	2579	
1854	1054	865	38	38	38725	5410	2475	102	700	2755	
—	814	136	—	—	357	12	1906	60	52	284	
—	5	2	—	—	2867	74	23843	—	—	258	
13122	17385	1142	—	—	47329	194	53311	311	818	20200	
1107	2312	—	—	—	395	—	51002	—	—	16212	
108716	—	—	—	—	6901	5184	30029	—	—	—	

各地区林业

（按现行价格

地区	合计	采矿业	第二					
			制					
			小计	非木质林产品加工制造业	木材加工及木、竹、藤、棕、草制			
					计	锯材、木片加工	人造板制造	木制品制造
全国合计	**34865412**	**231993**	**34225317**	**2927990**	**18757273**	**2611491**	**10940219**	**3630278**
北京	12851	—	2980	—	—	—	—	—
天津	3465	—	3465	—	3465	—	3465	—
河北	1998088	2945	1994989	325066	1278537	90051	1148368	39727
山西	35202	—	35202	34510	629	93	321	31
内蒙古	308776	2367	228734	62859	102918	26373	48442	27646
内蒙古集团	191900	986	113419	2700	60186	2270	31659	26257
辽宁	861943	10612	851331	33102	305441	65685	99882	117993
吉林	1140632	19913	1062802	286635	556957	145142	191385	219544
吉林集团	202780	1708	174951	438	133444	16701	68106	48637
黑龙江	811793	63118	661036	43135	440541	89715	104407	242291
龙江集团	614052	9094	522140	40565	318717	68481	96420	153816
上海	16980	—	15170	—	12870	—	1600	11270
江苏	4303939	6310	4297169	71325	3746257	115055	2941361	571498
浙江	5612258	439	5611150	564845	3084398	324396	1271558	944224
安徽	785288	2807	782238	41656	632933	68035	416419	88151
福建	6154981	199	6146893	620872	1699076	253269	741224	389625
江西	1401960	11295	1373950	154657	699204	123740	392410	112814
山东	2681059	—	2681014	196319	1966601	423478	1273519	175903
河南	813927	15447	798331	80341	532580	140688	330356	43682
湖北	1062783	933	1051750	52366	569721	77408	361085	97377
湖南	1713214	62065	1619079	53776	985647	209664	482478	186905
广东	1023781	4240	1004687	12360	539614	76929	349575	81672
广西	1027113	3	1026163	2312	482286	87056	339560	35784
海南	543611	—	542512	148270	71178	55861	14501	475
重庆	193481	705	187936	37371	93293	14729	34802	36702
四川	1197499	1825	1183095	1704	327044	48501	201046	38200
贵州	199376	2073	195843	10959	109019	21093	43836	18247
云南	617577	12862	600552	81311	346862	74976	121066	91820
西藏	24645	—	23524	—	1505	1156	—	349
陕西	58138	115	57250	979	38271	9193	13627	11591
甘肃	14049	320	13231	1063	3690	1122	725	1305
青海	—	—	—	—	—	—	—	—
宁夏	579	—	579	—	451	—	450	—
新疆	106420	816	68878	9278	55804	47383	6566	1855
新疆兵团	76121	816	38579	—	38579	38539	—	40
大兴安岭	140004	10584	103784	919	70481	20699	6185	43597

产业总产值(二)

计算)　　　　　　　　　　　　　　　　　　　　　　　　　　　　　　　单位:万元

产业 造业 品业 竹、藤、棕、草制品制造	木质、竹藤家具制造	木、竹浆造纸及纸制品业	林产化学产品制造	专用设备、仪器仪表制造业	木、竹、藤工艺品制造业	建筑材料制造业	其他	电力、煤气、水的生产供应和建筑业
1575286	**4279612**	**5137686**	**786615**	**29339**	**1539664**	**84861**	**682277**	**408102**
—	—	—	—	—	—	—	2980	9871
—	—	—	—	—	—	—	—	—
391	178228	47761	3944	—	620	350	160483	154
184	58	—	5	—	—	—	—	—
457	4977	35718	1000	—	50	2115	19097	77675
—	2297	33118	1000	—	20	1595	12503	77495
21881	488814	1924	1082	600	9385	6852	4131	—
886	33126	115011	12391	967	1289	11217	45209	57917
—	1987	2884	11194	342	60	8542	16060	26121
4128	39000	9114	517	4957	5891	12718	105163	87639
—	31564	9114	517	4957	5891	12457	98358	82818
—	—	—	—	—	—	—	2300	1810
118343	112022	188932	4966	1979	118011	2634	51043	460
544220	889989	220752	61230	—	768776	1012	20148	669
60328	23498	5386	6730	—	56846	6287	8902	243
314958	668396	2647335	110373	6790	372992	—	21059	7889
70240	224132	115329	92555	1107	47623	11172	28171	16715
93701	241761	211082	6503	—	55345		3403	45
17854	89725	25195	28318	—	18468	60	23644	149
33851	249428	78437	50926	357	7531	5422	37562	10100
106600	80270	396366	45682	5202	10332	13903	27901	32070
31438	256707	86152	74537	—	28816	—	6501	14854
19886	38343	253019	206207	600	24919	1012	17465	947
341	3182	316620	3030	—	102	—	130	1099
7060	34548	14693	3186	—	1812	50	2983	4840
39297	513798	282855	11611	—	6722	2497	36864	12579
25843	42144	12976	4633	—	3752	1949	10411	1460
59000	38604	68736	41506	—	253	230	23050	4163
—	7641	4293	4513	5572	—	—	—	1121
3860	10655	—	4143	—	48	25	3129	773
538	848	—	5410	—	51	—	2169	498
—	—	—	—	—	—	—	—	—
1	—	—	—	—	—	—	128	—
—	125	—	—	—	30	313	3328	36726
—	—	—	—	—	—	—	—	36726
—	9593	—	1617	1208	—	5043	14923	25636

各地区林业

（按现行价格

地区	合计	交通运输、仓储及邮政业	信息传输、计算机服务、软件业、科学研究、技术服务和地质勘查业	批发和零售业与住宿餐饮业	租赁、商务服务业、居民服务及其他服务业	第三 小计
全国合计	**6166398**	**372646**	**78665**	**2425339**	**352558**	**2296286**
北　京	27406	792	493	10664	11587	2865
天　津	2507	—	—	2507	—	—
河　北	339657	80589	509	214858	4235	37212
山　西	13849	175	1195	2091	781	1030
内蒙古	142103	15351	3089	29459	13463	15937
内蒙古集团	107003	13104	2697	26182	11273	526
辽　宁	69914	5718	—	23401	3698	36820
吉　林	461245	41131	7811	290021	30177	46636
吉林集团	76502	2469	1661	52425	4775	643
黑龙江	403439	88571	13671	144626	37566	30972
龙江集团	320771	76378	13551	118557	32377	234
上　海	484	—	—	—	89	395
江　苏	326116	2488	2608	141275	30954	43111
浙　江	361232	2940	5121	5532	1153	326920
安　徽	51750	7303	181	11339	3985	23996
福　建	189183	101	8842	57304	3379	61325
江　西	602159	13353	1727	367076	21539	184763
山　东	103317	9109	100	8089	280	74453
河　南	86591	7139	311	21047	4565	50334
湖　北	498858	4576	6799	127226	9000	344176
湖　南	828000	42760	11114	225278	91826	434378
广　东	73384	1945	23	10019	8789	51471
广　西	65874	237	4664	27190	2205	4910
海　南	26868	—	—	578	280	25900
重　庆	320804	9755	376	253584	11967	33031
四　川	796160	546	108	364590	39054	386298
贵　州	40567	521	—	6491	3164	21989
云　南	79670	7435	2007	26504	2759	35688
西　藏	6120	6120	—	—	—	—
陕　西	20641	343	41	7269	1679	7478
甘　肃	34261	3624	2193	3133	1171	6845
青　海	445	—	4	338	45	58
宁　夏	361	51	—	19	—	291
新　疆	121416	8566	4777	22614	5499	5504
新疆兵团	92604	8484	2096	22176	4539	2311
大兴安岭	72017	11407	901	21217	7669	1500

产业总产值(三)

计算)　　单位:万元

产业					补充资料		
水利、环境和公共设施管理业			教育、卫生、社会保障、社会福利业、文化、体育和娱乐业	金融业、房地产业、公共管理和社会组织	全部山区县茶、桑、果产值	全部丘陵县茶、桑、果产值	森林旅游业
其中							
自然保护区管理	野生动植物保护	森林风景名胜区管理					
181007	**38755**	**1841116**	**197785**	**443119**	**5256520**	**4213337**	**2385397**
1405	192	951	37	968	34317	97973	704
—	—	—	—	—	—	—	—
522	1494	24519	20	2234	347952	99596	36061
173	57	757	624	7953	20092	57504	1369
523	58	13538	28365	36439	1324	15044	12475
—	—	60	25513	27708	—	—	466
3198	1330	28614	77	200	84750	264967	38549
5035	161	40032	31433	14036	5443	18631	36110
—	—	62	7906	6623	—	—	306
22750	—	5396	52306	35727	—	—	27173
30	—	120	51662	28012	—	—	7463
—	—	—	—	—	—	—	1300
3580	1020	27607	520	105160	2734	94083	32345
8869	332	317719	935	18631	856337	229310	497519
4769	1638	15508	177	4769	107829	70209	58848
4067	2303	52858	1023	57209	893758	195126	89426
10925	937	155266	3621	10080	265557	84744	180042
6817	190	42777	—	11286	396967	892990	74453
2572	829	41351	32	3163	102449	183252	38915
10607	5553	313565	1988	5093	144703	124009	91796
41752	11667	304605	6746	15898	201347	84376	480822
141	—	50747	343	794	513762	322084	20356
1446	586	2575	2686	23982	87801	625275	842
—	—	24100	110	—	7623	70573	3165
3819	4001	24325	8210	3881	125174	103162	90458
19796	3033	322417	4458	1106	235714	381633	498142
3430	789	15775	2183	6219	166390	—	23454
19303	1972	9140	141	5136	337470	37497	18746
—	—	—	—	—	—	—	2
948	40	3838	3481	350	197205	129382	19061
3764	130	662	4350	12945	118738	27230	1392
—	—	—	—	—	1084	8	420
—	—	291	—	—	—	—	291
536	443	2183	23113	51343	—	4679	11161
—	—	—	21821	31177	—	—	—
260	—	—	20806	8517	—	—	—

3

营林生产

全国营林生产主要指标2005年与2004年比较

指　标　名　称	单位	2005年	2004年	2005年比2004年增减(%)
一、营林情况				
(一)造林面积	公顷	3637681	5598079	-35.02
1.按经济成分分				
(1)公有经济造林	公顷	1558931	2745072	-43.21
①国有经济造林	公顷	778463	1116015	-30.25
②集体经济造林	公顷	780468	1629057	-52.09
(2)非公有经济造林	公顷	2078751	2853006	-27.14
2.按造林方式分				
(1)人工造林	公顷	3221295	5018885	-35.82
其中:竹林面积	公顷	87533	82058	6.67
(2)飞播造林	公顷	416386	579194	-28.11
3.按林种用途分				
(1)用材林	公顷	607547	871132	-30.26
其中:速生丰产林	公顷	229079	309792	-26.05
(2)经济林	公顷	2667953	456691	-26.03
(3)防护林	公顷	2678214	4210768	-36.64
(4)薪炭林	公顷	16074	49966	-67.83
(5)特种用途林	公顷	8291	9522	-12.93
(二)年末实有封山(沙)育林面积	公顷	21994790	21585588	1.90
其中:本年新封	公顷	2646722	2002141	32.19
1. 无林地和疏林地封育面积	公顷	9992981	9002889	11.00
其中:本年新封	公顷	1762999	1196546	47.34
2. 有林地封育面积	公顷	7272836	7432555	-2.15
其中:本年新封	公顷	546220	518419	5.36
3. 灌木林地封育面积	公顷	4728972	5150144	-8.18
其中:本年新封	公顷	337503	287176	17.52
(三)迹地更新面积	公顷	407546	319310	27.63
其中:人工更新面积	公顷	326952	271262	20.53
(四)低产低效林改造面积	公顷	328060	279516	17.37
(五)零星(四旁)植树	万株	214246	271139	-20.98
(六)幼林抚育作业面积	公顷次	17327735	14778920	17.25
(七)幼林抚育实际面积	公顷	9879241	8994905	9.83
(八)成林抚育面积	公顷	7827100	7712957	1.48
其中:中、幼龄林抚育面积	公顷	5010578	5271530	-4.95
(九)抚育改造出材量	万立方米	837.71	1096.01	-23.57
其中:中、幼龄林抚育出材量	万立方米	670.80	900.22	-25.49
(十)林木种子采集量	吨	68690	63424	8.30
(十一)当年苗木产量	万株	2872799	4018174	-28.50
(十二)育苗面积	公顷	545191	558805	-2.44
其中:本年新增育苗面积	公顷	185892	230546	-19.37
(十三)年末实有母树林面积	公顷	343755	309582	11.04
(十四)年末实有种子园面积	公顷	98291	99196	-0.91
二、主要林产品产量(含自用)				
1.生　漆	吨	14316	9641	48.49
2.油桐籽	吨	368688	381428	-3.34
3.油茶籽	吨	875022	874861	0.02
4.乌桕籽	吨	30466	22542	35.15
5.五倍子	吨	20308	11052	83.75
6.棕　片	吨	60617	64194	-5.57
7.松　脂	吨	767134	673310	13.93
8.竹笋干	吨	463154	443543	4.42
9.核　桃	吨	499074	436862	14.24
10.板　栗	吨	1031857	922735	11.83
11.紫　胶(原胶)	吨	1897	5246	-63.84

各地区按造林方式分造林面积200[illegible]

<table>
<tr><th rowspan="2">地　　区</th><th colspan="3">造林面积</th><th colspan="3">人工造林</th><th colspan="3">[illegible]</th></tr>
<tr><th>2005 年</th><th>2004 年</th><th>增减(%)</th><th>2005 年</th><th>2004 年</th><th>[illegible]</th><th>[illegible]</th><th>[illegible]</th><th>[illegible]</th></tr>
<tr><td>**全国合计**</td><td>**3637681**</td><td>**5598079**</td><td>**-35.02**</td><td>**3221295**</td><td>**5018885**</td><td>[illegible]</td><td>[illegible]</td><td>[illegible]</td><td>[illegible]</td></tr>
<tr><td>北　京</td><td>12186</td><td>31527</td><td>-61.35</td><td>10186</td><td>23527</td><td>[illegible]</td><td>[illegible]</td><td>[illegible]</td><td>[illegible]</td></tr>
<tr><td>天　津</td><td>3591</td><td>4787</td><td>-24.98</td><td>3591</td><td>4787</td><td>[illegible]</td><td>[illegible]</td><td>[illegible]</td><td>—</td></tr>
<tr><td>河　北</td><td>304766</td><td>414133</td><td>-26.41</td><td>276098</td><td>380134</td><td>[illegible]</td><td>[illegible]</td><td>33999</td><td>-15.68</td></tr>
<tr><td>山　西</td><td>129999</td><td>317519</td><td>-59.06</td><td>102467</td><td>236775</td><td>-56.72</td><td>27532</td><td>80744</td><td>-65.90</td></tr>
<tr><td>内蒙古</td><td>383833</td><td>630917</td><td>-39.16</td><td>283219</td><td>519061</td><td>-45.44</td><td>100614</td><td>111856</td><td>-10.05</td></tr>
<tr><td>内蒙古集团</td><td>3434</td><td>4109</td><td>-16.43</td><td>3434</td><td>4109</td><td>-16.43</td><td>—</td><td>—</td><td>—</td></tr>
<tr><td>辽　宁</td><td>126489</td><td>135878</td><td>-6.91</td><td>126489</td><td>135878</td><td>-6.91</td><td>—</td><td>—</td><td>—</td></tr>
<tr><td>吉　林</td><td>31049</td><td>57186</td><td>-45.71</td><td>31049</td><td>57186</td><td>-45.71</td><td>—</td><td>—</td><td>—</td></tr>
<tr><td>吉林集团</td><td>164</td><td>958</td><td>-82.88</td><td>164</td><td>958</td><td>-82.88</td><td>—</td><td>—</td><td>—</td></tr>
<tr><td>黑龙江</td><td>84661</td><td>156179</td><td>-45.79</td><td>84661</td><td>156179</td><td>-45.79</td><td>—</td><td>—</td><td>—</td></tr>
<tr><td>龙江集团</td><td>—</td><td>18237</td><td>-100.00</td><td>—</td><td>18237</td><td>-100.00</td><td>—</td><td>—</td><td>—</td></tr>
<tr><td>上　海</td><td>3827</td><td>11308</td><td>-66.16</td><td>3827</td><td>11308</td><td>-66.16</td><td>—</td><td>—</td><td>—</td></tr>
<tr><td>江　苏</td><td>54687</td><td>64418</td><td>-15.11</td><td>54687</td><td>64418</td><td>-15.11</td><td>—</td><td>—</td><td>—</td></tr>
<tr><td>浙　江</td><td>20341</td><td>20948</td><td>-2.90</td><td>20341</td><td>20948</td><td>-2.90</td><td>—</td><td>—</td><td>—</td></tr>
<tr><td>安　徽</td><td>36095</td><td>54364</td><td>-33.60</td><td>36095</td><td>54364</td><td>-33.60</td><td>—</td><td>—</td><td>—</td></tr>
<tr><td>福　建</td><td>24218</td><td>16306</td><td>48.52</td><td>24218</td><td>16306</td><td>48.52</td><td>—</td><td>—</td><td>—</td></tr>
<tr><td>江　西</td><td>47589</td><td>58097</td><td>-18.09</td><td>47589</td><td>58097</td><td>-18.09</td><td>—</td><td>—</td><td>—</td></tr>
<tr><td>山　东</td><td>141141</td><td>262711</td><td>-46.28</td><td>141141</td><td>262711</td><td>-46.28</td><td>—</td><td>—</td><td>—</td></tr>
<tr><td>河　南</td><td>186715</td><td>273858</td><td>-31.82</td><td>173381</td><td>260391</td><td>-33.42</td><td>13334</td><td>13467</td><td>-0.99</td></tr>
<tr><td>湖　北</td><td>177946</td><td>162488</td><td>9.51</td><td>177946</td><td>162488</td><td>9.51</td><td>—</td><td>—</td><td>—</td></tr>
<tr><td>湖　南</td><td>136479</td><td>333772</td><td>-59.11</td><td>136479</td><td>333772</td><td>-59.11</td><td>—</td><td>—</td><td>—</td></tr>
<tr><td>广　东</td><td>18337</td><td>39961</td><td>-54.11</td><td>18337</td><td>39961</td><td>-54.11</td><td>—</td><td>—</td><td>—</td></tr>
<tr><td>广　西</td><td>123970</td><td>170704</td><td>-27.38</td><td>123970</td><td>170704</td><td>-27.38</td><td>—</td><td>—</td><td>—</td></tr>
<tr><td>海　南</td><td>32380</td><td>35393</td><td>-8.51</td><td>32380</td><td>35393</td><td>-8.51</td><td>—</td><td>—</td><td>—</td></tr>
<tr><td>重　庆</td><td>109272</td><td>107168</td><td>1.96</td><td>109272</td><td>107168</td><td>1.96</td><td>—</td><td>—</td><td>—</td></tr>
<tr><td>四　川</td><td>241883</td><td>370130</td><td>-34.65</td><td>179142</td><td>226615</td><td>-20.95</td><td>62741</td><td>143515</td><td>-56.28</td></tr>
<tr><td>贵　州</td><td>135597</td><td>177109</td><td>-23.44</td><td>132183</td><td>170153</td><td>-22.32</td><td>3414</td><td>6956</td><td>-50.92</td></tr>
<tr><td>云　南</td><td>207923</td><td>228184</td><td>-8.88</td><td>163598</td><td>174265</td><td>-6.12</td><td>44325</td><td>53919</td><td>-17.79</td></tr>
<tr><td>西　藏</td><td>13488</td><td>24803</td><td>-45.62</td><td>13488</td><td>24803</td><td>-45.62</td><td>—</td><td>—</td><td>—</td></tr>
<tr><td>陕　西</td><td>198853</td><td>564862</td><td>-64.80</td><td>89372</td><td>460998</td><td>-80.61</td><td>109481</td><td>103864</td><td>5.41</td></tr>
<tr><td>甘　肃</td><td>247601</td><td>367916</td><td>-32.70</td><td>234335</td><td>350764</td><td>-33.19</td><td>13266</td><td>17152</td><td>-22.66</td></tr>
<tr><td>青　海</td><td>46748</td><td>52456</td><td>-10.88</td><td>46748</td><td>52456</td><td>-10.88</td><td>—</td><td>—</td><td>—</td></tr>
<tr><td>宁　夏</td><td>112924</td><td>162594</td><td>-30.55</td><td>108580</td><td>156872</td><td>-30.78</td><td>4344</td><td>5722</td><td>-24.08</td></tr>
<tr><td>新　疆</td><td>163053</td><td>206001</td><td>-20.85</td><td>156386</td><td>206001</td><td>-24.08</td><td>6667</td><td>—</td><td>—</td></tr>
<tr><td>新疆兵团</td><td>26063</td><td>29461</td><td>-11.54</td><td>26063</td><td>29461</td><td>-11.54</td><td>—</td><td>—</td><td>—</td></tr>
<tr><td>大兴安岭</td><td>40</td><td>—</td><td>—</td><td>40</td><td>—</td><td>—</td><td>—</td><td>—</td><td>—</td></tr>
</table>

注:全国合计造林面积中包括军事管理区 80000 公顷人工造林。

各地区全部营

地区	营林							
	当年造							
	总计	按经济成分分				按造林方式分		
		公有经济造林			非公有经济造林	人工造林面积		飞播造林面积
		合计	国有经济造林	集体经济造林		合计	其中:竹林面积	
全国合计	**3637681**	**1558931**	**778463**	**780468**	**2078751**	**3221295**	**87533**	**416386**
北京	12186	11212	1986	9226	974	10186	—	2000
天津	3591	820	139	681	2771	3591	—	—
河北	304766	59692	9845	49847	245074	276098	—	28668
山西	129999	85761	17544	68217	44238	102467	3228	27532
内蒙古	383833	80763	37081	43682	303070	283219	—	100614
内蒙古集团	3434	2987	2987	—	447	3434	—	—
辽宁	126489	27807	7346	20461	98682	126489	—	—
吉林	31049	19094	8519	10575	11955	31049	—	—
吉林集团	164	164	164	—	—	164	—	—
黑龙江	84661	47961	29166	18795	36700	84661	—	—
龙江集团	—	—	—	—	—	—	—	—
上海	3827	3393	2788	605	434	3827	—	—
江苏	54687	29994	8754	21240	24693	54687	168	—
浙江	20341	9911	1021	8890	10430	20341	1285	—
安徽	36095	12995	5352	7643	23100	36095	2789	—
福建	24218	6481	3306	3175	17737	24218	172	—
江西	47589	16598	11819	4779	30991	47589	1598	—
山东	141141	49306	3231	46075	91835	141141	—	—
河南	186715	42383	22378	20005	144332	173381	2	13334
湖北	177946	48290	35106	13184	129656	177946	6511	—
湖南	136479	12081	12081	—	124398	136479	3011	—
广东	18337	5949	4810	1139	12388	18337	—	—
广西	123970	20658	10846	9812	103312	123970	1019	—
海南	32380	3271	1400	1871	29109	32380	104	—
重庆	109272	55957	24128	31829	53315	109272	12880	—
四川	241883	138208	116433	21775	103675	179142	20854	62741
贵州	135597	67901	44655	23246	67696	132183	19582	3414
云南	207923	118197	37213	80984	89726	163598	13612	44325
西藏	13488	12385	11253	1132	1103	13488	—	—
陕西	198853	149074	88124	60950	49779	89372	718	109481
甘肃	247601	132686	53649	79037	114915	234335	—	13266
青海	46748	35409	11679	23730	11339	46748	—	—
宁夏	112924	86244	26597	59647	26681	108580	—	4344
新疆	163053	88410	50174	38236	74643	156386	—	6667
新疆兵团	26063	25441	25441	—	622	26063	—	—
大兴安岭	40	40	40	—	—	40	—	—

注:全国合计造林面积中包括军事管理区 80000 公顷人工营造的防护林和 50667 公顷无林地和疏林地新封山育林。

林生产情况(一)

单位:公顷

情况 林面积 用材林 合计	其中:速生丰产林	按林种用途分 经济林	防护林	薪炭林	特种用途林	年末实有封山(沙)育林面积 总计	其中:本年新封	无林地和疏林地封育面积 合计	其中:本年新封
607547	**229079**	**337816**	**2667953**	**16074**	**8291**	**21994790**	**2646722**	**9992981**	**1762999**
230	203	875	9262	—	1819	119729	9017	46535	2067
650	190	316	2625	—	—	22014	3534	—	—
51158	17489	19896	232274	1238	200	846237	216530	804448	206506
672	333	4045	125149	133	—	485667	143636	370253	112344
8914	—	1716	373203	—	—	1985016	294140	1728976	294140
3268	—	166	—	—	—	142612	—	18935	—
20711	4148	5252	99644	882	—	68478	68478	68478	68478
1309	—	398	28540	536	266	297800	12634	26581	2000
127	—	37	—	—	—	69429	—	—	—
11840	1606	458	71700	12	651	845958	89998	37364	37364
—	—	—	—	—	—	755960	—	—	—
—	—	147	3393	—	287	—	—	—	—
9679	8496	8692	36305	—	11	13914	—	—	—
3635	60	4300	12231	89	86	752352	34187	46593	10105
15027	4187	4488	15727	739	114	469404	47646	139414	8620
15364	—	3212	5386	189	67	379808	14363	194112	2825
20736	6440	3911	22142	333	467	610095	60553	106232	6499
47470	29045	42674	49559	633	805	216406	12192	32193	2241
77295	5852	39000	69530	737	153	385912	78493	264270	76841
56848	13271	31712	86839	1873	674	1673087	100308	560020	41068
30208	19983	10175	95116	11	969	949911	20967	232828	20967
13084	2291	754	3885	608	6	173707	1764	38428	1544
89405	80884	8247	26308	2	8	3179005	96417	401830	59928
23119	—	3243	5755	218	45	316113	7667	34599	3755
21524	8120	11946	74735	1067	—	352543	77294	309353	55945
31936	10919	18788	188814	767	1578	1046200	294953	669622	150651
7976	2236	4177	123413	—	31	717992	131933	689214	103155
34847	13326	39270	132475	1331	—	2187894	188385	1211902	71197
320	—	1681	10357	1130	—	450463	92803	20780	9613
8923	—	1840	187034	1056	—	748544	156391	208854	68819
1400	—	6585	239616	—	—	495578	96066	349102	87592
—	—	—	46415	333	—	457224	64443	408214	61522
—	—	8356	103149	1419	—	251754	44200	150247	34373
3227	—	51662	107372	738	54	1445318	137063	791872	112173
1	—	11139	14923	—	—	86543	14667	81780	14667
40	—	—	—	—	—	—	—	—	—

各地区全部营

	末实有封山(沙)育林面积				迹地更新面积		低产低效林改造面积	零星(四旁)植树(万株)	幼林抚育作业面积(公顷次)
	封育面积		灌木林地封育面积						
	合计	其中：本年新封	合计	其中：本年新封	合计	其中：人工更新面积			
全国合计	**7272836**	**546220**	**4728972**	**337503**	**407546**	**326952**	**328060**	**214246**	**17327735**
北京	40012	4724	33182	2226	636	636	344	489	43834
天津	22014	3534	—	—	—	—	—	359	83986
河北	23065	5200	18724	4824	7810	7724	1942	12496	820734
山西	45713	14898	69701	16394	243	243	7898	10596	268272
内蒙古	154935	—	101105	—	32055	14296	4697	3159	1294520
内蒙古集团	123677	—	—	—	24335	10629	—	97	50513
辽宁	—	—	—	—	—	—	—	—	—
吉林	264547	9467	6672	1167	20809	11357	2069	731	464442
吉林集团	69429	—	—	—	13444	4849	122	1	77605
黑龙江	808339	52379	255	255	793	793	9130	1688	1033669
龙江集团	755960	—	—	—	—	—	9130	391	235488
上海	—	—	—	—	—	—	—	189	41425
江苏	13877	—	37	—	2624	2624	510	13445	244416
浙江	643858	22479	61901	1603	17604	14776	7831	2105	84301
安徽	274472	35342	55518	3684	3967	—	62812	18104	1006538
福建	176699	11407	8997	131	80464	80464	7948	1654	222691
江西	463861	53232	40002	822	7165	5212	26699	5226	582746
山东	128701	5102	55512	4849	5077	4892	11404	18962	1440673
河南	64979	1374	56663	278	841	120	6915	30639	1239022
湖北	862500	41260	250567	17980	2261	2261	5548	11186	807730
湖南	685669	—	31414	—	22827	13380	52009	13009	884851
广东	20731	122	114548	98	95893	92464	46302	6201	174566
广西	766593	3013	2010582	33476	53571	45807	13811	2595	513190
海南	219825	3912	61689	—	7296	7296	—	2097	24333
重庆	31135	14434	12055	6915	—	—	1653	7706	256018
四川	208255	93914	168323	50388	3367	3197	4685	18560	980250
贵州	10766	10766	18012	18012	267	84	53	1197	573278
云南	632898	55187	343094	62001	13207	10926	2634	8314	80258
西藏	147940	34411	281743	48779	2044	1844	—	820	—
陕西	374367	59613	165323	27959	272	—	1908	12362	805153
甘肃	62582	5270	83894	3204	—	—	2352	6315	464642
青海	38716	887	10294	2034	—	—	—	1263	95401
宁夏	8913	—	92593	9827	—	—	52	—	538611
新疆	76874	4293	576572	20597	6556	6556	46854	2571	2238088
新疆兵团	350	—	4413	—	119	119	—	127	269638
大兴安岭	—	—	—	—	19897	—	—	207	20097

林生产情况(二)

单位:公顷

情况										
幼林抚育实际面积	成林抚育面积		抚育改造出材量(万立方米)		林木种子采集量(吨)	当年苗木产量(万株)	育苗面积		年末实有母树林面积	年末实有种子园面积
	合 计	其中:中、幼龄林抚育面积	合 计	其中:中、幼龄林抚育出材量			合 计	其中:本年新增育苗面积		
9879241	**7827100**	**5010578**	**837.71**	**670.80**	**68690**	**2872799**	**545191**	**185892**	**343755**	**98291**
19698	35985	33364	0.01	0.01	100	10051	15393	826	7	—
42819	54565	32311	—	—	22	6450	5213	772	—	—
455263	377229	248114	16.10	12.65	3171	285382	53859	19337	2044	10942
221176	52526	45725	0.83	0.83	2394	169956	32590	16084	9017	624
772870	717378	442519	43.25	26.42	4165	223179	8326	4935	25438	1964
34964	124748	124748	4.35	4.35	51	14616	86	27	10092	100
—	—	—	—	—	15041	224220	14872	6156	11412	4376
255970	188673	164776	173.13	155.39	991	50367	2758	999	37645	1952
51334	19390	16510	18.60	14.72	645	8319	165	39	14979	818
566631	223346	165916	143.22	92.06	2153	235151	13723	4414	167035	9399
154705	149102	91672	48.54	29.84	892	96337	990	110	122026	2478
9889	37665	16007	—	—	—	16185	16792	1255	—	—
149313	251207	198026	26.97	17.49	332	101971	69141	9784	589	60
65205	221450	85807	30.72	26.21	120	75903	56004	5237	5083	373
500936	448187	239579	37.80	23.23	1002	50888	31088	7812	2311	1248
187766	151146	81904	111.09	106.10	885	26280	535	388	1474	688
393068	77172	48357	48.89	37.59	91	85358	11220	3871	3892	489
613942	836276	587814	10.17	5.25	6648	244925	71663	31057	398	183
681281	959920	614959	8.18	4.32	1250	201169	28653	18200	2757	515
567663	276761	198548	16.08	11.82	5627	43537	24613	6983	7669	2311
565594	274883	220272	22.31	20.28	755	46207	16081	4893	5146	3313
146459	122177	93990	4.63	4.09	3075	31774	1968	961	746	737
405818	211267	124301	72.59	64.55	101	65406	1885	1317	2043	1074
24333	—	—	0.01	0.01	—	10396	6900	6900	60	60
224091	177404	94099	0.44	0.44	123	32028	3086	1454	4732	1830
599866	172890	145478	9.22	6.21	4795	96781	7530	3762	7557	3485
465498	79398	65038	22.80	21.59	177	41957	1782	1349	4877	656
47510	16535	15378	8.95	4.53	2952	75025	3748	3201	4564	1929
200	—	—	0.02	0.02	—	1183	201	42	4	—
470947	322834	172472	1.36	1.15	9341	152148	17204	8095	20351	40370
368490	171999	92769	1.61	1.61	1239	202549	13874	9123	6971	1150
88401	—	—	0.17	0.17	145	27134	2976	838	398	1940
358685	311682	234251	—	—	1049	3	3442	1278	1659	3894
595136	1022034	514868	0.54	0.15	945	35937	8012	4519	608	2671
80853	109047	68210	0.03	—	70	5433	1907	704	—	934
14723	34511	33936	26.65	26.65	—	3299	58	50	7268	58

各地区全部营林生产情况(三)

地　区	主要林产品产量(含自用)(吨)										
	生　漆	油桐籽	油茶籽	乌桕籽	五倍子	棕　片	松　脂	竹笋干	核　桃	板　栗	紫胶(原胶)
全国合计	**14316**	**368688**	**875022**	**30466**	**20308**	**60617**	**767134**	**463154**	**499074**	**1031857**	**1897**
北　京	—	—	—	—	—	—	—	—	13787	21853	—
天　津	—	—	—	—	—	—	—	—	442	312	—
河　北	—	—	—	—	—	—	—	—	47032	107079	—
山　西	—	—	—	—	—	—	—	—	53432	62	—
内蒙古	—	—	—	—	—	—	—	—	—	—	—
内蒙古集团	—	—	—	—	—	—	—	—	—	—	—
辽　宁	—	—	—	—	—	—	—	—	25576	42326	—
吉　林	—	—	—	—	—	—	—	—	2888	288	—
吉林集团	—	—	—	—	—	—	—	—	68	—	—
黑龙江	—	—	—	—	—	—	—	—	—	—	—
龙江集团	—	—	—	—	—	—	—	—	—	—	—
上　海	—	—	—	—	—	—	—	—	—	—	—
江　苏	—	—	170	9	—	—	—	686	151	20535	—
浙　江	—	162	43361	13	—	754	1940	142267	—	60428	—
安　徽	220	3208	9743	356	5	1683	5433	15865	6300	68786	—
福　建	892	20928	72597	1145	124	12162	72299	153497	112	49134	119
江　西	355	16160	189020	268	123	5140	93164	6921	3255	25706	2
山　东	—	—	—	—	—	—	—	—	20465	218095	—
河　南	955	45802	8079	2557	1709	—	266	30	25339	112351	—
湖　北	4413	10315	9928	10669	814	1830	8334	3139	9051	128099	—
湖　南	3022	42523	374516	6703	10298	9282	32850	20026	3761	35545	101
广　东	29	5193	30470	253	—	1640	154593	17825	—	8637	342
广　西	71	60372	117363	133	142	2616	301943	18770	339	45951	—
海　南	—	—	—	—	—	58	3836	803	—	—	—
重　庆	794	20041	1991	3032	1461	2735	4795	5354	3272	5991	—
四　川	725	30314	2464	1953	1152	6290	2911	62190	59272	14105	126
贵　州	1328	81669	10558	2948	1943	4733	4882	9542	6840	12286	54
云　南	404	18883	4618	147	153	8901	79663	5555	91200	21277	1135
西　藏	—	—	—	—	—	—	—	—	622	—	—
陕　西	1047	12577	144	280	2289	2761	225	684	63790	30778	18
甘　肃	61	541	—	—	95	32	—	—	29675	2209	—
青　海	—	—	—	—	—	—	—	—	86	24	—
宁　夏	—	—	—	—	—	—	—	—	627	—	—
新　疆	—	—	—	—	—	—	—	—	31761	—	—
新疆兵团	—	—	—	—	—	—	—	—	140	—	—
大兴安岭	—	—	—	—	—	—	—	—	—	—	—

全国主要经济林产品、花卉生产情况

指　　标	单位	产　量
一、水果产量	**吨**	**82515458**
其中：苹果	吨	22638024
柑橘	吨	13354243
梨	吨	12928034
葡萄	吨	4854716
柿子	吨	2329812
二、干果产量	**吨**	**3495572**
其中：红枣	吨	1723188
山杏	吨	603017
三、林产饮料产品	**吨**	**936699**
其中：毛茶	吨	702615
可可豆	吨	368
咖啡	吨	33774
四、林产调料产品	**吨**	**360677**
其中：花椒	吨	181454
八角	吨	91444
桂皮	吨	62825
五、森林食品	**吨**	**4228491**
其中：食用菌	吨	1566041
山野菜	吨	409863
六、木本药材	**吨**	**750351**
七、花卉		
（一）切花切叶	万支	714992
1. 鲜切花	万支	663558
2. 鲜切叶	万支	45887
3. 干花	万支	5547
（二）盆栽植物	万盆	192887
1. 盆花	万盆	147920
2. 盆景	万盆	26226
3. 观叶植物	万盆	18741
（三）观赏苗木	千株	5134753
（四）食用及药用花卉（干重）	千克	23044624
（五）工业及其他用途花卉（鲜重）	千克	67033776
（六）花卉用种子	千克	637041
（七）花卉用种苗	千苗	2676227
（八）花卉用种球	千粒	1125239
（十）草坪	万平方米	18517
补充资料：		
1. 花卉市场	个	4467
2. 花卉企业	个	27576
其中：大中型企业	个	4942
3. 花农	户	856435
4. 花卉从业人员	人	2717759
其中：专业技术人员	人	209278
5. 控温温室面积	万平方米	1355
6. 日光温室面积	万平方米	5777
7. 遮荫棚	万平方米	11048

各地区主要经济林

地区	水果产量(吨)						干果产量(吨)		
	合计	其中					合计	其中	
		苹果	柑橘	梨	葡萄	柿子		红枣	山杏
全国合计	**82515458**	**22638024**	**13354243**	**12928034**	**4854716**	**2329812**	**3495572**	**1723188**	**603017**
北京	761188	138447	—	145759	50559	56871	45661	2948	6276
天津	245496	61894	470	18514	89797	12076	20533	18999	780
河北	9184789	2202273	—	3246220	863938	333382	971884	807577	25251
山西	2850944	2375318	—	240342	120126	50322	235195	197994	2356
内蒙古	354300	89490	—	55324	36693	—	24325	—	18567
内蒙古集团	—	—	—	—	—	—	148	—	—
辽宁	2440429	896413	—	488757	653788	10	198644	70891	59851
吉林	180567	31634	601	68644	60548	1030	1718	—	70
吉林集团	240	—	—	—	—	—	—	—	—
黑龙江	37637	20358	—	12447	1617	—	—	—	—
龙江集团	538	85	—	—	128	—	—	—	—
上海	336262	114	179826	18794	26680	2078	—	—	—
江苏	1967896	539982	28681	572137	160417	134275	27551	5949	49
浙江	3665740	2021	2004813	423145	244707	41969	67427	3685	1934
安徽	1244960	260912	11655	571924	158208	61681	144614	6915	695
福建	4793578	198	2153154	243224	59066	160475	6702	1112	2956
江西	1385440	1451	1005351	73940	5810	8758	3092	222	—
山东	14219645	8626170	—	1877217	784911	204896	680887	283892	148400
河南	4826419	2622612	20681	918567	333033	193407	188963	114546	8145
湖北	1954287	11664	1276418	342052	37373	41941	61105	9092	45
湖南	2529625	3486	1483801	82679	48851	7327	17588	15264	114
广东	5278036	170	1046648	31698	3793	90219	498	—	16
广西	4513690	974	1129670	98914	63039	408599	15974	5107	1678
海南	25786	—	2506	—	—	—	—	—	—
重庆	1321541	5754	942874	175117	19076	5968	5540	1104	108
四川	3418773	253114	1559384	534118	89752	30987	86731	3752	825
贵州	380805	19382	166301	132448	26411	16272	4064	816	159
云南	5652163	448395	296096	1279381	101010	273362	63047	21616	92
西藏	1329	930	5	238	5	151	149	—	149
陕西	4797242	2293924	40605	546957	125805	176761	100080	47267	16046
甘肃	1913278	1166140	4664	366761	77692	16995	166821	64125	68729
青海	4313	2048	39	1606	14	—	175	—	150
宁夏	359312	259914	—	12840	55278	—	59558	17197	4541
新疆	1869989	302842	—	348269	556720	—	297045	23118	235035
新疆兵团	429302	106257	—	127386	150956	—	11299	8518	2023
大兴安岭	—	—	—	—	—	—	—	—	—

产品、花卉生产情况(一)

林产饮料产品(吨)				林产调料产品(吨)				森林食品(吨)		
合计	其中			合计	其中			合计	其中	
	毛茶	可可豆	咖啡		花椒	八角	桂皮		食用菌	山野菜
936699	**702615**	**368**	**33774**	**360677**	**181454**	**91444**	**62825**	**4228491**	**1566041**	**409863**
—	—	—	—	310	310	—	—	691	677	—
—	—	—	—	—	—	—	—	—	—	—
—	—	—	—	11936	11936	—	—	38590	36662	1928
50030	—	—	—	5511	5489	—	—	583	558	25
16610	—	—	—	—	—	—	—	13548	8340	5195
20	—	—	—	—	—	—	—	4595	2591	2004
—	—	—	—	—	—	—	—	271876	173148	98661
—	—	—	—	—	—	—	—	50108	16017	30946
—	—	—	—	—	—	—	—	3370	931	1869
7182	—	—	—	—	—	—	—	42316	23665	18028
7182	—	—	—	—	—	—	—	32478	18333	13527
—	—	—	—	—	—	—	—	1870	1870	—
8877	8100	—	—	511	101	—	—	13133	9151	4
130383	127775	—	—	3605	—	—	—	1454009	450892	6598
38781	38598	—	—	77	28	5	44	97541	94194	1064
184826	184826	—	—	19056	14123	3565	55	1453681	322033	43029
9813	8623	—	—	504	111	41	194	65431	43213	7389
5477	5477	—	—	29139	29139	—	—	70474	69029	1445
48907	5217	—	—	16215	15641	533	—	87867	77184	9803
44899	44608	—	—	561	547	8	3	49088	45604	855
31901	27161	—	—	7288	3535	3264	416	199991	58319	116495
21489	18795	—	—	44503	—	1447	40906	13577	11456	—
20940	11631	—	—	99638	14	76462	20305	15794	5657	196
380	200	—	180	5718	—	—	—	359	359	—
10529	10500	10	—	12103	11056	23	16	23647	9728	702
94157	91698	—	—	20904	20157	305	43	133260	55760	16385
52570	9305	358	—	5129	5039	22	40	17332	6347	1838
148580	103232	—	33594	19900	7364	5769	803	27105	16737	5774
14	14	—	—	59	59	—	—	639	637	2
6500	6143	—	—	30186	30181	—	—	17549	13704	1098
2202	712	—	—	27723	26523	—	—	63776	11548	41299
—	—	—	—	83	83	—	—	—	—	—
—	—	—	—	18	18	—	—	—	—	—
1652	—	—	—	—	—	—	—	44	44	—
—	—	—	—	—	—	—	—	—	—	—
—	—	—	—	—	—	—	—	4612	3508	1104

各地区主要经济林

地区	木本药材（吨）	花							
		切花切叶（万支）				盆栽植物（万盆）			
		合计	鲜切花	鲜切叶	干花	合计	盆花	盆景	观叶植物
全国合计	**750351**	**714992**	**663558**	**45887**	**5547**	**192887**	**147920**	**26226**	**18741**
北京	162	5384	4934	—	450	3790	3557	213	20
天津	—	8534	8396	137	1	2416	2226	44	147
河北	642	14752	12909	1834	9	5936	4049	591	1296
山西	10221	44	43	1	—	682	506	99	77
内蒙古	12557	11395	11390	5	—	268	241	12	15
内蒙古集团	—	—	—	—	—	—	—	—	—
辽宁	7170	68980	68837	143	—	8487	8019	165	303
吉林	1757	708	708	—	—	1405	988	233	185
吉林集团	—	—	—	—	—	—	—	—	—
黑龙江	1289	—	—	—	—	73	69	3	1
龙江集团	1034	—	—	—	—	8	7	1	—
上海	—	31320	30975	345	—	6029	5364	326	339
江苏	16847	12481	9206	2993	282	7054	4738	809	1507
浙江	5910	58678	48294	9849	535	9324	4830	1660	2834
安徽	14758	1645	1499	125	21	1070	634	195	241
福建	21075	3	3	—	—	411	317	93	1
江西	66888	5468	4790	544	135	6431	5372	543	516
山东	3001	10984	9619	1320	45	15641	11953	2162	1527
河南	41431	8893	8870	11	12	4045	2534	463	1048
湖北	193285	3696	3327	278	90	3108	2049	602	457
湖南	158984	3508	2702	576	230	8402	2834	5262	305
广东	33986	108834	87116	20691	1028	16739	9642	1740	5356
广西	10075	4842	3832	97	913	2093	790	1221	82
海南	1003	288	139	143	6	292	113	21	157
重庆	20529	9503	6102	2397	1004	2049	1344	288	416
四川	58599	42180	39389	2146	646	71894	62659	8274	962
贵州	15269	6492	6226	213	53	1305	600	648	57
云南	20543	263884	262466	1413	4	1290	775	339	175
西藏	—	—	—	—	—	1	1	—	—
陕西	15775	2858	2328	530	—	1142	747	150	244
甘肃	3197	29280	29127	74	80	11041	10577	68	396
青海	205	153	153	—	—	16	14	—	1
宁夏	1560	17	17	—	—	103	83	—	20
新疆	13608	184	161	21	2	350	295	—	55
新疆兵团	88	—	—	—	—	27	4	—	23
大兴安岭	25	—	—	—	—	—	—	—	—

产品、花卉生产情况(二)

卉						
观赏苗木（千株）	食用及药用花卉（干重）（千克）	工业及其他用途花卉（鲜重）（千克）	花卉用种子（千克）	花卉用种苗（千苗）	花卉用种球（千粒）	草坪（万平方米）
5134753	**23044624**	**67033776**	**637041**	**2676227**	**1125239**	**18517**
44790	40002	—	2000	3384	9378	1041
558	—	—	—	—	130	20
251599	4435620	3000	4643	20805	47580	597
10496	20003	—	9365	122991	100068	38
20149	2250	1686050	40	1670	140	24
—	—	—	—	—	—	—
120437	—	—	1038	35436	20278	477
6509	—	3005000	305	1767	10	50
25	—	—	—	—	—	50
2216	—	70	1625	33831	—	51
2	—	70	—	240	—	—
5073	104	—	—	5010	—	863
1695476	5738265	1089650	16894	314928	261637	3198
1539892	6016422	685000	4676	64523	197815	1521
364693	79983	800	12920	803068	243163	720
36	88365	10905	1585	4086	26683	—
12289	283442	55840	20525	45545	7398	1220
335723	26164	2712	12728	31664	5046	425
194759	496480	2	210622	689209	13097	368
80468	5065	130	7350	317107	115050	369
55639	1753995	103925	9705	13269	308	3431
131721	306382	—	30320	37921	680	2694
4049	336600	48500000	170150	2540	720	406
1128	15	12	27	4660	3	4
57845	6030	6050	8105	7007	29402	324
117739	23337	4617430	107959	83718	15933	444
22273	2600	—	76	300	120	23
20745	2860500	7148000	1512	27081	7234	27
—	—	—	—	—	—	—
15955	1250	300	440	394	75	13
16099	21750	118900	2000	3407	18167	16
50	—	—	—	—	—	—
206	—	—	20	—	3	15
6140	500000	—	411	906	5121	139
146	—	—	—	—	—	12
—	—	—	—	—	—	—

各地区主要经济林产品、花卉生产情况(三)

地区	补充资料								
	花卉市场(个)	花卉企业(个)		花农(户)	花卉从业人员(人)		控温温室面积(万平方米)	日光温室面积(万平方米)	遮荫棚(万平方米)
		合计	其中:大中型企业		合计	其中:专业技术人员			
全国合计	**4467**	**27576**	**4942**	**856435**	**2717759**	**209278**	**1355**	**5777**	**11048**
北京	25	195	41	1232	8897	1036	81	150	67
天津	7	13	2	3299	6224	950	7	43	12
河北	250	379	32	60169	153203	7957	64	345	169
山西	61	184	14	2852	4789	814	6	177	6
内蒙古	37	27	—	655	1754	918	1	134	1
内蒙古集团	—	—	—	—	—	—	—	—	—
辽宁	1609	89	37	14894	35949	2011	305	1114	226
吉林	11	22	7	798	3392	240	11	18	4
吉林集团	—	—	—	—	6	5	—	—	—
黑龙江	—	1	—	21	158	10	2	—	—
龙江集团	—	1	—	21	158	10	2	—	—
上海	46	348	53	882	7594	967	255	187	117
江苏	126	4085	659	165885	545008	7215	45	194	525
浙江	109	5173	1240	117003	351024	11985	100	268	459
安徽	133	525	113	44680	109210	5164	6	82	269
福建	95	2402	226	29582	109907	4770	16	510	314
江西	161	870	87	9550	37905	2881	19	45	102
山东	250	1224	196	38761	149303	26591	190	577	159
河南	129	1694	141	105114	381905	8722	61	110	78
湖北	186	570	58	11997	59742	5630	14	55	141
湖南	474	496	213	17905	135082	88225	44	9	66
广东	101	4052	1268	31301	106691	11085	55	815	7290
广西	29	143	59	41162	107599	493	10	19	40
海南	14	117	25	526	2988	205	—	8	62
重庆	81	710	58	27169	77863	4129	5	16	34
四川	335	3460	308	93279	226194	14021	20	576	602
贵州	46	151	37	2565	6829	270	3	9	8
云南	23	307	39	25332	65519	668	10	27	222
西藏	—	15	—	—	40	27	—	—	—
陕西	35	76	4	3002	7029	1194	15	15	12
甘肃	61	198	22	6200	14022	889	7	83	46
青海	4	2	—	53	760	8	2	24	—
宁夏	3	5	1	54	164	44	1	6	—
新疆	26	43	2	513	1015	159	2	159	18
新疆兵团	2	11	—	34	301	21	—	138	14
大兴安岭	—	—	—	—	—	—	—	—	—

全国森林主要灾害情况

指标名称	单位	2005年	2004年	2005年比2004年增减(%)
一、森林火灾				
1. 火灾次数	次	11542	13466	-14.29
其中:重大火灾	次	16	38	-57.89
特大火灾	次	3	3	—
2. 火场总面积	公顷	290633	344211	-15.57
其中:受害森林面积	公顷	73701	142238	-48.18
3. 扑火经费	万元	13412.14	13278.49	1.01
4. 出动扑火人工数	工日	1666007	1799240	-7.40
5. 伤亡人数				
(1)受伤人数	人次	60	121	-50.41
(2)死亡人数	人	92	131	-29.77
二、森林病虫鼠害				
1. 发生面积	千公顷	9844	9448	4.19
2. 防治面积	千公顷	6619	6395	3.49
3. 防治率	%	67.23	67.69	-0.67
(一)森林病害				
1. 发生面积	千公顷	1014	758	33.80
2. 防治面积	千公顷	706	567	24.51
3. 防治率	%	69.64	74.83	-6.94
(二)森林虫害				
1. 发生面积	千公顷	7493	7440	0.71
其中:松毛虫	千公顷	938	1290	-27.28
杨树食叶害虫	千公顷	988	913	8.19
杨树蛀干害虫	千公顷	645	599	7.83
2. 防治面积	千公顷	5196	4949	5.01
其中:松毛虫	千公顷	696	1108	-37.19
杨树食叶害虫	千公顷	790	622	26.98
杨树蛀干害虫	千公顷	518	424	22.11
在防治面积中:				
化学防治	千公顷	1942	2048	-5.16
生物防治	千公顷	1008	915	10.18
3. 防治率	%	68.66	69.35	4.27
(三)森林鼠害				
1. 发生面积	千公顷	1337	1250	6.97
2. 防治面积	千公顷	716	880	-18.57
3. 防治率	%	53.56	70.36	-23.88

各地区森林

地区	森林火灾次数(次)					火场总面积(公顷)	受害森林面积(公顷)		
	合计	森林火警	一般火灾	重大火灾	特大火灾		合计	其中	
								天然林	人工林
全国合计	**11542**	**6574**	**4949**	**16**	**3**	**290633**	**73701**	**30435**	**36306**
北　京	11	10	1	—	—	37	8	—	8
天　津	16	16	—	—	—	27	2	—	2
河　北	251	226	25	—	—	2262	219	—	139
山　西	63	12	50	1	—	2302	1157	591	567
内蒙古	173	65	106	1	1	47229	4300	193	1205
辽　宁	230	186	44	—	—	541	130	8	122
吉　林	37	32	5	—	—	42	26	—	5
黑龙江	103	91	10	—	2	132248	24308	24308	—
上　海	—	—	—	—	—	—	—	—	—
江　苏	172	151	21	—	—	882	388	—	389
浙　江	718	130	586	2	—	11672	6945	—	3836
安　徽	325	185	140	—	—	2686	1169	—	1169
福　建	309	41	266	2	—	5220	3429	61	3368
江　西	355	60	295	—	—	9321	4627	529	4098
山　东	90	50	40	—	—	539	243	—	243
河　南	982	841	141	—	—	1694	507	76	431
湖　北	1055	721	331	3	—	6640	1709	141	1600
湖　南	3204	1589	1612	3	—	18868	12931	1789	11294
广　东	212	61	151	—	—	2780	1419	96	1385
广　西	688	351	337	—	—	13091	2467	6	2389
海　南	221	135	86	—	—	1128	542	96	458
重　庆	117	93	24	—	—	348	136	15	121
四　川	252	202	46	4	—	6818	2257	2046	211
贵　州	1148	765	383	—	—	8848	2045	197	1822
云　南	665	454	211	—	—	14664	2353	124	1224
西　藏	17	15	2	—	—	117	12	12	—
陕　西	73	49	24	—	—	434	268	136	132
甘　肃	4	4	—	—	—	9	1	—	1
青　海	7	2	5	—	—	84	82	—	77
宁　夏	16	10	6	—	—	57	10	—	11
新　疆	28	27	1	—	—	42	12	10	1

火灾情况(一)

损失林木		人员伤亡				其他损失折款（万元）	出动扑火人工（工日）	出动车辆(台)		出动飞机（架次）	扑火经费（万元）
成林蓄积（立方米）	幼林株数（万株）	计	轻伤	重伤	死亡			计	其中：汽车		
1244403	**73706**	**152**	**40**	**20**	**92**	**15028.77**	**1666007**	**90151**	**69959**	**469**	**13412.14**
—	1	—	—	—	—	—	1070	77	95	—	2.00
—	—	—	—	—	—	0.40	2090	184	184	—	11.08
320	8	—	—	—	—	8.56	29807	2237	2099	—	43.68
23940	58	6	1	—	5	313.71	45375	2984	2499	—	243.38
3453	16	—	—	—	—	11.24	75737	2321	1641	48	2071.13
51	246	1	—	—	1	42.72	14706	1564	1552	—	9.55
224	1	—	—	—	—	20.07	3100	278	275	4	24.26
—	—	—	—	—	—	—	32863	2060	1963	348	3462.30
—	—	—	—	—	—	—	—	—	—	—	—
4572	35	1	—	—	1	243.36	38101	2317	1876	—	383.19
165795	430	24	4	5	15	—	117646	7062	5424	—	609.64
29513	28	6	6	—	—	211.61	44151	2519	1782	—	93.59
80717	455	3	1	—	2	44.23	53149	4745	1905	—	247.57
84834	403	7	—	1	6	1275.38	78187	4922	3105	—	306.42
885	22	6	—	1	5	362.21	100426	7736	6315	—	795.23
927	50	—	—	—	—	207.99	33504	2735	2673	—	104.95
20599	251	20	1	1	18	72.14	66772	4935	4571	—	154.66
309064	63044	22	3	—	19	3192.92	234270	10994	10112	—	586.90
19549	1217	18	1	8	9	380.51	45556	4510	2180	—	515.81
153218	100	11	8	—	3	195.32	66377	7014	3708	32	231.96
3160	44	—	—	—	—	6.00	11639	1037	549	—	71.63
3662	11	2	—	—	2	53.22	27116	1110	910	—	38.62
200006	948	9	3	4	2	7305.45	328966	3920	2859	11	2801.81
35942	4939	5	3	—	2	661.86	65542	4190	3862	—	90.24
103190	1391	11	9	—	2	332.40	122585	7567	6821	26	468.04
—	—	—	—	—	—	66.24	14148	404	357	—	11.14
758	5	—	—	—	—	1.57	10006	467	467	—	20.26
—	—	—	—	—	—	—	350	40	40	—	0.59
—	2	—	—	—	—	11.27	501	6	6	—	—
—	—	—	—	—	—	—	665	71	7	—	—
23	—	—	—	—	—	8.40	1602	145	122	—	12.52

地区	合计	已查明火												
		生产性火源												
		计	烧荒烧炭	炼山造林	烧牧场	烧窑	烧隔离带	火车喷漏	火车甩瓦	机车喷火	其他	计	野外吸烟	取暖做饭
全国合计	**10034**	**4492**	**3350**	**265**	**45**	**7**	**11**	**2**	**—**	**4**	**808**	**5260**	**698**	**146**
北京	8	2	2	—	—	—	—	—	—	—	—	6	1	—
天津	16	5	5	—	—	—	—	—	—	—	—	9	6	—
河北	204	63	31	—	—	—	—	—	—	—	32	134	46	2
山西	36	17	2	—	15	—	—	—	—	—	—	18	7	1
内蒙古	153	21	15	—	—	—	—	1	—	2	3	119	9	—
辽宁	161	43	41	—	—	—	—	—	—	—	2	116	20	—
吉林	32	7	5	—	—	—	—	1	—	1	—	23	3	3
黑龙江	80	13	8	—	—	—	1	—	—	—	4	17	10	—
上海	—	—	—	—	—	—	—	—	—	—	—	—	—	—
江苏	163	11	7	—	—	—	—	—	—	—	4	147	16	3
浙江	647	222	206	15	—	1	—	—	—	—	—	421	43	9
安徽	304	62	58	3	—	—	—	—	—	—	1	237	14	2
福建	243	161	131	14	—	—	—	—	—	—	16	76	14	4
江西	345	170	150	15	—	—	—	—	—	—	5	169	16	2
山东	83	13	13	—	—	—	—	—	—	—	—	63	5	1
河南	838	550	157	6	4	—	3	—	—	—	380	273	70	13
湖北	848	320	287	15	—	—	—	—	—	—	18	524	86	5
湖南	2921	1437	1179	93	2	3	4	—	—	—	156	1473	104	12
广东	177	66	48	8	—	—	—	—	—	—	10	101	16	2
广西	590	346	238	54	8	1	2	—	—	—	43	203	35	5
海南	171	109	44	31	3	—	—	—	—	—	31	56	3	—
重庆	112	49	34	1	—	—	—	—	—	—	14	59	11	1
四川	212	70	60	4	1	—	1	—	—	—	4	119	26	11
贵州	964	407	371	3	9	—	—	—	—	—	24	544	48	18
云南	593	280	214	3	3	2	—	—	—	1	57	274	76	32
西藏	13	1	—	—	—	—	—	—	—	—	1	11	3	4
陕西	68	45	43	—	—	—	—	—	—	—	2	21	—	5
甘肃	3	—	—	—	—	—	—	—	—	—	—	3	1	—
青海	6	—	—	—	—	—	—	—	—	—	—	6	1	—
宁夏	16	1	1	—	—	—	—	—	—	—	—	15	4	—
新疆	27	1	—	—	—	—	—	—	—	—	1	23	4	11

火灾情况(二)

源	次	数										未查明火源次数	火案处理情况		
非生产性用火							故意放火	外省(区、市)烧入	外国烧入	雷击火	其他自然火		已处理起数	已处理人数	其中刑事处罚人数
上坟烧纸	烧山驱兽	小孩玩火	痴呆弄火	家火上山	电线引起	其他									
3006	**53**	**381**	**270**	**8**	**85**	**613**	**88**	**95**	**4**	**82**	**13**	**1508**	**7437**	**6934**	**1350**
5	—	—	—	—	—	—	—	—	—	—	—	3	8	8	1
3	—	—	—	—	—	—	—	2	—	—	—	—	9	10	—
51	1	3	5	—	—	26	2	5	—	—	—	47	143	107	15
7	—	—	2	—	—	1	—	—	—	1	—	27	4	4	4
105	—	—	1	—	1	3	—	3	—	10	—	20	92	101	18
79	—	6	1	—	2	8	2	—	—	—	—	69	84	66	10
13	—	—	3	—	—	1	2	—	—	—	—	5	35	93	1
—	—	—	—	—	—	7	2	—	—	48	—	23	64	16	—
—	—	—	—	—	—	—	—	—	—	—	—	—	—	—	—
97	—	7	4	—	1	19	—	4	—	—	1	9	98	112	4
328	1	6	12	1	8	13	1	1	—	—	2	71	520	489	178
182	—	8	4	—	1	26	—	5	—	—	—	21	183	177	61
35	1	2	9	—	6	5	5	—	—	1	—	66	190	179	126
125	4	7	1	1	2	11	—	4	—	1	1	10	328	304	108
47	—	2	1	—	—	7	1	6	—	—	—	7	42	47	13
86	2	32	6	1	1	62	3	11	—	1	—	144	580	374	8
272	—	50	15	—	3	93	1	3	—	—	—	207	694	687	43
1072	4	57	61	2	9	152	2	8	—	—	1	283	2313	2173	456
20	3	10	24	—	4	22	2	3	—	—	5	35	133	105	13
82	11	4	30	1	9	26	22	19	—	—	—	98	404	376	91
10	10	3	—	—	—	30	4	1	—	1	—	50	39	51	5
22	—	12	5	1	2	5	—	1	—	2	1	5	97	96	12
21	—	25	11	1	8	16	9	4	—	10	—	40	167	172	6
303	7	97	23	—	5	43	4	8	—	1	—	184	546	521	60
18	9	42	50	—	21	26	26	7	3	2	1	72	587	575	95
—	—	1	—	—	1	2	—	—	—	1	—	4	7	17	10
15	—	1	—	—	—	—	—	—	—	1	1	5	60	61	11
1	—	1	—	—	—	—	—	—	—	—	—	1	1	1	—
—	—	2	1	—	—	2	—	—	—	—	—	1	2	5	—
7	—	1	—	—	—	3	—	—	—	—	—	—	7	7	1
—	—	2	1	—	1	4	—	—	1	2	—	1	—	—	—

各地区森林病虫鼠害

地区	森林病虫害防治检疫机构								
	省级		地级		县级		检疫员		
	站数	人数	站数	人数	站数	人数	合计	专职人员	兼职人员
全国合计	**34**	**619**	**358**	**2862**	**2646**	**16153**	**29816**	**12231**	**17585**
北京	1	25	—	—	13	150	549	135	414
天津	1	7	—	—	12	118	116	78	38
河北	1	17	15	126	153	986	1405	827	578
山西	1	18	21	95	103	365	1013	707	306
内蒙古	1	11	14	383	130	1197	1323	646	677
辽宁	1	33	14	109	67	427	1095	416	679
吉林	1	11	9	70	73	407	1209	346	863
黑龙江	2	10	19	113	116	480	1305	439	866
龙江集团	1	1	4	18	42	200	193	193	—
上海	1	55	—	—	10	163	132	92	40
江苏	1	8	13	128	81	715	428	306	122
浙江	1	17	11	65	79	414	1477	519	958
安徽	1	37	17	104	82	401	1738	532	1206
福建	1	14	9	40	71	297	1021	570	451
江西	1	53	11	78	96	434	1934	709	1225
山东	1	20	17	116	140	946	1608	619	989
河南	1	17	18	148	137	919	1196	626	570
湖北	1	16	13	114	81	583	790	272	518
湖南	1	9	14	105	111	1670	1352	328	1024
广东	1	24	21	98	94	439	800	306	494
广西	1	15	14	92	105	493	675	412	263
海南	1	4	1	3	16	60	113	78	35
重庆	1	51	—	—	34	202	577	193	384
四川	1	13	21	121	179	820	1306	464	842
贵州	1	10	9	52	89	385	1857	477	1380
云南	1	14	16	117	131	599	1783	489	1294
西藏	1	6	6	36	72	144	—	—	—
陕西	1	16	12	186	112	893	1108	729	379
甘肃	1	32	16	181	109	626	858	404	454
宁夏	1	17	5	38	15	75	116	73	43
青海	1	4	6	31	28	171	349	172	177
新疆	2	17	16	113	97	504	500	223	277
新疆兵团	1	5	—	—	1	168	46	—	46
大兴安岭	1	18	—	—	10	70	83	44	39

防治检疫机构情况

单位:个、人

森林病虫害基层测报机构						
基层测报站、点				测报员		
合计	国家级	省级	一般	合计	专职人员	兼职人员
25861	**1000**	**1050**	**23811**	**54661**	**9487**	**45174**
513	11	502	—	180	60	120
122	9	4	109	207	157	50
1944	37	16	1891	2515	537	1978
431	34	11	386	926	167	759
529	44	35	450	2340	408	1932
265	44	12	209	2869	124	2745
758	33	10	715	1326	296	1030
921	48	54	819	2016	412	1604
354	11	35	308	491	158	333
70	7	13	50	102	37	65
387	31	20	336	652	192	460
1016	42	12	962	2388	245	2143
1142	37	10	1095	1816	334	1482
913	40	46	827	1504	300	1204
2616	36	44	2536	2652	306	2346
1064	43	25	996	2344	577	1767
1530	38	12	1480	2499	698	1801
914	36	33	845	1602	241	1361
1250	40	—	1210	2280	314	1966
869	43	—	826	3114	606	2508
1759	39	11	1709	4315	589	3726
138	10	—	128	166	56	110
337	24	16	297	3815	693	3122
1643	40	9	1594	4082	458	3624
593	35	75	483	1519	232	1287
1935	35	1	1899	3427	410	3017
78	3	—	75	—	—	—
747	35	45	667	1422	352	1070
418	35	20	363	786	221	565
82	16	3	63	267	72	195
155	29	—	126	267	84	183
655	38	11	606	1155	267	888
16	5	11	—	117	72	45
67	8	—	59	108	42	66

各地区森林病虫

地　区	发生面积				寄主树种面积	发生率(%)
	总计	轻度	中度	重度		
全国合计	**9844202**	**6001410**	**2763932**	**1078867**	**199253185**	**4.94**
北　京	36027	31927	3627	473	453420	7.95
天　津	30014	21760	6807	1447	63240	47.46
河　北	341526	224013	89660	27853	3655333	9.34
山　西	298788	163227	110361	25201	1316880	22.69
内蒙古	634667	298000	252666	84001	16475333	3.85
辽　宁	447041	291100	118934	37007	4657333	9.60
吉　林	241599	137539	62740	41320	8060000	3.00
黑龙江	443528	124487	264420	54621	15032000	2.95
龙江集团	214668	28667	158000	28001	8406667	2.55
上　海	13874	12500	1347	27	52000	26.68
江　苏	85066	45927	14793	24346	774100	10.99
浙　江	74492	55886	12713	5893	5539200	1.34
安　徽	261512	189086	56200	16226	4034827	6.48
福　建	293080	201260	63933	27887	7476400	3.92
江　西	405587	262807	85093	57687	9533333	4.25
山　东	551206	437733	91020	22453	3257673	16.92
河　南	449019	349960	75786	23273	3602180	12.47
湖　北	258467	202253	41547	14667	8628667	3.00
湖　南	219079	147746	56833	14500	9580933	2.29
广　东	737393	515566	170907	50920	9656213	7.64
广　西	299714	200267	64213	35234	10896447	2.75
海　南	250053	104373	109165	36515	1850867	13.51
重　庆	145333	66666	43333	35334	2237333	6.50
四　川	688774	348961	210966	128847	13999307	4.92
贵　州	272001	185334	62667	24000	6133333	4.43
云　南	404666	202000	130666	72000	12873333	3.14
西　藏	91000	91000	—	—	7290000	1.25
陕　西	658913	414933	158260	85720	8488467	7.76
甘　肃	251226	140353	76820	34053	2918400	8.61
青　海	227687	130560	68847	28287	2511007	9.07
宁　夏	317320	205400	97760	14160	908920	34.91
新　疆	321047	185106	93320	42621	10943333	2.93
新疆兵团	79335	55334	11334	12667	276667	28.68
大兴安岭	94501	13680	68527	12294	6353373	1.49

鼠害防治情况

单位:公顷

防治面积						防治率（%）
总计	化学防治	仿生制剂	人工防治	生物防治	其他	
6618676	**2600389**	**845569**	**1653669**	**1087310**	**431749**	**67.23**
34606	7646	18573	1440	5733	1214	96.06
27740	11180	14600	1553	407	—	92.42
288513	110947	99740	41206	12587	24033	84.48
125513	79040	4493	27214	11380	3387	42.01
606001	132666	87333	123334	203333	59333	95.48
359294	88100	75207	75026	96947	24013	80.37
137995	50721	10180	55454	15027	6613	57.12
403048	161013	86887	91061	49820	14267	90.87
207333	112000	32000	38666	14000	10667	96.58
13874	10154	1893	1420	387	20	100.00
53246	39267	233	7713	6033	—	62.59
69325	13360	4993	26966	17660	6346	93.06
210368	108640	10367	40807	38994	11560	80.44
180946	27780	5886	68593	55667	23020	61.74
265994	58873	29320	120747	25887	31167	65.58
463020	291573	45040	65560	52314	8533	84.00
348733	180480	119980	39007	7126	2140	77.67
195687	82253	33347	27127	51513	1447	75.71
156293	100573	5760	8554	18293	23113	71.34
86127	14727	18513	30227	22373	287	11.68
77334	10580	2653	4053	52954	7094	25.80
225048	—	167241	—	57807	—	90.00
115333	13333	6000	39333	48000	8667	79.36
665447	169514	85620	213126	70180	127007	96.61
227333	18000	12667	138666	46000	12000	83.58
298665	135999	18667	104000	31333	8666	73.81
—	—	—	—	—	—	—
228140	87253	4840	126187	2673	7187	34.62
203648	145280	3454	48994	5613	307	81.06
131214	58713	15207	45007	4907	7380	57.63
78198	38870	33	38561	267	467	24.64
261054	131727	5207	42733	68907	12480	81.31
45334	15334	—	6667	23333	—	57.14
80939	54886	18866	—	7187	—	85.65

各地区森林病害防治情况

单位:公顷

地区	发生面积				防治面积						防治率(%)
	总计	轻度	中度	重度	总计	化学防治	仿生制剂	人工防治	生物防治	其他	
全国合计	**1014022**	**621561**	**272032**	**120429**	**706157**	**410505**	**24360**	**222140**	**29054**	**20098**	**69.64**
北京	147	147	—	—	133	93	33	—	—	7	90.48
天津	1294	1047	247	—	1273	1013	200	60	—	—	98.38
河北	16447	11360	4640	447	11700	9227	1087	1233	140	13	71.14
山西	1987	1313	207	467	1173	773	—	400	—	—	59.03
内蒙古	14000	10667	3333	—	12667	8667	1333	2667	—	—	90.48
辽宁	29994	19087	8567	2340	20747	10700	1187	6713	667	1480	69.17
吉林	87747	47553	24307	15887	26507	16967	—	6340	767	2433	30.21
黑龙江	32727	10027	21453	1247	28360	22860	—	5347	—	153	86.66
龙江集团	17334	2667	14000	667	16666	15333	—	1333	—	—	96.15
上海	1093	973	120	—	1093	1093	—	—	—	—	100.00
江苏	20666	1300	893	18473	2780	1847	—	933	—	—	13.45
浙江	29086	21213	5693	2180	28466	1953	220	20093	2527	3673	97.87
安徽	22506	15513	6100	893	20520	11313	220	7947	667	373	91.18
福建	25014	22927	1720	367	22206	2193	2133	14320	2227	1333	88.77
江西	82867	63007	11773	8087	47820	11153	1240	29807	1000	4620	57.71
山东	163420	125000	31307	7113	130120	105460	220	15133	8307	1000	79.62
河南	78740	60167	15013	3560	67586	45860	6960	12580	1813	373	85.83
湖北	21587	18413	2527	647	17613	10833	2160	1887	2733	—	81.59
湖南	7366	5880	1153	333	7327	6900	—	427	—	—	99.47
广东	26166	20093	5100	973	22553	3060	2433	14807	2253	—	86.19
广西	38034	23907	10680	3447	2454	727	—	853	47	827	6.45
海南	2000	1500	—	500	—	—	—	—	—	—	—
重庆	37333	11333	15333	10667	22667	4000	—	18667	—	—	60.72
四川	79827	30827	30893	18107	71273	45067	420	23573	1713	500	89.28
贵州	13334	8667	4667	—	12000	2000	667	9333	—	—	90.00
云南	59333	26667	23333	9333	56666	29333	2667	20000	3333	1333	95.51
西藏	6667	6667	—	—	—	—	—	—	—	—	—
陕西	26460	15380	6733	4347	11660	6113	200	5247	100	—	44.07
甘肃	39906	21433	14840	3633	30167	29480	27	167	493	—	75.60
青海	23400	12113	7540	3747	11593	6653	400	2733	227	1580	49.54
宁夏	553	200	353	—	67	67	—	—	—	—	12.12
新疆	7800	4613	1980	1207	3440	2107	20	873	40	400	44.10
新疆兵团	3334	2000	667	667	—	—	—	—	—	—	—
大兴安岭	16521	2567	11527	2427	13526	12993	533	—	—	—	81.87

各地区森林虫害防治情况

单位:公顷

地　区	发生面积				防治面积						防治率(%)
	总计	轻度	中度	重度	总计	化学防治	仿生制剂	人工防治	生物防治	其他	
全国合计	**7492856**	**4653423**	**2033524**	**805916**	**5196294**	**192311**	**734546**	**1132934**	**1008108**	**378396**	**69.35**
北　京	35880	31780	3627	473	34473	7553	18540	1440	5733	1207	96.08
天　津	28720	20713	6560	1447	26467	10167	14400	1493	407	—	92.16
河　北	318759	208273	83953	26533	271653	99420	98653	37120	12447	24013	85.22
山　西	279220	155567	101647	22007	121220	76847	4493	25114	11380	3387	43.41
内蒙古	536666	246000	218000	72667	525334	111333	64667	108000	189334	52000	97.89
辽　宁	403593	262513	107340	33740	332941	76000	74020	64240	96280	22400	82.49
吉　林	138566	76633	37280	24653	107801	30807	10047	48994	13840	4113	77.80
黑龙江	185914	62347	106540	17027	160754	50880	27280	50187	31140	1267	86.47
龙江集团	51334	8667	38000	4667	45999	28000	1333	9333	7333	—	89.61
上　海	12781	11527	1227	27	12781	9061	1893	1420	387	20	100.00
江　苏	64400	44627	13900	5873	50466	37420	233	6780	6033	—	78.36
浙　江	45406	34673	7020	3713	40859	11407	4773	6873	15133	2673	89.99
安　徽	239006	173573	50100	15333	189848	97327	10147	32860	38327	11187	79.43
福　建	268066	178333	62213	27520	158740	25587	3753	54273	53440	21687	59.22
江　西	321873	199620	72653	49600	218174	47720	28080	90940	24887	26547	67.78
山　东	387786	312733	59713	15340	332900	186113	44820	50427	44007	7533	85.85
河　南	370279	289793	60773	19713	281147	134620	113020	26427	5313	1767	75.93
湖　北	230453	178213	38353	13887	171647	71420	31187	18813	48780	1447	74.48
湖　南	207380	140533	52680	14167	148966	93673	5760	8127	18293	23113	71.83
广　东	711227	495473	165807	49947	63574	11667	16080	15420	20120	287	8.94
广　西	261640	176340	53520	31780	74847	9853	2653	3167	52907	6267	28.61
海　南	248053	102873	109165	36015	225048	167241	—	—	57807	—	90.73
重　庆	94000	47333	24000	22667	83333	9333	6000	11333	48000	8667	88.65
四　川	580987	302087	171693	107207	571020	120647	85200	176153	66180	122840	98.28
贵　州	226667	156000	50000	20667	193999	15333	12000	109333	46000	11333	85.59
云　南	340000	171333	106000	62667	236666	101333	16000	84000	28000	7333	69.61
西　藏	17667	17667	—	—	—	—	—	—	—	—	—
陕　西	351960	226920	79647	45393	124647	72500	3847	43247	2573	2480	35.42
甘　肃	137446	77413	40093	19940	109760	88853	3427	12160	5120	200	79.86
青　海	71360	42954	22940	5473	45486	20853	14540	4847	1113	4133	63.74
宁　夏	83853	63700	17260	2893	26450	17570	33	8113	267	467	31.54
新　疆	251500	140920	78813	31767	219700	108113	5067	31633	64860	10027	87.36
新疆兵团	36001	26667	4667	4667	26000	2667	—	—	23333	—	72.22
大兴安岭	41747	4960	31007	5780	35593	21660	13933	—	—	—	85.26

各地区森林鼠害防治情况

单位:公顷

地区	发生面积				防治面积						防治率(%)
	总计	轻度	中度	重度	总计	化学防治	仿生制剂	人工防治	生物防治	其他	
全国合计	**1337324**	**726426**	**458376**	**152522**	**716225**	**247574**	**86653**	**298595**	**50148**	**33255**	**53.56**
北京	—	—	—	—	—	—	—	—	—	—	—
天津	—	—	—	—	—	—	—	—	—	—	—
河北	6320	4380	1067	873	5160	2300	—	2853	—	7	81.65
山西	17581	6347	8507	2727	3120	1420	—	1700	—	—	17.75
内蒙古	84001	41333	31334	11334	68000	12667	21333	12667	14000	7333	80.95
辽宁	13454	9500	3027	927	5606	1400	—	4073	—	133	41.67
吉林	15286	13353	1153	780	3687	2947	133	120	420	67	24.12
黑龙江	224887	52113	136427	36347	213934	87273	59607	35527	18680	12847	95.13
龙江集团	146000	17333	106000	22667	144668	68667	30667	28000	6667	10667	99.09
上海	—	—	—	—	—	—	—	—	—	—	—
江苏	—	—	—	—	—	—	—	—	—	—	—
浙江	—	—	—	—	—	—	—	—	—	—	—
安徽	—	—	—	—	—	—	—	—	—	—	—
福建	—	—	—	—	—	—	—	—	—	—	—
江西	847	180	667	—	—	—	—	—	—	—	—
山东	—	—	—	—	—	—	—	—	—	—	—
河南	—	—	—	—	—	—	—	—	—	—	—
湖北	6427	5627	667	133	6427	—	—	6427	—	—	100.00
湖南	4333	1333	3000	—	—	—	—	—	—	—	—
广东	—	—	—	—	—	—	—	—	—	—	—
广西	40	20	13	7	33	—	—	33	—	—	82.50
海南	—	—	—	—	—	—	—	—	—	—	—
重庆	14000	8000	4000	2000	9333	—	—	9333	—	—	66.66
四川	27960	16047	8380	3533	23154	3800	—	13400	2287	3667	82.81
贵州	32000	20667	8000	3333	21334	667	—	20000	—	667	66.67
云南	5333	4000	1333	—	5333	5333	—	—	—	—	100.00
西藏	66667	66667	—	—	—	—	—	—	—	—	—
陕西	280493	172633	71880	35980	91833	8640	793	77693	—	4707	32.74
甘肃	73874	41507	21887	10480	63721	26947	—	36667	—	107	86.26
青海	132927	75493	38367	19067	74135	31207	267	37427	3567	1667	55.77
宁夏	232914	141500	80147	11267	51681	21233	—	30448	—	—	22.19
新疆	61747	39573	12527	9647	37914	21507	120	10227	4007	2053	61.40
新疆兵团	40000	26667	6000	7333	19334	12667	—	6667	—	—	48.34
大兴安岭	36233	6153	25993	4087	31820	20233	4400	—	7187	—	87.82

各地区松毛虫防治情况

单位:公顷

地区	发生面积				防治面积						防治率(%)
	总计	轻度	中度	重度	总计	化学防治	仿生制剂	人工防治	生物防治	其他	
全国合计	**937850**	**664267**	**198322**	**75261**	**695873**	**137937**	**103780**	**103005**	**295927**	**55224**	**74.20**
北京	1853	1853	—	—	1787	—	—	867	—	920	96.44
天津	—	—	—	—	—	—	—	—	—	—	—
河北	44254	29127	11467	3660	34773	5667	19613	8893	—	600	78.58
山西	31506	22293	5860	3353	9800	5620	1000	1600	1580	—	31.11
内蒙古	55333	33333	16000	6000	51303	12334	8200	10333	8100	12336	92.72
辽宁	92333	56793	25013	10527	70834	15247	4753	16807	27567	6460	76.72
吉林	1706	1633	73	—	1413	300	—	—	113	1000	82.83
黑龙江	34834	18500	13947	2387	30147	7167	2367	2893	17453	267	86.54
龙江集团	15333	5333	9333	667	13332	5333	1333	1333	5333	—	86.95
上海	—	—	—	—	—	—	—	—	—	—	—
江苏	4654	3227	1427	—	2900	2767	—	133	—	—	62.31
浙江	1733	1420	313	—	900	213	60	227	240	160	51.93
安徽	48714	37727	8087	2900	35626	8373	1067	4993	19413	1780	73.13
福建	44327	42087	2120	120	41379	1087	473	333	39173	313	93.35
江西	51793	39853	8200	3740	45648	5147	16147	3307	19340	1707	88.14
山东	37406	30473	6333	600	34893	11007	6793	4733	10100	2260	93.28
河南	27913	22280	5200	433	5041	3367	1340	247	67	20	18.06
湖北	83661	67247	12867	3547	50073	10000	9160	2360	27953	600	59.85
湖南	107407	82440	20780	4187	58133	12827	3093	4333	15127	22753	54.12
广东	16440	15327	1100	13	14973	1133	7593	333	5767	147	91.08
广西	49374	41220	5367	2787	48988	3187	1967	—	43687	147	99.22
海南	—	—	—	—	—	—	—	—	—	—	—
重庆	52000	24000	14667	13333	47334	667	4667	4000	38000	—	91.03
四川	40733	29240	8713	2780	37913	6353	5820	16040	7680	2020	93.08
贵州	20001	16667	2667	667	17334	2000	667	10667	3333	667	86.67
云南	73334	44000	22667	6667	46668	20667	8000	6667	10667	667	63.64
西藏	—	—	—	—	—	—	—	—	—	—	—
陕西	13474	2127	4187	7160	6680	1807	133	3773	567	400	49.58
甘肃	1667	667	600	400	1333	1000	—	333	—	—	79.96
青海	—	—	—	—	—	—	—	—	—	—	—
宁夏	—	—	—	—	—	—	—	—	—	—	—
新疆	—	—	—	—	—	—	—	—	—	—	—
新疆兵团	—	—	—	—	—	—	—	—	—	—	—
大兴安岭	1400	733	667	—	—	—	—	—	—	—	

各地区杨树食叶害虫防治情况

单位:公顷

地区	发生面积				防治面积						防治率(%)
	总计	轻度	中度	重度	总计	化学防治	仿生制剂	人工防治	生物防治	其他	
全国合计	**987871**	**673288**	**230097**	**84486**	**790222**	**361899**	**220654**	**85128**	**93161**	**29380**	**79.99**
北　京	12620	11920	600	100	12381	1460	8087	27	2567	240	98.11
天　津	6833	4873	1620	340	6647	4527	1593	120	407	—	97.28
河　北	108187	76987	26333	4867	101159	47133	18113	17213	3853	14847	93.50
山　西	487	87	400	—	173	173	—	—	—	—	35.52
内蒙古	90000	35333	34000	20667	58000	12000	40000	4000	667	1333	64.44
辽　宁	16953	9247	5693	2013	10214	3727	2720	—	3100	667	60.25
吉　林	9906	9053	660	193	9553	353	7860	1300	40	—	96.44
黑龙江	15860	6447	5013	4400	13319	8333	3353	20	1593	20	83.98
龙江集团	—	—	—	—	—	—	—	—	—	—	—
上　海	1360	1240	120	—	894	827	20	—	47	—	65.74
江　苏	—	—	—	—	—	—	—	—	—	—	—
浙　江	93	47	33	13	87	87	—	—	—	—	93.55
安　徽	81913	61160	17753	3000	67285	41493	3693	8253	10793	3053	82.14
福　建	—	—	—	—	—	—	—	—	—	—	—
江　西	10253	7793	1920	540	7493	5940	1073	420	—	60	73.08
山　东	158993	127480	27173	4340	134919	81993	28373	11500	10920	2133	84.86
河　南	147933	123007	19833	5093	133307	45187	81193	6627	160	140	90.11
湖　北	63787	45767	13540	4480	53647	28147	16280	2033	6727	460	84.10
湖　南	9500	3500	4380	1620	9500	9450	50	—	—	—	100.00
广　东	—	—	—	—	—	—	—	—	—	—	—
广　西	—	—	—	—	—	—	—	—	—	—	—
海　南	—	—	—	—	—	—	—	—	—	—	—
重　庆	1333	—	1333	—	667	667	—	—	—	—	50.04
四　川	6773	4947	1353	473	5207	2547	233	1633	227	567	76.88
贵　州	667	667	—	—	667	—	—	667	—	—	100.00
云　南	667	667	—	—	667	—	—	—	667	—	100.00
西　藏	13333	13333	—	—	—	—	—	—	—	—	—
陕　西	49293	19480	17020	12793	994	67	—	667	200	60	2.02
甘　肃	22773	12993	6460	3320	19827	14767	1440	2727	893	—	87.06
青　海	15587	9000	6380	207	11607	5567	3960	427	—	1653	74.47
宁　夏	22067	17907	3960	200	20508	15841	—	4667	—	—	92.94
新　疆	120700	70353	34520	15827	111500	31613	2613	22827	50300	4147	92.38
新疆兵团	25334	20000	2667	2667	20000	—	—	—	20000	—	78.95
大兴安岭	—	—	—	—	—	—	—	—	—	—	—

各地区杨树蛀干害虫防治情况

单位:公顷

地　　区	发生面积				防治面积						防治率(%)
	总计	轻度	中度	重度	总计	化学防治	仿生制剂	人工防治	生物防治	其他	
全国合计	**645473**	**398205**	**187675**	**59593**	**517566**	**247448**	**39488**	**173723**	**42521**	**14386**	**80.18**
北　京	13	13	—	—	13	—	—	13	—	—	100.00
天　津	3254	1940	1047	267	3227	2567	527	133	—	—	99.17
河　北	28154	17780	9007	1367	22754	12347	3060	5520	287	1540	80.82
山　西	8687	4667	2267	1753	4160	2127	—	2013	—	20	47.89
内蒙古	46666	31333	1000	5333	40666	11333	667	23333	5333	—	87.14
辽　宁	78774	49587	22747	6440	66000	36320	2320	10887	13840	2633	83.78
吉　林	71566	37700	19473	14393	61426	9933	1360	45300	1720	3113	85.83
黑龙江	77953	20260	53020	4673	68354	7700	19967	36107	3847	733	87.69
龙江集团	—	—	—	—	—	—	—	—	—	—	—
上　海	100	93	7	—	100	70	—	30	—	—	100.00
江　苏	8047	5020	2140	887	5286	5253	—	33	—	—	65.69
浙　江	—	—	—	—	—	—	—	—	—	—	—
安　徽	66900	43180	16987	6733	51801	32467	2147	9180	3647	4360	77.43
福　建	—	—	—	—	—	—	—	—	—	—	—
江　西	6159	5433	713	13	4933	1447	93	2913	—	480	80.09
山　东	66034	52860	9707	3467	51674	34687	5227	3520	8107	133	78.25
河　南	30780	22293	6620	1867	23733	14107	313	5913	3400	—	77.11
湖　北	39233	28273	8673	2287	35166	22053	813	12220	—	80	89.63
湖　南	16374	16347	27	—	16007	16007	—	—	—	—	97.76
广　东	—	—	—	—	—	—	—	—	—	—	—
广　西	—	—	—	—	—	—	—	—	—	—	—
海　南	—	—	—	—	—	—	—	—	—	—	—
重　庆	—	—	—	—	—	—	—	—	—	—	—
四　川	2973	2333	373	267	2387	747	—	1307	253	80	80.29
贵　州	11334	6667	2667	2000	7333	1333	—	4000	1333	667	64.70
云　南	—	—	—	—	—	—	—	—	—	—	—
西　藏	333	333	—	—	—	—	—	—	—	—	—
陕　西	22140	15393	5127	1620	12501	4887	—	7327	—	287	56.46
甘　肃	37653	22380	10640	4633	28254	26867	280	927	47	133	75.04
青　海	15274	9400	4527	1347	7067	2713	2587	1120	520	127	46.27
宁　夏	5026	3520	1293	213	2700	1333	—	1367	—	—	53.72
新　疆	2046	1400	613	33	2024	1150	127	560	187	—	98.92
新疆兵团	—	—	—	—	—	—	—	—	—	—	—
大兴安岭	—	—	—	—	—	—	—	—	—	—	

林业系统各地区

地区	森林公园个数（个）	森林公园总面积（公顷）	其中国家森林公园个数(处)	其中国家森林公园面积（公顷）	森林公园			
					收入总额（万元）	其中旅游收入		
						合计（万元）	门票收入（万元）	食宿收入（万元）
全国合计	**1928**	**15134174.70**	**627**	**11051517.30**	**1022488.00**	**839857.85**	**215686.46**	**321564.17**
北京	19	57801.81	12	52309.94	8673.10	8674.10	2471.00	4788.80
天津	3	5035.80	1	2126.00	195.00	195.00	170.00	20.00
河北	57	384645.95	20	242760.76	18393.00	13000.00	8400.19	3499.96
山西	38	450037.45	18	383196.39	13876.54	13876.54	3497.61	7263.82
内蒙古	43	1035167.46	25	848235.53	4015.24	3201.65	987.46	1284.00
内蒙古集团	8	400927.00	8	400927.00	836.51	818.22	213.15	402.41
辽宁	61	210764.63	27	133789.33	32963.40	32852.40	5284.50	17646.90
吉林	37	2438600.73	23	2025988.07	17255.76	16375.66	3629.00	6145.02
黑龙江	94	1863947.66	50	1582987.99	23522.99	3415.66	9666.22	3371.21
龙江集团	41	1322472.63	22	1178543.63	13998.33	13998.33	2215.92	6527.82
上海	4	1952.10	4	1952.10	3052.20	1962.20	1246.20	—
江苏	45	78522.41	13	30876.13	159751.24	79497.24	18348.00	9360.00
浙江	87	319156.71	29	181759.03	136428.00	136428.00	23986.00	63040.00
安徽	43	128634.86	28	102889.60	—	7835.10	2999.90	3509.10
福建	63	150928.67	19	94072.22	12418.05	8853.86	1931.16	4035.41
江西	75	390513.40	33	305253.27	54594.88	50294.23	13143.41	24221.66
山东	144	304797.08	35	165734.88	80817.76	77413.29	35191.32	28628.79
河南	85	208165.50	24	98927.99	23347.83	23280.21	12049.42	4595.18
湖北	74	367900.84	22	239126.37	23738.00	17764.56	3783.82	7633.33
湖南	66	220753.82	26	121686.76	65007.00	48641.00	18075.00	16113.50
广东	369	929312.23	20	192223.04	140784.28	76316.41	15214.98	41263.78
广西	44	249600.82	19	206344.43	19228.80	18696.70	2945.79	3607.84
海南	10	152575.69	7	107842.32	—	3304.87	56.00	3248.87
重庆	69	176699.83	22	135275.82	52193.79	52184.59	14221.15	27490.00
四川	86	743799.69	28	636787.43	86021.00	84102.99	5355.77	24198.43
贵州	50	220184.27	19	137737.13	8126.44	3921.14	704.67	1639.99
云南	40	147145.92	27	112641.62	6480.69	6480.89	4186.73	649.37
西藏	7	1300822.00	7	1300822.00	7800.00	7800.00	3120.00	2340.00
陕西	73	273850.19	23	117934.37	13313.20	13307.90	8305.92	1952.86
甘肃	73	780692.36	21	434648.25	6946.23	6530.75	1729.32	2382.54
青海	13	424456.60	7	293296.60	82.30	82.30	31.80	37.50
宁夏	4	28587.00	4	28587.00	1449.28	1449.28	564.28	325.00
新疆	51	973780.95	13	618364.66	2012.00	2012.00	640.40	976.30
大兴安岭	1	115340.27	1	115340.27	—	—	—	—

森林公园主要指标(一)

收入情况		旅游接待人数		本年度投入资金				环境保护投入（万元）
娱乐收入（万元）	其他收入（万元）	旅游总人数（万人）	海外旅游者（万人）	合计（万元）	国投（万元）	自筹（万元）	引资（万元）	
91478.21	**210468.51**	**17427.19**	**541.73**	**780903.16**	**165031.45**	**279303.32**	**328006.39**	**60220.51**
400.00	1014.30	272.80	4.40	12071.00	12011.00	60.00	—	3571.00
—	5.00	10.80	0.30	325.00	—	225.00	100.00	60.00
509.75	590.10	550.00	5.00	26464.00	5269.00	14013.00	7182.00	2404.44
2198.53	916.58	277.20	1.24	29705.26	4226.50	4890.76	20588.00	921.20
331.29	598.90	160.50	1.46	7619.16	1182.00	3437.16	3000.00	329.70
110.79	91.87	14.50	0.46	520.30	232.00	288.30	—	23.70
2100.00	7821.50	599.00	5.50	30099.80	970.00	19699.80	9430.00	606.00
2660.74	3940.90	406.27	10.34	27346.90	940.00	9586.90	16820.00	1515.90
3371.21	7069.90	327.74	5.65	15771.90	3769.00	7906.00	4096.90	1467.40
2073.31	3181.28	123.53	1.95	9752.20	2283.00	4749.20	2720.00	1181.40
—	—	90.96	1.56	324.80	174.80	—	150.00	—
2794.00	48995.24	1377.00	67.56	73265.00	3758.00	52327.00	17180.00	12284.05
24406.00	24996.00	1310.00	32.00	61480.00	5610.00	7500.00	48370.00	3232.00
576.20	749.90	291.22	—	18865.50	4481.40	8349.10	6035.00	929.80
953.14	1934.15	586.15	21.26	21853.65	9198.60	6223.05	6432.00	1428.16
11306.31	1662.85	667.62	55.74	60378.16	10209.20	18818.40	31350.56	3043.80
2225.05	11368.13	1650.00	50.44	58321.92	4776.30	28872.12	24673.50	6407.40
1126.94	5523.67	1052.38	24.32	34366.98	6256.00	949.48	18620.50	2319.78
2731.95	3615.46	350.90	3.39	25161.53	6687.00	6922.50	11552.03	1336.49
3702.00	10750.50	709.80	41.70	35775.00	6822.00	13244.00	15689.00	2086.00
8916.42	10921.23	2802.67	57.92	82831.31	31139.78	23459.83	28231.70	6863.92
921.00	11222.07	252.65	8.30	6472.90	700.00	1505.90	4267.00	480.80
—	—	24.04	0.09	2338.50	—	338.50	2000.00	37.00
5752.74	4720.70	878.01	100.94	32241.00	8967.60	2364.30	20909.10	934.71
10137.48	44411.31	891.77	15.15	66978.00	22320.00	33453.00	11205.00	4870.10
715.71	860.77	479.14	0.38	13046.44	2438.29	3004.15	7604.00	469.55
177.65	1467.14	372.77	2.70	4003.46	2383.00	1443.46	177.00	1082.75
1950.00	390.00	32.00	1.30	5000.00	—	—	5000.00	—
381.30	2667.82	402.61	11.24	15767.98	6698.78	5723.20	3345.00	753.52
606.90	1811.99	373.28	11.20	7495.70	1160.20	3426.00	2909.50	575.30
—	13.00	60.60	0.03	67.00	—	54.00	13.00	7.30
470.00	90.00	38.09	0.21	2226.00	950.00	1076.00	200.00	129.00
55.90	339.40	129.22	0.41	3239.31	1933.00	430.71	875.60	73.44
—	—	—	—	—	—	—	—	—

林业系统各地区森林公园主要指标(二)

地　区	人员情况(人)		建设情况							社会旅游从业人员(人)
	职工总数	其中:导游人数	植树造林(公顷)	改造林相(公顷)	车船总数(台/艘)	游道总数(公里)	床位总数(张)	餐位总数(个)	程控电话(门)	
全国合计	**103372**	**9234**	**103190.55**	**64564.81**	**16462**	**60382.71**	**363150**	**548826**	**132968**	**408232**
北　京	237	14	210.00	40.00	55	86.60	1290	2700	240	600
天　津	75	8	10.00	50.00	10	30.00	300	1000	100	150
河　北	5917	407	17883.25	1765.50	234	1080.10	47960	50306	6333	53640
山　西	850	117	972.15	113.70	143	271.16	2490	2936	517	7810
内蒙古	3069	130	1788.80	779.00	174	486.40	3373	4582	16421	4364
内蒙古集团	495	28	4.50	50.00	23	36.00	1550	964	16000	2355
辽　宁	4305	530	4798.00	2713.00	3218	924.00	22151	39705	1479	16792
吉　林	5332	514	6418.00	1552.70	1128	2035.60	19100	55110	5243	6669
黑龙江	3466	376	7404.22	19553.80	2436	1277.28	16006	28670	3182	11324
龙江集团	2447	256	6683.20	19117.80	1743	804.78	11826	16452	2584	9080
上　海	339	52	22.00	49.20	2	—	—	—	5	480
江　苏	8001	264	1732.43	757.33	702	1286.00	3845	8440	12793	15680
浙　江	8352	980	—	—	—	—	25500	31200	31100	—
安　徽	1622	144	307.90	519.00	—	89.50	290	510	—	6223
福　建	1072	216	1032.00	538.60	469	1628.28	4213	9375	3161	12139
江　西	4195	617	6601.44	6082.84	690	1897.20	15917	24013	12349	32605
山　东	11021	759	7432.61	3636.03	904	18591.90	43325	40759	2819	101346
河　南	3751	260	3211.70	2150.50	455	871.73	13170	29589	1421	15362
湖　北	5851	379	15601.85	10677.43	429	18465.20	20431	20295	3516	6578
湖　南	6451	291	2105.00	1130.00	529	1142.40	18925	36489	11815	20333
广　东	6013	381	4085.95	5848.90	857	1473.90	15666	44989	3979	21944
广　西	1847	260	379.30	230.00	365	285.20	5527	8061	807	923
海　南	254	19	—	—	31	159.30	2047	2730	2844	7
重　庆	3309	1159	4208.30	1480.30	589	1067.30	24756	28779	2272	18599
四　川	6075	378	2468.50	1486.40	949	1386.00	25269	34837	5326	16382
贵　州	1754	102	734.32	99.88	304	624.26	3022	6916	1756	1669
云　南	1437	147	1805.73	2077.60	1363	594.30	3440	5627	615	1259
西　藏	78	12	—	—	11	14.00	2878	292	4	1290
陕　西	3549	332	3609.50	774.00	222	1682.70	8427	9655	1448	26326
甘　肃	3793	284	7930.00	444.60	90	1356.70	6232	9758	1273	2907
青　海	399	16	254.00	—	30	375.70	497	3695	25	538
宁　夏	377	58	95.00	—	27	180.00	600	820	45	999
新　疆	581	28	88.60	14.50	46	1020.00	6503	6988	80	3294
大兴安岭	—	—	—	—	—	—	—	—	—	—

中国林业统计年鉴 2005
CHINA FORESTRY STATISTICAL YEARBOOK

4

林业重点工程

林业重点工程

指　　标	总　计	天然林资源保护工程	退耕还林工　程	京津风沙源治理工程	合　计
一、本年完成造林面积	**3109105**	**424808**	**1898360**	**408246**	**368202**
（一）按造林方式分					
1. 人工造林	2705711	118377	1898360	333953	345533
2. 飞播造林	403393	306431	—	74293	22669
（二）按林种用途分					
1. 用材林	361185	8414	328321	6544	8418
2. 经济林	177627	10588	109916	7090	50033
3. 防护林	2549313	405806	1444216	393603	305687
4. 薪炭林	18093	—	14506	600	2987
5. 特种用途林	2888	—	1402	409	1077
二、低产低效防护林改造面积	**22957**	**—**	**—**	**—**	**22957**
三、年末实有封山育林面积	**10756173**	**5461491**	**1550364**	**13695413**	**2374805**
其中：本年新封	2375719	741866	1055847	333941	244064

林业重点工程

指　　标	总　计	天然林资源保护工程	退耕还林工　程	京津风沙源治理工程	合　计
一、全部林业投资完成额	**3616302**	**620148**	**2404111**	**332625**	**192556**
其中：国债资金	688398	104376	395859	81585	91292
中央财政专项资金	2523988	480402	1790069	243823	—
二、本年资金来源总计	**3581432**	**694166**	**2191096**	**390730**	**224495**
1. 上年末结余资金	95727	59897	20016	1956	9825
2. 本年资金来源合计	3485705	634269	2171080	388774	214671
其中：地方配套资金	184801	56873	42686	4909	71323
（1）国家预算内资金	3271041	619148	2121899	388083	101709
其中：国债资金	660940	104564	349061	138225	48864
中央财政专项资金	2382159	494851	1722183	147283	8056
（2）国内贷款	12173	—	—	—	11100
（3）利用外资	4190	—	—	—	466
（4）自筹资金	87575	—	—	—	86790
（5）其他资金	110726	15121	49181	691	14606
三、群众投工投劳（折资）	**45642**	**—**	**—**	**—**	**45642**

建设情况(一)

单位：公顷

三北及长江流域等重点防护林体系建设工程						速生丰产用材林基地建设工程
三北防护林四期工程	长江流域防护林二期工程	沿海防护林二期工程	珠江流域防护林二期工程	太行山绿化二期工程	平原绿化二期工程	
217891	**65938**	**22676**	**30671**	**28524**	**2502**	**9488**
207891	65938	22676	30671	15855	2502	9488
10000	—	—	—	12669	—	—
2261	2973	461	2090	100	533	9488
46785	1906	128	945	269	—	—
165986	60108	22082	27636	27906	1969	—
2335	647	5	—	—	—	—
524	304	—	—	249	—	—
8510	**6099**	**1743**	**5383**	**200**	**1022**	—
1528292	**379481**	**36887**	**204088**	**226057**	—	—
98212	49348	10986	46984	38534	—	—

建设情况(二)

单位：万元

三北及长江流域等重点防护林体系建设工程						野生动物植物保护及自然保护区建设工程	速生丰产用材林基地建设工程
三北防护林四期工程	长江流域防护林二期工程	沿海防护林二期工程	珠江流域防护林二期工程	太行山绿化二期工程	平原绿化二期工程		
85231	**53607**	**23029**	**9134**	**14620**	**6936**	**51452**	**15410**
41252	12808	19704	7039	10095	394	14755	532
	—	—	—	—	—	9695	—
89635	**75418**	**25319**	**12669**	**14519**	**6936**	**64140**	**16805**
1333	1708	2388	4396	—	—	3967	66
88302	73710	22931	8273	14519	6936	60173	16739
24663	26200	14464	170	5761	66	7659	1351
43952	12535	18928	7023	12365	6906	39554	649
29527	8292	6754	3361	930	—	20227	—
1859	3376	198	648	1925	50	9785	—
10100	1000	—	—	—	—	—	1073
466	—	—	—	—	—	1424	2300
28186	54602	2833	1099	40	30	—	785
5598	5573	1170	151	2114	—	19195	11932
38406	**2790**	**1056**	**302**	**3054**	**34**	—	—

各地区林业重点工程造林面积

单位:公顷

地区	全部造林面积	重点工程造林面积						其他造林面积
		合计	天然林资源保护工程	退耕还林工程	京津风沙源治理工程	三北及长江流域等重点防护林体系建设工程	速生丰产用材林建设工程	
全国合计	**3637681**	**3109105**	**424808**	**1898360**	**408246**	**368202**	**9488**	**528577**
北　京	12186	6752	—	—	4919	1833	—	5434
天　津	3591	3591	—	—	133	3458	—	—
河　北	304766	276485	—	103341	139405	30196	3543	28281
山　西	129999	126608	1266	47339	58670	19333	—	3391
内蒙古	383833	377652	67594	104939	205119	—	—	6181
内蒙古集团	3434	—	—	—	—	—	—	3434
辽　宁	126489	126489	—	100453	—	26036	—	—
吉　林	31049	27917	—	17583	—	10334	—	3132
吉林集团	164	—	—	—	—	—	—	164
黑龙江	84661	84604	—	65737	—	17261	1606	57
龙江集团	—	—	—	—	—	—	—	—
上　海	3827	—	—	—	—	—	—	3827
江　苏	54687	16295	—	—	—	16295	—	38392
浙　江	20341	5718	—	—	—	5718	—	14623
安　徽	36095	25786	—	17026	—	8760	—	10309
福　建	24218	3358	—	—	—	3358	—	20860
江　西	47589	39128	—	33332	—	5796	—	8461
山　东	141141	8868	—	—	—	8868	—	132273
河　南	186715	123102	—	100233	—	22869	—	63613
湖　北	177946	139209	4483	123044	—	11682	—	38737
湖　南	136479	133064	—	125166	—	4031	3867	3415
广　东	18337	3206	—	—	—	3206	—	15131
广　西	123970	91050	—	82261	—	8317	472	32920
海　南	32380	18224	—	16651	—	1573	—	14156
重　庆	109272	104672	4004	100668	—	—	—	4600
四　川	241883	227532	113943	113589	—	—	—	14351
贵　州	135597	130925	3414	113343	—	14168	—	4672
云　南	207923	164003	70453	85417	—	8133	—	43920
西　藏	13488	6859	2037	4471	—	351	—	6629
陕　西	198853	194634	125393	62454	—	6787	—	4219
甘　肃	247601	247601	26606	207640	—	13355	—	—
青　海	46748	46415	1271	38177	—	6967	—	333
宁　夏	112924	112924	4344	82380	—	26200	—	—
新　疆	163053	156433	—	73116	—	83317	—	6620
新疆兵团	26063	22655	—	10659	—	11996	—	3408
大兴安岭	40	—	—	—	—	—	—	40

注:退耕还林工程中包括军事管理区 80000 公顷荒山荒地造林。

天然林资源保护工程建设情况

指　标	单位	总计	东北、内蒙古等国有重点林区	长江上游、黄河上中游地区
一、工程区木材产量	**立方米**	**12485657**	**11226418**	**1259239**
其中：人工林木材产量	立方米	1569906	551494	1018412
二、公益林建设				
1. 当年造林面积	公顷	424808	5333	419475
按造林方式分				
（1）人工造林	公顷	118377	—	118377
（2）飞播造林	公顷	306431	5333	301098
按林种用途分				
（1）用材林	公顷	8414	—	8414
（2）经济林	公顷	10588	—	10588
（3）防护林	公顷	405806	5333	400473
（4）薪炭林	公顷	—	—	—
（5）特种用途林	公顷	—	—	—
2. 年末实有封山（沙）育林面积	公顷	5461491	1280755	4180736
其中：本年新封	公顷	741866	24000	717866
其中：无林地和疏林地封育	公顷	2779976	291488	2488488
其中：本年新封	公顷	453160	24000	429160
三、年末实有森林管护面积	**公顷**	**96789681**	**33622678**	**63167003**
其中：年末个体承包管护面积	公顷	18311745	9007012	9304733
四、工程区项目实施单位人员情况				
1. 年末全部在册职工人数	人	1167869	963332	204537
其中：大集体职工人数	人	300031	293949	6082
（1）年末在岗职工人数	人	758868	574196	184672
（2）年末下岗待安置职工人数	人	76799	65126	11673
（3）年末离开本单位保留劳动关系人数	人	332202	324010	8192
2. 年末其他从业人员	人	29708	1602	28106
3. 林业单位全年平均在岗职工人数	人	725454	554869	170585
4. 自工程实施以来累计一次性安置职工人数	人	351951	292396	59555
其中：本年一次性安置职工人数	人	9375	7502	1873
5. 本年一次性安置费	万元	15966	13915	2051
6. 年末实有离退休人数	人	529499	383853	145646
7. 当年离退休人员生活费	万元	530390	255570	274820
8. 年末参加基本养老保险社会统筹人数	人	1124805	860197	264608
其中：在岗职工	人	572771	443017	129754
五、全部林业投资完成额	**万元**	**620148**	**308804**	**311344**
其中：国债资金	万元	104376	1760	102616
中央财政专项资金	万元	480402	296747	183655
1. 造林（人工和飞播）	万元	47839	374	47465
2. 封山（沙）育林	万元	57682	1448	56234
3. 森林管护	万元	220385	72918	147467
4. 其他	万元	294243	234064	60179
六、本年资金来源总计	**万元**	**694166**	**327884**	**366282**
1. 上年末结余资金	万元	59897	2830	57067
2. 本年资金来源合计	万元	634269	325054	309215
其中：地方配套资金	万元	56873	33301	23572
（1）国家预算内资金	万元	619148	316506	302642
其中：国债资金	万元	104564	1760	102804
中央财政专项资金	万元	494851	313817	181034
（2）其他资金	万元	15121	8548	6573

各地区天然林资源

地　区	工程区木材产量(立方米)		公益林建设(公顷)							
			当年造林面积							
				按造林方式分		按林种用途分				
	合　计	其中:人工林木材产量	合　计	人工造林	飞播造林	用材林	经济林	防护林	薪炭林	特种用途林
全国合计	**12485657**	**1569906**	**424808**	**118377**	**306431**	**8414**	**10588**	**405806**	—	—
北　京	—	—	—	—	—	—	—	—	—	—
天　津	—	—	—	—	—	—	—	—	—	—
河　北	—	—	—	—	—	—	—	—	—	—
山　西	—	—	1266	—	1266	—	—	1266	—	—
内蒙古	2631665	100418	67594	—	67594	—	—	67594	—	—
内蒙古集团	2448183	25000	—	—	—	—	—	—	—	—
辽　宁	—	—	—	—	—	—	—	—	—	—
吉　林	2372909	103491	—	—	—	—	—	—	—	—
吉林集团	907475	13436	—	—	—	—	—	—	—	—
黑龙江	3991682	352309	—	—	—	—	—	—	—	—
龙江集团	3991682	352309	—	—	—	—	—	—	—	—
上　海	—	—	—	—	—	—	—	—	—	—
江　苏	—	—	—	—	—	—	—	—	—	—
浙　江	—	—	—	—	—	—	—	—	—	—
安　徽	—	—	—	—	—	—	—	—	—	—
福　建	—	—	—	—	—	—	—	—	—	—
江　西	—	—	—	—	—	—	—	—	—	—
山　东	—	—	—	—	—	—	—	—	—	—
河　南	44154	30829	—	—	—	—	—	—	—	—
湖　北	43121	18434	4483	4483	—	858	265	3360	—	—
湖　南	—	—	—	—	—	—	—	—	—	—
广　东	—	—	—	—	—	—	—	—	—	—
广　西	—	—	—	—	—	—	—	—	—	—
海　南	350	350	—	—	—	—	—	—	—	—
重　庆	17671	15251	4004	4004	—	150	—	3854	—	—
四　川	580711	478674	113943	51202	62741	677	9016	104250	—	—
贵　州	373334	294926	3414	—	3414	—	—	3414	—	—
云　南	141159	131907	70453	26128	44325	1113	1190	68150	—	—
西　藏	—	—	2037	2037	—	—	—	2037	—	—
陕　西	37477	27079	125393	15912	109481	5616	117	119660	—	—
甘　肃	16238	16238	26606	13340	13266	—	—	26606	—	—
青　海	—	—	1271	1271	—	—	—	1271	—	—
宁　夏	—	—	4344	—	4344	—	—	4344	—	—
新　疆	250	—	—	—	—	—	—	—	—	—
新疆兵团	—	—	—	—	—	—	—	—	—	—
大兴安岭	2234936	—	—	—	—	—	—	—	—	—

保护工程建设情况(一)

年末实有封山(沙)育林面积				年末实有森林管护面积(公顷)		工程区项目实施单位人员情况					
						年末全部在册职工人数(人)					年末其他从业人员(人)
合　计	其　　中			合　计	其中:年末个体承包管护面积	合　计	其中:大集体职工人数	年末在岗职工人数	年末下岗待安置职工人数	年末离开本单位保留劳动关系人数	
	本年新封	无林地和疏林地封育									
		小计	其中:本年新封								
5461491	**741866**	**2779976**	**453160**	**96789681**	**18311745**	**1167869**	**300031**	**758868**	**76799**	**332202**	**29708**
—	—	—	—	—	—	—	—	—	—	—	—
—	—	—	—	—	—	—	—	—	—	—	—
—	—	—	—	—	—	—	—	—	—	—	—
138867	46065	102094	31269	2415187	399388	11646	190	11012	346	288	17
507379	95401	457298	95401	12953848	2634075	147579	30818	112189	908	34482	550
143243	—	143243	—	8944928	1513795	129458	30631	95193	—	34265	120
—	—	—	—	—	—	—	—	—	—	—	—
166118	—	929	—	3721966	778323	153792	20979	96436	21806	35550	2
69429	—	—	—	1235874	—	57445	9249	38627	5965	12853	2
740360	—	—	—	8763853	5799112	505155	161155	290881	28436	185838	1016
740360	—	—	—	8763853	5799112	505155	161155	290881	28436	185838	1016
—	—	—	—	—	—	—	—	—	—	—	—
—	—	—	—	—	—	—	—	—	—	—	—
—	—	—	—	—	—	—	—	—	—	—	—
—	—	—	—	—	—	—	—	—	—	—	—
—	—	—	—	—	—	—	—	—	—	—	—
—	—	—	—	—	—	—	—	—	—	—	—
—	—	—	—	—	—	—	—	—	—	—	—
60867	14000	59215	12348	886927	55202	3218	—	3189	—	29	154
299999	44332	137630	16909	3104000	1904780	8157	24	6812	1342	3	748
—	—	—	—	—	—	—	—	—	—	—	—
—	—	—	—	—	—	—	—	—	—	—	—
—	—	—	—	—	—	—	—	—	—	—	—
22014	—	2420	—	459000	—	2488	—	2336	152	—	15
296185	30626	244354	20785	2611910	1595885	4557	35	4398	10	149	24
917995	240476	509038	114316	20075501	1683741	62368	1534	54781	4701	2886	5421
316539	49476	302081	35018	5293982	880412	23210	—	21143	1528	539	13013
688480	89136	397652	50418	11909569	563373	16126	2391	15425	2	699	6304
102144	3333	—	—	114844	—	202	—	202	—	—	—
447490	77922	89065	33918	7931091	1027224	23025	1171	20112	972	1941	1689
249570	23766	189453	16998	4431182	385185	28651	702	24473	2656	1522	112
204183	20000	123654	19113	2034070	—	7160	—	7160	—	—	30
214887	7333	131637	6667	431533	14213	9969	—	9784	116	69	594
88414	—	33456	—	1790085	—	3938	1	3689	—	249	3
—	—	—	—	—	—	289	—	155	—	134	—
—	—	—	—	7861133	590832	156628	81031	74846	13824	67958	16

各地区天然林资源

地区	工程区项目实施单位人员情况								全部林业		
	林业单位全年平均在岗职工人数（人）	自工程实施以来累计一次性安置职工人数(人)		本年一次性安置费（万元）	年末实有离退休人数（人）	当年离退休人员生活费（万元）	年末参加基本养老保险社会统筹人数(人)		合计	其中	
		合计	其中：本年一次性安置职工人数				合计	其中：在岗职工		国债资金	中央财政专项资金
全国合计	**725454**	**351951**	**9375**	**15966**	**529499**	**530390**	**1124805**	**572771**	**620148**	**104376**	**480402**
北京	—	—	—	—	—	—	—	—	—	—	—
天津	—	—	—	—	—	—	—	—	—	—	—
河北	—	—	—	—	—	—	—	—	—	—	—
山西	10893	858	—	—	4238	5439	10826	7715	13418	3915	7025
内蒙古	111515	53694	2	4	70465	213751	133771	67052	67494	9780	56449
内蒙古集团	94787	43914	—	—	62544	48426	115904	53360	44496	—	44496
辽宁	—	—	—	—	—	—	—	—	—	—	—
吉林	102558	58045	7502	13915	72337	29288	164836	86908	57922	—	57922
吉林集团	43260	28983	6738	13631	35398	24587	67354	34468	32282	—	32282
黑龙江	267049	144750	—	—	196669	134388	442978	214040	120787	—	114772
龙江集团	267049	144750	—	—	196669	134388	442978	214040	120787	—	114772
上海	—	—	—	—	—	—	—	—	—	—	—
江苏	—	—	—	—	—	—	—	—	—	—	—
浙江	—	—	—	—	—	—	—	—	—	—	—
安徽	—	—	—	—	—	—	—	—	—	—	—
福建	—	—	—	—	—	—	—	—	—	—	—
江西	—	—	—	—	—	—	—	—	—	—	—
山东	—	—	—	—	—	—	—	—	—	—	—
河南	3116	2176	—	—	1358	951	3705	2373	4290	866	2777
湖北	4934	10870	142	301	5030	3365	8095	5523	14369	4543	9699
湖南	—	—	—	—	—	—	—	—	—	—	—
广东	—	—	—	—	—	—	—	—	—	—	—
广西	—	—	—	—	—	—	—	—	—	—	—
海南	2336	2733	—	—	3928	2088	6599	2336	3047	—	1689
重庆	4206	4965	1	4	4478	3555	8507	4068	15004	3515	7633
四川	52465	12266	1422	1095	81361	35523	130254	50296	102628	35765	56764
贵州	20521	5231	88	233	9578	10621	13430	8192	18929	4423	12827
云南	13187	8132	99	215	13475	8844	34032	11894	49907	14802	32222
西藏	131	129	—	—	58	—	26	20	1427	—	1378
陕西	17961	5760	54	124	6833	5691	16955	13998	41513	16154	22204
甘肃	22063	7329	20	—	12099	11401	26665	16356	26883	7705	19098
青海	5744	79	22	—	682	785	1746	1617	7179	2136	5043
宁夏	9584	352	23	75	3539	29010	5726	4552	3055	772	2268
新疆	3516	6260	—	—	2994	2490	5518	2851	8124	—	6460
新疆兵团	—	—	—	—	139	—	294	—	191	—	191
大兴安岭	73675	28322	—	—	40377	33200	111136	72980	64172	—	64172

保护工程建设情况(二)

投资完成额(万元)				本年资金来源总计(万元)							
						本年资金来源合计					
								国家预算内资金			
									其中		
造林(人工和飞播)	封山(沙)育林	森林管护	其他	总 计	上年末结余资金	合 计	其中:地方配套资金	小 计	国债资金	中央财政专项资金	其他资金
47839	**57682**	**220385**	**294243**	**694166**	**59897**	**634269**	**56873**	**619148**	**104564**	**494851**	**15121**
—	—	—	—	—	—	—	—	—	—	—	—
—	—	—	—	—	—	—	—	—	—	—	—
—	—	—	—	—	—	—	—	—	—	—	—
75	4401	6159	2783	13423	—	13423	2105	13335	3920	7025	88
4105	5688	24574	33127	67568	500	67068	4	66034	9280	56523	1034
—	—	17961	26535	44496	—	44496	—	44496	—	44496	—
—	—	—	—	—	—	—	—	—	—	—	—
—	—	8110	49812	77339	1743	75596	25400	75596	—	75596	—
—	—	2670	29612	42979	84	42895	24900	42895	—	42895	—
—	—	21585	99202	120787	—	120787	6015	114772	—	114772	6015
—	—	21585	99202	120787	—	120787	6015	114772	—	114772	6015
—	—	—	—	—	—	—	—	—	—	—	—
—	—	—	—	—	—	—	—	—	—	—	—
—	—	—	—	—	—	—	—	—	—	—	—
—	—	—	—	—	—	—	—	—	—	—	—
—	—	—	—	—	—	—	—	—	—	—	—
—	—	—	—	—	—	—	—	—	—	—	—
—	—	—	—	—	—	—	—	—	—	—	—
—	885	2727	678	6127	1607	4520	713	4520	917	2854	—
783	3372	7982	2232	14436	301	14135	99	13968	4471	9457	167
—	—	—	—	—	—	—	—	—	—	—	—
—	—	—	—	—	—	—	—	—	—	—	—
—	—	—	—	—	—	—	—	—	—	—	—
21	—	2733	293	3305	—	3305	1100	2205	—	2205	1100
1332	3590	6267	3815	14178	17	14161	2864	13894	3531	7633	267
15522	20171	43049	23886	132919	26058	106861	7862	104680	38562	56677	2181
217	3696	10632	4384	22289	4199	18090	1679	18090	3584	12827	—
8876	5007	30150	5874	67012	18321	48691	3165	47113	14818	30915	1578
25	164	1105	133	689	—	689	—	689	24	640	—
11022	6345	20615	3532	45276	6064	39212	2183	36935	14844	21807	2277
5168	2121	9837	9757	26883	—	26883	2887	26883	7705	19098	—
455	1680	4821	223	7179	—	7179	—	7179	2136	5043	—
210	562	1060	1223	3055	—	3055	15	3040	772	2268	15
28	—	4620	3476	7529	1087	6442	782	6043	—	5340	399
—	—	159	32	—	—	—	—	—	—	—	—
—	—	14359	49813	64172	—	64172	—	64172	—	64172	—

东北、内蒙古等国有重点林区

地区	工程区木材产量(立方米)		公益林建设(公顷)							
			当年造林面积							
	合计	其中:人工林木材产量	合计	按造林方式分		按林种用途分				
				人工造林	飞播造林	用材林	经济林	防护林	薪炭林	特种用途林
全国合计	**11226418**	**551494**	**5333**	**—**	**5333**	**—**	**—**	**5333**	**—**	**—**
北　京	—	—	—	—	—	—	—	—	—	—
天　津	—	—	—	—	—	—	—	—	—	—
河　北	—	—	—	—	—	—	—	—	—	—
山　西	—	—	—	—	—	—	—	—	—	—
内蒙古	2626291	95344	5333	—	5333	—	—	5333	—	—
内蒙古集团	2448183	25000	—	—	—	—	—	—	—	—
辽　宁	—	—	—	—	—	—	—	—	—	—
吉　林	2372909	103491	—	—	—	—	—	—	—	—
吉林集团	907475	13436	—	—	—	—	—	—	—	—
黑龙江	3991682	352309	—	—	—	—	—	—	—	—
龙江集团	3991682	352309	—	—	—	—	—	—	—	—
上　海	—	—	—	—	—	—	—	—	—	—
江　苏	—	—	—	—	—	—	—	—	—	—
浙　江	—	—	—	—	—	—	—	—	—	—
安　徽	—	—	—	—	—	—	—	—	—	—
福　建	—	—	—	—	—	—	—	—	—	—
江　西	—	—	—	—	—	—	—	—	—	—
山　东	—	—	—	—	—	—	—	—	—	—
河　南	—	—	—	—	—	—	—	—	—	—
湖　北	—	—	—	—	—	—	—	—	—	—
湖　南	—	—	—	—	—	—	—	—	—	—
广　东	—	—	—	—	—	—	—	—	—	—
广　西	—	—	—	—	—	—	—	—	—	—
海　南	350	350	—	—	—	—	—	—	—	—
重　庆	—	—	—	—	—	—	—	—	—	—
四　川	—	—	—	—	—	—	—	—	—	—
贵　州	—	—	—	—	—	—	—	—	—	—
云　南	—	—	—	—	—	—	—	—	—	—
西　藏	—	—	—	—	—	—	—	—	—	—
陕　西	—	—	—	—	—	—	—	—	—	—
甘　肃	—	—	—	—	—	—	—	—	—	—
青　海	—	—	—	—	—	—	—	—	—	—
宁　夏	—	—	—	—	—	—	—	—	—	—
新　疆	250	—	—	—	—	—	—	—	—	—
新疆兵团	—	—	—	—	—	—	—	—	—	—
大兴安岭	2234936	—	—	—	—	—	—	—	—	—

天然林资源保护工程建设情况(一)

年末实有封山(沙)育林面积				年末实有森林管护面积(公顷)		工程区项目实施单位人员情况					
						年末全部在册职工人数(人)					年末其他从业人员(人)
合计	其中			合计	其中:年末个体承包管护面积	合计	其中:大集体职工人数	年末在岗职工人数	年末下岗待安置职工人数	年末离开本单位保留劳动关系人数	
	本年新封	无林地和疏林地封育									
		小计	其中:本年新封								
1280755	**24000**	**291488**	**24000**	**33622678**	**9007012**	**963332**	**293949**	**574196**	**65126**	**324010**	**1602**
—	—	—	—	—	—	—	—	—	—	—	—
—	—	—	—	—	—	—	—	—	—	—	—
—	—	—	—	—	—	—	—	—	—	—	—
—	—	—	—	—	—	—	—	—	—	—	—
263849	24000	254683	24000	11026641	1838745	141331	30783	106008	908	34415	550
143243	—	143243	—	8944928	1513795	129458	30631	95193	—	34265	120
—	—	—	—	—	—	—	—	—	—	—	—
166118	—	929	—	3721966	778323	153792	20979	96436	21806	35550	2
69429	—	—	—	1235874	—	57445	9249	38627	5965	12853	2
740360	—	—	—	8763853	5799112	505155	161155	290881	28436	185838	1016
740360	—	—	—	8763853	5799112	505155	161155	290881	28436	185838	1016
—	—	—	—	—	—	—	—	—	—	—	—
—	—	—	—	—	—	—	—	—	—	—	—
—	—	—	—	—	—	—	—	—	—	—	—
—	—	—	—	—	—	—	—	—	—	—	—
—	—	—	—	—	—	—	—	—	—	—	—
—	—	—	—	—	—	—	—	—	—	—	—
—	—	—	—	—	—	—	—	—	—	—	—
—	—	—	—	—	—	—	—	—	—	—	—
—	—	—	—	—	—	—	—	—	—	—	—
—	—	—	—	—	—	—	—	—	—	—	—
—	—	—	—	—	—	—	—	—	—	—	—
—	—	—	—	—	—	—	—	—	—	—	—
22014	—	2420	—	459000	—	2488	—	2336	152	—	15
—	—	—	—	—	—	—	—	—	—	—	—
—	—	—	—	—	—	—	—	—	—	—	—
—	—	—	—	—	—	—	—	—	—	—	—
—	—	—	—	—	—	—	—	—	—	—	—
—	—	—	—	—	—	—	—	—	—	—	—
—	—	—	—	—	—	—	—	—	—	—	—
—	—	—	—	—	—	—	—	—	—	—	—
—	—	—	—	—	—	—	—	—	—	—	—
—	—	—	—	—	—	—	—	—	—	—	—
88414	—	33456	—	1790085	—	3938	1	3689	—	249	3
—	—	—	—	—	—	289	—	155	—	134	—
—	—	—	—	7861133	590832	156628	81031	74846	13824	67958	16

东北、内蒙古等国有重点林区

地区	工程区项目实施单位人员情况								全部林业		
	林业单位全年平均在岗职工人数（人）	自工程实施以来累计一次性安置职工人数(人) 合计	其中：本年一次性安置职工人数	本年一次性安置费（万元）	年末实有离退休人数（人）	当年离退休人员生活费（万元）	年末参加基本养老保险社会统筹人数(人) 合计	其中：在岗职工	合计	其中 国债资金	中央财政专项资金
全国合计	**554869**	**292396**	**7502**	**13915**	**383853**	**255570**	**860197**	**443017**	**308804**	**1760**	**296747**
北京	—	—	—	—	—	—	—	—	—	—	—
天津	—	—	—	—	—	—	—	—	—	—	—
河北	—	—	—	—	—	—	—	—	—	—	—
山西	—	—	—	—	—	—	—	—	—	—	—
内蒙古	105735	52286	—	—	67548	54116	129130	63902	54752	1760	51732
内蒙古集团	94787	43914	—	—	62544	48426	115904	53360	44496	—	44496
辽宁	—	—	—	—	—	—	—	—	—	—	—
吉林	102558	58045	7502	13915	72337	29288	164836	86908	57922	—	57922
吉林集团	43260	28983	6738	13631	35398	24587	67354	34468	32282	—	32282
黑龙江	267049	144750	—	—	196669	134388	442978	214040	120787	—	114772
龙江集团	267049	144750	—	—	196669	134388	442978	214040	120787	—	114772
上海	—	—	—	—	—	—	—	—	—	—	—
江苏	—	—	—	—	—	—	—	—	—	—	—
浙江	—	—	—	—	—	—	—	—	—	—	—
安徽	—	—	—	—	—	—	—	—	—	—	—
福建	—	—	—	—	—	—	—	—	—	—	—
江西	—	—	—	—	—	—	—	—	—	—	—
山东	—	—	—	—	—	—	—	—	—	—	—
河南	—	—	—	—	—	—	—	—	—	—	—
湖北	—	—	—	—	—	—	—	—	—	—	—
湖南	—	—	—	—	—	—	—	—	—	—	—
广东	—	—	—	—	—	—	—	—	—	—	—
广西	—	—	—	—	—	—	—	—	—	—	—
海南	2336	2733	—	—	3928	2088	6599	2336	3047	—	1689
重庆	—	—	—	—	—	—	—	—	—	—	—
四川	—	—	—	—	—	—	—	—	—	—	—
贵州	—	—	—	—	—	—	—	—	—	—	—
云南	—	—	—	—	—	—	—	—	—	—	—
西藏	—	—	—	—	—	—	—	—	—	—	—
陕西	—	—	—	—	—	—	—	—	—	—	—
甘肃	—	—	—	—	—	—	—	—	—	—	—
青海	—	—	—	—	—	—	—	—	—	—	—
宁夏	—	—	—	—	—	—	—	—	—	—	—
新疆	3516	6260	—	—	2994	2490	5518	2851	8124	—	6460
新疆兵团	—	—	—	—	139	—	294	—	191	—	191
大兴安岭	73675	28322	—	—	40377	33200	111136	72980	64172	—	64172

天然林资源保护工程建设情况(二)

投资完成额(万元)				本年资金来源总计(万元)							
						本年资金来源合计					
								国家预算内资金			其他资金
									其中		
造林(人工和飞播)	封山(沙)育林	森林管护	其他	总计	上年末结余资金	合计	其中:地方配套资金	小计	国债资金	中央财政专项资金	
374	**1448**	**72918**	**234064**	**327884**	**2830**	**325054**	**33301**	**316506**	**1760**	**313817**	**8548**
—	—	—	—	—	—	—	—	—	—	—	—
—	—	—	—	—	—	—	—	—	—	—	—
—	—	—	—	—	—	—	—	—	—	—	—
—	—	—	—	—	—	—	—	—	—	—	—
325	1448	21511	31468	54752	—	54752	4	53718	1760	51732	1034
—	—	17961	26535	44496	—	44496	—	44496	—	44496	—
—	—	—	—	—	—	—	—	—	—	—	—
—	—	8110	49812	77339	1743	75596	25400	75596	—	75596	—
—	—	2670	29612	42979	84	42895	24900	42895	—	42895	—
—	—	21585	99202	120787	—	120787	6015	114772	—	114772	6015
—	—	21585	99202	120787	—	120787	6015	114772	—	114772	6015
—	—	—	—	—	—	—	—	—	—	—	—
—	—	—	—	—	—	—	—	—	—	—	—
—	—	—	—	—	—	—	—	—	—	—	—
—	—	—	—	—	—	—	—	—	—	—	—
—	—	—	—	—	—	—	—	—	—	—	—
—	—	—	—	—	—	—	—	—	—	—	—
—	—	—	—	—	—	—	—	—	—	—	—
—	—	—	—	—	—	—	—	—	—	—	—
—	—	—	—	—	—	—	—	—	—	—	—
—	—	—	—	—	—	—	—	—	—	—	—
—	—	—	—	—	—	—	—	—	—	—	—
—	—	—	—	—	—	—	—	—	—	—	—
21	—	2733	293	3305	—	3305	1100	2205	—	2205	1100
—	—	—	—	—	—	—	—	—	—	—	—
—	—	—	—	—	—	—	—	—	—	—	—
—	—	—	—	—	—	—	—	—	—	—	—
—	—	—	—	—	—	—	—	—	—	—	—
—	—	—	—	—	—	—	—	—	—	—	—
—	—	—	—	—	—	—	—	—	—	—	—
—	—	—	—	—	—	—	—	—	—	—	—
—	—	—	—	—	—	—	—	—	—	—	—
—	—	—	—	—	—	—	—	—	—	—	—
28	—	4620	3476	7529	1087	6442	782	6043	—	5340	399
—	—	159	32	—	—	—	—	—	—	—	—
—	—	14359	49813	64172	—	64172	—	64172	—	64172	—

长江上游、黄河上中游各地区

地区	工程区木材产量(立方米)		公益林建设(公顷)							
			当年造林面积							
	合计	其中:人工林木材产量	合计	按造林方式分		按林种用途分				
				人工造林	飞播造林	用材林	经济林	防护林	薪炭林	特种用途林
全国合计	**1259239**	**1018412**	**419475**	**118377**	**301098**	**8414**	**10588**	**400473**	**—**	**—**
北京	—	—	—	—	—	—	—	—	—	—
天津	—	—	—	—	—	—	—	—	—	—
河北	—	—	—	—	—	—	—	—	—	—
山西	—	—	1266	—	1266	—	—	1266	—	—
内蒙古	5374	5074	62261	—	62261	—	—	62261	—	—
内蒙古集团	—	—	—	—	—	—	—	—	—	—
辽宁	—	—	—	—	—	—	—	—	—	—
吉林	—	—	—	—	—	—	—	—	—	—
吉林集团	—	—	—	—	—	—	—	—	—	—
黑龙江	—	—	—	—	—	—	—	—	—	—
龙江集团	—	—	—	—	—	—	—	—	—	—
上海	—	—	—	—	—	—	—	—	—	—
江苏	—	—	—	—	—	—	—	—	—	—
浙江	—	—	—	—	—	—	—	—	—	—
安徽	—	—	—	—	—	—	—	—	—	—
福建	—	—	—	—	—	—	—	—	—	—
江西	—	—	—	—	—	—	—	—	—	—
山东	—	—	—	—	—	—	—	—	—	—
河南	44154	30829	—	—	—	—	—	—	—	—
湖北	43121	18434	4483	4483	—	858	265	3360	—	—
湖南	—	—	—	—	—	—	—	—	—	—
广东	—	—	—	—	—	—	—	—	—	—
广西	—	—	—	—	—	—	—	—	—	—
海南	—	—	—	—	—	—	—	—	—	—
重庆	17671	15251	4004	4004	—	150	—	3854	—	—
四川	580711	478674	113943	51202	62741	677	9016	104250	—	—
贵州	373334	294926	3414	—	3414	—	—	3414	—	—
云南	141159	131907	70453	26128	44325	1113	1190	68150	—	—
西藏	—	—	2037	2037	—	—	—	2037	—	—
陕西	37477	27079	125393	15912	109481	5616	117	119660	—	—
甘肃	16238	16238	26606	13340	13266	—	—	26606	—	—
青海	—	—	1271	1271	—	—	—	1271	—	—
宁夏	—	—	4344	—	4344	—	—	4344	—	—
新疆	—	—	—	—	—	—	—	—	—	—
新疆兵团	—	—	—	—	—	—	—	—	—	—
大兴安岭	—	—	—	—	—	—	—	—	—	—

天然林资源保护工程建设情况(一)

年末实有封山(沙)育林面积				年末实有森林管护面积(公顷)		工程区项目实施单位人员情况					
		其中				年末全部在册职工人数(人)					年末其他从业人员(人)
		无林地和疏林地封育									
合计	本年新封	小计	其中:本年新封	合计	其中:年末个体承包管护面积	合计	其中:大集体职工人数	年末在岗职工人数	年末下岗待安置职工人数	年末离开本单位保留劳动关系人数	
4180736	**717866**	**2488488**	**429160**	**63167003**	**9304733**	**204537**	**6082**	**184672**	**11673**	**8192**	**28106**
—	—	—	—	—	—	—	—	—	—	—	—
—	—	—	—	—	—	—	—	—	—	—	—
—	—	—	—	—	—	—	—	—	—	—	—
138867	46065	102094	31269	2415187	399388	11646	190	11012	346	288	17
243530	71401	202615	71401	1927207	795330	6248	35	6181	—	67	—
—	—	—	—	—	—	—	—	—	—	—	—
—	—	—	—	—	—	—	—	—	—	—	—
—	—	—	—	—	—	—	—	—	—	—	—
—	—	—	—	—	—	—	—	—	—	—	—
—	—	—	—	—	—	—	—	—	—	—	—
—	—	—	—	—	—	—	—	—	—	—	—
—	—	—	—	—	—	—	—	—	—	—	—
—	—	—	—	—	—	—	—	—	—	—	—
—	—	—	—	—	—	—	—	—	—	—	—
—	—	—	—	—	—	—	—	—	—	—	—
—	—	—	—	—	—	—	—	—	—	—	—
—	—	—	—	—	—	—	—	—	—	—	—
—	—	—	—	—	—	—	—	—	—	—	—
60867	14000	59215	12348	886927	55202	3218	—	3189	—	29	154
299999	44332	137630	16909	3104000	1904780	8157	24	6812	1342	3	748
—	—	—	—	—	—	—	—	—	—	—	—
—	—	—	—	—	—	—	—	—	—	—	—
—	—	—	—	—	—	—	—	—	—	—	—
—	—	—	—	—	—	—	—	—	—	—	—
296185	30626	244354	20785	2611910	1595885	4557	35	4398	10	149	24
917995	240476	509038	114316	20075501	1683741	62368	1534	54781	4701	2886	5421
316539	49476	302081	35018	5293982	880412	23210	—	21143	1528	539	13013
688480	89136	397652	50418	11909569	563373	16126	2391	15425	2	699	6304
102144	3333	—	—	114844	—	202	—	202	—	—	—
447490	77922	89065	33918	7931091	1027224	23025	1171	20112	972	1941	1689
249570	23766	189453	16998	4431182	385185	28651	702	24473	2656	1522	112
204183	20000	123654	19113	2034070	—	7160	—	7160	—	—	30
214887	7333	131637	6667	431533	14213	9969	—	9784	116	69	594
—	—	—	—	—	—	—	—	—	—	—	—
—	—	—	—	—	—	—	—	—	—	—	—
—	—	—	—	—	—	—	—	—	—	—	—

长江上游、黄河上中游各地区

地　区	工程区项目实施单位人员情况								全部林业		
	林业单位全年平均在岗职工人数（人）	自工程实施以来累计一次性安置职工人数(人)		本年一次性安置费（万元）	年末实有离退休人数（人）	当年离退休人员生活费（万元）	年末参加基本养老保险社会统筹人数(人)		合　计	其　中	
		合　计	其中：本年一次性安置职工人数				合　计	其中：在岗职工		国债资金	中央财政专项资金
全国合计	**170585**	**59555**	**1873**	**2051**	**145646**	**274820**	**264608**	**129754**	**311344**	**102616**	**183655**
北　京	—	—	—	—	—	—	—	—	—	—	—
天　津	—	—	—	—	—	—	—	—	—	—	—
河　北	—	—	—	—	—	—	—	—	—	—	—
山　西	10893	858	—	—	4238	5439	10826	7715	13418	3915	7025
内蒙古	5780	1408	2	4	2917	159635	4641	3150	12742	8020	4717
内蒙古集团	—	—	—	—	—	—	—	—	—	—	—
辽　宁	—	—	—	—	—	—	—	—	—	—	—
吉　林	—	—	—	—	—	—	—	—	—	—	—
吉林集团	—	—	—	—	—	—	—	—	—	—	—
黑龙江	—	—	—	—	—	—	—	—	—	—	—
龙江集团	—	—	—	—	—	—	—	—	—	—	—
上　海	—	—	—	—	—	—	—	—	—	—	—
江　苏	—	—	—	—	—	—	—	—	—	—	—
浙　江	—	—	—	—	—	—	—	—	—	—	—
安　徽	—	—	—	—	—	—	—	—	—	—	—
福　建	—	—	—	—	—	—	—	—	—	—	—
江　西	—	—	—	—	—	—	—	—	—	—	—
山　东	—	—	—	—	—	—	—	—	—	—	—
河　南	3116	2176	—	—	1358	951	3705	2373	4290	866	2777
湖　北	4934	10870	142	301	5030	3365	8095	5523	14369	4543	9699
湖　南	—	—	—	—	—	—	—	—	—	—	—
广　东	—	—	—	—	—	—	—	—	—	—	—
广　西	—	—	—	—	—	—	—	—	—	—	—
海　南	—	—	—	—	—	—	—	—	—	—	—
重　庆	4206	4965	1	4	4478	3555	8507	4068	15004	3515	7633
四　川	52465	12266	1422	1095	81361	35523	130254	50296	102628	35765	56764
贵　州	20521	5231	88	233	9578	10621	13430	8192	18929	4423	12827
云　南	13187	8132	99	215	13475	8844	34032	11894	49907	14802	32222
西　藏	131	129	—	—	58	—	26	20	1427	—	1378
陕　西	17961	5760	54	124	6833	5691	16955	13998	41513	16154	22204
甘　肃	22063	7329	20	—	12099	11401	26665	16356	26883	7705	19098
青　海	5744	79	22	—	682	785	1746	1617	7179	2136	5043
宁　夏	9584	352	23	75	3539	29010	5726	4552	3055	772	2268
新　疆	—	—	—	—	—	—	—	—	—	—	—
新疆兵团	—	—	—	—	—	—	—	—	—	—	—
大兴安岭	—	—	—	—	—	—	—	—	—	—	—

天然林资源保护工程建设情况(二)

投资完成额(万元)				本年资金来源总计(万元)							
						本年资金来源合计					
								国家预算内资金			
									其中		
造林(人工和飞播)	封山(沙)育林	森林管护	其他	总计	上年末结余资金	合计	其中:地方配套资金	小计	国债资金	中央财政专项资金	其他资金
47465	**56234**	**147467**	**60179**	**366282**	**57067**	**309215**	**23572**	**302642**	**102804**	**181034**	**6573**
—	—	—	—	—	—	—	—	—	—	—	—
—	—	—	—	—	—	—	—	—	—		—
—	—	—	—	—	—	—	—	—	—	—	—
75	4401	6159	2783	13423		13423	2105	13335	3920	7025	88
3780	4240	3063	1659	12816	500	12316	—	12316	7520	4791	—
—	—	—	—	—	—	—	—	—	—	—	—
—	—	—	—	—	—	—	—	—	—	—	—
—	—	—	—	—	—	—	—	—	—	—	—
—	—	—	—	—	—	—	—	—	—	—	—
—	—	—	—	—	—	—	—	—	—	—	—
—	—	—	—	—	—	—	—	—	—	—	—
—	—	—	—	—	—	—	—	—	—	—	—
—	—	—	—	—	—	—	—	—	—	—	—
—	—	—	—	—	—	—	—	—	—	—	—
—	—	—	—	—	—	—	—	—	—	—	—
—	—	—	—	—	—	—	—	—	—	—	—
—	—	—	—	—	—	—	—	—	—	—	—
—	—	—	—	—	—	—	—	—	—	—	—
—	885	2727	678	6127	1607	4520	713	4520	917	2854	—
783	3372	7982	2232	14436	301	14135	99	13968	4471	9457	167
—	—	—	—	—	—	—	—	—	—	—	—
—	—	—	—	—	—	—	—	—	—	—	—
—	—	—	—	—	—	—	—	—	—	—	—
—	—	—	—	—	—	—	—	—	—	—	—
1332	3590	6267	3815	14178	17	14161	2864	13894	3531	7633	267
15522	20171	43049	23886	132919	26058	106861	7862	104680	38562	56677	2181
217	3696	10632	4384	22289	4199	18090	1679	18090	3584	12827	—
8876	5007	30150	5874	67012	18321	48691	3165	47113	14818	30915	1578
25	164	1105	133	689	—	689	—	689	24	640	—
11022	6345	20615	3532	45276	6064	39212	2183	36935	14844	21807	2277
5168	2121	9837	9757	26883	—	26883	2887	26883	7705	19098	—
455	1680	4821	223	7179	—	7179	—	7179	2136	5043	—
210	562	1060	1223	3055	—	3055	15	3040	772	2268	15
—	—	—	—	—	—	—	—	—	—	—	—
—	—	—	—	—	—	—	—	—	—	—	—
—	—	—	—	—	—	—	—	—	—	—	—

退耕还林工程建设情况

指　　标	单位	合　计	退耕还林工程	京津风沙源治理工程中的退耕还林
一、人工造林面积	**公顷**	**2192908**	**1898360**	**294548**
1. 退耕地造林面积	公顷	861187	667390	193797
其中：生态林面积	公顷	720255	563725	156530
25°以上坡耕地退耕面积	公顷	302326	283312	19014
2. 荒山荒地造林面积	公顷	1331721	1230970	100751
按林种用途分				
1. 用材林	公顷	332805	328321	4484
2. 经济林	公顷	117016	109916	7100
3. 防护林	公顷	1726713	1444216	282497
4. 薪炭林	公顷	14973	14506	467
5. 特种用途林	公顷	1402	1402	—
二、当年种草面积	**公顷**	**47582**	**46915**	**667**
其中：退耕地种草面积	公顷	200	200	—
三、年末实有封山(沙)育林面积	**公顷**	**1719011**	**1550364**	**168647**
其中：本年新封	公顷	1160159	1055847	104312
其中：无林地和疏林地封育	公顷	1076351	924732	151619
其中：本年新封	公顷	881579	783730	97849
四、补助粮、款兑现				
1. 当年粮款兑现退耕地总面积	公顷	7714524	6779508	935016
2. 自工程实施以来累计粮食兑现数量总计	吨	29614281	27564083	2050198
其中：当年粮食兑现数量合计	吨	2841815	2792525	49290
其中：当年新退耕地粮食兑现数量	吨	187010	186244	766
3. 当年应兑现粮食改为兑现现金额	万元	2138015	1941313	196702
4. 自工程实施以来累计生活费兑现金额总计	万元	923908	844732	79176
其中：当年生活费兑现金额合计	万元	253324	224216	29108
其中：当年新退耕地生活费兑现金额	万元	33576	27688	5888
5. 当年粮款兑现涉及户数	户	26840942	25087775	1753167
五、全部林业投资完成额	**万元**	**2681188**	**2404111**	**277077**
其中：国债资金	万元	426036	395859	30177
中央财政专项资金	万元	2035697	1790069	245628
1. 粮食折资	万元	2028036	1813178	214858
2. 种苗费	万元	267977	237971	30006
3. 生活费补助	万元	231511	200743	30768
4. 科技支撑费	万元	1826	1786	40
5. 其他费用	万元	151838	150433	1405
六、本年资金来源总计	**万元**	**2468125**	**2191096**	**277029**
1. 上年末结余资金	万元	21200	20016	1184
2. 本年资金来源合计	万元	2446925	2171080	275845
其中：地方配套资金	万元	43039	42686	353
(1)国家预算内资金	万元	2397523	2121899	275624
其中：国债资金	万元	379214	349061	30153
中央财政专项资金	万元	1965391	1722183	243208
(2)其他资金	万元	49402	49181	221

各地区全部退耕还林工程建设情况(一)

地区	人工造林面积(公顷)									
	总计	退耕地造林面积			荒山荒地造林面积	按林种用途分				
		合计	其中:生态林面积	25°以上坡耕地退耕面积		用材林	经济林	防护林	薪炭林	特种用途林
全国合计	**2192908**	**861187**	**720255**	**302326**	**1331721**	**332805**	**117016**	**1726713**	**14973**	**1402**
北京	825	625	556	23	200	177	358	290	—	—
天津	—	—	—	—	—	—	—	—	—	—
河北	207366	99643	71392	12493	107723	32317	14495	160087	467	—
山西	76411	33999	26799	11312	42412	—	2376	74035	—	—
内蒙古	265565	144003	119196	11007	121562	3419	1328	260818	—	—
内蒙古集团	—	—	—	—	—	—	—	—	—	—
辽宁	100453	23333	20770	1129	77120	20711	5252	73608	882	—
吉林	17583	12811	9046	—	4772	777	—	16806	—	—
吉林集团	—	—	—	—	—	—	—	—	—	—
黑龙江	65737	27278	26800	478	38459	9700	398	54982	6	651
龙江集团	—	—	—	—	—	—	—	—	—	—
上海	—	—	—	—	—	—	—	—	—	—
江苏	—	—	—	—	—	—	—	—	—	—
浙江	—	—	—	—	—	—	—	—	—	—
安徽	17026	13333	12667	5600	3693	1054	725	15082	133	32
福建	—	—	—	—	—	—	—	—	—	—
江西	33332	6663	3608	1255	26669	11579	3033	18053	667	—
山东	—	—	—	—	—	—	—	—	—	—
河南	100233	31132	29069	6331	69101	60199	4394	35641	—	—
湖北	123044	38663	27347	18726	84381	37797	10045	74900	302	—
湖南	125166	23755	23755	18325	101411	28168	11811	80816	3704	667
广东	—	—	—	—	—	—	—	—	—	—
广西	82261	17590	14133	9456	64671	57430	4733	20093	5	—
海南	16651	—	—	—	16651	13547	854	2250	—	—
重庆	100668	54001	45353	41618	46667	14813	13739	71116	1000	—
四川	113589	73060	68133	44570	40529	15836	12463	83048	2221	21
贵州	113343	46674	43457	31985	66669	4368	3367	105577	—	31
云南	85417	31171	24891	13124	54246	15967	9941	58925	584	—
西藏	4471	2204	2204	107	2267	—	33	4438	—	—
陕西	62454	546	303	516	61908	1366	1392	59379	317	—
甘肃	207640	121929	112298	71793	85711	1400	6522	197996	1722	—
青海	38177	8747	7870	546	29430	—	—	38177	—	—
宁夏	82380	14680	—	—	67700	—	—	82380	—	—
新疆	73116	35347	30608	1932	37769	2180	9757	58216	2963	—
新疆兵团	10659	10659	8458	1068	—	—	3192	5466	2001	—
大兴安岭	—	—	—	—	—	—	—	—	—	—

注:全国合计中包括军事管理区 80000 公顷荒山荒地造林和 50667 公顷无林地和疏林地新封山育林。

各地区全部退耕还林

地　　区	当年种草面积(公顷)		年末实有封山(沙)育林面积(公顷)				补助粮、			
	合计	其中:退耕地种草面积	合计	其中:本年新封	其中:无林地和疏林地封育		当年粮款兑现退耕地总面积(公顷)	自工程实施以来累计粮食兑现数量总计(吨)		
					小计	其中:本年新封		合计	其中:当年粮食兑现数量合计	
									小计	其中:当年新退耕地粮食兑现数量
全国合计	**47582**	**200**	**1719011**	**1160159**	**1076351**	**881579**	**7714524**	**29614281**	**2841815**	**187010**
北　京	—	—	—	—	—	—	34896	113621	47694	766
天　津	—	—	4667	—	—	—	4667	7092	—	—
河　北	—	—	149859	95998	141123	92646	429500	908000	—	—
山　西	—	—	50264	50264	47153	47153	499141	1079864	17713	—
内蒙古	667	—	194223	95592	102218	95592	871384	2642936	—	—
内蒙古集团	—	—	—	—	—	—	—	—	—	—
辽　宁	—	—	64668	64668	64668	64668	191979	3279	1049	—
吉　林	34417	—	—	—	—	—	131217	340623	31224	1400
吉林集团	—	—	—	—	—	—	—	—	—	—
黑龙江	—	—	86665	86665	34364	34364	—	634326	123775	11410
龙江集团	—	—	—	—	—	—	—	—	—	—
上　海	—	—	—	—	—	—	—	—	—	—
江　苏	—	—	—	—	—	—	—	—	—	—
浙　江	—	—	—	—	—	—	—	—	—	—
安　徽	—	—	54296	40013	13186	7967	185989	552244	103552	3750
福　建	—	—	—	—	—	—	—	—	—	—
江　西	—	—	33336	33336	1450	1450	184270	579702	114453	6370
山　东	—	—	—	—	—	—	—	—	—	—
河　南	—	—	64227	64227	64227	64227	226189	983464	—	—
湖　北	—	—	56352	8819	9163	8819	258464	1846228	239497	31100
湖　南	—	—	92220	—	—	—	355839	1897271	624295	44977
广　东	—	—	—	—	—	—	—	—	—	—
广　西	—	—	62367	62367	43449	43048	153814	539032	41805	—
海　南	—	—	28014	7667	3755	3755	40000	68253	—	—
重　庆	333	—	46668	46668	35760	35160	419463	1949052	—	—
四　川	—	—	74929	53324	44109	33593	854931	4240183	46991	1650
贵　州	—	—	158931	66673	144711	52453	420336	1666247	263482	—
云　南	—	—	113421	59371	23487	18820	265587	1443132	319164	29385
西　藏	—	—	6667	—	—	—	6614	19020	10610	3036
陕　西	—	—	59469	59135	31385	31385	913954	4030767	637898	13618
甘　肃	—	—	59995	59995	59995	59995	613293	2088828	—	—
青　海	12165	200	41377	41377	39343	39343	165816	608277	—	—
宁　夏	—	—	33333	33333	24173	24173	304000	542660	—	—
新　疆	—	—	132396	80000	97965	72301	183181	830180	218613	39548
新疆兵团	—	—	65730	13334	38998	13334	69683	354120	134680	32700
大兴安岭	—	—	—	—	—	—	—	—	—	—

工程建设情况(二)

款兑现					全部林业投资完成额(万元)							
当年应兑现粮食改为兑现现金额(万元)	自工程实施以来累计生活费兑现现金额总计(万元)			当年粮款兑现涉及户数(户)	合 计	其 中		粮食折资	种苗费	生活费补助	科技支撑费	其他费用
	合计	其中:当年生活费兑现金额合计				国债资金	中央财政专项资金					
		小 计	其中:当年新退耕地生活费兑现金额									
2138015	**923908**	**253324**	**33576**	**26840942**	**2681188**	**426036**	**2035697**	**2028036**	**267977**	**231511**	**1826**	**151838**
—	2288	1040	16	168287	8969	247	8519	7469	81	1045	40	334
1322	328	189	—	23652	—	—	—	—	—	—	—	—
115322	47271	16984	3151	1669964	172491	22837	139004	121426	22837	17315	37	10876
76465	44230	12330	986	771907	120767	9555	105633	92429	9550	13204	4	5580
173390	75468	25133	4180	1269268	239157	26735	212411	185900	25970	26511	—	776
—	—	—	—	—	—	—	—	—	—	—	—	—
43984	19872	6690	700	310435	70814	9250	53304	50513	9250	7216	—	3835
23988	13386	4485	65	145796	27418	4678	21739	17223	4790	3201	—	2204
—	—	—	—	—	—	—	—	—	—	—	—	—
29485	84617	9866	3817	147055	27078	11000	6547	12728	11000	1818	24	1508
—	—	—	—	—	—	—	—	—	—	—	—	—
—	—	—	—	—	—	—	—	—	—	—	—	—
—	—	—	—	—	—	—	—	—	—	—	—	—
—	—	—	—	—	—	—	—	—	—	—	—	—
66475	33206	7116	215	1150573	72519	14399	53569	61054	3496	5422	375	2172
—	—	—	—	—	—	—	—	—	—	—	—	—
47355	19370	4630	278	530429	64600	10927	45582	52147	5893	5385	—	1175
—	—	—	—	—	—	—	—	—	—	—	—	—
66210	22723	7417	1076	1170314	86619	12863	72979	66348	12188	7385	40	658
93011	37463	9109	980	1082284	135734	33066	79648	97337	12503	8656	437	16801
127164	41312	14940	1122	2359240	250256	47422	127888	167703	20381	16473	20	45679
—	—	—	—	—	—	—	—	—	—	—	—	—
48668	12792	4783	135	569961	71592	8430	52792	51966	8104	5543	55	5924
12073	3600	1189	—	26518	15673	2000	13673	12484	2000	1189	—	—
133211	37118	11392	1576	2638163	169859	11313	145746	132305	11780	12566	385	12823
273558	104987	25612	2192	5296319	320395	12487	294659	280592	12483	25612	61	1647
133650	39062	12254	1100	2084606	164370	13500	149032	136778	13500	12254	—	1838
91050	32548	9836	2223	1004358	124303	28428	80088	96592	10251	8947	46	8467
457	340	167	40	18311	444	120	324	200	120	124	—	—
262051	114893	27092	1809	2308786	158219	56516	88335	125589	14614	12884	294	4839
136845	63219	18400	3652	1244210	179673	19132	160538	123548	19107	18400	8	18610
35400	18289	4998	300	276927	47398	7000	40398	35400	7000	4998	—	—
53845	24511	9031	2800	342000	77716	14500	62876	53845	14500	9031	—	340
93036	31015	8641	1163	231579	75124	49631	20413	46460	16580	6332	—	5752
20601	10754	4012	720	14260	30908	28523	1572	20503	5735	3124	—	1546
—	—	—	—	—	—	—	—	—	—	—	—	—

各地区全部退耕还林工程建设情况(三)

地区	本年资金来源总计(万元)							
	总计	上年末结余资金	本年资金来源合计					
			合计	其中:地方配套资金	国家预算内资金			其他资金
					小计	其中		
						国债资金	中央财政专项资金	
全国合计	**2468125**	**21200**	**2446925**	**43039**	**2397523**	**379214**	**1965391**	**49402**
北京	8921	1184	7737	62	7737	223	7335	—
天津	—	—	—	—	—	—	—	—
河北	172680	—	172680	1756	162051	22800	139025	10629
山西	120767	—	120767	2635	119995	9555	104794	772
内蒙古	239658	846	238812	1	238812	26735	210518	—
内蒙古集团	—	—	—	—	—	—	—	—
辽宁	70814	—	70814	—	66979	9250	53304	3835
吉林	35892	1089	34803	—	34569	7823	26746	234
吉林集团	—	—	—	—	—	—	—	—
黑龙江	26778	—	26778	—	22047	15500	—	4731
龙江集团	—	—	—	—	—	—	—	—
上海	—	—	—	—	—	—	—	—
江苏	—	—	—	—	—	—	—	—
浙江	—	—	—	—	—	—	—	—
安徽	59114	20	59094	1195	57728	6816	47394	1366
福建	—	—	—	—	—	—	—	—
江西	54020	1380	52640	185	52472	8518	42819	168
山东	—	—	—	—	—	—	—	—
河南	85897	21	85876	25	85526	14104	71287	350
湖北	87165	100	87065	2948	80109	25303	53012	6956
湖南	144363	—	144363	1173	142920	40040	102768	1443
广东	—	—	—	—	—	—	—	—
广西	75007	8261	66746	469	60289	8093	51673	6457
海南	15673	—	15673	—	15673	2000	13673	—
重庆	169549	—	169549	11583	167618	11313	145208	1931
四川	322498	2657	319841	10888	319026	12508	295487	815
贵州	164916	3125	161791	1719	161791	13500	146452	—
云南	113775	2491	111284	4119	106571	22191	82007	4713
西藏	25	—	25	—	25	—	25	—
陕西	133316	26	133290	373	132834	44633	88118	456
甘肃	179673	—	179673	—	179673	19132	160538	—
青海	47398	—	47398	—	47398	7000	40398	—
宁夏	77716	—	77716	150	77566	14500	62876	150
新疆	62510	—	62510	3758	58114	37677	19934	4396
新疆兵团	24768	—	24768	978	23944	22852	852	824
大兴安岭	—	—	—	—	—	—	—	—

各地区退耕还林工程建设情况(一)

地　区	人工造林面积(公顷)									
	总　计	退耕地造林面积			荒山荒地造林面积	按林种用途分				
		合　计	其中:生态林面积	25°以上坡耕地退耕面积		用材林	经济林	防护林	薪炭林	特种用途林
全国合计	**1898360**	**667390**	**563725**	**283312**	**1230970**	**328321**	**109916**	**1444216**	**14506**	**1402**
北　京	—	—	—	—	—	—	—	—	—	—
天　津	—	—	—	—	—	—	—	—	—	—
河　北	103341	33137	17091	4820	70204	28917	10057	64367	—	—
山　西	47339	13999	13126	8193	33340	—	1205	46134	—	—
内蒙古	104939	37337	31196	2808	67602	2512	195	102232	—	—
内蒙古集团	—	—	—	—	—	—	—	—		
辽　宁	100453	23333	20770	1129	77120	20711	5252	73608	882	—
吉　林	17583	12811	9046	—	4772	777	—	16806	—	—
吉林集团	—	—	—	—	—	—	—	—	—	—
黑龙江	65737	27278	26800	478	38459	9700	398	54982	6	651
龙江集团	—	—	—	—	—	—	—	—		
上　海	—	—	—	—	—	—	—	—	—	—
江　苏	—	—	—	—	—	—	—	—	—	—
浙　江	—	—	—	—	—	—	—	—	—	—
安　徽	17026	13333	12667	5600	3693	1054	725	15082	133	32
福　建	—	—	—	—	—	—	—	—	—	—
江　西	33332	6663	3608	1255	26669	11579	3033	18053	667	—
山　东	—	—	—	—	—	—	—	—	—	—
河　南	100233	31132	29069	6331	69101	60199	4394	35641	—	—
湖　北	123044	38663	27347	18726	84381	37797	10045	74900	302	—
湖　南	125166	23755	23755	18325	101411	28168	11811	80816	3704	667
广　东	—	—	—	—	—	—	—	—	—	—
广　西	82261	17590	14133	9456	64671	57430	4733	20093	5	—
海　南	16651	—	—	—	16651	13547	854	2250	—	—
重　庆	100668	54001	45353	41618	46667	14813	13739	71116	1000	—
四　川	113589	73060	68133	44570	40529	15836	12463	83048	2221	21
贵　州	113343	46674	43457	31985	66669	4368	3367	105577	—	31
云　南	85417	31171	24891	13124	54246	15967	9941	58925	584	—
西　藏	4471	2204	2204	107	2267	—	33	4438	—	—
陕　西	62454	546	303	516	61908	1366	1392	59379	317	—
甘　肃	207640	121929	112298	71793	85711	1400	6522	197996	1722	—
青　海	38177	8747	7870	546	29430	—	—	38177	—	—
宁　夏	82380	14680	—	—	67700	—	—	82380	—	—
新　疆	73116	35347	30608	1932	37769	2180	9757	58216	2963	—
新疆兵团	10659	10659	8458	1068	—	—	3192	5466	2001	—
大兴安岭	—	—	—	—	—	—	—	—	—	—

注:全国合计中包括军事管理区 80000 公顷荒山荒地造林和 50667 公顷无林地和疏林地新封山育林。

各地区退耕还林

地　区	当年种草面积(公顷)		年末实有封山(沙)育林面积(公顷)				补助粮、			
	合计	其中:退耕地种草面积	合计	其中:本年新封	其中:无林地和疏林地封育		当年粮款兑现退耕地总面积(公顷)	自工程实施以来累计粮食兑现数量总计(吨)		
					小计	其中:本年新封		合计	其中:当年粮食兑现数量合计	
									小计	其中:当年新退耕地粮食兑现数量
全国合计	**46915**	**200**	**1550364**	**1055847**	**924732**	**783730**	**6779508**	**27564083**	**2792525**	**186244**
北　京	—	—	—	—	—	—	—	—	—	—
天　津	—	—	—	—	—	—	—	—	—	—
河　北	—	—	57999	56666	57999	56666	179125	290000	—	—
山　西	—	—	40003	40003	40003	40003	342085	933046	16117	—
内蒙古	—	—	132364	40873	40873	40873	383362	1478269	—	—
内蒙古集团	—	—	—	—	—	—	—	—	—	—
辽　宁	—	—	64668	64668	64668	64668	191979	3279	1049	—
吉　林	34417	—	—	—	—	—	131217	340623	31224	1400
吉林集团	—	—	—	—	—	—	—	—	—	—
黑龙江	—	—	86665	86665	34364	34364	—	634326	123775	11410
龙江集团	—	—	—	—	—	—	—	—	—	—
上　海	—	—	—	—	—	—	—	—	—	—
江　苏	—	—	—	—	—	—	—	—	—	—
浙　江	—	—	—	—	—	—	—	—	—	—
安　徽	—	—	54296	40013	13186	7967	185989	552244	103552	3750
福　建	—	—	—	—	—	—	—	—	—	—
江　西	—	—	33336	33336	1450	1450	184270	579702	114453	6370
山　东	—	—	—	—	—	—	—	—	—	—
河　南	—	—	64227	64227	64227	64227	226189	983464	—	—
湖　北	—	—	56352	8819	9163	8819	258464	1846228	239497	31100
湖　南	—	—	92220	—	—	—	355839	1897271	624295	44977
广　东	—	—	—	—	—	—	—	—	—	—
广　西	—	—	62367	62367	43449	43048	153814	539032	41805	—
海　南	—	—	28014	7667	3755	3755	40000	68253	—	—
重　庆	333	—	46668	46668	35760	35160	419463	1949052	—	—
四　川	—	—	74929	53324	44109	33593	854931	4240183	46991	1650
贵　州	—	—	158931	66673	144711	52453	420336	1666247	263482	—
云　南	—	—	113421	59371	23487	18820	265587	1443132	319164	29385
西　藏	—	—	6667	—	—	—	6614	19020	10610	3036
陕　西	—	—	59469	59135	31385	31385	913954	4030767	637898	13618
甘　肃	—	—	59995	59995	59995	59995	613293	2088828	—	—
青　海	12165	200	41377	41377	39343	39343	165816	608277	—	—
宁　夏	—	—	33333	33333	24173	24173	304000	542660	—	—
新　疆	—	—	132396	80000	97965	72301	183181	830180	218613	39548
新疆兵团	—	—	65730	13334	38998	13334	69683	354120	134680	32700
大兴安岭	—	—	—	—	—	—	—	—	—	—

工程建设情况(二)

款兑现					全部林业投资完成额(万元)							
当年应兑现粮食改为兑现现金额(万元)	自工程实施以来累计生活费兑现金额总计(万元)			当年粮款兑现涉及户数(户)	合 计	其 中		粮食折资	种苗费	生活费补助	科技支撑费	其他费用
	合计	其中:当年生活费兑现金额合计				国债资金	中央财政专项资金					
		小 计	其中:当年新退耕地生活费兑现金额									
1941313	**844732**	**224216**	**27688**	**25087775**	**2404111**	**395859**	**1790069**	**1813178**	**237971**	**200743**	**1786**	**150433**
—	—	—	—	—	—	—	—	—	—	—	—	—
—	—	—	—	—	—	—	—	—	—	—	—	—
38667	15631	5453	999	951191	66104	11932	43648	38071	11932	5311	37	10753
53648	35838	9289	386	627435	92491	6550	81304	71141	6550	10163	4	4633
77482	38940	11826	1060	571285	105712	10715	94987	83154	9950	11833	—	775
—	—	—	—	—	—	—	—	—	—	—	—	—
43984	19872	6690	700	310435	70814	9250	53304	50513	9250	7216	—	3835
23988	13386	4485	65	145796	27418	4678	21739	17223	4790	3201	—	2204
—	—	—	—	—	—	—	—	—	—	—	—	—
29485	84617	9866	3817	147055	27078	11000	6547	12728	11000	1818	24	1508
—	—	—	—	—	—	—	—	—	—	—	—	—
—	—	—	—	—	—	—	—	—	—	—	—	—
—	—	—	—	—	—	—	—	—	—	—	—	—
—	—	—	—	—	—	—	—	—	—	—	—	—
66475	33206	7116	215	1150573	72519	14399	53569	61054	3496	5422	375	2172
—	—	—	—	—	—	—	—	—	—	—	—	—
47355	19370	4630	278	530429	64600	10927	45582	52147	5893	5385	—	1175
—	—	—	—	—	—	—	—	—	—	—	—	—
66210	22723	7417	1076	1170314	86619	12863	72979	66348	12188	7385	40	658
93011	37463	9109	980	1082284	135734	33066	79648	97337	12503	8656	437	16801
127164	41312	14940	1122	2359240	250256	47422	127888	167703	20381	16473	20	45679
—	—	—	—	—	—	—	—	—	—	—	—	—
48668	12792	4783	135	569961	71592	8430	52792	51966	8104	5543	55	5924
12073	3600	1189	—	26518	15673	2000	13673	12484	2000	1189	—	—
133211	37118	11392	1576	2638163	169859	11313	145746	132305	11780	12566	385	12823
273558	104987	25612	2192	5296319	320395	12487	294659	280592	12483	25612	61	1647
133650	39062	12254	1100	2084606	164370	13500	149032	136778	13500	12254	—	1838
91050	32548	9836	2223	1004358	124303	28428	80088	96592	10251	8947	46	8467
457	340	167	40	18311	444	120	324	200	120	124	—	—
262051	114893	27092	1809	2308786	158219	56516	88335	125589	14614	12884	294	4839
136845	63219	18400	3652	1244210	179673	19132	160538	123548	19107	18400	8	18610
35400	18289	4998	300	276927	47398	7000	40398	35400	7000	4998	—	—
53845	24511	9031	2800	342000	77716	14500	62876	53845	14500	9031	—	340
93036	31015	8641	1163	231579	75124	49631	20413	46460	16580	6332	—	5752
20601	10754	4012	720	14260	30908	28523	1572	20503	5735	3124	—	1546
—	—	—	—	—	—	—	—	—	—	—	—	—

各地区退耕还林工程建设情况(三)

地区	本年资金来源总计(万元)							
	总计	上年末结余资金	本年资金来源合计					
			合计	其中:地方配套资金	国家预算内资金			其他资金
					小计	其中		
						国债资金	中央财政专项资金	
全国合计	**2191096**	**20016**	**2171080**	**42686**	**2121899**	**349061**	**1722183**	**49181**
北京	—	—	—	—	—	—	—	—
天津	—	—	—	—	—	—	—	—
河北	66293	—	66293	1701	55664	11895	43669	10629
山西	92491	—	92491	2400	91940	6550	80465	551
内蒙古	106213	846	105367	—	105367	10715	94330	—
内蒙古集团	—	—	—	—	—	—	—	—
辽宁	70814	—	70814	—	66979	9250	53304	3835
吉林	35892	1089	34803	—	34569	7823	26746	234
吉林集团	—	—	—	—	—	—	—	—
黑龙江	26778	—	26778	—	22047	15500	—	4731
龙江集团	—	—	—	—	—	—	—	—
上海	—	—	—	—	—	—	—	—
江苏	—	—	—	—	—	—	—	—
浙江	—	—	—	—	—	—	—	—
安徽	59114	20	59094	1195	57728	6816	47394	1366
福建	—	—	—	—	—	—	—	—
江西	54020	1380	52640	185	52472	8518	42819	168
山东	—	—	—	—	—	—	—	—
河南	85897	21	85876	25	85526	14104	71287	350
湖北	87165	100	87065	2948	80109	25303	53012	6956
湖南	144363	—	144363	1173	142920	40040	102768	1443
广东	—	—	—	—	—	—	—	—
广西	75007	8261	66746	469	60289	8093	51673	6457
海南	15673	—	15673	—	15673	2000	13673	—
重庆	169549	—	169549	11583	167618	11313	145208	1931
四川	322498	2657	319841	10888	319026	12508	295487	815
贵州	164916	3125	161791	1719	161791	13500	146452	—
云南	113775	2491	111284	4119	106571	22191	82007	4713
西藏	25	—	25	—	25	—	25	—
陕西	133316	26	133290	373	132834	44633	88118	456
甘肃	179673	—	179673	—	179673	19132	160538	—
青海	47398	—	47398	—	47398	7000	40398	—
宁夏	77716	—	77716	150	77566	14500	62876	150
新疆	62510	—	62510	3758	58114	37677	19934	4396
新疆兵团	24768	—	24768	978	23944	22852	852	824
大兴安岭	—	—	—	—	—	—	—	—

各地区京津风沙源治理工程中退耕还林工程建设情况(一)

地区	人工造林面积(公顷)									
	总计	退耕地造林面积			荒山荒地造林面积	按林种用途分				
		合计	其中:生态林面积	25°以上坡耕地退耕面积		用材林	经济林	防护林	薪炭林	特种用途林
全国合计	**294548**	**193797**	**156530**	**19014**	**100751**	**4484**	**7100**	**282497**	**467**	**—**
北京	825	625	556	23	200	177	358	290	—	—
天津	—	—	—	—	—	—	—	—	—	—
河北	104025	66506	54301	7673	37519	3400	4438	95720	467	—
山西	29072	20000	13673	3119	9072	—	1171	27901	—	—
内蒙古	160626	106666	88000	8199	53960	907	1133	158586	—	—
内蒙古集团	—	—	—	—	—	—	—	—	—	—
辽宁	—	—	—	—	—	—	—	—	—	—
吉林	—	—	—	—	—	—	—	—	—	—
吉林集团	—	—	—	—	—	—	—	—	—	—
黑龙江	—	—	—	—	—	—	—	—	—	—
龙江集团	—	—	—	—	—	—	—	—	—	—
上海	—	—	—	—	—	—	—	—	—	—
江苏	—	—	—	—	—	—	—	—	—	—
浙江	—	—	—	—	—	—	—	—	—	—
安徽	—	—	—	—	—	—	—	—	—	—
福建	—	—	—	—	—	—	—	—	—	—
江西	—	—	—	—	—	—	—	—	—	—
山东	—	—	—	—	—	—	—	—	—	—
河南	—	—	—	—	—	—	—	—	—	—
湖北	—	—	—	—	—	—	—	—	—	—
湖南	—	—	—	—	—	—	—	—	—	—
广东	—	—	—	—	—	—	—	—	—	—
广西	—	—	—	—	—	—	—	—	—	—
海南	—	—	—	—	—	—	—	—	—	—
重庆	—	—	—	—	—	—	—	—	—	—
四川	—	—	—	—	—	—	—	—	—	—
贵州	—	—	—	—	—	—	—	—	—	—
云南	—	—	—	—	—	—	—	—	—	—
西藏	—	—	—	—	—	—	—	—	—	—
陕西	—	—	—	—	—	—	—	—	—	—
甘肃	—	—	—	—	—	—	—	—	—	—
青海	—	—	—	—	—	—	—	—	—	—
宁夏	—	—	—	—	—	—	—	—	—	—
新疆	—	—	—	—	—	—	—	—	—	—
新疆兵团	—	—	—	—	—	—	—	—	—	—
大兴安岭	—	—	—	—	—	—	—	—	—	—

各地区京津风沙源治理工程

地区	当年种草面积(公顷)		年末实有封山(沙)育林面积(公顷)				补助粮、			
	合计	其中:退耕地种草面积	合计	其中:本年新封	其中:无林地和疏林地封育		当年粮款兑现退耕地总面积(公顷)	自工程实施以来累计粮食兑现数量总计(吨)		
					小计	其中:本年新封		合计	其中:当年粮食兑现数量合计	
									小计	其中:当年新退耕地粮食兑现数量
全国合计	**667**	**—**	**168647**	**104312**	**151619**	**97849**	**935016**	**2050198**	**49290**	**766**
北京	—	—	—	—	—	—	34896	113621	47694	766
天津	—	—	4667	—	—	—	4667	7092	—	—
河北	—	—	91860	39332	83124	35980	250375	618000	—	—
山西	—	—	10261	10261	7150	7150	157056	146818	1596	—
内蒙古	667	—	61859	54719	61345	54719	488022	1164667	—	—
内蒙古集团	—	—	—	—	—	—	—	—	—	—
辽宁	—	—	—	—	—	—	—	—	—	—
吉林	—	—	—	—	—	—	—	—	—	—
吉林集团	—	—	—	—	—	—	—	—	—	—
黑龙江	—	—	—	—	—	—	—	—	—	—
龙江集团	—	—	—	—	—	—	—	—	—	—
上海	—	—	—	—	—	—	—	—	—	—
江苏	—	—	—	—	—	—	—	—	—	—
浙江	—	—	—	—	—	—	—	—	—	—
安徽	—	—	—	—	—	—	—	—	—	—
福建	—	—	—	—	—	—	—	—	—	—
江西	—	—	—	—	—	—	—	—	—	—
山东	—	—	—	—	—	—	—	—	—	—
河南	—	—	—	—	—	—	—	—	—	—
湖北	—	—	—	—	—	—	—	—	—	—
湖南	—	—	—	—	—	—	—	—	—	—
广东	—	—	—	—	—	—	—	—	—	—
广西	—	—	—	—	—	—	—	—	—	—
海南	—	—	—	—	—	—	—	—	—	—
重庆	—	—	—	—	—	—	—	—	—	—
四川	—	—	—	—	—	—	—	—	—	—
贵州	—	—	—	—	—	—	—	—	—	—
云南	—	—	—	—	—	—	—	—	—	—
西藏	—	—	—	—	—	—	—	—	—	—
陕西	—	—	—	—	—	—	—	—	—	—
甘肃	—	—	—	—	—	—	—	—	—	—
青海	—	—	—	—	—	—	—	—	—	—
宁夏	—	—	—	—	—	—	—	—	—	—
新疆	—	—	—	—	—	—	—	—	—	—
新疆兵团	—	—	—	—	—	—	—	—	—	—
大兴安岭	—	—	—	—	—	—	—	—	—	—

中退耕还林工程建设情况(二)

款兑现					全部林业投资完成额(万元)							
当年应兑现粮食改为兑现现金额(万元)	自工程实施以来累计生活费兑现金额总计(万元)			当年粮款兑现涉及户数(户)	合 计	其 中		粮食折资	种苗费	生活费补助	科技支撑费	其他费用
	合计	其中:当年生活费兑现金额合计				国债资金	中央财政专项资金					
		小 计	其中:当年新退耕地生活费兑现金额									
196702	**79176**	**29108**	**5888**	**1753167**	**277077**	**30177**	**245628**	**214858**	**30006**	**30768**	**40**	**1405**
—	2288	1040	16	168287	8969	247	8519	7469	81	1045	40	334
1322	328	189	—	23652	—	—	—	—	—	—	—	—
76655	31640	11531	2152	718773	106387	10905	95356	83355	10905	12004	—	123
22817	8392	3041	600	144472	28276	3005	24329	21288	3000	3041	—	947
95908	36528	13307	3120	697983	133445	16020	117424	102746	16020	14678	—	1
—	—	—	—	—	—	—	—	—	—	—	—	—
—	—	—	—	—	—	—	—	—	—	—	—	—
—	—	—	—	—	—	—	—	—	—	—	—	—
—	—	—	—	—	—	—	—	—	—	—	—	—
—	—	—	—	—	—	—	—	—	—	—	—	—
—	—	—	—	—	—	—	—	—	—	—	—	—
—	—	—	—	—	—	—	—	—	—	—	—	—
—	—	—	—	—	—	—	—	—	—	—	—	—
—	—	—	—	—	—	—	—	—	—	—	—	—
—	—	—	—	—	—	—	—	—	—	—	—	—
—	—	—	—	—	—	—	—	—	—	—	—	—
—	—	—	—	—	—	—	—	—	—	—	—	—
—	—	—	—	—	—	—	—	—	—	—	—	—
—	—	—	—	—	—	—	—	—	—	—	—	—
—	—	—	—	—	—	—	—	—	—	—	—	—
—	—	—	—	—	—	—	—	—	—	—	—	—
—	—	—	—	—	—	—	—	—	—	—	—	—
—	—	—	—	—	—	—	—	—	—	—	—	—
—	—	—	—	—	—	—	—	—	—	—	—	—
—	—	—	—	—	—	—	—	—	—	—	—	—
—	—	—	—	—	—	—	—	—	—	—	—	—
—	—	—	—	—	—	—	—	—	—	—	—	—
—	—	—	—	—	—	—	—	—	—	—	—	—
—	—	—	—	—	—	—	—	—	—	—	—	—
—	—	—	—	—	—	—	—	—	—	—	—	—
—	—	—	—	—	—	—	—	—	—	—	—	—
—	—	—	—	—	—	—	—	—	—	—	—	—
—	—	—	—	—	—	—	—	—	—	—	—	—
—	—	—	—	—	—	—	—	—	—	—	—	—
—	—	—	—	—	—	—	—	—	—	—	—	—
—	—	—	—	—	—	—	—	—	—	—	—	—

各地区京津风沙源治理工程中退耕还林工程建设情况(三)

地区	本年资金来源总计(万元)							
	总计	上年末结余资金	本年资金来源合计					
			合计	其中:地方配套资金	国家预算内资金			其他资金
					小计	其中		
						国债资金	中央财政专项资金	
全国合计	**277029**	**1184**	**275845**	**353**	**275624**	**30153**	**243208**	**221**
北京	8921	1184	7737	62	7737	223	7335	—
天津	—	—	—	—	—	—	—	—
河北	106387	—	106387	55	106387	10905	95356	—
山西	28276	—	28276	235	28055	3005	24329	221
内蒙古	133445	—	133445	1	133445	16020	116188	—
内蒙古集团	—	—	—	—	—	—	—	—
辽宁	—	—	—	—	—	—	—	—
吉林	—	—	—	—	—	—	—	—
吉林集团	—	—	—	—	—	—	—	—
黑龙江	—	—	—	—	—	—	—	—
龙江集团	—	—	—	—	—	—	—	—
上海	—	—	—	—	—	—	—	—
江苏	—	—	—	—	—	—	—	—
浙江	—	—	—	—	—	—	—	—
安徽	—	—	—	—	—	—	—	—
福建	—	—	—	—	—	—	—	—
江西	—	—	—	—	—	—	—	—
山东	—	—	—	—	—	—	—	—
河南	—	—	—	—	—	—	—	—
湖北	—	—	—	—	—	—	—	—
湖南	—	—	—	—	—	—	—	—
广东	—	—	—	—	—	—	—	—
广西	—	—	—	—	—	—	—	—
海南	—	—	—	—	—	—	—	—
重庆	—	—	—	—	—	—	—	—
四川	—	—	—	—	—	—	—	—
贵州	—	—	—	—	—	—	—	—
云南	—	—	—	—	—	—	—	—
西藏	—	—	—	—	—	—	—	—
陕西	—	—	—	—	—	—	—	—
甘肃	—	—	—	—	—	—	—	—
青海	—	—	—	—	—	—	—	—
宁夏	—	—	—	—	—	—	—	—
新疆	—	—	—	—	—	—	—	—
新疆兵团	—	—	—	—	—	—	—	—
大兴安岭	—	—	—	—	—	—	—	—

京津风沙源治理工程建设情况

指　　标	单　位	本年实际
一、治理情况		
(一)造林面积	公顷	408246
按造林方式分		
1. 人工造林	公顷	333953
2. 飞播造林	公顷	74293
按林种用途分		
1. 用材林	公顷	6544
2. 经济林	公顷	7090
3. 防护林	公顷	393603
4. 薪炭林	公顷	600
5. 特种用途林	公顷	409
(二)年末实有封山(沙)育林面积	公顷	1369513
其中:本年新封	公顷	333941
其中:无林地和疏林地封育	公顷	1174460
其中:本年新封	公顷	304368
(三)草地治理面积	公顷	281805
(四)小流域治理	公顷	144989
(五)水利设施	处	17618
(六)生态移民人数	人	32073
(七)生态移民户数	户	7972
二、全部投资完成额	**万元**	**409727**
其中:林业投资完成额	万元	332625
其中:国债资金	万元	81585
中央财政专项资金	万元	243823
(1)营造林	万元	242767
(2)科技费用	万元	40
(3)其他	万元	89818
三、本年资金来源总计	**万元**	**390730**
1. 上年末结余资金	万元	1956
2. 本年资金来源合计	万元	388774
其中:地方配套资金	万元	4909
(1)国家预算内资金	万元	388083
其中:国债资金	万元	138225
中央财政专项资金	万元	147283
(2)利用外资	万元	—
(3)其他资金	万元	691

各地区京津风沙源治理工程建设情况

指　标	单位	全国合计	北　京	天　津	河　北	山　西	内蒙古
一、治理情况							
（一）造林面积	公顷	408246	4919	133	139405	58670	205119
按造林方式分							
1. 人工造林	公顷	333953	4919	133	124072	32404	172425
2. 飞播造林	公顷	74293	—	—	15333	26266	32694
按林种用途分							
1. 用材林	公顷	6544	177	—	5400	—	967
2. 经济林	公顷	7090	373	—	4438	1171	1108
3. 防护林	公顷	393603	3960	133	128967	57499	203044
4. 薪炭林	公顷	600	—	—	600	—	—
5. 特种用途林	公顷	409	409	—	—	—	—
（二）年末实有封山（沙）育林面积	公顷	1369513	111814	16014	466008	150002	625675
其中：本年新封	公顷	333941	6684	2667	120996	46462	157132
其中：无林地和疏林地封育	公顷	1174460	38802	—	411732	105451	618475
其中：本年新封	公顷	304368	2067	—	111639	33530	157132
（三）草地治理面积	公顷	281805	467	—	153444	16053	111841
（四）小流域治理	公顷	144989	29000	500	51800	7033	56656
（五）水利设施	处	17618	882	685	6002	2975	7074
（六）生态移民人数	人	32073	2000	—	6023	4700	19350
（七）生态移民户数	户	7972	500	—	1798	1593	4081
二、全部投资完成额	**万元**	**409727**	**25662**	**2661**	**148571**	**50753**	**182080**
其中：林业投资完成额	万元	332625	18306	2661	119632	40463	151563
其中：国债资金	万元	81585	4758	1500	23497	14767	37063
中央财政专项资金	万元	243823	8659	1120	95356	24329	114359
（1）营造林	万元	242767	11628	1500	118213	12314	99112
（2）科技费用	万元	40	40	—	—	—	—
（3）其他	万元	89818	6638	1161	1419	28149	52451
三、本年资金来源总计	**万元**	**390730**	**20391**	**2661**	**148571**	**50683**	**168424**
1. 上年末结余资金	万元	1956	1956	—	—	—	—
2. 本年资金来源合计	万元	388774	18435	2661	148571	50683	168424
其中：地方配套资金	万元	4909	4063	41	68	617	120
（1）国家预算内资金	万元	388083	18375	2620	148558	50236	168294
其中：国债资金	万元	138225	5691	1500	52436	24675	53923
中央财政专项资金	万元	147283	7475	1120	—	24329	114359
（2）利用外资	万元	—	—	—	—	—	—
（3）其他资金	万元	691	60	41	13	447	130

三北及长江流域等重点防护林体系工程建设情况

单位：公顷、万元、株

指　标	三北、长江流域等重点防护林体系建设工程						
	合　计	三北防护林四期工程	长江流域防护林二期工程	沿海防护林二期工程	珠江流域防护林二期工程	太行山绿化二期工程	平原绿化二期工程
一、当年造林面积	**368202**	**217891**	**65938**	**22676**	**30671**	**28524**	**2502**
其中：中央投资造林面积	282317	149382	61907	22385	28887	18523	1233
按造林方式分	—	—	—	—	—	—	—
1. 人工造林	345533	207891	65938	22676	30671	15855	2502
2. 飞播造林	22669	10000	—	—	—	12669	—
按林种用途分	—	—	—	—	—	—	—
1. 用材林	8418	2261	2973	461	2090	100	533
2. 经济林	50033	46785	1906	128	945	269	—
3. 防护林	305687	165986	60108	22082	27636	27906	1969
其中：水源涵养林	32440	10878	11960	1602	2040	5960	—
水土保持林	104080	41493	16576	5677	22049	17683	602
防风固沙林	67322	57349	4334	3305	—	2234	100
农田、牧场防护林	31105	25135	4887	348	—	—	735
护岸护堤林	8506	1477	4554	2475	—	—	—
护路林	2494	1536	339	180	107	—	332
4. 薪炭林	2987	2335	647	5	—	—	—
5. 特种用途林	1077	524	304	—	—	249	—
二、低产低效林改造面积	**22957**	**8510**	**6099**	**1743**	**5383**	**200**	**1022**
三、年末实有封山(沙)育林面积	**2374805**	**1528292**	**379481**	**36887**	**204088**	**226057**	**—**
其中：本年新封	244064	98212	49348	10986	46984	38534	—
其中：无林地和疏林地封育	1227406	859687	54187	14894	121515	177123	—
其中：本年新封	163036	73481	26867	5638	22080	34970	—
四、本年实际完成投资	**192556**	**85231**	**53607**	**23029**	**9134**	**14620**	**6936**
其中：国家投资	91292	41252	12808	19704	7039	10095	394
1. 造林	136528	60669	45797	17279	5724	6728	331
2. 封山(沙)育林	14301	7760	2677	638	1646	1580	—
3. 低产低效防护林改造	6009	128	643	2222	1286	10	1720
4. 种苗	7649	5497	1266	358	58	20	450
5. 森林防火	3952	447	1853	868	6	350	428
6. 病虫害防治	2983	1975	163	575	5	205	60
7. 科技费用	845	510	185	7	13	80	50
8. 其他	20290	8245	1023	1082	396	5647	3897
五、本年资金来源总计	**224495**	**89635**	**75418**	**25319**	**12669**	**14519**	**6936**
1. 上年末结余资金	9825	1333	1708	2388	4396	—	—
2. 本年资金来源合计	214671	88302	73710	22931	8273	14519	6936
其中：地方配套资金	71323	24663	26200	14464	170	5761	66
(1)国家预算内资金	101709	43952	12535	18928	7023	12365	6906
其中：国债资金	48864	29527	8292	6754	3361	930	—
中央财政专项资金	8056	1859	3376	198	648	1925	50
(2)国内贷款	11100	10100	1000	—	—	—	—
(3)利用外资	466	466	—	—	—	—	—
(4)自筹资金	86790	28186	54602	2833	1099	40	30
(5)其他资金	14606	5598	5573	1170	151	2114	—
六、群众投工投劳(折合资金)	**45642**	**38406**	**2790**	**1056**	**302**	**3054**	**34**

各地区三北及长江流域等重点

地区	当年造林								
	合计	其中:中央投资造林	按造林方式分		按林种				
							防		
			人工造林	飞播造林	用材林	经济林	小计	水源涵养林	水土保持林
全国合计	**368202**	**282317**	**345533**	**22669**	**8418**	**50033**	**305687**	**32440**	**104080**
北京	1833	1833	1833	—	20	67	974	—	707
天津	3458	3458	3458	—	650	316	2492	—	—
河北	30196	17962	16861	13335	452	739	29005	3948	14711
山西	19333	18064	19333	—	400	113	18820	1498	8927
内蒙古	—	—	—	—	—	—	—	—	—
内蒙古集团	—	—	—	—	—	—	—	—	—
辽宁	26036	26036	26036	—	—	—	26036	1931	12437
吉林	10334	10334	10334	—	—	—	10334	2263	2628
吉林集团	—	—	—	—	—	—	—	—	—
黑龙江	17261	17261	17261	—	477	60	16718	—	3806
龙江集团	—	—	—	—	—	—	—	—	—
上海	—	—	—	—	—	—	—	—	—
江苏	16295	16295	16295	—	—	—	16295	—	—
浙江	5718	5718	5718	—	128	204	5386	1999	1738
安徽	8760	8760	8760	—	444	170	7895	2300	1469
福建	3358	3358	3358	—	—	—	3353	191	2145
江西	5796	5796	5796	—	532	46	5218	738	3241
山东	8868	8868	8868	—	—	272	8296	—	3024
河南	22869	20202	20202	2667	1330	1173	19966	6288	7312
湖北	11682	11682	11682	—	539	193	10950	2757	4034
湖南	4031	—	4031	—	—	—	4031	1545	2020
广东	3206	1819	3206	—	—	—	3206	1447	277
广西	8317	8317	8317	—	1905	211	6201	640	3254
海南	1573	1573	1573	—	—	—	1573	13	—
重庆	—	—	—	—	—	—	—	—	—
四川	—	—	—	—	—	—	—	—	—
贵州	14168	14168	14168	—	641	592	12935	—	12935
云南	8133	7445	8133	—	—	142	7991	—	5392
西藏	351	351	351	—	—	—	351	351	—
陕西	6787	6787	6787	—	—	146	6308	767	2291
甘肃	13355	13355	13355	—	—	—	13355	300	7961
青海	6967	6967	6967	—	—	—	6967	166	2079
宁夏	26200	26200	26200	—	—	8223	16424	3165	—
新疆	83317	19708	76650	6667	900	37366	44607	133	1692
新疆兵团	11996	1109	11996	—	1	5972	6023	133	107
大兴安岭	—	—	—	—	—	—	—	—	—

防护林体系工程建设情况(一)

单位:公顷

面积						低产低效林改造面积	年末实有封山(沙)育林面积			
用途分							合计	其中:本年新封	其中:无林地和疏林地封育	
护林				薪炭林	特种用途林				小计	其中:本年新封
防风固沙林	农田、牧场防护林	护岸护堤林	护路林							
67322	**31105**	**8506**	**2494**	**2987**	**1077**	**22957**	**2374805**	**244064**	**1227406**	**163036**
179	88	—	—	—	772	334	1333	1333	—	—
—	2311	18	41	—	—	—	867	867	—	—
4362	1298	747	58	—	—	48	154049	38868	116883	38201
5266	835	—	465	—	—	200	105279	11106	78012	7542
—	—	—	—	—	—	—	316293	—	266034	—
—	—	—	—	—	—	—	—	—	—	—
7540	878	87	20	—	—	—	3810	3810	3810	3810
4053	660	—	67	—	—	—	9923	6567	2000	2000
—	—	—	—	—	—	—	—	—	—	—
6705	4343	1211	653	6	—	—	3333	3333	3000	3000
—	—	—	—	—	—	—	—	—	—	—
—	—	—	—	—	—	—	—	—	—	—
—	—	—	—	—	—	—	—	—	—	—
—	509	428	215	—	—	—	57416	15837	23581	6007
—	3000	1005	50	247	4	713	45076	7633	3673	653
88	6	292	—	5	—	113	5258	1806	3017	1102
—	—	—	—	—	—	3955	88263	9963	11556	1996
2072	668	759	43	—	300	—	2026	507	239	239
1734	200	1373	155	400	—	20	4547	—	4507	—
941	867	1275	—	—	—	—	5301	3768	1021	1021
254	30	167	15	—	—	1625	207871	20448	20448	20448
750	—	228	—	—	—	6558	9946	766	1943	766
786	—	770	107	—	—	140	29677	12268	9518	7384
—	—	—	—	—	—	1035	—	—	—	—
—	—	—	—	—	—	—	—	—	—	—
—	—	—	—	—	—	—	—	—	—	—
—	—	—	—	—	—	—	81064	12071	80964	11971
—	—	—	—	—	—	88	82972	21212	29090	1959
—	—	—	—	—	—	—	—	—	—	—
1800	800	133	17	333	—	—	—	—	—	—
3314	1587	—	86	—	—	23	127338	12305	65626	10599
1662	—	—	—	—	—	—	265198	3066	174491	3066
13259	—	—	—	1553	—	—	4867	3533	4867	3533
12557	13025	13	502	443	1	8105	763098	52997	323126	37739
1973	3533	—	—	—	—	—	8722	—	1533	—
—	—	—	—	—	—	—	—	—	—	—

各地区三北及长江流域等重点

地区	本年实际完成投资									
	合计	其中：国家投资	造林	封山(沙)育林	低产低效防护林改造	种苗	森林防火	病虫害防治	科技费用	其他
全国合计	**192556**	**91292**	**136528**	**14301**	**6009**	**7649**	**3952**	**2983**	**845**	**20290**
北京	22299	15044	13039	140	100	—	285	396	182	8157
天津	2478	790	1738	140	—	200	—	400	—	—
河北	6521	4709	4539	975	—	150	173	137	80	467
山西	5087	4940	3967	931	10	20	—	—	56	103
内蒙古	—	—	—	—	—	—	—	—	—	—
内蒙古集团	—	—	—	—	—	—	—	—	—	—
辽宁	17854	16366	10552	87	1785	3050	886	616	20	858
吉林	2276	2173	1279	576	—	10	20	10	—	381
吉林集团	—	—	—	—	—	—	—	—	—	—
黑龙江	6846	4000	2759	2500	—	1250	—	—	—	337
龙江集团	—	—	—	—	—	—	—	—	—	—
上海	—	—	—	—	—	—	—	—	—	—
江苏	37266	1654	34513	—	—	541	1803	96	38	275
浙江	3855	3355	2921	914	—	—	—	—	—	20
安徽	3107	2162	2226	647	45	96	6	4	2	81
福建	2712	2017	2349	163	53	—	26	95	—	26
江西	3047	2462	1531	487	525	241	25	25	7	206
山东	3591	1845	3485	30	—	31	—	—	—	45
河南	2258	2019	2022	2	—	166	7	—	—	62
湖北	2904	1848	2129	297	—	244	—	40	40	154
湖南	2562	1590	1353	753	106	19	15	2	105	209
广东	9876	1673	1310	265	3056	472	434	69	50	4220
广西	2602	2096	2334	159	22	37	—	—	—	50
海南	995	900	590	—	279	78	—	—	—	48
重庆	—	—	—	—	—	—	—	—	—	—
四川	—	—	—	—	—	—	—	—	—	—
贵州	3000	3000	2150	850	—	—	—	—	—	—
云南	1571	1236	1101	343	—	57	—	—	13	57
西藏	—	—	—	—	—	—	—	—	—	—
陕西	1190	1160	1078	12	—	100	—	—	—	—
甘肃	4285	4225	2359	1886	—	—	—	—	—	40
青海	1120	1109	1120	—	—	—	—	—	—	—
宁夏	3149	2545	3149	—	—	—	—	—	—	—
新疆	40105	6374	30935	2144	28	887	272	1093	252	4494
新疆兵团	26674	2625	21453	210	—	519	245	1031	249	2967
大兴安岭	—	—	—	—	—	—	—	—	—	—

防护林体系工程建设情况(二)

单位:万元

本年资金来源总计											群众投工投劳(折合资金)
总计	上年末结余资金	本年资金来源合计									
		合计	其中:地方配套资金	国家预算内资金			国内贷款	利用外资	自筹资金	其他资金	
				小计	其中						
					国债资金	中央财政专项资金					
224495	**9825**	**214671**	**71323**	**101709**	**48864**	**8056**	**11100**	**466**	**86790**	**14606**	**45642**
22299	—	22299	10588	18967	380	80	—	—	158	3174	2940
3550	—	3550	2310	1200	700	160	—	—	2350	—	663
7181	380	6801	2770	3535	2500	480	—	—	765	2501	3277
5388	—	5388	659	5348	2600	1200	—	—	40	—	948
464	—	464	—	464	—	—	—	—	—	—	—
—	—	—	—	—	—	—	—	—	—	—	—
18324	—	18324	12369	15701	4062	837	—	—	2623	—	4480
2955	612	2343	238	2070	1908	—	—	—	73	200	—
—	—	—	—	—	—	—	—	—	—	—	—
6846	—	6846	—	4000	4000	—	—	—	984	1862	3285
—	—	—	—	—	—	—	—	—	—	—	—
—	—	—	—	—	—	—	—	—	—	—	—
58453	—	58453	23927	1100	1100	—	1000	—	52853	3500	851
6375	2560	3815	1785	3425	1980	—	—	—	50	340	209
2949	—	2949	549	2213	1892	219	—	—	660	76	636
2766	76	2690	109	1952	1928	—	—	—	456	282	48
2881	401	2480	217	2165	1325	790	—	—	186	129	245
3591	—	3591	260	1845	1560	—	—	—	—	1746	—
2233	82	2152	238	2029	900	937	—	—	44	79	294
3032	105	2927	573	2183	1018	1065	—	—	564	180	365
2677	260	2417	505	1807	1128	530	—	—	399	211	276
12818	1757	11061	150	10182	360	433	—	—	874	5	—
2610	30	2580	180	2029	1952	45	—	—	373	178	72
995	—	995	—	900	900	—	—	—	95	—	—
—	—	—	—	—	—	—	—	—	—	—	—
—	—	—	—	—	—	—	—	—	—	—	—
4000	3000	1000	—	1000	1000	—	—	—	—	—	189
1771	221	1550	84	1415	944	220	—	—	110	25	41
—	—	—	—	—	—	—	—	—	—	—	—
2130	95	2035	5	2035	1935	100	—	—	—	—	173
4225	80	4145	180	4145	4145	—	—	—	—	—	1457
1120	—	1120	11	1109	1109	—	—	—	—	11	553
3149	—	3149	604	2545	2545	—	—	—	604	—	2847
39713	166	39547	13012	6345	4993	960	10100	466	22529	107	21793
27025	100	26925	10125	2825	2453	192	10100	466	13534	—	1435
—	—	—	—	—	—	—	—	—	—	—	—

各地区三北防护林

地区	当年造林								
	合计	其中:中央投资造林	按造林方式分		按林种				
			人工造林	飞播造林	用材林	经济林	防		
							小计	水源涵养林	水土保持林
全国合计	**217891**	**149382**	**207891**	**10000**	**2261**	**46785**	**165986**	**10878**	**41493**
北京	820	820	820	—	20	10	267	—	—
天津	3290	3290	3290	—	645	267	2378	—	—
河北	14269	9369	10936	3333	219	678	13372	2847	3827
山西	11331	11331	11331	—	—	35	11296	298	5666
内蒙古	—	—	—	—	—	—	—	—	—
内蒙古集团	—	—	—	—	—	—	—	—	—
辽宁	23960	23960	23960	—	—	—	23960	939	11543
吉林	10334	10334	10334	—	—	—	10334	2263	2628
吉林集团	—	—	—	—	—	—	—	—	—
黑龙江	17261	17261	17261	—	477	60	16718	—	3806
龙江集团	—	—	—	—	—	—	—	—	—
上海	—	—	—	—	—	—	—	—	—
江苏	—	—	—	—	—	—	—	—	—
浙江	—	—	—	—	—	—	—	—	—
安徽	—	—	—	—	—	—	—	—	—
福建	—	—	—	—	—	—	—	—	—
江西	—	—	—	—	—	—	—	—	—
山东	—	—	—	—	—	—	—	—	—
河南	—	—	—	—	—	—	—	—	—
湖北	—	—	—	—	—	—	—	—	—
湖南	—	—	—	—	—	—	—	—	—
广东	—	—	—	—	—	—	—	—	—
广西	—	—	—	—	—	—	—	—	—
海南	—	—	—	—	—	—	—	—	—
重庆	—	—	—	—	—	—	—	—	—
四川	—	—	—	—	—	—	—	—	—
贵州	—	—	—	—	—	—	—	—	—
云南	—	—	—	—	—	—	—	—	—
西藏	—	—	—	—	—	—	—	—	—
陕西	6787	6787	6787	—	—	146	6308	767	2291
甘肃	13355	13355	13355	—	—	—	13355	300	7961
青海	6967	6967	6967	—	—	—	6967	166	2079
宁夏	26200	26200	26200	—	—	8223	16424	3165	—
新疆	83317	19708	76650	6667	900	37366	44607	133	1692
新疆兵团	11996	1109	11996	—	1	5972	6023	133	107
大兴安岭	—	—	—	—	—	—	—	—	—

四期工程建设情况(一)

单位:公顷

面积						低产低效林改造面积	年末实有封山(沙)育林面积			
用途分							合　计	其中:本年新封	其中:无林地和疏林地封育	
护林				薪炭林	特种用途林				小　计	其中:本年新封
防风固沙林	农田、牧场防护林	护岸护堤林	护路林							
57349	25135	1477	1536	2335	524	8510	1528292	98212	859687	73481
179	88	—	—	—	523	334	1333	1333	—	—
—	2256	—	—	—	—	—	867	867	—	—
1814	1198	80	58	—	—	48	29926	8095	14427	7428
4466	300	—	133	—	—	—	2306	2306	2306	2306
—	—	—	—	—	—	—	316293	—	266034	—
—	—	—	—	—	—	—	—	—	—	—
7540	878	40	20	—	—	—	3810	3810	3810	3810
4053	660	—	67	—	—	—	9923	6567	2000	2000
—	—	—	—	—	—	—	—	—	—	—
6705	4343	1211	653	6	—	—	3333	3333	3000	3000
—	—	—	—	—	—	—	—	—	—	—
—	—	—	—	—	—	—	—	—	—	—
—	—	—	—	—	—	—	—	—	—	—
—	—	—	—	—	—	—	—	—	—	—
—	—	—	—	—	—	—	—	—	—	—
—	—	—	—	—	—	—	—	—	—	—
—	—	—	—	—	—	—	—	—	—	—
—	—	—	—	—	—	—	—	—	—	—
—	—	—	—	—	—	—	—	—	—	—
—	—	—	—	—	—	—	—	—	—	—
—	—	—	—	—	—	—	—	—	—	—
—	—	—	—	—	—	—	—	—	—	—
—	—	—	—	—	—	—	—	—	—	—
—	—	—	—	—	—	—	—	—	—	—
—	—	—	—	—	—	—	—	—	—	—
—	—	—	—	—	—	—	—	—	—	—
—	—	—	—	—	—	—	—	—	—	—
—	—	—	—	—	—	—	—	—	—	—
—	—	—	—	—	—	—	—	—	—	—
1800	800	133	17	333	—	—	—		—	—
3314	1587	—	86	—	—	23	127338	12305	65626	10599
1662	—	—	—	—	—	—	265198	3066	174491	3066
13259	—	—	—	1553	—	—	4867	3533	4867	3533
12557	13025	13	502	443	1	8105	763098	52997	323126	37739
1973	3533	—	—	—	—	—	8722	—	1533	—
—	—	—	—	—	—	—	—	—	—	—

各地区三北防护林

地　区	本年实际完成投资									
	合　计	其中：国家投资	造林	封山(沙)育林	低产低效防护林改造	种苗	森林防火	病虫害防治	科技费用	其他
全国合计	**85231**	**41252**	**60669**	**7760**	**128**	**5497**	**447**	**1975**	**510**	**8245**
北　京	13583	10156	10186	140	100	—	10	240	182	2725
天　津	2368	700	1648	140	—	200	—	380	—	—
河　北	2883	1905	2245	173	—	150	98	88	—	129
山　西	2357	2357	2150	102	—	—	—	—	56	49
内蒙古	—	—	—	—	—	—	—	—	—	—
内蒙古集团	—	—	—	—	—	—	—	—	—	—
辽　宁	5069	4548	1761	87	—	2900	47	164	20	90
吉　林	2276	2173	1279	576	—	10	20	10	—	381
吉林集团	—	—	—	—	—	—	—	—	—	—
黑龙江	6846	4000	2759	2500	—	1250	—	—	—	337
龙江集团	—	—	—	—	—	—	—	—	—	—
上　海	—	—	—	—	—	—	—	—	—	—
江　苏	—	—	—	—	—	—	—	—	—	—
浙　江	—	—	—	—	—	—	—	—	—	—
安　徽	—	—	—	—	—	—	—	—	—	—
福　建	—	—	—	—	—	—	—	—	—	—
江　西	—	—	—	—	—	—	—	—	—	—
山　东	—	—	—	—	—	—	—	—	—	—
河　南	—	—	—	—	—	—	—	—	—	—
湖　北	—	—	—	—	—	—	—	—	—	—
湖　南	—	—	—	—	—	—	—	—	—	—
广　东	—	—	—	—	—	—	—	—	—	—
广　西	—	—	—	—	—	—	—	—	—	—
海　南	—	—	—	—	—	—	—	—	—	—
重　庆	—	—	—	—	—	—	—	—	—	—
四　川	—	—	—	—	—	—	—	—	—	—
贵　州	—	—	—	—	—	—	—	—	—	—
云　南	—	—	—	—	—	—	—	—	—	—
西　藏	—	—	—	—	—	—	—	—	—	—
陕　西	1190	1160	1078	12	—	100	—	—	—	—
甘　肃	4285	4225	2359	1886	—	—	—	—	—	40
青　海	1120	1109	1120	—	—	—	—	—	—	—
宁　夏	3149	2545	3149	—	—	—	—	—	—	—
新　疆	40105	6374	30935	2144	28	887	272	1093	252	4494
新疆兵团	26674	2625	21453	210	—	519	245	1031	249	2967
大兴安岭	—	—	—	—	—	—	—	—	—	—

四期工程建设情况(二)

单位:万元

本年资金来源总计											群众投工投劳(折合资金)
总计	上年末结余资金	本年资金来源合计									
		合计	其中:地方配套资金	国家预算内资金			国内贷款	利用外资	自筹资金	其他资金	
				小计	其中						
					国债资金	中央财政专项资金					
89635	**1333**	**88302**	**24663**	**43952**	**29527**	**1859**	**10100**	**466**	**28186**	**5598**	**38406**
13583	—	13583	7256	10747	380	—	—	—	158	2678	2850
3336	—	3336	2236	1060	600	160	—	—	2276	—	663
4035	380	3655	879	2180	2000	—	—	—	735	740	739
2540	—	2540	—	2540	2300	—	—	—	—	—	366
464	—	464	—	464	—	—	—	—	—	—	—
—	—	—	—	—	—	—	—	—	—	—	—
5539	—	5539	242	4712	3612	639	—	—	827	—	3680
2955	612	2343	238	2070	1908	—	—	—	73	200	—
—	—	—	—	—	—	—	—	—	—	—	—
6846	—	6846	—	4000	4000	—	—	—	984	1862	3285
—	—	—	—	—	—	—	—	—	—	—	—
—	—	—	—	—	—	—	—	—	—	—	—
—	—	—	—	—	—	—	—	—	—	—	—
—	—	—	—	—	—	—	—	—	—	—	—
—	—	—	—	—	—	—	—	—	—	—	—
—	—	—	—	—	—	—	—	—	—	—	—
—	—	—	—	—	—	—	—	—	—	—	—
—	—	—	—	—	—	—	—	—	—	—	—
—	—	—	—	—	—	—	—	—	—	—	—
—	—	—	—	—	—	—	—	—	—	—	—
—	—	—	—	—	—	—	—	—	—	—	—
—	—	—	—	—	—	—	—	—	—	—	—
—	—	—	—	—	—	—	—	—	—	—	—
—	—	—	—	—	—	—	—	—	—	—	—
—	—	—	—	—	—	—	—	—	—	—	—
—	—	—	—	—	—	—	—	—	—	—	—
—	—	—	—	—	—	—	—	—	—	—	—
—	—	—	—	—	—	—	—	—	—	—	—
—	—	—	—	—	—	—	—	—	—	—	—
2130	95	2035	5	2035	1935	100	—	—	—	—	173
4225	80	4145	180	4145	4145	—	—	—	—	—	1457
1120	—	1120	11	1109	1109	—	—	—	—	11	553
3149	—	3149	604	2545	2545	—	—	—	604	—	2847
39713	166	39547	13012	6345	4993	960	10100	466	22529	107	21793
27025	100	26925	10125	2825	2453	192	10100	466	13534	—	1435
—	—	—	—	—	—	—	—	—	—	—	—

各地区长江流域防护林

地区	当年造林								
	合计	其中:中央投资造林	按造林方式分		按林种				
			人工造林	飞播造林	用材林	经济林	防		
							小计	水源涵养林	水土保持林
全国合计	**65938**	**61907**	**65938**	**—**	**2973**	**1906**	**60108**	**11960**	**16576**
北京	—	—	—	—	—	—	—	—	—
天津	—	—	—	—	—	—	—	—	—
河北	—	—	—	—	—	—	—	—	—
山西	—	—	—	—	—	—	—	—	—
内蒙古	—	—	—	—	—	—	—	—	—
内蒙古集团	—	—	—	—	—	—	—	—	—
辽宁	—	—	—	—	—	—	—	—	—
吉林	—	—	—	—	—	—	—	—	—
吉林集团	—	—	—	—	—	—	—	—	—
黑龙江	—	—	—	—	—	—	—	—	—
龙江集团	—	—	—	—	—	—	—	—	—
上海	—	—	—	—	—	—	—	—	—
江苏	11088	11088	11088	—	—	—	11088	—	—
浙江	3345	3345	3345	—	128	144	3073	1967	524
安徽	8760	8760	8760	—	444	170	7895	2300	1469
福建	—	—	—	—	—	—	—	—	—
江西	5344	5344	5344	—	532	46	4766	738	2789
山东	6412	6412	6412	—	—	272	5840	—	1794
河南	14925	14925	14925	—	1330	1081	12114	2302	3946
湖北	11682	11682	11682	—	539	193	10950	2757	4034
湖南	4031	—	4031	—	—	—	4031	1545	2020
广东	—	—	—	—	—	—	—	—	—
广西	—	—	—	—	—	—	—	—	—
海南	—	—	—	—	—	—	—	—	—
重庆	—	—	—	—	—	—	—	—	—
四川	—	—	—	—	—	—	—	—	—
贵州	—	—	—	—	—	—	—	—	—
云南	—	—	—	—	—	—	—	—	—
西藏	351	351	351	—	—	—	351	351	—
陕西	—	—	—	—	—	—	—	—	—
甘肃	—	—	—	—	—	—	—	—	—
青海	—	—	—	—	—	—	—	—	—
宁夏	—	—	—	—	—	—	—	—	—
新疆	—	—	—	—	—	—	—	—	—
新疆兵团	—	—	—	—	—	—	—	—	—
大兴安岭	—	—	—	—	—	—	—	—	—

体系二期工程建设情况(一)

单位:公顷

面积						低产低效林改造面积	年末实有封山(沙)育林面积			
用途分									其中:无林地和疏林地封育	
护林				薪炭林	特种用途林		合计	其中:本年新封		
防风固沙林	农田、牧场防护林	护岸护堤林	护路林						小计	其中:本年新封
4334	**4887**	**4554**	**339**	**647**	**304**	**6099**	**379481**	**49348**	**54187**	**26867**
—	—	—	—	—	—	—	—	—	—	—
—	—	—	—	—	—	—	—	—	—	—
—	—	—	—	—	—	—	—	—	—	—
—	—	—	—	—	—	—	—	—	—	—
—	—	—	—	—	—	—	—	—	—	—
—	—	—	—	—	—	—	—	—	—	—
—	—	—	—	—	—	—	—	—	—	—
—	—	—	—	—	—	—	—	—	—	—
—	—	—	—	—	—	—	—	—	—	—
—	—	—	—	—	—	—	—	—	—	—
—	—	—	—	—	—	—	—	—	—	—
—	—	—	—	—	—	—	—	—	—	—
—	—	—	—	—	—	—	—	—	—	—
—	222	—	76	—	—	—	33316	7896	12743	2510
—	3000	1005	50	247	4	713	45076	7633	3673	653
—	—	—	—	—	—	—	—	—	—	—
—	—	—	—	—	—	3741	83063	9296	11556	1996
1405	568	734	43	—	300	—	307	307	239	239
1734	200	1373	155	400	—	20	4547	—	4507	—
941	867	1275	—	—	—	—	5301	3768	1021	1021
254	30	167	15	—	—	1625	207871	20448	20448	20448
—	—	—	—	—	—	—	—	—	—	—
—	—	—	—	—	—	—	—	—	—	—
—	—	—	—	—	—	—	—	—	—	—
—	—	—	—	—	—	—	—	—	—	—
—	—	—	—	—	—	—	—	—	—	—
—	—	—	—	—	—	—	—	—	—	—
—	—	—	—	—	—	—	—	—	—	—
—	—	—	—	—	—	—	—	—	—	—
—	—	—	—	—	—	—	—	—	—	—
—	—	—	—	—	—	—	—	—	—	—
—	—	—	—	—	—	—	—	—	—	—
—	—	—	—	—	—	—	—	—	—	—
—	—	—	—	—	—	—	—	—	—	—
—	—	—	—	—	—	—	—	—	—	—

各地区长江流域防护林

地区	本年实际完成投资									
	合计	其中：国家投资	造林	封山(沙)育林	低产低效防护林改造	种苗	森林防火	病虫害防治	科技费用	其他
全国合计	**53607**	**12808**	**45797**	**2677**	**643**	**1266**	**1853**	**163**	**185**	**1023**
北京	—	—	—	—	—	—	—	—	—	—
天津	—	—	—	—	—	—	—	—	—	—
河北	—	—	—	—	—	—	—	—	—	—
山西	—	—	—	—	—	—	—	—	—	—
内蒙古	—	—	—	—	—	—	—	—	—	—
内蒙古集团	—	—	—	—	—	—	—	—	—	—
辽宁	—	—	—	—	—	—	—	—	—	—
吉林	—	—	—	—	—	—	—	—	—	—
吉林集团	—	—	—	—	—	—	—	—	—	—
黑龙江	—	—	—	—	—	—	—	—	—	—
龙江集团	—	—	—	—	—	—	—	—	—	—
上海	—	—	—	—	—	—	—	—	—	—
江苏	36719	1178	34059	—	—	469	1800	92	31	268
浙江	1730	1300	1208	502	—	—	—	—	—	20
安徽	3107	2162	2226	647	45	96	6	4	2	81
福建	—	—	—	—	—	—	—	—	—	—
江西	2747	2195	1303	458	492	241	25	25	7	196
山东	2144	1035	2062	18	—	31	—	—	—	33
河南	1694	1500	1457	2	—	166	7	—	—	62
湖北	2904	1848	2129	297	—	244	—	40	40	154
湖南	2562	1590	1353	753	106	19	15	2	105	209
广东	—	—	—	—	—	—	—	—	—	—
广西	—	—	—	—	—	—	—	—	—	—
海南	—	—	—	—	—	—	—	—	—	—
重庆	—	—	—	—	—	—	—	—	—	—
四川	—	—	—	—	—	—	—	—	—	—
贵州	—	—	—	—	—	—	—	—	—	—
云南	—	—	—	—	—	—	—	—	—	—
西藏	—	—	—	—	—	—	—	—	—	—
陕西	—	—	—	—	—	—	—	—	—	—
甘肃	—	—	—	—	—	—	—	—	—	—
青海	—	—	—	—	—	—	—	—	—	—
宁夏	—	—	—	—	—	—	—	—	—	—
新疆	—	—	—	—	—	—	—	—	—	—
新疆兵团	—	—	—	—	—	—	—	—	—	—
大兴安岭	—	—	—	—	—	—	—	—	—	—

体系二期工程建设情况(二)

单位:万元

本年资金来源总计											群众投工投劳(折合资金)
总计	上年末结余资金	本年资金来源合计									
		合计	其中:地方配套资金	国家预算内资金			国内贷款	利用外资	自筹资金	其他资金	
				小计	其中						
					国债资金	中央财政专项资金					
75418	**1708**	**73710**	**26200**	**12535**	**8292**	**3376**	**1000**	—	**54602**	**5573**	**2790**
—	—	—	—	—	—	—	—	—	—	—	—
—	—	—	—	—	—	—	—	—	—	—	—
—	—	—	—	—	—	—	—	—	—	—	—
—	—	—	—	—	—	—	—	—	—	—	—
—	—	—	—	—	—	—	—	—	—	—	—
—	—	—	—	—	—	—	—	—	—	—	—
—	—	—	—	—	—	—	—	—	—	—	—
—	—	—	—	—	—	—	—	—	—	—	—
—	—	—	—	—	—	—	—	—	—	—	—
—	—	—	—	—	—	—	—	—	—	—	—
—	—	—	—	—	—	—	—	—	—	—	—
—	—	—	—	—	—	—	—	—	—	—	—
57949	—	57949	23521	750	750	—	1000	—	52699	3500	769
2150	860	1290	460	900	780	—	—	—	50	340	209
2949	—	2949	549	2213	1892	219	—	—	660	76	632
—	—	—	—	—	—	—	—	—	—	—	—
2848	401	2447	217	2165	1325	790	—	—	186	96	245
2144	—	2144	206	1035	829	—	—	—	—	1109	—
1669	82	1587	169	1482	570	772	—	—	44	61	294
3032	105	2927	573	2183	1018	1065	—	—	564	180	365
2677	260	2417	505	1807	1128	530	—	—	399	211	276
—	—	—	—	—	—	—	—	—	—	—	—
—	—	—	—	—	—	—	—	—	—	—	—
—	—	—	—	—	—	—	—	—	—	—	—
—	—	—	—	—	—	—	—	—	—	—	—
—	—	—	—	—	—	—	—	—	—	—	—
—	—	—	—	—	—	—	—	—	—	—	—
—	—	—	—	—	—	—	—	—	—	—	—
—	—	—	—	—	—	—	—	—	—	—	—
—	—	—	—	—	—	—	—	—	—	—	—
—	—	—	—	—	—	—	—	—	—	—	—
—	—	—	—	—	—	—	—	—	—	—	—
—	—	—	—	—	—	—	—	—	—	—	—
—	—	—	—	—	—	—	—	—	—	—	—
—	—	—	—	—	—	—	—	—	—	—	—
—	—	—	—	—	—	—	—	—	—	—	—

各地区沿海防护林体系

地区	当年造林								
	合计	其中:中央投资造林	按造林方式分		按林种				
			人工造林	飞播造林	用材林	经济林	防		
							小计	水源涵养林	水土保持林
全国合计	**22676**	**22385**	**22676**	**—**	**461**	**128**	**22082**	**1602**	**5677**
北京	—	—	—	—	—	—	—	—	—
天津	168	168	168	—	5	49	114	—	—
河北	2027	2027	2027	—	—	19	2008	327	—
山西	—	—	—	—	—	—	—	—	—
内蒙古	—	—	—	—	—	—	—	—	—
内蒙古集团	—	—	—	—	—	—	—	—	—
辽宁	2076	2076	2076	—	—	—	2076	992	894
吉林	—	—	—	—	—	—	—	—	—
吉林集团	—	—	—	—	—	—	—	—	—
黑龙江	—	—	—	—	—	—	—	—	—
龙江集团	—	—	—	—	—	—	—	—	—
上海	—	—	—	—	—	—	—	—	—
江苏	5207	5207	5207	—	—	—	5207	—	—
浙江	2373	2373	2373	—	—	60	2313	32	1214
安徽	—	—	—	—	—	—	—	—	—
福建	3358	3358	3358	—	—	—	3353	191	2145
江西	—	—	—	—	—	—	—	—	—
山东	2289	2289	2289	—	—	—	2289	—	1163
河南	—	—	—	—	—	—	—	—	—
湖北	—	—	—	—	—	—	—	—	—
湖南	—	—	—	—	—	—	—	—	—
广东	1285	994	1285	—	—	—	1285	—	—
广西	2320	2320	2320	—	456	—	1864	47	261
海南	1573	1573	1573	—	—	—	1573	13	—
重庆	—	—	—	—	—	—	—	—	—
四川	—	—	—	—	—	—	—	—	—
贵州	—	—	—	—	—	—	—	—	—
云南	—	—	—	—	—	—	—	—	—
西藏	—	—	—	—	—	—	—	—	—
陕西	—	—	—	—	—	—	—	—	—
甘肃	—	—	—	—	—	—	—	—	—
青海	—	—	—	—	—	—	—	—	—
宁夏	—	—	—	—	—	—	—	—	—
新疆	—	—	—	—	—	—	—	—	—
新疆兵团	—	—	—	—	—	—	—	—	—
大兴安岭	—	—	—	—	—	—	—	—	—

三期工程建设情况(一)

单位:公顷

面积 用途分 护林						低产低效林改造面积	年末实有封山(沙)育林面积			
							合计	其中:本年新封	其中:无林地和疏林地封育	
防风固沙林	农田、牧场防护林	护岸护堤林	护路林	薪炭林	特种用途林				小计	其中:本年新封
3305	**348**	**2475**	**180**	**5**	**—**	**1743**	**36887**	**10986**	**14894**	**5638**
—	—	—	—	—	—	—	—	—	—	—
—	55	18	41	—	—	—	—	—	—	—
1014	—	667	—	—	—	—	1039	1039	1039	1039
—	—	—	—	—	—	—	—	—	—	—
—	—	—	—	—	—	—	—	—	—	—
—	—	—	—	—	—	—	—	—	—	—
—	—	47	—	—	—	—	—	—	—	—
—	—	—	—	—	—	—	—	—	—	—
—	—	—	—	—	—	—	—	—	—	—
—	—	—	—	—	—	—	—	—	—	—
—	—	—	—	—	—	—	—	—	—	—
—	—	—	—	—	—	—	—	—	—	—
—	—	—	—	—	—	—	—	—	—	—
—	287	428	139	—	—	—	24100	7941	10838	3497
—	—	—	—	—	—	—	—	—	—	—
88	6	292	—	5	—	113	5258	1806	3017	1102
—	—	—	—	—	—	—	—	—	—	—
667	—	25	—	—	—	—	1719	200	—	—
—	—	—	—	—	—	—	—	—	—	—
—	—	—	—	—	—	—	—	—	—	—
—	—	—	—	—	—	—	—	—	—	—
750	—	228	—	—	—	595	2103	—	—	—
786	—	770	—	—	—	—	2668	—	—	—
—	—	—	—	—	—	1035	—	—	—	—
—	—	—	—	—	—	—	—	—	—	—
—	—	—	—	—	—	—	—	—	—	—
—	—	—	—	—	—	—	—	—	—	—
—	—	—	—	—	—	—	—	—	—	—
—	—	—	—	—	—	—	—	—	—	—
—	—	—	—	—	—	—	—	—	—	—
—	—	—	—	—	—	—	—	—	—	—
—	—	—	—	—	—	—	—	—	—	—
—	—	—	—	—	—	—	—	—	—	—
—	—	—	—	—	—	—	—	—	—	—
—	—	—	—	—	—	—	—	—	—	—
—	—	—	—	—	—	—	—	—	—	—

各地区沿海防护林体系

地　区	本年实际完成投资									
	合　计	其中：国家投资	造林	封山（沙）育林	低产低效防护林改造	种苗	森林防火	病虫害防治	科技费用	其他
全国合计	**23029**	**19704**	**17279**	**638**	**2222**	**358**	**868**	**575**	**7**	**1082**
北　京	—	—	—	—	—	—	—	—	—	—
天　津	110	90	90	—	—	—	—	20	—	—
河　北	699	399	501	51	—	—	—	—	—	147
山　西	—	—	—	—	—	—	—	—	—	—
内蒙古	—	—	—	—	—	—	—	—	—	—
内蒙古集团	—	—	—	—	—	—	—	—	—	—
辽　宁	12785	11818	8791	—	1785	150	839	452	—	768
吉　林	—	—	—	—	—	—	—	—	—	—
吉林集团	—	—	—	—	—	—	—	—	—	—
黑龙江	—	—	—	—	—	—	—	—	—	—
龙江集团	—	—	—	—	—	—	—	—	—	—
上　海	—	—	—	—	—	—	—	—	—	—
江　苏	547	476	454	—	—	72	3	4	7	7
浙　江	2125	2055	1713	412	—	—	—	—	—	—
安　徽	—	—	—	—	—	—	—	—	—	—
福　建	2712	2017	2349	163	53	—	26	95	—	26
江　西	—	—	—	—	—	—	—	—	—	—
山　东	1416	779	1392	12	—	—	—	—	—	12
河　南	—	—	—	—	—	—	—	—	—	—
湖　北	—	—	—	—	—	—	—	—	—	—
湖　南	—	—	—	—	—	—	—	—	—	—
广　东	674	465	519	—	105	22	—	4	—	24
广　西	966	705	880	—	—	36	—	—	—	50
海　南	995	900	590	—	279	78	—	—	—	48
重　庆	—	—	—	—	—	—	—	—	—	—
四　川	—	—	—	—	—	—	—	—	—	—
贵　州	—	—	—	—	—	—	—	—	—	—
云　南	—	—	—	—	—	—	—	—	—	—
西　藏	—	—	—	—	—	—	—	—	—	—
陕　西	—	—	—	—	—	—	—	—	—	—
甘　肃	—	—	—	—	—	—	—	—	—	—
青　海	—	—	—	—	—	—	—	—	—	—
宁　夏	—	—	—	—	—	—	—	—	—	—
新　疆	—	—	—	—	—	—	—	—	—	—
新疆兵团	—	—	—	—	—	—	—	—	—	—
大兴安岭	—	—	—	—	—	—	—	—	—	—

二期工程建设情况(二)

单位:万元

本年资金来源总计											群众投工投劳(折合资金)
总计	上年末结余资金	本年资金来源合计									
		合计	其中:地方配套资金	国家预算内资金			国内贷款	利用外资	自筹资金	其他资金	
				小计	其中						
					国债资金	中央财政专项资金					
25319	**2388**	**22931**	**14464**	**18928**	**6754**	**198**	—	—	**2833**	**1170**	**1056**
—	—	—	—	—	—	—	—	—	—	—	—
214	—	214	74	140	100	—	—	—	74	—	—
426	—	426	161	265	200	—	—	—	—	161	126
—	—	—	—	—	—	—	—	—	—	—	—
—	—	—	—	—	—	—	—	—	—	—	—
—	—	—	—	—	—	—	—	—	—	—	—
12785	—	12785	12127	10989	450	198	—	—	1796	—	800
—	—	—	—	—	—	—	—	—	—	—	—
—	—	—	—	—	—	—	—	—	—	—	—
—	—	—	—	—	—	—	—	—	—	—	—
—	—	—	—	—	—	—	—	—	—	—	—
—	—	—	—	—	—	—	—	—	—	—	—
504	—	504	406	350	350	—	—	—	154	—	82
4225	1700	2525	1325	2525	1200	—	—	—	—	—	—
—	—	—	—	—	—	—	—	—	—	—	—
2766	76	2690	109	1952	1928	—	—	—	456	282	48
—	—	—	—	—	—	—	—	—	—	—	—
1416	—	1416	48	779	731	—	—	—	—	637	—
—	—	—	—	—	—	—	—	—	—	—	—
—	—	—	—	—	—	—	—	—	—	—	—
—	—	—	—	—	—	—	—	—	—	—	—
1022	612	410	48	368	235	—	—	—	42	—	—
966	—	966	166	660	660	—	—	—	216	90	—
995	—	995	—	900	900	—	—	—	95	—	—
—	—	—	—	—	—	—	—	—	—	—	—
—	—	—	—	—	—	—	—	—	—	—	—
—	—	—	—	—	—	—	—	—	—	—	—
—	—	—	—	—	—	—	—	—	—	—	—
—	—	—	—	—	—	—	—	—	—	—	—
—	—	—	—	—	—	—	—	—	—	—	—
—	—	—	—	—	—	—	—	—	—	—	—
—	—	—	—	—	—	—	—	—	—	—	—
—	—	—	—	—	—	—	—	—	—	—	—
—	—	—	—	—	—	—	—	—	—	—	—
—	—	—	—	—	—	—	—	—	—	—	—
—	—	—	—	—	—	—	—	—	—	—	—

各地区珠江流域防护林

地区	当年造林 合计	其中:中央投资造林	按造林方式分 人工造林	按造林方式分 飞播造林	按林种 用材林	按林种 经济林	按林种 防护林 小计	按林种 防护林 水源涵养林	按林种 防护林 水土保持林
全国合计	**30671**	**28887**	**30671**	**—**	**2090**	**945**	**27636**	**2040**	**22049**
北京	—	—	—	—	—	—	—	—	—
天津	—	—	—	—	—	—	—	—	—
河北	—	—	—	—	—	—	—	—	—
山西	—	—	—	—	—	—	—	—	—
内蒙古	—	—	—	—	—	—	—	—	—
内蒙古集团	—	—	—	—	—	—	—	—	—
辽宁	—	—	—	—	—	—	—	—	—
吉林	—	—	—	—	—	—	—	—	—
吉林集团	—	—	—	—	—	—	—	—	—
黑龙江	—	—	—	—	—	—	—	—	—
龙江集团	—	—	—	—	—	—	—	—	—
上海	—	—	—	—	—	—	—	—	—
江苏	—	—	—	—	—	—	—	—	—
浙江	—	—	—	—	—	—	—	—	—
安徽	—	—	—	—	—	—	—	—	—
福建	—	—	—	—	—	—	—	—	—
江西	452	452	452	—	—	—	452	—	452
山东	—	—	—	—	—	—	—	—	—
河南	—	—	—	—	—	—	—	—	—
湖北	—	—	—	—	—	—	—	—	—
湖南	—	—	—	—	—	—	—	—	—
广东	1921	825	1921	—	—	—	1921	1447	277
广西	5997	5997	5997	—	1449	211	4337	593	2993
海南	—	—	—	—	—	—	—	—	—
重庆	—	—	—	—	—	—	—	—	—
四川	—	—	—	—	—	—	—	—	—
贵州	14168	14168	14168	—	641	592	12935	—	12935
云南	8133	7445	8133	—	—	142	7991	—	5392
西藏	—	—	—	—	—	—	—	—	—
陕西	—	—	—	—	—	—	—	—	—
甘肃	—	—	—	—	—	—	—	—	—
青海	—	—	—	—	—	—	—	—	—
宁夏	—	—	—	—	—	—	—	—	—
新疆	—	—	—	—	—	—	—	—	—
新疆兵团	—	—	—	—	—	—	—	—	—
大兴安岭	—	—	—	—	—	—	—	—	—

体系二期工程建设情况(一)

单位:公顷

面积 用途分 护林						低产低效林改造面积	年末实有封山(沙)育林面积			
									其中:无林地和疏林地封育	
防风固沙林	农田、牧场防护林	护岸护堤林	护路林	薪炭林	特种用途林		合计	其中:本年新封	小计	其中:本年新封
—	**—**	**—**	**107**	**—**	**—**	**5383**	**204088**	**46984**	**121515**	**22080**
—	—	—	—	—	—	—	—	—	—	—
—	—	—	—	—	—	—	—	—	—	—
—	—	—	—	—	—	—	—	—	—	—
—	—	—	—	—	—	—	—	—	—	—
—	—	—	—	—	—	—	—	—	—	—
—	—	—	—	—	—	—	—	—	—	—
—	—	—	—	—	—	—	—	—	—	—
—	—	—	—	—	—	—	—	—	—	—
—	—	—	—	—	—	—	—	—	—	—
—	—	—	—	—	—	—	—	—	—	—
—	—	—	—	—	—	—	—	—	—	—
—	—	—	—	—	—	—	—	—	—	—
—	—	—	—	—	—	—	—	—	—	—
—	—	—	—	—	—	—	—	—	—	—
—	—	—	—	—	—	—	—	—	—	—
—	—	—	—	—	—	—	—	—	—	—
—	—	—	—	—	—	214	5200	667	—	—
—	—	—	—	—	—	—	—	—	—	—
—	—	—	—	—	—	—	—	—	—	—
—	—	—	—	—	—	—	—	—	—	—
—	—	—	—	—	—	—	—	—	—	—
—	—	—	—	—	—	4941	7843	766	1943	766
—	—	—	107	—	—	140	27009	12268	9518	7384
—	—	—	—	—	—	—	—	—	—	—
—	—	—	—	—	—	—	—	—	—	—
—	—	—	—	—	—	—	—	—	—	—
—	—	—	—	—	—	—	81064	12071	80964	11971
—	—	—	—	—	—	88	82972	21212	29090	1959
—	—	—	—	—	—	—	—	—	—	—
—	—	—	—	—	—	—	—	—	—	—
—	—	—	—	—	—	—	—	—	—	—
—	—	—	—	—	—	—	—	—	—	—
—	—	—	—	—	—	—	—	—	—	—
—	—	—	—	—	—	—	—	—	—	—
—	—	—	—	—	—	—	—	—	—	—
—	—	—	—	—	—	—	—	—	—	—

各地区珠江流域防护林

地　区	本年实际完成投资									
	合　计	其中：国家投资	造林	封山(沙)育林	低产低效防护林改造	种苗	森林防火	病虫害防治	科技费用	其他
全国合计	**9134**	**7039**	**5724**	**1646**	**1286**	**58**	**6**	**5**	**13**	**396**
北　京	—	—	—	—	—	—	—	—	—	—
天　津	—	—	—	—	—	—	—	—	—	—
河　北	—	—	—	—	—	—	—	—	—	—
山　西	—	—	—	—	—	—	—	—	—	—
内蒙古	—	—	—	—	—	—	—	—	—	—
内蒙古集团	—	—	—	—	—	—	—	—	—	—
辽　宁	—	—	—	—	—	—	—	—	—	—
吉　林	—	—	—	—	—	—	—	—	—	—
吉林集团	—	—	—	—	—	—	—	—	—	—
黑龙江	—	—	—	—	—	—	—	—	—	—
龙江集团	—	—	—	—	—	—	—	—	—	—
上　海	—	—	—	—	—	—	—	—	—	—
江　苏	—	—	—	—	—	—	—	—	—	—
浙　江	—	—	—	—	—	—	—	—	—	—
安　徽	—	—	—	—	—	—	—	—	—	—
福　建	—	—	—	—	—	—	—	—	—	—
江　西	300	267	228	29	33	—	—	—	—	10
山　东	—	—	—	—	—	—	—	—	—	—
河　南	—	—	—	—	—	—	—	—	—	—
湖　北	—	—	—	—	—	—	—	—	—	—
湖　南	—	—	—	—	—	—	—	—	—	—
广　东	2627	1145	791	265	1231	—	6	5	—	329
广　西	1636	1391	1454	159	22	1	—	—	—	—
海　南	—	—	—	—	—	—	—	—	—	—
重　庆	—	—	—	—	—	—	—	—	—	—
四　川	—	—	—	—	—	—	—	—	—	—
贵　州	3000	3000	2150	850	—	—	—	—	—	—
云　南	1571	1236	1101	343	—	57	—	—	13	57
西　藏	—	—	—	—	—	—	—	—	—	—
陕　西	—	—	—	—	—	—	—	—	—	—
甘　肃	—	—	—	—	—	—	—	—	—	—
青　海	—	—	—	—	—	—	—	—	—	—
宁　夏	—	—	—	—	—	—	—	—	—	—
新　疆	—	—	—	—	—	—	—	—	—	—
新疆兵团	—	—	—	—	—	—	—	—	—	—
大兴安岭	—	—	—	—	—	—	—	—	—	—

体系二期工程建设情况(二)

单位:万元

本年资金来源总计											群众投工投劳(折合资金)
总计	上年末结余资金	本年资金来源合计									
		合 计	其中:地方配套资金	国家预算内资金			国内贷款	利用外资	自筹资金	其他资金	
				小计	其中						
					国债资金	中央财政专项资金					
12669	**4396**	**8273**	**170**	**7023**	**3361**	**648**	—	—	**1099**	**151**	**302**
—	—	—	—	—	—	—	—	—	—	—	—
—	—	—	—	—	—	—	—	—	—	—	—
—	—	—	—	—	—	—	—	—	—	—	—
—	—	—	—	—	—	—	—	—	—	—	—
—	—	—	—	—	—	—	—	—	—	—	—
—	—	—	—	—	—	—	—	—	—	—	—
—	—	—	—	—	—	—	—	—	—	—	—
—	—	—	—	—	—	—	—	—	—	—	—
—	—	—	—	—	—	—	—	—	—	—	—
—	—	—	—	—	—	—	—	—	—	—	—
—	—	—	—	—	—	—	—	—	—	—	—
—	—	—	—	—	—	—	—	—	—	—	—
—	—	—	—	—	—	—	—	—	—	—	—
—	—	—	—	—	—	—	—	—	—	—	—
—	—	—	—	—	—	—	—	—	—	—	—
—	—	—	—	—	—	—	—	—	—	—	—
33	—	33	—	—	—	—	—	—	—	33	—
—	—	—	—	—	—	—	—	—	—	—	—
—	—	—	—	—	—	—	—	—	—	—	—
—	—	—	—	—	—	—	—	—	—	—	—
—	—	—	—	—	—	—	—	—	—	—	—
5221	1145	4076	72	3239	125	383	—	—	832	5	—
1644	30	1614	14	1369	1292	45	—	—	157	88	72
—	—	—	—	—	—	—	—	—	—	—	—
—	—	—	—	—	—	—	—	—	—	—	—
—	—	—	—	—	—	—	—	—	—	—	—
4000	3000	1000	—	1000	1000	—	—	—	—	—	189
1771	221	1550	84	1415	944	220	—	—	110	25	41
—	—	—	—	—	—	—	—	—	—	—	—
—	—	—	—	—	—	—	—	—	—	—	—
—	—	—	—	—	—	—	—	—	—	—	—
—	—	—	—	—	—	—	—	—	—	—	—
—	—	—	—	—	—	—	—	—	—	—	—
—	—	—	—	—	—	—	—	—	—	—	—
—	—	—	—	—	—	—	—	—	—	—	—
—	—	—	—	—	—	—	—	—	—	—	—

各地区太行山绿化

地 区	当年造林								
	合 计	其中:中央投资造林	按造林方式分		按林种				
			人工造林	飞播造林	用材林	经济林	防		
							小 计	水源涵养林	水 土保持林
全国合计	**28524**	**18523**	**15855**	**12669**	**100**	**269**	**27906**	**5960**	**17683**
北 京	1013	1013	1013	—	—	57	707	—	707
天 津	—	—	—	—	—	—	—	—	—
河 北	13567	6233	3565	10002	100	42	13425	774	10884
山 西	6000	6000	6000	—	—	78	5922	1200	2726
内蒙古	—	—	—	—	—	—	—	—	—
内蒙古集团	—	—	—	—	—	—	—	—	—
辽 宁	—	—	—	—	—	—	—	—	—
吉 林	—	—	—	—	—	—	—	—	—
吉林集团	—	—	—	—	—	—	—	—	—
黑龙江	—	—	—	—	—	—	—	—	—
龙江集团	—	—	—	—	—	—	—	—	—
上 海	—	—	—	—	—	—	—	—	—
江 苏	—	—	—	—	—	—	—	—	—
浙 江	—	—	—	—	—	—	—	—	—
安 徽	—	—	—	—	—	—	—	—	—
福 建	—	—	—	—	—	—	—	—	—
江 西	—	—	—	—	—	—	—	—	—
山 东	—	—	—	—	—	—	—	—	—
河 南	7944	5277	5277	2667	—	92	7852	3986	3366
湖 北	—	—	—	—	—	—	—	—	—
湖 南	—	—	—	—	—	—	—	—	—
广 东	—	—	—	—	—	—	—	—	—
广 西	—	—	—	—	—	—	—	—	—
海 南	—	—	—	—	—	—	—	—	—
重 庆	—	—	—	—	—	—	—	—	—
四 川	—	—	—	—	—	—	—	—	—
贵 州	—	—	—	—	—	—	—	—	—
云 南	—	—	—	—	—	—	—	—	—
西 藏	—	—	—	—	—	—	—	—	—
陕 西	—	—	—	—	—	—	—	—	—
甘 肃	—	—	—	—	—	—	—	—	—
青 海	—	—	—	—	—	—	—	—	—
宁 夏	—	—	—	—	—	—	—	—	—
新 疆	—	—	—	—	—	—	—	—	—
新疆兵团	—	—	—	—	—	—	—	—	—
大兴安岭	—	—	—	—	—	—	—	—	—

二期工程建设情况(一)

单位:公顷

面积 用途分 护林						低产低效林改造面积	年末实有封山(沙)育林面积			
									其中:无林地和疏林地封育	
防风固沙林	农田、牧场防护林	护岸护堤林	护路林	薪炭林	特种用途林		合计	其中:本年新封	小计	其中:本年新封
2234	—	—	—	—	**249**	**200**	**226057**	**38534**	**177123**	**34970**
—	—	—	—	—	249	—	—	—	—	—
—	—	—	—	—	—	—	—	—	—	—
1434	—	—	—	—	—	—	123084	29734	101417	29734
800	—	—	—	—	—	200	102973	8800	75706	5236
—	—	—	—	—	—	—	—	—	—	—
—	—	—	—	—	—	—	—	—	—	—
—	—	—	—	—	—	—	—	—	—	—
—	—	—	—	—	—	—	—	—	—	—
—	—	—	—	—	—	—	—	—	—	—
—	—	—	—	—	—	—	—	—	—	—
—	—	—	—	—	—	—	—	—	—	—
—	—	—	—	—	—	—	—	—	—	—
—	—	—	—	—	—	—	—	—	—	—
—	—	—	—	—	—	—	—	—	—	—
—	—	—	—	—	—	—	—	—	—	—
—	—	—	—	—	—	—	—	—	—	—
—	—	—	—	—	—	—	—	—	—	—
—	—	—	—	—	—	—	—	—	—	—
—	—	—	—	—	—	—	—	—	—	—
—	—	—	—	—	—	—	—	—	—	—
—	—	—	—	—	—	—	—	—	—	—
—	—	—	—	—	—	—	—	—	—	—
—	—	—	—	—	—	—	—	—	—	—
—	—	—	—	—	—	—	—	—	—	—
—	—	—	—	—	—	—	—	—	—	—
—	—	—	—	—	—	—	—	—	—	—
—	—	—	—	—	—	—	—	—	—	—
—	—	—	—	—	—	—	—	—	—	—
—	—	—	—	—	—	—	—	—	—	—
—	—	—	—	—	—	—	—	—	—	—
—	—	—	—	—	—	—	—	—	—	—
—	—	—	—	—	—	—	—	—	—	—
—	—	—	—	—	—	—	—	—	—	—
—	—	—	—	—	—	—	—	—	—	—
—	—	—	—	—	—	—	—	—	—	—
—	—	—	—	—	—	—	—	—	—	—

各地区太行山绿化

地　区	本年实际完成投资									
	合　计	其中：国家投资	造林	封山(沙)育林	低产低效防护林改造	种苗	森林防火	病虫害防治	科技费用	其他
全国合计	**14620**	**10095**	**6728**	**1580**	**10**	**20**	**350**	**205**	**80**	**5647**
北　京	8716	4888	2853	—	—	—	275	156	—	5432
天　津	—	—	—	—	—	—	—	—	—	—
河　北	2859	2355	1743	751	—	—	75	49	80	161
山　西	2480	2333	1567	829	10	20	—	—	—	54
内蒙古	—	—	—	—	—	—	—	—	—	—
内蒙古集团	—	—	—	—	—	—	—	—	—	—
辽　宁	—	—	—	—	—	—	—	—	—	—
吉　林	—	—	—	—	—	—	—	—	—	—
吉林集团	—	—	—	—	—	—	—	—	—	—
黑龙江	—	—	—	—	—	—	—	—	—	—
龙江集团	—	—	—	—	—	—	—	—	—	—
上　海	—	—	—	—	—	—	—	—	—	—
江　苏	—	—	—	—	—	—	—	—	—	—
浙　江	—	—	—	—	—	—	—	—	—	—
安　徽	—	—	—	—	—	—	—	—	—	—
福　建	—	—	—	—	—	—	—	—	—	—
江　西	—	—	—	—	—	—	—	—	—	—
山　东	—	—	—	—	—	—	—	—	—	—
河　南	565	519	565	—	—	—	—	—	—	—
湖　北	—	—	—	—	—	—	—	—	—	—
湖　南	—	—	—	—	—	—	—	—	—	—
广　东	—	—	—	—	—	—	—	—	—	—
广　西	—	—	—	—	—	—	—	—	—	—
海　南	—	—	—	—	—	—	—	—	—	—
重　庆	—	—	—	—	—	—	—	—	—	—
四　川	—	—	—	—	—	—	—	—	—	—
贵　州	—	—	—	—	—	—	—	—	—	—
云　南	—	—	—	—	—	—	—	—	—	—
西　藏	—	—	—	—	—	—	—	—	—	—
陕　西	—	—	—	—	—	—	—	—	—	—
甘　肃	—	—	—	—	—	—	—	—	—	—
青　海	—	—	—	—	—	—	—	—	—	—
宁　夏	—	—	—	—	—	—	—	—	—	—
新　疆	—	—	—	—	—	—	—	—	—	—
新疆兵团	—	—	—	—	—	—	—	—	—	—
大兴安岭	—	—	—	—	—	—	—	—	—	—

二期工程建设情况(二)

单位:万元

本年资金来源总计												群众投工投劳(折合资金)
		本年资金来源合计										
				国家预算内资金								
					其中							
总计	上年末结余资金	合计	其中:地方配套资金	小计	国债资金	中央财政专项资金	国内贷款	利用外资	自筹资金	其他资金		
14519	—	**14519**	**5761**	**12365**	**930**	**1925**	—	—	—	**40**	**2114**	**3054**
8716	—	8716	3332	8220	—	80	—	—	—	—	496	90
—	—	—	—	—	—	—	—	—	—	—	—	—
2640	—	2640	1700	1040	300	480	—	—	—	—	1600	2412
2598	—	2598	659	2558	300	1200	—	—	—	40	—	552
—	—	—	—	—	—	—	—	—	—	—	—	—
—	—	—	—	—	—	—	—	—	—	—	—	—
—	—	—	—	—	—	—	—	—	—	—	—	—
—	—	—	—	—	—	—	—	—	—	—	—	—
—	—	—	—	—	—	—	—	—	—	—	—	—
—	—	—	—	—	—	—	—	—	—	—	—	—
—	—	—	—	—	—	—	—	—	—	—	—	—
—	—	—	—	—	—	—	—	—	—	—	—	—
—	—	—	—	—	—	—	—	—	—	—	—	—
—	—	—	—	—	—	—	—	—	—	—	—	—
—	—	—	—	—	—	—	—	—	—	—	—	—
—	—	—	—	—	—	—	—	—	—	—	—	—
—	—	—	—	—	—	—	—	—	—	—	—	—
—	—	—	—	—	—	—	—	—	—	—	—	—
565	—	565	70	547	330	165	—	—	—	—	18	—
—	—	—	—	—	—	—	—	—	—	—	—	—
—	—	—	—	—	—	—	—	—	—	—	—	—
—	—	—	—	—	—	—	—	—	—	—	—	—
—	—	—	—	—	—	—	—	—	—	—	—	—
—	—	—	—	—	—	—	—	—	—	—	—	—
—	—	—	—	—	—	—	—	—	—	—	—	—
—	—	—	—	—	—	—	—	—	—	—	—	—
—	—	—	—	—	—	—	—	—	—	—	—	—
—	—	—	—	—	—	—	—	—	—	—	—	—
—	—	—	—	—	—	—	—	—	—	—	—	—
—	—	—	—	—	—	—	—	—	—	—	—	—
—	—	—	—	—	—	—	—	—	—	—	—	—
—	—	—	—	—	—	—	—	—	—	—	—	—
—	—	—	—	—	—	—	—	—	—	—	—	—
—	—	—	—	—	—	—	—	—	—	—	—	—
—	—	—	—	—	—	—	—	—	—	—	—	—
—	—	—	—	—	—	—	—	—	—	—	—	—

各地区平原绿化二期

地区	当年造林								
	合计	其中:中央投资造林	按造林方式分		按林种				
							防		
			人工造林	飞播造林	用材林	经济林	小计	水源涵养林	水土保持林
全国合计	**2502**	**1233**	**2502**	**—**	**533**	**—**	**1969**	**—**	**602**
北京	—	—	—	—	—	—	—	—	—
天津	—	—	—	—	—	—	—	—	—
河北	333	333	333	—	133	—	200	—	—
山西	2002	733	2002	—	400	—	1602	—	535
内蒙古	—	—	—	—	—	—	—	—	—
内蒙古集团	—	—	—	—	—	—	—	—	—
辽宁	—	—	—	—	—	—	—	—	—
吉林	—	—	—	—	—	—	—	—	—
吉林集团	—	—	—	—	—	—	—	—	—
黑龙江	—	—	—	—	—	—	—	—	—
龙江集团	—	—	—	—	—	—	—	—	—
上海	—	—	—	—	—	—	—	—	—
江苏	—	—	—	—	—	—	—	—	—
浙江	—	—	—	—	—	—	—	—	—
安徽	—	—	—	—	—	—	—	—	—
福建	—	—	—	—	—	—	—	—	—
江西	—	—	—	—	—	—	—	—	—
山东	167	167	167	—	—	—	167	—	67
河南	—	—	—	—	—	—	—	—	—
湖北	—	—	—	—	—	—	—	—	—
湖南	—	—	—	—	—	—	—	—	—
广东	—	—	—	—	—	—	—	—	—
广西	—	—	—	—	—	—	—	—	—
海南	—	—	—	—	—	—	—	—	—
重庆	—	—	—	—	—	—	—	—	—
四川	—	—	—	—	—	—	—	—	—
贵州	—	—	—	—	—	—	—	—	—
云南	—	—	—	—	—	—	—	—	—
西藏	—	—	—	—	—	—	—	—	—
陕西	—	—	—	—	—	—	—	—	—
甘肃	—	—	—	—	—	—	—	—	—
青海	—	—	—	—	—	—	—	—	—
宁夏	—	—	—	—	—	—	—	—	—
新疆	—	—	—	—	—	—	—	—	—
新疆兵团	—	—	—	—	—	—	—	—	—
大兴安岭	—	—	—	—	—	—	—	—	—

工程建设情况(一)

单位:公顷

面积						低产低效林改造面积	年末实有封山(沙)育林面积			
用途分							合计	其中:本年新封	其中:无林地和疏林地封育	
护林				薪炭林	特种用途林				小计	其中:本年新封
防风固沙林	农田、牧场防护林	护岸护堤林	护路林							
100	**735**	—	**332**	—	—	**1022**	—	—	—	
—	—	—	—	—	—	—	—	—	—	—
—	—	—	—	—	—	—	—	—	—	—
100	100	—	—	—	—	—	—	—	—	—
—	535	—	332	—	—	—	—	—	—	—
—	—	—	—	—	—	—	—	—	—	—
—	—	—	—	—	—	—	—	—	—	—
—	—	—	—	—	—	—	—	—	—	—
—	—	—	—	—	—	—	—	—	—	—
—	—	—	—	—	—	—	—	—	—	—
—	—	—	—	—	—	—	—	—	—	—
—	—	—	—	—	—	—	—	—	—	—
—	—	—	—	—	—	—	—	—	—	—
—	—	—	—	—	—	—	—	—	—	—
—	—	—	—	—	—	—	—	—	—	—
—	—	—	—	—	—	—	—	—	—	—
—	—	—	—	—	—	—	—	—	—	—
—	—	—	—	—	—	—	—	—	—	—
—	100	—	—	—	—	—	—	—	—	—
—	—	—	—	—	—	—	—	—	—	—
—	—	—	—	—	—	—	—	—	—	—
—	—	—	—	—	—	—	—	—	—	—
—	—	—	—	—	—	1022	—	—	—	—
—	—	—	—	—	—	—	—	—	—	—
—	—	—	—	—	—	—	—	—	—	—
—	—	—	—	—	—	—	—	—	—	—
—	—	—	—	—	—	—	—	—	—	—
—	—	—	—	—	—	—	—	—	—	—
—	—	—	—	—	—	—	—	—	—	—
—	—	—	—	—	—	—	—	—	—	—
—	—	—	—	—	—	—	—	—	—	—
—	—	—	—	—	—	—	—	—	—	—
—	—	—	—	—	—	—	—	—	—	—
—	—	—	—	—	—	—	—	—	—	—
—	—	—	—	—	—	—	—	—	—	—
—	—	—	—	—	—	—	—	—	—	—
—	—	—	—	—	—	—	—	—	—	—

各地区平原绿化二期

地　区	本年实际完成投资									
	合　计	其中：国家投资	造林	封山(沙)育林	低产低效防护林改造	种苗	森林防火	病虫害防治	科技费用	其他
全国合计	**6936**	**394**	**331**	**—**	**1720**	**450**	**428**	**60**	**50**	**3897**
北　京	—	—	—	—	—	—	—	—	—	—
天　津	—	—	—	—	—	—	—	—	—	—
河　北	80	50	50	—	—	—	—	—	—	30
山　西	250	250	250	—	—	—	—	—	—	—
内蒙古	—	—	—	—	—	—	—	—	—	—
内蒙古集团	—	—	—	—	—	—	—	—	—	—
辽　宁	—	—	—	—	—	—	—	—	—	—
吉　林	—	—	—	—	—	—	—	—	—	—
吉林集团	—	—	—	—	—	—	—	—	—	—
黑龙江	—	—	—	—	—	—	—	—	—	—
龙江集团	—	—	—	—	—	—	—	—	—	—
上　海	—	—	—	—	—	—	—	—	—	—
江　苏	—	—	—	—	—	—	—	—	—	—
浙　江	—	—	—	—	—	—	—	—	—	—
安　徽	—	—	—	—	—	—	—	—	—	—
福　建	—	—	—	—	—	—	—	—	—	—
江　西	—	—	—	—	—	—	—	—	—	—
山　东	31	31	31	—	—	—	—	—	—	—
河　南	—	—	—	—	—	—	—	—	—	—
湖　北	—	—	—	—	—	—	—	—	—	—
湖　南	—	—	—	—	—	—	—	—	—	—
广　东	6575	63	—	—	1720	450	428	60	50	3867
广　西	—	—	—	—	—	—	—	—	—	—
海　南	—	—	—	—	—	—	—	—	—	—
重　庆	—	—	—	—	—	—	—	—	—	—
四　川	—	—	—	—	—	—	—	—	—	—
贵　州	—	—	—	—	—	—	—	—	—	—
云　南	—	—	—	—	—	—	—	—	—	—
西　藏	—	—	—	—	—	—	—	—	—	—
陕　西	—	—	—	—	—	—	—	—	—	—
甘　肃	—	—	—	—	—	—	—	—	—	—
青　海	—	—	—	—	—	—	—	—	—	—
宁　夏	—	—	—	—	—	—	—	—	—	—
新　疆	—	—	—	—	—	—	—	—	—	—
新疆兵团	—	—	—	—	—	—	—	—	—	—
大兴安岭	—	—	—	—	—	—	—	—	—	—

工程建设情况(二)

单位:万元

本年资金来源总计											群众投工投劳（折合资金）
总计	上年末结余资金	本年资金来源合计									
		合　计	其中：地方配套资金	国家预算内资金			国内贷款	利用外资	自筹资金	其他资金	
				小计	其　中						
					国债资金	中央财政专项资金					
6936	—	**6936**	**66**	**6906**	—	**50**	—	—	**30**	—	**34**
—	—	—	—	—	—	—	—	—	—	—	—
—	—	—	—	—	—	—	—	—	—	—	—
80	—	80	30	50	—	—	—	—	30	—	—
250	—	250	—	250	—	—	—	—	—	—	30
—	—	—	—	—	—	—	—	—	—	—	—
—	—	—	—	—	—	—	—	—	—	—	—
—	—	—	—	—	—	—	—	—	—	—	—
—	—	—	—	—	—	—	—	—	—	—	—
—	—	—	—	—	—	—	—	—	—	—	—
—	—	—	—	—	—	—	—	—	—	—	—
—	—	—	—	—	—	—	—	—	—	—	—
—	—	—	—	—	—	—	—	—	—	—	—
—	—	—	—	—	—	—	—	—	—	—	—
—	—	—	—	—	—	—	—	—	—	—	—
—	—	—	—	—	—	—	—	—	—	—	—
—	—	—	—	—	—	—	—	—	—	—	4
—	—	—	—	—	—	—	—	—	—	—	—
—	—	—	—	—	—	—	—	—	—	—	—
31	—	31	6	31	—	—	—	—	—	—	—
—	—	—	—	—	—	—	—	—	—	—	—
—	—	—	—	—	—	—	—	—	—	—	—
—	—	—	—	—	—	—	—	—	—	—	—
6575	—	6575	30	6575	—	50	—	—	—	—	—
—	—	—	—	—	—	—	—	—	—	—	—
—	—	—	—	—	—	—	—	—	—	—	—
—	—	—	—	—	—	—	—	—	—	—	—
—	—	—	—	—	—	—	—	—	—	—	—
—	—	—	—	—	—	—	—	—	—	—	—
—	—	—	—	—	—	—	—	—	—	—	—
—	—	—	—	—	—	—	—	—	—	—	—
—	—	—	—	—	—	—	—	—	—	—	—
—	—	—	—	—	—	—	—	—	—	—	—
—	—	—	—	—	—	—	—	—	—	—	—
—	—	—	—	—	—	—	—	—	—	—	—
—	—	—	—	—	—	—	—	—	—	—	—
—	—	—	—	—	—	—	—	—	—	—	—
—	—	—	—	—	—	—	—	—	—	—	—

林业系统野生动植物保护及自然保护区工程建设情况

指　　标	单位	本年实际
一、年末实有自然保护区个数	**个**	**1699**
其中：国家级	个	177
二、年末实有自然保护区面积	**百公顷**	**1198854**
其中：国家级	百公顷	718986
三、年末实有自然保护小区个数	**个**	**45439**
年末实有自然保护小区面积	百公顷	147432
四、禁猎（伐）区个数	**个**	**1803**
禁猎（伐）区面积	百公顷	913413
五、国际重要湿地个数	**个**	**30**
国际重要湿地面积	百公顷	35750
六、湿地示范区面积	**百公顷**	**20823**
七、野生动物种源繁育基地	**个**	**718**
八、珍稀野生植物培植基地	**个**	**617**
其中：植物园个数	个	107
九、野生动植物保护管理站	**个**	**5013**
十、鸟类环志中心（站）	**个**	**57**
鸟类环志中心（站）人员	人	183
十一、野生动植物科研及监测机构	**个**	**601**
在野生动植物科研及监测机构中各类专业技术人员	人	3176
十二、野生动物园	**个**	**24**
十三、狩猎场	**个**	**157**
十四、从事野生动植物及自然保护区建设的职工人数	**人**	**37929**
其中：各类专业技术人员	人	10392
十五、野生动植物及自然保护区投资情况		
（一）投资完成额	万元	51452
其中：国债资金	万元	14755
中央财政专项资金	万元	9695
（二）本年资金来源总计	万元	64140
1. 上年末结余资金	万元	3967
2. 本年资金来源合计	万元	60173
其中：地方配套资金	万元	7659
（1）国家预算内资金	万元	39554
其中：国债资金	万元	20227
中央财政专项资金	万元	9785
（2）利用外资	万元	1424
（3）其他资金	万元	19195

各地区林业系统野生动植物保护及自然保护区工程建设情况(一)

地区	年末实有自然保护区个数		年末实有自然保护区面积		年末实有自然保护小区个数	年末实有自然保护小区面积	禁猎(伐)区个数	禁猎(伐)区面积	国际重要湿地个数	国际重要湿地面积	湿地示范区面积
	合计	其中:国家级	合计	其中:国家级							
全国合计	**1699**	**177**	**1198854**	**718986**	**45439**	**147432**	**1803**	**913413**	**30**	**35750**	**20823**
北京	16	1	1270	47	—	—	16	1273	—	—	106
天津	5	1	668	54	—	—	—	—	—	—	537
河北	16	3	4294	548	3	66	2	246	—	—	548
山西	44	4	11403	618	—	—	—	—	—	—	—
内蒙古	136	14	98463	20654	53	14547	37	274751	2	7477	6648
内蒙古集团	14	1	15389	1073	—	—	14	15389	—	—	—
辽宁	64	5	13378	1657	—	—	—	—	2	1397	—
吉林	28	6	22246	6272	25	1779	1	187400	1	1050	158
吉林集团	—	—	—	—	—	—	—	—	—	—	—
黑龙江	92	8	28277	8640	10	803	129	12765	4	6187	4027
龙江集团	20	2	10705	484	—	—	119	11650	—	—	—
上海	1	1	242	242	—	—	—	—	1	326	—
江苏	6	1	788	780	—	—	—	—	2	5310	—
浙江	17	6	927	746	378	704	51	481	—	—	23
安徽	26	4	3593	1124	270	590	29	4571	—	—	—
福建	92	8	4967	1386	3322	2560	—	—	—	—	29
江西	129	5	8125	850	1329	1150	—	—	1	224	—
山东	40	2	8188	1580	26	409	—	—	—	—	120
河南	22	7	4708	2378	—	—	54	2034	—	—	—
湖北	41	3	8428	1798	185	1340	—	3533	—	—	79
湖南	104	8	11926	3768	172	2350	120	2781	3	3930	299
广东	199	5	9476	978	38800	42000	492	21872	2	207	201
广西	56	7	14331	1542	83	1444	63	2804	1	40	—
海南	27	5	2393	682	190	170	219	1846	1	33	—
重庆	44	3	8281	1855	20	263	27	1215	—	—	—
四川	117	13	74644	12461	300	10736	95	78767	—	—	7618
贵州	99	6	7260	1920	78	3540	283	3379	—	—	—
云南	135	12	28604	12912	131	32681	132	13704	4	136	2
西藏	19	8	403081	370131	—	—	—	—	2	1173	—
陕西	35	6	9365	2258	10	179	22	225	—	—	—
甘肃	45	9	93304	42724	53	29948	20	198815	—	—	340
青海	9	5	209622	204081	1	173	1	173	3	8260	—
宁夏	6	4	3917	3411	—	—	—	—	—	—	87
新疆	21	5	91417	6923	—	—	10	17278	—	—	—
新疆兵团	—	—	—	—	—	—	—	—	—	—	—
大兴安岭	8	2	11269	3967	—	—	—	83500	—	—	—

注:国际重要湿地个数中,全国合计包括香港特别行政区1处。

各地区林业系统野生动植物保护

地　区	野生动物种源繁育基地	珍稀野生植物培植基地		野生动植物保护管理站	鸟类环志中心（站）	鸟类环志中心（站）人员	野生动植物科研及监测机构	在野生动植物科研及监测机构中各类专业技术人员	野生动物园	狩猎场	从事野生动植物及自然保护区建设的职工人数	
		合计	其中：植物园个数								合　计	其中：各类专业技术人员
全国合计	**718**	**617**	**107**	**5013**	**57**	**183**	**601**	**3176**	**24**	**157**	**37929**	**10392**
北　京	1	—	—	1	—	—	—	—	2	1	970	197
天　津	—	—	—	3	—	—	2	20	—	—	107	31
河　北	—	—	—	21	1	3	2	13	1	12	709	171
山　西	—	—	—	—	—	—	2	9	—	9	422	115
内蒙古	4	1	1	25	2	15	7	72	—	1	1819	471
内蒙古集团	2	1	1	—	1	8	2	51	—	—	650	184
辽　宁	6	9	—	85	—	—	—	—	2	—	900	100
吉　林	12	3	2	86	2	6	26	100	—	1	1605	463
吉林集团	—	—	—	—	—	—	—	—	—	—	—	—
黑龙江	1	—	—	—	2	28	23	91	—	7	855	235
龙江集团	—	—	—	—	1	8	1	35	—	5	411	129
上　海	—	—	—	11	—	—	14	28	1	—	72	58
江　苏	1	—	—	4	—	—	40	80	—	—	65	35
浙　江	31	2	1	4	—	—	7	81	1	2	604	337
安　徽	1	1	1	55	1	5	3	25	1	—	529	221
福　建	42	208	4	30	—	—	2	21	—	—	646	410
江　西	—	5	5	102	1	10	65	670	1	2	5567	1198
山　东	—	—	—	211	2	10	211	986	2	—	2403	408
河　南	118	5	3	42	—	—	12	224	—	2	1997	474
湖　北	16	10	1	65	—	—	15	85	1	2	853	455
湖　南	53	136	44	183	12	8	18	128	1	72	4423	1298
广　东	224	14	6	15	—	—	62	74	2	8	1200	375
广　西	—	3	1	8	—	—	—	—	—	—	2399	540
海　南	45	45	10	5	—	—	4	—	1	—	471	45
重　庆	3	7	4	138	2	3	9	48	1	1	749	283
四　川	5	4	4	1596	—	—	43	114	2	2	1474	429
贵　州	6	5	3	1434	25	50	2	4	1	9	797	230
云　南	139	154	15	102	5	39	12	63	1	—	1947	549
西　藏	2	—	—	4	—	—	—	—	—	—	177	17
陕　西	1	—	—	47	—	—	1	14	1	1	559	147
甘　肃	1	—	—	20	1	2	10	132	—	2	1245	350
青　海	—	1	1	1	—	—	4	7	—	2	130	25
宁　夏	—	—	—	—	1	4	3	55	1	—	652	440
新　疆	6	4	1	704	—	—	1	21	1	21	1243	185
新疆兵团	—	—	—	—	—	—	—	—	—	—	—	—
大兴安岭	—	—	—	11	—	—	1	11	—	—	340	100

及自然保护区工程建设情况(二)

野生动植物及自然保护区投资情况											
投资完成额			本年资金来源总计								
合计	其 中		总计	上年末结余资金	本年资金来源合计						
	国债资金	中央财政专项资金			合计	其中：地方配套资金	国家预算内资金			利用外资	其他资金
							小计	其 中			
								国债资金	中央财政专项资金		
51452	**14755**	**9695**	**64140**	**3967**	**60173**	**7659**	**39554**	**20227**	**9785**	**1424**	**19195**
6155	487	1800	6505	1262	5243	2880	5243	25	1800	—	—
50	—	—	50	—	50	50	—	—	—	—	50
1821	105	70	1931	110	1821	385	909	105	70	—	912
316	—	100	320	—	320	28	314	—	100	—	6
921	869	—	1647	—	1647	—	1647	1595	—	—	—
—	—	—	—	—	—	—	—	—	—	—	—
909	—	419	909	—	909	27	784	—	419	—	125
2085	389	677	2302	129	2173	440	1207	260	856	—	966
—	—	—	—	—	—	—	—	—	—	—	—
4480	564	—	4480	—	4480	282	564	564	—	—	3916
—	—	—	—	—	—	—	—	—	—	—	—
—	—	—	—	—	—	—	—	—	—	—	—
875	—	425	875	—	875	450	425	—	425	—	450
2796	442	—	3418	600	2818	50	471	442	—	—	2347
176	36	16	182	—	182	44	62	36	16	—	120
2534	2184	350	2997	—	2997	463	2534	2184	350	—	463
1828	858	521	943	—	943	26	491	180	301	—	452
—	—	—	—	—	—	—	—	—	—	—	—
1070	338	150	4536	—	4536	200	2036	2036	—	—	2500
1461	491	358	1600	20	1580	176	961	491	358	100	519
4930	1769	1125	5024	4	5020	69	2932	1789	1135	582	1506
2246	125	15	3487	883	2604	1006	2294	—	42	—	310
2009	418	958	2161	402	1759	15	1632	34	978	—	127
1295	903	—	1295	—	1295	392	1295	903	—	—	—
1341	—	—	1341	—	1341	25	25	—	—	—	1316
3089	—	295	3096	—	3096	26	362	—	292	550	2184
1527	901	384	1527	56	1471	212	1471	845	384	—	—
2345	689	326	3181	501	2680	413	1788	619	553	192	700
4	—	—	4	—	4	—	4	—	—	—	—
922	38	764	925	—	925	—	802	38	764	—	123
755	655	—	755	—	755	—	655	655	—	—	100
2654	2479	102	7577	—	7577	—	7577	7411	102	—	—
—	—	—	—	—	—	—	—	—	—	—	—
661	—	658	875	—	875	—	872	—	658	—	3
—	—	—	—	—	—	—	—	—	—	—	—
197	15	182	197	—	197	—	197	15	182	—	—

各地区林业系统自然保护区分类情况

地区	个数(个)						面积(百公顷)					
	合计	森林生态	湿地生态	荒漠生态	野生植物	野生动物	合计	森林生态	湿地生态	荒漠生态	野生植物	野生动物
全国合计	**1699**	**1089**	**237**	**30**	**89**	**254**	**11988.54**	**3111.59**	**3398.64**	**3727.74**	**88.38**	**1662.19**
北京	16	11	3	—	—	2	12.70	9.00	1.16	—	—	2.54
天津	5	2	3	—	—	—	6.68	0.61	6.07	—	—	—
河北	16	9	6	—	—	1	42.94	27.93	11.53	—	—	3.48
山西	44	16	1	—	3	24	114.03	27.82	8.69	—	5.66	71.86
内蒙古	136	73	29	17	8	9	984.63	328.96	227.75	354.90	19.77	53.25
辽宁	64	49	11	—	—	4	133.78	65.52	66.66	—	—	1.60
吉林	28	17	6	—	1	4	222.46	167.33	40.93	—	0.94	13.26
黑龙江	100	30	31	—	3	36	395.46	105.32	237.47	—	6.14	46.53
上海	1	—	1	—	—	—	2.42	—	2.42	—	—	—
江苏	6	5	—	—	—	1	7.88	0.08	—	—	—	7.80
浙江	17	11	2	—	1	3	9.27	8.39	0.32	—	0.51	0.06
安徽	26	19	6	—	—	1	35.93	11.56	20.04	—	—	4.33
福建	92	57	9	—	8	18	49.67	28.53	6.51	—	3.51	11.13
江西	129	109	9	—	—	11	81.25	66.05	10.03	—	—	5.17
山东	40	26	12	—	1	1	81.88	26.70	53.10	—	1.36	0.72
河南	22	12	8	—	—	2	47.08	15.08	21.66	—	—	10.34
湖北	41	16	10	—	9	6	84.28	42.41	29.54	—	0.89	11.44
湖南	104	91	7	—	5	1	119.26	73.93	44.64	—	0.08	0.61
广东	199	173	8	—	9	9	94.76	79.83	4.23	—	1.94	8.76
广西	56	44	—	—	1	11	143.31	128.97	—	—	0.22	14.13
海南	27	17	4	—	1	5	23.93	18.95	1.55	—	0.09	3.34
重庆	44	18	1	—	12	13	82.81	33.71	2.07	—	33.60	13.43
四川	117	41	24	—	8	44	746.44	260.65	254.04	—	8.86	222.89
贵州	99	85	1	—	5	8	72.60	64.46	1.20	—	1.28	5.66
云南	135	106	11	—	10	8	286.04	231.25	9.12	—	3.18	42.48
西藏	19	7	4	1	2	5	4030.81	711.53	53.07	2980.00	0.07	286.14
陕西	35	9	12	—	—	14	93.65	24.98	28.32	—	—	40.34
甘肃	45	23	8	8	—	6	933.04	392.84	113.27	347.72	—	79.21
青海	9	2	5	2	—	—	2096.22	37.12	2027.63	31.47	—	—
宁夏	6	4	1	1	—	—	39.17	27.59	3.40	8.18	—	—
新疆	21	7	4	1	2	7	914.17	94.49	112.23	5.47	0.28	701.70

各地区林业系统自然保护区分级情况

地区	个数(个)					面积(百公顷)					占国土面积(%)	占国土面积排名
	合计	国家级	省级	市级	县级	合计	国家级	省级	市级	县级		
全国合计	**1699**	**177**	**590**	**288**	**644**	**11988.54**	**7189.86**	**3510.38**	**597.36**	**690.93**	**12.36**	**—**
北京	16	1	9	6	—	12.70	0.47	8.62	3.62	—	7.55	10
天津	5	1	2	1	1	6.68	0.54	4.95	1.12	0.08	5.90	15
河北	16	3	12	1	—	42.94	5.48	36.61	0.84	—	2.29	29
山西	44	4	40	—	—	114.03	6.18	107.85	—	—	7.30	11
内蒙古	136	14	45	22	55	984.63	206.54	559.47	120.03	98.59	8.32	8
辽宁	64	5	18	27	14	133.78	16.57	27.11	82.80	7.30	5.24	19
吉林	28	6	11	1	10	222.46	62.72	156.29	0.01	3.44	12.31	5
黑龙江	100	10	46	5	39	395.46	126.08	221.55	3.82	44.02	8.70	7
上海	1	1	—	—	—	2.42	2.42	—	—	—	3.81	25
江苏	6	1	5	—	—	7.88	7.80	0.08	—	—	0.77	31
浙江	17	6	2	—	9	9.27	7.46	0.63	—	1.19	0.91	30
安徽	26	4	21	—	1	35.93	11.24	24.03	—	0.67	2.76	28
福建	92	8	23	8	53	49.67	13.86	11.41	15.71	8.68	2.99	26
江西	129	5	21	—	103	81.25	8.50	29.38	—	43.37	4.88	21
山东	40	2	9	23	6	81.88	15.80	21.16	33.99	10.93	4.94	20
河南	22	7	15	—	—	47.08	23.78	23.31	—	—	2.82	27
湖北	41	3	9	16	13	84.28	17.98	30.61	26.14	9.55	4.53	23
湖南	104	8	28	2	66	119.26	37.68	43.24	1.87	36.48	5.63	17
广东	199	5	41	76	77	94.76	9.78	38.90	24.52	21.55	5.33	18
广西	56	7	34	2	13	143.31	15.42	93.97	10.23	23.68	5.92	14
海南	27	5	17	1	4	23.93	6.82	15.54	0.92	0.65	7.02	13
重庆	44	3	15	—	26	82.81	18.55	32.18	—	32.09	10.06	6
四川	117	13	49	15	40	746.44	124.61	295.59	111.29	214.95	15.28	4
贵州	99	6	2	16	75	72.60	19.20	4.88	12.65	35.87	4.13	24
云南	135	12	36	59	28	286.04	129.12	87.96	46.37	22.59	7.26	12
西藏	19	8	2	4	5	4030.81	3701.31	215.58	78.14	35.78	33.59	1
陕西	35	6	24	2	3	93.65	22.58	58.31	10.09	2.66	4.55	22
甘肃	45	9	35	—	1	933.04	427.24	505.13	—	0.67	20.47	3
青海	9	5	4	—	—	2096.22	2040.81	55.41	—	—	29.09	2
宁夏	6	4	1	—	1	39.17	34.11	3.40	—	1.66	7.56	9
新疆	21	5	14	1	1	914.17	69.23	797.24	13.20	34.50	5.71	16

重点地区速生丰产用材林基地工程建设情况

指　标　名　称	单位	本年实际
一、各种地类造林面积	**公顷**	**16720**
1. 荒山荒地造林面积	公顷	9488
2. 迹地造林面积	公顷	2487
3. 非林业用地造林面积	公顷	4745
各种地类造林面积按投资主体分		
1. 林场（国有、集体）造林面积	公顷	341
2. 龙头企业造林面积	公顷	2942
3. 外资造林面积	公顷	10007
4. 农户造林面积	公顷	3346
5. 其他主体造林面积	公顷	84
二、改培面积	**公顷**	**5784**
三、当年造林和改培面积按培育目的分		
1. 浆纸原料林	公顷	4665
2. 人造板原料林	公顷	4509
3. 大径级用材林	公顷	9534
4. 其他工业原料林	公顷	3796
四、当年造林和改培面积按树种分		
1. 桉树、相思树	公顷	971
2. 松树（南方）	公顷	1391
3. 杉木、柳杉	公顷	877
4. 杨树、泡桐	公顷	10625
5. 柚木、楠木、西南桦、桃花心木	公顷	—
6. 落叶松	公顷	1710
7. 红松、云杉、冷杉、樟子松	公顷	392
8. 水曲柳、核桃楸、黄波罗、椴树	公顷	5392
9. 竹类	公顷	—
10. 其他	公顷	1146
五、全部林业投资完成额	**万元**	**15410**
其中：国家投资	万元	532
六、本年资金来源总计	**万元**	**16805**
1. 上年末结余资金	万元	66
2. 本年资金来源合计	万元	16739
其中：地方配套资金	万元	1351
（1）国家预算内资金	万元	649
其中：国债资金	万元	—
（2）国内贷款	万元	1073
（3）利用外资	万元	2300
（4）自筹资金	万元	785
（5）其他资金	万元	11932

各地区速生丰产用材林基地工程建设情况（一）

单位:公顷

地　　区	各种地类造林面积								
	合　计	荒山荒地造林面积	迹地造林面积	非林业用地造林面积	各种地类造林面积按投资主体分				
					林场(国有、集体)造林面积	龙头企业造林面积	外资造林面积	农户造林面积	其他主体造林面积
全国合计	**16720**	**9488**	**2487**	**4745**	**341**	**2942**	**10007**	**3346**	**84**
北　京	—	—	—	—	—	—	—	—	—
天　津	—	—	—	—	—	—	—	—	—
河　北	3543	3543	—	—	—	—	2473	1070	—
山　西	—	—	—	—	—	—	—	—	—
内蒙古	—	—	—	—	—	—	—	—	—
内蒙古集团	—	—	—	—	—	—	—	—	—
辽　宁	—	—	—	—	—	—	—	—	—
吉　林	—	—	—	—	—	—	—	—	—
吉林集团	—	—	—	—	—	—	—	—	—
黑龙江	1606	1606	—	—	—	—	1606	—	—
龙江集团	—	—	—	—	—	—	—	—	—
上　海	—	—	—	—	—	—	—	—	—
江　苏	—	—	—	—	—	—	—	—	—
浙　江	—	—	—	—	—	—	—	—	—
安　徽	—	—	—	—	—	—	—	—	—
福　建	—	—	—	—	—	—	—	—	—
江　西	—	—	—	—	—	—	—	—	—
山　东	4745	—	—	4745	—	—	4745	—	—
河　南	—	—	—	—	—	—	—	—	—
湖　北	—	—	—	—	—	—	—	—	—
湖　南	5832	3867	1965	—	294	2259	1003	2276	—
广　东	—	—	—	—	—	—	—	—	—
广　西	994	472	522	—	47	683	180	—	84
海　南	—	—	—	—	—	—	—	—	—
重　庆	—	—	—	—	—	—	—	—	—
四　川	—	—	—	—	—	—	—	—	—
贵　州	—	—	—	—	—	—	—	—	—
云　南	—	—	—	—	—	—	—	—	—
西　藏	—	—	—	—	—	—	—	—	—
陕　西	—	—	—	—	—	—	—	—	—
甘　肃	—	—	—	—	—	—	—	—	—
青　海	—	—	—	—	—	—	—	—	—
宁　夏	—	—	—	—	—	—	—	—	—
新　疆	—	—	—	—	—	—	—	—	—
新疆兵团	—	—	—	—	—	—	—	—	—
大兴安岭	—	—	—	—	—	—	—	—	—

各地区速生丰产用材林

地　区	改培面积	当年造林和改培面积按培育目的分				当年造林和改			
		浆纸原料林	人造板原料林	大径级用材林	其他工业原料林	桉树、相思树	松树（南方）	杉木、柳杉	杨树、泡桐
全国合计	**5784**	**4665**	**4509**	**9534**	**3796**	**971**	**1391**	**877**	**10625**
北　京	—	—	—	—	—	—	—	—	—
天　津	—	—	—	—	—	—	—	—	—
河　北	—	—	2520	1023	—	—	—	—	2876
山　西	—	—	—	—	—	—	—	—	—
内蒙古	—	—	—	—	—	—	—	—	—
内蒙古集团	—	—	—	—	—	—	—	—	—
辽　宁	—	—	—	—	—	—	—	—	—
吉　林	5784	—	—	5784	—	—	—	—	—
吉林集团	850	—	—	850	—	—	—	—	—
黑龙江	—	—	—	—	1606	—	—	—	190
龙江集团	—	—	—	—	—	—	—	—	—
上　海	—	—	—	—	—	—	—	—	—
江　苏	—	—	—	—	—	—	—	—	—
浙　江	—	—	—	—	—	—	—	—	—
安　徽	—	—	—	—	—	—	—	—	—
福　建	—	—	—	—	—	—	—	—	—
江　西	—	—	—	—	—	—	—	—	—
山　东	—	2847	1898	—	—	—	—	—	4745
河　南	—	—	—	—	—	—	—	—	—
湖　北	—	—	—	—	—	—	—	—	—
湖　南	—	961	—	2681	2190	—	1368	877	2814
广　东	—	—	—	—	—	—	—	—	—
广　西	—	857	91	46	—	971	23	—	—
海　南	—	—	—	—	—	—	—	—	—
重　庆	—	—	—	—	—	—	—	—	—
四　川	—	—	—	—	—	—	—	—	—
贵　州	—	—	—	—	—	—	—	—	—
云　南	—	—	—	—	—	—	—	—	—
西　藏	—	—	—	—	—	—	—	—	—
陕　西	—	—	—	—	—	—	—	—	—
甘　肃	—	—	—	—	—	—	—	—	—
青　海	—	—	—	—	—	—	—	—	—
宁　夏	—	—	—	—	—	—	—	—	—
新　疆	—	—	—	—	—	—	—	—	—
新疆兵团	—	—	—	—	—	—	—	—	—
大兴安岭	—	—	—	—	—	—	—	—	—

基地工程建设情况（二）

单位：公顷、万元

培面积按树种分						全部林业投资完成额		本年资金来源总计	
柚木、楠木、西南桦、桃花心木	落叶松	红松、云杉、冷杉、樟子松	水曲柳、核桃楸、黄波罗、椴树	竹类	其他	合　计	其中：国家投资	总计	上年末结余资金
—	1710	392	5392	—	1146	15410	532	16805	66
—	—	—	—	—	—	—	—	—	—
—	—	—	—	—	—	—	—	—	—
—	—	—	—	—	667	284	157	361	—
—	—	—	—	—	—	—	—	—	—
—	—	—	—	—	—	—	—	—	—
—	—	—	—	—	—	—	—	—	—
—	—	—	—	—	—	—	—	—	—
—	—	392	5392	—	—	241	—	1073	—
—	—	—	850	—	—	189	—	189	—
—	1416	—	—	—	—	—	—	552	—
—	—	—	—	—	—	—	—	—	—
—	—	—	—	—	—	—	—	—	—
—	—	—	—	—	—	—	—	—	—
—	—	—	—	—	—	—	—	—	—
—	—	—	—	—	—	—	—	—	—
—	—	—	—	—	—	—	—	—	—
—	—	—	—	—	—	—	—	—	—
—	—	—	—	—	—	2034	360	2034	—
—	—	—	—	—	—	—	—	—	—
—	—	—	—	—	—	—	—	—	—
—	294	—	—	—	479	12381	—	12315	66
—	—	—	—	—	—	—	—	—	—
—	—	—	—	—	—	470	15	470	—
—	—	—	—	—	—	—	—	—	—
—	—	—	—	—	—	—	—	—	—
—	—	—	—	—	—	—	—	—	—
—	—	—	—	—	—	—	—	—	—
—	—	—	—	—	—	—	—	—	—
—	—	—	—	—	—	—	—	—	—
—	—	—	—	—	—	—	—	—	—
—	—	—	—	—	—	—	—	—	—
—	—	—	—	—	—	—	—	—	—
—	—	—	—	—	—	—	—	—	—
—	—	—	—	—	—	—	—	—	—
—	—	—	—	—	—	—	—	—	—
—	—	—	—	—	—	—	—	—	—

各地区速生丰产用材林基地工程建设情况(三)

单位:万元

地　　区	本年资金来源总计							
	本年资金来源合计							
	合 计	其中:地方配套资金	国家预算内资金		国内贷款	利用外资	自筹资金	其他资金
			小 计	其中:国债资金				
全国合计	**16739**	**1351**	**649**	**—**	**1073**	**2300**	**785**	**11932**
北　京	—	—	—	—	—	—	—	—
天　津	—	—	—	—	—	—	—	—
河　北	361	299	259	—	—	8	40	54
山　西	—	—	—	—	—	—	—	—
内蒙古	—	—	—	—	—	—	—	—
内蒙古集团	—	—	—	—	—	—	—	—
辽　宁	—	—	—	—	—	—	—	—
吉　林	1073	—	—	—	1073	—	—	—
吉林集团	189	—	—	—	—	—	189	—
黑龙江	552	—	—	—	—	552	—	—
龙江集团	—	—	—	—	—	—	—	—
上　海	—	—	—	—	—	—	—	—
江　苏	—	—	—	—	—	—	—	—
浙　江	—	—	—	—	—	—	—	—
安　徽	—	—	—	—	—	—	—	—
福　建	—	—	—	—	—	—	—	—
江　西	—	—	—	—	—	—	—	—
山　东	2034	997	360	—	—	1037	637	—
河　南	—	—	—	—	—	—	—	—
湖　北	—	—	—	—	—	—	—	—
湖　南	12249	55	—	—	—	622	93	11534
广　东	—	—	—	—	—	—	—	—
广　西	470	—	30	—	—	81	15	344
海　南	—	—	—	—	—	—	—	—
重　庆	—	—	—	—	—	—	—	—
四　川	—	—	—	—	—	—	—	—
贵　州	—	—	—	—	—	—	—	—
云　南	—	—	—	—	—	—	—	—
西　藏	—	—	—	—	—	—	—	—
陕　西	—	—	—	—	—	—	—	—
甘　肃	—	—	—	—	—	—	—	—
青　海	—	—	—	—	—	—	—	—
宁　夏	—	—	—	—	—	—	—	—
新　疆	—	—	—	—	—	—	—	—
新疆兵团	—	—	—	—	—	—	—	—
大兴安岭	—	—	—	—	—	—	—	—

中国林业统计年鉴 2005
CHINA FORESTRY STATISTICAL YEARBOOK

5

工业生产

全国森林工业主要工业产品产量2005年与2004年比较

主要指标	单位	2005年	2004年	2005年比2004年增减（%）
全部木材产量	万立方米	5560.31	5197.33	6.98
原木	万立方米	5022.87	4712.09	6.60
薪材	万立方米	537.45	485.24	10.76
全部竹材产量	万立方米	115173.85	109846.36	4.85
全部人造板产量	万立方米	6392.89	5446.49	17.38
其中:胶合板	万立方米	2514.97	2098.62	19.84
纤维板	万立方米	2060.56	1560.46	32.05
刨花板	万立方米	576.08	642.92	-10.40
全部锯材产量	万立方米	1790.29	1532.54	16.82
全部松香产量	吨	606594	485863	24.85
全部松节油产量	吨	65272	52996	23.16
全部栲胶产量	吨	7668	12113	-36.70
全部紫胶产量	吨	779	1117	-30.26

林业系统工业总产值和销售产值

（按现行价格计算） 单位：万元

指　　标	工业总产值	工业销售产值
总　计	**3414624**	**2796757**
其中：国有单位	1112007	1066312
集体单位	233956	156027
国有集体联营	35573	32190
股份合作	816223	643587
外商投资	124433	69792
港澳台投资	248630	141991
按主要行业分		
（一）采矿业	77258	72473
（二）非木质林产品加工制造业	112540	111400
（三）木材加工及木、竹、藤、棕、草制品业	2121113	1632205
1. 锯材、木片加工	335152	262261
2. 人造板制造	1370422	1024366
其中：(1)胶合板制造	350228	224364
(2)纤维板制造	503108	494516
(3)刨花板制造	182077	165715
3. 木制品制造	362208	310882
4. 竹、藤、棕、草制品制造	53331	34696
（四）木质、竹、藤家具制造	239337	131153
（五）木、竹浆造纸及纸制品业	204592	189694
（六）林产化学产品制造业	95064	91034
（七）专用设备、仪器仪表制造业	11159	10386
（八）木、竹、藤工艺品制造业	18212	16459
（九）建筑材料制造业	31158	29731
（十）电力、燃气及水的生产和供应业	69495	67137
（十一）其他	434696	445085

林业系统各地

（按现行

地　区	总　计	在总计中：国有单位	集体单位	国有集体联营	股份合作	外商投资	港澳台投资	采矿业	非木质林产品加工制造业	合　计	锯材、木片加工
全国合计	**3414624**	**1112007**	**233956**	**35573**	**816223**	**124433**	**248630**	**77258**	**112540**	**2121113**	**335152**
北　京	2462	2462	—	—	—	—	—	—	—	—	—
天　津	—	—	—	—	—	—	—	—	—	—	—
河　北	58988	2302	4590	—	46185	—	2600	2945	508	42487	120
山　西	262	262	—	—	—	—	—	—	—	257	—
内蒙古	69535	63114	4122	—	—	—	2299	—	—	32213	400
内蒙古集团	69535	63114	4122	—	—	—	2299	—	—	32213	400
辽　宁	115245	47595	27436	522	21802	6251	528	7232	1088	65683	16879
吉　林	300991	131207	3915	—	160156	—	—	8831	8280	235377	25667
吉林集团	125611	12488	—	—	113123	—	—	—	—	102816	5356
黑龙江	116110	52634	2367	—	1430	6551	234	14630	2442	73819	11905
龙江集团	47546	40363	584	—	—	4998	234	—	472	25080	531
上　海	15170	—	—	—	—	—	—	—	—	12870	—
江　苏	702099	19320	64430	3990	102431	50000	100000	—	—	518440	45221
浙　江	14773	3266	—	590	4000	—	—	180	668	12361	1250
安　徽	90271	31790	710	4180	32251	21273	—	1384	1554	80943	7937
福　建	167283	50275	1192	197	19059	1210	6542	199	—	138465	584
江　西	38257	12252	557	373	2900	2038	695	1558	1918	19962	3249
山　东	199287	158287	—	—	—	—	41000	—	—	128609	—
河　南	72006	1589	—	—	43388	—	—	3000	10	49740	34279
湖　北	226723	54673	47991	8245	64567	2780	47290	160	7619	166418	19331
湖　南	486633	103671	32886	10671	232930	32278	18943	21706	53776	212402	74141
广　东	81541	41493	13722	—	6969	960	—	3814	50	45712	31717
广　西	227703	188824	1282	—	2029	—	26017	3	—	102570	8141
海　南	57661	8208	148	6805	10188	1092	—	—	31049	19104	19104
重　庆	30670	65	—	—	—	—	2471	—	—	6352	1545
四　川	97187	8249	5852	—	40803	—	—	773	—	30687	3942
贵　州	46374	18381	6703	—	21290	—	—	160	3481	30323	7345
云　南	41237	33115	1901	—	3845	—	11	99	97	12148	2048
西　藏	2277	302	—	—	—	—	—	—	—	1156	1156
陕　西	18741	18741	—	—	—	—	—	—	—	13322	—
甘　肃	834	834	—	—	—	—	—	—	—	725	—
青　海	—	—	—	—	—	—	—	—	—	—	—
宁　夏	—	—	—	—	—	—	—	—	—	—	—
新　疆	—	—	—	—	—	—	—	—	—	—	—
新疆兵团	—	—	—	—	—	—	—	—	—	—	—
大兴安岭	134304	59096	14152	—	—	—	—	10584	—	68968	19191

区工业总产值

价格计算) **单位:万元**

按主要行业分													
木材加工及木、竹、藤、棕、草制品业						木质、竹、藤家具制造	木、竹浆造纸及纸制品业	林产化学产品制造业	专用设备、仪器仪表制造业	木、竹、藤工艺品制造业	建筑材料制造业	电力、燃气及水的生产和供应业	其他
人造板制造				木制品制造	竹、藤、棕、草制品制造								
小计	其中												
	胶合板制造	纤维板制造	刨花板制造										
1370422	**350228**	**503108**	**182077**	**362208**	**53331**	**239337**	**204592**	**95064**	**11159**	**18212**	**31158**	**69495**	**434696**
—	—	—	—	—	—	—	—	—	—	—	—	—	2462
—	—	—	—	—	—	—	—	—	—	—	—	—	—
42325	1200	23000	18125	42	—	26	3860	1421	—	—	320	—	7421
257	—	—	257	—	—	—	—	5	—	—	—	—	—
25675	—	12394	13225	6138	—	—	33118	898	—	—	1134	325	1847
25675	—	12394	13225	6138	—	—	33118	898	—	—	1134	325	1847
38537	11389	21084	—	10057	210	19067	1702	4	—	—	6750	—	13719
87879	11481	20590	52673	120945	886	5218	2858	12391	625	—	719	8267	18425
57635	4583	7329	45611	39825	—	321	2808	11194	—	—	—	98	8374
29129	898	4998	18077	32475	310	1805	95	—	1667	—	261	18021	3370
24207	—	4998	18077	342	—	1275	95	—	1667	—	—	17865	1092
1600	1600	—	—	11270	—	—	—	—	—	—	—	—	2300
418848	115410	6340	13929	37825	16546	103434	10000	—	400	1732	384	150	67559
4000	—	4000	—	7111	—	—	—	—	—	102	—	458	1004
65069	24551	32487	8031	5097	2840	840	—	251	—	—	2627	—	2672
124448	12110	104263	5976	12145	1288	—	—	8449	6790	—	—	125	13255
14842	5747	4512	2971	994	877	110	—	368	—	185	70	114	13972
124483	9759	99036	15688	4126	—	—	—	—	—	—	—	—	70678
11370	2816	1571	1261	2250	1841	5420	7150	—	—	325	60	148	6153
122993	67811	49043	1445	13065	11029	7522	20979	2161	357	7531	5422	—	8554
103547	68927	6260	18201	22973	11741	55051	12357	4221	720	3121	7005	8491	107783
9227	3035	4300	1191	3589	1179	6022	—	747	—	216	—	14632	10348
94429	3332	81718	4978	—	—	—	61900	53443	600	5000	1012	947	2228
—	—	—	—	—	—	175	190	76	—	—	—	654	6413
3271	3271	—	—	636	900	17984	—	500	—	—	—	665	5169
2391	1910	350	—	23452	902	2675	48010	680	—	—	2054	1277	11031
16404	—	4994	5515	3975	2599	4386	—	2500	—	—	1764	—	3760
9471	1800	7461	30	446	183	—	2373	3709	—	—	—	64	22747
—	—	—	—	—	—	—	—	—	—	—	—	—	1121
13322	—	13322	—	—	—	—	—	1623	—	—	—	—	3796
725	—	725	—	—	—	109	—	—	—	—	—	—	—
—	—	—	—	—	—	—	—	—	—	—	—	—	—
—	—	—	—	—	—	—	—	—	—	—	—	—	—
—	—	—	—	—	—	—	—	—	—	—	—	—	—
—	—	—	—	—	—	—	—	—	—	—	—	—	—
6180	3181	660	504	43597	—	9493	—	1617	—	—	1576	15157	26909

林业系统各地

（按现行

地区	总计	在总计中						采矿业	非木质林产品加工制造业		
		国有单位	集体单位	国有集体联营	股份合作	外商投资	港澳台投资			合计	锯材、木片加工
全国合计	**2796757**	**1066312**	**156027**	**32190**	**643587**	**69792**	**141991**	**72473**	**111400**	**1632205**	**262261**
北京	2452	2452	—	—	—	—	—	—	—	—	—
天津	—	—	—	—	—	—	—	—	—	—	—
河北	52724	2296	90	—	45085	—	2080	2945	370	41593	120
山西	110	110	—	—	—	—	—	—	—	105	—
内蒙古	70248	63649	3951	—	—	—	2648	—	—	32557	403
内蒙古集团	70248	63649	3951	—	—	—	2648	—	—	32557	403
辽宁	110007	45483	25597	522	20450	5557	528	4545	1088	63839	17379
吉林	296497	130853	3648	—	156452	—	—	8848	8210	230452	25178
吉林集团	123487	12533	—	—	110954	—	—	—	—	100578	5478
黑龙江	113215	50067	2367	—	1237	6799	234	14650	2379	72284	11800
龙江集团	45721	38620	584	—	—	5299	234	—	462	24712	531
上海	8350	—	—	—	—	—	—	—	—	8350	—
江苏	230947	18391	—	3990	14167	—	—	—	—	104109	3521
浙江	14682	3253	—	590	4000	—	—	180	681	12252	1219
安徽	86253	28902	553	3654	31425	21624	—	1433	780	79537	7706
福建	164207	46666	1159	202	19259	1260	6677	213	—	136257	589
江西	37394	11257	392	373	3279	2038	379	1528	1753	19923	3273
山东	196924	158924	—	—	—	—	38000	—	—	129590	—
河南	64062	1049	—	—	40376	—	—	2400	37	45524	32278
湖北	216760	53983	43650	6068	15334	2780	47290	155	7643	161746	16762
湖南	436382	90884	31454	9986	216890	28283	15940	21082	53776	183657	56511
广东	73506	38543	13072	—	2512	960	—	3729	50	39599	27081
广西	221536	183064	1267	—	2057	—	25757	3	—	98545	8303
海南	57154	8302	148	6805	10188	491	—	—	31049	18503	18503
重庆	22475	51	—	—	—	—	2447	—	—	4407	1500
四川	90210	8541	6469	—	36478	—	—	854	—	27240	1907
贵州	46873	18834	6703	—	21336	—	—	160	3481	30756	7387
云南	40712	30629	1871	—	3062	—	11	99	103	13377	1893
西藏	2071	302	—	—	—	—	—	—	—	1156	1156
陕西	18370	18370	—	—	—	—	—	—	—	12787	—
甘肃	885	885	—	—	—	—	—	—	—	782	—
青海	—	—	—	—	—	—	—	—	—	—	—
宁夏	—	—	—	—	—	—	—	—	—	—	—
新疆	—	—	—	—	—	—	—	—	—	—	—
新疆兵团	—	—	—	—	—	—	—	—	—	—	—
大兴安岭	121751	50572	13636	—	—	—	—	9649	—	63278	17792

区工业销售产值

价格计算） **单位：万元**

按主要行业分													
木材加工及木、竹、藤、棕、草制品业						木质、竹、藤家具制造	木、竹浆造纸及纸制品业	林产化学产品制造业	专用设备、仪器仪表制造业	木、竹、藤工艺品制造业	建筑材料制造业	电力、燃气及水的生产和供应业	其他
人造板制造				木制品制造	竹、藤、棕、草制品制造								
小计	其中												
	胶合板制造	纤维板制造	刨花板制造										
1024366	**224364**	**494516**	**165715**	**310882**	**34696**	**131153**	**189694**	**91034**	**10386**	**16459**	**29731**	**67137**	**445085**
—	—	—	—	—	—	—	—	—	—	—	—	—	2452
—	—	—	—	—	—	—	—	—	—	—	—	—	—
41435	1140	22600	17695	38	—	24	3650	1421	—	—	320	—	2401
105	—	—	105	—	—	—	—	5	—	—	—	—	—
25846	—	12859	12922	6308	—	—	33027	1268	—	—	1213	325	1858
25846	—	12859	12922	6308	—	—	33027	1268	—	—	1213	325	1858
36887	11162	19930	—	9363	210	18424	1702	4	—	—	6750	—	13655
85689	11292	18886	52428	118719	866	5528	2861	12463	625	—	676	8199	18635
55640	4574	5878	45082	39460	—	335	2811	11276	—	—	—	98	8389
28525	742	5445	16936	31649	310	1941	120	—	1206	—	200	16874	3561
23839	—	5445	16936	342	—	1411	120	—	1206	—	—	16718	1092
850	850	—	—	7500	—	—	—	—	—	—	—	—	—
98617	1120	—	3076	1245	726	9580	—	—	380	712	364	130	115672
4000	—	4000	—	7033	—	—	—	—	—	102	—	441	1026
65042	24066	33176	7800	3949	2840	760	—	251	—	—	2499	—	993
122970	12020	102534	6170	11363	1335	—	—	7805	6666	—	—	125	13141
14718	7993	2877	2586	1096	836	110	—	348	—	150	70	47	13465
121809	9057	98096	14656	7781	—	—	—	—	—	—	—	—	67334
9698	2860	1180	936	2138	1410	4618	6495	—	—	170	60	122	4636
122499	66031	55998	470	10976	11509	3890	20675	973	310	7531	5422	—	8415
95478	61784	6105	18041	21290	10378	50345	11472	4188	510	2621	6313	8479	93939
9060	2868	4300	1191	2280	1178	6022	—	747	—	173	—	14342	8844
90242	3246	77699	4629	—	—	—	60570	52597	689	5000	952	936	2244
—	—	—	—	—	—	175	284	76	—	—	—	654	6413
2447	2447	—	—	109	351	17405	—	—	—	—	—	201	462
1856	1458	280	—	23457	20	568	46597	612	—	—	2040	1277	11022
16762	—	5257	5610	4063	2544	4386	—	2575	—	—	1764	—	3751
10826	1667	9033	30	475	183	—	2241	3115	—	—	—	64	21713
—	—	—	—	—	—	—	—	—	—	—	—	—	915
12787	—	12787	—	—	—	—	—	1738	—	—	—	—	3845
782	—	782	—	—	—	103	—	—	—	—	—	—	—
—	—	—	—	—	—	—	—	—	—	—	—	—	—
—	—	—	—	—	—	—	—	—	—	—	—	—	—
—	—	—	—	—	—	—	—	—	—	—	—	—	—
—	—	—	—	—	—	—	—	—	—	—	—	—	—
5436	2561	692	434	40050	—	7274	—	848	—	—	1088	14921	24693

林业系统独立核算工业企业增加值

（按生产法、现行价格计算）

单位：万元

指　　标	总　计	其中：国有企业	在总计中		
			木材加工企业	林产化学企业	专用设备、仪器仪表制造企业
工业总产出	**1529715**	**629305**	**979382**	**91125**	**19881**
1. 生产成品价值	1454331	621123	947012	90770	17918
2. 对外加工费收入	67833	6656	26915	—	1692
3. 在产品、自制半成品期末期初差额价值	7551	1526	5455	355	271
工业中间投入	**1185302**	**499025**	**773592**	**79499**	**17483**
1. 直接材料费	874819	363027	573669	69921	13833
2. 制造费用中的中间投入	117508	60997	87501	1520	997
3. 管理费用中的中间投入	80762	31950	50615	4128	1016
4. 销售费用中的中间投入	80752	25273	39883	2414	1193
5. 财务费用	31461	17778	21924	1516	444
本年应交增值税	**57004**	**25536**	**38225**	**3369**	**635**
工业增加值	**401417**	**155816**	**244015**	**14995**	**3033**

林业系统各地区独立核算工业企业增加值

（按生产法、现行价格计算）　　单位：万元

地　区	工业总产出				工业中间投入						本年应交增值税	工业增加值
	合计	生产成品价值	对外加工费收入	在产品、自制半成品期末期初差额价值	合计	直接材料费	制造费用中的中间投入	管理费用中的中间投入	销售费用中的中间投入	财务费用		
全国合计	**1529715**	**1454331**	**67833**	**7551**	**1185302**	**874819**	**117508**	**80762**	**80752**	**31461**	**57004**	**401417**
北　京	2462	95	2359	8	847	513	24	324	24	-38	136	1751
天　津	—	—	—	—	—	—	—	—	—	—	—	—
河　北	50688	42337	4520	3831	41959	34335	5765	781	827	251	1016	9745
山　西	262	262	—	—	539	147	141	131	33	87	2	-275
内蒙古	69535	69535	—	—	52503	43543	3002	2878	2828	252	5333	22365
内蒙古集团	69535	69535	—	—	52503	43543	3002	2878	2828	252	5333	22365
辽　宁	—	—	—	—	—	—	—	—	—	—	—	—
吉　林	226003	224692	880	431	171521	98533	26025	9242	34511	3210	6403	60885
吉林集团	125611	124333	847	431	97359	77589	4426	5557	8208	1579	5174	33426
黑龙江	51957	51048	934	-25	39737	31560	2035	2274	2636	1232	1552	13772
龙江集团	47546	46637	934	-25	35730	29009	1238	1783	2576	1124	1356	13172
上　海	—	—	—	—	—	—	—	—	—	—	—	—
江　苏	57352	4052	53000	300	52778	41960	389	4973	5215	241	948	5522
浙　江	619	619	—	—	551	422	69	21	39	—	17	85
安　徽	46114	46099	—	15	41688	33229	3726	1262	2101	1370	2362	6788
福　建	145987	144973	792	222	122724	105633	4030	6291	5242	1528	7738	31001
江　西	31618	31321	263	34	22612	16650	2953	1900	819	290	1409	10415
山　东	199287	198279	576	432	162963	130060	19826	2797	5441	4839	2833	39157
河　南	45388	44471	514	403	31357	18841	10338	1432	578	168	1794	15825
湖　北	84723	84061	506	156	74694	53161	8891	4640	6553	1449	4875	14904
湖　南	104588	102459	1054	1075	83771	60287	4067	14377	3158	1882	3226	24043
广　东	—	—	—	—	—	—	—	—	—	—	—	—
广　西	164078	163834	41	203	128489	107765	7165	3699	3106	6754	6169	41758
海　南	30401	29800	601	—	1270	532	10	381	113	234	482	29613
重　庆	2471	2471	—	—	1929	1334	68	235	245	47	99	641
四　川	10970	10896	74	—	9409	6747	1675	542	124	321	547	2108
贵　州	17475	16006	1202	267	14161	9394	1868	1187	830	882	825	4139
云　南	33095	32927	168	—	26769	22273	1064	1777	924	731	1591	7917
西　藏	2277	2277	—	—	2087	682	438	956	9	2	706	896
陕　西	17227	16679	349	199	12672	9402	549	1250	380	1091	857	5412
甘　肃	834	834	—	—	1089	819	21	93	9	147	28	-227
青　海	—	—	—	—	—	—	—	—	—	—	—	—
宁　夏	—	—	—	—	—	—	—	—	—	—	—	—
新　疆	—	—	—	—	—	—	—	—	—	—	—	—
新疆兵团	—	—	—	—	—	—	—	—	—	—	—	—
大兴安岭	134304	134304	—	—	87183	46997	13369	17319	5007	4491	6056	53177

林业系统各地区国有独立核算工业企业增加值

（按生产法、现行价格计算）

单位：万元

地区	工业总产出				工业中间投入						本年应交增值税	工业增加值
	合计	生产成品价值	对外加工费收入	在产品、自制半成品期末期初差额价值	合计	直接材料费	制造费用中的中间投入	管理费用中的中间投入	销售费用中的中间投入	财务费用		
全国合计	**629305**	**621123**	**6656**	**1526**	**499025**	**363027**	**60997**	**31950**	**25273**	**17778**	**25536**	**155816**
北京	2462	95	2359	8	847	513	24	324	24	-38	136	1751
天津	—	—	—	—	—	—	—	—	—	—	—	—
河北	1883	1867	—	16	1599	1297	124	71	82	25	88	372
山西	262	262	—	—	539	147	141	131	33	87	2	-275
内蒙古	63114	63114	—	—	48871	41221	2766	2410	2481	-7	5170	19413
内蒙古集团	63114	63114	—	—	48871	41221	2766	2410	2481	-7	5170	19413
辽宁	—	—	—	—	—	—	—	—	—	—	—	—
吉林	80057	80024	33	—	60745	24870	22809	5109	6025	1932	1782	21094
吉林集团	12488	12488	—	—	11018	6458	1210	1511	1538	301	553	2023
黑龙江	41824	40946	903	-25	31051	24346	1512	1681	2319	1193	1152	11925
龙江集团	40379	39501	903	-25	29822	23891	1048	1466	2316	1101	1054	11611
上海	—	—	—	—	—	—	—	—	—	—	—	—
江苏	552	552	—	—	478	400	39	23	15	1	48	122
浙江	—	—	—	—	—	—	—	—	—	—	—	—
安徽	14696	14696	—	—	13079	10709	1010	384	587	389	692	2309
福建	31766	31215	551	—	31215	25236	348	3436	1602	593	1736	2287
江西	6804	6521	263	20	5160	2882	764	1059	426	29	206	1850
山东	158287	157279	576	432	131922	107010	13921	2296	4821	3874	1808	28173
河南	—	—	—	—	—	—	—	—	—	—	—	—
湖北	2113	1467	501	145	1620	897	228	232	263	—	108	601
湖南	32511	30952	836	723	30638	21601	3143	3764	1770	360	1328	3201
广东	—	—	—	—	—	—	—	—	—	—	—	—
广西	102051	102002	41	8	74786	58654	6003	2541	1983	5605	4275	31540
海南	684	684	—	—	290	80	10	142	58	—	32	426
重庆	—	—	—	—	—	—	—	—	—	—	—	—
四川	7272	7198	74	—	6346	5029	714	300	93	210	185	1111
贵州	10798	10796	2	—	9822	7062	1073	449	415	823	729	1705
云南	5735	5567	168	—	5023	3855	274	457	186	251	396	1108
西藏	2277	2277	—	—	2087	682	438	956	9	2	706	896
陕西	4227	3679	349	199	3285	2137	406	432	202	108	349	1291
甘肃	834	834	—	—	1089	819	21	93	9	147	28	-227
青海	—	—	—	—	—	—	—	—	—	—	—	—
宁夏	—	—	—	—	—	—	—	—	—	—	—	—
新疆	—	—	—	—	—	—	—	—	—	—	—	—
新疆兵团	—	—	—	—	—	—	—	—	—	—	—	—
大兴安岭	59096	59096	—	—	38533	23580	5229	5660	1870	2194	4580	25143

林业系统各地区独立核算木材加工企业增加值

（按生产法、现行价格计算）　　　　单位：万元

地区	工业总产出				工业中间投入						本年应交增值税	工业增加值
	合计	生产成品价值	对外加工费收入	在产品、自制半成品期末期初差额价值	合计	直接材料费	制造费用中的中间投入	管理费用中的中间投入	销售费用中的中间投入	财务费用		
全国合计	**979382**	**947012**	**26915**	**5455**	**773592**	**573669**	**87501**	**50615**	**39883**	**21924**	**38225**	**244015**
北京	—	—	—	—	—	—	—	—	—	—	—	—
天津	—	—	—	—	—	—	—	—	—	—	—	—
河北	42452	34496	4500	3456	35278	29709	4969	251	348	1	678	7852
山西	257	257	—	—	523	142	141	120	33	87	2	-264
内蒙古	32838	32838	—	—	23985	19481	1194	1437	1671	202	2024	10877
内蒙古集团	32838	32838	—	—	23985	19481	1194	1437	1671	202	2024	10877
辽宁	—	—	—	—	—	—	—	—	—	—	—	—
吉林	149140	147862	847	431	106982	66528	23372	6546	8090	2446	5163	47321
吉林集团	100279	99001	847	431	71926	56785	3337	5000	5526	1278	3959	32312
黑龙江	23143	22645	523	-25	20519	14331	1331	1469	2287	1101	1015	3639
龙江集团	22011	21513	523	-25	19421	13752	950	1331	2287	1101	993	3583
上海	—	—	—	—	—	—	—	—	—	—	—	—
江苏	17352	552	16800	—	16278	14000	39	1623	615	1	88	1162
浙江	619	619	—	—	551	422	69	21	39	—	17	85
安徽	43123	43108	—	15	38997	30813	3622	1118	2074	1370	2223	6349
福建	134716	134147	379	190	112922	97188	3592	5773	4919	1450	7546	29340
江西	15962	15932	—	30	11762	8854	1612	823	307	166	765	4965
山东	128609	127628	549	432	111117	91402	9787	2125	4231	3572	1588	19080
河南	43388	42631	514	243	29494	18441	10083	435	374	161	1747	15641
湖北	82725	82649	20	56	73170	52331	8678	4414	6298	1449	4764	14319
湖南	44807	43659	796	352	36615	26935	2886	4367	1869	558	1760	9952
广东	—	—	—	—	—	—	—	—	—	—	—	—
广西	78172	78163	1	8	56630	46659	3297	1856	1331	3487	3341	24883
海南	939	338	601	—	177	—	—	174	3	—	19	781
重庆	2471	2471	—	—	1929	1334	68	235	245	47	99	641
四川	208	193	15	—	224	161	26	28	9	—	19	3
贵州	16241	14772	1202	267	13072	8407	1837	1133	824	871	769	3938
云南	12484	12316	168	—	10278	7872	741	936	305	424	736	2942
西藏	2277	2277	—	—	2087	682	438	956	9	2	706	896
陕西	13322	13322	—	—	9674	7468	181	843	178	1004	539	4187
甘肃	834	834	—	—	1089	819	21	93	9	147	28	-227
青海	—	—	—	—	—	—	—	—	—	—	—	—
宁夏	—	—	—	—	—	—	—	—	—	—	—	—
新疆	—	—	—	—	—	—	—	—	—	—	—	—
新疆兵团	—	—	—	—	—	—	—	—	—	—	—	—
大兴安岭	93303	93303	—	—	60239	29690	9517	13839	3815	3378	2589	35653

林业系统各地区独立核算林产化学企业增加值

（按生产法、现行价格计算）

单位：万元

地区	工业总产出				工业中间投入						本年应交增值税	工业增加值
	合计	生产成品价值	对外加工费收入	在产品、自制半成品期末期初差额价值	合计	直接材料费	制造费用中的中间投入	管理费用中的中间投入	销售费用中的中间投入	财务费用		
全国合计	**91125**	**90770**	**—**	**355**	**79499**	**69921**	**1520**	**4128**	**2414**	**1516**	**3369**	**14995**
北京	—	—	—	—	—	—	—	—	—	—	—	—
天津	—	—	—	—	—	—	—	—	—	—	—	—
河北	1421	1421	—	—	1225	1032	107	45	21	20	60	256
山西	5	5	—	—	16	5	—	11	—	—	—	-11
内蒙古	2362	2362	—	—	2146	1694	56	363	27	6	209	425
内蒙古集团	2362	2362	—	—	2146	1694	56	363	27	6	209	425
辽宁	—	—	—	—	—	—	—	—	—	—	—	—
吉林	11194	11194	—	—	10088	9543	180	1	364	—	431	1537
吉林集团	11194	11194	—	—	10088	9543	180	1	364	—	431	1537
黑龙江	4998	4998	—	—	4482	3913	102	198	246	23	302	818
龙江集团	4998	4998	—	—	4482	3913	102	198	246	23	302	818
上海	—	—	—	—	—	—	—	—	—	—	—	—
江苏	—	—	—	—	—	—	—	—	—	—	—	—
浙江	—	—	—	—	—	—	—	—	—	—	—	—
安徽	—	—	—	—	—	—	—	—	—	—	—	—
福建	1513	1513	—	—	1395	1302	9	33	43	8	57	175
江西	575	575	—	—	114	54	10	30	5	15	12	473
山东	—	—	—	—	—	—	—	—	—	—	—	—
河南	2000	1840	—	160	1863	400	255	997	204	7	47	184
湖北	35	35	—	—	31	30	—	1	—	—	3	7
湖南	6202	6202	—	—	5160	3636	82	1096	119	227	115	1157
广东	—	—	—	—	—	—	—	—	—	—	—	—
广西	52278	52083	—	195	46039	42803	420	770	899	1147	1718	7957
海南	266	266	—	—	163	80	10	55	18	—	32	135
重庆	—	—	—	—	—	—	—	—	—	—	—	—
四川	190	190	—	—	126	50	6	58	11	1	20	84
贵州	1234	1234	—	—	1089	987	31	54	6	11	56	201
云南	5229	5229	—	—	4019	3334	108	232	311	34	236	1446
西藏	—	—	—	—	—	—	—	—	—	—	—	—
陕西	1623	1623	—	—	1543	1058	144	184	140	17	71	151
甘肃	—	—	—	—	—	—	—	—	—	—	—	—
青海	—	—	—	—	—	—	—	—	—	—	—	—
宁夏	—	—	—	—	—	—	—	—	—	—	—	—
新疆	—	—	—	—	—	—	—	—	—	—	—	—
新疆兵团	—	—	—	—	—	—	—	—	—	—	—	—
大兴安岭	—	—	—	—	—	—	—	—	—	—	—	—

林业系统各地区独立核算专用设备、仪器仪表制造企业增加值

（按生产法、现行价格计算） 单位：万元

地区	工业总产出				工业中间投入						本年应交增值税	工业增加值
	合计	生产成品价值	对外加工费收入	在产品、自制半成品期末期初差额价值	合计	直接材料费	制造费用中的中间投入	管理费用中的中间投入	销售费用中的中间投入	财务费用		
全国合计	**19881**	**17918**	**1692**	**271**	**17483**	**13833**	**997**	**1016**	**1193**	**444**	**635**	**3033**
北京	—	—	—	—	—	—	—	—	—	—	—	—
天津	—	—	—	—	—	—	—	—	—	—	—	—
河北	—	—	—	—	—	—	—	—	—	—	—	—
山西	—	—	—	—	—	—	—	—	—	—	—	—
内蒙古	—	—	—	—	—	—	—	—	—	—	—	—
内蒙古集团	—	—	—	—	—	—	—	—	—	—	—	—
辽宁	—	—	—	—	—	—	—	—	—	—	—	—
吉林	7609	7576	33	—	7370	5970	307	252	815	26	205	444
吉林集团	5764	5764	—	—	5931	5048	23	80	780	—	195	28
黑龙江	1727	1316	411	—	1596	1144	182	227	43	—	54	185
龙江集团	1727	1316	411	—	1596	1144	182	227	43	—	54	185
上海	—	—	—	—	—	—	—	—	—	—	—	—
江苏	400	300	60	40	159	97	30	12	10	10	40	281
浙江	—	—	—	—	—	—	—	—	—	—	—	—
安徽	—	—	—	—	—	—	—	—	—	—	—	—
福建	6790	6345	413	32	6033	5300	224	204	241	64	37	794
江西	—	—	—	—	—	—	—	—	—	—	—	—
山东	—	—	—	—	—	—	—	—	—	—	—	—
河南	—	—	—	—	—	—	—	—	—	—	—	—
湖北	386	—	386	—	231	170	24	35	2	—	14	169
湖南	—	—	—	—	—	—	—	—	—	—	—	—
广东	—	—	—	—	—	—	—	—	—	—	—	—
广西	600	560	40	—	553	204	6	60	20	263	33	80
海南	—	—	—	—	—	—	—	—	—	—	—	—
重庆	—	—	—	—	—	—	—	—	—	—	—	—
四川	87	87	—	—	86	72	—	3	—	11	5	6
贵州	—	—	—	—	—	—	—	—	—	—	—	—
云南	—	—	—	—	—	—	—	—	—	—	—	—
西藏	—	—	—	—	—	—	—	—	—	—	—	—
陕西	2282	1734	349	199	1455	876	224	223	62	70	247	1074
甘肃	—	—	—	—	—	—	—	—	—	—	—	—
青海	—	—	—	—	—	—	—	—	—	—	—	—
宁夏	—	—	—	—	—	—	—	—	—	—	—	—
新疆	—	—	—	—	—	—	—	—	—	—	—	—
新疆兵团	—	—	—	—	—	—	—	—	—	—	—	—
大兴安岭	—	—	—	—	—	—	—	—	—	—	—	—

全国主要木材、竹材产品产量

单位:万立方米、万根、万吨

产　品　名　称	全部产量
木材及竹材采伐产品	
一、木材	**5560.31**
其中:热带木材	303.60
(一)原木	5022.87
其中:针叶原木	2073.14
1. 直接用原木	1628.37
2. 特级原木	83.35
3. 等内加工原木	1380.91
其中:针叶原木	772.31
4. 造纸用原木	223.36
5. 胶合板材	330.77
6. 杉原条	515.46
7. 其他原木	860.65
(二)薪材	537.45
二、竹材产品	
(一)竹材	115173.85
1. 毛竹	72264.24
2. 篙竹	42909.61
(二)小杂竹	2401.44
补充资料	
1. 按生产单位分的全部木材产量和竹材产量	
(1)系统内各种经济类型单位生产的木材	1361.89
(2)系统内国有林场、事业单位生产的木材	1027.89
(3)系统外企、事业单位采伐自营林地的木材	170.25
(4)乡(镇)集体企业及单位生产的木材	323.89
(5)村及村以下各级组织和农民个人生产的木材	2676.39
(6)村及村以下各级组织和农民个人生产的竹材产量	90569.79
2. 农民自用材采伐量	855.81
3. 农民烧材采伐量	1571.76

各地区主要木材、竹材产品产量(一)

单位:万立方米

地区	木材及竹材采伐产品												
	木材												
	总计	其中:热带木材	原木										薪材
			合计	其中:针叶原木	直接用原木	特级原木	等内加工原木		造纸用原木	胶合板材	杉原条	其他原木	
							小计	其中:针叶原木					
全国合计	**5560.31**	**303.60**	**5022.87**	**2073.14**	**1628.37**	**83.35**	**1380.91**	**772.31**	**223.36**	**330.77**	**515.46**	**860.65**	**537.45**
北京	3.19	—	3.19	—	3.07	—	—	—	—	—	—	0.11	—
天津	—	—	—	—	—	—	—	—	—	—	—	—	—
河北	51.42	—	46.00	12.50	28.06	0.05	1.86	0.05	0.02	1.12	—	14.88	5.42
山西	4.79	—	4.53	0.14	4.28	—	—	—	—	—	—	0.25	0.26
内蒙古	340.97	—	328.34	209.04	113.08	11.90	84.95	55.46	15.41	0.28	—	102.73	12.63
内蒙古集团	244.82	—	235.90	200.51	39.27	11.90	78.16	54.01	15.41	0.28	—	90.88	8.92
辽宁	147.07	—	140.18	56.59	106.12	0.06	26.03	13.52	0.32	0.65	0.20	6.80	6.89
吉林	422.08	—	416.19	109.63	140.91	37.39	172.85	55.19	0.23	19.93	3.04	41.84	5.89
吉林集团	90.75	—	89.01	23.82	6.46	13.60	48.33	5.88	—	7.22	3.04	10.35	1.74
黑龙江	495.73	—	475.41	149.99	133.61	12.59	236.07	91.91	10.33	31.12	—	51.68	20.33
龙江集团	401.06	—	385.08	90.10	67.47	12.54	215.42	91.91	6.84	31.12	—	51.68	15.98
上海	—	—	—	—	—	—	—	—	—	—	—	—	—
江苏	57.90	—	54.78	2.30	23.57	0.67	7.88	1.48	0.13	15.36	1.31	5.87	3.12
浙江	175.27	—	166.78	103.41	22.94	0.46	61.24	48.98	—	5.58	58.79	17.77	8.50
安徽	327.51	2.05	266.49	71.68	104.31	0.07	19.45	8.27	1.13	45.48	53.83	42.22	61.02
福建	627.88	—	560.73	516.06	198.93	0.34	98.45	78.16	14.13	35.11	1.39	212.37	67.15
江西	503.17	—	396.48	166.23	101.02	0.18	108.02	75.06	1.46	15.74	122.09	47.97	106.69
山东	72.08	—	62.21	—	16.78	—	33.55	—	0.36	11.52	—	—	9.87
河南	63.98	0.08	62.65	1.71	42.73	0.98	1.03	0.08	1.03	5.64	0.70	10.53	1.33
湖北	160.00	—	128.56	24.36	43.62	0.05	8.35	4.63	7.22	16.84	8.23	44.26	31.44
湖南	488.45	—	449.97	137.15	58.37	6.28	70.05	51.86	25.05	86.84	160.63	42.76	38.48
广东	362.15	84.71	323.97	106.91	129.03	1.31	68.07	43.63	50.94	16.12	15.86	42.65	38.18
广西	503.26	129.09	486.20	194.91	142.08	—	98.31	76.16	58.76	11.35	71.62	104.08	17.06
海南	70.04	70.04	54.13	5.13	19.77	—	11.64	0.07	14.78	3.58	—	4.35	15.91
重庆	1.77	—	1.72	0.28	1.53	—	—	—	—	—	—	0.18	0.05
四川	85.66	—	67.99	15.62	35.56	0.30	3.07	2.44	3.20	4.14	5.57	16.15	17.67
贵州	55.01	—	53.52	27.87	26.93	0.09	18.96	8.72	0.05	0.05	0.33	7.10	1.49
云南	222.41	17.18	189.65	110.86	43.11	—	90.27	63.42	11.66	2.78	11.88	29.95	32.76
西藏	30.62	—	10.45	—	0.21	2.81	7.03	—	—	—	—	0.39	20.17
陕西	24.73	0.39	9.96	0.79	4.11	—	0.20	—	—	—	—	5.65	14.77
甘肃	3.88	—	3.59	1.33	1.86	—	—	—	—	—	—	1.73	0.29
青海	2.12	—	2.02	—	1.72	—	—	—	—	—	—	0.30	0.10
宁夏	—	—	—	—	—	—	—	—	—	—	—	—	—
新疆	33.69	0.07	33.69	—	25.60	0.24	0.48	—	—	1.52	—	5.85	—
新疆兵团	4.43	0.07	4.43	—	1.24	—	—	—	—	—	—	3.19	—
大兴安岭	223.49	—	223.49	48.62	55.45	7.58	153.10	93.25	7.16	—	—	0.21	—

各地区主要木材、竹材产品产量(二)

单位:万立方米

地区	木材及竹材采伐产品				补充资料							
	竹材				按生产单位分的全部木材产量和竹材产量						农民自用材采伐量	农民烧材采伐量
	竹材(万根)			小杂竹(万吨)	系统内各种经济类型单位生产的木材	系统内国有林场、事业单位生产的木材	系统外企、事业单位采伐自营林地的木材	乡(镇)集体企业及单位生产的木材	村及村以下各级组织和农民个人生产的木材	村及村以下各级组织和农民个人生产的竹材产量(万根)		
	合计	毛竹	篙竹									
全国合计	**115173.85**	**72264.24**	**42909.61**	**2401.44**	**1361.89**	**1027.89**	**170.25**	**323.89**	**2676.39**	**90569.79**	**855.81**	**1571.76**
北京	—	—	—	—	—	0.02	0.12	0.26	2.78	—	15.45	0.02
天津	—	—	—	—	—	—	—	—	—	—	—	—
河北	—	—	—	—	0.03	16.45	0.73	0.58	33.63	—	11.22	3.38
山西	—	—	—	—	—	1.49	—	0.04	3.25	—	0.71	0.20
内蒙古	—	—	—	—	250.64	52.18	0.14	0.76	37.25	—	8.64	2.08
内蒙古集团	—	—	—	—	244.82	—	—	—	—	—	—	—
辽宁	—	—	—	—	0.03	48.83	0.60	11.39	86.22	—	9.90	14.47
吉林	—	—	—	—	94.72	247.92	0.54	10.08	68.82	—	11.02	1.41
吉林集团	—	—	—	—	—	90.75	—	—	—	—	—	—
黑龙江	—	—	—	—	463.13	—	11.31	—	21.29	—	—	—
龙江集团	—	—	—	—	401.06	—	—	—	—	—	—	—
上海	—	—	—	—	—	—	—	—	—	—	—	—
江苏	555.34	546.41	8.93	1.14	4.13	3.91	6.54	5.15	38.17	485.93	4.73	1.32
浙江	11706.08	10838.93	867.15	20.31	0.47	19.00	1.13	8.36	146.31	10458.04	57.13	53.45
安徽	6314.97	5656.73	658.24	96.08	17.36	29.26	0.55	20.54	259.80	3928.73	88.06	55.31
福建	25847.00	15675.00	10172.00	36.51	116.29	82.32	14.16	25.87	389.25	23224.00	54.55	179.12
江西	6043.19	5299.23	743.96	31.28	51.48	81.46	23.15	54.45	292.62	3265.24	32.49	142.87
山东	—	—	—	—	—	1.41	2.04	1.09	67.53	—	16.98	9.39
河南	903.81	684.90	218.92	3.64	0.93	3.32	1.33	2.46	55.94	506.50	93.71	28.17
湖北	3015.68	1920.53	1095.15	88.72	4.14	23.54	16.76	11.92	103.64	1904.14	32.95	45.73
湖南	10889.56	9501.00	1388.56	145.48	41.30	59.18	28.97	56.13	302.88	7738.09	98.81	104.71
广东	11179.55	2669.19	8510.35	425.85	9.74	101.48	25.13	26.81	198.98	9003.53	3.92	18.79
广西	19638.64	5743.21	13895.43	36.22	11.18	169.02	9.22	30.15	283.69	17188.21	7.06	40.30
海南	994.18	720.95	273.23	747.10	13.03	11.51	11.38	4.51	29.61	628.48	1.54	11.89
重庆	153.36	153.17	0.19	46.14	0.02	0.58	0.54	0.12	0.52	22.80	17.67	21.69
四川	2032.44	1556.84	475.60	505.88	2.16	13.98	0.64	4.77	64.11	1509.93	55.90	173.56
贵州	310.48	310.48	—	17.30	2.25	17.12	0.66	5.54	29.44	47.85	41.95	28.82
云南	14159.54	9565.10	4594.43	198.00	24.24	41.14	13.48	41.35	102.20	10631.06	114.97	525.70
西藏	—	—	—	0.03	30.41	0.21	—	—	—	—	17.00	85.00
陕西	1430.03	1422.56	7.47	1.76	0.38	0.78	—	0.23	23.34	27.27	15.09	20.73
甘肃	—	—	—	—	—	1.64	0.03	—	2.21	—	1.66	0.50
青海	—	—	—	—	—	0.01	—	—	2.12	—	0.85	0.10
宁夏	—	—	—	—	—	—	—	—	—	—	—	—
新疆	—	—	—	—	0.34	0.13	1.10	1.31	30.80	—	41.84	3.04
新疆兵团	—	—	—	—	0.34	0.03	1.06	0.28	2.72	—	—	—
大兴安岭	—	—	—	—	223.49	—	—	—	—	—	—	—

全国森林工业主要产品产量

产品名称	单位	全部产量	其中:林业系统
木材加工及竹、藤、棕、草制品			
一、锯材	万立方米	1790.29	216.18
其中:热带锯材产量	万立方米	57.31	4.30
二、木片	万实积立方米	1217.68	281.21
其中:热带材木片	万实积立方米	136.31	40.62
三、人造板	万立方米	6392.89	632.15
其中:热带材人造板	万立方米	152.28	20.64
(一)胶合板	万立方米	2514.97	55.89
1. 普通胶合板	万立方米	2194.25	47.45
其中:阔叶胶合板	万立方米	846.88	8.32
2. 特种胶合板	万立方米	86.72	1.08
3. 竹胶合板	万立方米	167.32	6.49
4. 单板层积材	万立方米	66.67	0.87
(二)纤维板	万立方米	2060.56	406.64
1. 木质纤维板	万立方米	2048.85	406.64
(1)硬质纤维板	万立方米	112.10	15.25
(2)中密度纤维板	万立方米	1854.14	385.40
(3)软质纤维板	万立方米	82.62	6.00
2. 非木质纤维板	万立方米	11.71	—
(三)刨花板	万立方米	576.08	130.45
1. 普通刨花板	万立方米	559.31	129.59
2. 水泥刨花板	万立方米	2.27	0.22
3. 定向刨花板	万立方米	14.20	0.50
4. 竹刨花板	万立方米	0.31	0.14
(四)其他人造板	万立方米	1241.28	39.16
其中:细木工板	万立方米	981.67	30.79
四、胶合木	万立方米	74.05	6.59
其中:集成材	万立方米	26.70	4.73
重组木	万立方米	4.62	0.31
指接材	万立方米	32.84	0.85
五、木地板	万平方米	17322.79	2363.23
其中:热带材木地板	万平方米	2592.38	2.49
实木地板	万平方米	7743.72	1316.08
实木复合地板	万平方米	1278.24	498.62
强化木地板	万平方米	5126.25	494.83
竹木复合地板	万平方米	1565.94	—
六、卫生筷子	标准箱	11073984	4372036
其中:木卫生筷子	标准箱	5760319	4142308
七、人造板表面装饰板	万平方米	27014.11	930.38
八、热固性树脂装饰层压板	万平方米	1.35	—
九、单板	万平方米	291171.58	1207.26
其中:1. 刨切单板	万平方米	12795.16	374.66
2. 微薄木	万平方米	516.32	316.32
3. 旋切单板	万平方米	273614.13	516.12
林产化学产品			
一、松香类产品	吨	671571	134946
1. 松香	吨	606594	102129
2. 松香深加工产品	吨	64977	32817
二、松节油类产品	吨	98440	15213
1. 松节油	吨	65272	12918
2. 松节油深加工产品	吨	33168	2295
三、樟脑	吨	6734	—
其中:合成樟脑	吨	5088	—
四、冰片	吨	568	1
其中:合成冰片	吨	187	—
五、栲胶类产品	吨	7805	5758
1. 栲胶	吨	7668	5621
2. 栲胶深加工产品	吨	137	137
六、紫胶类产品	吨	1318	53
1. 紫胶	吨	779	53
2. 紫胶深加工产品	吨	539	—
七、木材热解产品			
其中:木炭	吨	145220	15942
活性炭	吨	141612	2420
八、软木制品			
其中:软木砖	立方米	7382	1333
软木纸	立方米	4296	4041

各地区主要森林

地区	木材加工及竹、									
	锯材		木片		人造					
							胶合板			
	合计	其中：热带锯材产量	合计	其中：热带材木片	总计	其中：热带材人造板	合计	普通胶合板 小计	普通胶合板 其中：阔叶胶合板	特种胶合板
全国合计	**1790.29**	**57.31**	**1217.68**	**136.31**	**6392.89**	**152.28**	**2514.97**	**2194.25**	**846.88**	**86.72**
北京	—	—	—	—	—	—	—	—	—	—
天津	—	—	—	—	—	—	—	—	—	—
河北	99.82	—	21.35	—	902.04	—	408.90	408.63	35.58	0.01
山西	1.25	—	—	—	0.22	—	0.03	0.03	—	—
内蒙古	85.01	1.88	314.45	—	48.68	—	5.08	4.94	1.51	0.03
内蒙古集团	1.74	—	5.85	—	26.31	—	0.10	0.10	0.10	—
辽宁	60.04	—	7.70	—	84.08	—	13.89	13.89	1.20	—
吉林	114.43	—	17.95	—	114.49	—	27.90	24.07	3.72	0.08
吉林集团	6.69	—	7.17	—	40.13	—	1.83	1.65	0.14	—
黑龙江	58.12	—	45.26	0.30	71.44	—	5.70	5.50	1.52	—
龙江集团	54.30	—	45.26	0.30	71.01	—	5.48	5.28	1.52	—
上海	—	—	—	—	—	—	—	—	—	—
江苏	70.92	—	21.29	—	1144.57	—	555.67	501.10	390.97	41.20
浙江	279.73	16.62	58.96	20.52	505.78	49.80	288.14	231.62	7.92	3.29
安徽	43.69	—	17.20	—	255.72	—	87.99	78.28	24.05	—
福建	117.93	—	60.24	—	358.65	—	128.33	111.02	0.36	—
江西	79.06	—	27.44	—	172.60	—	40.94	22.41	0.89	0.55
山东	228.06	—	90.42	—	1209.72	—	460.65	431.36	345.09	2.90
河南	68.98	—	49.31	—	212.11	—	87.23	58.50	6.90	21.22
湖北	27.21	0.10	17.10	—	146.56	1.00	18.57	17.66	0.33	0.62
湖南	160.51	—	225.35	—	221.94	—	118.00	56.70	2.30	0.71
广东	48.24	9.59	81.06	68.56	340.05	21.04	58.55	58.53	0.48	—
广西	62.10	10.45	82.41	26.44	339.56	69.08	134.00	132.46	0.72	0.10
海南	11.86	11.86	19.99	19.99	10.92	10.92	1.57	1.57	0.09	—
重庆	12.69	—	0.10	—	9.06	—	1.64	0.84	—	0.54
四川	35.51	0.31	2.75	—	95.48	—	20.67	2.38	—	—
贵州	16.39	—	0.19	—	54.36	—	34.79	16.04	15.44	15.47
云南	86.30	6.51	27.30	0.50	79.35	0.44	14.95	14.95	7.82	—
西藏	8.55	—	—	—	—	—	—	—	—	—
陕西	0.03	—	0.01	—	9.21	—	—	—	—	—
甘肃	—	—	—	—	0.80	—	—	—	—	—
青海	—	—	—	—	—	—	—	—	—	—
宁夏	—	—	—	—	—	—	—	—	—	—
新疆	—	—	—	—	—	—	—	—	—	—
新疆兵团	—	—	—	—	—	—	—	—	—	—
大兴安岭	13.84	—	29.83	—	5.48	—	1.77	1.77	—	—

工业产品产量(一)

单位:万立方米、万实积立方米

藤、棕、草制品									
板									
		纤维板						刨花板	
			木质纤维板						
竹胶合板	单板层积材	合计	小计	硬质纤维板	中密度纤维板	软质纤维板	非木质纤维板	合计	普通刨花板
167.32	**66.67**	**2060.56**	**2048.85**	**112.10**	**1854.14**	**82.62**	**11.71**	**576.08**	**559.31**
—	—	—	—	—	—	—	—	—	—
—	—	—	—	—	—	—	—	—	—
—	0.26	140.75	140.75	5.78	134.91	0.07	—	112.50	102.50
—	—	—	—	—	—	—	—	0.19	0.05
—	0.11	14.56	14.56	—	14.56	—	—	24.70	24.70
—	—	9.22	9.22	—	9.22	—	—	16.22	16.22
—	—	40.09	40.09	10.08	24.01	6.00	—	17.91	14.41
—	3.75	22.11	22.06	2.36	19.70	—	0.05	31.18	31.18
—	0.18	11.53	11.53	—	11.53	—	—	25.56	25.56
—	0.20	16.85	16.85	3.73	13.12	—	—	37.48	37.48
—	0.20	16.85	16.85	3.73	13.12	—	—	37.48	37.48
—	—	—	—	—	—	—	—	—	—
0.50	12.87	248.96	248.96	12.25	236.71	—	—	54.03	52.56
41.36	11.87	96.11	96.11	3.11	93.00	—	—	5.93	5.58
7.71	2.00	98.73	98.73	0.06	98.67	—	—	22.18	22.18
17.31	—	131.10	131.10	1.24	129.85	—	—	19.97	19.97
17.83	0.14	64.23	64.23	1.92	62.31	—	—	18.49	17.89
—	26.40	425.93	425.61	30.30	324.46	70.86	0.32	129.37	129.37
—	7.51	62.53	62.46	11.48	47.64	3.35	0.07	33.15	33.15
0.29	—	90.99	90.99	0.62	89.72	0.65	—	12.17	12.17
60.49	0.10	41.00	41.00	1.91	39.09	—	—	7.30	6.70
—	0.02	261.60	253.53	—	251.84	1.69	8.07	15.69	15.69
—	1.44	166.05	166.05	15.27	150.78	—	—	12.28	12.28
—	—	6.56	6.56	—	6.56	—	—	2.79	2.79
0.26	—	7.07	3.87	—	3.87	—	3.20	0.35	0.35
18.30	—	58.66	58.66	11.17	47.49	—	—	6.09	5.97
3.28	—	6.06	6.06	—	6.06	—	—	4.58	4.58
—	—	50.10	50.10	0.23	49.87	—	—	6.98	6.98
—	—	—	—	—	—	—	—	—	—
—	—	8.91	8.91	0.58	8.33	—	—	—	—
—	—	0.80	0.80	—	0.80	—	—	—	—
—	—	—	—	—	—	—	—	—	—
—	—	—	—	—	—	—	—	—	—
—	—	—	—	—	—	—	—	—	—
—	—	—	—	—	—	—	—	—	—
—	—	0.80	0.80	—	0.80	—	—	0.78	0.78

各地区主要森林

地区	人造板					胶合木			
	刨花板			其他人造板		合计	其中		
	水泥刨花板	定向刨花板	竹刨花板	合计	其中：细木工板		集成材	重组木	指接材
全国合计	**2.27**	**14.20**	**0.31**	**1241.28**	**981.67**	**74.05**	**26.70**	**4.62**	**32.84**
北京	—	—	—	—	—	—	—	—	—
天津	—	—	—	—	—	—	—	—	—
河北	—	10.00	—	239.89	214.45	1.51	0.99	0.01	—
山西	—	—	0.14	—	—	—	—	—	—
内蒙古	—	—	—	4.35	2.58	1.32	0.82	—	0.50
内蒙古集团	—	—	—	0.76	0.26	1.32	0.82	—	0.50
辽宁	—	3.50	—	12.20	6.40	4.59	2.84	1.50	0.25
吉林	—	—	—	33.29	33.22	4.50	2.47	0.07	0.21
吉林集团	—	—	—	1.20	1.20	0.43	0.43	—	—
黑龙江	—	—	—	11.40	10.38	1.47	1.36	—	0.08
龙江集团	—	—	—	11.19	10.17	1.47	1.36	—	0.08
上海	—	—	—	—	—	—	—	—	—
江苏	1.47	—	—	285.92	215.51	1.25	0.75	—	0.12
浙江	0.20	0.10	0.06	115.60	109.36	7.31	1.31	—	6.00
安徽	—	—	—	46.83	40.00	—	—	—	—
福建	—	—	—	79.25	75.47	12.31	0.77	—	11.54
江西	—	0.60	—	48.95	45.16	3.12	2.51	0.10	0.50
山东	—	—	—	193.77	136.49	3.73	1.20	1.61	—
河南	—	—	—	29.19	15.52	9.94	—	0.88	3.92
湖北	—	—	—	24.82	12.68	0.21	0.07	0.07	0.07
湖南	0.60	—	—	55.65	41.37	14.00	6.40	—	7.16
广东	—	—	—	4.21	0.20	0.09	—	0.09	—
广西	—	—	—	27.23	0.77	0.19	—	—	0.19
海南	—	—	—	—	—	—	—	—	—
重庆	—	—	—	—	—	—	—	—	—
四川	—	—	0.11	10.07	4.78	3.27	1.20	—	2.00
贵州	—	—	—	8.92	8.92	0.05	—	—	—
云南	—	—	—	7.33	6.87	3.65	3.34	—	0.31
西藏	—	—	—	—	—	—	—	—	—
陕西	—	—	—	0.30	—	—	—	—	—
甘肃	—	—	—	—	—	—	—	—	—
青海	—	—	—	—	—	—	—	—	—
宁夏	—	—	—	—	—	—	—	—	—
新疆	—	—	—	—	—	—	—	—	—
新疆兵团	—	—	—	—	—	—	—	—	—
大兴安岭	—	—	—	2.12	1.54	1.55	0.66	0.29	—

木材加工及竹、

工业产品产量(二)

单位:万立方米

藤、棕、草制品									
木地板(万平方米)						卫生筷子(标准箱)		人造板表面装饰板(万平方米)	热固性树脂装饰层压板(万平方米)
合　计	其　中					合　计	其中:木卫生筷子		
	热带材木地板	实木地板	实木复合地板	强化木地板	竹木复合地板				
17322.79	**2592.38**	**7743.72**	**1278.24**	**5126.25**	**1565.94**	**11073984**	**5760319**	**27014.11**	**1.35**
—	—	—	—	—	—	—	—	—	—
—	—	—	—	—	—	—	—	—	—
45.08	—	0.05	40.14	—	—	16320	16320	149.84	0.85
—	—	—	—	—	—	—	—	—	—
0.59	—	0.59	—	—	—	829114	829114	—	—
0.59	—	0.59	—	—	—	807682	807682	—	—
983.96	2.00	615.67	307.48	50.00	—	—	—	—	—
961.16	—	238.11	470.96	252.08	—	426931	426842	448.38	—
460.58	—	—	208.50	252.08	—	66736	66736	448.38	—
1077.60	—	1052.73	19.63	—	—	1859320	1740640	192.76	—
76.60	—	51.73	19.63	—	—	1857620	1738940	192.76	—
—	—	—	—	—	—	—	—	—	—
2157.67	9.00	230.95	15.79	1909.43	—	6004	6000	120.01	—
5113.84	2536.21	4066.37	32.04	180.19	14.30	601957	21690	24118.69	0.50
1156.97	2.00	24.46	—	1000.80	129.72	253564	94920	215.21	—
890.55	—	108.22	150.28	317.60	314.45	1151458	56571	29.00	—
1018.11	0.20	270.44	67.10	0.93	147.31	916874	385194	9.15	—
137.56	—	90.78	38.50	—	—	163475	163475	1656.55	—
8.81	—	8.49	0.04	—	—	262010	262010	8.37	—
158.96	—	0.60	30.00	125.36	2.00	54910	12100	—	—
950.00	—	203.00	—	425.00	321.00	2464150	362555	18.00	—
30.52	0.30	1.64	4.88	9.00	15.00	420100	21000	—	—
38.04	—	—	—	38.04	—	2000	2000	46.03	—
—	—	—	—	—	—	—	—	—	—
—	—	—	—	—	—	—	—	—	—
1641.26	—	23.39	—	817.69	622.17	211004	—	—	—
58.97	—	57.91	0.40	0.14	—	69360	69360	2.12	—
889.20	42.67	746.36	101.00	—	—	89905	15000	—	—
—	—	—	—	—	—	—	—	—	—
0.02	—	0.02	—	—	—	—	—	—	—
—	—	—	—	—	—	—	—	—	—
—	—	—	—	—	—	—	—	—	—
—	—	—	—	—	—	—	—	—	—
—	—	—	—	—	—	—	—	—	—
—	—	—	—	—	—	—	—	—	—
3.94	—	3.94	—	—	—	1275528	1275528	—	—

各地区主要森林

地区	木材加工及竹、藤、棕、草制品 单板(万平方米) 合计	其中 刨切单板	微薄木	旋切单板	松香类产品 合计	松香	松香深加工产品	松节油类产品 合计	松节油	松节油深加工产品	樟 合计
全国合计	**291171.58**	**12795.16**	**516.32**	**273614.13**	**671571**	**606594**	**64977**	**98440**	**65272**	**33168**	**6734**
北京	—	—	—	—	—	—	—	—	—	—	—
天津	—	—	—	—	—	—	—	—	—	—	—
河北	25678.27	—	—	25671.13	—	—	—	—	—	—	—
山西	—	—	—	—	—	—	—	—	—	—	—
内蒙古	0.16	0.05	—	0.11	—	—	—	—	—	—	—
内蒙古集团	—	—	—	—	—	—	—	—	—	—	—
辽宁	0.25	—	—	—	—	—	—	—	—	—	—
吉林	821.25	166.66	—	654.57	—	—	—	—	—	—	—
吉林集团	203.70	160.27	—	43.40	—	—	—	—	—	—	—
黑龙江	796.45	124.05	316.32	356.08	—	—	—	—	—	—	—
龙江集团	796.45	124.05	316.32	356.08	—	—	—	—	—	—	—
上海	—	—	—	—	—	—	—	—	—	—	—
江苏	30295.41	130.32	—	30165.09	—	—	—	—	—	—	—
浙江	3687.66	3.83	—	3683.83	2692	2692	—	4660	—	4660	—
安徽	3874.00	0.80	—	313.20	1146	1146	—	361	361	—	—
福建	15.52	—	—	15.04	62170	47321	14849	12180	8175	4005	5088
江西	539.48	2.03	—	525.40	69507	60738	8769	28537	8688	19849	56
山东	219985.36	11790.09	—	207529.63	—	—	—	—	—	—	—
河南	2158.97	5.93	200.00	1952.80	725	725	—	31	31	—	—
湖北	827.58	0.18	—	827.40	4934	4934	—	690	690	—	—
湖南	1119.60	20.60	—	1098.85	25075	18528	6547	4169	4169	—	2
广东	132.94	—	—	132.94	73807	71141	2666	11673	9659	2014	1569
广西	29.27	0.04	—	29.23	360168	328300	31868	23590	21263	2327	—
海南	—	—	—	—	3842	3584	258	361	351	10	—
重庆	—	—	—	—	530	530	—	—	—	—	—
四川	257.30	257.30	—	—	3367	3367	—	476	476	—	—
贵州	1.76	—	—	1.76	3393	3373	20	157	155	2	—
云南	850.16	207.77	—	642.40	60215	60215	—	11555	11254	301	19
西藏	—	—	—	—	—	—	—	—	—	—	—
陕西	—	—	—	—	—	—	—	—	—	—	—
甘肃	—	—	—	—	—	—	—	—	—	—	—
青海	—	—	—	—	—	—	—	—	—	—	—
宁夏	—	—	—	—	—	—	—	—	—	—	—
新疆	—	—	—	—	—	—	—	—	—	—	—
新疆兵团	—	—	—	—	—	—	—	—	—	—	—
大兴安岭	100.19	85.50	—	14.69	—	—	—	—	—	—	—

工业产品产量(三)

单位:万立方米

林产化学产品(吨)												
脑	冰 片		栲胶类产品			紫胶类产品			木材热解产品		软木制品(立方米)	
									其 中		其 中	
其中:合成樟脑	合 计	其中:合成冰片	合 计	栲胶	栲胶深加工产品	合 计	紫胶	紫胶深加工产品	木炭	活性炭	软木砖	软木纸
5088	**568**	**187**	**7805**	**7668**	**137**	**1318**	**779**	**539**	**145220**	**141612**	**7382**	**4296**
—	—	—	—	—	—	—	—	—	—	—	—	—
—	—	—	—	—	—	—	—	—	—	—	—	—
—	—	—	—	—	—	—	—	—	3506	—	—	—
—	—	—	—	—	—	—	—	—	—	—	—	—
—	—	—	1760	1760	—	—	—	—	219	—	—	—
—	—	—	1760	1760	—	—	—	—	219	—	—	—
—	—	—	—	—	—	—	—	—	6451	—	—	—
—	—	—	—	—	—	—	—	—	3668	—	—	—
—	—	—	—	—	—	—	—	—	132	—	—	—
—	—	—	—	—	—	—	—	—	1800	—	—	—
—	—	—	—	—	—	—	—	—	1800	—	—	—
—	—	—	—	—	—	—	—	—	—	—	—	—
—	—	—	—	—	—	—	—	—	50	—	—	—
—	—	—	—	—	—	—	—	—	7167	64140	—	—
—	16	16	—	—	—	—	—	—	23675	1122	—	—
5088	—	—	—	—	—	—	—	—	1140	38528	—	—
—	1	—	—	—	—	—	—	—	13023	8454	—	—
—	—	—	—	—	—	—	—	—	15862	26002	—	—
—	—	—	—	—	—	—	—	—	772	240	6049	255
—	—	—	—	—	—	—	—	—	504	200	1333	—
—	380	—	—	—	—	—	—	—	16761	1836	—	—
—	—	—	—	—	—	20	20	—	18124	—	—	—
—	—	—	5975	5838	137	—	—	—	100	—	—	—
—	—	—	70	70	—	—	—	—	5030	—	—	—
—	—	—	—	—	—	—	—	—	—	—	—	—
—	—	—	—	—	—	95	95	—	200	—	—	—
—	—	—	—	—	—	—	—	—	15588	—	—	—
—	171	171	—	—	—	1203	664	539	11364	—	—	840
—	—	—	—	—	—	—	—	—	—	—	—	—
—	—	—	—	—	—	—	—	—	—	—	—	3201
—	—	—	—	—	—	—	—	—	—	—	—	—
—	—	—	—	—	—	—	—	—	—	—	—	—
—	—	—	—	—	—	—	—	—	—	—	—	—
—	—	—	—	—	—	—	—	—	—	—	—	—
—	—	—	—	—	—	—	—	—	—	—	—	—
—	—	—	—	—	—	—	—	—	216	1090	—	—

各地区林业系统主要

地区	锯材		木片		木材加工及竹、人造板					
							胶合板			
								普通胶合板		
	合计	其中：热带锯材产量	合计	其中：热带材木片	总计	其中：热带材人造板	合计	小计	其中:阔叶胶合板	特种胶合板
全国合计	**216.18**	**4.30**	**281.21**	**40.62**	**632.15**	**20.64**	**55.89**	**47.45**	**8.32**	**1.08**
北京	—	—	—	—	—	—	—	—	—	—
天津	—	—	—	—	—	—	—	—	—	—
河北	0.01	—	—	—	21.08	—	0.18	—	—	—
山西	—	—	—	—	0.14	—	—	—	—	—
内蒙古	8.71	—	5.90	—	29.96	—	0.21	0.10	0.10	—
内蒙古集团	1.74	—	5.85	—	26.31	—	0.10	0.10	0.10	—
辽宁	19.82	—	0.22	—	25.76	—	10.61	10.61	0.60	—
吉林	22.21	—	12.45	—	60.46	—	4.25	3.99	1.79	0.08
吉林集团	6.69	—	7.17	—	40.13	—	1.83	1.65	0.14	—
黑龙江	56.36	—	45.26	0.30	67.77	—	5.59	5.39	1.40	—
龙江集团	53.96	—	45.26	0.30	67.34	—	5.36	5.17	1.40	—
上海	—	—	—	—	—	—	—	—	—	—
江苏	0.58	—	0.04	—	0.41	—	0.23	0.23	0.03	—
浙江	1.83	—	0.18	—	4.00	—	—	—	—	—
安徽	5.96	—	2.12	—	34.71	—	1.31	0.61	0.07	—
福建	3.08	—	19.18	—	103.42	—	7.72	7.36	0.22	—
江西	4.82	—	0.29	—	9.25	—	2.56	0.34	—	0.45
山东	0.26	—	—	—	101.75	—	4.57	4.57	3.65	—
河南	0.29	—	1.70	—	13.66	—	5.39	5.39	0.15	—
湖北	2.46	0.06	0.09	—	28.06	—	0.77	0.57	—	—
湖南	42.97	—	102.32	—	26.78	—	6.27	3.23	—	—
广东	7.96	—	43.68	35.48	2.00	—	0.25	0.25	0.25	—
广西	2.83	0.35	14.10	4.85	77.64	20.64	2.65	2.44	0.02	—
海南	5.37	2.73	1.50	—	—	—	—	—	—	—
重庆	0.20	—	—	—	0.54	—	0.54	—	—	0.54
四川	1.28	0.31	0.50	—	0.44	—	0.42	—	—	—
贵州	3.82	—	0.04	—	6.31	—	—	—	—	—
云南	2.96	0.86	1.81	—	2.80	—	0.60	0.60	0.05	—
西藏	8.55	—	—	—	—	—	—	—	—	—
陕西	0.02	—	—	—	8.91	—	—	—	—	—
甘肃	—	—	—	—	0.80	—	—	—	—	—
青海	—	—	—	—	—	—	—	—	—	—
宁夏	—	—	—	—	—	—	—	—	—	—
新疆	—	—	—	—	—	—	—	—	—	—
新疆兵团	—	—	—	—	—	—	—	—	—	—
大兴安岭	13.84	—	29.83	—	5.48	—	1.77	1.77	—	—

森林工业产品产量(一)

单位:万立方米、万实积立方米

藤、棕、草制品									
板									
		纤维板						刨花板	
			木质纤维板						
竹胶合板	单板层积材	合计	小计	硬质纤维板	中密度纤维板	软质纤维板	非木质纤维板	合计	普通刨花板
6.49	**0.87**	**406.64**	**406.64**	**15.25**	**385.40**	**6.00**	—	**130.45**	**129.59**
—	—	—	—	—	—	—	—	—	—
—	—	—	—	—	—	—	—	—	—
—	0.18	20.90	20.90	—	20.90	—	—	—	—
—	—	—	—	—	—	—	—	0.14	—
—	0.11	9.22	9.22	—	9.22	—	—	16.22	16.22
—	—	9.22	9.22	—	9.22	—	—	16.22	16.22
—	—	12.40	12.40	0.10	6.30	6.00	—	—	—
—	0.18	22.00	22.00	2.36	19.64	—	—	31.13	31.13
—	0.18	11.53	11.53	—	11.53	—	—	25.56	25.56
—	0.20	13.30	13.30	3.73	9.57	—	—	37.48	37.48
—	0.20	13.30	13.30	3.73	9.57	—	—	37.48	37.48
—	—	—	—	—	—	—	—	—	—
—	—	—	—	—	—	—	—	0.18	0.06
—	—	4.00	4.00	—	4.00	—	—	—	—
0.70	—	26.04	26.04	—	26.04	—	—	6.36	6.36
0.36	—	88.56	88.56	0.81	87.75	—	—	5.61	5.61
1.77	—	2.37	2.37	—	2.37	—	—	2.66	2.16
—	—	88.13	88.13	6.00	82.13	—	—	9.05	9.05
—	—	4.73	4.73	—	4.73	—	—	1.30	1.30
0.20	—	16.14	16.14	0.44	15.70	—	—	8.01	8.01
3.04	—	15.30	15.30	0.31	14.99	—	—	2.76	2.66
—	—	1.30	1.30	—	1.30	—	—	0.15	0.15
—	0.21	69.58	69.58	0.92	68.65	—	—	5.42	5.42
—	—	—	—	—	—	—	—	—	—
—	—	—	—	—	—	—	—	—	—
0.42	—	0.02	0.02	—	0.02	—	—	—	—
—	—	—	—	—	—	—	—	3.20	3.20
—	—	2.14	2.14	—	2.14	—	—	—	—
—	—	—	—	—	—	—	—	—	—
—	—	8.91	8.91	0.58	8.33	—	—	—	—
—	—	0.80	0.80	—	0.80	—	—	—	—
—	—	—	—	—	—	—	—	—	—
—	—	—	—	—	—	—	—	—	—
—	—	—	—	—	—	—	—	—	—
—	—	—	—	—	—	—	—	—	—
—	—	0.80	0.80	—	0.80	—	—	0.78	0.78

各地区林业系统主要

地区	木材加工及竹、								
	人造板					胶合木			
	刨花板			其他人造板		合计	其中		
	水泥刨花板	定向刨花板	竹刨花板	合计	其中：细木工板		集成材	重组木	指接材
全国合计	**0.22**	**0.50**	**0.14**	**39.16**	**30.79**	**6.59**	**4.73**	**0.31**	**0.85**
北京	—	—	—	—	—	—	—	—	—
天津	—	—	—	—	—	—	—	—	—
河北	—	—	—	—	—	—	—	—	—
山西	—	—	0.14	—	—	—	—	—	—
内蒙古	—	—	—	4.31	1.11	1.32	0.82	—	0.50
内蒙古集团	—	—	—	0.76	0.26	1.32	0.82	—	0.50
辽宁	—	—	—	2.75	2.35	0.51	0.51	—	—
吉林	—	—	—	3.08	3.03	1.03	0.92	0.02	0.08
吉林集团	—	—	—	1.20	1.20	0.43	0.43	—	—
黑龙江	—	—	—	11.40	10.38	1.47	1.36	—	0.08
龙江集团	—	—	—	11.19	10.17	1.47	1.36	—	0.08
上海	—	—	—	—	—	—	—	—	—
江苏	0.12	—	—	—	—	—	—	—	—
浙江	—	—	—	—	—	—	—	—	—
安徽	—	—	—	1.00	1.00	—	—	—	—
福建	—	—	—	1.53	1.53	—	—	—	—
江西	—	0.50	—	1.66	1.14	—	—	—	—
山东	—	—	—	—	—	—	—	—	—
河南	—	—	—	2.24	0.91	—	—	—	—
湖北	—	—	—	3.15	2.70	0.05	0.05	—	—
湖南	0.10	—	—	2.45	1.73	0.59	0.40	—	0.19
广东	—	—	—	0.30	0.20	—	—	—	—
广西	—	—	—	—	—	—	—	—	—
海南	—	—	—	—	—	—	—	—	—
重庆	—	—	—	—	—	—	—	—	—
四川	—	—	—	—	—	0.07	—	—	—
贵州	—	—	—	3.12	3.12	—	—	—	—
云南	—	—	—	0.05	0.05	—	—	—	—
西藏	—	—	—	—	—	—	—	—	—
陕西	—	—	—	—	—	—	—	—	—
甘肃	—	—	—	—	—	—	—	—	—
青海	—	—	—	—	—	—	—	—	—
宁夏	—	—	—	—	—	—	—	—	—
新疆	—	—	—	—	—	—	—	—	—
新疆兵团	—	—	—	—	—	—	—	—	—
大兴安岭	—	—	—	2.12	1.54	1.55	0.66	0.29	—

森林工业产品产量(二)

单位:万立方米

藤、棕、草制品									
木地板(万平方米)						卫生筷子(标准箱)		人造板表面装饰板(万平方米)	热固性树脂装饰层压板(万平方米)
合计	其中					合计	其中:木卫生筷子		
	热带材木地板	实木地板	实木复合地板	强化木地板	竹木复合地板				
2363.23	**2.49**	**1316.08**	**498.62**	**494.83**	—	**4372036**	**4142308**	**930.38**	—
—	—	—	—	—	—	—	—	—	—
—	—	—	—	—	—	—	—	—	—
—	—	—	—	—	—	—	—	—	—
—	—	—	—	—	—	—	—	—	—
0.59	—	0.59	—	—	—	808064	808064	—	—
0.59	—	0.59	—	—	—	807682	807682	—	—
76.32	2.00	64.43	8.48	—	—	—	—	—	—
894.80	—	174.60	468.12	252.08	—	278331	278242	448.38	—
460.58	—	—	208.50	252.08	—	66736	66736	448.38	—
1077.60	—	1052.73	19.63	—	—	1859320	1740640	192.76	—
76.60	—	51.73	19.63	—	—	1857620	1738940	192.76	—
—	—	—	—	—	—	—	—	—	—
7.25	—	—	2.40	4.85	—	6000	6000	—	—
—	—	—	—	—	—	—	—	—	—
—	—	—	—	—	—	—	—	214.21	—
146.00	—	—	—	146.00	—	—	—	29.00	—
38.61	—	6.38	—	—	—	89860	14895	—	—
—	—	—	—	—	—	—	—	—	—
—	—	—	—	—	—	—	—	—	—
53.86	—	—	—	53.86	—	12000	—	—	—
18.07	—	5.75	—	—	—	37963	13969	—	—
—	—	—	—	—	—	—	—	—	—
38.04	—	—	—	38.04	—	—	—	46.03	—
—	—	—	—	—	—	—	—	—	—
—	—	—	—	—	—	—	—	—	—
0.03	—	0.03	—	—	—	—	—	—	—
0.01	—	0.01	—	—	—	4970	4970	—	—
8.08	0.49	7.59	—	—	—	—	—	—	—
—	—	—	—	—	—	—	—	—	—
0.02	—	0.02	—	—	—	—	—	—	—
—	—	—	—	—	—	—	—	—	—
—	—	—	—	—	—	—	—	—	—
—	—	—	—	—	—	—	—	—	—
—	—	—	—	—	—	—	—	—	—
—	—	—	—	—	—	—	—	—	—
3.94	—	3.94	—	—	—	1275528	1275528	—	—

各地区林业系统主要

地区	木材加工及竹、藤、棕、草制品										
	单板(万平方米)				松香类产品			松节油类产品			樟
	合计	其中									
		刨切单板	微薄木	旋切单板	合计	松香	松香深加工产品	合计	松节油	松节油深加工产品	合计
全国合计	**1207.26**	**374.66**	**316.32**	**516.12**	**134946**	**102129**	**32817**	**15213**	**12918**	**2295**	**—**
北京	—	—	—	—	—	—	—	—	—	—	—
天津	—	—	—	—	—	—	—	—	—	—	—
河北	—	—	—	—	—	—	—	—	—	—	—
山西	—	—	—	—	—	—	—	—	—	—	—
内蒙古	0.13	0.02	—	0.11	—	—	—	—	—	—	—
内蒙古集团	—	—	—	—	—	—	—	—	—	—	—
辽宁	—	—	—	—	—	—	—	—	—	—	—
吉林	295.10	163.07	—	132.01	—	—	—	—	—	—	—
吉林集团	203.70	160.27	—	43.40	—	—	—	—	—	—	—
黑龙江	796.45	124.05	316.32	356.08	—	—	—	—	—	—	—
龙江集团	796.45	124.05	316.32	356.08	—	—	—	—	—	—	—
上海	—	—	—	—	—	—	—	—	—	—	—
江苏	—	—	—	—	—	—	—	—	—	—	—
浙江	—	—	—	—	—	—	—	—	—	—	—
安徽	—	—	—	—	450	450	—	146	146	—	—
福建	—	—	—	—	3825	3145	680	894	416	478	—
江西	—	—	—	—	6139	5870	269	672	672	—	—
山东	—	—	—	—	—	—	—	—	—	—	—
河南	13.06	—	—	13.06	88	88	—	10	10	—	—
湖北	—	—	—	—	1298	1298	—	290	290	—	—
湖南	2.17	2.02	—	—	3582	3582	—	395	395	—	—
广东	0.18	—	—	0.18	10173	10173	—	1087	687	400	—
广西	—	—	—	—	97061	65193	31868	9642	8225	1417	—
海南	—	—	—	—	1469	1469	—	252	252	—	—
重庆	—	—	—	—	—	—	—	—	—	—	—
四川	—	—	—	—	460	460	—	20	20	—	—
贵州	—	—	—	—	1718	1718	—	132	132	—	—
云南	—	—	—	—	8683	8683	—	1673	1673	—	—
西藏	—	—	—	—	—	—	—	—	—	—	—
陕西	—	—	—	—	—	—	—	—	—	—	—
甘肃	—	—	—	—	—	—	—	—	—	—	—
青海	—	—	—	—	—	—	—	—	—	—	—
宁夏	—	—	—	—	—	—	—	—	—	—	—
新疆	—	—	—	—	—	—	—	—	—	—	—
新疆兵团	—	—	—	—	—	—	—	—	—	—	—
大兴安岭	100.19	85.50	—	14.69	—	—	—	—	—	—	—

森林工业产品产量(三)

单位:万立方米

林产化学产品(吨)												
脑	冰片		栲胶类产品			紫胶类产品			木材热解产品		软木制品(立方米)	
									其中		其中	
其中:合成樟脑	合计	其中:合成冰片	合计	栲胶	栲胶深加工产品	合计	紫胶	紫胶深加工产品	木炭	活性炭	软木砖	软木纸
—	**1**	**—**	**5758**	**5621**	**137**	**53**	**53**	**—**	**15942**	**2420**	**1333**	**4041**
—	—	—	—	—	—	—	—	—	—	—	—	—
—	—	—	—	—	—	—	—	—	—	—	—	—
—	—	—	—	—	—	—	—	—	—	—	—	—
—	—	—	—	—	—	—	—	—	—	—	—	—
—	—	—	1760	1760	—	—	—	—	219	—	—	—
—	—	—	1760	1760	—	—	—	—	219	—	—	—
—	—	—	—	—	—	—	—	—	1061	—	—	—
—	—	—	—	—	—	—	—	—	2262	—	—	—
—	—	—	—	—	—	—	—	—	132	—	—	—
—	—	—	—	—	—	—	—	—	1800	—	—	—
—	—	—	—	—	—	—	—	—	1800	—	—	—
—	—	—	—	—	—	—	—	—	—	—	—	—
—	—	—	—	—	—	—	—	—	—	—	—	—
—	—	—	—	—	—	—	—	—	—	—	—	—
—	—	—	—	—	—	—	—	—	—	—	—	—
—	—	—	—	—	—	—	—	—	—	744	—	—
—	1	—	—	—	—	—	—	—	372	250	—	—
—	—	—	—	—	—	—	—	—	—	—	—	—
—	—	—	—	—	—	—	—	—	—	—	—	—
—	—	—	—	—	—	—	—	—	500	—	1333	—
—	—	—	—	—	—	—	—	—	1003	336	—	—
—	—	—	—	—	—	20	20	—	435	—	—	—
—	—	—	3928	3791	137	—	—	—	—	—	—	—
—	—	—	70	70	—	—	—	—	30	—	—	—
—	—	—	—	—	—	—	—	—	—	—	—	—
—	—	—	—	—	—	13	13	—	—	—	—	—
—	—	—	—	—	—	—	—	—	8044	—	—	—
—	—	—	—	—	—	20	20	—	—	—	—	840
—	—	—	—	—	—	—	—	—	—	—	—	—
—	—	—	—	—	—	—	—	—	—	—	—	3201
—	—	—	—	—	—	—	—	—	—	—	—	—
—	—	—	—	—	—	—	—	—	—	—	—	—
—	—	—	—	—	—	—	—	—	—	—	—	—
—	—	—	—	—	—	—	—	—	—	—	—	—
—	—	—	—	—	—	—	—	—	—	—	—	—
—	—	—	—	—	—	—	—	—	216	1090	—	—

林业系统国有独立核算大中型工业企业经济效益指标

指标名称	单位	本年实际	计算依据	
			子项	母项
一、总资产贡献率	%	5.2	89469	1722993
二、资本保值增值率	%	107.4	607396	565674
三、资产负债率	%	55.3	1154627	2086243
四、流动资产周转率	次	1.4	812278	595475
五、成本费用利润率	%	2.0	15265	746534
六、全员劳动生产率	元/人	36661	2167821423	59132
七、产品销售率(%)	%	97.1	773442	796828

林业系统木材、木材加工及林产化学主要工业产品销售实际平均价格

指标名称	单位	本年实际		
		产品销售实际平均价格	产品销售收入	产品销售量
一、木材	元/立方米	522	11903810787	22786867
二、毛竹	元/根	7	1599783056	220605314
三、锯材	元/立方米	821	3338702501	4068387
四、木片	元/实积立方米	471	1107604409	2350708
五、木地板	元/平方米	122	6680218969	54759126
六、胶合板	元/立方米	1614	5578344415	3456705
七、硬质纤维板	元/立方米	1245	341032546	273974
八、中密度纤维板	元/立方米	1313	6872568842	5234491
九、刨花板	元/立方米	984	1206539964	1225818
十、松香	元/吨	5625	859532732	152810
十一、栲胶	元/吨	5088	33811540	6646
十二、紫胶	元/吨	18799	14794811	787

林业系统各地区国有独立核算大中型工业企业经济效益指标(一)

地区	总资产贡献率			资本保值增值率			资产负债率			流动资产周转率		
	本年实际（%）	子项（万元）	母项（万元）	本年实际（%）	子项（万元）	母项（万元）	本年实际（%）	子项（万元）	母项（万元）	本年实际（次）	子项（万元）	母项（万元）
全国合计	**5.2**	**89469**	**1722993**	**107.4**	**607396**	**565674**	**55.3**	**1154627**	**2086243**	**1.4**	**812278**	**595475**
北　京	—	—	—	—	—	—	—	—	—	—	—	—
天　津	—	—	—	—	—	—	—	—	—	—	—	—
河　北	—	—	—	—	—	—	—	—	—	—	—	—
山　西	—	—	—	—	—	—	—	—	—	—	—	—
内蒙古	10.4	9096	87730	143.5	57004	39735	43.4	43628	100632	1.6	61753	39246
内蒙古集团	10.4	9096	87730	143.5	57004	39735	43.4	43628	100632	1.6	61753	39246
辽　宁	—	—	—	—	—	—	—	—	—	—	—	—
吉　林	7.2	34496	481995	96.6	238483	246853	50.2	247690	493552	1.3	221261	172276
吉林集团	7	29933	425723	96.2	208289	216591	49.6	212132	427798	1.6	175641	107352
黑龙江	-3.1	-8051	257214	115.2	18689	16227	41.4	233930	565466	0.3	29159	95859
龙江集团	-3.1	-8051	257214	115.2	18689	16227	41.4	233930	565466	0.3	29159	95859
上　海	—	—	—	—	—	—	—	—	—	—	—	—
江　苏	—	—	—	—	—	—	—	—	—	—	—	—
浙　江	—	—	—	—	—	—	—	—	—	—	—	—
安　徽	6	1778	29443	90.9	11920	13120	53	13905	26246	2.1	19459	9214
福　建	5.5	10119	183757	104.5	60184	57604	56.2	106209	189083	2.2	82115	37817
江　西	—	—	—	—	—	—	—	—	—	—	—	—
山　东	12.2	20678	169068	123.8	89759	72488	54.4	98839	181752	2.3	188284	81787
河　南	—	—	—	—	—	—	—	—	—	—	—	—
湖　北	2.3	13	573	77.4	168	217	69.3	380	548	1	268	282
湖　南	0.3	79	22833	119.1	18801	15785	75	17027	22704	0.6	5182	8468
广　东	—	—	—	—	—	—	—	—	—	—	—	—
广　西	6	13758	229557	101.8	60879	59818	73.4	171184	233300	2.3	122464	53004
海　南	—	—	—	—	—	—	—	—	—	—	—	—
重　庆	—	—	—	—	—	—	—	—	—	—	—	—
四　川	-0.3	-103	37071	164.5	12967	7885	70.7	31515	44581	0.8	7923	10030
贵　州	-7.9	-1551	19741	152.9	-8716	-5699	147.2	27205	18487	0.6	8452	13440
云　南	0.8	569	72980	121.8	13213	10850	80.6	60464	75062	0.7	15903	24207
西　藏	10.5	1661	15816	108.6	9270	8537	43	7005	16277	0.9	5060	5795
陕　西	—	—	—	—	—	—	—	—	—	—	—	—
甘　肃	-5.1	-235	4652	-115	-237	206	105.2	4803	4567	0.8	885	1136
青　海	—	—	—	—	—	—	—	—	—	—	—	—
宁　夏	—	—	—	—	—	—	—	—	—	—	—	—
新　疆	—	—	—	—	—	—	—	—	—	—	—	—
新疆兵团	—	—	—	—	—	—	—	—	—	—	—	—
大兴安岭	6.5	7162	110563	113.4	25012	22048	79.7	90843	113986	1	44110	42914

林业系统各地区国有独立核算大中型工业企业经济效益指标(二)

地　区	成本费用利润率			全员劳动生产率			产品销售率		
	本年实际(%)	子项(万元)	母项(万元)	本年实际(元/人)	子项(元)	母项(人)	本年实际(%)	子项(万元)	母项(万元)
全国合计	**2.0**	**15265**	**746534**	**36661**	**2167821423**	**59132**	**97.1**	**773442**	**796828**
北　京	—	—	—	—	—	—	—	—	—
天　津	—	—	—	—	—	—	—	—	—
河　北	—	—	—	—	—	—	—	—	—
山　西	—	—	—	—	—	—	—	—	—
内蒙古	6.1	3727	60999	32168	192300000	5978	100.9	63387	62852
内蒙古集团	6.1	3727	60999	32168	192300000	5978	100.9	63387	62852
辽　宁	—	—	—	—	—	—	—	—	—
吉　林	4.2	8205	196983	36633	562863911	15365	98.1	180313	183789
吉林集团	4.5	7153	159217	31820	399083277	12542	98.7	134997	136798
黑龙江	-31.3	-10387	33234	15785	116114000	7356	95.7	38620	40363
龙江集团	-31.3	-10387	33234	15785	116114000	7356	95.7	38620	40363
上　海	—	—	—	—	—	—	—	—	—
江　苏	—	—	—	—	—	—	—	—	—
浙　江	—	—	—	—	—	—	—	—	—
安　徽	0.4	82	19694	37581	35965000	957	99.1	19558	19728
福　建	4.5	3354	74574	91683	269180000	2936	95.9	75641	78836
江　西	—	—	—	—	—	—	—	—	—
山　东	7.7	12514	162151	72245	386510000	5350	98.8	194863	197189
河　南	—	—	—	—	—	—	—	—	—
湖　北	0.4	1	271	40238	1690000	42	80.3	310	386
湖　南	-11.2	-452	4042	5941	16330574	2749	102.2	10315	10092
广　东	—	—	—	—	—	—	—	—	—
广　西	1.2	1469	119918	122459	364682260	2978	95.5	119550	125179
海　南	—	—	—	—	—	—	—	—	—
重　庆	—	—	—	—	—	—	—	—	—
四　川	-9.7	-772	7992	6982	15590526	2233	101.9	7931	7784
贵　州	-30.7	-2834	9225	10799	8110000	751	95.8	8570	8949
云　南	-3.8	-608	15921	1776	8192667	4614	92.3	13998	15170
西　藏	19.7	805	4095	20450	19570485	957	86.7	4407	5081
陕　西	—	—	—	—	—	—	—	—	—
甘　肃	-37.5	-442	1180	-3552	-2270000	639	106.1	885	834
青　海	—	—	—	—	—	—	—	—	—
宁　夏	—	—	—	—	—	—	—	—	—
新　疆	—	—	—	—	—	—	—	—	—
新疆兵团	—	—	—	—	—	—	—	—	—
大兴安岭	1.7	603	36255	27781	172992000	6227	86.4	35094	40596

林业系统各地区木材、木材加工及林产化学主要工业产品销售实际平均价格(一)

单位:元/(立方米、实积立方米、根),元,立方米、实积立方米、根

地区	木材			毛竹			锯材		
	产品销售实际平均价格	产品销售收入	产品销售量	产品销售实际平均价格	产品销售收入	产品销售量	产品销售实际平均价格	产品销售收入	产品销售量
全国合计	**522**	**11903810787**	**22786867**	**7**	**1599783056**	**220605314**	**821**	**3338702501**	**4068387**
北京	—	—	—	—	—	—	—	—	—
天津	—	—	—	—	—	—	—	—	—
河北	—	—	—	—	—	—	—	—	—
山西	—	—	—	—	—	—	—	—	—
内蒙古	484	682482580	1409352	—	—	—	881	5353108	6076
内蒙古集团	484	682482580	1409352	—	—	—	881	5353108	6076
辽宁	522	633917959	1213905	—	—	—	878	369741239	421047
吉林	759	1623868230	2140756	—	—	—	1288	184110131	142957
吉林集团	835	749165843	896874	—	—	—	1518	101263674	66717
黑龙江	615	2337839999	3803052	—	—	—	1053	240313376	228324
龙江集团	615	2337839999	3803052	—	—	—	1079	235887281	218521
上海	—	—	—	—	—	—	—	—	—
江苏	579	516074144	891597	12	3857064	324884	949	224842700	236880
浙江	—	—	—	—	—	—	—	—	—
安徽	593	871868797	1471499	9	344730164	39259591	911	287596200	315855
福建	495	1022166560	2064268	10	701052865	73013890	860	229258100	266428
江西	508	837190391	1649098	8	144217455	18295167	780	278894848	357672
山东	—	—	—	—	—	—	—	—	—
河南	—	—	—	—	—	—	—	—	—
湖北	432	8580000	19875	—	—	—	52	234000	4500
湖南	424	1093985877	2582314	6	286674783	45312575	753	720720536	957164
广东	—	—	—	—	—	—	—	—	—
广西	385	137857993	358054	5	46997000	9689000	785	19700000	25111
海南	270	292284500	1081532	1	7028000	6355000	506	204111800	403730
重庆	—	—	—	—	—	—	—	—	—
四川	523	31456000	60092	7	3556880	523860	1948	3965100	2035
贵州	237	74472918	313653	5	20213813	3997133	462	69021805	149258
云南	459	594793908	1296888	2	41455032	23834214	830	271728277	327283
西藏	212	36830000	173720	—	—	—	1154	109014725	94445
陕西	—	—	—	—	—	—	—	—	—
甘肃	467	3346249	7160	—	—	—	—	—	—
青海	—	—	—	—	—	—	—	—	—
宁夏	—	—	—	—	—	—	—	—	—
新疆	606	11038167	18217	—	—	—	—	—	—
新疆兵团	—	—	—	—	—	—	—	—	—
大兴安岭	490	1093756515	2231835	—	—	—	927	120096556	129622

林业系统各地区木材、木材加工及林

地　　区	木　　片			木　地　板			胶　合　板		
	产品销售实际平均价格	产品销售收入	产品销售量	产品销售实际平均价格	产品销售收入	产品销售量	产品销售实际平均价格	产品销售收入	产品销售量
全国合计	**471**	**1107604409**	**2350708**	**122**	**6680218969**	**54759126**	**1614**	**5578344415**	**3456705**
北　京	—	—	—	—	—	—	—	—	—
天　津	—	—	—	—	—	—	—	—	—
河　北	—	—	—	—	—	—	—	—	—
山　西	—	—	—	—	—	—	—	—	—
内蒙古	159	584802	3678	—	—	—	1041	420650	404
内蒙古集团	159	584802	3678	—	—	—	1041	420650	404
辽　宁	661	47465000	71843	78	766587000	9776250	2305	382411054	165905
吉　林	155	15367999	98934	92	716485700	7750409	2714	50061292	18444
吉林集团	118	7133183	60615	75	348964899	4638475	2382	5531295	2322
黑龙江	196	66755945	341332	227	31844298	140320	3012	28569649	9486
龙江集团	196	66755945	341332	227	31844298	140320	3033	28276084	9324
上　海	—	—	—	—	—	—	—	—	—
江　苏	433	49306600	113790	183	3762058000	20608234	1345	1922751600	1429962
浙　江	—	—	—	—	—	—	—	—	—
安　徽	481	67775200	140781	136	170416050	1252220	1939	1153937644	595253
福　建	382	15011236	39293	45	82602110	1830725	1813	128915031	71119
江　西	358	41300520	115504	56	209515904	3737659	1895	359877963	189918
山　东	—	—	—	—	—	—	—	—	—
河　南	—	—	—	—	—	—	—	—	—
湖　北	—	—	—	—	—	—	—	—	—
湖　南	500	44012716	88004	100	148262713	1477211	1761	925397830	525517
广　东	—	—	—	—	—	—	—	—	—
广　西	803	24882518	30968	31	13384932	431772	1048	63632353	60728
海　南	843	630219940	747847	750	225000000	300000	1123	142755000	127170
重　庆	—	—	—	—	—	—	—	—	—
四　川	830	4400000	5300	18	400000	22222	1110	13382640	12058
贵　州	21	270088	12965	164	90160652	551339	1142	109773606	96111
云　南	169	44621070	264030	67	459101960	6810540	1920	270839303	141066
西　藏	—	—	—	—	—	—	—	—	—
陕　西	—	—	—	—	—	—	—	—	—
甘　肃	—	—	—	—	—	—	—	—	—
青　海	—	—	—	—	—	—	—	—	—
宁　夏	—	—	—	—	—	—	—	—	—
新　疆	—	—	—	—	—	—	—	—	—
新疆兵团	—	—	—	—	—	—	—	—	—
大兴安岭	201	55630775	276439	63	4399650	70225	1889	25618800	13564

产化学主要工业产品销售实际平均价格(二)

单位:元/(立方米、平方米、实积立方米、根),元,立方米、平方米、实积立方米、根

硬质纤维板			中密度纤维板			刨花板		
产品销售实际平均价格	产品销售收入	产品销售量	产品销售实际平均价格	产品销售收入	产品销售量	产品销售实际平均价格	产品销售收入	产品销售量
1245	**341032546**	**273974**	**1313**	**6872568842**	**5234491**	**984**	**1206539964**	**1225818**
—	—	—	—	—	—	—	—	—
—	—	—	—	—	—	—	—	—
—	—	—	—	—	—	—	—	—
—	—	—	—	—	—	—	—	—
—	—	—	1313	125570000	95636	900	122450000	136120
—	—	—	1313	125570000	95636	900	122450000	136120
1388	72866880	52493	1082	320447225	296232	1005	21174000	21075
1054	25108388	23822	1230	225650934	183510	1193	250214249	209676
—	—	—	1169	120685773	103230	1256	193214126	153796
1419	53022973	37356	—	—	—	817	98486427	120545
1419	53022973	37356	—	—	—	817	98486427	120545
—	—	—	—	—	—	—	—	—
2800	84000000	30000	1630	2497817900	1532516	991	296836200	299382
—	—	—	—	—	—	—	—	—
1700	1020000	600	1275	1083824586	850228	898	138381706	154180
983	9658990	9827	1162	645537622	555769	1066	57943610	54339
1108	3990000	3600	1277	338751232	265341	1574	78291485	49752
—	—	—	—	—	—	—	—	—
—	—	—	—	—	—	—	—	—
—	—	—	—	—	—	—	—	—
—	—	—	1179	245314000	208100	925	27324540	29548
—	—	—	—	—	—	—	—	—
1300	11978200	9214	1128	743519700	658990	848	35064360	41364
—	—	—	1200	192000000	160000	850	42500000	50000
—	—	—	—	—	—	—	—	—
—	—	—	1050	2800350	2667	901	1000000	1110
451	20704847	45879	627	52860231	84259	614	25472196	41456
998	55600576	55712	1184	383743829	324195	655	7062321	10776
—	—	—	—	—	—	—	—	—
563	3081692	5471	—	—	—	—	—	—
—	—	—	907	7814149	8615	—	—	—
—	—	—	—	—	—	—	—	—
—	—	—	—	—	—	—	—	—
—	—	—	—	—	—	—	—	—
—	—	—	—	—	—	—	—	—
—	—	—	820	6917084	8433	668	4338870	6495

林业系统各地区木材、木材加工及林产化学主要工业产品销售实际平均价格(三)

单位:元/吨,元,吨

地区	松香			栲胶			紫胶		
	产品销售实际平均价格	产品销售收入	产品销售量	产品销售实际平均价格	产品销售收入	产品销售量	产品销售实际平均价格	产品销售收入	产品销售量
全国合计	**5625**	**859532732**	**152810**	**5088**	**33811540**	**6646**	**18799**	**14794811**	**787**
北京	—	—	—	—	—	—	—	—	—
天津	—	—	—	—	—	—	—	—	—
河北	—	—	—	—	—	—	—	—	—
山西	—	—	—	—	—	—	—	—	—
内蒙古	—	—	—	4633	11231337	2424	—	—	—
内蒙古集团	—	—	—	4633	11231337	2424	—	—	—
辽宁	—	—	—	—	—	—	—	—	—
吉林	—	—	—	—	—	—	—	—	—
吉林集团	—	—	—	—	—	—	—	—	—
黑龙江	—	—	—	—	—	—	—	—	—
龙江集团	—	—	—	—	—	—	—	—	—
上海	—	—	—	—	—	—	—	—	—
江苏	—	—	—	—	—	—	16000	704000	44
浙江	—	—	—	—	—	—	—	—	—
安徽	5968	5168000	866	—	—	—	—	—	—
福建	5081	47771141	9402	—	—	—	—	—	—
江西	6576	214233200	32579	—	—	—	—	—	—
山东	—	—	—	—	—	—	—	—	—
河南	—	—	—	—	—	—	—	—	—
湖北	900	243000	270	—	—	—	—	—	—
湖南	6054	110276975	18217	—	—	—	—	—	—
广东	—	—	—	—	—	—	—	—	—
广西	6316	186297581	29497	5348	22580203	4222	—	—	—
海南	2426	2932498	1209	—	—	—	—	—	—
重庆	—	—	—	—	—	—	—	—	—
四川	5390	8759500	1625	—	—	—	22838	776500	34
贵州	1943	7790008	4010	—	—	—	—	—	—
云南	5007	276060829	55135	—	—	—	18779	13314311	709
西藏	—	—	—	—	—	—	—	—	—
陕西	—	—	—	—	—	—	—	—	—
甘肃	—	—	—	—	—	—	—	—	—
青海	—	—	—	—	—	—	—	—	—
宁夏	—	—	—	—	—	—	—	—	—
新疆	—	—	—	—	—	—	—	—	—
新疆兵团	—	—	—	—	—	—	—	—	—
大兴安岭	—	—	—	—	—	—	—	—	—

中国林业统计年鉴 2005

CHINA FORESTRY STATISTICAL YEARBOOK

6

从业人员和劳动报酬

林业系统国有单位从业人员和劳动报酬主要指标2005年与2004年比较

主 要 指 标	单位	2005年	2004年	2005年比2004年增减%
一、企事业机关单位个数	**个**	**47483**	**47880**	**-0.83**
其中:1. 林业	个	41979	42392	-0.97
2. 工业	个	514	534	-3.75
二、从业人员年末人数	**人**	**1424048**	**1465026**	**-2.80**
其中:1. 林业	人	1218911	1253442	-2.75
其中:木材及竹材采运业	人	504416	528490	-4.56
国有林场	人	363573	370919	-1.98
2. 工业	人	51788	56541	-8.41
其中:木材加工及竹藤棕草制品业	人	31345	31653	-0.97
林产化学产品制造业	人	2200	3236	-32.01
三、在岗职工年末人数	**人**	**1382078**	**1410040**	**-1.98**
其中:1. 林业	人	1180692	1203433	-1.89
其中:木材及竹材采运业	人	499542	523949	-4.66
国有林场	人	354889	360120	-1.45
2. 工业	人	50794	55173	-7.94
其中:木材加工及竹藤棕草制品业	人	30478	30796	-1.03
林产化学产品制造业	人	2177	3200	-31.97
四、在岗职工年工资总额	**千元**	**12669112**	**11879427**	**6.65**
其中:1. 林业	千元	9779994	9212814	6.16
其中:木材及竹材采运业	千元	2920621	2833985	3.06
国有林场	千元	3075981	2909134	5.74
2. 工业	千元	439699	470003	-6.45
其中:木材加工及竹藤棕草制品业	千元	265753	278697	-4.64
林产化学产品制造业	千元	23882	25326	-5.70
五、在岗职工年平均工资	**元**	**9326**	**8563**	**8.91**
其中:1. 林业	元	8448	7802	8.27
其中:木材及竹材采运业	元	6070	5642	7.58
国有林场	元	8766	8079	8.50
2. 工业	元	8608	8462	1.73
其中:木材加工及竹藤棕草制品业	元	8739	9011	-3.02
林产化学产品制造业	元	10671	7638	39.71

林业系统按行业分全部单位个数、从业人员和劳动报酬情况(一)

指　　标	单位个数（个）	从业人员年末人数（人）	在册职工人数(人)			
			总计	在岗职工		
				合计	长期职工	临时职工
各　部　门　总　计	**48115**	**1507363**	**2035358**	**1462364**	**1383904**	**78460**
一、国有经济单位合计	**47483**	**1424048**	**1781033**	**1382078**	**1310160**	**71918**
1. 企　　业	2754	631016	924880	622966	578890	44076
2. 事　　业	41534	714896	777612	682585	655853	26732
3. 机　　关	3195	78136	78541	76527	75417	1110
(一)农林牧渔业	41527	1202498	1514865	1165539	1105119	60420
1. 木材及竹材采运企业	968	504416	730656	499542	463846	35696
2. 国有林场	4405	363573	441446	354889	341363	13526
3. 国有苗圃	1917	36187	41449	35574	34184	1390
4. 林业工作站	22504	141227	137340	131290	126477	4813
5. 木材检查站	2461	22166	23830	21777	21436	341
6. 种苗站	803	7747	7129	6651	6571	80
7. 病虫害防治站	1495	10174	10331	10098	9971	127
8. 治沙站	76	834	847	816	792	24
9. 其他	6898	116174	121837	104902	100479	4423
(二)采矿业	22	1522	2339	1511	882	629
(三)制造业	476	41597	65255	40614	35760	4854
(1)非木质林产品加工业	11	194	555	194	194	—
(2)木材加工及竹、藤、棕、草制品业	300	31345	45651	30478	26482	3996
①锯材、木片加工	122	5873	8374	5590	4921	669
②人造板制造	83	19076	28587	18631	16601	2030
③木制品制造	83	5088	7204	4967	4685	282
④竹、藤、棕、草制品制造	12	1308	1486	1290	275	1015
(3)林产化学产品制造	47	2200	3610	2177	2122	55
(4)专用设备、仪器仪表制造业	5	556	651	547	410	137
(5)工艺品制造业	2	245	245	245	230	15
(6)其他	111	7057	14543	6973	6322	651
(四)电力、燃气及水的生产和供应业	16	8669	9025	8669	8589	80
(五)建筑业	70	7528	13875	7422	7324	98
(六)交通运输、仓储及邮政业	51	2017	3427	1914	1844	70
(七)信息传输、计算机服务和软件业	13	198	292	198	198	—
(八)批发和零售业	456	9844	17598	9648	9517	131
(九)住宿餐饮业	97	2959	3752	2830	2252	578
(十)金融业	1	47	47	47	44	3
(十一)房地产业	10	310	434	310	305	5
(十二)租赁和商务服务业	40	2177	3836	2169	2111	58
(十三)科学研究、技术服务和地质勘查业	679	27187	28148	26912	25539	1373
其中:科技交流和推广服务	227	4024	4174	3955	3883	72
规划设计管理	107	5852	5956	5742	5520	222
(十四)水利、环境和公共设施管理业	524	17839	17171	16518	15220	1298
其中:自然保护区管理	341	15193	14579	14037	12799	1238
野生动植物保护	111	1220	1126	1116	1059	57
(十五)居民服务和其他服务业	47	1057	1647	1057	1029	28
(十六)教育	83	9731	9719	9593	9196	397
(十七)卫生、社会保障和社会福利业	37	6293	6538	6195	5662	533
(十八)文化、体育和娱乐业	18	593	604	592	574	18
(十九)公共管理和社会组织	3316	81982	82461	80340	78995	1345
(二十)国际组织	—	—	—	—	—	—
二、集体经济单位合计	**324**	**43718**	**212722**	**43219**	**41670**	**1549**
三、其他各种经济单位合计	**308**	**39597**	**41603**	**37067**	**32074**	**4993**

林业系统按行业分全部单位个数、

指 标	在册职工人数(人)				
	在岗职工			下岗待安置职工人数	离开本单位仍保留劳动关系的职工年末人数
	其中:女性	其中:专业技术人员	其中:使用的农村劳动力		
各部门总计	**419993**	**375201**	**37931**	**118889**	**454105**
一、国有经济单位合计	**386538**	**368744**	**32983**	**97493**	**301462**
1. 企业	177504	149049	8714	73446	228468
2. 事业	193443	204649	23352	24004	71023
3. 机关	15591	15046	917	43	1971
(一)农林牧渔业	323156	303179	25487	82056	267270
1. 木材及竹材采运企业	139750	123259	2894	48825	182289
2. 国有林场	104194	55015	11822	20656	65901
3. 国有苗圃	11836	7300	1221	1808	4067
4. 林业工作站	30037	67433	5686	2108	3942
5. 木材检查站	2772	5253	122	1538	515
6. 种苗站	2535	3580	32	276	202
7. 病虫害防治站	3695	6296	40	143	90
8. 治沙站	249	404	3	—	31
9. 其他	28088	34639	3667	6702	10233
(二)采矿业	282	129	446	592	236
(三)制造业	14365	8536	3855	7925	16716
(1)非木质林产品加工业	56	43	—	7	354
(2)木材加工及竹、藤、棕、草制品业	10677	6558	3212	4660	10513
①锯材、木片加工	1978	2334	291	521	2263
②人造板制造	6200	3082	2282	3344	6612
③木制品制造	2016	1046	276	673	1564
④竹、藤、棕、草制品制造	483	96	363	122	74
(3)林产化学产品制造	673	450	11	383	1050
(4)专用设备、仪器仪表制造业	133	127	—	—	104
(5)工艺品制造业	84	26	91	—	—
(6)其他	2742	1332	541	2875	4695
(四)电力、燃气及水的生产和供应业	2917	1636	29	68	288
(五)建筑业	1523	2366	—	2301	4152
(六)交通运输、仓储及邮政业	674	423	13	716	797
(七)信息传输、计算机服务和软件业	85	71	1	—	94
(八)批发和零售业	2918	2521	76	2081	5869
(九)住宿餐饮业	1577	434	263	267	655
(十)金融业	25	29	—	—	—
(十一)房地产业	77	105	—	72	52
(十二)租赁和商务服务业	805	1242	—	752	915
(十三)科学研究、技术服务和地质勘查业	8659	15310	946	128	1108
其中:科技交流和推广服务	1292	2233	56	42	177
规划设计管理	1851	4068	54	34	180
(十四)水利、环境和公共设施管理业	4310	4988	815	374	279
其中:自然保护区管理	3505	4220	764	371	171
野生动植物保护	306	442	41	3	7
(十五)居民服务和其他服务业	435	152	9	44	546
(十六)教育	4294	6428	69	27	99
(十七)卫生、社会保障和社会福利业	3744	4469	37	43	300
(十八)文化、体育和娱乐业	266	407	1	—	12
(十九)公共管理和社会组织	16426	16319	936	47	2074
(二十)国际组织	—	—	—	—	—
二、集体经济单位合计	**21299**	**2032**	**609**	**21001**	**148502**
三、其他各种经济单位合计	**12156**	**4425**	**4339**	**395**	**4141**

从业人员和劳动报酬情况(二)

其他从业人员（人）	年末实有离退休人员人数（人）	在岗职工年平均人数（人）	在岗职工年工资总额（千元）	离退休人员年生活费（千元）	在岗职工年平均工资（元）
44999	**890014**	**1437839**	**13131875**	**6810081**	**9133**
41970	**874414**	**1358458**	**12669112**	**6746330**	**9326**
8050	516591	604112	3942282	3166096	6526
32311	310532	677857	7426147	2823053	10955
1609	47291	76489	1300683	757181	17005
36959	721331	1142658	9565410	5019927	8371
4874	423579	481184	2920621	2563982	6070
8684	187579	350915	3075981	1591828	8766
613	17636	35449	332538	141361	9381
9937	25462	130618	1485192	251036	11371
389	1794	22367	265579	26022	11874
1096	1685	6665	91261	23536	13693
76	1710	10045	145048	23620	14440
18	440	1107	15511	2602	14011
11272	61446	104308	1233679	395941	11827
11	386	1735	22042	2802	12704
983	38168	40711	347825	229175	8544
—	321	197	1820	2780	9239
867	26188	30409	265753	175647	8739
283	6998	5507	41350	53631	7509
445	14082	18707	174169	89621	9310
121	5014	4971	41329	31749	8314
18	94	1224	8905	646	7275
23	2336	2238	23882	10089	10671
9	1507	527	3262	10422	6189
—	—	245	2413	—	9849
84	7816	7095	50695	30236	7145
—	2245	8633	69833	19728	8089
106	10357	6759	59827	57725	8852
103	2892	1898	16958	20480	8935
—	151	201	2246	1137	11174
196	8859	9737	85775	58046	8809
129	934	2856	29861	9014	10455
—	—	47	1700	—	36170
—	328	311	4472	2933	14380
8	5399	2248	26074	35930	11599
275	16148	26881	499792	267954	18593
69	2041	3939	61048	25535	15498
110	3478	5745	129093	61041	22471
1321	3064	16394	230781	38409	14077
1156	2645	13910	196400	31785	14119
104	167	1156	18183	2935	15730
—	700	1018	14512	6421	14255
138	3533	9373	192327	67409	20519
98	8396	6087	102492	80432	16838
1	229	578	15675	4579	27119
1642	51294	80333	1381511	824229	17197
—	—	—	—	—	—
499	**8541**	**42465**	**144598**	**14976**	**3405**
2530	**7059**	**36916**	**318165**	**48775**	**8619**

林业系统各地区按行业分

地　区	总　计					国　有　经　济	
		合　计	企　业	事　业	机　关	小　计	木材及竹材采运企业
全国合计	**48115**	**47483**	**2754**	**41534**	**3195**	**41527**	**968**
北　京	137	136	1	118	17	111	—
天　津	88	88	3	75	10	77	—
河　北	1501	1499	65	1270	164	1283	—
山　西	2162	2162	18	2017	127	1954	—
内蒙古	1642	1604	40	1457	107	1433	17
内蒙古集团	88	52	25	26	1	25	17
辽　宁	1764	1762	18	1657	87	1623	—
吉　林	1550	1527	262	1191	74	1398	17
吉林集团	32	21	21	—	—	7	7
黑龙江	2116	1980	171	1709	100	1653	40
龙江集团	254	189	111	68	10	52	40
上　海	34	31	1	30	—	31	—
江　苏	774	738	53	651	34	700	—
浙　江	1198	1185	33	1057	95	1018	—
安　徽	1544	1533	68	1329	136	1321	7
福　建	1970	1902	269	1505	128	1568	180
江　西	2345	2330	427	1704	199	1989	329
山　东	2580	2579	23	2427	129	2384	—
河　南	1506	1502	22	1320	160	1273	3
湖　北	2100	1933	143	1701	89	1735	13
湖　南	3062	3040	163	2731	146	2660	91
广　东	2254	2231	124	1888	219	1790	19
广　西	2071	2061	208	1720	133	1676	1
海　南	308	308	33	259	16	260	9
重　庆	1289	1287	11	1230	46	1217	1
四　川	3855	3835	228	3407	200	3429	83
贵　州	2342	2342	109	2113	120	2171	88
云　南	2449	2435	124	2112	199	2093	37
西　藏	62	56	5	15	36	15	—
陕　西	1747	1743	52	1577	114	1565	12
甘　肃	1469	1468	16	1356	96	1302	3
青　海	402	402	4	346	52	339	1
宁　夏	386	386	1	362	23	356	—
新　疆	1270	1268	41	1102	125	1069	8
新疆兵团	—	—	—	—	—	—	—
局直属单位	138	130	18	98	14	34	9
大兴安岭	63	55	18	24	13	18	9

企、事业及机关单位个数(一)

单位:个

单位合计									
农林牧渔业									采矿业
国有林场	国有苗圃	林业工作站	木材检查站	种苗站	病虫害防治站	治沙站	其他		
4405	**1917**	**22504**	**2461**	**803**	**1495**	**76**	**6898**		**22**
25	13	13	2	3	7	1	47		—
1	9	52	1	2	1	—	11		—
130	162	574	23	39	55	3	297		—
222	136	1106	68	49	87	3	283		—
299	97	595	50	46	75	11	243		—
2	—	—	—	—	—	—	6		—
176	47	910	45	46	63	—	336		—
301	48	699	50	10	43	—	230		—
—	—	—	—	—	—	—	—		—
372	80	658	55	49	80	—	319		1
—	2	—	—	4	2	—	4		—
3	2	23	—	—	—	—	3		—
66	50	347	31	1	16	—	189		1
104	14	640	74	20	59	—	107		—
142	71	585	125	13	81	—	297		1
101	58	822	51	16	36	9	295		—
233	67	827	248	24	61	2	198		—
148	147	1736	37	53	82	—	181		—
88	89	610	94	41	80	4	264		1
245	47	790	147	45	69	2	377		—
180	86	1579	309	49	45	1	320		1
212	61	1058	181	19	46	—	194		13
164	74	644	148	41	66	—	538		—
22	6	115	68	—	10	—	30		—
76	18	935	85	12	34	—	56		—
190	127	2401	160	31	67	1	369		2
92	41	1445	132	45	83	—	245		—
139	39	1370	73	34	52	4	345		—
7	2	—	6	—	—	—	—		—
232	107	487	127	39	38	2	521		—
219	117	478	52	54	70	9	300		—
70	26	117	7	3	13	3	99		—
70	22	195	4	9	20	1	35		—
75	54	691	8	10	55	19	149		—
—	—	—	—	—	—	—	—		—
1	—	2	—	—	1	1	20		2
—	—	1	—	—	—	—	8		2

林业系统各地区按行业分

单位：个

地区	国有经济							
	制造业							
	小计	非木质林产品加工业	木材加工及竹、藤、棕、草制品业					林产化学产品制造
			计	锯材、木片加工	人造板制造	木制品制造	竹、藤、棕、草制品制造	
全国合计	**476**	**11**	**300**	**122**	**83**	**83**	**12**	**47**
北京	—	—	—	—	—	—	—	—
天津	—	—	—	—	—	—	—	—
河北	16	3	5	2	1	2	—	5
山西	7	—	3	—	2	1	—	2
内蒙古	2	—	2	1	1	—	—	—
内蒙古集团	1	—	1	—	1	—	—	—
辽宁	8	—	5	—	1	4	—	—
吉林	14	—	8	3	3	2	—	1
吉林集团	7	—	4	2	2	—	—	1
黑龙江	30	—	17	5	10	2	—	—
龙江集团	17	—	11	2	7	2	—	—
上海	—	—	—	—	—	—	—	—
江苏	—	—	—	—	—	—	—	—
浙江	—	—	—	—	—	—	—	—
安徽	15	—	11	3	4	3	1	1
福建	39	—	17	5	9	2	1	6
江西	39	1	18	4	10	3	1	3
山东	12	—	7	—	6	1	—	—
河南	4	—	1	—	—	1	—	—
湖北	12	—	9	3	—	6	—	1
湖南	54	2	37	16	15	5	1	3
广东	39	1	23	10	—	13	—	5
广西	20	—	10	2	6	2	—	5
海南	6	—	4	3	1	—	—	1
重庆	4	—	2	—	1	1	—	—
四川	99	—	87	57	1	24	5	6
贵州	14	2	8	2	4	2	—	2
云南	14	—	9	—	4	3	2	5
西藏	5	—	5	5	—	—	—	—
陕西	15	1	8	—	3	5	—	1
甘肃	3	—	3	—	1	1	1	—
青海	—	—	—	—	—	—	—	—
宁夏	1	—	—	—	—	—	—	—
新疆	4	1	1	1	—	—	—	—
新疆兵团	—	—	—	—	—	—	—	—
局直属单位	—	—	—	—	—	—	—	—
大兴安岭	—	—	—	—	—	—	—	—

企、事业及机关单位个数(二)

单位:个

单位合计									
专用设备、仪器仪表制造业	工艺品制造业	其他	电力、燃气及水的生产供应业	建筑业	交通运输、仓储及邮政业	信息传输、计算机服务和软件业	批发和零售业	住宿餐饮业	
5	**2**	**111**	**16**	**70**	**51**	**13**	**456**	**97**	
—	—	—	—	—	—	1	—	—	
—	—	—	—	—	—	—	—	—	
—	1	2	—	—	4	—	12	—	
—	—	2	—	—	1	—	23	4	
—	—	—	—	1	—	1	4	4	
—	—	—	—	1	—	1	2	2	
—	—	3	—	—	—	—	4	4	
—	1	4	—	2	5	—	7	6	
—	—	2	—	1	—	—	2	1	
2	—	11	2	34	9	—	35	20	
2	—	4	2	33	2	—	14	6	
—	—	—	—	—	—	—	—	—	
—	—	—	1	1	—	—	—	1	
—	—	—	—	1	—	—	14	1	
—	—	3	—	3	1	—	31	1	
2	—	14	1	7	5	—	35	9	
—	—	17	2	1	2	—	5	3	
—	—	5	—	2	—	—	7	2	
—	—	3	—	—	—	—	8	1	
—	—	2	—	4	1	—	25	2	
—	—	12	1	2	6	—	18	14	
—	—	10	7	—	2	—	33	2	
1	—	4	1	2	3	11	144	3	
—	—	1	—	—	—	—	1	—	
—	—	2	—	—	—	—	4	—	
—	—	6	—	2	1	—	10	4	
—	—	2	—	2	3	—	—	—	
—	—	—	—	1	6	—	25	3	
—	—	—	—	—	—	—	—	—	
—	—	5	—	1	1	—	9	3	
—	—	—	—	1	1	—	—	2	
—	—	—	—	—	—	—	—	—	
—	—	1	—	—	—	—	—	—	
—	—	2	—	2	—	—	2	1	
—	—	—	—	—	—	—	—	—	
—	—	—	1	1	—	—	—	7	
—	—	—	1	1	—	—	—	5	

林业系统各地区按行业分

地　区	国有经济							
	金融业	房地产业	租赁和商务服务业	科学研究、技术服务和地质勘查业			水利、环境和公共设施	
				计	其中		计	其
					科技交流和推广服务	规划设计管理		自然保护区管理
全国合计	**1**	**10**	**40**	**679**	**227**	**107**	**524**	**341**
北　京	—	—	—	1	—	—	4	1
天　津	—	—	—	—	—	—	—	—
河　北	—	—	—	13	6	1	6	3
山　西	—	—	—	24	4	4	12	7
内蒙古	—	1	2	19	2	3	14	12
内蒙古集团	—	1	2	2	—	—	—	—
辽　宁	—	—	—	20	7	3	14	10
吉　林	1	—	—	7	1	2	5	4
吉林集团	1	—	—	—	—	—	—	—
黑龙江	—	2	7	21	1	2	15	4
龙江集团	—	1	4	14	—	2	1	—
上　海	—	—	—	—	—	—	—	—
江　苏	—	—	—	—	—	—	—	—
浙　江	—	—	—	45	31	3	10	10
安　徽	—	—	—	12	5	—	11	9
福　建	—	3	—	43	13	15	20	17
江　西	—	1	13	49	17	9	19	8
山　东	—	—	—	13	—	—	29	6
河　南	—	—	1	38	4	2	9	6
湖　北	—	—	3	47	18	6	8	2
湖　南	—	—	1	78	34	10	44	30
广　东	—	—	1	56	20	2	55	36
广　西	—	—	4	32	12	4	23	19
海　南	—	—	—	8	4	—	11	9
重　庆	—	—	—	4	3	—	6	3
四　川	—	—	3	25	14	8	50	33
贵　州	—	1	1	8	5	3	20	17
云　南	—	—	—	26	9	5	62	57
西　藏	—	—	—	—	—	—	—	—
陕　西	—	—	1	20	6	8	7	2
甘　肃	—	—	—	26	6	3	22	10
青　海	—	—	—	7	1	4	4	4
宁　夏	—	—	—	1	—	1	4	4
新　疆	—	1	—	9	4	1	36	14
新疆兵团	—	—	—	—	—	—	—	—
局直属单位	—	1	3	27	—	8	4	4
大兴安岭	—	1	2	2	—	2	1	1

企、事业及机关单位个数(三)

单位:个

单位合计								
管理业中野生动植物保护	居民服务和其他服务业	教育	卫生、社会保障和社会福利业	文化、体育和娱乐业	公共管理和社会组织	国际组织	集体经济单位合计	其他各种经济单位合计
111	**47**	**83**	**37**	**18**	**3316**	—	**324**	**308**
2	1	1	—	—	17	—	1	—
—	1	—	—	—	10	—	—	—
—	1	—	—	—	164	—	2	—
1	1	5	4	—	127	—	—	—
1	—	4	6	3	110	—	25	13
—	—	2	6	3	4	—	23	13
3	1	1	—	—	87	—	2	—
1	3	4	—	—	75	—	12	11
—	1	—	—	—	1	—	—	11
3	10	23	9	2	107	—	121	15
—	5	15	9	1	13	—	55	10
—	—	—	—	—	—	—	—	3
—	—	—	—	—	34	—	25	11
—	—	1	—	—	95	—	—	13
1	1	—	—	—	136	—	3	8
1	3	3	2	—	164	—	41	27
7	1	2	—	1	203	—	7	8
—	—	1	—	—	129	—	—	1
1	3	3	—	1	160	—	4	—
6	1	1	2	—	92	—	18	149
10	1	1	1	—	158	—	16	6
9	4	2	1	5	221	—	10	13
4	—	4	1	1	136	—	8	2
2	2	—	—	—	20	—	—	—
—	—	1	—	—	51	—	1	1
15	6	3	1	—	200	—	12	8
3	1	1	—	—	120	—	—	—
3	—	5	1	—	199	—	9	5
—	—	—	—	—	36	—	—	6
5	4	2	1	—	114	—	2	2
11	1	4	4	—	102	—	1	—
—	—	—	—	—	52	—	—	—
—	—	1	—	—	23	—	—	—
22	—	2	2	—	140	—	—	2
—	—	—	—	—	—	—	—	—
—	1	8	2	5	34	—	4	4
—	—	5	2	2	13	—	4	4

林业系统各地区按行业分

地区	总计	合计	企业	事业	机关	国有经济	
						小计	木材及竹材采运企业
全国合计	**1507363**	**1424048**	**631016**	**714896**	**78136**	**1202498**	**504416**
北京	5063	5015	33	4158	824	4027	—
天津	1190	1190	62	972	156	972	—
河北	22138	22111	1400	17272	3439	17027	—
山西	24020	24020	297	21690	2033	19985	—
内蒙古	143823	129372	77449	49369	2554	118618	71017
内蒙古集团	95313	80868	76879	3720	269	74158	71017
辽宁	25439	25408	1037	23118	1253	22359	—
吉林	156323	147182	107063	37580	2539	133880	80161
吉林集团	45253	36690	36690	—	—	31645	31645
黑龙江	350640	315032	249516	61169	4347	287295	234700
龙江集团	291897	258030	247576	8868	1586	235473	234700
上海	992	782	9	773	—	782	—
江苏	22422	19570	3234	15885	451	18888	—
浙江	13838	13717	658	11048	2011	10424	—
安徽	27179	26795	3336	21927	1532	22247	526
福建	35325	29513	8051	17556	3906	20787	5486
江西	60614	59269	12841	40127	6301	48955	9857
山东	32687	31487	4900	24410	2177	23654	—
河南	30500	30451	479	25582	4390	23809	81
湖北	34651	29730	2921	24355	2454	24024	129
湖南	56672	55918	6525	42789	6604	39727	2136
广东	38718	38365	7258	25118	5989	27416	442
广西	54199	53719	9818	41957	1944	41382	13
海南	6324	6324	2934	2942	448	5270	1254
重庆	8741	8718	303	7208	1207	6907	15
四川	67271	66211	25057	35685	5469	54564	19279
贵州	34003	34003	3667	28309	2027	29647	2520
云南	55217	54314	14471	32708	7135	38921	8422
西藏	1456	1426	231	768	427	986	—
陕西	37180	35629	4921	28787	1921	31094	2924
甘肃	37559	37521	8730	27052	1739	28951	3277
青海	9980	9980	246	9321	413	9295	199
宁夏	10378	10378	85	10067	226	8884	—
新疆	20142	20016	3590	15089	1337	16956	1249
新疆兵团	—	—	—	—	—	—	—
局直属单位	82679	80882	69894	10105	883	64765	60729
大兴安岭	74862	73065	69894	2529	642	63960	60729

从业人员年末人数(一)

单位:人

单位合计								
农林牧渔业								采矿业
国有林场	国有苗圃	林业工作站	木材检查站	种苗站	病虫害防治站	治沙站	其他	
363573	**36187**	**141227**	**22166**	**7747**	**10174**	**834**	**116174**	**1522**
868	1521	340	30	57	119	25	1067	—
61	199	207	10	41	7	—	447	—
6630	2029	2668	181	339	464	45	4671	—
8453	2171	4096	403	301	557	29	3975	—
35186	2891	3736	300	432	661	103	4292	—
2485	—	—	—	—	—	—	656	—
12490	976	3925	366	336	477	—	3789	—
40204	2266	4401	390	166	335	—	5957	—
—	—	—	—	—	—	—	—	—
42788	2067	2387	334	280	372	—	4367	62
—	588	—	—	79	19	—	87	—
266	195	266	—	—	—	—	55	—
13343	1471	2250	269	32	122	—	1401	121
4584	236	3110	917	131	369	—	1077	—
11422	2843	3322	1308	41	449	—	2336	68
6255	399	4501	834	55	115	33	3109	—
25896	1390	5501	2887	171	396	3	2854	—
7360	2255	10755	440	347	587	—	1910	—
10204	2157	4836	1718	497	696	19	3601	5
9674	749	7290	1358	343	537	22	3922	—
13358	1924	14306	3719	504	345	18	3417	200
16108	730	5741	1252	105	253	—	2785	390
27817	642	3174	1402	271	314	—	7749	—
1988	67	495	340	—	53	—	1073	—
3235	105	2650	206	70	178	—	448	—
10445	1150	9727	806	239	357	9	12552	120
5401	365	11155	738	185	305	—	8978	—
6331	196	14063	497	1397	295	54	7666	—
959	15	—	12	—	—	—	—	—
12901	1542	5264	1001	762	589	133	5978	—
14053	1395	2579	354	508	635	47	6103	—
4236	398	947	50	12	108	27	3318	—
4725	893	1654	13	43	95	10	1451	—
6296	950	5753	31	82	281	235	2079	—
—	—	—	—	—	—	—	—	—
36	—	128	—	—	103	22	3747	556
—	—	108	—	—	—	—	3123	556

林业系统各地区按行业分

地区	国有经济							
	制造业							
	小计	非木质林产品加工业	木材加工及竹、藤、棕、草制品业					林产化学产品制造
			计	锯材、木片加工	人造板制造	木制品制造	竹、藤、棕、草制品制造	
全国合计	**41597**	**194**	**31345**	**5873**	**19076**	**5088**	**1308**	**2200**
北京	—	—	—	—	—	—	—	—
天津	—	—	—	—	—	—	—	—
河北	674	38	242	3	206	33	—	31
山西	188	—	154	—	152	2	—	17
内蒙古	2711	—	2711	47	2664	—	—	—
内蒙古集团	2664	—	2664	—	2664	—	—	—
辽宁	831	—	713	—	443	270	—	—
吉林	7484	—	5654	3303	413	1938	—	12
吉林集团	4639	—	3430	3299	131	—	—	12
黑龙江	4335	—	3744	438	2769	537	—	—
龙江集团	4022	—	3574	304	2733	537	—	—
上海	—	—	—	—	—	—	—	—
江苏	—	—	—	—	—	—	—	—
浙江	—	—	—	—	—	—	—	—
安徽	1423	—	1334	75	1005	94	160	10
福建	1199	—	1055	78	928	14	35	48
江西	1360	6	913	58	681	96	78	15
山东	4719	—	3863	—	3645	218	—	—
河南	327	—	7	—	—	7	—	—
湖北	533	—	365	229	—	136	—	4
湖南	2837	54	2491	917	1439	77	58	42
广东	821	—	478	180	—	298	—	38
广西	4371	—	1983	87	1885	11	—	1073
海南	4	—	4	4	—	—	—	—
重庆	235	—	234	—	206	28	—	—
四川	2597	—	1795	407	280	163	945	542
贵州	960	24	889	17	832	40	—	7
云南	1928	—	1722	—	820	875	27	206
西藏	13	—	13	13	—	—	—	—
陕西	1074	67	160	—	69	91	—	155
甘肃	836	—	804	—	639	160	5	—
青海	—	—	—	—	—	—	—	—
宁夏	85	—	—	—	—	—	—	—
新疆	52	5	17	17	—	—	—	—
新疆兵团	—	—	—	—	—	—	—	—
局直属单位	—	—	—	—	—	—	—	—
大兴安岭	—	—	—	—	—	—	—	—

从业人员年末人数(二)

单位:人

单位合计								
专用设备、仪器仪表制造业	工艺品制造业	其他	电力、燃气及水的生产供应业	建筑业	交通运输、仓储及邮政业	信息传输、计算机服务和软件业	批发和零售业	住宿餐饮业
556	**245**	**7057**	**8669**	**7528**	**2017**	**198**	**9844**	**2959**
—	—	—	—	—	—	8	—	—
—	—	—	—	—	—	—	—	—
—	230	133	—	—	40	—	103	—
—	—	17	—	—	7	—	319	157
—	—	—	—	248	—	124	292	206
—	—	—	—	248	—	124	242	162
—	—	118	—	—	—	—	50	89
—	15	1803	—	56	134	—	165	308
—	—	1197	—	13	—	—	101	50
340	—	251	3529	4200	453	—	718	439
340	—	108	3529	4153	130	—	523	145
—	—	—	—	—	—	—	—	—
—	—	—	12	93	—	—	—	5
—	—	—	—	3	—	—	267	170
—	—	79	—	63	10	—	1126	30
16	—	80	8	489	86	—	770	208
—	—	426	18	27	49	—	33	57
—	—	856	—	8	—	—	107	66
—	—	320	—	—	—	—	47	15
—	—	164	—	127	3	—	245	21
—	—	250	18	24	99	—	429	386
—	—	305	277	—	56	—	951	12
200	—	1115	28	148	213	66	2708	85
—	—	—	—	—	—	—	30	—
—	—	1	—	—	—	—	42	—
—	—	260	—	1134	20	—	327	113
—	—	40	—	15	155	—	—	—
—	—	—	—	62	675	—	977	57
—	—	—	—	—	—	—	—	—
—	—	692	—	8	9	—	120	30
—	—	32	12	17	8	—	7	116
—	—	—	—	—	—	—	—	—
—	—	85	—	—	—	—	—	—
—	—	30	—	32	—	—	11	1
—	—	—	—	—	—	—	—	—
—	—	—	4767	774	—	—	—	388
—	—	—	4767	774	—	—	—	291

林业系统各地区按行业分

地区	国有经济							
	金融业	房地产业	租赁和商务服务业	科学研究、技术服务和地质勘查业			水利、环境和公共设施	
				计	其中		计	其
					科技交流和推广服务	规划设计管理		自然保护区管理
全国合计	**47**	**310**	**2177**	**27187**	**4024**	**5852**	**17839**	**15193**
北京	—	—	—	37	—	—	77	42
天津	—	—	—	—	—	—	—	—
河北	—	—	—	374	162	74	449	302
山西	—	—	—	597	41	66	379	207
内蒙古	—	69	905	1131	131	417	383	352
内蒙古集团	—	69	905	63	—	—	—	—
辽宁	—	—	—	298	130	21	509	479
吉林	47	—	—	914	91	705	1187	1179
吉林集团	47	—	—	—	—	—	—	—
黑龙江	—	46	147	3218	6	269	360	82
龙江集团	—	26	96	3021	—	269	14	—
上海	—	—	—	—	—	—	—	—
江苏	—	—	—	—	—	—	—	—
浙江	—	—	—	598	300	77	242	242
安徽	—	—	—	161	36	—	109	96
福建	—	28	—	969	105	243	462	323
江西	—	2	432	1179	476	97	436	328
山东	—	—	—	299	—	—	445	207
河南	—	—	2	1124	82	120	348	223
湖北	—	—	17	912	346	87	1234	1204
湖南	—	—	72	2083	492	120	2583	2405
广东	—	—	19	1395	278	163	643	421
广西	—	—	215	1233	289	276	803	756
海南	—	—	—	176	70	—	151	128
重庆	—	—	—	95	29	—	156	47
四川	—	—	93	732	186	181	753	484
贵州	—	5	12	449	225	224	524	512
云南	—	—	—	1633	136	571	2272	2164
西藏	—	—	—	—	—	—	—	—
陕西	—	—	7	326	80	76	177	119
甘肃	—	—	12	1147	257	130	1154	957
青海	—	—	—	108	12	69	164	164
宁夏	—	—	—	38	—	38	1044	1044
新疆	—	103	—	643	64	255	301	232
新疆兵团	—	—	—	—	—	—	—	—
局直属单位	—	57	244	5318	—	1573	494	494
大兴安岭	—	57	228	353	—	353	54	54

从业人员年末人数(三)

单位:人

单位合计									
管理业 中 野生动植物保护	居民服务和其他服务业	教育	卫生、社会保障和社会福利业	文化、体育和娱乐业	公共管理和社会组织	国际组织	集体经济单位合计	其他各种经济单位合计	
1220	**1057**	**9731**	**6293**	**593**	**81982**	**—**	**43718**	**39597**	
21	33	9	—	—	824	—	48	—	
—	22	—	—	—	196	—	—	—	
—	—	—	—	—	3444	—	27	—	
1	11	288	56	—	2033	—	—	—	
29	—	442	1335	131	2777	—	9585	4866	
—	—	275	1335	131	492	—	9579	4866	
30	9	10	—	—	1253	—	31	—	
8	16	261	—	—	2730	—	1038	8103	
—	4	—	—	—	191	—	460	8103	
173	175	2649	2508	30	4868	—	28987	6621	
—	152	2348	2508	22	1868	—	27448	6419	
—	—	—	—	—	—	—	—	210	
—	—	—	—	—	451	—	81	2771	
—	—	2	—	—	2011	—	—	121	
10	26	—	—	—	1532	—	49	335	
3	49	142	17	—	4299	—	360	5452	
55	17	336	—	2	6366	—	212	1133	
—	—	12	—	—	2177	—	—	1200	
3	20	334	—	30	4390	—	49	—	
30	12	21	126	—	2455	—	149	4772	
91	2	669	12	—	6777	—	62	692	
101	30	314	6	12	6023	—	200	153	
47	—	492	6	6	1963	—	139	341	
23	20	—	—	—	673	—	—	—	
—	—	7	—	—	1276	—	15	8	
248	179	62	30	—	5487	—	573	487	
12	36	173	—	—	2027	—	—	—	
74	—	418	236	—	7135	—	340	563	
—	—	—	—	—	427	—	—	30	
58	176	275	412	—	1921	—	1291	260	
134	125	1221	923	—	2992	—	38	—	
—	—	—	—	—	413	—	—	—	
—	—	101	—	—	226	—	—	—	
69	—	284	20	—	1613	—	—	126	
—	—	—	—	—	—	—	—	—	
—	99	1209	606	382	1223	—	444	1353	
—	—	642	606	135	642	—	444	1353	

林业系统各地区按行业分

地区	总计	合计	企业	事业	机关	国有经济	
						小计	木材及竹材采运企业
全国合计	**2035358**	**1781033**	**924880**	**777612**	**78541**	**1514865**	**730656**
北京	5271	5169	33	4314	822	4182	—
天津	1140	1140	62	922	156	922	—
河北	23982	23955	1795	18505	3655	18363	—
山西	25170	25170	529	22586	2055	20785	—
内蒙古	184099	146970	88804	55596	2570	135637	80933
内蒙古集团	129458	92335	88085	3981	269	85344	80933
辽宁	30026	29994	1225	27494	1275	26741	—
吉林	233582	212439	165273	44318	2848	190967	124496
吉林集团	67776	57283	57283	—	—	48309	48309
黑龙江	572761	400923	328544	67942	4437	366737	307159
龙江集团	505155	336538	325491	9496	1551	308549	307159
上海	1005	795	7	788	—	795	—
江苏	23029	20021	3872	15698	451	19417	—
浙江	15114	14993	719	12307	1967	11644	—
安徽	30905	30471	5930	23019	1522	23656	814
福建	36788	32900	10458	18728	3714	22744	6224
江西	101645	100044	35223	58310	6511	84299	24658
山东	32513	31313	5211	23844	2258	22994	—
河南	31501	31443	848	26198	4397	24480	81
湖北	39882	34976	5633	26929	2414	27962	689
湖南	86111	84922	21412	56780	6730	61595	9233
广东	46561	46245	10061	29872	6312	33006	652
广西	65652	65134	14133	49101	1900	49234	146
海南	7215	7215	3728	3091	396	5906	1352
重庆	8910	8879	366	7312	1201	7088	54
四川	69105	67397	28825	33390	5182	54493	20506
贵州	26776	26776	4807	19952	2017	22235	3383
云南	49127	48094	14457	26739	6898	32605	7916
西藏	1400	1370	231	712	427	930	—
陕西	40542	39242	6857	30454	1931	33524	3594
甘肃	41256	41218	10623	28857	1738	32430	4345
青海	9982	9982	246	9323	413	9295	199
宁夏	9969	9969	80	9663	226	8480	—
新疆	19911	19808	3799	14765	1244	16666	1266
新疆兵团	—	—	—	—	—	—	—
局直属单位	164428	162066	151089	10103	874	145053	132956
大兴安岭	156628	154266	151089	2534	643	144250	132956

在册职工人数(一)

单位:人

单位合计								
农林牧渔业								采矿业
国有林场	国有苗圃	林业工作站	木材检查站	种苗站	病虫害防治站	治沙站	其他	
441446	**41449**	**137340**	**23830**	**7129**	**10331**	**847**	**121837**	**2339**
880	1638	340	30	57	120	25	1092	—
61	199	207	10	41	7	—	397	—
7478	2265	2684	181	339	459	45	4912	—
8952	2240	4143	408	316	560	28	4138	—
41192	3100	3770	307	456	679	118	5082	—
3398	—	—	—	—	—	—	1013	—
16357	1234	3968	366	336	477	—	4003	—
50988	2803	4489	402	174	336	—	7279	—
—	—	—	—	—	—	—	—	—
48775	2795	2401	336	283	373	—	4615	84
—	1201	—	—	82	19	—	88	—
278	198	266	—	—	—	—	53	—
13834	1537	2262	271	32	138	—	1343	121
5683	265	3148	929	130	370	—	1119	—
12435	2955	3249	1311	41	447	—	2404	112
7331	436	4438	760	56	117	33	3349	—
44107	2472	5774	2917	175	405	17	3774	—
7556	2292	9798	442	357	595	—	1954	—
10456	2214	4920	1745	518	709	19	3818	25
12812	834	6751	1385	402	541	23	4525	—
22829	3197	16063	5287	730	442	18	3796	200
19604	896	7214	1262	123	257	—	2998	390
34947	809	3210	1398	276	311	—	8137	—
2289	70	497	352	—	61	—	1285	—
3372	105	2652	206	71	178	—	450	—
10149	1166	9646	808	239	358	9	11612	109
5764	366	9105	739	187	306	—	2385	—
5663	179	10705	499	378	298	54	6913	—
903	15	—	12	—	—	—	—	—
14760	1558	5297	1019	781	577	133	5805	—
16539	1381	2574	354	501	635	47	6054	—
4236	398	947	50	12	108	27	3318	—
4775	897	1196	13	43	95	10	1451	—
6405	935	5498	31	75	269	219	1968	—
—	—	—	—	—	—	—	—	—
36	—	128	—	—	103	22	11808	1298
—	—	108	—	—	—	—	11186	1298

林业系统各地区按行业分

地区	国有经济							
	制造业							
	小计	非木质林产品加工业	木材加工及竹、藤、棕、草制品业					林产化学产品制造
			计	锯材、木片加工	人造板制造	木制品制造	竹、藤、棕、草制品制造	
全国合计	**65255**	**555**	**45651**	**8374**	**28587**	**7204**	**1486**	**3610**
北京	—	—	—	—	—	—	—	—
天津	—	—	—	—	—	—	—	—
河北	855	38	393	46	206	141	—	61
山西	257	—	212	—	201	11	—	28
内蒙古	2711	—	2711	47	2664	—	—	—
内蒙古集团	2664	—	2664	—	2664	—	—	—
辽宁	1004	—	774	—	443	331	—	—
吉林	13903	—	9389	4188	3260	1941	—	204
吉林集团	8480	—	7079	4184	2895	—	—	204
黑龙江	6446	—	5513	553	4188	772	—	—
龙江集团	5562	—	5038	419	3847	772	—	—
上海	—	—	—	—	—	—	—	—
江苏	—	—	—	—	—	—	—	—
浙江	—	—	—	—	—	—	—	—
安徽	1639	—	1459	156	972	171	160	10
福建	1880	—	1566	71	1421	10	64	167
江西	5133	60	2305	382	1313	532	78	61
山东	4866	—	4010	—	3792	218	—	—
河南	434	—	7	—	—	7	—	—
湖北	1343	—	822	295	262	265	—	207
湖南	7360	334	5777	1274	3722	646	135	334
广东	1452	20	1034	462	—	572	—	68
广西	5327	—	2451	87	2304	60	—	1487
海南	244	—	213	202	11	—	—	31
重庆	258	—	234	—	206	28	—	—
四川	3372	—	1910	549	140	203	1018	577
贵州	1202	31	995	21	918	56	—	15
云南	2288	—	2081	—	1157	898	26	207
西藏	13	—	13	13	—	—	—	—
陕西	2031	67	703	—	521	182	—	153
甘肃	1091	—	1051	—	886	160	5	—
青海	—	—	—	—	—	—	—	—
宁夏	80	—	—	—	—	—	—	—
新疆	66	5	28	28	—	—	—	—
新疆兵团	—	—	—	—	—	—	—	—
局直属单位	—	—	—	—	—	—	—	—
大兴安岭	—	—	—	—	—	—	—	—

在册职工人数(二)

单位:人

单位合计								
专用设备、仪器仪表制造业	工艺品制造业	其他	电力、燃气及水的生产供应业	建筑业	交通运输、仓储及邮政业	信息传输、计算机服务和软件业	批发和零售业	住宿餐饮业
651	**245**	**14543**	**9025**	**13875**	**3427**	**292**	**17598**	**3752**
—	—	—	—	—	—	8	—	—
—	—	—	—	—	—	—	—	—
—	230	133	—	—	47	—	186	—
—	—	17	—	—	38	—	499	157
—	—	—	—	248	—	126	300	221
—	—	—	—	248	—	126	248	175
—	—	230	—	—	—	—	50	94
—	15	4295	—	1270	168	—	229	349
—	—	1197	—	14	—	—	165	52
373	—	560	3675	7266	764	—	973	465
373	—	151	3675	7154	306	—	715	149
—	—	—	—	—	—	—	—	—
—	—	—	12	15	—	—	—	5
—	—	—	—	9	—	—	321	170
—	—	170	—	647	33	—	2532	33
17	—	130	8	1356	104	—	904	231
—	—	2707	18	221	81	—	189	228
—	—	856	—	31	—	—	228	86
—	—	427	—	—	—	—	234	15
—	—	314	—	127	3	—	1057	26
—	—	915	34	296	550	—	1224	752
—	—	330	330	—	178	—	1761	41
261	—	1128	37	251	257	158	5051	95
—	—	—	—	—	—	—	30	—
—	—	24	—	—	—	—	42	—
—	—	885	—	1134	272	—	498	124
—	—	161	—	39	166	—	—	—
—	—	—	—	62	734	—	1066	75
—	—	—	—	—	—	—	—	—
—	—	1108	—	8	24	—	206	58
—	—	40	12	30	8	—	7	135
—	—	—	—	—	—	—	—	—
—	—	80	—	—	—	—	—	—
—	—	33	—	91	—	—	11	3
—	—	—	—	—	—	—	—	—
—	—	—	4899	774	—	—	—	389
—	—	—	4899	774	—	—	—	292

林业系统各地区按行业分

地区	金融业	房地产业	租赁和商务服务业	科学研究、技术服务和地质勘查业 计	其中 科技交流和推广服务	其中 规划设计管理	水利、环境和公共设施 计	其中 自然保护区管理
全国合计	**47**	**434**	**3836**	**28148**	**4174**	**5956**	**17171**	**14579**
北京	—	—	—	38	—	—	77	42
天津	—	—	—	—	—	—	—	—
河北	—	—	—	374	162	74	449	302
山西	—	—	—	597	41	66	381	209
内蒙古	—	69	907	1248	131	438	623	592
内蒙古集团	—	69	907	142	—	—	—	—
辽宁	—	—	—	298	130	21	513	483
吉林	47	—	—	936	91	708	1225	1217
吉林集团	47	—	—	—	—	—	—	—
黑龙江	—	56	321	3351	6	269	358	82
龙江集团	—	36	270	3154	—	269	12	—
上海	—	—	—	—	—	—	—	—
江苏	—	—	—	—	—	—	—	—
浙江	—	—	—	598	299	78	270	270
安徽	—	—	—	162	36	—	109	96
福建	—	34	—	914	109	190	423	284
江西	—	2	1163	1341	579	105	441	333
山东	—	—	—	299	—	—	539	207
河南	—	—	2	1124	82	120	348	223
湖北	—	—	52	1026	356	89	805	774
湖南	—	—	341	2369	535	105	2577	2414
广东	—	—	19	1514	297	163	638	414
广西	—	—	303	1243	270	305	751	703
海南	—	—	—	176	70	—	154	128
重庆	—	—	—	95	29	—	119	47
四川	—	—	376	745	186	194	645	471
贵州	—	5	12	449	225	224	442	430
云南	—	—	—	1614	136	563	2098	1987
西藏	—	—	—	—	—	—	—	—
陕西	—	—	50	326	80	76	179	129
甘肃	—	—	17	1146	257	130	1013	816
青海	—	—	—	110	12	71	164	164
宁夏	—	—	—	38	—	38	1044	1044
新疆	—	211	—	654	55	275	292	224
新疆兵团	—	—	—	—	—	—	—	—
局直属单位	—	57	273	5363	—	1654	494	494
大兴安岭	—	57	259	353	—	353	54	54

注：表头“国有经济”横跨各列。

在册职工人数(三)

单位:人

单位合计 管理业 中 野生动植物保护	单位合计 居民服务和其他服务业	单位合计 教育	单位合计 卫生、社会保障和社会福利业	单位合计 文化、体育和娱乐业	单位合计 公共管理和社会组织	单位合计 国际组织	集体经济单位合计	其他各种经济单位合计
1126	**1647**	**9719**	**6538**	**604**	**82461**	—	**212722**	**41603**
21	33	9	—	—	822	—	102	—
—	22	—	—	—	196	—	—	—
—	21	—	—	—	3660	—	27	—
1	11	313	77	—	2055	—	—	—
29	—	454	1490	143	2793	—	30637	6492
—	—	287	1490	143	492	—	30631	6492
30	9	10	—	—	1275	—	32	—
8	24	261	—	—	3060	—	12080	9063
—	4	—	—	—	212	—	1430	9063
173	235	2618	2551	30	4993	—	164137	7701
—	198	2317	2551	22	1868	—	161155	7462
—	—	—	—	—	—	—	—	210
—	—	—	—	—	451	—	81	2927
—	—	14	—	—	1967	—	—	121
10	26	—	—	—	1522	—	99	335
3	56	121	17	—	4108	—	555	3333
56	17	336	—	2	6573	—	390	1211
—	—	12	—	—	2258	—	—	1200
3	20	334	—	30	4397	—	58	—
31	12	21	107	—	2435	—	182	4724
92	6	679	36	—	6903	—	359	830
101	241	313	6	12	6344	—	160	156
48	—	497	6	5	1919	—	172	346
26	64	—	—	—	641	—	—	—
—	—	7	—	—	1270	—	23	8
153	335	62	30	—	5202	—	1221	487
12	36	173	—	—	2017	—	—	—
77	—	418	236	—	6898	—	346	687
—	—	—	—	—	427	—	—	30
50	217	275	413	—	1931	—	1040	260
134	163	1214	960	—	2992	—	38	—
—	—	—	—	—	413	—	—	—
—	—	101	—	—	226	—	—	—
68	—	284	10	—	1520	—	—	103
—	—	—	—	—	—	—	—	—
—	99	1193	599	382	1193	—	983	1379
—	—	653	599	135	643	—	983	1379

林业系统各地区按行业分

地　区	总　计	合　计	企　业	事　业	机　关	国有经济	
						小　计	木材及竹材采运企业
全国合计	**1462364**	**1382078**	**622966**	**682585**	**76527**	**1165539**	**499542**
北　京	5030	4982	33	4127	822	3996	—
天　津	1140	1140	62	922	156	922	—
河　北	22081	22054	1399	17229	3426	16983	—
山　西	23930	23930	297	21600	2033	19895	—
内蒙古	143608	129256	77422	49284	2550	118554	71017
内蒙古集团	95193	80847	76879	3699	269	74158	71017
辽　宁	25426	25395	1037	23105	1253	22346	—
吉　林	156288	147152	107059	37559	2534	133856	80159
吉林集团	45246	36688	36688	—	—	31643	31643
黑龙江	349496	313895	248655	60972	4268	286352	233873
龙江集团	290881	257016	246715	8787	1514	234646	233873
上　海	987	777	7	770	—	777	—
江　苏	20871	18019	3156	14412	451	17415	—
浙　江	13583	13462	627	10880	1955	10257	—
安　徽	26644	26260	3223	21526	1511	21846	491
福　建	30935	27615	7003	16918	3694	19368	4568
江　西	58339	56994	12074	38650	6270	46763	9652
山　东	31235	30035	4830	23046	2159	22290	—
河　南	29739	29690	477	24832	4381	23063	81
湖　北	31881	27039	2206	22475	2358	22120	91
湖　南	54554	53800	5173	42140	6487	38395	1916
广　东	38547	38237	7238	25016	5983	27326	442
广　西	53167	52687	9765	41039	1883	40577	13
海　南	6270	6270	2933	2942	395	5269	1253
重　庆	8695	8672	303	7171	1198	6907	15
四　川	61695	60635	23858	31632	5145	49580	17972
贵　州	24553	24553	3324	19236	1993	20358	2222
云　南	47365	46465	13294	26358	6813	31668	7463
西　藏	1353	1323	231	665	427	883	—
陕　西	36429	35139	4844	28397	1898	30651	2863
甘　肃	37116	37078	8730	26613	1735	28698	3277
青　海	9980	9980	246	9321	413	9295	199
宁　夏	9784	9784	80	9478	226	8295	—
新　疆	19093	19007	3495	14275	1237	16083	1246
新疆兵团	—	—	—	—	—	—	—
局直属单位	82550	80753	69885	9995	873	64751	60729
大兴安岭	74846	73049	69885	2522	642	63951	60729

在岗职工人数(一)

单位:人

单位合计								
农林牧渔业								采矿业
国有林场	国有苗圃	林业工作站	木材检查站	种苗站	病虫害防治站	治沙站	其他	
354889	**35574**	**131290**	**21777**	**6651**	**10098**	**816**	**104902**	**1511**
868	1490	340	30	57	119	25	1067	—
61	199	207	10	41	7	—	397	—
6618	2029	2668	181	339	459	45	4644	—
8414	2126	4096	403	301	557	28	3970	—
35129	2891	3736	300	432	661	103	4285	—
2485	—	—	—	—	—	—	656	—
12490	976	3912	366	336	477	—	3789	—
40196	2266	4396	390	166	335	—	5948	—
—	—	—	—	—	—	—	—	—
42781	2007	2387	334	280	372	—	4318	62
—	588	—	—	79	19	—	87	—
266	195	263	—	—	—	—	53	—
12007	1451	2199	266	32	122	—	1338	121
4435	234	3105	915	130	368	—	1070	—
11212	2828	3211	1302	41	447	—	2314	68
6101	368	4355	755	55	115	33	3018	—
24255	1354	5456	2836	171	396	3	2640	—
7339	2242	9437	440	347	586	—	1899	—
9541	2121	4808	1711	497	696	19	3589	5
9141	739	6059	1341	336	527	22	3864	—
13013	1865	13866	3513	468	325	18	3411	200
16023	728	5741	1252	105	253	—	2782	390
27316	642	3149	1386	271	310	—	7490	—
1988	67	495	340	—	53	—	1073	—
3235	105	2650	206	70	178	—	448	—
9386	1056	9578	806	239	357	9	10177	109
5125	357	9057	736	185	305	—	2371	—
5420	179	10615	497	362	295	54	6783	—
856	15	—	12	—	—	—	—	—
12874	1537	5241	1001	762	571	133	5669	—
13906	1370	2572	354	501	634	47	6037	—
4236	398	947	50	12	108	27	3318	—
4594	893	1196	13	43	95	10	1451	—
6027	846	5420	31	72	267	218	1956	—
—	—	—	—	—	—	—	—	—
36	—	128	—	—	103	22	3733	556
—	—	108	—	—	—	—	3114	556

林业系统各地区按行业分

地区	国有经济							
	制造业							
	小计	非木质林产品加工业	木材加工及竹、藤、棕、草制品业					林产化学产品制造
			计	锯材、木片加工	人造板制造	木制品制造	竹、藤、棕、草制品制造	
全国合计	**40614**	**194**	**30478**	**5590**	**18631**	**4967**	**1290**	**2177**
北京	—	—	—	—	—	—	—	—
天津	—	—	—	—	—	—	—	—
河北	674	38	242	3	206	33	—	31
山西	188	—	154	—	152	2	—	17
内蒙古	2684	—	2684	20	2664	—	—	—
内蒙古集团	2664	—	2664	—	2664	—	—	—
辽宁	831	—	713	—	443	270	—	—
吉林	7484	—	5654	3303	413	1938	—	12
吉林集团	4639	—	3430	3299	131	—	—	12
黑龙江	4317	—	3728	422	2769	537	—	—
龙江集团	4004	—	3558	288	2733	537	—	—
上海	—	—	—	—	—	—	—	—
江苏	—	—	—	—	—	—	—	—
浙江	—	—	—	—	—	—	—	—
安徽	1310	—	1221	75	892	94	160	10
福建	1115	—	1017	59	917	6	35	44
江西	1317	6	913	58	681	96	78	15
山东	4716	—	3860	—	3642	218	—	—
河南	327	—	7	—	—	7	—	—
湖北	406	—	238	200	—	38	—	4
湖南	2463	54	2117	725	1274	77	41	42
广东	821	—	478	180	—	298	—	38
广西	4353	—	1968	87	1874	7	—	1070
海南	4	—	4	4	—	—	—	—
重庆	235	—	234	—	206	28	—	—
四川	2457	—	1655	407	140	163	945	542
贵州	947	24	876	17	830	29	—	7
云南	1926	—	1721	—	820	875	26	205
西藏	13	—	13	13	—	—	—	—
陕西	1058	67	160	—	69	91	—	140
甘肃	836	—	804	—	639	160	5	—
青海	—	—	—	—	—	—	—	—
宁夏	80	—	—	—	—	—	—	—
新疆	52	5	17	17	—	—	—	—
新疆兵团	—	—	—	—	—	—	—	—
局直属单位	—	—	—	—	—	—	—	—
大兴安岭	—	—	—	—	—	—	—	—

在岗职工人数(二)

单位:人

单位合计								
专用设备、仪器仪表制造业	工艺品制造业	其他	电力、燃气及水的生产供应业	建筑业	交通运输、仓储及邮政业	信息传输、计算机服务和软件业	批发和零售业	住宿餐饮业
547	**245**	**6973**	**8669**	**7422**	**1914**	**198**	**9648**	**2830**
—	—	—	—	—	—	8	—	—
—	—	—	—	—	—	—	—	—
—	230	133	—	—	40	—	103	—
—	—	17	—	—	7	—	319	157
—	—	—	—	248	—	124	292	205
—	—	—	—	248	—	124	242	161
—	—	118	—	—	—	—	50	89
—	15	1803	—	56	134	—	164	308
—	—	1197	—	13	—	—	101	50
340	—	249	3529	4198	453	—	713	432
340	—	106	3529	4151	130	—	518	138
—	—	—	—	—	—	—	—	—
—	—	—	12	15	—	—	—	5
—	—	—	—	3	—	—	236	170
—	—	79	—	63	10	—	1126	30
7	—	47	8	464	86	—	752	197
—	—	383	18	27	49	—	33	57
—	—	856	—	8	—	—	40	66
—	—	320	—	—	—	—	47	15
—	—	164	—	127	3	—	220	21
—	—	250	18	23	99	—	429	276
—	—	305	277	—	36	—	951	12
200	—	1115	28	148	213	66	2682	85
—	—	—	—	—	—	—	30	—
—	—	1	—	—	—	—	42	—
—	—	260	—	1134	20	—	327	113
—	—	40	—	15	123	—	—	—
—	—	—	—	62	624	—	954	57
—	—	—	—	—	—	—	—	—
—	—	691	—	8	9	—	120	30
—	—	32	12	17	8	—	7	116
—	—	—	—	—	—	—	—	—
—	—	80	—	—	—	—	—	—
—	—	30	—	32	—	—	11	1
—	—	—	—	—	—	—	—	—
—	—	—	4767	774	—	—	—	388
—	—	—	4767	774	—	—	—	291

林业系统各地区按行业分

地区				国有经济				
	金融业	房地产业	租赁和商务服务业	科学研究、技术服务和地质勘查业			水利、环境和公共设施	
				计	其中		计	其中
					科技交流和推广服务	规划设计管理		自然保护区管理
全国合计	**47**	**310**	**2169**	**26912**	**3955**	**5742**	**16518**	**14037**
北京	—	—	—	37	—	—	77	42
天津	—	—	—	—	—	—	—	—
河北	—	—	—	374	162	74	449	302
山西	—	—	—	597	41	66	379	207
内蒙古	—	69	905	1129	131	417	383	352
内蒙古集团	—	69	905	61	—	—	—	—
辽宁	—	—	—	298	130	21	509	479
吉林	47	—	—	914	91	705	1187	1179
吉林集团	47	—	—	—	—	—	—	—
黑龙江	—	46	147	3218	6	269	358	82
龙江集团	—	26	96	3021	—	269	12	—
上海	—	—	—	—	—	—	—	—
江苏	—	—	—	—	—	—	—	—
浙江	—	—	—	597	299	77	242	242
安徽	—	—	—	161	36	—	109	96
福建	—	28	—	900	104	187	423	284
江西	—	2	432	1175	476	97	435	328
山东	—	—	—	299	—	—	445	207
河南	—	—	2	1118	82	120	348	223
湖北	—	—	17	902	336	87	724	694
湖南	—	—	72	2027	468	94	2455	2298
广东	—	—	19	1395	278	163	634	412
广西	—	—	209	1196	270	271	738	691
海南	—	—	—	176	70	—	151	128
重庆	—	—	—	95	29	—	119	47
四川	—	—	93	727	186	176	645	471
贵州	—	5	12	449	225	224	442	430
云南	—	—	—	1614	136	563	2093	1985
西藏	—	—	—	—	—	—	—	—
陕西	—	—	7	326	80	76	169	119
甘肃	—	—	12	1141	257	130	1013	816
青海	—	—	—	108	12	69	164	164
宁夏	—	—	—	38	—	38	1044	1044
新疆	—	103	—	629	50	255	289	221
新疆兵团	—	—	—	—	—	—	—	—
局直属单位	—	57	242	5272	—	1563	494	494
大兴安岭	—	57	228	353	—	353	54	54

在岗职工人数(三)

单位:人

单位合计 管理业 中 野生动植物保护	居民服务和其他服务业	教育	卫生、社会保障和社会福利业	文化、体育和娱乐业	公共管理和社会组织	国际组织	集体经济单位合计	其他各种经济单位合计
1116	**1057**	**9593**	**6195**	**592**	**80340**	—	**43219**	**37067**
21	33	9	—	—	822	—	48	—
—	22	—	—	—	196	—	—	—
—	—	—	—	—	3431	—	27	—
1	11	288	56	—	2033	—	—	—
29	—	442	1317	131	2773	—	9531	4821
—	—	275	1317	131	492	—	9525	4821
30	9	10	—	—	1253	—	31	—
8	16	261	—	—	2725	—	1038	8098
—	4	—	—	—	191	—	460	8098
173	175	2612	2464	30	4789	—	28982	6619
—	152	2311	2464	22	1796	—	27448	6417
—	—	—	—	—	—	—	—	210
—	—	—	—	—	451	—	81	2771
—	—	2	—	—	1955	—	—	121
10	26	—	—	—	1511	—	49	335
3	49	121	17	—	4087	—	258	3062
55	17	336	—	2	6331	—	212	1133
—	—	12	—	—	2159	—	—	1200
3	20	334	—	30	4381	—	49	—
30	12	21	107	—	2359	—	118	4724
91	2	669	12	—	6660	—	62	692
101	30	313	6	12	6015	—	157	153
47	—	479	6	5	1902	—	139	341
23	20	—	—	—	620	—	—	—
—	—	7	—	—	1267	—	15	8
153	179	62	30	—	5159	—	573	487
12	36	173	—	—	1993	—	—	—
74	—	418	236	—	6813	—	337	563
—	—	—	—	—	427	—	—	30
50	176	275	412	—	1898	—	1030	260
134	125	1182	923	—	2988	—	38	—
—	—	—	—	—	413	—	—	—
—	—	101	—	—	226	—	—	—
68	—	284	10	—	1513	—	—	86
—	—	—	—	—	—	—	—	—
—	99	1182	599	382	1190	—	444	1353
—	—	642	599	135	642	—	444	1353

林业系统各地区按行业分

地　区	总　计					国　有　经　济	
		合　计	企　业	事　业	机　关	小　计	木材及竹材采运企业
全国合计	**1383904**	**1310160**	**578890**	**655853**	**75417**	**1105119**	**463846**
北　京	4229	4181	33	3339	809	3216	—
天　津	1140	1140	62	922	156	922	—
河　北	21898	21871	1389	17078	3404	16832	—
山　西	23628	23628	293	21309	2026	19611	—
内蒙古	139221	125268	74347	48408	2513	115838	69027
内蒙古集团	91590	77643	73828	3546	269	72144	69027
辽　宁	24720	24689	930	22518	1241	21732	—
吉　林	153268	144833	105657	36656	2520	132252	79649
吉林集团	44045	36188	36188	—	—	31328	31328
黑龙江	322161	287802	225151	58394	4257	261038	210789
龙江集团	265946	233234	223254	8466	1514	211552	210789
上　海	717	717	7	710	—	717	—
江　苏	19386	17444	3076	13917	451	16842	—
浙　江	13160	13107	620	10575	1912	9985	—
安　徽	25996	25612	2940	21199	1473	21533	491
福　建	30481	27170	6869	16638	3663	19099	4490
江　西	54311	53536	10997	36343	6196	43494	8695
山　东	31235	30035	4830	23046	2159	22290	—
河　南	29340	29291	475	24608	4208	22842	81
湖　北	30022	26730	2183	22200	2347	21833	91
湖　南	52945	52282	4582	41364	6336	38041	1777
广　东	35043	34763	5104	23750	5909	24857	424
广　西	50274	49862	9444	38549	1869	38202	13
海　南	5943	5943	2906	2646	391	5056	1236
重　庆	8601	8578	291	7089	1198	6826	15
四　川	58253	57474	22219	30194	5061	48055	17546
贵　州	22129	22129	3009	17134	1986	18335	2179
云　南	44614	43820	12498	24667	6655	29666	7014
西　藏	1129	1129	94	613	422	694	—
陕　西	35454	34428	4838	27704	1886	30173	2863
甘　肃	36722	36684	8572	26389	1723	28506	3277
青　海	9387	9387	231	8747	409	8741	199
宁　夏	9054	9054	65	8763	226	7605	—
新　疆	16483	16410	3373	11807	1230	13594	1205
新疆兵团	—	—	—	—	—	—	—
局直属单位	72960	71163	61805	8577	781	56692	52785
大兴安岭	66385	64588	61805	2233	550	55930	52785

在岗职工中长期职工人数(一)

单位:人

单位合计								
农林牧渔业								采矿业
国有林场	国有苗圃	林业工作站	木材检查站	种苗站	病虫害防治站	治沙站	其他	
341363	**34184**	**126477**	**21436**	**6571**	**9971**	**792**	**100479**	**882**
843	1013	326	27	57	119	25	806	—
61	199	207	10	41	7	—	397	—
6581	2017	2597	181	339	459	45	4613	—
8336	1998	4047	402	300	557	24	3947	—
34457	2891	3735	300	429	657	103	4239	—
2485	—	—	—	—	—	—	632	—
12146	928	3756	366	336	471	—	3729	—
39698	2265	4385	389	142	335	—	5389	—
—	—	—	—	—	—	—	—	—
40613	1982	2387	334	277	372	—	4284	21
—	588	—	—	77	19	—	79	—
266	141	261	—	—	—	—	49	—
11557	1413	2125	266	32	122	—	1327	121
4382	222	3077	801	126	341	—	1036	—
10985	2825	3204	1294	41	445	—	2248	68
6085	368	4271	749	55	114	33	2934	—
22265	1338	5367	2776	170	388	3	2492	—
7339	2242	9437	440	347	586	—	1899	—
9454	2084	4727	1701	497	696	19	3583	5
9046	731	5960	1333	336	527	19	3790	—
12952	1811	13802	3503	465	317	18	3396	67
14007	720	5623	1244	103	242	—	2494	—
26298	637	3088	1321	271	307	—	6267	—
1976	67	448	307	—	53	—	969	—
3170	94	2650	206	70	177	—	444	—
8992	1044	9059	795	239	357	9	10014	71
4804	353	7660	736	185	304	—	2114	—
5167	173	9482	497	358	295	54	6626	—
668	14	—	12	—	—	—	—	—
12765	1291	5218	1000	739	570	132	5595	—
13814	1356	2528	353	496	631	47	6004	—
3913	324	939	49	12	108	27	3170	—
4102	856	1035	13	43	95	10	1451	—
4585	787	4948	31	65	228	204	1541	—
—	—	—	—	—	—	—	—	—
36	—	128	—	—	91	20	3632	529
—	—	108	—	—	—	—	3037	529

林业系统各地区按行业分

地区	国有经济							
	制造业							
	小计	非木质林产品加工业	木材加工及竹、藤、棕、草制品业					林产化学产品制造
			计	锯材、木片加工	人造板制造	木制品制造	竹、藤、棕、草制品制造	
全国合计	**35760**	**194**	**26482**	**4921**	**16601**	**4685**	**275**	**2122**
北京	—	—	—	—	—	—	—	—
天津	—	—	—	—	—	—	—	—
河北	664	38	242	3	206	33	—	31
山西	188	—	154	—	152	2	—	17
内蒙古	1623	—	1623	20	1603	—	—	—
内蒙古集团	1603	—	1603	—	1603	—	—	—
辽宁	751	—	713	—	443	270	—	—
吉林	7309	—	5495	3144	413	1938	—	12
吉林集团	4479	—	3271	3140	131	—	—	12
黑龙江	4009	—	3559	405	2617	537	—	—
龙江集团	3696	—	3389	271	2581	537	—	—
上海	—	—	—	—	—	—	—	—
江苏	—	—	—	—	—	—	—	—
浙江	—	—	—	—	—	—	—	—
安徽	1033	—	969	43	734	82	110	10
福建	1073	—	999	59	899	6	35	20
江西	1270	6	885	58	653	96	78	11
山东	4716	—	3860	—	3642	218	—	—
河南	327	—	7	—	—	7	—	—
湖北	402	—	234	200	—	34	—	4
湖南	2063	54	1717	440	1174	77	26	42
广东	519	—	474	180	—	294	—	38
广西	4222	—	1864	87	1770	7	—	1043
海南	4	—	4	4	—	—	—	—
重庆	235	—	234	—	206	28	—	—
四川	1041	—	439	231	140	63	5	542
贵州	691	24	625	17	583	25	—	7
云南	1758	—	1553	—	662	875	16	205
西藏	13	—	13	13	—	—	—	—
陕西	1054	67	156	—	65	91	—	140
甘肃	678	—	646	—	639	2	5	—
青海	—	—	—	—	—	—	—	—
宁夏	65	—	—	—	—	—	—	—
新疆	52	5	17	17	—	—	—	—
新疆兵团	—	—	—	—	—	—	—	—
局直属单位	—	—	—	—	—	—	—	—
大兴安岭	—	—	—	—	—	—	—	—

在岗职工中长期职工人数(二)

单位:人

单位合计								
专用设备、仪器仪表制造业	工艺品制造业	其他	电力、燃气及水的生产供应业	建筑业	交通运输、仓储及邮政业	信息传输、计算机服务和软件业	批发和零售业	住宿餐饮业
410	**230**	**6322**	**8589**	**7324**	**1844**	**198**	**9517**	**2252**
—	—	—	—	—	—	8	—	—
—	—	—	—	—	—	—	—	—
—	230	123	—	—	40	—	103	—
—	—	17	—	—	7	—	319	157
—	—	—	—	248	—	124	292	181
—	—	—	—	248	—	124	242	161
—	—	38	—	—	—	—	50	89
—	—	1802	—	56	124	—	162	108
—	—	1196	—	13	—	—	101	50
203	—	247	3516	4142	453	—	713	395
203	—	104	3516	4095	130	—	518	138
—	—	—	—	—	—	—	—	—
—	—	—	12	13	—	—	—	5
—	—	—	—	3	—	—	229	170
—	—	54	—	63	10	—	1120	29
7	—	47	8	464	86	—	749	166
—	—	368	18	21	5	—	33	57
—	—	856	—	8	—	—	40	66
—	—	320	—	—	—	—	45	15
—	—	164	—	127	3	—	220	18
—	—	250	18	23	99	—	425	162
—	—	7	210	—	36	—	941	12
200	—	1115	28	114	213	66	2629	80
—	—	—	—	—	—	—	30	—
—	—	1	—	—	—	—	30	—
—	—	60	—	1134	20	—	316	113
—	—	35	—	15	107	—	—	—
—	—	—	—	62	624	—	934	57
—	—	—	—	—	—	—	—	—
—	—	691	—	8	9	—	120	30
—	—	32	12	17	8	—	7	116
—	—	—	—	—	—	—	—	—
—	—	65	—	—	—	—	—	—
—	—	30	—	32	—	—	10	1
—	—	—	—	—	—	—	—	—
—	—	—	4767	774	—	—	—	225
—	—	—	4767	774	—	—	—	171

林业系统各地区按行业分

地区	国有经济							
	金融业	房地产业	租赁和商务服务业	科学研究、技术服务和地质勘查业			水利、环境和公共设施	
				计	其中		计	其
					科技交流和推广服务	规划设计管理		自然保护区管理
全国合计	**44**	**305**	**2111**	**25539**	**3883**	**5520**	**15220**	**12799**
北　京	—	—	—	37	—	—	69	36
天　津	—	—	—	—	—	—	—	—
河　北	—	—	—	374	162	74	449	302
山　西	—	—	—	586	40	66	379	207
内蒙古	—	69	905	1108	131	407	383	352
内蒙古集团	—	69	905	61	—	—	—	—
辽　宁	—	—	—	298	130	21	509	479
吉　林	44	—	—	914	91	705	913	905
吉林集团	44	—	—	—	—	—	—	—
黑龙江	—	44	147	3068	6	269	358	82
龙江集团	—	26	96	2871	—	269	12	—
上　海	—	—	—	—	—	—	—	—
江　苏	—	—	—	—	—	—	—	—
浙　江	—	—	—	571	281	77	235	235
安　徽	—	—	—	155	36	—	102	89
福　建	—	28	—	900	104	187	399	260
江　西	—	2	432	1165	473	97	428	323
山　东	—	—	—	299	—	—	445	207
河　南	—	—	2	1118	82	120	348	223
湖　北	—	—	13	902	336	87	724	694
湖　南	—	—	72	2020	465	93	2206	2049
广　东	—	—	19	1327	246	155	631	410
广　西	—	—	209	1086	264	271	664	617
海　南	—	—	—	176	70	—	151	128
重　庆	—	—	—	95	29	—	119	47
四　川	—	—	93	727	186	176	558	388
贵　州	—	5	12	449	225	224	320	308
云　南	—	—	—	1607	136	563	1806	1735
西　藏	—	—	—	—	—	—	—	—
陕　西	—	—	7	326	80	76	169	119
甘　肃	—	—	12	1141	257	130	1001	807
青　海	—	—	—	108	12	69	129	129
宁　夏	—	—	—	38	—	38	1019	1019
新　疆	—	102	—	589	41	225	241	184
新疆兵团	—	—	—	—	—	—	—	—
局直属单位	—	55	188	4355	—	1390	465	465
大兴安岭	—	55	174	353	—	353	39	39

在岗职工中长期职工人数(三)

单位:人

单位合计 管理业中 野生动植物保护	居民服务和其他服务业	教育	卫生、社会保障和社会福利业	文化、体育和娱乐业	公共管理和社会组织	国际组织	集体经济单位合计	其他各种经济单位合计
1059	**1029**	**9196**	**5662**	**574**	**78995**	**—**	**41670**	**32074**
21	33	9	—	—	809	—	48	—
—	22	—	—	—	196	—	—	—
—	—	—	—	—	3409	—	27	—
1	11	288	56	—	2026	—	—	—
29	—	442	1197	131	2727	—	9461	4492
—	—	275	1197	131	483	—	9455	4492
30	9	10	—	—	1241	—	31	—
8	16	246	—	—	2689	—	1038	7397
—	4	—	—	—	169	—	460	7397
173	175	2594	2321	30	4778	—	28152	6207
—	152	2293	2321	22	1796	—	26619	6093
—	—	—	—	—	—	—	—	—
—	—	—	—	—	451	—	81	1861
—	—	2	—	—	1912	—	—	53
10	26	—	—	—	1473	—	49	335
3	37	117	17	—	4027	—	258	3053
54	17	336	—	1	6257	—	130	645
—	—	12	—	—	2159	—	—	1200
3	20	331	—	30	4208	—	49	—
30	12	21	107	—	2348	—	112	3180
91	2	599	12	—	6473	—	62	601
100	30	224	6	10	5941	—	138	142
47	—	450	6	5	1888	—	134	278
23	20	—	—	—	506	—	—	—
—	—	7	—	—	1266	—	15	8
149	179	62	30	—	5075	—	399	380
12	36	173	—	—	1986	—	—	—
37	—	418	233	—	6655	—	238	556
—	—	—	—	—	422	—	—	—
50	176	255	215	—	1886	—	766	260
131	122	1178	910	—	2976	—	38	—
—	—	—	—	—	409	—	—	—
—	—	101	—	—	226	—	—	—
57	—	284	10	—	1495	—	—	73
—	—	—	—	—	—	—	—	—
—	86	1037	542	367	1081	—	444	1353
—	—	569	542	135	550	—	444	1353

林业系统各地区按行业分

地　区	总　计	合　计	企　业	事　业	机　关	国有经济 小　计	国有经济 木材及竹材采运企业
全国合计	**78460**	**71918**	**44076**	**26732**	**1110**	**60420**	**35696**
北　京	801	801	—	788	13	780	—
天　津	—	—	—	—	—	—	—
河　北	183	183	10	151	22	151	—
山　西	302	302	4	291	7	284	—
内蒙古	4387	3988	3075	876	37	2716	1990
内蒙古集团	3603	3204	3051	153	—	2014	1990
辽　宁	706	706	107	587	12	614	—
吉　林	3020	2319	1402	903	14	1604	510
吉林集团	1201	500	500	—	—	315	315
黑龙江	27335	26093	23504	2578	11	25314	23084
龙江集团	24935	23782	23461	321	—	23094	23084
上　海	270	60	—	60	—	60	—
江　苏	1485	575	80	495	—	573	—
浙　江	423	355	7	305	43	272	—
安　徽	648	648	283	327	38	313	—
福　建	454	445	134	280	31	269	78
江　西	4028	3458	1077	2307	74	3269	957
山　东	—	—	—	—	—	—	—
河　南	399	399	2	224	173	221	—
湖　北	1859	309	23	275	11	287	—
湖　南	1609	1518	591	776	151	354	139
广　东	3504	3474	2134	1266	74	2469	18
广　西	2893	2825	321	2490	14	2375	—
海　南	327	327	27	296	4	213	17
重　庆	94	94	12	82	—	81	—
四　川	3442	3161	1639	1438	84	1525	426
贵　州	2424	2424	315	2102	7	2023	43
云　南	2751	2645	796	1691	158	2002	449
西　藏	224	194	137	52	5	189	—
陕　西	975	711	6	693	12	478	—
甘　肃	394	394	158	224	12	192	—
青　海	593	593	15	574	4	554	—
宁　夏	730	730	15	715	—	690	—
新　疆	2610	2597	122	2468	7	2489	41
新疆兵团	—	—	—	—	—	—	—
局直属单位	9590	9590	8080	1418	92	8059	7944
大兴安岭	8461	8461	8080	289	92	8021	7944

在岗职工中临时职工人数(一)

单位:人

单位合计								
农林牧渔业								采矿业
国有林场	国有苗圃	林业工作站	木材检查站	种苗站	病虫害防治站	治沙站	其他	
13526	**1390**	**4813**	**341**	**80**	**127**	**24**	**4423**	**629**
25	477	14	3	—	—	—	261	—
—	—	—	—	—	—	—	—	—
37	12	71	—	—	—	—	31	—
78	128	49	1	1	—	4	23	—
672	—	1	—	3	4	—	46	—
—	—	—	—	—	—	—	24	—
344	48	156	—	—	6	—	60	—
498	1	11	1	24	—	—	559	—
—	—	—	—	—	—	—	—	—
2168	25	—	—	3	—	—	34	41
—	—	—	—	2	—	—	8	—
—	54	2	—	—	—	—	4	—
450	38	74	—	—	—	—	11	—
53	12	28	114	4	27	—	34	—
227	3	7	8	—	2	—	66	—
16	—	84	6	—	1	—	84	—
1990	16	89	60	1	8	—	148	—
—	—	—	—	—	—	—	—	—
87	37	81	10	—	—	—	6	—
95	8	99	8	—	—	3	74	—
61	54	64	10	3	8	—	15	133
2016	8	118	8	2	11	—	288	390
1018	5	61	65	—	3	—	1223	—
12	—	47	33	—	—	—	104	—
65	11	—	—	—	1	—	4	—
394	12	519	11	—	—	—	163	38
321	4	1397	—	—	1	—	257	—
253	6	1133	—	4	—	—	157	—
188	1	—	—	—	—	—	—	—
109	246	23	1	23	1	1	74	—
92	14	44	1	5	3	—	33	—
323	74	8	1	—	—	—	148	—
492	37	161	—	—	—	—	—	—
1442	59	472	—	7	39	14	415	—
—	—	—	—	—	—	—	—	—
—	—	—	—	—	12	2	101	27
—	—	—	—	—	—	—	77	27

林业系统各地区按行业分

地区	国有经济							
	制造业							
	小计	非木质林产品加工业	木材加工及竹、藤、棕、草制品业					林产化学产品制造
			计	锯材、木片加工	人造板制造	木制品制造	竹、藤、棕、草制品制造	
全国合计	**4854**	**—**	**3996**	**669**	**2030**	**282**	**1015**	**55**
北京	—	—	—	—	—	—	—	—
天津	—	—	—	—	—	—	—	—
河北	10	—	—	—	—	—	—	—
山西	—	—	—	—	—	—	—	—
内蒙古	1061	—	1061	—	1061	—	—	—
内蒙古集团	1061	—	1061	—	1061	—	—	—
辽宁	80	—	—	—	—	—	—	—
吉林	175	—	159	159	—	—	—	—
吉林集团	160	—	159	159	—	—	—	—
黑龙江	308	—	169	17	152	—	—	—
龙江集团	308	—	169	17	152	—	—	—
上海	—	—	—	—	—	—	—	—
江苏	—	—	—	—	—	—	—	—
浙江	—	—	—	—	—	—	—	—
安徽	277	—	252	32	158	12	50	—
福建	42	—	18	—	18	—	—	24
江西	47	—	28	—	28	—	—	4
山东	—	—	—	—	—	—	—	—
河南	—	—	—	—	—	—	—	—
湖北	4	—	4	—	—	4	—	—
湖南	400	—	400	285	100	—	15	—
广东	302	—	4	—	—	4	—	—
广西	131	—	104	—	104	—	—	27
海南	—	—	—	—	—	—	—	—
重庆	—	—	—	—	—	—	—	—
四川	1416	—	1216	176	—	100	940	—
贵州	256	—	251	—	247	4	—	—
云南	168	—	168	—	158	—	10	—
西藏	—	—	—	—	—	—	—	—
陕西	4	—	4	—	4	—	—	—
甘肃	158	—	158	—	—	158	—	—
青海	—	—	—	—	—	—	—	—
宁夏	15	—	—	—	—	—	—	—
新疆	—	—	—	—	—	—	—	—
新疆兵团	—	—	—	—	—	—	—	—
局直属单位	—	—	—	—	—	—	—	—
大兴安岭	—	—	—	—	—	—	—	—

在岗职工中临时职工人数(二)

单位:人

单位合计								
专用设备、仪器仪表制造业	工艺品制造业	其他	电力、燃气及水的生产供应业	建筑业	交通运输、仓储及邮政业	信息传输、计算机服务和软件业	批发和零售业	住宿餐饮业
137	**15**	**651**	**80**	**98**	**70**	**—**	**131**	**578**
—	—	—	—	—	—	—	—	—
—	—	—	—	—	—	—	—	—
—	—	10	—	—	—	—	—	—
—	—	—	—	—	—	—	—	—
—	—	—	—	—	—	—	—	24
—	—	—	—	—	—	—	—	—
—	—	80	—	—	—	—	—	—
—	15	1	—	—	10	—	2	200
—	—	1	—	—	—	—	—	—
137	—	2	13	56	—	—	—	37
137	—	2	13	56	—	—	—	—
—	—	—	—	—	—	—	—	—
—	—	—	—	2	—	—	—	—
—	—	—	—	—	—	—	7	—
—	—	25	—	—	—	—	6	1
—	—	—	—	—	—	—	3	31
—	—	15	—	6	44	—	—	—
—	—	—	—	—	—	—	—	—
—	—	—	—	—	—	—	2	—
—	—	—	—	—	—	—	—	3
—	—	—	—	—	—	—	4	114
—	—	298	67	—	—	—	10	—
—	—	—	—	34	—	—	53	5
—	—	—	—	—	—	—	—	—
—	—	—	—	—	—	—	12	—
—	—	200	—	—	—	—	11	—
—	—	5	—	—	16	—	—	—
—	—	—	—	—	—	—	20	—
—	—	—	—	—	—	—	—	—
—	—	—	—	—	—	—	—	—
—	—	—	—	—	—	—	—	—
—	—	—	—	—	—	—	—	—
—	—	15	—	—	—	—	—	—
—	—	—	—	—	—	—	1	—
—	—	—	—	—	—	—	—	—
—	—	—	—	—	—	—	—	163
—	—	—	—	—	—	—	—	120

林业系统各地区按行业分

<table>
<tr><th rowspan="4">地　区</th><th colspan="9">国　有　经　济</th></tr>
<tr><th rowspan="3">金融业</th><th rowspan="3">房地产业</th><th rowspan="3">租赁和商务服务业</th><th colspan="3">科学研究、技术服务和地质勘查业</th><th colspan="2">水利、环境和公共设施</th></tr>
<tr><th rowspan="2">计</th><th colspan="2">其　中</th><th rowspan="2">计</th><th>其</th></tr>
<tr><th>科技交流和推广服务</th><th>规划设计管理</th><th>自然保护区管理</th></tr>
<tr><td>**全国合计**</td><td>**3**</td><td>**5**</td><td>**58**</td><td>**1373**</td><td>**72**</td><td>**222**</td><td>**1298**</td><td>**1238**</td></tr>
<tr><td>北　京</td><td>—</td><td>—</td><td>—</td><td>—</td><td>—</td><td>—</td><td>8</td><td>6</td></tr>
<tr><td>天　津</td><td>—</td><td>—</td><td>—</td><td>—</td><td>—</td><td>—</td><td>—</td><td>—</td></tr>
<tr><td>河　北</td><td>—</td><td>—</td><td>—</td><td>—</td><td>—</td><td>—</td><td>—</td><td>—</td></tr>
<tr><td>山　西</td><td>—</td><td>—</td><td>—</td><td>11</td><td>1</td><td>—</td><td>—</td><td>—</td></tr>
<tr><td>内蒙古</td><td>—</td><td>—</td><td>—</td><td>21</td><td>—</td><td>10</td><td>—</td><td>—</td></tr>
<tr><td>内蒙古集团</td><td>—</td><td>—</td><td>—</td><td>—</td><td>—</td><td>—</td><td>—</td><td>—</td></tr>
<tr><td>辽　宁</td><td>—</td><td>—</td><td>—</td><td>—</td><td>—</td><td>—</td><td>—</td><td>—</td></tr>
<tr><td>吉　林</td><td>3</td><td>—</td><td>—</td><td>—</td><td>—</td><td>—</td><td>274</td><td>274</td></tr>
<tr><td>吉林集团</td><td>3</td><td>—</td><td>—</td><td>—</td><td>—</td><td>—</td><td>—</td><td>—</td></tr>
<tr><td>黑龙江</td><td>—</td><td>2</td><td>—</td><td>150</td><td>—</td><td>—</td><td>—</td><td>—</td></tr>
<tr><td>龙江集团</td><td>—</td><td>—</td><td>—</td><td>150</td><td>—</td><td>—</td><td>—</td><td>—</td></tr>
<tr><td>上　海</td><td>—</td><td>—</td><td>—</td><td>—</td><td>—</td><td>—</td><td>—</td><td>—</td></tr>
<tr><td>江　苏</td><td>—</td><td>—</td><td>—</td><td>—</td><td>—</td><td>—</td><td>—</td><td>—</td></tr>
<tr><td>浙　江</td><td>—</td><td>—</td><td>—</td><td>26</td><td>18</td><td>—</td><td>7</td><td>7</td></tr>
<tr><td>安　徽</td><td>—</td><td>—</td><td>—</td><td>6</td><td>—</td><td>—</td><td>7</td><td>7</td></tr>
<tr><td>福　建</td><td>—</td><td>—</td><td>—</td><td>—</td><td>—</td><td>—</td><td>24</td><td>24</td></tr>
<tr><td>江　西</td><td>—</td><td>—</td><td>—</td><td>10</td><td>3</td><td>—</td><td>7</td><td>5</td></tr>
<tr><td>山　东</td><td>—</td><td>—</td><td>—</td><td>—</td><td>—</td><td>—</td><td>—</td><td>—</td></tr>
<tr><td>河　南</td><td>—</td><td>—</td><td>—</td><td>—</td><td>—</td><td>—</td><td>—</td><td>—</td></tr>
<tr><td>湖　北</td><td>—</td><td>—</td><td>4</td><td>—</td><td>—</td><td>—</td><td>—</td><td>—</td></tr>
<tr><td>湖　南</td><td>—</td><td>—</td><td>—</td><td>7</td><td>3</td><td>1</td><td>249</td><td>249</td></tr>
<tr><td>广　东</td><td>—</td><td>—</td><td>—</td><td>68</td><td>32</td><td>8</td><td>3</td><td>2</td></tr>
<tr><td>广　西</td><td>—</td><td>—</td><td>—</td><td>110</td><td>6</td><td>—</td><td>74</td><td>74</td></tr>
<tr><td>海　南</td><td>—</td><td>—</td><td>—</td><td>—</td><td>—</td><td>—</td><td>—</td><td>—</td></tr>
<tr><td>重　庆</td><td>—</td><td>—</td><td>—</td><td>—</td><td>—</td><td>—</td><td>—</td><td>—</td></tr>
<tr><td>四　川</td><td>—</td><td>—</td><td>—</td><td>—</td><td>—</td><td>—</td><td>87</td><td>83</td></tr>
<tr><td>贵　州</td><td>—</td><td>—</td><td>—</td><td>—</td><td>—</td><td>—</td><td>122</td><td>122</td></tr>
<tr><td>云　南</td><td>—</td><td>—</td><td>—</td><td>7</td><td>—</td><td>—</td><td>287</td><td>250</td></tr>
<tr><td>西　藏</td><td>—</td><td>—</td><td>—</td><td>—</td><td>—</td><td>—</td><td>—</td><td>—</td></tr>
<tr><td>陕　西</td><td>—</td><td>—</td><td>—</td><td>—</td><td>—</td><td>—</td><td>—</td><td>—</td></tr>
<tr><td>甘　肃</td><td>—</td><td>—</td><td>—</td><td>—</td><td>—</td><td>—</td><td>12</td><td>9</td></tr>
<tr><td>青　海</td><td>—</td><td>—</td><td>—</td><td>—</td><td>—</td><td>—</td><td>35</td><td>35</td></tr>
<tr><td>宁　夏</td><td>—</td><td>—</td><td>—</td><td>—</td><td>—</td><td>—</td><td>25</td><td>25</td></tr>
<tr><td>新　疆</td><td>—</td><td>1</td><td>—</td><td>40</td><td>9</td><td>30</td><td>48</td><td>37</td></tr>
<tr><td>新疆兵团</td><td>—</td><td>—</td><td>—</td><td>—</td><td>—</td><td>—</td><td>—</td><td>—</td></tr>
<tr><td>局直属单位</td><td>—</td><td>2</td><td>54</td><td>917</td><td>—</td><td>173</td><td>29</td><td>29</td></tr>
<tr><td>大兴安岭</td><td>—</td><td>2</td><td>54</td><td>—</td><td>—</td><td>—</td><td>15</td><td>15</td></tr>
</table>

在岗职工中临时职工人数(三)

单位:人

单位合计 管理业 中 野生动植物保护	居民服务和其他服务业	教育	卫生、社会保障和社会福利业	文化、体育和娱乐业	公共管理和社会组织	国际组织	集体经济单位合计	其他各种经济单位合计
57	**28**	**397**	**533**	**18**	**1345**	—	**1549**	**4993**
—	—	—	—	—	13	—	—	—
—	—	—	—	—	—	—	—	—
—	—	—	—	—	22	—	—	—
—	—	—	—	—	7	—	—	—
—	—	—	120	—	46	—	70	329
—	—	—	120	—	9	—	70	329
—	—	—	—	—	12	—	—	—
—	—	15	—	—	36	—	—	701
—	—	—	—	—	22	—	—	701
—	—	18	143	—	11	—	830	412
—	—	18	143	—	—	—	829	324
—	—	—	—	—	—	—	—	210
—	—	—	—	—	—	—	—	910
—	—	—	—	—	43	—	—	68
—	—	—	—	—	38	—	—	—
—	12	4	—	—	60	—	—	9
1	—	—	—	1	74	—	82	488
—	—	—	—	—	—	—	—	—
—	—	3	—	—	173	—	—	—
—	—	—	—	—	11	—	6	1544
—	—	70	—	—	187	—	—	91
1	—	89	—	2	74	—	19	11
—	—	29	—	—	14	—	5	63
—	—	—	—	—	114	—	—	—
—	—	—	—	—	1	—	—	—
4	—	—	—	—	84	—	174	107
—	—	—	—	—	7	—	—	—
37	—	—	3	—	158	—	99	7
—	—	—	—	—	5	—	—	30
—	—	20	197	—	12	—	264	—
3	3	4	13	—	12	—	—	—
—	—	—	—	—	4	—	—	—
—	—	—	—	—	—	—	—	—
11	—	—	—	—	18	—	—	13
—	—	—	—	—	—	—	—	—
—	13	145	57	15	109	—	—	—
—	—	73	57	—	92	—	—	—

（三）林业系统各地区按行业分

地区	总计	合计	企业	事业	机关	国有经济	
						小计	木材及竹材采运企业
全国合计	**419993**	**386538**	**177504**	**193443**	**15591**	**323156**	**139750**
北京	1621	1601	—	1406	195	1366	—
天津	518	518	8	485	25	485	—
河北	6729	6728	512	5210	1006	5173	—
山西	6220	6220	132	5626	462	4925	—
内蒙古	44379	37879	21786	15485	608	34100	19773
内蒙古集团	29851	23352	21612	1709	31	20740	19773
辽宁	7015	7014	243	6521	250	6257	—
吉林	50778	47461	35308	11628	525	42641	26524
吉林集团	15754	12989	12989	—	—	10835	10835
黑龙江	99993	83038	64206	17576	1256	73954	60193
龙江集团	84594	68059	63622	3887	550	60550	60193
上海	274	249	3	246	—	249	—
江苏	5325	5089	1219	3786	84	4962	—
浙江	2951	2934	187	2487	260	2314	—
安徽	8170	8070	897	6952	221	7036	157
福建	7983	6609	1919	4103	587	4507	1095
江西	14576	14059	2775	10328	956	11643	2026
山东	10185	9225	1252	7612	361	6425	—
河南	8188	8167	167	7208	792	6600	5
湖北	7529	6426	583	5453	390	5486	42
湖南	15461	15152	1397	12404	1351	10893	530
广东	9141	9086	1732	6494	860	6825	174
广西	16090	15935	3255	12376	304	12404	1
海南	1632	1632	917	656	59	1467	425
重庆	2114	2102	131	1735	236	1664	7
四川	16703	16450	6542	8684	1224	13459	5246
贵州	6427	6427	1390	4551	486	5196	973
云南	13587	13324	4731	7039	1554	9115	2582
西藏	472	464	12	303	149	312	—
陕西	9787	9303	1489	7490	324	7958	811
甘肃	10142	10114	2571	7200	343	7624	682
青海	1460	1460	58	1312	90	1312	47
宁夏	3711	3711	42	3596	73	3080	—
新疆	5071	5054	740	4031	283	4155	219
新疆兵团	—	—	—	—	—	—	—
局直属单位	25761	25037	21300	3460	277	19569	18238
大兴安岭	23361	22637	21300	1123	214	19327	18238

在岗职工中女性人数(一)

单位:人

单位合计								
农林牧渔业								采矿业
国有林场	国有苗圃	林业工作站	木材检查站	种苗站	病虫害防治站	治沙站	其他	
104194	**11836**	**30037**	**2772**	**2535**	**3695**	**249**	**28088**	**282**
251	617	125	5	27	49	9	283	—
17	73	123	2	28	5	—	237	—
1738	600	847	39	153	209	13	1574	—
1916	588	891	50	104	262	2	1112	—
10521	1113	1000	61	184	256	38	1154	—
800	—	—	—	—	—	—	167	—
4009	280	608	37	145	167	—	1011	—
12783	747	753	26	54	130	—	1624	—
—	—	—	—	—	—	—	—	—
11400	744	343	4	101	140	—	1029	8
—	297	—	—	36	6	—	18	—
59	82	85	—	—	—	—	23	—
3713	301	430	69	8	45	—	396	33
1330	63	412	79	37	98	—	295	—
4193	1093	780	139	12	129	—	533	31
1522	122	845	58	15	36	6	808	—
7003	528	1048	286	53	136	1	562	—
1921	615	2897	85	129	177	—	601	—
2616	612	1470	305	210	261	5	1116	2
2659	194	1098	194	114	185	21	979	—
4709	551	3319	658	156	57	6	907	5
4470	220	1060	57	27	62	—	755	30
9432	270	723	117	105	128	—	1628	—
625	21	67	36	—	8	—	285	—
807	47	568	32	24	62	—	117	—
2613	352	2026	121	60	131	2	2908	11
1824	159	1396	124	62	131	—	527	—
1623	98	2278	67	156	134	21	2156	—
306	—	—	6	—	—	—	—	—
2873	464	1695	86	330	251	53	1395	—
3571	503	759	18	196	246	8	1641	—
545	95	298	8	3	45	7	264	—
1879	415	247	1	17	31	1	489	—
1255	269	1801	2	25	90	50	444	—
—	—	—	—	—	—	—	—	—
11	—	45	—	—	34	6	1235	162
—	—	40	—	—	—	—	1049	162

林业系统各地区按行业分

地区	国有经济							
	制造业							
	小计	非木质林产品加工业	木材加工及竹、藤、棕、草制品业					林产化学产品制造
			计	锯材、木片加工	人造板制造	木制品制造	竹、藤、棕、草制品制造	
全国合计	**14365**	**56**	**10677**	**1978**	**6200**	**2016**	**483**	**673**
北京	—	—	—	—	—	—	—	—
天津	—	—	—	—	—	—	—	—
河北	272	12	127	1	112	14	—	7
山西	90	—	80	—	78	2	—	8
内蒙古	821	—	821	5	816	—	—	—
内蒙古集团	816	—	816	—	816	—	—	—
辽宁	187	—	93	—	—	93	—	—
吉林	3219	—	2436	1433	138	865	—	—
吉林集团	2050	—	1471	1430	41	—	—	—
黑龙江	1504	—	1355	217	873	265	—	—
龙江集团	1374	—	1280	155	860	265	—	—
上海	—	—	—	—	—	—	—	—
江苏	—	—	—	—	—	—	—	—
浙江	—	—	—	—	—	—	—	—
安徽	356	—	324	25	221	33	45	6
福建	234	—	199	9	188	2	—	14
江西	496	3	377	35	288	29	25	1
山东	2167	—	1672	—	1602	70	—	—
河南	109	—	1	—	—	1	—	—
湖北	74	—	19	—	—	19	—	—
湖南	642	16	554	60	442	17	35	9
广东	250	—	187	69	—	118	—	10
广西	1419	—	576	36	538	2	—	323
海南	—	—	—	—	—	—	—	—
重庆	109	—	109	—	104	5	—	—
四川	687	—	487	73	38	9	367	174
贵州	340	7	317	7	299	11	—	4
云南	770	—	696	—	325	360	11	74
西藏	3	—	3	3	—	—	—	—
陕西	340	14	32	—	14	18	—	43
甘肃	219	—	207	—	124	83	—	—
青海	—	—	—	—	—	—	—	—
宁夏	42	—	—	—	—	—	—	—
新疆	15	4	5	5	—	—	—	—
新疆兵团	—	—	—	—	—	—	—	—
局直属单位	—	—	—	—	—	—	—	—
大兴安岭	—	—	—	—	—	—	—	—

在岗职工中女性人数(二)

单位:人

单位合计								
专用设备、仪器仪表制造业	工艺品制造业	其他	电力、燃气及水的生产供应业	建筑业	交通运输、仓储及邮政业	信息传输、计算机服务和软件业	批发和零售业	住宿餐饮业
133	**84**	**2742**	**2917**	**1523**	**674**	**85**	**2918**	**1577**
—	—	—	—	—	—	2	—	—
—	—	—	—	—	—	—	—	—
—	81	45	—	—	8	—	41	—
—	—	2	—	—	2	—	154	84
—	—	—	—	31	—	34	98	137
—	—	—	—	31	—	34	80	104
—	—	94	—	—	—	—	14	52
—	3	780	—	21	64	—	63	156
—	—	579	—	4	—	—	34	—
62	—	87	896	614	176	—	291	246
62	—	32	896	608	117	—	206	74
—	—	—	—	—	—	—	—	—
—	—	—	5	2	—	—	—	3
—	—	—	—	2	—	—	59	96
—	—	26	—	12	2	—	307	21
4	—	17	1	319	26	—	229	128
—	—	115	12	8	10	—	19	43
—	—	495	—	5	—	—	16	24
—	—	108	—	—	—	—	15	6
—	—	55	—	47	1	—	52	5
—	—	63	10	7	16	—	112	187
—	—	53	124	—	7	—	235	8
67	—	453	15	32	61	49	803	61
—	—	—	—	—	—	—	1	—
—	—	—	—	—	—	—	9	—
—	—	26	—	331	8	—	88	55
—	—	12	—	8	65	—	—	—
—	—	—	—	27	223	—	270	42
—	—	—	—	—	—	—	—	—
—	—	251	—	3	2	—	37	18
—	—	12	6	5	3	—	—	82
—	—	—	—	—	—	—	—	—
—	—	42	—	—	—	—	—	—
—	—	6	—	9	—	—	5	1
—	—	—	—	—	—	—	—	—
—	—	—	1848	40	—	—	—	122
—	—	—	1848	40	—	—	—	66

林业系统各地区按行业分

地区	金融业	房地产业	租赁和商务服务业	国有经济				
				科学研究、技术服务和地质勘查业			水利、环境和公共设施	
				计	其中		计	其
					科技交流和推广服务	规划设计管理		自然保护区管理
全国合计	**25**	**77**	**805**	**8659**	**1292**	**1851**	**4310**	**3505**
北京	—	—	—	13	—	—	21	8
天津	—	—	—	—	—	—	—	—
河北	—	—	—	121	51	16	107	61
山西	—	—	—	189	16	23	122	73
内蒙古	—	7	425	415	43	172	83	73
内蒙古集团	—	7	425	30	—	—	—	—
辽宁	—	—	—	113	42	6	129	123
吉林	25	—	—	327	29	252	254	253
吉林集团	25	—	—	—	—	—	—	—
黑龙江	—	17	55	978	2	81	141	23
龙江集团	—	8	39	934	—	81	6	—
上海	—	—	—	—	—	—	—	—
江苏	—	—	—	—	—	—	—	—
浙江	—	—	—	144	64	15	58	58
安徽	—	—	—	53	14	—	21	17
福建	—	10	—	268	43	41	114	44
江西	—	2	126	404	184	22	128	86
山东	—	—	—	104	—	—	116	51
河南	—	—	1	390	17	29	113	86
湖北	—	—	5	320	129	18	8	—
湖南	—	—	27	621	100	15	961	923
广东	—	—	11	426	79	40	137	56
广西	—	—	41	414	86	78	137	123
海南	—	—	—	42	23	—	28	24
重庆	—	—	—	39	11	—	34	4
四川	—	—	31	239	67	56	141	93
贵州	—	1	3	177	97	80	73	71
云南	—	—	—	547	41	174	396	365
西藏	—	—	—	—	—	—	—	—
陕西	—	—	1	127	35	26	34	18
甘肃	—	—	7	364	100	53	258	190
青海	—	—	—	43	3	30	15	15
宁夏	—	—	—	8	—	8	476	476
新疆	—	35	—	268	16	99	67	53
新疆兵团	—	—	—	—	—	—	—	—
局直属单位	—	5	72	1505	—	517	138	138
大兴安岭	—	5	67	84	—	84	11	11

在岗职工中女性人数(三)

单位:人

单位合计 管理业中 野生动植物保护	居民服务和其他服务业	教育	卫生、社会保障和社会福利业	文化、体育和娱乐业	公共管理和社会组织	国际组织	集体经济单位合计	其他各种经济单位合计
306	**435**	**4294**	**3744**	**266**	**16426**	**—**	**21299**	**12156**
9	—	4	—	—	195	—	20	—
—	8	—	—	—	25	—	—	—
—	—	—	—	—	1006	—	1	—
—	5	156	31	—	462	—	—	—
10	—	203	828	52	645	—	4544	1956
—	—	137	828	52	68	—	4543	1956
6	3	9	—	—	250	—	1	—
1	9	118	—	—	564	—	722	2595
—	2	—	—	—	39	—	170	2595
79	48	1197	1487	13	1413	—	14866	2089
—	40	1070	1487	8	642	—	14571	1964
—	—	—	—	—	—	—	—	25
—	—	—	—	—	84	—	8	228
—	—	1	—	—	260	—	—	17
4	10	—	—	—	221	—	5	95
—	17	51	1	—	704	—	119	1255
18	8	180	—	—	980	—	26	491
—	—	7	—	—	361	—	—	960
1	2	115	—	22	792	—	21	—
8	5	6	27	—	390	—	35	1068
10	1	267	11	—	1392	—	20	289
33	5	155	4	4	865	—	32	23
14	—	185	2	2	310	—	45	110
4	10	—	—	—	84	—	—	—
—	—	3	—	—	244	—	9	3
37	126	26	12	—	1236	—	87	166
2	12	66	—	—	486	—	—	—
11	—	207	173	—	1554	—	148	115
—	—	—	—	—	149	—	—	8
16	52	133	274	—	324	—	484	—
29	77	459	454	—	556	—	28	—
—	—	—	—	—	90	—	—	—
—	—	32	—	—	73	—	—	—
14	—	152	—	—	347	—	—	17
—	—	—	—	—	—	—	—	—
—	37	562	440	173	364	—	78	646
—	—	315	440	58	214	—	78	646

林业系统各地区按行业分

地　区	总　计	合　计	企　业	事　业	机　关	国有经济 小　计	国有经济 木材及竹材采运企业
全国合计	**375201**	**368744**	**149049**	**204649**	**15046**	**303179**	**123259**
北　京	1467	1419	—	1256	163	1181	—
天　津	287	287	5	264	18	264	—
河　北	7534	7532	241	6098	1193	5822	—
山　西	8223	8223	75	7752	396	6904	—
内蒙古	30724	29372	17537	11497	338	25446	16185
内蒙古集团	21669	20317	17486	2798	33	17469	16185
辽　宁	8559	8559	121	8319	119	7990	—
吉　林	36115	35327	26780	7720	827	30543	21184
吉林集团	10176	9375	9375	—	—	7122	7122
黑龙江	78505	77370	62733	13447	1190	66707	59546
龙江集团	69917	68842	62468	5809	565	59735	59546
上　海	340	325	4	321	—	325	—
江　苏	4451	4051	361	3505	185	3852	—
浙　江	6050	6020	187	5515	318	5050	—
安　徽	6611	6551	566	5848	137	5836	159
福　建	9913	9337	2063	6411	863	6528	1125
江　西	11529	11266	2973	7401	892	8845	2301
山　东	12667	12607	866	11606	135	11242	—
河　南	6452	6448	37	5740	671	4928	2
湖　北	11914	11159	925	9292	942	8710	28
湖　南	17614	17538	1414	14152	1972	12712	504
广　东	6855	6831	942	5590	299	5281	107
广　西	14521	14421	2430	11586	405	10804	9
海　南	754	754	441	252	61	634	189
重　庆	2347	2345	36	2111	198	2043	2
四　川	15885	15829	4183	10076	1570	12603	3888
贵　州	7640	7640	940	6390	310	6488	683
云　南	15248	14958	2612	11368	978	10936	1272
西　藏	44	44	18	8	18	19	—
陕　西	11802	11514	1225	9994	295	10270	923
甘　肃	8549	8547	1277	7105	165	6155	262
青　海	1696	1696	59	1597	40	1572	53
宁　夏	2016	2016	4	1946	66	1775	—
新　疆	6272	6257	942	5250	65	5332	320
新疆兵团	—	—	—	—	—	—	—
局直属单位	22617	22501	17052	5232	217	16382	14517
大兴安岭	18773	18657	17052	1388	217	15858	14517

在岗职工中专业技术人员(一)

单位:人

单位合计								
农林牧渔业								采矿业
国有林场	国有苗圃	林业工作站	木材检查站	种苗站	病虫害防治站	治沙站	其他	
55015	**7300**	**67433**	**5253**	**3580**	**6296**	**404**	**34639**	**129**
241	274	205	11	37	72	12	329	—
10	45	55	7	5	2	—	140	—
1017	674	1608	91	167	337	33	1895	—
2109	568	2054	88	176	323	23	1563	—
4360	322	2127	149	224	351	52	1676	—
900	—	—	—	—	—	—	384	—
3200	265	2418	146	201	337	—	1423	—
4919	198	2006	123	61	240	—	1812	—
—	—	—	—	—	—	—	—	—
4224	278	1217	58	170	229	—	985	3
—	77	—	—	46	14	—	52	—
33	69	188	—	—	—	—	35	—
1501	229	1520	108	3	71	—	420	1
916	94	2515	365	108	289	—	763	—
1359	399	2446	302	31	304	—	836	4
1127	97	2734	153	29	80	4	1179	—
3055	246	1745	364	106	250	1	777	—
1291	544	7394	229	259	450	—	1075	—
1111	322	1753	208	204	365	7	956	—
2583	238	3410	416	156	277	—	1602	—
2371	401	6717	1043	277	216	5	1178	10
2125	132	1764	274	52	115	—	712	5
5702	169	1650	258	138	230	—	2648	—
141	4	52	19	—	28	—	201	—
623	26	963	55	41	113	—	220	—
1832	298	3798	182	112	197	2	2294	15
890	140	3301	273	120	241	—	840	—
1247	46	5406	136	186	214	33	2396	—
19	—	—	—	—	—	—	—	—
2903	496	2834	109	417	302	76	2210	—
1890	230	1218	33	223	341	22	1936	—
642	95	543	28	7	76	10	118	—
476	186	755	9	31	75	8	235	—
1062	215	2988	16	39	100	96	496	—
—	—	—	—	—	—	—	—	—
36	—	49	—	—	71	20	1689	91
—	—	30	—	—	—	—	1311	91

林业系统各地区按行业分

地　区	国有经济							
	制造业							
	小　计	非木质林产品加工业	木材加工及竹、藤、棕、草制品业					林产化学产品制造
			计	锯材、木片加工	人造板制造	木制品制造	竹、藤、棕、草制品制造	
全国合计	**8536**	**43**	**6558**	**2334**	**3082**	**1046**	**96**	**450**
北　京	—	—	—	—	—	—	—	—
天　津	—	—	—	—	—	—	—	—
河　北	102	8	52	2	48	2	—	1
山　西	53	—	45	—	43	2	—	—
内蒙古	216	—	216	—	216	—	—	—
内蒙古集团	216	—	216	—	216	—	—	—
辽　宁	91	—	88	—	17	71	—	—
吉　林	2517	—	2131	1717	147	267	—	12
吉林集团	1989	—	1832	1717	115	—	—	12
黑龙江	1276	—	1140	263	616	261	—	—
龙江集团	1207	—	1104	233	610	261	—	—
上　海	—	—	—	—	—	—	—	—
江　苏	—	—	—	—	—	—	—	—
浙　江	—	—	—	—	—	—	—	—
安　徽	212	—	195	9	116	30	40	2
福　建	315	—	277	1	273	—	3	6
江　西	312	3	159	12	125	22	—	6
山　东	825	—	557	—	532	25	—	—
河　南	24	—	—	—	—	—	—	—
湖　北	273	—	214	200	—	14	—	2
湖　南	190	22	139	21	77	36	5	12
广　东	44	—	31	23	—	8	—	1
广　西	903	—	433	8	423	2	—	252
海　南	—	—	—	—	—	—	—	—
重　庆	23	—	23	—	20	3	—	—
四　川	270	—	156	61	17	35	43	92
贵　州	184	2	162	4	158	—	—	1
云　南	446	—	411	—	159	247	5	35
西　藏	7	—	7	7	—	—	—	—
陕　西	143	8	32	—	16	16	—	28
甘　肃	85	—	84	—	79	5	—	—
青　海	—	—	—	—	—	—	—	—
宁　夏	4	—	—	—	—	—	—	—
新　疆	21	—	6	6	—	—	—	—
新疆兵团	—	—	—	—	—	—	—	—
局直属单位	—	—	—	—	—	—	—	—
大兴安岭	—	—	—	—	—	—	—	—

在岗职工中专业技术人员(二)

单位:人

单位合计								
专用设备、仪器仪表制造业	工艺品制造业	其他	电力、燃气及水的生产供应业	建筑业	交通运输、仓储及邮政业	信息传输、计算机服务和软件业	批发和零售业	住宿餐饮业
127	**26**	**1332**	**1636**	**2366**	**423**	**71**	**2521**	**434**
—	—	—	—	—	—	8	—	—
—	—	—	—	—	—	—	—	—
—	26	15	—	—	6	—	24	—
—	—	8	—	—	2	—	70	21
—	—	—	—	21	—	12	138	18
—	—	—	—	21	—	12	137	15
—	—	3	—	—	—	—	5	7
—	—	374	—	41	34	—	92	32
—	—	145	—	13	—	—	68	10
63	—	73	629	804	65	—	267	161
63	—	40	629	804	41	—	225	46
—	—	—	—	—	—	—	—	—
—	—	—	1	12	—	—	—	—
—	—	—	—	3	—	—	51	20
—	—	15	—	22	—	—	214	5
4	—	28	2	374	8	—	205	43
—	—	144	5	19	—	—	8	5
—	—	268	—	3	—	—	12	26
—	—	24	—	—	—	—	1	—
—	—	57	—	18	2	—	29	5
—	—	17	4	12	20	—	74	17
—	—	12	50	—	2	—	116	3
60	—	158	6	31	41	51	907	14
—	—	—	—	—	—	—	5	—
—	—	—	—	—	—	—	7	—
—	—	22	—	585	15	—	44	12
—	—	19	—	12	51	—	—	—
—	—	—	—	48	177	—	209	4
—	—	—	—	—	—	—	—	—
—	—	75	—	3	—	—	37	9
—	—	1	4	7	—	—	—	15
—	—	—	—	—	—	—	—	—
—	—	4	—	—	—	—	—	—
—	—	15	—	27	—	—	6	1
—	—	—	—	—	—	—	—	—
—	—	—	935	324	—	—	—	16
—	—	—	935	324	—	—	—	15

林业系统各地区按行业分

地区	金融业	房地产业	租赁和商务服务业	科学研究、技术服务和地质勘查业			水利、环境和公共设施	
				计	其中：科技交流和推广服务	其中：规划设计管理	计	其中：自然保护区管理
全国合计	**29**	**105**	**1242**	**15310**	**2233**	**4068**	**4988**	**4220**
北　京	—	—	—	30	—	—	32	12
天　津	—	—	—	—	—	—	—	—
河　北	—	—	—	295	142	68	88	80
山　西	—	—	—	387	32	46	122	66
内蒙古	—	13	782	596	38	214	97	86
内蒙古集团	—	13	782	42	—	—	—	—
辽　宁	—	—	—	215	86	14	119	110
吉　林	29	—	—	721	78	534	225	223
吉林集团	29	—	—	—	—	—	—	—
黑龙江	—	23	71	1860	4	161	158	32
龙江集团	—	15	39	1786	—	161	11	—
上　海	—	—	—	—	—	—	—	—
江　苏	—	—	—	—	—	—	—	—
浙　江	—	—	—	445	246	66	132	132
安　徽	—	—	—	76	32	—	45	39
福　建	—	15	—	489	75	144	176	138
江　西	—	—	215	598	155	86	162	115
山　东	—	—	—	223	—	—	141	94
河　南	—	—	—	477	34	102	101	52
湖　北	—	—	7	374	164	51	690	672
湖　南	—	—	8	1266	310	71	685	650
广　东	—	—	7	561	121	113	226	165
广　西	—	—	63	704	117	241	148	128
海　南	—	—	—	26	18	—	12	8
重　庆	—	—	—	57	13	—	15	9
四　川	—	—	49	433	121	90	166	109
贵　州	—	5	5	287	115	172	171	171
云　南	—	—	—	1124	89	382	547	524
西　藏	—	—	—	—	—	—	—	—
陕　西	—	—	2	199	57	54	60	41
甘　肃	—	—	7	640	160	70	276	190
青　海	—	—	—	67	8	39	17	17
宁　夏	—	—	—	16	—	16	86	86
新　疆	—	34	—	392	18	186	92	72
新疆兵团	—	—	—	—	—	—	—	—
局直属单位	—	15	26	2752	—	1148	199	199
大兴安岭	—	15	24	230	—	230	24	24

注：表头“国有经济”跨列于右侧各栏之上。

在岗职工中专业技术人员(三)

单位:人

单位合计 管理业 中 野生动植物保护	单位合计 居民服务和其他服务业	单位合计 教育	单位合计 卫生、社会保障和社会福利业	单位合计 文化、体育和娱乐业	单位合计 公共管理和社会组织	单位合计 国际组织	集体经济单位合计	其他各种经济单位合计
442	**152**	**6428**	**4469**	**407**	**16319**	—	**2032**	**4425**
16	—	5	—	—	163	—	48	—
—	5	—	—	—	18	—	—	—
—	—	—	—	—	1195	—	2	—
1	1	236	31	—	396	—	—	—
11	—	352	1142	102	437	—	356	996
—	—	234	1142	102	132	—	356	996
9	4	9	—	—	119	—	—	—
2	4	122	—	—	967	—	52	736
—	4	—	—	—	140	—	65	736
111	44	1811	1926	22	1543	—	918	217
—	37	1607	1926	21	713	—	872	203
—	—	—	—	—	—	—	—	15
—	—	—	—	—	185	—	15	385
—	—	1	—	—	318	—	—	30
6	—	—	—	—	137	—	7	53
1	5	69	—	—	1108	—	60	516
35	9	177	—	1	910	—	9	254
—	—	—	—	—	135	—	—	60
1	9	234	—	3	671	—	4	—
18	—	15	94	—	942	—	49	706
17	—	533	—	—	2007	—	13	63
26	10	213	6	8	299	—	17	7
20	—	328	2	3	416	—	10	90
4	—	—	—	—	77	—	—	—
—	—	2	—	—	198	—	—	2
43	12	34	21	—	1570	—	17	39
—	—	127	—	—	310	—	—	—
11	—	283	206	—	978	—	150	140
—	—	—	—	—	18	—	—	—
19	17	193	286	—	295	—	288	—
71	32	631	350	—	345	—	2	—
—	—	—	—	—	40	—	—	—
—	—	69	—	—	66	—	—	—
20	—	200	—	—	152	—	—	15
—	—	—	—	—	—	—	—	—
—	—	784	405	268	304	—	15	101
—	—	408	405	111	217	—	15	101

林业系统各地区按行业分在岗

地　区	总　计	国　有　经　济					
		合　计	企　业	事　业	机　关		
						小　计	木材及竹材采运企业
全国合计	**37931**	**32983**	**8714**	**23352**	**917**	**25487**	**2894**
北　京	724	724	—	719	5	715	—
天　津	—	—	—	—	—	—	—
河　北	463	438	278	160	—	169	—
山　西	275	275	—	275	—	214	—
内蒙古	1798	1798	—	1798	—	1798	—
内蒙古集团	—	—	—	—	—	—	—
辽　宁	99	99	—	99	—	99	—
吉　林	1366	938	466	464	8	776	195
吉林集团	428	—	—	—	—	—	—
黑龙江	1450	1450	—	1450	—	1447	—
龙江集团	2	2	—	2	—	2	—
上　海	210	—	—	—	—	—	—
江　苏	1790	202	117	84	1	86	—
浙　江	226	168	16	147	5	141	—
安　徽	622	622	419	203	—	172	—
福　建	620	250	107	135	8	156	61
江　西	2743	2386	797	1586	3	2319	738
山　东	1015	1015	948	57	10	56	—
河　南	690	690	—	38	652	36	—
湖　北	1024	198	21	177	—	195	—
湖　南	1509	1147	706	438	3	224	82
广　东	2380	2286	1705	573	8	1924	—
广　西	1741	1741	157	1584	—	1474	—
海　南	96	96	7	89	—	96	6
重　庆	19	19	—	19	—	19	—
四　川	3428	3148	1533	1567	48	2285	1060
贵　州	4237	4237	299	3929	9	3873	73
云　南	3236	3126	729	2241	156	2228	536
西　藏	31	1	—	—	1	—	—
陕　西	478	268	—	268	—	231	—
甘　肃	145	145	95	50	—	44	—
青　海	3583	3583	—	3583	—	3583	—
宁　夏	730	730	15	715	—	690	—
新　疆	354	354	179	175	—	317	143
新疆兵团	—	—	—	—	—	—	—
局直属单位	849	849	120	729	—	120	—
大兴安岭	120	120	120	—	—	120	—

职工中使用的农村劳动力人数(一)

单位:人

单位合计								
农林牧渔业								采矿业
国有林场	国有苗圃	林业工作站	木材检查站	种苗站	病虫害防治站	治沙站	其他	
11822	**1221**	**5686**	**122**	**32**	**40**	**3**	**3667**	**446**
8	510	8	3	—	—	—	186	—
—	—	—	—	—	—	—	—	—
62	23	16	—	2	6	—	60	—
57	99	36	12	—	1	—	9	—
1785	—	13	—	—	—	—	—	—
—	—	—	—	—	—	—	—	—
53	35	11	—	—	—	—	—	—
553	—	2	—	24	—	—	2	—
—	—	—	—	—	—	—	—	—
1444	1	—	—	2	—	—	—	—
—	—	—	—	2	—	—	—	—
—	—	—	—	—	—	—	—	—
46	31	6	—	—	—	—	3	115
64	—	6	70	—	1	—	—	—
154	—	16	—	—	—	—	2	—
25	5	8	3	—	—	—	54	—
1458	1	81	1	—	—	—	40	—
14	35	4	—	2	1	—	—	—
21	15	—	—	—	—	—	—	—
40	2	139	—	—	—	3	11	—
115	25	—	2	—	—	—	—	133
1776	—	12	3	—	—	—	133	160
747	—	62	4	—	—	—	661	—
1	—	—	—	—	—	—	89	—
16	—	3	—	—	—	—	—	—
521	13	574	24	—	—	—	93	38
268	4	3221	—	—	—	—	307	—
417	6	1261	—	—	—	—	8	—
—	—	—	—	—	—	—	—	—
—	220	11	—	—	—	—	—	—
14	11	3	—	2	1	—	13	—
1562	115	30	—	—	—	—	1876	—
492	37	161	—	—	—	—	—	—
109	33	2	—	—	30	—	—	—
—	—	—	—	—	—	—	—	—
—	—	—	—	—	—	—	120	—
—	—	—	—	—	—	—	120	—

林业系统各地区按行业分在岗

地区	国有经济							
	制造业							
	小计	非木质林产品加工业	木材加工及竹、藤、棕、草制品业					林产化学产品制造
			计	锯材、木片加工	人造板制造	木制品制造	竹、藤、棕、草制品制造	
全国合计	**3855**	**—**	**3212**	**291**	**2282**	**276**	**363**	**11**
北京	—	—	—	—	—	—	—	—
天津	—	—	—	—	—	—	—	—
河北	254	—	178	—	178	—	—	—
山西	—	—	—	—	—	—	—	—
内蒙古	—	—	—	—	—	—	—	—
内蒙古集团	—	—	—	—	—	—	—	—
辽宁	—	—	—	—	—	—	—	—
吉林	15	—	—	—	—	—	—	—
吉林集团	—	—	—	—	—	—	—	—
黑龙江	—	—	—	—	—	—	—	—
龙江集团	—	—	—	—	—	—	—	—
上海	—	—	—	—	—	—	—	—
江苏	—	—	—	—	—	—	—	—
浙江	—	—	—	—	—	—	—	—
安徽	419	—	394	—	282	50	62	—
福建	15	—	11	1	10	—	—	4
江西	60	—	50	—	50	—	—	4
山东	930	—	760	—	729	31	—	—
河南	—	—	—	—	—	—	—	—
湖北	—	—	—	—	—	—	—	—
湖南	678	—	678	114	541	—	23	—
广东	120	—	—	—	—	—	—	—
广西	130	—	130	—	130	—	—	—
海南	—	—	—	—	—	—	—	—
重庆	—	—	—	—	—	—	—	—
四川	754	—	554	176	—	100	278	—
贵州	223	—	218	—	218	—	—	—
云南	147	—	144	—	144	—	—	3
西藏	—	—	—	—	—	—	—	—
陕西	—	—	—	—	—	—	—	—
甘肃	95	—	95	—	—	95	—	—
青海	—	—	—	—	—	—	—	—
宁夏	15	—	—	—	—	—	—	—
新疆	—	—	—	—	—	—	—	—
新疆兵团	—	—	—	—	—	—	—	—
局直属单位	—	—	—	—	—	—	—	—
大兴安岭	—	—	—	—	—	—	—	—

职工中使用的农村劳动力人数(二)

单位:人

单位合计								
专用设备、仪器仪表制造业	工艺品制造业	其他	电力、燃气及水的生产供应业	建筑业	交通运输、仓储及邮政业	信息传输、计算机服务和软件业	批发和零售业	住宿餐饮业
—	**91**	**541**	**29**	—	**13**	**1**	**76**	**263**
—	—	—	—	—	—	—	—	—
—	—	—	—	—	—	—	—	—
—	76	—	—	—	—	—	15	—
—	—	—	—	—	—	—	—	50
—	—	—	—	—	—	—	—	—
—	—	—	—	—	—	—	—	—
—	—	—	—	—	—	—	—	—
—	15	—	—	—	10	—	2	127
—	—	—	—	—	—	—	—	—
—	—	—	—	—	—	—	—	—
—	—	—	—	—	—	—	—	—
—	—	—	—	—	—	—	—	—
—	—	—	—	—	—	—	—	—
—	—	—	—	—	—	—	16	—
—	—	25	—	—	—	—	—	—
—	—	—	—	—	—	—	—	55
—	—	6	—	—	—	—	—	—
—	—	170	—	—	—	—	12	6
—	—	—	—	—	—	—	—	—
—	—	—	—	—	—	—	—	3
—	—	—	—	—	—	—	2	15
—	—	120	29	—	—	—	—	—
—	—	—	—	—	—	1	26	—
—	—	—	—	—	—	—	—	—
—	—	—	—	—	—	—	—	—
—	—	200	—	—	—	—	—	7
—	—	5	—	—	3	—	—	—
—	—	—	—	—	—	—	3	—
—	—	—	—	—	—	—	—	—
—	—	—	—	—	—	—	—	—
—	—	—	—	—	—	—	—	—
—	—	—	—	—	—	—	—	—
—	—	15	—	—	—	—	—	—
—	—	—	—	—	—	—	—	—
—	—	—	—	—	—	—	—	—
—	—	—	—	—	—	—	—	—
—	—	—	—	—	—	—	—	—

林业系统各地区按行业分在岗

地区	国有经济							
	金融业	房地产业	租赁和商务服务业	科学研究、技术服务和地质勘查业			水利、环境和公共设施	
				计	其中		计	其
					科技交流和推广服务	规划设计管理		自然保护区管理
全国合计	**—**	**—**	**—**	**946**	**56**	**54**	**815**	**764**
北　京	—	—	—	—	—	—	4	4
天　津	—	—	—	—	—	—	—	—
河　北	—	—	—	—	—	—	—	—
山　西	—	—	—	11	1	—	—	—
内蒙古	—	—	—	—	—	—	—	—
内蒙古集团	—	—	—	—	—	—	—	—
辽　宁	—	—	—	—	—	—	—	—
吉　林	—	—	—	—	—	—	—	—
吉林集团	—	—	—	—	—	—	—	—
黑龙江	—	—	—	—	—	—	3	—
龙江集团	—	—	—	—	—	—	—	—
上　海	—	—	—	—	—	—	—	—
江　苏	—	—	—	—	—	—	—	—
浙　江	—	—	—	6	—	—	—	—
安　徽	—	—	—	6	—	—	25	25
福　建	—	—	—	2	—	1	3	3
江　西	—	—	—	3	3	—	1	—
山　东	—	—	—	1	—	—	—	—
河　南	—	—	—	—	—	—	—	—
湖　北	—	—	—	—	—	—	—	—
湖　南	—	—	—	5	5	—	14	14
广　东	—	—	—	44	30	—	—	—
广　西	—	—	—	86	—	1	20	20
海　南	—	—	—	—	—	—	—	—
重　庆	—	—	—	—	—	—	—	—
四　川	—	—	—	—	—	—	16	16
贵　州	—	—	—	—	—	—	129	129
云　南	—	—	—	24	17	—	568	528
西　藏	—	—	—	—	—	—	—	—
陕　西	—	—	—	—	—	—	—	—
甘　肃	—	—	—	6	—	—	—	—
青　海	—	—	—	—	—	—	—	—
宁　夏	—	—	—	—	—	—	25	25
新　疆	—	—	—	30	—	30	7	—
新疆兵团	—	—	—	—	—	—	—	—
局直属单位	—	—	—	722	—	22	—	—
大兴安岭	—	—	—	—	—	—	—	—

职工中使用的农村劳动力人数（三）

单位：人

单位合计 管理业中 野生动植物保护	居民服务和其他服务业	教育	卫生、社会保障和社会福利业	文化、体育和娱乐业	公共管理和社会组织	国际组织	集体经济单位合计	其他各种经济单位合计
41	**9**	**69**	**37**	**1**	**936**	—	**609**	**4339**
—	—	—	—	—	5	—	—	—
—	—	—	—	—	—	—	—	—
—	—	—	—	—	—	—	25	—
—	—	—	—	—	—	—	—	—
—	—	—	—	—	—	—	—	—
—	—	—	—	—	—	—	—	—
—	—	—	—	—	—	—	—	—
—	—	—	—	—	8	—	—	428
—	—	—	—	—	—	—	—	428
—	—	—	—	—	—	—	—	—
—	—	—	—	—	—	—	—	—
—	—	—	—	—	—	—	—	210
—	—	—	—	—	1	—	—	1588
—	—	—	—	—	5	—	—	58
—	—	—	—	—	—	—	—	—
—	6	—	—	—	13	—	2	368
—	—	—	—	—	3	—	82	275
—	—	—	—	—	10	—	—	—
—	—	2	—	—	652	—	—	—
—	—	—	—	—	—	—	16	810
—	—	60	—	—	16	—	—	362
—	—	—	—	1	8	—	5	89
—	—	4	—	—	—	—	—	—
—	—	—	—	—	—	—	—	—
—	—	—	—	—	—	—	—	—
—	—	—	—	—	48	—	173	107
—	—	—	—	—	9	—	—	—
34	—	—	—	—	156	—	96	14
—	—	—	—	—	1	—	—	30
—	—	—	37	—	—	—	210	—
—	—	—	—	—	—	—	—	—
—	—	—	—	—	—	—	—	—
—	—	—	—	—	—	—	—	—
7	—	—	—	—	—	—	—	—
—	—	—	—	—	—	—	—	—
—	3	3	—	—	1	—	—	—
—	—	—	—	—	—	—	—	—

林业系统各地区按行业分

地区	总计	合计	企业	事业	机关	国有经济	
						小计	木材及竹材采运企业
全国合计	**118889**	**97493**	**73446**	**24004**	**43**	**82056**	**48825**
北京	195	141	—	141	—	141	—
天津	—	—	—	—	—	—	—
河北	397	397	185	212	—	222	—
山西	431	431	9	422	—	316	—
内蒙古	2437	2437	143	2294	—	2197	—
内蒙古集团	—	—	—	—	—	—	—
辽宁	1201	1201	—	1201	—	1196	—
吉林	25537	20836	20131	705	—	18584	17009
吉林集团	6031	5965	5965	—	—	5965	5965
黑龙江	29912	14383	13680	703	—	13406	12363
龙江集团	28436	13016	13008	8	—	12363	12363
上海	—	—	—	—	—	—	—
江苏	1151	995	—	995	—	995	—
浙江	119	119	22	97	—	91	—
安徽	1277	1247	1142	105	—	142	37
福建	834	695	498	197	—	327	149
江西	8427	8427	4261	4166	—	6856	1659
山东	207	207	120	87	—	87	—
河南	1103	1103	98	999	6	1030	—
湖北	2372	2366	1212	1154	—	1802	458
湖南	15752	15402	9847	5542	13	11605	4461
广东	779	779	352	404	23	458	35
广西	2202	2197	1000	1197	—	1633	122
海南	372	372	357	15	—	372	69
重庆	51	51	50	1	—	41	39
四川	4508	4112	3167	945	—	2562	874
贵州	1428	1428	1110	317	1	1223	906
云南	72	72	67	5	—	44	42
西藏	5	5	—	5	—	5	—
陕西	1439	1439	822	617	—	1025	421
甘肃	2608	2608	1306	1302	—	2343	741
青海	—	—	—	—	—	—	—
宁夏	116	116	—	116	—	116	—
新疆	108	104	71	33	—	33	—
新疆兵团	—	—	—	—	—	—	—
局直属单位	13849	13823	13796	27	—	13204	9440
大兴安岭	13824	13798	13796	2	—	13204	9440

下岗待安置职工人数(一)

单位:人

单位合计								
农林牧渔业								采矿业
国有林场	国有苗圃	林业工作站	木材检查站	种苗站	病虫害防治站	治沙站	其他	
20656	**1808**	**2108**	**1538**	**276**	**143**	—	**6702**	**592**
6	114	—	—	—	—	—	21	—
—	—	—	—	—	—	—	—	—
133	35	—	—	—	—	—	54	—
235	20	7	—	10	—	—	44	—
2031	22	—	—	—	—	—	144	—
—	—	—	—	—	—	—	—	—
1158	37	1	—	—	—	—	—	—
1092	1	—	—	—	—	—	482	—
—	—	—	—	—	—	—	—	—
1007	4	—	—	—	—	—	32	—
—	—	—	—	—	—	—	—	—
—	—	—	—	—	—	—	—	—
878	85	16	—	—	16	—	—	—
80	—	7	1	—	—	—	3	—
66	—	3	—	—	—	—	36	—
128	15	—	—	—	—	—	35	—
4675	454	8	17	—	—	—	43	—
52	8	11	—	—	—	—	16	—
670	40	106	13	15	13	—	173	—
1005	4	133	—	19	3	—	180	—
2822	775	1703	1491	232	104	—	17	—
293	40	34	4	—	—	—	52	—
1083	46	45	—	—	—	—	337	—
182	—	—	12	—	7	—	102	—
1	—	—	—	—	—	—	1	—
428	97	19	—	—	—	—	1144	—
301	—	13	—	—	—	—	3	—
—	—	2	—	—	—	—	—	—
5	—	—	—	—	—	—	—	—
585	—	—	—	—	—	—	19	—
1593	9	—	—	—	—	—	—	—
—	—	—	—	—	—	—	—	—
114	2	—	—	—	—	—	—	—
33	—	—	—	—	—	—	—	—
—	—	—	—	—	—	—	—	—
—	—	—	—	—	—	—	3764	592
—	—	—	—	—	—	—	3764	592

林业系统各地区按行业分

地区	国有经济							
	制造业							
	小计	非木质林产品加工业	木材加工及竹、藤、棕、草制品业					林产化学产品制造
			计	锯材、木片加工	人造板制造	木制品制造	竹、藤、棕、草制品制造	
全国合计	**7925**	**7**	**4660**	**521**	**3344**	**673**	**122**	**383**
北京	—	—	—	—	—	—	—	—
天津	—	—	—	—	—	—	—	—
河北	134	—	134	26	—	108	—	—
山西	8	—	8	—	—	8	—	—
内蒙古	—	—	—	—	—	—	—	—
内蒙古集团	—	—	—	—	—	—	—	—
辽宁	—	—	—	—	—	—	—	—
吉林	1052	—	—	—	—	—	—	—
吉林集团	—	—	—	—	—	—	—	—
黑龙江	305	—	305	—	305	—	—	—
龙江集团	—	—	—	—	—	—	—	—
上海	—	—	—	—	—	—	—	—
江苏	—	—	—	—	—	—	—	—
浙江	—	—	—	—	—	—	—	—
安徽	182	—	133	44	12	77	—	—
福建	304	—	293	—	264	—	29	11
江西	1012	—	526	—	526	—	—	—
山东	—	—	—	—	—	—	—	—
河南	—	—	—	—	—	—	—	—
湖北	376	—	376	—	262	114	—	—
湖南	2755	—	1985	309	1432	188	56	292
广东	176	—	121	—	—	121	—	30
广西	8	—	8	—	—	8	—	—
海南	—	—	—	—	—	—	—	—
重庆	10	—	—	—	—	—	—	—
四川	879	—	219	142	—	40	37	35
贵州	192	7	62	—	62	—	—	8
云南	9	—	9	—	—	9	—	—
西藏	—	—	—	—	—	—	—	—
陕西	268	—	234	—	234	—	—	7
甘肃	255	—	247	—	247	—	—	—
青海	—	—	—	—	—	—	—	—
宁夏	—	—	—	—	—	—	—	—
新疆	—	—	—	—	—	—	—	—
新疆兵团	—	—	—	—	—	—	—	—
局直属单位	—	—	—	—	—	—	—	—
大兴安岭	—	—	—	—	—	—	—	—

下岗待安置职工人数(二)

单位:人

单位合计								
专用设备、仪器仪表制造业	工艺品制造业	其他	电力、燃气及水的生产供应业	建筑业	交通运输、仓储及邮政业	信息传输、计算机服务和软件业	批发和零售业	住宿餐饮业
—	**—**	**2875**	**68**	**2301**	**716**	**—**	**2081**	**267**
—	—	—	—	—	—	—	—	—
—	—	—	—	—	—	—	—	—
—	—	—	—	—	—	—	41	—
—	—	—	—	—	31	—	30	—
—	—	—	—	—	—	—	—	—
—	—	—	—	—	—	—	—	—
—	—	—	—	—	—	—	—	5
—	—	1052	—	1200	—	—	—	—
—	—	—	—	—	—	—	—	—
—	—	—	—	645	—	—	27	—
—	—	—	—	645	—	—	8	—
—	—	—	—	—	—	—	—	—
—	—	—	—	—	—	—	—	—
—	—	—	—	—	—	—	22	—
—	—	49	—	220	23	—	680	—
—	—	—	—	6	—	—	38	18
—	—	486	—	165	—	—	88	—
—	—	—	—	—	—	—	120	—
—	—	—	—	—	—	—	61	—
—	—	—	—	—	—	—	139	5
—	—	478	16	53	368	—	23	218
—	—	25	52	—	—	—	64	—
—	—	—	—	—	29	—	523	—
—	—	—	—	—	—	—	—	—
—	—	10	—	—	—	—	—	—
—	—	625	—	—	252	—	171	—
—	—	115	—	12	—	—	—	—
—	—	—	—	—	—	—	16	—
—	—	—	—	—	—	—	—	—
—	—	27	—	—	13	—	38	11
—	—	8	—	—	—	—	—	10
—	—	—	—	—	—	—	—	—
—	—	—	—	—	—	—	—	—
—	—	—	—	—	—	—	—	—
—	—	—	—	—	—	—	—	—
—	—	—	—	—	—	—	—	—
—	—	—	—	—	—	—	—	—

林业系统各地区按行业分

地　区							国　有　经　济	
	金融业	房地产业	租赁和商务服务业	科学研究、技术服务和地质勘查业			水利、环境和公共设施	
				计	其　中		计	其
					科技交流和推广服务	规划设计管理		自然保护区管理
全国合计	**—**	**72**	**752**	**128**	**42**	**34**	**374**	**371**
北　京	—	—	—	—	—	—	—	—
天　津	—	—	—	—	—	—	—	—
河　北	—	—	—	—	—	—	—	—
山　西	—	—	—	—	—	—	—	—
内蒙古	—	—	—	—	—	—	240	240
内蒙古集团	—	—	—	—	—	—	—	—
辽　宁	—	—	—	—	—	—	—	—
吉　林	—	—	—	—	—	—	—	—
吉林集团	—	—	—	—	—	—	—	—
黑龙江	—	—	—	—	—	—	—	—
龙江集团	—	—	—	—	—	—	—	—
上　海	—	—	—	—	—	—	—	—
江　苏	—	—	—	—	—	—	—	—
浙　江	—	—	—	—	—	—	6	6
安　徽	—	—	—	—	—	—	—	—
福　建	—	1	—	1	—	—	—	—
江　西	—	—	301	5	—	—	—	—
山　东	—	—	—	—	—	—	—	—
河　南	—	—	—	6	—	—	—	—
湖　北	—	—	14	—	—	—	30	30
湖　南	—	—	145	86	42	10	95	95
广　东	—	—	—	6	—	—	—	—
广　西	—	—	4	—	—	—	—	—
海　南	—	—	—	—	—	—	—	—
重　庆	—	—	—	—	—	—	—	—
四　川	—	—	245	—	—	—	—	—
贵　州	—	—	—	—	—	—	—	—
云　南	—	—	—	—	—	—	3	—
西　藏	—	—	—	—	—	—	—	—
陕　西	—	—	43	—	—	—	—	—
甘　肃	—	—	—	—	—	—	—	—
青　海	—	—	—	—	—	—	—	—
宁　夏	—	—	—	—	—	—	—	—
新　疆	—	71	—	—	—	—	—	—
新疆兵团	—	—	—	—	—	—	—	—
局直属单位	—	—	—	24	—	24	—	—
大兴安岭	—	—	—	—	—	—	—	—

下岗待安置职工人数(三)

单位:人

单位合计 管理业 中 野生动植物保护	居民服务和其他服务业	教育	卫生、社会保障和社会福利业	文化、体育和娱乐业	公共管理和社会组织	国际组织	集体经济单位合计	其他各种经济单位合计
3	**44**	**27**	**43**	**—**	**47**	**—**	**21001**	**395**
—	—	—	—	—	—	—	54	—
—	—	—	—	—	—	—	—	—
—	—	—	—	—	—	—	—	—
—	—	25	21	—	—	—	—	—
—	—	—	—	—	—	—	—	—
—	—	—	—	—	—	—	—	—
—	—	—	—	—	—	—	—	—
—	—	—	—	—	—	—	4635	66
—	—	—	—	—	—	—	—	66
—	—	—	—	—	—	—	15529	—
—	—	—	—	—	—	—	15420	—
—	—	—	—	—	—	—	—	—
—	—	—	—	—	—	—	—	156
—	—	—	—	—	—	—	—	—
—	—	—	—	—	—	—	30	—
—	—	—	—	—	—	—	139	—
—	—	—	—	—	—	—	—	—
—	—	—	—	—	—	—	—	—
—	—	—	—	—	6	—	—	—
—	—	—	—	—	—	—	6	—
—	3	—	22	—	13	—	212	138
—	—	—	—	—	23	—	—	—
—	—	—	—	—	—	—	—	5
—	—	—	—	—	—	—	—	—
—	—	—	—	—	—	—	—	—
—	—	—	—	—	3	—	396	—
—	—	—	—	—	1	—	—	—
3	—	—	—	—	—	—	—	—
—	—	—	—	—	—	—	—	—
—	41	—	—	—	—	—	—	—
—	—	—	—	—	—	—	—	—
—	—	—	—	—	—	—	—	—
—	—	—	—	—	—	—	—	—
—	—	—	—	—	—	—	—	4
—	—	—	—	—	—	—	—	—
—	—	2	—	—	1	—	—	26
—	—	2	—	—	—	—	—	26

林业系统各地区按行业分离开

地区	总计	合计	企业	事业	机关	国有经济	
						小计	木材及竹材采运企业
全国合计	**454105**	**301462**	**228468**	**71023**	**1971**	**267270**	**182289**
北京	46	46	—	46	—	45	—
天津	—	—	—	—	—	—	—
河北	1504	1504	211	1064	229	1158	—
山西	809	809	223	564	22	574	—
内蒙古	38054	15277	11239	4018	20	14886	9916
内蒙古集团	34265	11488	11206	282	—	11186	9916
辽宁	3399	3398	188	3188	22	3199	—
吉林	51757	44451	38083	6054	314	38527	27328
吉林集团	16499	14630	14630	—	—	10701	10701
黑龙江	193353	72645	66209	6267	169	66979	60923
龙江集团	185838	66506	65768	701	37	61540	60923
上海	18	18	—	18	—	18	—
江苏	1007	1007	716	291	—	1007	—
浙江	1412	1412	70	1330	12	1296	—
安徽	2984	2964	1565	1388	11	1668	286
福建	5019	4590	2957	1613	20	3049	1507
江西	34879	34623	18888	15494	241	30680	13347
山东	1071	1071	261	711	99	617	—
河南	659	650	273	367	10	387	—
湖北	5629	5571	2215	3300	56	4040	140
湖南	15805	15720	6392	9098	230	11595	2856
广东	7235	7229	2471	4452	306	5222	175
广西	10283	10250	3368	6865	17	7024	11
海南	573	573	438	134	1	265	30
重庆	164	156	13	140	3	140	—
四川	2902	2650	1800	813	37	2351	1660
贵州	795	795	373	399	23	654	255
云南	1690	1557	1096	376	85	893	411
西藏	42	42	—	42	—	42	—
陕西	2674	2664	1191	1440	33	1848	310
甘肃	1532	1532	587	942	3	1389	327
青海	2	2	—	2	—	—	—
宁夏	69	69	—	69	—	69	—
新疆	710	697	233	457	7	550	20
新疆兵团	—	—	—	—	—	—	—
局直属单位	68029	67490	67408	81	1	67098	62787
大兴安岭	67958	67419	67408	10	1	67095	62787

本单位仍保留劳动关系的职工人数(一)

单位:人

单位合计								
农林牧渔业								采矿业
国有林场	国有苗圃	林业工作站	木材检查站	种苗站	病虫害防治站	治沙站	其他	
65901	**4067**	**3942**	**515**	**202**	**90**	**31**	**10233**	**236**
6	34	—	—	—	1	—	4	—
—	—	—	—	—	—	—	—	—
727	201	16	—	—	—	—	214	—
303	94	40	5	5	3	—	124	—
4032	187	34	7	24	18	15	653	—
913	—	—	—	—	—	—	357	—
2709	221	55	—	—	—	—	214	—
9700	536	93	12	8	1	—	849	—
—	—	—	—	—	—	—	—	—
4987	784	14	2	3	1	—	265	22
—	613	—	—	3	—	—	1	—
12	3	3	—	—	—	—	—	—
949	1	47	5	—	—	—	5	—
1168	31	36	13	—	2	—	46	—
1157	127	35	9	—	—	—	54	44
1102	53	83	5	1	2	—	296	—
15177	664	310	64	4	9	14	1091	—
165	42	350	2	10	9	—	39	—
245	53	6	21	6	—	—	56	20
2666	91	559	44	47	11	1	481	—
6994	557	494	283	30	13	—	368	—
3288	128	1439	6	18	4	—	164	—
6548	121	16	12	5	1	—	310	—
119	3	2	—	—	1	—	110	—
136	—	2	—	1	—	—	1	—
335	13	49	2	—	1	—	291	—
338	9	35	3	2	1	—	11	—
243	—	88	2	16	3	—	130	—
42	—	—	—	—	—	—	—	—
1301	21	56	18	19	6	—	117	—
1040	2	2	—	—	1	—	17	—
—	—	—	—	—	—	—	—	—
67	2	—	—	—	—	—	—	—
345	89	78	—	3	2	1	12	—
—	—	—	—	—	—	—	—	—
—	—	—	—	—	—	—	4311	150
—	—	—	—	—	—	—	4308	150

林业系统各地区按行业分离开

地区	国有经济							
	制造业							
	小计	非木质林产品加工业	木材加工及竹、藤、棕、草制品业					林产化学产品制造
			计	锯材、木片加工	人造板制造	木制品制造	竹、藤、棕、草制品制造	
全国合计	**16716**	**354**	**10513**	**2263**	**6612**	**1564**	**74**	**1050**
北京	—	—	—	—	—	—	—	—
天津	—	—	—	—	—	—	—	—
河北	47	—	17	17	—	—	—	30
山西	61	—	50	—	49	1	—	11
内蒙古	27	—	27	27	—	—	—	—
内蒙古集团	—	—	—	—	—	—	—	—
辽宁	173	—	61	—	—	61	—	—
吉林	5367	—	3735	885	2847	3	—	192
吉林集团	3841	—	3649	885	2764	—	—	192
黑龙江	1824	—	1480	131	1114	235	—	—
龙江集团	1558	—	1480	131	1114	235	—	—
上海	—	—	—	—	—	—	—	—
江苏	—	—	—	—	—	—	—	—
浙江	—	—	—	—	—	—	—	—
安徽	147	—	105	37	68	—	—	—
福建	461	—	256	12	240	4	—	112
江西	2804	54	866	324	106	436	—	46
山东	150	—	150	—	150	—	—	—
河南	107	—	—	—	—	—	—	—
湖北	561	—	208	95	—	113	—	203
湖南	2142	280	1675	240	1016	381	38	—
广东	455	20	435	282	—	153	—	—
广西	966	—	475	—	430	45	—	417
海南	240	—	209	198	11	—	—	31
重庆	13	—	—	—	—	—	—	—
四川	36	—	36	—	—	—	36	—
贵州	63	—	57	4	26	27	—	—
云南	353	—	351	—	337	14	—	2
西藏	—	—	—	—	—	—	—	—
陕西	705	—	309	—	218	91	—	6
甘肃	—	—	—	—	—	—	—	—
青海	—	—	—	—	—	—	—	—
宁夏	—	—	—	—	—	—	—	—
新疆	14	—	11	11	—	—	—	—
新疆兵团	—	—	—	—	—	—	—	—
局直属单位	—	—	—	—	—	—	—	—
大兴安岭	—	—	—	—	—	—	—	—

本单位仍保留劳动关系职工人数(二)

单位:人

单位合计								
专用设备、仪器仪表制造业	工艺品制造业	其他	电力、燃气及水的生产供应业	建筑业	交通运输、仓储及邮政业	信息传输、计算机服务和软件业	批发和零售业	住宿餐饮业
104	—	**4695**	**288**	**4152**	**797**	**94**	**5869**	**655**
—	—	—	—	—	—	—	—	—
—	—	—	—	—	—	—	—	—
—	—	—	—	—	7	—	42	—
—	—	—	—	—	—	—	150	—
—	—	—	—	—	—	2	8	16
—	—	—	—	—	—	2	6	14
—	—	112	—	—	—	—	—	—
—	—	1440	—	14	34	—	65	41
—	—	—	—	1	—	—	64	2
33	—	311	146	2423	311	—	233	33
33	—	45	146	2358	176	—	189	11
—	—	—	—	—	—	—	—	—
—	—	—	—	—	—	—	—	—
—	—	—	—	6	—	—	63	—
—	—	42	—	364	—	—	726	3
10	—	83	—	886	18	—	114	16
—	—	1838	—	29	32	—	68	171
—	—	—	—	23	—	—	68	20
—	—	107	—	—	—	—	126	—
—	—	150	—	—	—	—	698	—
—	—	187	—	220	83	—	772	258
—	—	—	1	—	142	—	746	29
61	—	13	9	103	15	92	1846	10
—	—	—	—	—	—	—	—	—
—	—	13	—	—	—	—	—	—
—	—	—	—	—	—	—	—	11
—	—	6	—	12	43	—	—	—
—	—	—	—	—	110	—	96	18
—	—	—	—	—	—	—	—	—
—	—	390	—	—	2	—	48	17
—	—	—	—	13	—	—	—	9
—	—	—	—	—	—	—	—	—
—	—	—	—	—	—	—	—	—
—	—	3	—	59	—	—	—	2
—	—	—	—	—	—	—	—	—
—	—	—	132	—	—	—	—	1
—	—	—	132	—	—	—	—	1

林业系统各地区按行业分离开

地区	金融业	房地产业	租赁和商务服务业	科学研究、技术服务和地质勘查业			水利、环境和公共设施	
				计	其中		计	其
					科技交流和推广服务	规划设计管理		自然保护区管理
全国合计	**—**	**52**	**915**	**1108**	**177**	**180**	**279**	**171**
北京	—	—	—	1	—	—	—	—
天津	—	—	—	—	—	—	—	—
河北	—	—	—	—	—	—	—	—
山西	—	—	—	—	—	—	2	2
内蒙古	—	—	2	119	—	21	—	—
内蒙古集团	—	—	2	81	—	—	—	—
辽宁	—	—	—	—	—	—	4	4
吉林	—	—	—	22	—	3	38	38
吉林集团	—	—	—	—	—	—	—	—
黑龙江	—	10	174	133	—	—	—	—
龙江集团	—	10	174	133	—	—	—	—
上海	—	—	—	—	—	—	—	—
江苏	—	—	—	—	—	—	—	—
浙江	—	—	—	1	—	1	22	22
安徽	—	—	—	1	—	—	—	—
福建	—	5	—	13	5	3	—	—
江西	—	—	430	161	103	8	6	5
山东	—	—	—	—	—	—	94	—
河南	—	—	—	—	—	—	—	—
湖北	—	—	21	124	20	2	51	50
湖南	—	—	124	256	25	1	27	21
广东	—	—	—	113	19	—	4	2
广西	—	—	90	47	—	34	13	12
海南	—	—	—	—	—	—	3	—
重庆	—	—	—	—	—	—	—	—
四川	—	—	38	18	—	18	—	—
贵州	—	—	—	—	—	—	—	—
云南	—	—	—	—	—	—	2	2
西藏	—	—	—	—	—	—	—	—
陕西	—	—	—	—	—	—	10	10
甘肃	—	—	5	5	—	—	—	—
青海	—	—	—	2	—	2	—	—
宁夏	—	—	—	—	—	—	—	—
新疆	—	37	—	25	5	20	3	3
新疆兵团	—	—	—	—	—	—	—	—
局直属单位	—	—	31	67	—	67	—	—
大兴安岭	—	—	31	—	—	—	—	—

(表头上方跨栏：国有经济)

本单位仍保留劳动关系职工人数(三)

单位:人

单位合计							集体经济单位合计	其他各种经济单位合计
管理业中野生动植物保护	居民服务和其他服务业	教育	卫生、社会保障和社会福利业	文化、体育和娱乐业	公共管理和社会组织	国际组织		
7	**546**	**99**	**300**	**12**	**2074**	**—**	**148502**	**4141**
—	—	—	—	—	—	—	—	—
—	—	—	—	—	—	—	—	—
—	21	—	—	—	229	—	—	—
—	—	—	—	—	22	—	—	—
—	—	12	173	12	20	—	21106	1671
—	—	12	173	12	—	—	21106	1671
—	—	—	—	—	22	—	1	—
—	8	—	—	—	335	—	6407	899
—	—	—	—	—	21	—	970	899
—	60	6	87	—	204	—	119626	1082
—	46	6	87	—	72	—	118287	1045
—	—	—	—	—	—	—	—	—
—	—	—	—	—	—	—	—	—
—	—	12	—	—	12	—	—	—
—	—	—	—	—	11	—	20	—
—	7	—	—	—	21	—	158	271
1	—	—	—	—	242	—	178	78
—	—	—	—	—	99	—	—	—
—	—	—	—	—	10	—	9	—
1	—	—	—	—	76	—	58	—
1	1	10	2	—	230	—	85	—
—	211	—	—	—	306	—	3	3
1	—	18	—	—	17	—	33	—
3	44	—	—	—	21	—	—	—
—	—	—	—	—	3	—	8	—
—	156	—	—	—	40	—	252	—
—	—	—	—	—	23	—	—	—
—	—	—	—	—	85	—	9	124
—	—	—	—	—	—	—	—	—
—	—	—	1	—	33	—	10	—
—	38	32	37	—	4	—	—	—
—	—	—	—	—	—	—	—	—
—	—	—	—	—	—	—	—	—
—	—	—	—	—	7	—	—	13
—	—	—	—	—	—	—	—	—
—	—	9	—	—	2	—	539	—
—	—	9	—	—	1	—	539	—

林业系统各地区按行业分

地区	总计					国有经济	
		合计	企业	事业	机关	小计	木材及竹材采运企业
全国合计	**44999**	**41970**	**8050**	**32311**	**1609**	**36959**	**4874**
北京	33	33	—	31	2	31	—
天津	50	50	—	50	—	50	—
河北	57	57	1	43	13	44	—
山西	90	90	—	90	—	90	—
内蒙古	215	116	27	85	4	64	—
内蒙古集团	120	21	—	21	—	—	—
辽宁	13	13	—	13	—	13	—
吉林	35	30	4	21	5	24	2
吉林集团	7	2	2	—	—	2	2
黑龙江	1144	1137	861	197	79	943	827
龙江集团	1016	1014	861	81	72	827	827
上海	5	5	2	3	—	5	—
江苏	1551	1551	78	1473	—	1473	—
浙江	255	255	31	168	56	167	—
安徽	535	535	113	401	21	401	35
福建	4390	1898	1048	638	212	1419	918
江西	2275	2275	767	1477	31	2192	205
山东	1452	1452	70	1364	18	1364	—
河南	761	761	2	750	9	746	—
湖北	2770	2691	715	1880	96	1904	38
湖南	2118	2118	1352	649	117	1332	220
广东	171	128	20	102	6	90	—
广西	1032	1032	53	918	61	805	—
海南	54	54	1	—	53	1	1
重庆	46	46	—	37	9	—	—
四川	5576	5576	1199	4053	324	4984	1307
贵州	9450	9450	343	9073	34	9289	298
云南	7852	7849	1177	6350	322	7253	959
西藏	103	103	—	103	—	103	—
陕西	751	490	77	390	23	443	61
甘肃	443	443	—	439	4	253	—
青海	—	—	—	—	—	—	—
宁夏	594	594	5	589	—	589	—
新疆	1049	1009	95	814	100	873	3
新疆兵团	—	—	—	—	—	—	—
局直属单位	129	129	9	110	10	14	—
大兴安岭	16	16	9	7	—	9	—

其他从业人员人数(一)

单位:人

单位合计								
农林牧渔业								采矿业
国有林场	国有苗圃	林业工作站	木材检查站	种苗站	病虫害防治站	治沙站	其他	
8684	**613**	**9937**	**389**	**1096**	**76**	**18**	**11272**	**11**
—	31	—	—	—	—	—	—	—
—	—	—	—	—	—	—	50	—
12	—	—	—	—	5	—	27	—
39	45	—	—	—	—	1	5	—
57	—	—	—	—	—	—	7	—
—	—	—	—	—	—	—	—	—
—	—	13	—	—	—	—	—	—
8	—	5	—	—	—	—	9	—
—	—	—	—	—	—	—	—	—
7	60	—	—	—	—	—	49	—
—	—	—	—	—	—	—	—	—
—	—	3	—	—	—	—	2	—
1336	20	51	3	—	—	—	63	—
149	2	5	2	1	1	—	7	—
210	15	111	6	—	2	—	22	—
154	31	146	79	—	—	—	91	—
1641	36	45	51	—	—	—	214	—
21	13	1318	—	—	1	—	11	—
663	36	28	7	—	—	—	12	—
533	10	1231	17	7	10	—	58	—
345	59	440	206	36	20	—	6	—
85	2	—	—	—	—	—	3	—
501	—	25	16	—	4	—	259	—
—	—	—	—	—	—	—	—	—
—	—	—	—	—	—	—	—	—
1059	94	149	—	—	—	—	2375	11
276	8	2098	2	—	—	—	6607	—
911	17	3448	—	1035	—	—	883	—
103	—	—	—	—	—	—	—	—
27	5	23	—	—	18	—	309	—
147	25	7	—	7	1	—	66	—
—	—	—	—	—	—	—	—	—
131	—	458	—	—	—	—	—	—
269	104	333	—	10	14	17	123	—
—	—	—	—	—	—	—	—	—
—	—	—	—	—	—	—	14	—
—	—	—	—	—	—	—	9	—

林业系统各地区按行业分

地区	国有经济							
	制造业							
	小计	非木质林产品加工业	木材加工及竹、藤、棕、草制品业					林产化学产品制造
			计	锯材、木片加工	人造板制造	木制品制造	竹、藤、棕、草制品制造	
全国合计	**983**	**—**	**867**	**283**	**445**	**121**	**18**	**23**
北京	—	—	—	—	—	—	—	—
天津	—	—	—	—	—	—	—	—
河北	—	—	—	—	—	—	—	—
山西	—	—	—	—	—	—	—	—
内蒙古	27	—	27	27	—	—	—	—
内蒙古集团	—	—	—	—	—	—	—	—
辽宁	—	—	—	—	—	—	—	—
吉林	—	—	—	—	—	—	—	—
吉林集团	—	—	—	—	—	—	—	—
黑龙江	18	—	16	16	—	—	—	—
龙江集团	18	—	16	16	—	—	—	—
上海	—	—	—	—	—	—	—	—
江苏	—	—	—	—	—	—	—	—
浙江	—	—	—	—	—	—	—	—
安徽	113	—	113	—	113	—	—	—
福建	84	—	38	19	11	8	—	4
江西	43	—	—	—	—	—	—	—
山东	3	—	3	—	3	—	—	—
河南	—	—	—	—	—	—	—	—
湖北	127	—	127	29	—	98	—	—
湖南	374	—	374	192	165	—	17	—
广东	—	—	—	—	—	—	—	—
广西	18	—	15	—	11	4	—	3
海南	—	—	—	—	—	—	—	—
重庆	—	—	—	—	—	—	—	—
四川	140	—	140	—	140	—	—	—
贵州	13	—	13	—	2	11	—	—
云南	2	—	1	—	—	—	1	1
西藏	—	—	—	—	—	—	—	—
陕西	16	—	—	—	—	—	—	15
甘肃	—	—	—	—	—	—	—	—
青海	—	—	—	—	—	—	—	—
宁夏	5	—	—	—	—	—	—	—
新疆	—	—	—	—	—	—	—	—
新疆兵团	—	—	—	—	—	—	—	—
局直属单位	—	—	—	—	—	—	—	—
大兴安岭	—	—	—	—	—	—	—	—

其他从业人员人数(二)

单位:人

单位合计								
专用设备、仪器仪表制造业	工艺品制造业	其他	电力、燃气及水的生产供应业	建筑业	交通运输、仓储及邮政业	信息传输、计算机服务和软件业	批发和零售业	住宿餐饮业
9	**—**	**84**	**—**	**106**	**103**	**—**	**196**	**129**
—	—	—	—	—	—	—	—	—
—	—	—	—	—	—	—	—	—
—	—	—	—	—	—	—	—	—
—	—	—	—	—	—	—	—	—
—	—	—	—	—	—	—	—	1
—	—	—	—	—	—	—	—	1
—	—	—	—	—	—	—	—	—
—	—	—	—	—	—	—	1	—
—	—	—	—	—	—	—	—	—
—	—	2	—	2	—	—	5	7
—	—	2	—	2	—	—	5	7
—	—	—	—	—	—	—	—	—
—	—	—	—	78	—	—	—	—
—	—	—	—	—	—	—	31	—
—	—	—	—	—	—	—	—	—
9	—	33	—	25	—	—	18	11
—	—	43	—	—	—	—	—	—
—	—	—	—	—	—	—	67	—
—	—	—	—	—	—	—	—	—
—	—	—	—	—	—	—	25	—
—	—	—	—	1	—	—	—	110
—	—	—	—	—	20	—	—	—
—	—	—	—	—	—	—	26	—
—	—	—	—	—	—	—	—	—
—	—	—	—	—	—	—	—	—
—	—	—	—	—	—	—	—	—
—	—	—	—	—	32	—	—	—
—	—	—	—	—	51	—	23	—
—	—	—	—	—	—	—	—	—
—	—	1	—	—	—	—	—	—
—	—	—	—	—	—	—	—	—
—	—	—	—	—	—	—	—	—
—	—	5	—	—	—	—	—	—
—	—	—	—	—	—	—	—	—
—	—	—	—	—	—	—	—	—
—	—	—	—	—	—	—	—	—
—	—	—	—	—	—	—	—	—

林业系统各地区按行业分

地区	国有经济							
	金融业	房地产业	租赁和商务服务业	科学研究、技术服务和地质勘查业			水利、环境和公共设施	
				计	其中		计	其
					科技交流和推广服务	规划设计管理		自然保护区管理
全国合计	**—**	**—**	**8**	**275**	**69**	**110**	**1321**	**1156**
北京	—	—	—	—	—	—	—	—
天津	—	—	—	—	—	—	—	—
河北	—	—	—	—	—	—	—	—
山西	—	—	—	—	—	—	—	—
内蒙古	—	—	—	2	—	—	—	—
内蒙古集团	—	—	—	2	—	—	—	—
辽宁	—	—	—	—	—	—	—	—
吉林	—	—	—	—	—	—	—	—
吉林集团	—	—	—	—	—	—	—	—
黑龙江	—	—	—	—	—	—	2	—
龙江集团	—	—	—	—	—	—	2	—
上海	—	—	—	—	—	—	—	—
江苏	—	—	—	—	—	—	—	—
浙江	—	—	—	1	1	—	—	—
安徽	—	—	—	—	—	—	—	—
福建	—	—	—	69	1	56	39	39
江西	—	—	—	4	—	—	1	—
山东	—	—	—	—	—	—	—	—
河南	—	—	—	6	—	—	—	—
湖北	—	—	—	10	10	—	510	510
湖南	—	—	—	56	24	26	128	107
广东	—	—	—	—	—	—	9	9
广西	—	—	6	37	19	5	65	65
海南	—	—	—	—	—	—	—	—
重庆	—	—	—	—	—	—	37	—
四川	—	—	—	5	—	5	108	13
贵州	—	—	—	—	—	—	82	82
云南	—	—	—	19	—	8	179	179
西藏	—	—	—	—	—	—	—	—
陕西	—	—	—	—	—	—	8	—
甘肃	—	—	—	6	—	—	141	141
青海	—	—	—	—	—	—	—	—
宁夏	—	—	—	—	—	—	—	—
新疆	—	—	—	14	14	—	12	11
新疆兵团	—	—	—	—	—	—	—	—
局直属单位	—	—	2	46	—	10	—	—
大兴安岭	—	—	—	—	—	—	—	—

其他从业人员人数(三)

单位:人

单位合计							集体经济单位合计	其他各种经济单位合计
管理业中野生动植物保护	居民服务和其他服务业	教育	卫生、社会保障和社会福利业	文化、体育和娱乐业	公共管理和社会组织	国际组织		
104	**—**	**138**	**98**	**1**	**1642**	**—**	**499**	**2530**
—	—	—	—	—	2	—	—	—
—	—	—	—	—	—	—	—	—
—	—	—	—	—	13	—	—	—
—	—	—	—	—	—	—	—	—
—	—	—	18	—	4	—	54	45
—	—	—	18	—	—	—	54	45
—	—	—	—	—	—	—	—	—
—	—	—	—	—	5	—	—	5
—	—	—	—	—	—	—	—	5
—	—	37	44	—	79	—	5	2
—	—	37	44	—	72	—	—	2
—	—	—	—	—	—	—	—	—
—	—	—	—	—	—	—	—	—
—	—	—	—	—	56	—	—	—
—	—	—	—	—	21	—	—	—
—	—	21	—	—	212	—	102	2390
—	—	—	—	—	35	—	—	—
—	—	—	—	—	18	—	—	—
—	—	—	—	—	9	—	—	—
—	—	—	19	—	96	—	31	48
—	—	—	—	—	117	—	—	—
—	—	1	—	—	8	—	43	—
—	—	13	—	1	61	—	—	—
—	—	—	—	—	53	—	—	—
—	—	—	—	—	9	—	—	—
95	—	—	—	—	328	—	—	—
—	—	—	—	—	34	—	—	—
—	—	—	—	—	322	—	3	—
—	—	—	—	—	—	—	—	—
8	—	—	—	—	23	—	261	—
—	—	39	—	—	4	—	—	—
—	—	—	—	—	—	—	—	—
—	—	—	—	—	—	—	—	—
1	—	—	10	—	100	—	—	40
—	—	—	—	—	—	—	—	—
—	—	27	7	—	33	—	—	—
—	—	—	7	—	—	—	—	—

林业系统各地区按行业分

地区	总计	合计	企业	事业	机关	国有经济	
						小计	木材及竹材采运企业
全国合计	**890014**	**874414**	**516591**	**310532**	**47291**	**721331**	**423579**
北京	2020	1947	—	1590	357	1558	—
天津	206	206	2	140	64	140	—
河北	6745	6745	382	4808	1555	4910	—
山西	7960	7960	263	6686	1011	6137	—
内蒙古	92830	91489	53444	36255	1790	81177	51676
内蒙古集团	62544	61203	53390	7774	39	53353	51676
辽宁	9206	9201	363	8013	825	7792	—
吉林	89739	87560	76972	9155	1433	80559	65637
吉林集团	37079	36116	36116	—	—	33177	33177
黑龙江	218395	212935	183743	24121	5071	182070	164904
龙江集团	196669	191282	182747	7189	1346	165189	164904
上海	221	221	—	221	—	221	—
江苏	11022	10987	4507	6358	122	10844	—
浙江	6642	6642	481	5140	1021	4871	—
安徽	11078	11062	1717	8428	917	8591	632
福建	33796	29624	18088	9172	2364	19815	11723
江西	44500	44362	22106	19294	2962	35766	14710
山东	7551	7551	103	6389	1059	6182	—
河南	7541	7535	114	5752	1669	5215	42
湖北	12079	11230	3095	7001	1134	8004	364
湖南	35265	35225	14136	16518	4571	22557	6371
广东	29090	28933	5550	19897	3486	22718	283
广西	28912	28807	6687	20642	1478	20638	156
海南	5565	5565	4481	794	290	5072	1110
重庆	5772	5760	277	4291	1192	4288	30
四川	84717	84633	47600	33610	3423	77091	54997
贵州	11699	11699	3937	6049	1713	8411	2899
云南	26828	26412	13625	9697	3090	16945	6831
西藏	1104	1104	180	898	26	1071	—
陕西	12138	12118	5082	6087	949	9248	3303
甘肃	16408	16406	6335	9117	954	12675	4024
青海	1247	1247	125	977	145	1076	125
宁夏	3539	3539	—	3368	171	2989	—
新疆	20753	20264	4299	13912	2053	16364	751
新疆兵团	—	—	—	—	—	—	—
局直属单位	45446	45445	38897	6152	396	36336	33011
大兴安岭	40377	40376	38897	1083	396	36078	33011

年末实有离退休人员人数(一)

单位:人

单位合计								
农林牧渔业								采矿业
国有林场	国有苗圃	林业工作站	木材检查站	种苗站	病虫害防治站	治沙站	其他	
187579	**17636**	**25462**	**1794**	**1685**	**1710**	**440**	**61446**	**386**
539	794	57	—	22	17	—	129	—
7	26	45	—	—	—	—	62	—
2410	586	257	6	34	42	—	1575	—
3800	873	482	27	52	68	—	835	—
12364	908	927	31	120	197	34	14920	—
1504	—	—	—	—	—	—	173	—
5560	495	473	25	130	95	3	1011	—
11786	668	502	40	25	71	—	1830	—
—	—	—	—	—	—	—	—	—
14311	791	461	13	86	60	—	1444	22
—	230	—	—	26	13	—	16	—
131	20	69	—	—	—	—	1	—
8814	527	995	4	—	8	—	496	—
4092	162	179	62	37	66	—	273	—
5496	1122	593	82	11	103	—	552	77
4946	313	695	131	28	4	4	1971	—
16578	1260	468	286	33	66	4	2361	—
3228	973	1439	4	59	58	—	421	—
3419	531	518	56	105	69	56	419	4
4698	347	1290	126	66	39	5	1069	—
10542	2104	2101	419	64	49	5	902	54
18320	663	1813	64	49	20	—	1506	—
17620	455	416	69	106	25	—	1791	—
1673	39	31	5	—	7	—	2207	—
3514	49	298	34	7	40	—	316	—
7668	539	1883	100	50	32	65	11757	5
3543	195	1038	69	24	17	—	626	—
3011	180	2251	24	223	43	5	4377	2
1066	5	—	—	—	—	—	—	—
3194	351	1239	85	118	84	4	870	—
6336	302	480	18	73	119	8	1315	—
562	121	158	8	—	56	4	42	—
1421	527	178	4	5	14	—	840	—
6911	1710	4040	2	158	190	242	2360	—
—	—	—	—	—	—	—	—	—
19	—	86	—	—	51	1	3168	222
—	—	76	—	—	—	—	2991	222

林业系统各地区按行业分

<table>
<tr><th rowspan="4">地区</th><th colspan="8">国有经济</th></tr>
<tr><th colspan="8">制造业</th></tr>
<tr><th rowspan="2">小计</th><th rowspan="2">非木质林产品加工业</th><th colspan="5">木材加工及竹、藤、棕、草制品业</th><th rowspan="2">林产化学产品制造</th></tr>
<tr><th>计</th><th>锯材、木片加工</th><th>人造板制造</th><th>木制品制造</th><th>竹、藤、棕、草制品制造</th></tr>
<tr><td>全国合计</td><td>38168</td><td>321</td><td>26188</td><td>6998</td><td>14082</td><td>5014</td><td>94</td><td>2336</td></tr>
<tr><td>北京</td><td>—</td><td>—</td><td>—</td><td>—</td><td>—</td><td>—</td><td>—</td><td>—</td></tr>
<tr><td>天津</td><td>—</td><td>—</td><td>—</td><td>—</td><td>—</td><td>—</td><td>—</td><td>—</td></tr>
<tr><td>河北</td><td>82</td><td>—</td><td>69</td><td>39</td><td>14</td><td>16</td><td>—</td><td>2</td></tr>
<tr><td>山西</td><td>219</td><td>—</td><td>99</td><td>—</td><td>99</td><td>—</td><td>—</td><td>68</td></tr>
<tr><td>内蒙古</td><td>5</td><td>—</td><td>5</td><td>5</td><td>—</td><td>—</td><td>—</td><td>—</td></tr>
<tr><td>内蒙古集团</td><td>—</td><td>—</td><td>—</td><td>—</td><td>—</td><td>—</td><td>—</td><td>—</td></tr>
<tr><td>辽宁</td><td>153</td><td>—</td><td>134</td><td>—</td><td>130</td><td>4</td><td>—</td><td>—</td></tr>
<tr><td>吉林</td><td>4526</td><td>—</td><td>2422</td><td>1752</td><td>579</td><td>91</td><td>—</td><td>394</td></tr>
<tr><td>吉林集团</td><td>2733</td><td>—</td><td>2276</td><td>1704</td><td>572</td><td>—</td><td>—</td><td>394</td></tr>
<tr><td>黑龙江</td><td>12148</td><td>—</td><td>10279</td><td>2920</td><td>4932</td><td>2427</td><td>—</td><td>—</td></tr>
<tr><td>龙江集团</td><td>11838</td><td>—</td><td>10116</td><td>2890</td><td>4799</td><td>2427</td><td>—</td><td>—</td></tr>
<tr><td>上海</td><td>—</td><td>—</td><td>—</td><td>—</td><td>—</td><td>—</td><td>—</td><td>—</td></tr>
<tr><td>江苏</td><td>—</td><td>—</td><td>—</td><td>—</td><td>—</td><td>—</td><td>—</td><td>—</td></tr>
<tr><td>浙江</td><td>—</td><td>—</td><td>—</td><td>—</td><td>—</td><td>—</td><td>—</td><td>—</td></tr>
<tr><td>安徽</td><td>165</td><td>—</td><td>79</td><td>53</td><td>—</td><td>26</td><td>—</td><td>—</td></tr>
<tr><td>福建</td><td>4102</td><td>—</td><td>2278</td><td>300</td><td>1872</td><td>88</td><td>18</td><td>162</td></tr>
<tr><td>江西</td><td>3291</td><td>12</td><td>1009</td><td>98</td><td>859</td><td>52</td><td>—</td><td>33</td></tr>
<tr><td>山东</td><td>55</td><td>—</td><td>55</td><td>—</td><td>55</td><td>—</td><td>—</td><td>—</td></tr>
<tr><td>河南</td><td>42</td><td>—</td><td>4</td><td>—</td><td>—</td><td>4</td><td>—</td><td>—</td></tr>
<tr><td>湖北</td><td>690</td><td>—</td><td>434</td><td>32</td><td>255</td><td>147</td><td>—</td><td>160</td></tr>
<tr><td>湖南</td><td>5033</td><td>251</td><td>4274</td><td>1375</td><td>2410</td><td>442</td><td>47</td><td>122</td></tr>
<tr><td>广东</td><td>396</td><td>3</td><td>313</td><td>118</td><td>—</td><td>195</td><td>—</td><td>58</td></tr>
<tr><td>广西</td><td>2675</td><td>—</td><td>1469</td><td>17</td><td>1397</td><td>55</td><td>—</td><td>891</td></tr>
<tr><td>海南</td><td>28</td><td>—</td><td>23</td><td>23</td><td>—</td><td>—</td><td>—</td><td>—</td></tr>
<tr><td>重庆</td><td>86</td><td>—</td><td>77</td><td>—</td><td>52</td><td>25</td><td>—</td><td>—</td></tr>
<tr><td>四川</td><td>253</td><td>—</td><td>160</td><td>91</td><td>—</td><td>52</td><td>17</td><td>38</td></tr>
<tr><td>贵州</td><td>802</td><td>2</td><td>747</td><td>23</td><td>656</td><td>68</td><td>—</td><td>7</td></tr>
<tr><td>云南</td><td>1534</td><td>—</td><td>1509</td><td>—</td><td>236</td><td>1261</td><td>12</td><td>25</td></tr>
<tr><td>西藏</td><td>7</td><td>—</td><td>7</td><td>7</td><td>—</td><td>—</td><td>—</td><td>—</td></tr>
<tr><td>陕西</td><td>1617</td><td>52</td><td>486</td><td>—</td><td>427</td><td>59</td><td>—</td><td>376</td></tr>
<tr><td>甘肃</td><td>111</td><td>—</td><td>111</td><td>—</td><td>109</td><td>2</td><td>—</td><td>—</td></tr>
<tr><td>青海</td><td>—</td><td>—</td><td>—</td><td>—</td><td>—</td><td>—</td><td>—</td><td>—</td></tr>
<tr><td>宁夏</td><td>—</td><td>—</td><td>—</td><td>—</td><td>—</td><td>—</td><td>—</td><td>—</td></tr>
<tr><td>新疆</td><td>148</td><td>1</td><td>145</td><td>145</td><td>—</td><td>—</td><td>—</td><td>—</td></tr>
<tr><td>新疆兵团</td><td>—</td><td>—</td><td>—</td><td>—</td><td>—</td><td>—</td><td>—</td><td>—</td></tr>
<tr><td>局直属单位</td><td>—</td><td>—</td><td>—</td><td>—</td><td>—</td><td>—</td><td>—</td><td>—</td></tr>
<tr><td>大兴安岭</td><td>—</td><td>—</td><td>—</td><td>—</td><td>—</td><td>—</td><td>—</td><td>—</td></tr>
</table>

年末实有离退休人员人数(二)

单位:人

单位合计								
专用设备、仪器仪表制造业	工艺品制造业	其他	电力、燃气及水的生产供应业	建筑业	交通运输、仓储及邮政业	信息传输、计算机服务和软件业	批发和零售业	住宿餐饮业
1507	**—**	**7816**	**2245**	**10357**	**2892**	**151**	**8859**	**934**
—	—	—	—	—	—	—	—	—
—	—	—	—	—	—	—	—	—
—	—	11	—	—	6	—	7	—
—	—	52	—	—	21	—	262	10
—	—	—	—	—	—	76	142	105
—	—	—	—	—	—	76	130	95
—	—	19	—	—	—	—	145	3
—	—	1710	—	38	7	—	121	—
—	—	63	—	—	—	—	77	—
1067	—	802	1074	3977	178	—	428	195
1067	—	655	1074	3939	76	—	355	162
—	—	—	—	—	—	—	—	—
—	—	—	—	21	—	—	—	—
—	—	—	—	1	—	—	345	—
—	—	86	—	88	38	—	1063	2
227	—	1435	—	1978	144	—	480	65
—	—	2237	—	344	111	—	61	53
—	—	—	—	5	—	—	22	21
—	—	38	—	—	—	—	55	—
—	—	96	—	—	13	—	439	10
—	—	386	7	184	324	—	435	277
—	—	22	10	—	10	—	1139	2
213	—	102	—	152	161	75	2089	25
—	—	5	—	—	—	—	15	—
—	—	9	—	—	—	—	87	—
—	—	55	—	2271	330	—	142	12
—	—	46	—	30	203	—	—	—
—	—	—	—	26	1346	—	1301	51
—	—	—	—	—	—	—	—	—
—	—	703	—	3	—	—	63	14
—	—	—	—	63	—	—	—	15
—	—	—	—	—	—	—	—	—
—	—	—	—	—	—	—	—	—
—	—	2	—	306	—	—	18	7
—	—	—	—	—	—	—	—	—
—	—	—	1154	870	—	—	—	67
—	—	—	1154	870	—	—	—	54

林业系统各地区按行业分

<table>
<tr><th rowspan="4">地　区</th><th colspan="8">国　有　经　济</th></tr>
<tr><th rowspan="3">金融业</th><th rowspan="3">房地产业</th><th rowspan="3">租赁和商务服务业</th><th colspan="3">科学研究、技术服务和地质勘查业</th><th colspan="2">水利、环境和公共设施</th></tr>
<tr><th rowspan="2">计</th><th colspan="2">其　中</th><th rowspan="2">计</th><th>其</th></tr>
<tr><th>科技交流和推广服务</th><th>规划设计管理</th><th>自然保护区管理</th></tr>
<tr><td>全国合计</td><td>—</td><td>328</td><td>5399</td><td>16148</td><td>2041</td><td>3478</td><td>3064</td><td>2645</td></tr>
<tr><td>北　京</td><td>—</td><td>—</td><td>—</td><td>10</td><td>—</td><td>—</td><td>19</td><td>14</td></tr>
<tr><td>天　津</td><td>—</td><td>—</td><td>—</td><td>—</td><td>—</td><td>—</td><td>—</td><td>—</td></tr>
<tr><td>河　北</td><td>—</td><td>—</td><td>—</td><td>95</td><td>32</td><td>13</td><td>90</td><td>85</td></tr>
<tr><td>山　西</td><td>—</td><td>—</td><td>—</td><td>144</td><td>12</td><td>11</td><td>59</td><td>44</td></tr>
<tr><td>内蒙古</td><td>—</td><td>—</td><td>701</td><td>1045</td><td>96</td><td>119</td><td>167</td><td>167</td></tr>
<tr><td>内蒙古集团</td><td>—</td><td>—</td><td>701</td><td>551</td><td>—</td><td>—</td><td>—</td><td>—</td></tr>
<tr><td>辽　宁</td><td>—</td><td>—</td><td>—</td><td>128</td><td>60</td><td>6</td><td>153</td><td>149</td></tr>
<tr><td>吉　林</td><td>—</td><td>—</td><td>—</td><td>471</td><td>66</td><td>346</td><td>158</td><td>158</td></tr>
<tr><td>吉林集团</td><td>—</td><td>—</td><td>—</td><td>—</td><td>—</td><td>—</td><td>—</td><td>—</td></tr>
<tr><td>黑龙江</td><td>—</td><td>14</td><td>2018</td><td>2120</td><td>—</td><td>232</td><td>65</td><td>—</td></tr>
<tr><td>龙江集团</td><td>—</td><td>5</td><td>2018</td><td>2026</td><td>—</td><td>232</td><td>—</td><td>—</td></tr>
<tr><td>上　海</td><td>—</td><td>—</td><td>—</td><td>—</td><td>—</td><td>—</td><td>—</td><td>—</td></tr>
<tr><td>江　苏</td><td>—</td><td>—</td><td>—</td><td>—</td><td>—</td><td>—</td><td>—</td><td>—</td></tr>
<tr><td>浙　江</td><td>—</td><td>—</td><td>—</td><td>325</td><td>154</td><td>36</td><td>72</td><td>72</td></tr>
<tr><td>安　徽</td><td>—</td><td>—</td><td>—</td><td>105</td><td>30</td><td>—</td><td>13</td><td>12</td></tr>
<tr><td>福　建</td><td>—</td><td>2</td><td>—</td><td>311</td><td>27</td><td>12</td><td>146</td><td>39</td></tr>
<tr><td>江　西</td><td>—</td><td>—</td><td>1018</td><td>623</td><td>218</td><td>45</td><td>75</td><td>61</td></tr>
<tr><td>山　东</td><td>—</td><td>—</td><td>—</td><td>133</td><td>—</td><td>—</td><td>67</td><td>11</td></tr>
<tr><td>河　南</td><td>—</td><td>—</td><td>6</td><td>347</td><td>10</td><td>28</td><td>92</td><td>92</td></tr>
<tr><td>湖　北</td><td>—</td><td>—</td><td>65</td><td>318</td><td>103</td><td>9</td><td>—</td><td>—</td></tr>
<tr><td>湖　南</td><td>—</td><td>—</td><td>183</td><td>973</td><td>197</td><td>25</td><td>347</td><td>345</td></tr>
<tr><td>广　东</td><td>—</td><td>—</td><td>2</td><td>913</td><td>187</td><td>131</td><td>72</td><td>37</td></tr>
<tr><td>广　西</td><td>—</td><td>—</td><td>253</td><td>805</td><td>174</td><td>249</td><td>247</td><td>232</td></tr>
<tr><td>海　南</td><td>—</td><td>—</td><td>19</td><td>35</td><td>13</td><td>—</td><td>8</td><td>4</td></tr>
<tr><td>重　庆</td><td>—</td><td>—</td><td>—</td><td>94</td><td>5</td><td>—</td><td>8</td><td>—</td></tr>
<tr><td>四　川</td><td>—</td><td>—</td><td>326</td><td>399</td><td>63</td><td>74</td><td>44</td><td>27</td></tr>
<tr><td>贵　州</td><td>—</td><td>—</td><td>3</td><td>368</td><td>202</td><td>166</td><td>98</td><td>97</td></tr>
<tr><td>云　南</td><td>—</td><td>—</td><td>—</td><td>1452</td><td>58</td><td>579</td><td>274</td><td>256</td></tr>
<tr><td>西　藏</td><td>—</td><td>—</td><td>—</td><td>—</td><td>—</td><td>—</td><td>—</td><td>—</td></tr>
<tr><td>陕　西</td><td>—</td><td>—</td><td>—</td><td>82</td><td>32</td><td>14</td><td>6</td><td>5</td></tr>
<tr><td>甘　肃</td><td>—</td><td>—</td><td>—</td><td>425</td><td>92</td><td>36</td><td>118</td><td>88</td></tr>
<tr><td>青　海</td><td>—</td><td>—</td><td>—</td><td>8</td><td>6</td><td>2</td><td>18</td><td>18</td></tr>
<tr><td>宁　夏</td><td>—</td><td>—</td><td>—</td><td>14</td><td>—</td><td>14</td><td>355</td><td>355</td></tr>
<tr><td>新　疆</td><td>—</td><td>283</td><td>—</td><td>496</td><td>204</td><td>149</td><td>212</td><td>196</td></tr>
<tr><td>新疆兵团</td><td>—</td><td>—</td><td>—</td><td>—</td><td>—</td><td>—</td><td>—</td><td>—</td></tr>
<tr><td>局直属单位</td><td>—</td><td>29</td><td>805</td><td>3909</td><td>—</td><td>1182</td><td>81</td><td>81</td></tr>
<tr><td>大兴安岭</td><td>—</td><td>29</td><td>804</td><td>150</td><td>—</td><td>150</td><td>1</td><td>1</td></tr>
</table>

年末实有离退休人员人数(三)

单位:人

单位合计							集体经济单位合计	其他各种经济单位合计
管理业中野生动植物保护	居民服务和其他服务业	教育	卫生、社会保障和社会福利业	文化、体育和娱乐业	公共管理和社会组织	国际组织		
167	**700**	**3533**	**8396**	**229**	**51294**	**—**	**8541**	**7059**
2	—	3	—	—	357	—	73	—
—	2	—	—	—	64	—	—	—
—	—	—	—	—	1555	—	—	—
—	—	77	20	—	1011	—	—	—
—	—	64	6152	64	1791	—	439	902
—	—	42	6152	64	39	—	439	902
4	—	2	—	—	825	—	5	—
—	16	102	—	—	1562	—	1669	510
—	—	—	—	—	129	—	453	510
57	386	1307	1373	11	5549	—	5434	26
—	386	1150	1373	2	1689	—	5386	1
—	—	—	—	—	—	—	—	—
—	—	—	—	—	122	—	—	35
—	—	7	—	—	1021	—	—	—
1	3	—	—	—	917	—	7	9
—	1	65	—	—	2515	—	498	3674
6	2	37	—	—	2981	—	41	97
—	—	7	—	—	1059	—	—	—
—	4	100	—	1	1669	—	6	—
—	—	—	4	—	1687	—	59	790
2	8	214	1	—	4628	—	40	—
2	84	91	4	1	3491	—	157	—
15	—	203	—	3	1481	—	16	89
4	24	—	—	—	364	—	—	—
—	—	—	—	—	1197	—	1	11
17	114	50	—	—	3596	—	57	27
1	—	71	—	—	1713	—	—	—
9	—	230	161	—	3090	—	17	399
—	—	—	—	—	26	—	—	—
1	28	43	65	—	949	—	20	—
30	28	160	250	—	2561	—	2	—
—	—	—	—	—	145	—	—	—
—	—	10	—	—	171	—	—	—
16	—	149	128	—	2153	—	—	489
—	—	—	—	—	—	—	—	—
—	—	541	238	149	1044	—	—	1
—	—	305	238	75	396	—	—	1

林业系统各地区按行业分

地　区	总　计	合　计	企　业	事　业	机　关	国有经济 小　计	国有经济 木材及竹材采运企业
全国合计	**1437839**	**1358458**	**604112**	**677857**	**76489**	**1142658**	**481184**
北　京	4858	4782	33	3931	818	3798	—
天　津	1140	1140	62	922	156	922	—
河　北	21985	21958	1387	17172	3399	16914	—
山　西	23898	23898	295	21570	2033	19836	—
内蒙古	143224	128716	76811	49356	2549	118068	70443
内蒙古集团	94787	80285	76268	3748	269	73552	70443
辽　宁	25112	25083	975	22866	1242	22117	—
吉　林	162147	152125	111775	37821	2529	138813	84734
吉林集团	49661	40241	40241	—	—	35193	35193
黑龙江	324330	290239	225935	60025	4279	263910	212356
龙江集团	267049	234328	224029	8792	1507	213129	212356
上　海	954	744	7	737	—	744	—
江　苏	20476	17609	3077	14045	487	16970	—
浙　江	13664	13544	628	10959	1957	10325	—
安　徽	26844	26453	3250	21689	1514	22009	491
福　建	31210	27870	7176	16972	3722	19450	4630
江　西	56446	55140	12128	36743	6269	44901	9558
山　东	31249	30049	4805	23083	2161	22327	—
河　南	29593	29544	477	24751	4316	23018	81
湖　北	31446	27166	2451	22349	2366	22171	115
湖　南	53896	53142	5134	41517	6491	37817	1870
广　东	38791	38469	7508	24982	5979	27411	461
广　西	53460	52991	9918	41215	1858	40770	13
海　南	6244	6244	2904	2941	399	5239	1243
重　庆	8687	8664	298	7174	1192	6912	15
四　川	62737	61703	24185	32294	5224	50513	18260
贵　州	25303	25303	3826	19451	2026	21065	2707
云　南	47428	46539	13741	26111	6687	31955	7871
西　藏	1214	1214	232	537	445	756	—
陕　西	36261	34971	4969	28107	1895	30470	2988
甘　肃	35901	35863	7717	26412	1734	27698	2918
青　海	10126	10126	221	9475	430	9429	199
宁　夏	9584	9584	82	9279	223	8111	—
新　疆	18201	18098	3528	13331	1239	15151	1242
新疆兵团	—	—	—	—	—	—	—
局直属单位	81430	79487	68577	10040	870	63068	58989
大兴安岭	73675	71732	68577	2516	639	62281	58989

在岗职工年平均人数(一)

单位:人

单位合计								
农林牧渔业								采矿业
国有林场	国有苗圃	林业工作站	木材检查站	种苗站	病虫害防治站	治沙站	其他	
350915	**35449**	**130618**	**22367**	**6665**	**10045**	**1107**	**104308**	**1735**
858	1402	331	30	57	118	23	979	—
61	199	207	10	41	7	—	397	—
6492	2066	2602	262	339	469	45	4639	—
8347	2128	4075	428	320	557	28	3953	—
35218	2888	3732	291	451	662	109	4274	—
2455	—	—	—	—	—	—	654	—
12371	904	3888	366	337	473	28	3750	—
40492	2266	4398	390	157	326	21	6029	—
—	—	—	—	—	—	—	—	—
41932	2071	2349	333	281	367	—	4221	61
—	588	—	—	79	19	—	87	—
238	189	264	—	—	—	—	53	—
11677	1420	2122	257	32	138	—	1324	120
4558	243	3075	914	126	362	—	1047	—
11426	2781	3219	1295	41	443	—	2313	68
6124	379	4380	755	55	116	43	2968	—
22439	1420	5476	2773	172	393	47	2623	—
7388	2237	9431	440	354	576	—	1901	—
9484	2136	4640	1883	502	689	182	3421	5
9099	832	6014	1338	329	521	13	3910	—
12506	1938	13869	3456	476	317	18	3367	200
16005	737	5809	1260	111	243	—	2785	608
27492	657	3174	1372	268	309	—	7485	—
1987	48	495	339	—	54	—	1073	—
3264	164	2569	208	69	177	—	446	—
9552	990	9747	858	225	350	10	10521	107
5110	352	9200	782	194	315	—	2405	—
5396	184	10188	859	367	289	58	6743	28
729	15	—	12	—	—	—	—	—
12848	1306	5228	1001	734	571	151	5643	—
13628	1246	2559	354	500	633	40	5820	—
4306	472	942	57	12	108	27	3306	—
4475	913	1166	13	43	95	10	1396	—
5377	866	5342	31	72	264	232	1725	—
—	—	—	—	—	—	—	—	—
36	—	127	—	—	103	22	3791	538
—	—	108	—	—	—	—	3184	538

林业系统各地区按行业分

地区	国有经济							
	制造业							
	小计	非木质林产品加工业	木材加工及竹、藤、棕、草制品业					林产化学产品制造
			计	锯材、木片加工	人造板制造	木制品制造	竹、藤、棕、草制品制造	
全国合计	**40711**	**197**	**30409**	**5507**	**18707**	**4971**	**1224**	**2238**
北京	—	—	—	—	—	—	—	—
天津	—	—	—	—	—	—	—	—
河北	669	38	242	3	206	33	—	31
山西	186	—	152	—	150	2	—	17
内蒙古	2675	—	2675	20	2655	—	—	—
内蒙古集团	2655	—	2655	—	2655	—	—	—
辽宁	763	—	645	—	375	270	—	—
吉林	7503	—	5669	3307	413	1949	—	17
吉林集团	4650	—	3437	3303	134	—	—	17
黑龙江	4214	—	3634	349	2730	555	—	—
龙江集团	3956	—	3538	291	2692	555	—	—
上海	—	—	—	—	—	—	—	—
江苏	—	—	—	—	—	—	—	—
浙江	—	—	—	—	—	—	—	—
安徽	1342	—	1221	75	921	82	143	10
福建	1216	—	1117	59	1017	6	35	41
江西	1321	6	913	58	681	96	78	11
山东	4691	—	3834	—	3642	192	—	—
河南	327	—	7	—	—	7	—	—
湖北	406	—	238	200	—	38	—	4
湖南	2462	54	2114	725	1271	77	41	43
广东	854	—	478	180	—	298	—	51
广西	4432	—	1983	88	1887	8	—	1106
海南	4	—	4	4	—	—	—	—
重庆	231	—	230	—	202	28	—	—
四川	2392	—	1589	391	140	163	895	543
贵州	987	24	916	17	870	29	—	7
云南	1962	—	1753	—	839	887	27	209
西藏	13	—	13	13	—	—	—	—
陕西	1090	70	160	—	69	91	—	148
甘肃	836	—	804	—	639	160	5	—
青海	—	—	—	—	—	—	—	—
宁夏	82	—	—	—	—	—	—	—
新疆	53	5	18	18	—	—	—	—
新疆兵团	—	—	—	—	—	—	—	—
局直属单位	—	—	—	—	—	—	—	—
大兴安岭	—	—	—	—	—	—	—	—

在岗职工年平均人数(二)

单位:人

单位合计								
专用设备、仪器仪表制造业	工艺品制造业	其他	电力、燃气及水的生产供应业	建筑业	交通运输、仓储及邮政业	信息传输、计算机服务和软件业	批发和零售业	住宿餐饮业
527	**245**	**7095**	**8633**	**6759**	**1898**	**201**	**9737**	**2856**
—	—	—	—	—	—	8	—	—
—	—	—	—	—	—	—	—	—
—	230	128	—	—	40	—	108	—
—	—	17	—	—	7	—	332	164
—	—	—	—	257	—	126	298	190
—	—	—	—	257	—	126	248	146
—	—	118	—	—	—	—	50	87
—	15	1802	—	57	134	—	171	324
—	—	1196	—	13	—	—	102	50
312	—	268	3440	3158	434	—	724	441
312	—	106	3440	3111	130	—	524	141
—	—	—	—	—	—	—	—	—
—	—	—	12	15	—	—	—	5
—	—	—	—	3	—	—	236	170
—	—	111	—	63	10	—	1120	30
7	—	51	8	480	87	—	773	192
—	—	391	18	27	49	—	33	57
—	—	857	—	8	—	—	40	66
—	—	320	—	—	—	—	47	15
—	—	164	—	127	3	—	220	18
—	—	251	18	23	100	—	429	276
—	—	325	273	—	36	—	969	12
208	—	1135	28	148	222	67	2705	85
—	—	—	—	—	—	—	30	—
—	—	1	—	—	—	—	41	—
—	—	260	—	1145	24	—	328	113
—	—	40	—	15	100	—	—	—
—	—	—	—	62	635	—	955	58
—	—	—	—	—	—	—	—	—
—	—	712	—	8	9	—	110	40
—	—	32	12	17	8	—	7	124
—	—	—	—	—	—	—	—	—
—	—	82	—	—	—	—	—	—
—	—	30	—	45	—	—	11	1
—	—	—	—	—	—	—	—	—
—	—	—	4824	1101	—	—	—	388
—	—	—	4824	1101	—	—	—	291

林业系统各地区按行业分

单位：人

地　区	金融业	房地产业	租赁和商务服务业	国有经济 科学研究、技术服务和地质勘查业 计	其中 科技交流和推广服务	规划设计管理	水利、环境和公共设施 计	其 自然保护区管理
全国合计	**47**	**311**	**2248**	**26881**	**3939**	**5745**	**16394**	**13910**
北　京	—	—	—	36	—	—	81	48
天　津	—	—	—	—	—	—	—	—
河　北	—	—	—	372	162	73	451	304
山　西	—	—	—	600	41	67	377	205
内蒙古	—	69	910	1126	131	415	383	352
内蒙古集团	—	69	910	61	—	—	—	—
辽　宁	—	—	—	297	131	21	508	478
吉　林	47	—	—	915	95	702	1187	1179
吉林集团	47	—	—	—	—	—	—	—
黑龙江	—	46	148	3219	4	274	360	82
龙江集团	—	26	97	3024	—	274	10	—
上　海	—	—	—	—	—	—	—	—
江　苏	—	—	—	—	—	—	—	—
浙　江	—	—	—	595	297	77	253	253
安　徽	—	—	—	162	36	—	109	96
福　建	—	28	—	910	105	188	417	277
江　西	—	2	432	1183	481	98	439	328
山　东	—	—	—	299	—	—	445	207
河　南	—	—	12	1078	82	120	348	223
湖　北	—	—	27	888	335	89	804	774
湖　南	—	—	79	2025	444	118	2449	2297
广　东	—	—	19	1387	282	162	553	339
广　西	—	—	214	1183	264	268	774	696
海　南	—	—	51	125	70	—	151	128
重　庆	—	—	—	94	28	—	119	47
四　川	—	—	89	728	186	176	698	474
贵　州	—	5	12	444	225	219	442	430
云　南	—	—	—	1608	136	557	1942	1872
西　藏	—	—	—	—	—	—	—	—
陕　西	—	—	7	326	80	76	168	119
甘　肃	—	—	11	1148	257	129	976	810
青　海	—	—	—	108	12	69	159	159
宁　夏	—	—	—	38	—	38	1029	1029
新　疆	—	106	—	634	55	255	293	225
新疆兵团	—	—	—	—	—	—	—	—
局直属单位	—	55	237	5353	—	1554	479	479
大兴安岭	—	55	224	356	—	356	39	39

在岗职工年平均人数(三)

单位:人

单位合计								集体经济单位合计	其他各种经济单位合计
管理业 中 野生动植物保护	居民服务和其他服务业	教育	卫生、社会保障和社会福利业	文化、体育和娱乐业	公共管理和社会组织	国际组织			
1156	**1018**	**9373**	**6087**	**578**	**80333**	**—**		**42465**	**36916**
20	33	8	—	—	818	—		76	—
—	22	—	—	—	196	—		—	—
—	—	—	—	—	3404	—		27	—
1	15	289	59	—	2033	—		—	—
29	—	345	1369	131	2769	—		9233	5275
—	—	272	1369	131	489	—		9227	5275
30	9	10	—	—	1242	—		29	—
8	16	247	—	—	2711	—		1078	8944
—	4	—	—	—	182	—		476	8944
175	175	2604	2474	30	4801	—		28243	5848
—	152	2303	2474	22	1789	—		27079	5642
—	—	—	—	—	—	—		—	210
—	—	—	—	—	487	—		81	2786
—	—	2	—	—	1960	—		—	120
10	26	—	—	—	1514	—		49	342
3	42	136	—	—	4131	—		261	3079
59	17	330	—	2	6329	—		193	1113
—	—	12	—	—	2161	—		—	1200
3	20	328	—	30	4316	—		49	—
30	12	21	103	—	2366	—		114	4166
91	2	586	12	—	6664	—		62	692
94	30	314	6	12	5985	—		157	165
78	—	474	6	6	1877	—		128	341
23	20	—	—	—	624	—		—	—
—	—	6	—	—	1261	—		15	8
203	178	62	30	—	5296	—		547	487
12	36	171	—	—	2026	—		—	—
37	—	415	232	—	6687	—		332	557
—	—	—	—	—	445	—		—	—
49	176	275	397	—	1895	—		1290	—
133	90	1172	775	—	2989	—		38	—
—	—	—	—	—	430	—		—	—
—	—	101	—	—	223	—		—	—
68	—	288	10	—	1506	—		—	103
—	—	—	—	—	—	—		—	—
—	99	1177	614	367	1187	—		463	1480
—	—	635	614	135	639	—		463	1480

林业系统各地区按行业分

地区	总计	合计	企业	事业	机关	国有经济	
						小计	木材及竹材采运企业
全国合计	**13131875**	**12669112**	**3942282**	**7426147**	**1300683**	**9565410**	**2920621**
北京	143286	141996	692	102619	38685	97816	—
天津	19574	19574	1114	15650	2810	15873	—
河北	234192	233934	13099	176070	44765	169738	—
山西	252024	252024	1778	222270	27976	197214	—
内蒙古	1251958	1170755	603848	526342	40565	1032538	546163
内蒙古集团	733011	651823	599593	48822	3408	576674	546163
辽宁	243584	243453	7201	215932	20319	203892	—
吉林	1256712	1152855	814442	295318	43095	984846	598128
吉林集团	433696	332693	332693	—	—	281275	281275
黑龙江	1762524	1665741	1003741	582563	79437	1318453	908068
龙江集团	1277131	1189483	989142	162814	37527	915633	908068
上海	24638	22118	242	21876	—	22118	—
江苏	190508	163855	29049	128673	6133	155924	—
浙江	353436	351584	7381	269971	74231	243767	—
安徽	250138	245383	19892	200717	24773	199830	1783
福建	443188	403620	89776	246492	67352	257403	48465
江西	512434	500658	89426	321176	90056	368633	72504
山东	366268	354268	26486	289087	38694	275406	—
河南	248492	248181	2648	201391	44143	181278	394
湖北	256814	229213	13875	183577	31761	180291	814
湖南	558599	551161	40393	421744	89024	343111	12935
广东	554578	551206	74701	332320	144185	322394	4076
广西	546048	542447	96998	414738	30711	387958	78
海南	64833	64833	26383	31164	7286	50447	11579
重庆	96784	96632	2909	75807	17916	72300	208
四川	638145	634626	212064	341050	81511	491934	189011
贵州	272256	272256	30206	210471	31579	206749	17634
云南	612888	602261	134758	361656	105847	400993	75549
西藏	21010	21010	2347	5768	12895	8115	—
陕西	348033	339475	39818	277070	22588	291270	23252
甘肃	411547	411333	56945	326005	28382	299901	19044
青海	106933	106933	6013	93153	7767	94368	5786
宁夏	96436	96436	621	93118	2697	77311	—
新疆	243271	241701	46419	173658	21625	191631	16665
新疆兵团	—	—	—	—	—	—	—
局直属单位	750743	737592	447018	268701	21873	421910	368486
大兴安岭	518335	505184	447018	46870	11296	395570	368486

在岗职工年工资总额(一)

单位:千元

单位合计								
农林牧渔业								采矿业
国有林场	国有苗圃	林业工作站	木材检查站	种苗站	病虫害防治站	治沙站	其他	
3075981	**332538**	**1485192**	**265579**	**91261**	**145048**	**15511**	**1233679**	**22042**
24841	27466	10685	822	1800	4095	1076	27031	—
1065	2670	3388	179	753	125	—	7692	—
67870	17275	26303	2796	3206	5195	548	46544	—
78083	19060	39381	3542	4246	6268	279	46355	—
329597	31012	45709	3959	6695	9732	1349	58322	—
21667	—	—	—	—	—	—	8844	—
95925	7558	38761	4860	4047	6403	538	45800	—
268370	13841	37860	4634	1613	4180	215	56004	—
—	—	—	—	—	—	—	—	—
310720	13301	26223	3355	4486	5090	—	47209	1065
—	3699	—	—	1537	376	—	1952	—
5453	4887	9643	—	—	—	—	2135	—
90924	10667	36528	3234	221	1928	—	12422	1440
80142	6008	85256	23869	5565	12221	—	30704	—
83379	19338	42839	16742	616	6396	—	28736	131
89316	4737	62249	10122	1366	2028	540	38580	—
157326	12620	58631	31179	2404	5259	475	28234	—
97226	22935	108033	4857	6034	9057	—	27264	—
72169	15522	36207	14869	4542	6020	2111	29443	28
61635	7945	52519	13111	3101	5333	99	35735	—
81745	14344	146020	38148	5513	4326	184	39897	3200
182119	7289	61883	15241	3101	5555	—	43130	9661
232804	6982	35778	15535	3757	4737	—	88286	—
17867	344	4771	3331	—	577	—	11978	—
32770	1691	25228	2203	863	2257	—	7080	—
84062	9022	90640	8604	2673	4683	89	103149	985
52765	4101	79280	17402	2410	4452	—	28705	—
66279	2644	140538	8253	6004	4829	816	96081	936
7705	410	—	—	—	—	—	—	—
122938	12204	48998	9151	7202	5347	1354	60825	—
136914	12226	33181	4189	7196	9279	538	77335	—
39015	5458	14519	780	200	1940	511	26159	—
42118	8306	12322	145	482	1123	116	12699	—
61328	10675	69068	467	1161	3650	3606	25012	—
—	—	—	—	—	—	—	—	—
1511	—	2750	—	—	2962	1069	45132	4596
—	—	1929	—	—	—	—	25155	4596

林业系统各地区按行业分

地区	国有经济							
	制造业							
	小计	非木质林产品加工业	木材加工及竹、藤、棕、草制品业					林产化学产品制造
			计	锯材、木片加工	人造板制造	木制品制造	竹、藤、棕、草制品制造	
全国合计	**347825**	**1820**	**265753**	**41350**	**174169**	**41329**	**8905**	**23882**
北京	—	—	—	—	—	—	—	—
天津	—	—	—	—	—	—	—	—
河北	6936	158	3592	42	3500	50	—	237
山西	976	—	760	—	736	24	—	74
内蒙古	24976	—	24976	120	24856	—	—	—
内蒙古集团	24856	—	24856	—	24856	—	—	—
辽宁	5844	—	4884	—	2194	2690	—	—
吉林	64838	—	53723	29458	4694	19571	—	223
吉林集团	38422	—	30609	29414	1195	—	—	223
黑龙江	27701	—	24318	1613	20138	2567	—	—
龙江集团	26537	—	23943	1486	19890	2567	—	—
上海	—	—	—	—	—	—	—	—
江苏	—	—	—	—	—	—	—	—
浙江	—	—	—	—	—	—	—	—
安徽	9710	—	8931	340	7167	566	858	50
福建	23845	—	22797	339	22267	26	165	438
江西	8214	54	5686	438	4213	675	360	62
山东	24974	—	20237	—	18927	1310	—	—
河南	1692	—	—	—	—	—	—	—
湖北	1707	—	1078	818	—	260	—	16
湖南	18731	1123	15300	4296	10143	607	253	300
广东	7534	—	3827	1558	—	2269	—	272
广西	57402	—	29854	593	29194	67	—	12921
海南	14	—	14	14	—	—	—	—
重庆	2243	—	2232	—	2016	216	—	—
四川	15064	—	9539	1360	843	363	6973	5003
贵州	11042	131	10392	169	9988	235	—	54
云南	18329	—	16428	—	8439	7739	250	1901
西藏	—	—	—	—	—	—	—	—
陕西	8783	293	1149	—	539	610	—	2330
甘肃	6081	—	5843	—	4313	1485	45	—
青海	—	—	—	—	—	—	—	—
宁夏	621	—	—	—	—	—	—	—
新疆	564	60	193	193	—	—	—	—
新疆兵团	—	—	—	—	—	—	—	—
局直属单位	—	—	—	—	—	—	—	—
大兴安岭	—	—	—	—	—	—	—	—

在岗职工年工资总额(二)

单位:千元

单位合计								
专用设备、仪器仪表制造业	工艺品制造业	其他	电力、燃气及水的生产供应业	建筑业	交通运输、仓储及邮政业	信息传输、计算机服务和软件业	批发和零售业	住宿餐饮业
3262	**2413**	**50695**	**69833**	**59827**	**16958**	**2246**	**85775**	**29861**
—	—	—	—	—	—	329	—	—
—	—	—	—	—	—	—	—	—
—	2346	604	—	—	236	—	786	—
—	—	141	—	—	65	—	2672	2222
—	—	—	—	1947	—	1315	3010	1883
—	—	—	—	1947	—	1315	2834	1409
—	—	960	—	—	—	—	180	403
—	67	10825	—	782	1096	—	2962	3107
—	—	7590	—	392	—	—	1851	839
1696	—	1687	27042	17190	3086	—	7888	4753
1696	—	898	27042	16854	611	—	6683	1605
—	—	—	—	—	—	—	—	—
—	—	—	115	195	—	—	—	48
—	—	—	—	13	—	—	2867	1950
—	—	729	—	429	23	—	6259	275
65	—	545	97	7557	569	—	9246	2595
—	—	2413	88	230	470	—	307	306
—	—	4737	—	32	—	—	386	1094
—	—	1692	—	—	—	—	275	171
—	—	614	—	830	18	—	980	153
—	—	2007	121	174	792	—	4372	1749
—	—	3435	2454	—	223	—	8948	79
1501	—	13127	110	1357	2728	602	21290	785
—	—	—	—	—	—	—	72	—
—	—	11	—	—	—	—	368	—
—	—	522	—	17403	158	—	2652	889
—	—	464	—	121	1158	—	—	—
—	—	—	—	588	6255	—	9536	799
—	—	—	—	—	—	—	—	—
—	—	5011	—	80	61	—	562	235
—	—	238	76	100	19	—	32	1067
—	—	—	—	—	—	—	—	—
—	—	621	—	—	—	—	—	—
—	—	311	—	510	—	—	125	13
—	—	—	—	—	—	—	—	—
—	—	—	39730	10290	—	—	—	5283
—	—	—	39730	10290	—	—	—	2893

林业系统各地区按行业分

地区	国有经济							
	金融业	房地产业	租赁和商务服务业	科学研究、技术服务和地质勘查业			水利、环境和公共设施	
				计	其中		计	其
					科技交流和推广服务	规划设计管理		自然保护区管理
全国合计	**1700**	**4472**	**26074**	**499792**	**61048**	**129093**	**230781**	**196400**
北京	—	—	—	1879	—	—	2262	912
天津	—	—	—	—	—	—	—	—
河北	—	—	—	5537	2484	1365	5894	4164
山西	—	—	—	10122	885	845	4304	2680
内蒙古	—	695	11347	18402	1689	7431	6327	5955
内蒙古集团	—	695	11347	834	—	—	—	—
辽宁	—	—	—	5101	2337	340	7429	7034
吉林	1700	—	—	19974	2446	15144	16485	16421
吉林集团	1700	—	—	—	—	—	—	—
黑龙江	—	318	1775	55866	31	4051	5219	951
龙江集团	—	—	593	52892	—	4051	223	—
上海	—	—	—	—	—	—	—	—
江苏	—	—	—	—	—	—	—	—
浙江	—	—	—	20978	10871	3239	6567	6567
安徽	—	—	—	2613	563	—	1305	1147
福建	—	279	—	16968	2380	3437	6486	3553
江西	—	10	4375	15048	5857	1451	6320	4596
山东	—	—	—	6285	—	—	7306	5325
河南	—	—	123	11997	414	2578	3264	2344
湖北	—	—	94	8747	3193	1018	3595	3268
湖南	—	—	763	26379	5066	1570	35809	34401
广东	—	—	215	30230	3824	7372	10799	5633
广西	—	—	1148	19228	3370	4665	10364	9262
海南	—	—	490	1645	874	—	1616	1339
重庆	—	—	—	1204	282	—	1213	402
四川	—	—	1282	10409	2576	2569	7782	5281
贵州	—	82	169	10781	3631	7150	6098	5884
云南	—	—	—	23339	1953	8066	26516	25503
西藏	—	—	—	—	—	—	—	—
陕西	—	—	29	3018	600	757	2651	2029
甘肃	—	—	52	19482	4699	2002	13882	11358
青海	—	—	—	2156	240	1367	2642	2642
宁夏	—	—	—	509	—	509	14126	14126
新疆	—	2166	—	10505	783	4070	4156	3257
新疆兵团	—	—	—	—	—	—	—	—
局直属单位	—	922	4213	141390	—	48098	10365	10365
大兴安岭	—	922	3643	7414	—	7414	714	714

在岗职工年工资总额(三)

单位:千元

单位合计 管理业 中 野生动植物保护	居民服务和其他服务业	教育	卫生、社会保障和社会福利业	文化、体育和娱乐业	公共管理和社会组织	国际组织	集体经济单位合计	其他各种经济单位合计
18183	**14512**	**192327**	**102492**	**15675**	**1381511**	—	**144598**	**318165**
913	692	333	—	—	38685	—	1290	—
—	374	—	—	—	3327	—	—	—
—	—	—	—	—	44806	—	258	—
19	135	5868	469	—	27976	—	—	—
348	—	4986	18891	1376	43062	—	40290	40913
—	—	3740	18891	1376	5905	—	40275	40913
395	89	195	—	—	20319	—	131	—
64	291	5605	—	—	51168	—	5039	98818
—	140	—	—	—	8073	—	2185	98818
3269	2950	48050	51488	545	92352	—	71087	25696
—	2729	42067	51488	440	44086	—	63392	24256
—	—	—	—	—	—	—	—	2520
—	—	—	—	—	6133	—	891	25762
—	—	30	—	—	75411	—	—	1853
139	35	—	—	—	24773	—	238	4517
41	378	2614	—	—	75583	—	3132	36436
1004	84	5370	—	34	91167	—	2287	9489
—	—	90	—	—	38694	—	—	12000
24	281	4764	—	166	44143	—	311	—
327	72	249	706	—	31771	—	1167	26434
968	13	21511	8	—	94429	—	501	6937
2441	207	13512	41	622	144286	—	2422	950
1102	—	8045	192	123	31115	—	883	2718
277	86	—	—	—	10463	—	—	—
—	—	69	—	—	19234	—	63	89
2288	1489	634	324	—	83620	—	2454	1065
215	584	3893	—	—	31579	—	—	—
601	—	6067	3056	—	105847	—	1806	8820
—	—	—	—	—	12895	—	—	—
621	958	4048	5192	—	22588	—	8558	—
2230	1434	16569	8731	—	43906	—	214	—
—	—	—	—	—	7767	—	—	—
—	—	1172	—	—	2697	—	—	—
899	—	5105	128	—	26798	—	—	1570
—	—	—	—	—	—	—	—	—
—	4359	33545	13266	12808	34916	—	1574	11577
—	—	12257	13266	2593	11296	—	1574	11577

林业系统各地区按行业分

地区	总计	合计	企业	事业	机关	国有经济	
						小计	木材及竹材采运企业
全国合计	**6810081**	**6746330**	**3166096**	**2823053**	**757181**	**5019927**	**2563982**
北京	34321	33222	—	15124	18098	14423	—
天津	2797	2797	13	1512	1272	1371	—
河北	76430	76430	3799	50752	21879	51097	—
山西	98087	98087	1397	82226	14465	74176	—
内蒙古	679581	671927	409716	235836	26374	567131	396463
内蒙古集团	484261	476607	409217	66864	526	408983	396463
辽宁	98605	98600	2277	83530	12793	80684	—
吉林	386433	382313	263952	100271	18090	318846	209939
吉林集团	205736	201223	201223	—	—	176862	176862
黑龙江	1589340	1581671	1217365	285866	78440	1269944	1090286
龙江集团	1343882	1336652	1205649	103756	27247	1091750	1090286
上海	2988	2988	—	2988	—	2988	—
江苏	75545	75517	42600	31891	1026	74491	—
浙江	107451	107451	4262	80422	22767	73311	—
安徽	104957	104855	8511	77789	18555	77441	1913
福建	266411	238464	87174	117919	33372	154860	63097
江西	249270	248848	89364	111169	48314	172706	64250
山东	109600	109600	334	90621	18645	86239	—
河南	84276	84232	723	61794	21715	53998	116
湖北	132148	125292	45447	46672	33174	81984	3690
湖南	304091	303903	86091	149805	68007	165802	40767
广东	267239	266686	43372	159171	64143	171158	2302
广西	243788	243150	36970	181483	24697	170527	936
海南	33560	33560	21948	6333	5279	26028	3544
重庆	56608	56522	1988	38155	16380	38698	316
四川	465592	465294	237017	179016	49261	378816	254184
贵州	136234	136234	29756	77863	28615	89970	21540
云南	291451	288589	76296	150040	62253	166617	44868
西藏	13674	13674	1894	11050	730	12944	—
陕西	138827	138677	64272	62346	12059	112140	52604
甘肃	183608	183590	51111	116501	15977	134494	34229
青海	21006	21006	2601	15503	2903	17505	2601
宁夏	27850	27850	—	25992	1858	21876	—
新疆	91919	88915	25261	53337	10317	63357	6556
新疆兵团	—	—	—	—	—	—	—
局直属单位	436393	436384	310586	120076	5722	294305	269782
大兴安岭	332004	331995	310586	15687	5722	288227	269782

离退休人员年生活费(一)

单位:千元

单位合计								
农林牧渔业								采矿业
国有林场	国有苗圃	林业工作站	木材检查站	种苗站	病虫害防治站	治沙站	其他	
1591828	**141361**	**251036**	**26022**	**23536**	**23620**	**2602**	**395941**	**2802**
6630	2976	1322	—	424	510	—	2562	—
79	256	459	—	—	—	—	577	—
26381	5391	2542	70	389	468	—	15854	—
46779	8955	4942	362	943	999	—	11196	—
133593	8982	11072	403	1910	2336	321	12051	—
10252	—	—	—	—	—	—	2268	—
56757	4054	4181	284	1666	1372	50	12320	—
81122	3700	4578	465	1151	1429	—	16463	—
—	—	—	—	—	—	—	—	—
147979	5555	5950	642	1385	943	—	17204	—
—	413	—	—	418	268	—	365	—
1689	210	1065	—	—	—	—	24	—
64080	3530	4535	—	—	60	—	2286	—
58857	2585	3629	1099	968	1714	—	4459	—
45868	8512	9244	1167	193	1612	—	8932	591
55175	3287	8924	1666	372	69	52	22219	—
74066	8322	4661	3012	484	715	—	17198	—
46199	11321	19796	75	1121	953	—	6775	—
34729	4224	6990	634	1198	1210	820	4076	28
37477	9879	11771	6224	651	463	40	11789	—
67705	15546	25276	4272	725	631	9	10871	421
133263	4166	15276	648	883	442	—	14180	—
136600	4653	4713	727	1275	432	—	21190	—
8677	282	391	59	—	41	—	13035	—
31124	469	2879	319	88	498	—	3006	—
55778	4342	16122	911	629	413	351	46086	27
41749	2551	14459	949	312	244	—	8166	—
36557	2730	31481	747	3725	642	63	45804	22
12819	125	—	—	—	—	—	—	—
30824	3188	12817	840	1504	839	13	9510	—
65358	3709	6133	252	1146	1880	108	21678	—
7861	2330	2964	133	—	809	94	712	—
10919	520	2174	48	60	156	—	7999	—
34238	5012	10306	12	335	436	643	5818	—
—	—	—	—	—	—	—	—	—
894	—	386	—	—	1305	37	21902	1713
—	—	—	—	—	—	—	18445	1713

林业系统各地区按行业分

地区	国有经济							
	制造业							
	小计	非木质林产品加工业	木材加工及竹、藤、棕、草制品业					林产化学产品制造
			计	锯材、木片加工	人造板制造	木制品制造	竹、藤、棕、草制品制造	
全国合计	**229175**	**2780**	**175647**	**53631**	**89621**	**31749**	**646**	**10089**
北京	—	—	—	—	—	—	—	—
天津	—	—	—	—	—	—	—	—
河北	931	—	866	413	237	216	—	7
山西	1159	—	479	—	479	—	—	400
内蒙古	29	—	29	29	—	—	—	—
内蒙古集团	—	—	—	—	—	—	—	—
辽宁	886	—	791	—	766	25	—	—
吉林	25682	—	18873	14936	3480	458	—	2566
吉林集团	21052	—	18089	14609	3480	—	—	2566
黑龙江	76118	—	67004	23711	27380	15913	—	—
龙江集团	70664	—	61973	19175	26885	15913	—	—
上海	—	—	—	—	—	—	—	—
江苏	—	—	—	—	—	—	—	—
浙江	—	—	—	—	—	—	—	—
安徽	794	—	404	286	—	118	—	—
福建	21170	—	12592	1902	10008	593	89	987
江西	13529	93	5946	281	5401	264	—	178
山东	190	—	190	—	190	—	—	—
河南	231	—	—	—	—	—	—	—
湖北	4977	—	3633	456	2295	882	—	821
湖南	31877	2044	26958	9059	16308	1309	282	765
广东	2080	14	1621	582	—	1039	—	313
广西	16485	—	12264	154	11733	377	—	1899
海南	221	—	195	195	—	—	—	—
重庆	503	—	498	—	328	170	—	—
四川	1512	—	890	240	—	514	136	288
贵州	6555	11	5985	118	5495	372	—	40
云南	11340	—	11195	—	1858	9198	139	145
西藏	—	—	—	—	—	—	—	—
陕西	10926	609	3280	—	2994	286	—	1680
甘肃	686	—	686	—	670	16	—	—
青海	—	—	—	—	—	—	—	—
宁夏	—	—	—	—	—	—	—	—
新疆	1293	10	1269	1269	—	—	—	—
新疆兵团	—	—	—	—	—	—	—	—
局直属单位	—	—	—	—	—	—	—	—
大兴安岭	—	—	—	—	—	—	—	—

离退休人员年生活费(二)

单位:千元

单　位　合　计								
专用设备、仪器仪表制造业	工艺品制造业	其他	电力、燃气及水的生产供应业	建筑业	交通运输、仓储及邮政业	信息传输、计算机服务和软件业	批发和零售业	住宿餐饮业
10422	**—**	**30236**	**19728**	**57725**	**20480**	**1137**	**58046**	**9014**
—	—	—	—	—	—	—	—	—
—	—	—	—	—	—	—	—	—
—	—	58	—	—	30	—	56	—
—	—	280	—	—	220	—	2749	150
—	—	—	—	—	—	932	1714	1140
—	—	—	—	—	—	932	1632	996
—	—	95	—	—	—	—	842	55
—	—	4243	—	—	46	—	1601	—
—	—	397	—	—	—	—	1533	—
7304	—	1810	9594	26460	1206	—	5601	2566
7304	—	1387	9594	26460	383	—	5080	2228
—	—	—	—	—	—	—	—	—
—	—	—	—	—	—	—	—	—
—	—	—	—	20	—	—	3280	—
—	—	390	—	310	16	—	5192	27
1459	—	6132	—	1060	1515	—	5685	877
—	—	7312	—	5	523	—	243	94
—	—	—	—	—	—	—	103	41
—	—	231	—	—	—	—	377	—
—	—	524	—	—	82	—	1990	73
—	—	2110	49	1157	2135	—	2771	1800
—	—	132	53	—	77	—	5984	10
1659	—	663	—	1229	1130	205	9924	236
—	—	26	—	—	—	—	36	—
—	—	5	—	—	—	—	630	—
—	—	335	—	20036	2772	—	637	154
—	—	519	—	215	1408	—	—	—
—	—	—	—	125	9320	—	7978	569
—	—	—	—	—	—	—	—	—
—	—	5357	—	32	—	—	419	99
—	—	—	—	454	—	—	—	214
—	—	—	—	—	—	—	—	—
—	—	—	—	—	—	—	—	—
—	—	14	—	264	—	—	235	49
—	—	—	—	—	—	—	—	—
—	—	—	10032	6358	—	—	—	861
—	—	—	10032	6358	—	—	—	762

林业系统各地区按行业分

地区	国有经济							
	金融业	房地产业	租赁和商务服务业	科学研究、技术服务和地质勘查业			水利、环境和公共设施	
				计	其中		计	其
					科技交流和推广服务	规划设计管理		自然保护区管理
全国合计	**—**	**2933**	**35930**	**267954**	**25535**	**61041**	**38409**	**31785**
北京	—	—	—	332	—	—	187	16
天津	—	—	—	—	—	—	—	—
河北	—	—	—	1277	517	239	1161	1111
山西	—	—	—	2645	198	129	752	618
内蒙古	—	—	8886	16346	1200	2341	1861	1861
内蒙古集团	—	—	8886	7552	—	—	—	—
辽宁	—	—	—	2001	1120	46	1287	1234
吉林	—	—	—	11223	1715	8764	3008	3008
吉林集团	—	—	—	—	—	—	—	—
黑龙江	—	201	12622	40393	—	3682	992	—
龙江集团	—	30	12622	38656	—	3682	—	—
上海	—	—	—	—	—	—	—	—
江苏	—	—	—	—	—	—	—	—
浙江	—	—	—	7187	3154	998	585	585
安徽	—	—	—	1723	441	—	193	180
福建	—	13	—	7177	422	211	2218	446
江西	—	—	2833	7685	2521	587	1088	883
山东	—	—	—	3338	—	—	967	211
河南	—	—	63	4739	117	686	989	989
湖北	—	—	152	2828	911	128	—	—
湖南	—	—	189	15544	2157	357	4344	4317
广东	—	—	24	17930	2065	5064	1064	388
广西	—	—	527	11669	2289	3069	2832	2567
海南	—	—	160	344	151	—	108	40
重庆	—	—	—	136	43	—	80	—
四川	—	—	3264	5442	808	927	383	118
贵州	—	—	39	6562	2625	3937	1493	1483
云南	—	—	—	21858	938	9179	4273	3955
西藏	—	—	—	—	—	—	—	—
陕西	—	—	—	975	377	205	87	72
甘肃	—	—	—	7483	1463	648	2193	1637
青海	—	—	—	230	192	38	369	369
宁夏	—	—	—	199	—	199	3782	3782
新疆	—	2194	—	5004	112	2525	577	379
新疆兵团	—	—	—	—	—	—	—	—
局直属单位	—	525	7171	65686	—	17083	1536	1536
大兴安岭	—	525	7141	1859	—	1859	61	61

离退休人员年生活费(三)

单位:千元

单位合计 管理业中 野生动植物保护	居民服务和其他服务业	教育	卫生、社会保障和社会福利业	文化、体育和娱乐业	公共管理和社会组织	国际组织	集体经济单位合计	其他各种经济单位合计
2935	**6421**	**67409**	**80432**	**4579**	**824229**	—	**14976**	**48775**
74	—	182	—	—	18098	—	1099	—
—	15	—	—	—	1411	—	—	—
—	—	—	—	—	21879	—	—	—
—	—	1546	226	—	14465	—	—	—
—	—	927	45862	702	26398	—	1182	6472
—	—	536	45862	702	526	—	1182	6472
52	—	53	—	—	12793	—	5	—
—	130	1910	—	—	19866	—	1826	2293
—	—	—	—	—	1776	—	2220	2293
992	3918	21472	22981	153	87450	—	7387	282
—	3918	18397	22981	50	33839	—	7225	5
—	—	—	—	—	—	—	—	—
—	—	—	—	—	1026	—	—	28
—	—	111	—	—	22957	—	—	—
13	13	—	—	—	18555	—	24	78
—	10	1350	—	—	42529	—	1859	26088
130	20	1520	—	—	48602	—	143	279
—	—	77	—	—	18645	—	—	—
—	19	2068	—	6	21715	—	44	—
—	—	—	32	—	33174	—	141	6715
27	61	3231	6	—	74516	—	188	—
91	446	3587	26	38	64209	—	553	—
265	—	3571	—	71	24746	—	66	572
68	112	—	—	—	6550	—	—	—
—	—	—	—	—	16475	—	3	83
265	940	102	—	—	51208	—	170	127
10	—	1378	—	—	28615	—	—	—
177	—	4214	20	—	62253	—	116	2745
—	—	—	—	—	730	—	—	—
16	125	747	1068	—	12059	—	150	—
556	612	3184	6248	—	28023	—	18	—
—	—	—	—	—	2903	—	—	—
—	—	135	—	—	1858	—	—	—
198	—	2574	1574	—	11795	—	—	3004
—	—	—	—	—	—	—	—	—
—	—	13472	2389	3609	28726	—	—	9
—	—	6389	2389	817	5722	—	—	9

林业系统各地区按行业分

地　区	总 计	合 计	企 业	事 业	机 关	国有经济	
						小 计	木材及竹材采运企业
全国合计	**9133**	**9326**	**6526**	**10955**	**17005**	**8371**	**6070**
北　京	29495	29694	20978	26105	47292	25755	—
天　津	17170	17170	17962	16974	18013	17215	—
河　北	10652	10654	9444	10253	13170	10035	—
山　西	10546	10546	6027	10305	13761	9942	—
内蒙古	8741	9096	7861	10664	15914	8745	7753
内蒙古集团	7733	8119	7862	13026	12669	7840	7753
辽　宁	9700	9706	7386	9443	16360	9219	—
吉　林	7750	7578	7286	7808	17040	7095	7059
吉林集团	8733	8268	8268	—	—	7992	7992
黑龙江	5434	5739	4443	9705	18564	4996	4276
龙江集团	4782	5076	4415	18518	24902	4296	4276
上　海	25826	29729	34571	29683	—	29729	—
江　苏	9304	9305	9441	9161	12594	9188	—
浙　江	25866	25959	11753	24635	37931	23609	—
安　徽	9318	9276	6121	9254	16363	9079	3630
福　建	14200	14482	12511	14523	18096	13234	10467
江　西	9078	9080	7374	8741	14365	8210	7586
山　东	11721	11790	5512	12524	17906	12335	—
河　南	8397	8400	5551	8137	10228	7875	4864
湖　北	8167	8437	5661	8214	13424	8132	7074
湖　南	10364	10371	7868	10158	13715	9073	6917
广　东	14297	14329	9949	13302	24115	11761	8842
广　西	10214	10237	9780	10063	16529	9516	6000
海　南	10383	10383	9085	10597	18261	9629	9315
重　庆	11141	11153	9762	10567	15030	10460	13895
四　川	10172	10285	8768	10561	15603	9739	10351
贵　州	10760	10760	7895	10821	15587	9815	6514
云　南	12922	12941	9807	13851	15829	12549	9598
西　藏	17306	17306	10118	10741	28977	10734	—
陕　西	9598	9707	8013	9858	11920	9559	7782
甘　肃	11463	11470	7379	12343	16368	10828	6526
青　海	10560	10560	27208	9831	18062	10008	29075
宁　夏	10062	10062	7573	10035	12094	9532	—
新　疆	13366	13355	13157	13027	17453	12648	13418
新疆兵团	—	—	—	—	—	—	—
局直属单位	9219	9279	6518	26763	25142	6690	6247
大兴安岭	7035	7043	6518	18629	17678	6351	6247

在岗职工年平均工资(一)

单位:元

单位合计								
农林牧渔业								采矿业
国有林场	国有苗圃	林业工作站	木材检查站	种苗站	病虫害防治站	治沙站	其他	
8766	**9381**	**11371**	**11874**	**13693**	**14440**	**14011**	**11827**	**12704**
28952	19590	32282	27399	31587	34702	46771	27611	—
17456	13418	16366	17912	18375	17891	—	19375	—
10454	8362	10109	10671	9458	11076	12178	10033	—
9355	8957	9664	8275	13270	11253	9972	11727	—
9359	10738	12248	13604	14846	14700	12372	13646	—
8826	—	—	—	—	—	—	13523	—
7754	8361	9969	13278	12008	13538	19223	12213	—
6628	6108	8609	11883	10276	12822	10219	9289	—
—	—	—	—	—	—	—	—	—
7410	6423	11163	10075	15964	13869	—	11184	17459
—	6291	—	—	19456	19789	—	22437	—
22912	25857	36527	—	—	—	—	40283	—
7787	7512	17214	12582	6906	13972	—	9382	12000
17583	24726	27726	26115	44169	33760	—	29326	—
7297	6954	13308	12928	15031	14438	—	12424	1920
14585	12499	14212	13407	24836	17483	12558	12999	—
7011	8887	10707	11244	13979	13381	10104	10764	—
13160	10252	11455	11039	17044	15725	—	14342	—
7610	7267	7803	7897	9048	8738	11598	8606	5600
6774	9549	8733	9799	9426	10236	7600	9140	—
6536	7401	10529	11038	11583	13647	10200	11849	16000
11379	9891	10653	12096	27939	22858	—	15487	15890
8468	10627	11272	11323	14019	15331	—	11795	—
8992	7170	9639	9824	—	10684	—	11163	—
10040	10312	9820	10593	12508	12753	—	15874	—
8801	9113	9299	10028	11881	13380	8900	9804	9206
10326	11650	8617	22254	12422	14135	—	11936	—
12283	14372	13794	9608	16360	16710	14062	14249	33444
10570	27307	—	24	—	—	—	—	—
9569	9345	9372	9141	9812	9365	8964	10779	—
10047	9812	12966	11833	14393	14659	13460	13288	—
9061	11563	15413	13679	16671	17959	18933	7913	—
9412	9097	10568	11154	11209	11821	11600	9097	—
11406	12327	12929	15058	16122	13825	15541	14499	—
—	—	—	—	—	—	—	—	—
41969	—	21653	—	—	28757	48581	11905	8543
—	—	17861	—	—	—	—	7900	8543

林业系统各地区按行业分

单位：元

地区	国有经济							
	制造业							
	小计	非木质林产品加工业	木材加工及竹、藤、棕、草制品业					林产化学产品制造
			计	锯材、木片加工	人造板制造	木制品制造	竹、藤、棕、草制品制造	
全国合计	**8544**	**9239**	**8739**	**7509**	**9310**	**8314**	**7275**	**10671**
北京	—	—	—	—	—	—	—	—
天津	—	—	—	—	—	—	—	—
河北	10368	4158	14841	13833	16990	1515	—	7657
山西	5247	—	5003	—	4907	12192	—	4363
内蒙古	9337	—	9337	6000	9362	—	—	—
内蒙古集团	9362	—	9362	—	9362	—	—	—
辽宁	7659	—	7572	—	5851	9963	—	—
吉林	8642	—	9477	8908	11366	10042	—	13129
吉林集团	8263	—	8906	8905	8918	—	—	13129
黑龙江	6574	—	6692	4622	7377	4625	—	—
龙江集团	6708	—	6767	5107	7389	4625	—	—
上海	—	—	—	—	—	—	—	—
江苏	—	—	—	—	—	—	—	—
浙江	—	—	—	—	—	—	—	—
安徽	7236	—	7314	4533	7782	6902	6000	5000
福建	19609	—	20409	5746	21895	4333	4714	10683
江西	6218	9000	6227	7545	6186	7031	4615	5636
山东	5324	—	5278	—	5197	6823	—	—
河南	5175	—	—	—	—	—	—	—
湖北	4204	—	4527	4090	—	6829	—	3900
湖南	7608	20804	7238	5926	7981	7889	6174	6977
广东	8822	—	8005	8655	—	7613	—	5334
广西	12952	—	15055	6739	15471	8330	—	11682
海南	3600	—	3600	3600	—	—	—	—
重庆	9710	—	9704	—	9980	7707	—	—
四川	6298	—	6003	3477	6021	2228	7791	9214
贵州	11187	5477	11345	9950	11481	8104	—	7783
云南	9342	—	9372	—	10058	8725	9275	9095
西藏	10	—	10	10	—	—	—	—
陕西	8058	4186	7180	—	7817	6698	—	15743
甘肃	7274	—	7268	—	6750	9281	9000	—
青海	—	—	—	—	—	—	—	—
宁夏	7573	—	—	—	—	—	—	—
新疆	10648	12046	10702	10702	—	—	—	—
新疆兵团	—	—	—	—	—	—	—	—
局直属单位	—	—	—	—	—	—	—	—
大兴安岭	—	—	—	—	—	—	—	—

在岗职工年平均工资(二)

单位:元

单位合计								
专用设备、仪器仪表制造业	工艺品制造业	其他	电力、燃气及水的生产供应业	建筑业	交通运输、仓储及邮政业	信息传输、计算机服务和软件业	批发和零售业	住宿餐饮业
6189	**9849**	**7145**	**8089**	**8852**	**8935**	**11174**	**8809**	**10455**
—	—	—	—	—	—	41116	—	—
—	—	—	—	—	—	—	—	—
—	10200	4715	—	—	5900	—	7278	—
—	—	8320	—	—	9327	—	8049	13548
—	—	—	—	7576	—	10437	10100	9910
—	—	—	—	7576	—	10437	11427	9651
—	—	8136	—	—	—	—	3600	4637
—	4467	6007	—	13719	8179	—	17319	9589
—	—	6346	—	30154	—	—	18147	16785
5436	—	6295	7861	5443	7111	—	10895	10778
5436	—	8472	7861	5418	4700	—	12754	11383
—	—	—	—	—	—	—	—	—
—	—	—	9583	13000	—	—	—	9600
—	—	—	—	4353	—	—	12147	11472
—	—	6570	—	6802	2300	—	5588	9183
9286	—	10686	12125	15744	6536	—	11961	13516
—	—	6171	4889	8519	9592	—	9303	5372
—	—	5527	—	4000	—	—	9655	16576
—	—	5288	—	—	—	—	5854	11400
—	—	3742	—	6537	6120	—	4456	8500
—	—	7996	6720	7565	7919	—	10192	6336
—	—	10570	8989	—	6208	—	9234	6600
7215	—	11565	3917	9169	12289	8985	7871	9237
—	—	—	—	—	—	—	2400	—
—	—	11280	—	—	—	—	8988	—
—	—	2007	—	15199	6583	—	8086	7871
—	—	11595	—	8040	11581	—	—	—
—	—	—	—	9482	9850	—	9985	13782
—	—	—	—	—	—	—	—	—
—	—	7038	—	10000	6784	—	5106	5867
—	—	7438	6333	5859	2375	—	4500	8608
—	—	—	—	—	—	—	—	—
—	—	7573	—	—	—	—	—	—
—	—	10382	—	11327	—	—	11367	12886
—	—	—	—	—	—	—	—	—
—	—	—	8236	9346	—	—	—	13616
—	—	—	8236	9346	—	—	—	9942

林业系统各地区按行业分

地区	国有经济							
	金融业	房地产业	租赁和商务服务业	科学研究、技术服务和地质勘查业			水利、环境和公共设施	
				计	其中		计	其
					科技交流和推广服务	规划设计管理		自然保护区管理
全国合计	**36170**	**14380**	**11599**	**18593**	**15498**	**22471**	**14077**	**14119**
北京	—	—	—	52190	—	—	27926	19003
天津	—	—	—	—	—	—	—	—
河北	—	—	—	14886	15331	18699	13069	13697
山西	—	—	—	16871	21586	12617	11416	13074
内蒙古	—	10072	12469	16343	12890	17905	16520	16918
内蒙古集团	—	10072	12469	13672	—	—	—	—
辽宁	—	—	—	17176	17837	16202	14624	14716
吉林	36170	—	—	21830	25747	21573	13888	13928
吉林集团	36170	—	—	—	—	—	—	—
黑龙江	—	6913	11993	17355	7750	14785	14497	11598
龙江集团	—	—	6113	17491	—	14785	22300	—
上海	—	—	—	—	—	—	—	—
江苏	—	—	—	—	—	—	—	—
浙江	—	—	—	35257	36603	42061	25957	25957
安徽	—	—	—	16132	15637	—	11971	11952
福建	—	9964	—	18646	22667	18282	15554	12827
江西	—	5000	10127	12721	12177	14804	14397	14012
山东	—	—	—	21020	—	—	16418	25725
河南	—	—	10230	11129	5047	21482	9380	10512
湖北	—	—	3471	9850	9532	11436	4471	4222
湖南	—	—	9654	13027	11410	13303	14622	14977
广东	—	—	11300	21795	13561	45504	19528	16617
广西	—	—	5365	16253	12766	17408	13390	13307
海南	—	—	9600	13162	12482	—	10702	10463
重庆	—	—	—	12809	10072	—	10191	8544
四川	—	—	14404	14298	13850	14595	11149	11141
贵州	—	16400	14083	24282	16138	32649	13797	13683
云南	—	—	—	14514	14361	14482	13654	13623
西藏	—	—	—	—	—	—	—	—
陕西	—	—	4200	9258	7499	9960	15777	17054
甘肃	—	—	4743	16970	18284	15522	14223	14023
青海	—	—	—	19960	19972	19812	16618	16618
宁夏	—	—	—	13395	—	13395	13728	13728
新疆	—	20436	—	16569	14244	15962	14183	14475
新疆兵团	—	—	—	—	—	—	—	—
局直属单位	—	16764	17776	26413	—	30951	21638	21638
大兴安岭	—	16764	16263	20826	—	20826	18308	18308

在岗职工年平均工资(三)

单位:元

单位合计							集体经济单位合计	其他各种经济单位合计
管理业中 野生动植物保护	居民服务和其他服务业	教育	卫生、社会保障和社会福利业	文化、体育和娱乐业	公共管理和社会组织	国际组织		
15730	**14255**	**20519**	**16838**	**27119**	**17197**	**—**	**3405**	**8619**
45647	20978	41665	—	—	47292	—	16979	—
—	17012	—	—	—	16974	—	—	—
—	—	—	—	—	13163	—	9556	—
19308	8981	20306	7950	—	13761	—	—	—
12000	—	14451	13799	10504	15552	—	4364	7756
—	—	13750	13799	10504	12076	—	4365	7756
13156	9889	19504	—	—	16360	—	4517	—
8000	18188	22693	—	—	18874	—	4674	11049
—	35000	—	—	—	44357	—	4590	11049
18680	16857	18452	20812	18167	19236	—	2517	4394
—	17954	18266	20812	20000	24643	—	2341	4299
—	—	—	—	—	—	—	—	12000
—	—	—	—	—	12594	—	11000	9247
—	—	15000	—	—	38475	—	—	15441
13887	1346	—	—	—	16363	—	4857	13208
13667	9000	19221	—	—	18296	—	12000	11834
17012	4941	16273	—	17115	14405	—	11850	8526
—	—	7500	—	—	17906	—	—	10000
8000	14031	14525	—	5533	10228	—	6346	—
10887	6000	11857	6854	—	13428	—	10240	6345
10639	6480	36708	667	—	14170	—	8085	10025
25968	6900	43033	6796	51862	24108	—	15429	5760
14128	—	16973	32000	20517	16577	—	6901	7969
12028	4320	—	—	—	16767	—	—	—
—	—	11500	—	—	15253	—	4212	11160
11271	8367	10222	10800	—	15789	—	4486	2187
17890	16222	22766	—	—	15587	—	—	—
16241	—	14619	13172	—	15829	—	5441	15835
—	—	—	—	—	28977	—	—	—
12678	5444	14721	13078	—	11920	—	6634	—
16766	15935	14138	11266	—	14689	—	5643	—
—	—	—	—	—	18062	—	—	—
—	—	11604	—	—	12094	—	—	—
13218	—	17727	12800	—	17794	—	—	15244
—	—	—	—	—	—	—	—	—
—	44030	28501	21606	34900	29416	—	3400	7822
—	—	19302	21606	19207	17678	—	3400	7822

林业系统按行业分职工伤亡事故情况

国民经济行业	轻 伤（人次）	重 伤（人次）	死 亡（人）
总　　　计	**862**	**91**	**170**
一、农、林、牧、渔业	**735**	**71**	**152**
其中:国有林场	111	11	52
木材及竹材采运业	577	38	9
二、采矿业	**—**	**—**	**—**
三、制造业	**86**	**12**	**4**
1. 木材加工及竹、藤、棕、草制品业	80	9	4
2. 林产化学产品制造业	2	2	—
3. 专用设备、仪器仪表制造业	1	—	—
4. 建筑材料制造加工业	2	—	—
5. 其他制造业	1	1	—
四、建筑业	**16**	**—**	**1**
五、其他	**25**	**8**	**13**

林业系统各地区按行业分职工轻伤事故情况

单位:人

地区	总计	农、林、牧、渔业			采矿业	制造业						建筑业	其他
		合计	其中			合计	木材加工及竹、藤、棕、草制品业	林产化学产品制造业	专用设备、仪器仪表制造业	建筑材料制造加工业	其他制造业		
			国有林场	木材及竹材采运业									
全国合计	**862**	**735**	**111**	**577**	**—**	**86**	**80**	**2**	**1**	**2**	**1**	**16**	**25**
北京	—	—	—	—	—	—	—	—	—	—	—	—	—
天津	—	—	—	—	—	—	—	—	—	—	—	—	—
河北	—	—	—	—	—	—	—	—	—	—	—	—	—
山西	—	—	—	—	—	—	—	—	—	—	—	—	—
内蒙古	173	171	3	168	—	—	—	—	—	—	—	2	—
内蒙古集团	170	168	—	168	—	—	—	—	—	—	—	2	—
辽宁	—	—	—	—	—	—	—	—	—	—	—	—	—
吉林	97	80	9	64	—	11	9	—	—	2	—	2	4
吉林集团	48	36	—	33	—	6	4	—	—	2	—	2	4
黑龙江	253	235	—	235	—	12	11	—	1	—	—	—	6
龙江集团	253	235	—	235	—	12	11	—	1	—	—	—	6
上海	—	—	—	—	—	—	—	—	—	—	—	—	—
江苏	—	—	—	—	—	—	—	—	—	—	—	—	—
浙江	—	—	—	—	—	—	—	—	—	—	—	—	—
安徽	7	3	3	—	—	4	4	—	—	—	—	—	—
福建	6	6	—	6	—	—	—	—	—	—	—	—	—
江西	58	58	35	22	—	—	—	—	—	—	—	—	—
山东	—	—	—	—	—	—	—	—	—	—	—	—	—
河南	—	—	—	—	—	—	—	—	—	—	—	—	—
湖北	20	20	—	—	—	—	—	—	—	—	—	—	—
湖南	19	19	7	12	—	—	—	—	—	—	—	—	—
广东	22	22	21	—	—	—	—	—	—	—	—	—	—
广西	15	1	1	—	—	9	8	—	—	—	1	—	5
海南	5	5	3	—	—	—	—	—	—	—	—	—	—
重庆	—	—	—	—	—	—	—	—	—	—	—	—	—
四川	61	39	5	20	—	10	10	—	—	—	—	12	—
贵州	1	1	1	—	—	—	—	—	—	—	—	—	—
云南	70	24	6	16	—	37	36	1	—	—	—	—	9
西藏	9	9	9	—	—	—	—	—	—	—	—	—	—
陕西	1	1	—	1	—	—	—	—	—	—	—	—	—
甘肃	—	—	—	—	—	—	—	—	—	—	—	—	—
青海	—	—	—	—	—	—	—	—	—	—	—	—	—
宁夏	5	5	5	—	—	—	—	—	—	—	—	—	—
新疆	4	4	3	1	—	—	—	—	—	—	—	—	—
新疆兵团	—	—	—	—	—	—	—	—	—	—	—	—	—
大兴安岭	36	32	—	32	—	3	2	1	—	—	—	—	1

林业系统各地区按行业分职工重伤事故情况

单位:人

地区	总计	农、林、牧、渔业			采矿业	制造业						建筑业	其他
		合计	其中 国有林场	其中 木材及竹材采运业		合计	木材加工及竹、藤、棕、草制品业	林产化学产品制造业	专用设备、仪器仪表制造业	建筑材料制造加工业	其他制造业		
全国合计	**91**	**71**	**11**	**38**	**—**	**12**	**9**	**2**	**—**	**—**	**1**	**—**	**8**
北京	—	—	—	—	—	—	—	—	—	—	—	—	—
天津	—	—	—	—	—	—	—	—	—	—	—	—	—
河北	—	—	—	—	—	—	—	—	—	—	—	—	—
山西	—	—	—	—	—	—	—	—	—	—	—	—	—
内蒙古	1	1	1	—	—	—	—	—	—	—	—	—	—
内蒙古集团	—	—	—	—	—	—	—	—	—	—	—	—	—
辽宁	—	—	—	—	—	—	—	—	—	—	—	—	—
吉林	13	12	2	5	—	1	—	—	—	—	1	—	—
吉林集团	8	7	—	4	—	1	—	—	—	—	1	—	—
黑龙江	11	11	—	11	—	—	—	—	—	—	—	—	—
龙江集团	11	11	—	11	—	—	—	—	—	—	—	—	—
上海	—	—	—	—	—	—	—	—	—	—	—	—	—
江苏	—	—	—	—	—	—	—	—	—	—	—	—	—
浙江	—	—	—	—	—	—	—	—	—	—	—	—	—
安徽	1	1	1	—	—	—	—	—	—	—	—	—	—
福建	—	—	—	—	—	—	—	—	—	—	—	—	—
江西	2	1	—	—	—	—	—	—	—	—	—	—	1
山东	—	—	—	—	—	—	—	—	—	—	—	—	—
河南	—	—	—	—	—	—	—	—	—	—	—	—	—
湖北	5	5	—	—	—	—	—	—	—	—	—	—	—
湖南	2	2	—	1	—	—	—	—	—	—	—	—	—
广东	6	6	4	—	—	—	—	—	—	—	—	—	—
广西	—	—	—	—	—	—	—	—	—	—	—	—	—
海南	2	2	1	—	—	—	—	—	—	—	—	—	—
重庆	—	—	—	—	—	—	—	—	—	—	—	—	—
四川	3	1	1	—	—	2	2	—	—	—	—	—	—
贵州	2	2	—	—	—	—	—	—	—	—	—	—	—
云南	11	4	—	1	—	5	5	—	—	—	—	—	2
西藏	—	—	—	—	—	—	—	—	—	—	—	—	—
陕西	1	1	—	—	—	—	—	—	—	—	—	—	—
甘肃	—	—	—	—	—	—	—	—	—	—	—	—	—
青海	—	—	—	—	—	—	—	—	—	—	—	—	—
宁夏	1	1	—	—	—	—	—	—	—	—	—	—	—
新疆	1	1	1	—	—	—	—	—	—	—	—	—	—
新疆兵团	—	—	—	—	—	—	—	—	—	—	—	—	—
大兴安岭	29	20	—	20	—	4	2	2	—	—	—	—	5

林业系统各地区按行业分职工死亡事故情况

单位：人

地区	总计	农、林、牧、渔业			采矿业	制造业						建筑业	其他
		合计	其中			合计	木材加工及竹、藤、棕、草制品业	林产化学产品制造业	专用设备、仪器仪表制造业	建筑材料制造加工业	其他制造业		
			国有林场	木材及竹材采运业									
全国合计	**170**	**152**	**52**	**9**	**—**	**4**	**4**	**—**	**—**	**—**	**—**	**1**	**13**
北　京	—	—	—	—	—	—	—	—	—	—	—	—	—
天　津	—	—	—	—	—	—	—	—	—	—	—	—	—
河　北	2	2	2	—	—	—	—	—	—	—	—	—	—
山　西	1	1	—	—	—	—	—	—	—	—	—	—	—
内蒙古	4	4	3	1	—	—	—	—	—	—	—	—	—
内蒙古集团	3	3	2	1	—	—	—	—	—	—	—	—	—
辽　宁	—	—	—	—	—	—	—	—	—	—	—	—	—
吉　林	1	1	1	—	—	—	—	—	—	—	—	—	—
吉林集团	—	—	—	—	—	—	—	—	—	—	—	—	—
黑龙江	7	7	—	2	—	—	—	—	—	—	—	—	—
龙江集团	2	2	—	2	—	—	—	—	—	—	—	—	—
上　海	—	—	—	—	—	—	—	—	—	—	—	—	—
江　苏	2	2	—	—	—	—	—	—	—	—	—	—	—
浙　江	3	3	2	—	—	—	—	—	—	—	—	—	—
安　徽	3	2	2	—	—	1	1	—	—	—	—	—	—
福　建	6	5	4	1	—	1	1	—	—	—	—	—	—
江　西	10	7	2	1	—	—	—	—	—	—	—	—	3
山　东	—	—	—	—	—	—	—	—	—	—	—	—	—
河　南	1	1	—	—	—	—	—	—	—	—	—	—	—
湖　北	5	4	2	—	—	—	—	—	—	—	—	—	1
湖　南	1	1	1	—	—	—	—	—	—	—	—	—	—
广　东	5	5	1	—	—	—	—	—	—	—	—	—	—
广　西	2	1	1	—	—	—	—	—	—	—	—	—	1
海　南	2	2	1	—	—	—	—	—	—	—	—	—	—
重　庆	—	—	—	—	—	—	—	—	—	—	—	—	—
四　川	16	15	1	3	—	—	—	—	—	—	—	1	—
贵　州	4	3	3	—	—	—	—	—	—	—	—	—	1
云　南	10	8	4	—	—	1	1	—	—	—	—	—	1
西　藏	1	1	1	—	—	—	—	—	—	—	—	—	—
陕　西	56	53	10	—	—	1	1	—	—	—	—	—	2
甘　肃	10	6	4	—	—	—	—	—	—	—	—	—	4
青　海	—	—	—	—	—	—	—	—	—	—	—	—	—
宁　夏	11	11	6	—	—	—	—	—	—	—	—	—	—
新　疆	6	6	1	—	—	—	—	—	—	—	—	—	—
新疆兵团	—	—	—	—	—	—	—	—	—	—	—	—	—
大兴安岭	1	1	—	1	—	—	—	—	—	—	—	—	—

国家林业局机关及直属单位

单位名称	单位个数（个）	从业人员年末人数（人）	在册职工			
			总计	在岗		
				合计	长期职工	临时职工
总计	**138**	**82679**	**164428**	**82550**	**72997**	**9590**
（一）农、林、牧、渔业	**12**	**645**	**643**	**640**	**610**	**30**
国家林业局天然林保护工程管理中心	1	35	31	31	31	—
国家林业局退耕还林（草）工程管理中心	1	29	28	28	28	—
国家林业局西北华北东北防护林建设局	1	98	98	98	87	11
国家林业局防治荒漠化管理中心	1	22	22	22	20	2
国家林业局世界银行贷款项目管理中心	1	25	28	25	25	—
国家林业局濒危物种进出口管理中心	1	31	31	31	31	—
国家林业局林业工作站管理总站	1	20	20	20	20	—
国家林业局国有林场和林木种苗管理总站	1	36	36	36	36	—
国家林业局林业基金管理总站	1	35	35	35	35	—
国家林业局森林病虫害防治总站	1	103	103	103	91	12
国家林业局西南航空护林总站	1	121	121	121	117	4
国家林业局东北航空护林中心	1	90	90	90	89	1
（九）住宿餐饮业	**2**	**97**	**97**	**97**	**54**	**43**
国家林业局北戴河职工培训中心	1	29	29	29	19	10
国家林业局招待所	1	68	68	68	35	33
（十二）租赁和商务服务业	**1**	**16**	**14**	**14**	**14**	—
国家林业局人才开发交流中心	1	16	14	14	14	—
（十三）科学研究、技术服务、地质勘查业	**29**	**5125**	**5170**	**5079**	**4191**	**925**
中国林业科学研究院	19	3745	3709	3709	2965	744
国家林业局经济发展研究中心	1	71	71	71	70	1
国家林业局科技发展中心	1	20	20	20	20	—
国家林业局对外合作项目中心	1	21	21	21	19	2
国际竹藤网络中心	1	48	48	48	43	5
国家林业局昆明勘察设计院	1	163	163	163	156	7
国家林业局林产工业规划设计院	1	300	377	300	185	115
国家林业局调查规划设计院	1	297	301	287	275	12
国家林业局华东林业调查规划设计院	1	140	140	140	138	2
国家林业局中南林业调查规划设计院	1	157	157	157	157	37
国家林业局西北林业调查规划设计院	1	163	163	163	163	—
（十四）水利、环境和公共设施管理业	**3**	**440**	**440**	**440**	**426**	**14**
陕西佛坪自然保护区管理局	1	97	97	97	83	14
甘肃白水江国家级自然保护区管理局	1	135	135	135	135	—
国家林业局卧龙自然保护区管理局	1	208	208	208	208	—
（十五）居民服务和其他服务业	**1**	**99**	**99**	**99**	**86**	**13**
国家林业局机关服务中心	1	99	99	99	86	13
（十六）教育	**3**	**567**	**540**	**540**	**468**	**72**
北京林业管理干部学院	1	180	180	180	157	23
南京森林公安高等专科学校	1	345	318	318	285	33
国家林业局幼儿园	1	42	42	42	26	16
（十八）文化、体育和娱乐业	**3**	**247**	**247**	**247**	**232**	**15**
国家林业局宣传中心	1	31	31	31	27	4
中国林业出版社	1	122	122	122	111	11
中国绿色时报社	1	94	94	94	94	—
（十九）公共管理和社会组织	**21**	**581**	**550**	**548**	**531**	**17**
国家林业局机关	1	241	231	231	231	—
国家林业局离退休干部局	1	73	56	56	54	2
国家林业局森林资源监督管理办公室	1	23	21	21	21	—
驻黑龙江省森林资源监督专员办事处	1	29	29	29	25	4
驻内蒙古自治区森林资源监督专员办事处	1	28	29	27	26	1
驻长春森林资源监督专员办事处	1	19	19	19	18	1
驻大兴安岭森林资源监督专员办事处	1	20	20	20	20	—
驻福州森林资源监督专员办事处	1	10	10	10	10	—
驻云南省森林资源监督专员办事处	1	8	8	8	8	—
驻成都森林资源监督专员办事处	1	10	10	10	9	1
驻西安森林资源监督专员办事处	1	3	3	3	3	—
驻合肥森林资源监督专员办事处	1	8	8	8	6	2
驻武汉森林资源监督专员办事处	1	10	10	10	10	—
驻贵阳森林资源监督专员办事处	1	4	4	4	4	—
驻乌鲁木齐森林资源监督专员办事处	1	4	4	4	4	—
驻兰州森林资源监督专员办事处	1	7	7	7	5	2
驻海口森林资源监督专员办事处	1	7	7	7	5	2
中国花卉协会	1	10	10	10	10	—
中国野生动物保护协会	1	27	25	25	25	—
中国林学会	1	32	31	31	29	2
中国绿化基金会	1	8	8	8	8	—
（二十）其他	**63**	**74862**	**156628**	**74846**	**66385**	**8461**
大兴安岭林业集团公司	63	74862	156628	74846	66385	8461

从业人员和劳动报酬情况

工人数(人)						年末实有离退休人员(人)	在岗职工年平均人数(人)	在岗职工年工资总额(元)	离退休人员年生活费(元)	在岗职工年平均工资(元)
职工					其他从业人员(人)					
其中：女性	其中:专业技术人员	其中:使用的农村劳动力	下岗待安置职工人数	离开本单位仍保留劳动关系人员						
25761	**22617**	**849**	**13849**	**68029**	**129**	**45446**	**81430**	**750743414**	**436392599**	**9219**
179	**413**	—	—	**3**	**5**	**236**	**636**	**20582675**	**5345294**	**32363**
5	4	—	—	—	4	—	31	1168213	—	37684
7	19	—	—	—	1	—	28	1310081	—	46789
19	65	—	—	—	—	49	98	2421000	943000	24704
6	20	—	—	—	—	1	22	1068792	36572	48581
10	23	—	—	3	—	2	24	1262229	87660	52593
13	—	—	—	—	—	2	32	2113460	56000	66046
5	19	—	—	—	—	10	19	820964	386189	43209
11	36	—	—	—	—	19	36	1510875	894000	41968
11	33	—	—	—	—	—	35	1860166	—	53148
34	71	—	—	—	—	51	103	2962000	1305000	28757
39	92	—	—	—	—	38	122	2512901	740873	20598
19	31	—	—	—	—	64	86	1571994	896000	18279
56	**1**	—	—	—	—	**13**	**97**	**2389872**	**99360**	**24638**
5	1	—	—	—	—	11	29	512872	54360	17685
51	—	—	—	—	—	2	68	1877000	45000	27603
5	**2**	—	—	—	**2**	**1**	**13**	**569822**	**29912**	**43832**
5	2	—	—	—	2	1	13	569822	29912	43832
1484	**2633**	**722**	**24**	**67**	**46**	**3781**	**5148**	**139732562**	**64560438**	**27143**
988	1604	700	—	—	36	2727	3799	93292000	48603000	24557
27	59	—	—	—	—	22	70	2330000	733000	33286
7	20	—	—	—	—	—	20	1138882	—	56944
12	14	—	—	—	—	—	19	912565	—	48030
17	18	—	—	—	—	—	42	1375586	—	32752
32	122	7	—	—	—	190	166	2634901	4095000	15873
126	257	15	15	62	—	289	286	11168361	1493318	39050
104	275	—	9	5	10	311	288	13682461	4020292	47509
19	110	—	—	—	—	66	140	5279000	1760000	37707
117	—	—	—	—	—	78	157	4893000	2264100	31166
35	154	—	—	—	—	98	161	3025806	1591728	18793
127	175	—	—	—	—	80	440	9650595	1474606	21933
23	**14**	—	—	—	—	**20**	**97**	**1364000**	**319000**	**14062**
24	87	—	—	—	—	60	135	2821811	1155606	20902
80	74	—	—	—	—	—	208	5464784	—	26273
37	—	**3**	—	—	—	—	**99**	**4359000**	—	**44030**
37	—	3	—	—	—	—	99	4359000	—	44030
247	**376**	**3**	—	—	**27**	**236**	**542**	**21288357**	**7083469**	**39277**
80	89	—	—	—	—	75	181	7067244	2047509	39045
129	269	—	—	—	27	159	319	12658000	5011000	39680
38	18	3	—	—	—	2	42	1563113	24960	37217
115	**157**	—	—	—	—	**74**	**232**	**10215225**	**2791740**	**44031**
10	10	—	—	—	—	4	29	1494000	137000	51517
59	64	—	—	—	—	50	107	4398249	2033925	41105
46	83	—	—	—	—	20	96	4322976	620815	45031
150	**87**	**1**	**1**	**1**	**33**	**648**	**548**	**23620306**	**23003780**	**43103**
63	—	—	—	—	10	—	231	10577409	—	45790
16	—	—	—	—	17	601	56	2294633	21412905	40976
3	—	—	—	—	2	—	21	806824	—	38421
5	—	—	—	—	—	6	30	1176872	242108	39229
3	1	1	1	1	1	6	26	805789	200000	30991
3	16	—	—	—	—	3	19	661998	41667	34842
3	—	—	—	—	—	4	20	758599	153662	37930
2	—	—	—	—	—	1	10	297493	47018	29750
3	6	—	—	—	—	1	8	181080	42365	22635
2	3	—	—	—	—	—	10	274631	—	27463
—	3	—	—	—	—	—	3	95279	—	31760
4	—	—	—	—	—	—	8	198000	—	24750
3	—	—	—	—	—	—	10	300000	—	30000
1	3	—	—	—	—	—	4	128000	—	32000
2	—	—	—	—	—	—	4	89621	—	22405
2	5	—	—	—	—	—	7	225264	—	32180
2	—	—	—	—	—	—	7	224679	—	32097
5	9	—	—	—	—	—	10	1087361	—	108736
10	9	—	—	—	2	5	25	1578329	173973	63133
16	24	—	—	—	1	21	31	1495205	690082	48232
2	8	—	—	—	—	—	8	363240	—	45405
23361	**18773**	**120**	**13824**	**67958**	**16**	**40377**	**73675**	**518335000**	**332004000**	**7035**
23361	18773	120	13824	67958	16	40377	73675	518335000	332004000	7035

中国林业统计年鉴 2005

CHINA FORESTRY STATISTICAL YEARBOOK

7

固定资产投资

林业系统固定资产投资2005年主要指标与2004年比较

指标名称	2005	2004年	2005年与2004年比较(%)
林业固定资产投资完成额(万元)	**4593443**	**4118669**	**11.53**
其中:国家投资	3528122	3226063	9.36
一、基本建设投资完成额	4467520	4040486	10.57
其中:国家投资	3505284	3220609	8.84
二、更新改造投资完成额	94034	39656	137.12
其中:国家投资	22758	4417	415.24
三、森工其他投资完成额	31889	38527	-17.23
其中:国家投资	80	1037	-92.29
四、本年新增固定资产	1590725	1299151	22.44
营林固定资产投资完成额(万元)	**4419596**	**3989023**	**10.79**
一、基本建设投资完成额	4397842	3984506	10.37
其中:国家投资	3483792	3198943	8.90
(一)按构成分:建筑安装	223696	207135	8.00
设备工器具购置	55357	49368	12.13
其他费用	4118789	3728003	10.48
(二)按用途分:营造林业	3287342	2867564	14.64
木材及竹材采运业	83725	86227	-2.90
木材加工及竹藤棕草制品业	7691	8155	-5.69
其他	1019084	1022560	-0.34
(三)本年新增固定资产	1453760	1199094	21.24
二、更新改造投资完成额	21754	4517	381.60
其中:国家投资	20374	3199	536.89
(一)按构成分:建筑安装	96	201	-52.24
设备工器具购置	79	393	-79.90
其他费用	21579	3923	450.06
(二)按用途分:营造林业	13523	2070	553.29
木材及竹材采运业	—	28	—
木材加工及竹藤棕草制品业	—	256	—
其他	8231	2163	280.54
(三)本年新增固定资产	2228	681	227.17
森工固定资产投资完成额(万元)	**173847**	**129646**	**34.09**
一、森工基建基本建设投资完成额	69678	55980	24.47
其中:国家投资	21492	21666	-0.80
(一)按构成分:建筑安装	40339	35273	14.36
设备工器具购置	19835	13902	42.68
其他费用	9504	6805	39.66
(二)按用途分:营造林业	5101	3078	65.72
木材及竹材采运业	20597	18060	14.05
木材加工及竹藤棕草制品业	25696	9930	158.77
其他	18284	24912	-26.61
(三)本年新增固定资产	56819	40950	38.75
二、森工更新改造投资完成额	72280	35139	105.70
其中:国家投资	2384	1218	95.73
(一)按构成分:建筑安装	28541	20323	40.44
设备工器具购置	38520	11994	221.16
其他费用	5219	2822	84.94
(二)按用途分:营造林业	449	601	-25.29
木材及竹材采运业	10255	9024	13.64
木材加工及竹藤棕草制品业	46593	6104	663.32
其他	14983	19410	-22.81
(三)本年新增固定资产	39485	30753	28.39
三、森工其他投资完成额	31889	38527	-17.23
其中:国家投资	80	1037	-92.29
(一)按构成分:建筑安装	17200	26859	-35.96
设备工器具购置	11255	8431	33.50
其他费用	3434	3237	6.09
(二)本年新增固定资产	38433	27673	38.88

林业系统各地区林业固定资产投资完成情况

单位:万元

地区	总计	营林固定资产投资			森工固定资产投资			
		合计	基本建设	更新改造	合计	基本建设	更新改造	其他投资
全国合计	**4593443**	**4419596**	**4397842**	**21754**	**173847**	**69678**	**72280**	**31889**
北京	109188	109188	109188	—	—	—	—	—
天津	5139	5139	5139	—	—	—	—	—
河北	225131	225131	224956	175	—	—	—	—
山西	174345	174345	174345	—	—	—	—	—
内蒙古	417279	400559	400559	—	16720	999	—	15721
内蒙古集团	61673	44953	44953	—	16720	999	—	15721
辽宁	121087	121087	121087	—	—	—	—	—
吉林	188849	128124	128124	—	60725	31127	19083	10515
吉林集团	87324	44574	44574	—	42750	23455	8780	10515
黑龙江	197979	181176	181176	—	16803	13200	3603	—
龙江集团	144070	127267	127267	—	16803	13200	3603	—
上海	81293	81293	81293	—	—	—	—	—
江苏	235276	235276	235128	148	—	—	—	—
浙江	13148	13086	13086	—	62	50	—	12
安徽	69897	68670	67407	1263	1227	1207	—	20
福建	79789	42925	42925	—	36864	1102	33934	1828
江西	39642	39470	39470	—	172	105	55	12
山东	162168	162168	162168	—	—	—	—	—
河南	106248	106248	106248	—	—	—	—	—
湖北	142392	141269	140730	539	1123	834	168	121
湖南	124664	124664	124664	—	—	—	—	—
广东	39888	39888	39888	—	—	—	—	—
广西	173203	162200	162200	—	11003	4881	6122	—
海南	37864	37864	37864	—	—	—	—	—
重庆	211195	211195	211184	11	—	—	—	—
四川	469701	465107	465107	—	4594	3454	334	806
贵州	198246	198246	198246	—	—	—	—	—
云南	201479	194490	175709	18781	6989	5923	254	812
西藏	5832	5832	5832	—	—	—	—	—
陕西	144717	144239	143402	837	478	478	—	—
甘肃	253385	253385	253385	—	—	—	—	—
青海	72868	72868	72868	—	—	—	—	—
宁夏	38196	38196	38196	—	—	—	—	—
新疆	138149	137918	137918	—	231	231	—	—
新疆兵团	57768	57768	57768	—	—	—	—	—
局直属单位	115207	98351	98351	—	16856	6087	8727	2042
大兴安岭	89766	72910	72910	—	16856	6087	8727	2042

林业系统固定资产投资和资金来源情况

单位:万元

指标名称	总计	营林固定资产投资			森工固定资产投资			
		合计	基本建设	更新改造	合计	基本建设	更新改造	其他投资
一、本年计划投资	**4667720**	**4473594**	**4451263**	**22331**	**194126**	**77320**	**78224**	**38582**
二、自年初累计完成投资	**4593443**	**4419596**	**4397842**	**21754**	**173847**	**69678**	**72280**	**31889**
其中:国家投资	3528122	3504166	3483792	20374	23956	21492	2384	80
其中:国债资金	585865	583736	583302	434	2129	2129	—	—
按构成分:	—	—	—	—	—	—	—	—
1. 建筑工程	288500	214483	214421	62	74017	35553	22098	16366
2. 安装工程	21372	9309	9275	34	12063	4786	6443	834
3. 设备、工具、器具购置	125046	55436	55357	79	69610	19835	38520	11255
4. 其他费用	4158525	4140368	4118789	21579	18157	9504	5219	3434
按行业分:	—	—	—	—	—	—	—	—
1. 营造林业	3308237	3300865	3287342	13523	7372	5101	449	1822
2. 木材及竹材采运业	128782	83725	83725	—	45057	20597	10255	14205
3. 木材加工及竹、藤、棕、草制品业	82187	7691	7691	—	74496	25696	46593	2207
其中:人造板制造业	60577	352	352	—	60225	21346	37303	1576
4. 其他	1074237	1027315	1019084	8231	46922	18284	14983	13655
按性质分:	—	—	—	—	—	—	—	—
其中:1. 新建	2813533	2752569	2732179	20390	60964	44398	7761	8805
2. 扩建	1252414	1187464	1187444	20	64950	10608	35716	18626
3. 改建和技术改造	91809	62112	61073	1039	29697	10184	17932	1581
4. 单纯建造生活设施	5998	4380	4380	—	1618	519	70	1029
5. 迁建	472	472	472	—	—	—	—	—
6. 恢复	22997	22768	22633	135	229	6	223	—
7. 单纯购置	38565	32004	31957	47	6561	2440	2792	1329
三、本年新增固定资产	**1590725**	**1455988**	**1453760**	**2228**	**134737**	**56819**	**39485**	**38433**
四、本年资金来源总计	**4734696**	**4571387**	**4548227**	**23160**	**163309**	**77720**	**52979**	**32610**
1. 上年末结余资金	168714	158033	157873	160	10681	3929	6658	94
2. 本年资金来源合计	4565983	4413355	4390355	23000	152628	73791	46321	32516
其中:地方配套资金	440101	439921	439017	904	180	180	—	—
(1)国家预算内资金	3526236	3501902	3480656	21246	24334	21476	2649	209
其中:国债资金	582436	580200	580119	81	2236	2236	—	—
中央财政专项资金	2467248	2463827	2449676	14151	3421	3121	110	190
(2)国内贷款	82397	69547	69547	—	12850	8700	4000	150
(3)利用外资	63237	61957	61957	—	1280	800	300	180
(4)自筹资金	551509	450060	448538	1522	101449	36578	38938	25933
(5)其他资金来源	342603	329888	329656	232	12715	6237	434	6044
其中:育林基金	34762	28816	28721	95	5946	3567	60	2319
五、本年各项应付款合计	**823158**	**814994**	**811141**	**3853**	**8164**	**3625**	**1549**	**2990**
其中:工程款	341483	337241	337178	63	4242	1516	1549	1177
六、房屋建筑面积及竣工价值	—	—	—	—	—	—	—	—
本年房屋施工面积(万平方米)	229.90	205.81	205.81	—	24.09	14.86	3.73	5.50
其中:住宅	22.64	14.12	14.12	—	8.52	3.74	0.45	4.33
本年房屋竣工面积(万平方米)	220.51	200.10	200.10	—	20.41	12.43	3.48	4.50
其中:住宅	21.08	13.82	13.82	—	7.26	3.48	0.45	3.33
本年房屋竣工价值(万元)	54847	36200	36200	—	18647	9251	3002	6394
其中:住宅	19918	12087	12087	—	7831	2134	546	5151

林业系统各地区固定资产投资和资金来源情况(一)

单位:万元

地　　区	本年计划投资	自年初累计完成投资						
		合 计	其中:国家投资		按构成分			
			计	其中:国债资金	建筑工程	安装工程	设备、工具、器具购置	其他费用
全国合计	**4667720**	**4593443**	**3528122**	**585865**	**288500**	**21372**	**125046**	**4158525**
北　京	103000	109188	99857	5859	5608	1659	2390	99531
天　津	5950	5139	3628	2130	—	—	—	5139
河　北	225331	225131	196985	39488	667	—	96	224368
山　西	174577	174345	168140	28140	569	—	769	173007
内蒙古	468205	417279	378856	61157	13766	763	9069	393681
内蒙古集团	75057	61673	45952	—	9813	346	6809	44705
辽　宁	126240	121087	115563	13922	2775	—	377	117935
吉　林	264376	188849	115268	10991	30229	2420	31196	125004
吉林集团	100961	87324	36017	648	15669	2109	20410	49136
黑龙江	195861	197979	170123	20004	20307	2613	6636	168423
龙江集团	141952	144070	127349	2316	12617	2282	4034	125137
上　海	56452	81293	36080	125	—	—	166	81127
江　苏	224300	235276	14248	2075	17678	—	1980	215618
浙　江	14527	13148	9435	5068	924	—	1461	10763
安　徽	69333	69897	47864	7501	377	20	148	69352
福　建	68121	79789	13047	2775	23780	1302	27660	27047
江　西	34727	39642	28160	7892	3629	—	357	35656
山　东	162168	162168	12136	2682	3413	—	636	158119
河　南	101558	106248	95571	20658	8808	—	27	97413
湖　北	121346	142392	91337	29561	9783	2384	1305	128920
湖　南	124664	124664	113362	24883	7749	560	1002	115353
广　东	63855	39888	18979	2329	18478	97	3366	17947
广　西	180074	173203	101526	21140	17067	4658	9940	141538
海　南	37864	37864	25058	3417	2544	28	223	35069
重　庆	184523	211195	192244	15668	1575	—	202	209418
四　川	489229	469701	455548	49449	16365	1694	1446	450196
贵　州	199530	198246	192124	20507	1508	140	1658	194940
云　南	205022	201479	170543	38707	11669	67	5512	184231
西　藏	900	5832	—	—	—	—	—	5832
陕　西	144862	144717	137573	40813	3873	—	2646	138198
甘　肃	270231	253385	239400	34332	6191	—	879	246315
青　海	78375	72868	72615	13004	1490	—	197	71181
宁　夏	38196	38196	33263	18152	—	—	—	38196
新　疆	121267	138149	81528	35184	26481	918	1657	109093
新疆兵团	57093	57768	23848	17960	610	861	278	56019
局直属单位	113057	115207	98061	8252	31197	2049	12045	69916
大兴安岭	90635	89766	73122	3507	18420	1365	4837	65144

林业系统各地区固定资产

地区	自年初累				
	按行业分				
	营造林业	木材及竹材采运业	木材加工及竹、藤、棕、草制品业		其他
			小计	其中：人造板制造业	
全国合计	**3308237**	**128782**	**82187**	**60577**	**1074237**
北京	87945	—	—	—	21243
天津	5139	—	—	—	—
河北	214080	—	—	—	11051
山西	51834	—	—	—	122511
内蒙古	270766	49786	1200	1200	95527
内蒙古集团	2974	49243	1200	1200	8256
辽宁	108125	—	—	—	12962
吉林	95118	23936	27915	23650	41880
吉林集团	27974	12049	24942	23395	22359
黑龙江	82321	23886	4215	—	87557
龙江集团	38803	23836	4077	—	77354
上海	80805	—	—	—	488
江苏	209751	—	—	—	25525
浙江	5249	—	—	—	7899
安徽	56138	—	1200	—	12559
福建	30628	1064	34809	28779	13288
江西	33557	62	—	—	6023
山东	119665	—	—	—	42503
河南	94821	102	7	7	11318
湖北	127168	315	1040	162	13869
湖南	114760	240	130	130	9534
广东	18818	358	—	—	20712
广西	80028	—	5641	5560	87534
海南	17123	11530	75	—	9136
重庆	204846	45	—	—	6304
四川	342354	3160	—	—	124187
贵州	142608	20	143	143	55475
云南	124979	2651	4558	946	69291
西藏	5832	—	—	—	—
陕西	122192	4039	—	—	18486
甘肃	178810	—	—	—	74575
青海	63547	—	—	—	9321
宁夏	38196	—	—	—	—
新疆	129973	523	—	—	7653
新疆兵团	57547	—	—	—	221
局直属单位	51062	7065	1254	—	55826
大兴安岭	44211	7065	1254	—	37236

投资和资金来源情况(二)

单位:万元

计完成投资							本年新增固定资产
按性质分							
其中							
新建	扩建	改建和技术改造	单纯建造生活设施	迁建	恢复	单纯购置	
2813533	**1252414**	**91809**	**5998**	**472**	**22997**	**38565**	**1590725**
15423	86011	621	—	—	—	1703	8020
—	—	—	—	—	—	—	—
36301	177483	675	48	33	—	251	48612
1845	172500	—	—	—	—	—	587
248102	79571	—	—	—	2729	5485	180860
—	61673	—	—	—	—	—	26821
118901	2131	—	—	—	—	55	35389
115543	28072	32723	1831	—	115	2571	82365
74266	1608	3560	921	—	—	1453	42533
53339	137899	5356	—	—	—	1385	24296
5499	132577	4609	—	—	—	1385	16006
80846	9	272	—	—	—	166	166
100874	73763	281	—	—	250	413	50939
8911	1118	591	—	—	40	1030	1953
52557	1908	1926	—	—	2130	47	41721
22474	42792	10315	—	—	1364	1343	17322
26300	4462	912	15	—	—	194	11408
114314	35437	10840	—	—	—	1577	32186
96538	71	10	—	—	25	25	65420
115930	13827	3271	1456	—	3198	1104	64466
87692	26511	2673	—	—	—	223	86052
12021	17646	1365	9	142	30	2746	3856
102803	57383	6183	1291	210	1965	1726	93546
37411	55	—	33	—	142	223	37864
173716	32930	437	—	—	3656	157	95404
397169	40732	892	70	—	465	840	34570
45213	146268	159	240	—	4973	1393	166193
146404	28916	1227	292	87	5	2427	35093
—	—	—	—	—	—	—	766
122852	14413	128	10	—	—	190	105093
243524	9334	300	100	—	—	127	106029
68497	—	—	—	—	—	—	62943
38196	—	—	—	—	—	—	—
112309	8183	5633	36	—	1789	1357	64678
51884	—	2944	—	—	—	20	39013
17528	12989	5019	567	—	121	9807	32929
9789	1609	4568	—	—	121	4504	22357

林业系统各地区固定资产

地 区	本年资金来源总计									
	总 计	上年末结余资金	本年资金来源合计							
			合 计	其中：地方配套资金	国家预算内资金			国内贷款	利用外资	自筹资金
					计	其中				
						国债资金	中央财政专项资金			
全国合计	**4734696**	**168714**	**4565983**	**440101**	**3526236**	**582436**	**2467248**	**82397**	**63237**	**551509**
北 京	109381	3408	105973	73400	104585	5682	8650	—	412	431
天 津	6171	—	6171	1883	4288	2500	1409	—	—	1883
河 北	226355	490	225865	6845	197305	40329	145916	5300	968	14186
山 西	174603	—	174603	4148	168319	27377	116812	999	4022	65
内蒙古	418848	548	418300	580	379792	60530	304127	—	19366	17212
内蒙古集团	61673	—	61673	—	45952	—	45952	—	—	15721
辽 宁	121087	—	121087	14417	110410	13922	66779	523	2758	7396
吉 林	233552	8470	225082	27042	146345	14097	122321	3367	56	50824
吉林集团	101441	304	101137	24942	46670	690	45027	3300	—	38208
黑龙江	197979	—	197979	9495	170123	20004	141110	289	552	18537
龙江集团	144070	—	144070	7141	127349	2316	116024	—	—	9580
上 海	91190	25576	65614	35472	35698	—	—	—	—	20323
江 苏	235276	—	235276	125620	4712	2075	2637	9536	732	123433
浙 江	19471	5796	13675	1867	9270	4346	117	130	—	3760
安 徽	71043	20	71023	1810	48795	7441	38295	2510	3450	9040
福 建	61061	5172	55889	1618	8839	2850	1773	11250	985	23116
江 西	40084	262	39822	515	28250	8134	17412	611	4747	3867
山 东	162168	—	162168	5129	12135	2682	1156	4006	857	79488
河 南	99383	1036	98347	856	85138	16792	62531	7357	2442	1652
湖 北	143784	705	143079	7381	98498	30757	53718	682	6467	24645
湖 南	124664	—	124664	2592	113362	24883	82082	600	1030	4881
广 东	43822	3177	40645	1349	34492	2263	332	—	—	5240
广 西	186783	18238	168545	5243	93865	17955	55931	5488	3329	52225
海 南	37864	—	37864	1100	21863	3417	16702	4774	451	3879
重 庆	209357	17	209340	17027	185403	15641	141897	—	532	2638
四 川	513104	31319	481785	29258	456937	52231	360807	465	7386	7028
贵 州	206275	6745	199530	13455	198423	19905	162859	—	—	310
云 南	227648	26140	201508	14457	165056	37082	107660	12	332	16448
西 藏	425	—	425	—	425	—	425	—	—	—
陕 西	142831	8515	134316	1852	127184	38207	84547	—	1512	1065
甘 肃	253385	—	253385	3456	239145	34332	200486	12398	87	1751
青 海	72868	2718	70150	2142	68517	13004	54442	1100	507	—
宁 夏	38196	—	38196	—	33263	18152	13468	—	140	4792
新 疆	135603	1573	134030	30076	81231	40206	33798	11000	—	39835
新疆兵团	56453	—	56453	19020	23678	22214	1242	11000	—	21775
局直属单位	130437	18789	111648	16	94568	5641	67049	—	117	11559
大兴安岭	89766	—	89766	—	73122	3507	64172	—	—	11281

投资和资金来源情况(三)

单位:万元

其他资金		本年各项应付款合计		房屋建筑面积及竣工价值					
				本年房屋施工面积(万平方米)		本年房屋竣工面积(万平方米)		本年房屋竣工价值	
计	其中:育林基金	合计	其中:工程款	合计	其中:住宅	合计	其中:住宅	合计	其中:住宅
342603	**34762**	**823158**	**341483**	**229.90**	**22.64**	**220.51**	**21.08**	**54847**	**19918**
545	545	2885	2484	0.66	—	0.05	—	30	—
—	—	—	—	—	—	—	—	—	—
8106	—	25557	17971	0.19	—	0.19	—	550	—
1198	357	—	—	1.27	—	0.01	—	4	—
1930	563	26012	21968	3.51	1.33	3.55	1.33	3748	1748
—	—	—	—	2.51	1.33	2.51	1.33	2918	1748
—	—	2097	1144	—	—	—	—	—	—
24490	18089	23169	1830	22.83	6.00	21.63	5.00	7342	4829
12959	11111	21201	1670	4.74	4.16	4.12	3.54	4010	3403
8478	—	22	—	8.12	1.20	7.68	1.20	6225	971
7141	—	22	—	4.31	—	3.87	—	2891	—
9593	—	—	—	—	—	—	—	—	—
96863	748	38096	32607	—	—	—	—	—	—
515	72	60	—	0.01	—	0.43	0.35	289	189
7228	142	22469	9888	1.18	—	0.35	—	164	—
11699	1875	3818	1596	1.22	0.36	0.53	0.36	454	394
2347	1223	2991	1551	0.58	0.14	0.50	0.14	310	116
65682	1198	43569	9524	0.68	0.07	0.84	0.07	843	60
1757	40	6509	2071	0.30	—	0.04	—	10	—
12787	429	18128	13828	3.04	1.92	2.82	1.92	2082	1299
4791	957	21977	2611	0.82	0.21	0.71	0.21	1465	1200
913	98	16665	16216	2.31	0.77	2.24	0.77	1906	695
13638	145	15777	10230	10.19	4.67	6.08	4.01	5353	3276
6897	337	37864	381	1.67	1.49	1.86	1.62	1303	1105
20767	100	2960	616	0.21	—	0.21	—	460	—
9969	1496	13684	9461	1.71	0.30	1.25	—	1596	—
797	393	44437	31092	1.00	—	1.00	—	471	—
19660	1923	20042	4640	5.00	2.22	6.06	2.24	5587	2235
—	—	1132	—	—	—	—	—	—	—
4555	—	30344	17276	0.47	—	0.47	—	304	—
4	—	54791	38368	3.00	0.37	1.93	0.37	1619	242
26	—	2578	488	0.32	—	0.32	—	336	—
—	—	—	—	—	—	—	—	—	—
1964	111	340456	89532	151.78	0.59	151.20	0.44	1078	276
—	—	5904	1416	150.00	—	150.00	—	20	—
5404	3921	5068	4111	7.83	1.00	8.56	1.05	11318	1283
5363	3921	—	—	6.90	1.00	6.10	1.00	5875	1120

林业系统各地区营林固定资产

地区	本年计划投资	自年初累								
		合计	其中:国家投资		按构成分				营造林业	木材及竹材采运业
			计	其中:国债资金	建筑工程	安装工程	设备、工具、器具购置	其他费用		
全国合计	**4473594**	**4419596**	**3504166**	**583736**	**214483**	**9309**	**55436**	**4140368**	**3300865**	**83725**
北京	103000	109188	99857	5859	5608	1659	2390	99531	87945	—
天津	5950	5139	3628	2130	—	—	—	5139	5139	—
河北	225331	225131	196985	39488	667	—	96	224368	214080	—
山西	174577	174345	168140	28140	569	—	769	173007	51834	—
内蒙古	441397	400559	377857	61157	4103	417	2421	393618	269925	42671
内蒙古集团	48249	44953	44953	—	150	—	161	44642	2133	42128
辽宁	126240	121087	115563	13922	2775	—	377	117935	108125	—
吉林	198606	128124	111160	10223	5208	193	3863	118860	92769	179
吉林集团	55535	44574	34893	395	777	35	157	43605	26340	—
黑龙江	179398	181176	161504	19754	9171	362	4560	167083	81596	21165
龙江集团	125489	127267	118730	2066	1481	31	1958	123797	38078	21115
上海	56452	81293	36080	125	—	—	166	81127	80805	—
江苏	224300	235276	14248	2075	17678	—	1980	215618	209751	—
浙江	14462	13086	9373	5068	924	—	1449	10713	5249	—
安徽	68106	68670	47864	7501	377	—	147	68146	56138	—
福建	29307	42925	12430	2775	17220	10	2376	23319	30219	628
江西	34575	39470	28062	7892	3629	—	345	35496	33515	—
山东	162168	162168	12136	2682	3413	—	636	158119	119665	—
河南	101558	106248	95571	20658	8808	—	27	97413	94821	102
湖北	120876	141269	91337	29561	9333	2341	695	128900	127148	147
湖南	124664	124664	113362	24883	7749	560	1002	115353	114760	240
广东	63855	39888	18979	2329	18478	97	3366	17947	18818	358
广西	168095	162200	101526	21140	13869	712	6186	141433	80028	—
海南	37864	37864	25058	3417	2544	28	223	35069	17123	11530
重庆	184523	211195	192244	15668	1575	—	202	209418	204846	45
四川	483140	465107	453978	49449	13480	823	974	449830	342354	—
贵州	199530	198246	192124	20507	1508	140	1658	194940	142608	20
云南	198582	194490	167201	37751	9509	67	4053	180861	121993	2432
西藏	900	5832	—	—	—	—	—	5832	5832	—
陕西	144384	144239	137165	40658	3873	—	2646	137720	122192	3561
甘肃	270231	253385	239400	34332	6191	—	879	246315	178810	—
青海	78375	72868	72615	13004	1490	—	197	71181	63547	—
宁夏	38196	38196	33263	18152	—	—	—	38196	38196	—
新疆	121167	137918	81528	35184	26331	910	1584	109093	129973	292
新疆兵团	57093	57768	23848	17960	610	861	278	56019	57547	—
局直属单位	93786	98351	93928	8252	18403	990	10169	68789	51062	355
大兴安岭	71364	72910	68989	3507	5626	306	2961	64017	44211	355

投资和资金来源情况(一)

单位:万元

计完成投资										
按行业分			按性质分							本年新增固定资产
木材加工及竹、藤、棕、草制品业		其他	其中							
小计	其中:人造板制造业		新建	扩建	改建和技术改造	单纯建造生活设施	迁建	恢复	单纯购置	
7691	**352**	**1027315**	**2752569**	**1187464**	**62112**	**4380**	**472**	**22768**	**32004**	**1455988**
—	—	21243	15423	86011	621	—	—	—	1703	8020
—	—	—	—	—	—	—	—	—	—	—
—	—	11051	36301	177483	675	48	33	—	251	48612
—	—	122511	1845	172500	—	—	—	—	—	587
—	—	87963	248102	62851	—	—	—	2729	5485	154056
—	—	692	—	44953	—	—	—	—	—	17
—	—	12962	118901	2131	—	—	—	—	55	35389
—	—	35176	78115	24489	21750	450	—	115	727	24339
—	—	18234	44472	—	—	—	—	—	102	661
3429	—	74986	50248	129648	760	—	—	—	520	10805
3291	—	64783	2408	124326	13	—	—	—	520	2515
—	—	488	80846	9	272	—	—	—	166	166
—	—	25525	100874	73763	281	—	—	250	413	50939
—	—	7837	8911	1118	591	—	—	40	1030	1941
—	—	12532	51330	1908	1926	—	—	2130	47	40494
510	—	11568	21560	10706	6645	—	—	1241	1272	12020
—	—	5955	26208	4462	907	15	—	—	182	11386
—	—	42503	114314	35437	10840	—	—	—	1577	32186
7	7	11318	96538	71	10	—	—	25	25	65420
155	—	13819	115530	13757	3103	1456	—	3198	619	64064
130	130	9534	87692	26511	2673	—	—	—	223	86052
—	—	20712	12021	17646	1365	9	142	30	2746	3856
81	—	82091	98522	56204	740	1291	210	1965	1626	84996
75	—	9136	37411	55	—	33	—	142	223	37864
—	—	6304	173716	32930	437	—	—	3656	157	95404
—	—	122753	395058	39901	46	—	—	359	377	32709
143	143	55475	45213	146268	159	240	—	4973	1393	166193
3127	72	66938	141136	27916	1176	125	87	5	2387	32492
—	—	—	—	—	—	—	—	—	—	766
—	—	18486	122852	13935	128	10	—	—	190	104615
—	—	74575	243524	9334	300	100	—	—	127	106029
—	—	9321	68497	—	—	—	—	—	—	62943
—	—	—	38196	—	—	—	—	—	—	—
—	—	7653	112151	8183	5633	36	—	1789	1284	64001
—	—	221	51884	—	2944	—	—	—	20	39013
34	—	46900	11534	12237	1074	567	—	121	7199	17645
34	—	28310	3795	857	623	—	—	121	1896	7073

林业系统各地区营林固定资产

地区	本年资金来源总计									
	总计	上年末结余资金	本年资金来源合计							
			合计	其中：地方配套资金	国家预算内资金			国内贷款	利用外资	自筹资金
					计	其中				
						国债资金	中央财政专项资金			
全国合计	**4571387**	**158033**	**4413355**	**439921**	**3501902**	**580200**	**2463827**	**69547**	**61957**	**450060**
北京	109381	3408	105973	73400	104585	5682	8650	—	412	431
天津	6171	—	6171	1883	4288	2500	1409	—	—	1883
河北	226355	490	225865	6845	197305	40329	145916	5300	968	14186
山西	174603	—	174603	4148	168319	27377	116812	999	4022	65
内蒙古	402128	548	401580	580	378793	60530	303128	—	19366	1491
内蒙古集团	44953	—	44953	—	44953	—	44953	—	—	—
辽宁	121087	—	121087	14417	110410	13922	66779	523	2758	7396
吉林	166854	6661	160193	27042	142065	13459	122221	67	56	2080
吉林集团	54302	84	54218	24942	45484	437	45027	—	—	328
黑龙江	181176	—	181176	9495	161504	19754	141110	289	552	10603
龙江集团	127267	—	127267	7141	118730	2066	116024	—	—	1646
上海	91190	25576	65614	35472	35698	—	—	—	—	20323
江苏	235276	—	235276	125620	4712	2075	2637	9536	732	123433
浙江	19406	5796	13610	1867	9205	4346	117	130	—	3760
安徽	69816	20	69796	1810	48795	7441	38295	2110	2650	9013
福建	42477	730	41747	1547	8464	2793	1665	7100	505	15434
江西	39907	262	39645	515	28147	8071	17402	611	4747	3855
山东	162168	—	162168	5129	12135	2682	1156	4006	857	79488
河南	99383	1036	98347	856	85138	16792	62531	7357	2442	1652
湖北	142634	635	141999	7361	98498	30757	53718	682	6467	23565
湖南	124664	—	124664	2592	113362	24883	82082	600	1030	4881
广东	43822	3177	40645	1349	34492	2263	332	—	—	5240
广西	176499	15998	160501	5243	93582	17955	55931	488	3329	49564
海南	37864	—	37864	1100	21863	3417	16702	4774	451	3879
重庆	209357	17	209340	17027	185403	15641	141897	—	532	2638
四川	508586	31249	477337	29258	455569	52231	360807	465	7386	4388
贵州	206275	6745	199530	13455	198423	19905	162859	—	—	310
云南	218130	24090	194040	14368	161355	36009	105709	12	332	12984
西藏	425	—	425	—	425	—	425	—	—	—
陕西	142353	8515	133838	1852	126776	38052	84294	—	1512	1065
甘肃	253385	—	253385	3456	239145	34332	200486	12398	87	1751
青海	72868	2718	70150	2142	68517	13004	54442	1100	507	—
宁夏	38196	—	38196	—	33263	18152	13468	—	140	4792
新疆	135372	1573	133799	30076	81231	40206	33798	11000	—	39632
新疆兵团	56453	—	56453	19020	23678	22214	1242	11000	—	21775
局直属单位	113581	18789	94792	16	90435	5641	67049	—	117	278
大兴安岭	72910	—	72910	—	68989	3507	64172	—	—	—

投资和资金来源情况(二)

单位:万元

其他资金		本年各项应付款合计		房屋建筑面积及竣工价值					
		合计	其中:工程款	本年房屋施工面积(万平方米)		本年房屋竣工面积(万平方米)		本年房屋竣工价值	
计	其中:育林基金			合 计	其中:住宅	合 计	其中:住宅	合 计	其中:住宅
329888	**28816**	**814994**	**337241**	**205.81**	**14.12**	**200.10**	**13.82**	**36200**	**12087**
545	545	2885	2484	0.66	—	0.05	—	30	—
—	—	—	—	—	—	—	—	—	—
8106	—	25557	17971	0.19	—	0.19	—	550	—
1198	357	—	—	1.27	—	0.01	—	4	—
1930	563	26012	21968	1.00	—	1.04	—	830	—
—	—	—	—	—	—	—	—	—	—
—	—	2097	1144	—	—	—	—	—	—
15925	12367	19869	488	15.27	0.60	15.07	0.60	1737	450
8406	8406	17901	328	0.03	—	0.03	—	40	—
8228	—	22	—	3.81	1.20	3.81	1.20	3334	971
6891	—	22	—	—	—	—	—	—	—
9593	—	—	—	—	—	—	—	—	—
96863	748	38096	32607	—	—	—	—	—	—
515	72	60	—	0.01	—	0.43	0.35	289	189
7228	142	22442	9868	1.18	—	0.35	—	164	—
10244	1743	2919	773	0.71	0.22	0.27	0.22	228	198
2285	1161	2991	1551	0.58	0.14	0.50	0.14	310	116
65682	1198	43569	9524	0.68	0.07	0.84	0.07	843	60
1757	40	6509	2071	0.30	—	0.04	—	10	—
12787	429	18128	13828	3.00	1.92	2.82	1.92	2082	1299
4791	957	21977	2611	0.82	0.21	0.71	0.21	1465	1200
913	98	16665	16216	2.31	0.77	2.24	0.77	1906	695
13538	145	14327	8780	8.58	4.36	5.44	3.70	4492	2926
6897	337	37864	381	1.67	1.49	1.86	1.62	1303	1105
20767	100	2960	616	0.21	—	0.21	—	460	—
9529	1496	13504	9281	0.80	0.30	0.34	—	331	—
797	393	44437	31092	1.00	—	1.00	—	471	—
19357	1893	17734	4213	4.28	2.06	5.34	2.19	5209	2217
—	—	1132	—	—	—	—	—	—	—
4485	—	30344	17276	0.47	—	0.47	—	304	—
4	—	54791	38368	3.00	0.37	1.93	0.37	1619	242
26	—	2578	488	0.32	—	0.32	—	336	—
—	—	—	—	—	—	—	—	—	—
1936	111	340456	89532	151.56	0.41	151.16	0.41	1051	256
—	—	5904	1416	150.00	—	150.00	—	20	—
3962	3921	5068	4111	2.13	—	3.66	0.05	6842	163
3921	3921	—	—	1.20	—	1.20	—	1399	—

林业系统各地区营林基本建设

地区	本年计划投资	自年初累								
		合计	其中:国家投资		按构成分				营造林业	木材及竹材采运业
			计	其中:国债资金	建筑工程	安装工程	设备、工具、器具购置	其他费用		
全国合计	**4451263**	**4397842**	**3483792**	**583302**	**214421**	**9275**	**55357**	**4118789**	**3287342**	**83725**
北京	103000	109188	99857	5859	5608	1659	2390	99531	87945	—
天津	5950	5139	3628	2130	—	—	—	5139	5139	—
河北	225156	224956	196830	39488	667	—	96	224193	214040	—
山西	174577	174345	168140	28140	569	—	769	173007	51834	—
内蒙古	441397	400559	377857	61157	4103	417	2421	393618	269925	42671
内蒙古集团	48249	44953	44953	—	150	—	161	44642	2133	42128
辽宁	126240	121087	115563	13922	2775	—	377	117935	108125	—
吉林	198606	128124	111160	10223	5208	193	3863	118860	92769	179
吉林集团	55535	44574	34893	395	777	35	157	43605	26340	—
黑龙江	179398	181176	161504	19754	9171	362	4560	167083	81596	21165
龙江集团	125489	127267	118730	2066	1481	31	1958	123797	38078	21115
上海	56452	81293	36080	125	—	—	166	81127	80805	—
江苏	223985	235128	14248	2075	17678	—	1980	215470	209603	—
浙江	14462	13086	9373	5068	924	—	1449	10713	5249	—
安徽	66843	67407	46621	7420	377	—	147	66883	54875	—
福建	29307	42925	12430	2775	17220	10	2376	23319	30219	628
江西	34575	39470	28062	7892	3629	—	345	35496	33515	—
山东	162168	162168	12136	2682	3413	—	636	158119	119665	—
河南	101558	106248	95571	20658	8808	—	27	97413	94821	102
湖北	120369	140730	91337	29561	9333	2341	663	128393	126641	147
湖南	124664	124664	113362	24883	7749	560	1002	115353	114760	240
广东	63855	39888	18979	2329	18478	97	3366	17947	18818	358
广西	168095	162200	101526	21140	13869	712	6186	141433	80028	—
海南	37864	37864	25058	3417	2544	28	223	35069	17123	11530
重庆	184512	211184	192233	15668	1575	—	198	209411	204846	45
四川	483140	465107	453978	49449	13480	823	974	449830	342354	—
贵州	199530	198246	192124	20507	1508	140	1658	194940	142608	20
云南	179359	175709	149073	37751	9447	33	4010	162219	111265	2432
西藏	900	5832	—	—	—	—	—	5832	5832	—
陕西	143547	143402	136328	40305	3873	—	2646	136883	121355	3561
甘肃	270231	253385	239400	34332	6191	—	879	246315	178810	—
青海	78375	72868	72615	13004	1490	—	197	71181	63547	—
宁夏	38196	38196	33263	18152	—	—	—	38196	38196	—
新疆	121167	137918	81528	35184	26331	910	1584	109093	129973	292
新疆兵团	57093	57768	23848	17960	610	861	278	56019	57547	—
局直属单位	93786	98351	93928	8252	18403	990	10169	68789	51062	355
大兴安岭	71364	72910	68989	3507	5626	306	2961	64017	44211	355

投资和资金来源情况(一)

单位:万元

计完成投资											
按行业分			按性质分								本年新增固定资产
木材加工及竹、藤、棕、草制品业		其他		其中							
小计	其中:人造板制造业		新建	扩建	改建和技术改造	单纯建造生活设施	迁建	恢复	单纯购置		
7691	**352**	**1019084**	**2732179**	**1187444**	**61073**	**4380**	**472**	**22633**	**31957**	**1453760**	
—	—	21243	15423	86011	621	—	—	—	1703	8020	
—	—	—	—	—	—	—	—	—	—	—	
—	—	10916	36186	177463	675	48	33		251	48612	
—	—	122511	1845	172500	—	—	—	—	—	587	
—	—	87963	248102	62851	—		—	2729	5485	154056	
—	—	692	—	44953	—		—	—	—	17	
—	—	12962	118901	2131	—		—	—	55	35389	
—	—	35176	78115	24489	21750	450	—	115	727	24339	
—	—	18234	44472	—	—	—	—	—	102	661	
3429	—	74986	50248	129648	760	—	—	—	520	10805	
3291	—	64783	2408	124326	13	—	—	—	520	2515	
—	—	488	80846	9	272	—	—	—	166	166	
—	—	25525	100809	73763	281	—	—	250	413	50916	
—	—	7837	8911	1118	591	—	—	40	1030	1941	
—	—	12532	51168	1908	960	—	—	1995	47	39242	
510	—	11568	21560	10706	6645	—	—	1241	1272	12020	
—	—	5955	26208	4462	907	15	—	—	182	11386	
—	—	42503	114314	35437	10840	—	—	—	1577	32186	
7	7	11318	96538	71	10	—	—	25	25	65420	
155	—	13787	115023	13757	3071	1456	—	3198	619	64064	
130	130	9534	87692	26511	2673	—	—	—	223	86052	
—	—	20712	12021	17646	1365	9	142	30	2746	3856	
81	—	82091	98522	56204	740	1291	210	1965	1626	84996	
75	—	9136	37411	55	—	33	—	142	223	37864	
—	—	6293	173716	32930	430	—	—	3656	153	95393	
—	—	122753	395058	39901	46	—	—	359	377	32709	
143	143	55475	45213	146268	159	240	—	4973	1393	166193	
3127	72	58885	122432	27916	1142	125	87	5	2344	32387	
—	—	—	—	—	—	—	—	—	—	766	
—	—	18486	122015	13935	128	10	—	—	190	103778	
—	—	74575	243524	9334	300	100	—	—	127	106029	
—	—	9321	68497	—	—	—	—	—	—	62943	
—	—	—	38196	—	—	—	—	—	—	—	
—	—	7653	112151	8183	5633	36	—	1789	1284	64001	
—	—	221	51884	—	2944	—	—	—	20	39013	
34	—	46900	11534	12237	1074	567	—	121	7199	17645	
34	—	28310	3795	857	623	—	—	121	1896	7073	

林业系统各地区营林基本建设

地区	本年资金来源总计									
	总计	上年末结余资金	本年资金来源合计							
			合计	其中：地方配套资金	国家预算内资金			国内贷款	利用外资	自筹资金
					计	其中				
						国债资金	中央财政专项资金			
全国合计	**4548227**	**157873**	**4390355**	**439017**	**3480656**	**580119**	**2449676**	**69547**	**61957**	**448538**
北京	109381	3408	105973	73400	104585	5682	8650	—	412	431
天津	6171	—	6171	1883	4288	2500	1409	—	—	1883
河北	226070	380	225690	6825	197150	40329	145916	5300	968	14186
山西	174603	—	174603	4148	168319	27377	116812	999	4022	65
内蒙古	402128	548	401580	580	378793	60530	303128	—	19366	1491
内蒙古集团	44953	—	44953	—	44953	—	44953	—	—	—
辽宁	121087	—	121087	14417	110410	13922	66779	523	2758	7396
吉林	166854	6661	160193	27042	142065	13459	122221	67	56	2080
吉林集团	54302	84	54218	24942	45484	437	45027	—	—	328
黑龙江	181176	—	181176	9495	161504	19754	141110	289	552	10603
龙江集团	127267	—	127267	7141	118730	2066	116024	—	—	1646
上海	91190	25576	65614	35472	35698	—	—	—	—	20323
江苏	235128	—	235128	125590	4712	2075	2637	9536	732	123315
浙江	19406	5796	13610	1867	9205	4346	117	130	—	3760
安徽	68553	20	68533	1810	47552	7360	37133	2110	2650	9013
福建	42477	730	41747	1547	8464	2793	1665	7100	505	15434
江西	39907	262	39645	515	28147	8071	17402	611	4747	3855
山东	162168	—	162168	5129	12135	2682	1156	4006	857	79488
河南	99383	1036	98347	856	85138	16792	62531	7357	2442	1652
湖北	142045	585	141460	6854	98498	30757	53718	682	6467	23026
湖南	124664	—	124664	2592	113362	24883	82082	600	1030	4881
广东	43822	3177	40645	1349	34492	2263	332	—	—	5240
广西	176499	15998	160501	5243	93582	17955	55931	488	3329	49564
海南	37864	—	37864	1100	21863	3417	16702	4774	451	3879
重庆	209346	17	209329	17027	185403	15641	141897	—	532	2638
四川	508586	31249	477337	29258	455569	52231	360807	465	7386	4388
贵州	206275	6745	199530	13455	198423	19905	162859	—	—	310
云南	198103	24090	174013	14027	142329	36009	93189	12	332	12119
西藏	425	—	425	—	425	—	425	—	—	—
陕西	141516	8515	133001	1846	125954	38052	83825	—	1512	1065
甘肃	253385	—	253385	3456	239145	34332	200486	12398	87	1751
青海	72868	2718	70150	2142	68517	13004	54442	1100	507	—
宁夏	38196	—	38196	—	33263	18152	13468	—	140	4792
新疆	135372	1573	133799	30076	81231	40206	33798	11000	—	39632
新疆兵团	56453	—	56453	19020	23678	22214	1242	11000	—	21775
局直属单位	113581	18789	94792	16	90435	5641	67049	—	117	278
大兴安岭	72910	—	72910	—	68989	3507	64172	—	—	—

投资和资金来源情况(二)

单位:万元

其他资金		本年各项应付款合计		房屋建筑面积及竣工价值					
				本年房屋施工面积(万平方米)		本年房屋竣工面积(万平方米)		本年房屋竣工价值	
计	其中:育林基金	合计	其中:工程款	合 计	其中:住宅	合 计	其中:住宅	合 计	其中:住宅
329656	**28721**	**811141**	**337178**	**205.81**	**14.12**	**200.10**	**13.82**	**36200**	**12087**
545	545	2885	2484	0.66	—	0.05	—	30	—
—	—	—	—	—	—	—	—	—	—
8086	—	25537	17951	0.19	—	0.19	—	550	—
1198	357	—	—	1.27	—	0.01	—	4	—
1930	563	26012	21968	1.00	—	1.04	—	830	—
—	—	—	—	—	—	—	—	—	—
—	—	2097	1144	—	—	—	—	—	—
15925	12367	19869	488	15.27	0.60	15.07	0.60	1737	450
8406	8406	17901	328	0.03	—	0.03	—	40	—
8228	—	22	—	3.81	1.20	3.81	1.20	3334	971
6891	—	22	—	—	—	—	—	—	—
9593	—	—	—	—	—	—	—	—	—
96833	748	38096	32607	—	—	—	—	—	—
515	72	60	—	0.01	—	0.43	0.35	289	189
7208	142	21179	9868	1.18	—	0.35	—	164	—
10244	1743	2919	773	0.71	0.22	0.27	0.22	228	198
2285	1161	2991	1551	0.58	0.14	0.50	0.14	310	116
65682	1198	43569	9524	0.68	0.07	0.84	0.07	843	60
1757	40	6509	2071	0.30	—	0.04	—	10	—
12787	429	18128	13828	3.00	1.92	2.82	1.92	2082	1299
4791	957	21977	2611	0.82	0.21	0.71	0.21	1465	1200
913	98	16665	16216	2.31	0.77	2.24	0.77	1906	695
13538	145	14327	8780	8.58	4.36	5.44	3.70	4492	2926
6897	337	37864	381	1.67	1.49	1.86	1.62	1303	1105
20756	100	2960	616	0.21	—	0.21	—	460	—
9529	1496	13504	9281	0.80	0.30	0.34	—	331	—
797	393	44437	31092	1.00	—	1.00	—	471	—
19221	1798	16001	4170	4.28	2.06	5.34	2.19	5209	2217
—	—	1132	—	—	—	—	—	—	—
4470	—	29507	17276	0.47	—	0.47	—	304	—
4	—	54791	38368	3.00	0.37	1.93	0.37	1619	242
26	—	2578	488	0.32	—	0.32	—	336	—
—	—	—	—	—	—	—	—	—	—
1936	111	340456	89532	151.56	0.41	151.16	0.41	1051	256
—	—	5904	1416	150.00	—	150.00	—	20	—
3962	3921	5068	4111	2.13	—	3.66	0.05	6842	163
3921	3921	—	—	1.20	—	1.20	—	1399	—

林业系统各地区营林更新改造

地　区	本年计划投资	自年初累								
		合计	其中:国家投资		按构成分					
			计	其中:国债资金	建筑工程	安装工程	设备、工具、器具购置	其他费用	营造林业	木材及竹材采运业
全国合计	**22331**	**21754**	**20374**	**434**	**62**	**34**	**79**	**21579**	**13523**	**—**
北　京	—	—	—	—	—	—	—	—	—	—
天　津	—	—	—	—	—	—	—	—	—	—
河　北	175	175	155	—	—	—	—	175	40	—
山　西	—	—	—	—	—	—	—	—	—	—
内蒙古	—	—	—	—	—	—	—	—	—	—
内蒙古集团	—	—	—	—	—	—	—	—	—	—
辽　宁	—	—	—	—	—	—	—	—	—	—
吉　林	—	—	—	—	—	—	—	—	—	—
吉林集团	—	—	—	—	—	—	—	—	—	—
黑龙江	—	—	—	—	—	—	—	—	—	—
龙江集团	—	—	—	—	—	—	—	—	—	—
上　海	—	—	—	—	—	—	—	—	—	—
江　苏	315	148	—	—	—	—	—	148	148	—
浙　江	—	—	—	—	—	—	—	—	—	—
安　徽	1263	1263	1243	81	—	—	—	1263	1263	—
福　建	—	—	—	—	—	—	—	—	—	—
江　西	—	—	—	—	—	—	—	—	—	—
山　东	—	—	—	—	—	—	—	—	—	—
河　南	—	—	—	—	—	—	—	—	—	—
湖　北	507	539	—	—	—	—	32	507	507	—
湖　南	—	—	—	—	—	—	—	—	—	—
广　东	—	—	—	—	—	—	—	—	—	—
广　西	—	—	—	—	—	—	—	—	—	—
海　南	—	—	—	—	—	—	—	—	—	—
重　庆	11	11	11	—	—	—	4	7	—	—
四　川	—	—	—	—	—	—	—	—	—	—
贵　州	—	—	—	—	—	—	—	—	—	—
云　南	19223	18781	18128	—	62	34	43	18642	10728	—
西　藏	—	—	—	—	—	—	—	—	—	—
陕　西	837	837	837	353	—	—	—	837	837	—
甘　肃	—	—	—	—	—	—	—	—	—	—
青　海	—	—	—	—	—	—	—	—	—	—
宁　夏	—	—	—	—	—	—	—	—	—	—
新　疆	—	—	—	—	—	—	—	—	—	—
新疆兵团	—	—	—	—	—	—	—	—	—	—
局直属单位	—	—	—	—	—	—	—	—	—	—
大兴安岭	—	—	—	—	—	—	—	—	—	—

投资和资金来源情况(一)

单位:万元

计完成投资										本年新增固定资产
按行业分			按性质分							
木材加工及竹、藤、棕、草制品业		其他	其中							
小计	其中:人造板制造业		新建	扩建	改建和技术改造	单纯建造生活设施	迁建	恢复	单纯购置	
—	**—**	**8231**	**20390**	**20**	**1039**	**—**	**—**	**135**	**47**	**2228**
—	—	—	—	—	—	—	—	—	—	—
—	—	—	—	—	—	—	—	—	—	—
—	—	135	115	20	—	—	—	—	—	—
—	—	—	—	—	—	—	—	—	—	—
—	—	—	—	—	—	—	—	—	—	—
—	—	—	—	—	—	—	—	—	—	—
—	—	—	—	—	—	—	—	—	—	—
—	—	—	—	—	—	—	—	—	—	—
—	—	—	—	—	—	—	—	—	—	—
—	—	—	—	—	—	—	—	—	—	—
—	—	—	—	—	—	—	—	—	—	—
—	—	—	—	—	—	—	—	—	—	—
—	—	—	65	—	—	—	—	—	—	23
—	—	—	—	—	—	—	—	—	—	—
—	—	—	162	—	966	—	—	135	—	1252
—	—	—	—	—	—	—	—	—	—	—
—	—	—	—	—	—	—	—	—	—	—
—	—	—	—	—	—	—	—	—	—	—
—	—	—	—	—	—	—	—	—	—	—
—	—	32	507	—	32	—	—	—	—	—
—	—	—	—	—	—	—	—	—	—	—
—	—	—	—	—	—	—	—	—	—	—
—	—	—	—	—	—	—	—	—	—	—
—	—	—	—	—	—	—	—	—	—	—
—	—	11	—	—	7	—	—	—	4	11
—	—	—	—	—	—	—	—	—	—	—
—	—	—	—	—	—	—	—	—	—	—
—	—	8053	18704	—	34	—	—	—	43	105
—	—	—	—	—	—	—	—	—	—	—
—	—	—	837	—	—	—	—	—	—	837
—	—	—	—	—	—	—	—	—	—	—
—	—	—	—	—	—	—	—	—	—	—
—	—	—	—	—	—	—	—	—	—	—
—	—	—	—	—	—	—	—	—	—	—
—	—	—	—	—	—	—	—	—	—	—
—	—	—	—	—	—	—	—	—	—	—
—	—	—	—	—	—	—	—	—	—	—

林业系统各地区营林更新改造

地区	本年资金来源总计									
	总计	上年末结余资金	本年资金来源合计							
			合计	其中：地方配套资金	国家预算内资金			国内贷款	利用外资	自筹资金
					计	其中				
						国债资金	中央财政专项资金			
全国合计	**23160**	**160**	**23000**	**904**	**21246**	**81**	**14151**	**—**	**—**	**1522**
北京	—	—	—	—	—	—	—	—	—	—
天津	—	—	—	—	—	—	—	—	—	—
河北	285	110	175	20	155	—	—	—	—	—
山西	—	—	—	—	—	—	—	—	—	—
内蒙古	—	—	—	—	—	—	—	—	—	—
内蒙古集团	—	—	—	—	—	—	—	—	—	—
辽宁	—	—	—	—	—	—	—	—	—	—
吉林	—	—	—	—	—	—	—	—	—	—
吉林集团	—	—	—	—	—	—	—	—	—	—
黑龙江	—	—	—	—	—	—	—	—	—	—
龙江集团	—	—	—	—	—	—	—	—	—	—
上海	—	—	—	—	—	—	—	—	—	—
江苏	148	—	148	30	—	—	—	—	—	118
浙江	—	—	—	—	—	—	—	—	—	—
安徽	1263	—	1263	—	1243	81	1162	—	—	—
福建	—	—	—	—	—	—	—	—	—	—
江西	—	—	—	—	—	—	—	—	—	—
山东	—	—	—	—	—	—	—	—	—	—
河南	—	—	—	—	—	—	—	—	—	—
湖北	589	50	539	507	—	—	—	—	—	539
湖南	—	—	—	—	—	—	—	—	—	—
广东	—	—	—	—	—	—	—	—	—	—
广西	—	—	—	—	—	—	—	—	—	—
海南	—	—	—	—	—	—	—	—	—	—
重庆	11	—	11	—	—	—	—	—	—	—
四川	—	—	—	—	—	—	—	—	—	—
贵州	—	—	—	—	—	—	—	—	—	—
云南	20027	—	20027	341	19026	—	12520	—	—	865
西藏	—	—	—	—	—	—	—	—	—	—
陕西	837	—	837	6	822	—	469	—	—	—
甘肃	—	—	—	—	—	—	—	—	—	—
青海	—	—	—	—	—	—	—	—	—	—
宁夏	—	—	—	—	—	—	—	—	—	—
新疆	—	—	—	—	—	—	—	—	—	—
新疆兵团	—	—	—	—	—	—	—	—	—	—
局直属单位	—	—	—	—	—	—	—	—	—	—
大兴安岭	—	—	—	—	—	—	—	—	—	—

投资和资金来源情况(二)

单位:万元

其他资金		本年各项应付款合计		房屋建筑面积及竣工价值					
				本年房屋施工面积(万平方米)		本年房屋竣工面积(万平方米)		本年房屋竣工价值	
计	其中:育林基金	合计	其中:工程款	合 计	其中:住宅	合 计	其中:住宅	合 计	其中:住宅
232	**95**	**3853**	**63**	—	—	—	—	—	—
—	—	—	—	—	—	—	—	—	—
—	—	—	—	—	—	—	—	—	—
20	—	20	20	—	—	—	—	—	—
—	—	—	—	—	—	—	—	—	—
—	—	—	—	—	—	—	—	—	—
—	—	—	—	—	—	—	—	—	—
—	—	—	—	—	—	—	—	—	—
—	—	—	—	—	—	—	—	—	—
—	—	—	—	—	—	—	—	—	—
—	—	—	—	—	—	—	—	—	—
—	—	—	—	—	—	—	—	—	—
—	—	—	—	—	—	—	—	—	—
30	—	—	—	—	—	—	—	—	—
—	—	—	—	—	—	—	—	—	—
20	—	1263	—	—	—	—	—	—	—
—	—	—	—	—	—	—	—	—	—
—	—	—	—	—	—	—	—	—	—
—	—	—	—	—	—	—	—	—	—
—	—	—	—	—	—	—	—	—	—
—	—	—	—	—	—	—	—	—	—
—	—	—	—	—	—	—	—	—	—
—	—	—	—	—	—	—	—	—	—
—	—	—	—	—	—	—	—	—	—
—	—	—	—	—	—	—	—	—	—
11	—	—	—	—	—	—	—	—	—
—	—	—	—	—	—	—	—	—	—
—	—	—	—	—	—	—	—	—	—
136	95	1733	43	—	—	—	—	—	—
—	—	—	—	—	—	—	—	—	—
15	—	837	—	—	—	—	—	—	—
—	—	—	—	—	—	—	—	—	—
—	—	—	—	—	—	—	—	—	—
—	—	—	—	—	—	—	—	—	—
—	—	—	—	—	—	—	—	—	—
—	—	—	—	—	—	—	—	—	—
—	—	—	—	—	—	—	—	—	—
—	—	—	—	—	—	—	—	—	—

林业系统各地区森工固定资产

地　区	本年计划投资	自年初累								
		合计	其中:国家投资		按构成分					
			计	其中:国债资金	建筑工程	安装工程	设备、工具、器具购置	其他费用	营造林业	木材及竹材采运业
全国合计	**194126**	**173847**	**23956**	**2129**	**74017**	**12063**	**69610**	**18157**	**7372**	**45057**
北　京	—	—	—	—	—	—	—	—	—	—
天　津	—	—	—	—	—	—	—	—	—	—
河　北	—	—	—	—	—	—	—	—	—	—
山　西	—	—	—	—	—	—	—	—	—	—
内蒙古	26808	16720	999	—	9663	346	6648	63	841	7115
内蒙古集团	26808	16720	999	—	9663	346	6648	63	841	7115
辽　宁	—	—	—	—	—	—	—	—	—	—
吉　林	65770	60725	4108	768	25021	2227	27333	6144	2349	23757
吉林集团	45426	42750	1124	253	14892	2074	20253	5531	1634	12049
黑龙江	16463	16803	8619	250	11136	2251	2076	1340	725	2721
龙江集团	16463	16803	8619	250	11136	2251	2076	1340	725	2721
上　海	—	—	—	—	—	—	—	—	—	—
江　苏	—	—	—	—	—	—	—	—	—	—
浙　江	65	62	62	—	—	—	12	50	—	—
安　徽	1227	1227	—	—	—	20	1	1206	—	—
福　建	38814	36864	617	—	6560	1292	25284	3728	409	436
江　西	152	172	98	—	—	—	12	160	42	62
山　东	—	—	—	—	—	—	—	—	—	—
河　南	—	—	—	—	—	—	—	—	—	—
湖　北	470	1123	—	—	450	43	610	20	20	168
湖　南	—	—	—	—	—	—	—	—	—	—
广　东	—	—	—	—	—	—	—	—	—	—
广　西	11979	11003	—	—	3198	3946	3754	105	—	—
海　南	—	—	—	—	—	—	—	—	—	—
重　庆	—	—	—	—	—	—	—	—	—	—
四　川	6089	4594	1570	—	2885	871	472	366	—	3160
贵　州	—	—	—	—	—	—	—	—	—	—
云　南	6440	6989	3342	956	2160	—	1459	3370	2986	219
西　藏	—	—	—	—	—	—	—	—	—	—
陕　西	478	478	408	155	—	—	—	478	—	478
甘　肃	—	—	—	—	—	—	—	—	—	—
青　海	—	—	—	—	—	—	—	—	—	—
宁　夏	—	—	—	—	—	—	—	—	—	—
新　疆	100	231	—	—	150	8	73	—	—	231
新疆兵团	—	—	—	—	—	—	—	—	—	—
局直属单位	19271	16856	4133	—	12794	1059	1876	1127	—	6710
大兴安岭	19271	16856	4133	—	12794	1059	1876	1127	—	6710

投资和资金来源情况(一)

单位:万元

计完成投资										
按行业分			按性质分							本年新增固定资产
木材加工及竹、藤、棕、草制品业		其他	其中							
小计	其中:人造板制造业		新建	扩建	改建和技术改造	单纯建造生活设施	迁建	恢复	单纯购置	
74496	**60225**	**46922**	**60964**	**64950**	**29697**	**1618**	**—**	**229**	**6561**	**134737**
—	—	—	—	—	—	—	—	—	—	—
—	—	—	—	—	—	—	—	—	—	—
—	—	—	—	—	—	—	—	—	—	—
—	—	—	—	—	—	—	—	—	—	—
1200	1200	7564	—	16720	—	—	—	—	—	26804
1200	1200	7564	—	16720	—	—	—	—	—	26804
—	—	—	—	—	—	—	—	—	—	—
27915	23650	6704	37428	3583	10973	1381	—	—	1844	58026
24942	23395	4125	29794	1608	3560	921	—	—	1351	41872
786	—	12571	3091	8251	4596	—	—	—	865	13491
786	—	12571	3091	8251	4596	—	—	—	865	13491
—	—	—	—	—	—	—	—	—	—	—
—	—	—	—	—	—	—	—	—	—	—
—	—	62	—	—	—	—	—	—	—	12
1200	—	27	1227	—	—	—	—	—	—	1227
34299	28779	1720	914	32086	3670	—	—	123	71	5302
—	—	68	92	—	5	—	—	—	12	22
—	—	—	—	—	—	—	—	—	—	—
—	—	—	—	—	—	—	—	—	—	—
885	162	50	400	70	168	—	—	—	485	402
—	—	—	—	—	—	—	—	—	—	—
—	—	—	—	—	—	—	—	—	—	—
5560	5560	5443	4281	1179	5443	—	—	—	100	8550
—	—	—	—	—	—	—	—	—	—	—
—	—	—	—	—	—	—	—	—	—	—
—	—	1434	2111	831	846	70	—	106	463	1861
—	—	—	—	—	—	—	—	—	—	—
1431	874	2353	5268	1000	51	167	—	—	40	2601
—	—	—	—	—	—	—	—	—	—	—
—	—	—	—	478	—	—	—	—	—	478
—	—	—	—	—	—	—	—	—	—	—
—	—	—	—	—	—	—	—	—	—	—
—	—	—	—	—	—	—	—	—	—	—
—	—	—	158	—	—	—	—	—	73	677
—	—	—	—	—	—	—	—	—	—	—
1220	—	8926	5994	752	3945	—	—	—	2608	15284
1220	—	8926	5994	752	3945	—	—	—	2608	15284

林业系统各地区森工固定资产

地　区	本年资金来源总计									
	总　计	上年末结余资金	本年资金来源合计							
			合　计	其中：地方配套资金	国家预算内资金			国内贷款	利用外资	自筹资金
					计	其中：国债资金	其中：中央财政专项资金			
全国合计	**163309**	**10681**	**152628**	**180**	**24334**	**2236**	**3421**	**12850**	**1280**	**101449**
北　京	—	—	—	—	—	—	—	—	—	—
天　津	—	—	—	—	—	—	—	—	—	—
河　北	—	—	—	—	—	—	—	—	—	—
山　西	—	—	—	—	—	—	—	—	—	—
内蒙古	16720	—	16720	—	999	—	999	—	—	15721
内蒙古集团	16720	—	16720	—	999	—	999	—	—	15721
辽　宁	—	—	—	—	—	—	—	—	—	—
吉　林	66698	1809	64889	—	4280	638	100	3300	—	48744
吉林集团	47139	220	46919	—	1186	253	—	3300	—	37880
黑龙江	16803	—	16803	—	8619	250	—	—	—	7934
龙江集团	16803	—	16803	—	8619	250	—	—	—	7934
上　海	—	—	—	—	—	—	—	—	—	—
江　苏	—	—	—	—	—	—	—	—	—	—
浙　江	65	—	65	—	65	—	—	—	—	—
安　徽	1227	—	1227	—	—	—	—	400	800	27
福　建	18584	4442	14142	71	375	57	108	4150	480	7682
江　西	177	—	177	—	103	63	10	—	—	12
山　东	—	—	—	—	—	—	—	—	—	—
河　南	—	—	—	—	—	—	—	—	—	—
湖　北	1150	70	1080	20	—	—	—	—	—	1080
湖　南	—	—	—	—	—	—	—	—	—	—
广　东	—	—	—	—	—	—	—	—	—	—
广　西	10284	2240	8044	—	283	—	—	5000	—	2661
海　南	—	—	—	—	—	—	—	—	—	—
重　庆	—	—	—	—	—	—	—	—	—	—
四　川	4518	70	4448	—	1368	—	—	—	—	2640
贵　州	—	—	—	—	—	—	—	—	—	—
云　南	9518	2050	7468	89	3701	1073	1951	—	—	3464
西　藏	—	—	—	—	—	—	—	—	—	—
陕　西	478	—	478	—	408	155	253	—	—	—
甘　肃	—	—	—	—	—	—	—	—	—	—
青　海	—	—	—	—	—	—	—	—	—	—
宁　夏	—	—	—	—	—	—	—	—	—	—
新　疆	231	—	231	—	—	—	—	—	—	203
新疆兵团	—	—	—	—	—	—	—	—	—	—
局直属单位	16856	—	16856	—	4133	—	—	—	—	11281
大兴安岭	16856	—	16856	—	4133	—	—	—	—	11281

投资和资金来源情况(二)

单位:万元

其他资金		本年各项应付款合计		房屋建筑面积及竣工价值					
				本年房屋施工面积(万平方米)		本年房屋竣工面积(万平方米)		本年房屋竣工价值	
计	其中:育林基金	合计	其中:工程款	合 计	其中:住宅	合 计	其中:住宅	合 计	其中:住宅
12715	**5946**	**8164**	**4242**	**24.09**	**8.52**	**20.41**	**7.26**	**18647**	**7831**
—	—	—	—	—	—	—	—	—	—
—	—	—	—	—	—	—	—	—	—
—	—	—	—	—	—	—	—	—	—
—	—	—	—	—	—	—	—	—	—
—	—	—	—	2.51	1.33	2.51	1.33	2918	1748
—	—	—	—	2.51	1.33	2.51	1.33	2918	1748
—	—	—	—	—	—	—	—	—	—
8565	5722	3300	1342	7.56	5.40	6.56	4.40	5605	4379
4553	2705	3300	1342	4.71	4.16	4.09	3.54	3970	3403
250	—	—	—	4.31	—	3.87	—	2891	—
250	—	—	—	4.31	—	3.87	—	2891	—
—	—	—	—	—	—	—	—	—	—
—	—	—	—	—	—	—	—	—	—
—	—	—	—	—	—	—	—	—	—
—	—	27	20	—	—	—	—	—	—
1455	132	899	823	0.51	0.14	0.26	0.14	226	196
62	62	—	—	—	—	—	—	—	—
—	—	—	—	—	—	—	—	—	—
—	—	—	—	—	—	—	—	—	—
—	—	—	—	0.04	—	—	—	—	—
—	—	—	—	—	—	—	—	—	—
—	—	—	—	—	—	—	—	—	—
100	—	1450	1450	1.61	0.31	0.64	0.31	861	350
—	—	—	—	—	—	—	—	—	—
—	—	—	—	—	—	—	—	—	—
440	—	180	180	0.91	—	0.91	—	1265	—
—	—	—	—	—	—	—	—	—	—
303	30	2308	427	0.72	0.16	0.72	0.05	378	18
—	—	—	—	—	—	—	—	—	—
70	—	—	—	—	—	—	—	—	—
—	—	—	—	—	—	—	—	—	—
—	—	—	—	—	—	—	—	—	—
—	—	—	—	—	—	—	—	—	—
28	—	—	—	0.22	0.18	0.04	0.03	27	20
—	—	—	—	—	—	—	—	—	—
1442	—	—	—	5.70	1.00	4.90	1.00	4476	1120
1442	—	—	—	5.70	1.00	4.90	1.00	4476	1120

林业系统各地区森工基本建设

地区	本年计划投资	自年初累								
		合计	其中:国家投资		按构成分					
			计	其中:国债资金	建筑工程	安装工程	设备、工具、器具购置	其他费用	营造林业	木材及竹材采运业
全国合计	**77320**	**69678**	**21492**	**2129**	**35553**	**4786**	**19835**	**9504**	**5101**	**20597**
北京	—	—	—	—	—	—	—	—	—	—
天津	—	—	—	—	—	—	—	—	—	—
河北	—	—	—	—	—	—	—	—	—	—
山西	—	—	—	—	—	—	—	—	—	—
内蒙古	3392	999	999	—	704	42	244	9	—	799
内蒙古集团	3392	999	999	—	704	42	244	9	—	799
辽宁	—	—	—	—	—	—	—	—	—	—
吉林	35340	31127	4008	768	13370	1831	13009	2917	1368	11930
吉林集团	25337	23455	1124	253	7114	1797	11769	2775	653	6407
黑龙江	12812	13200	6738	250	8003	2221	1811	1165	725	2721
龙江集团	12812	13200	6738	250	8003	2221	1811	1165	725	2721
上海	—	—	—	—	—	—	—	—	—	—
江苏	—	—	—	—	—	—	—	—	—	—
浙江	50	50	50	—	—	—	—	50	—	—
安徽	1207	1207	—	—	—	—	1	1206	—	—
福建	1102	1102	340	—	713	—	46	343	—	—
江西	85	105	83	—	—	—	—	105	2	40
山东	—	—	—	—	—	—	—	—	—	—
河南	—	—	—	—	—	—	—	—	—	—
湖北	420	834	—	—	400	32	382	20	20	110
湖南	—	—	—	—	—	—	—	—	—	—
广东	—	—	—	—	—	—	—	—	—	—
广西	5700	4881	—	—	2365	265	2251	—	—	—
海南	—	—	—	—	—	—	—	—	—	—
重庆	—	—	—	—	—	—	—	—	—	—
四川	4825	3454	1401	—	2885	369	98	102	—	2248
贵州	—	—	—	—	—	—	—	—	—	—
云南	5193	5923	3332	956	2052	—	1038	2833	2986	78
西藏	—	—	—	—	—	—	—	—	—	—
陕西	478	478	408	155	—	—	—	478	—	478
甘肃	—	—	—	—	—	—	—	—	—	—
青海	—	—	—	—	—	—	—	—	—	—
宁夏	—	—	—	—	—	—	—	—	—	—
新疆	100	231	—	—	150	8	73	—	—	231
新疆兵团	—	—	—	—	—	—	—	—	—	—
局直属单位	6616	6087	4133	—	4911	18	882	276	—	1962
大兴安岭	6616	6087	4133	—	4911	18	882	276	—	1962

投资和资金来源情况(一)

单位:万元

计完成投资 按行业分 木材加工及竹、藤、棕、草制品业 小计	计完成投资 按行业分 木材加工及竹、藤、棕、草制品业 其中:人造板制造业	计完成投资 按行业分 其他	按性质分 其中 新建	按性质分 其中 扩建	按性质分 其中 改建和技术改造	按性质分 其中 单纯建造生活设施	按性质分 其中 迁建	按性质分 其中 恢复	按性质分 其中 单纯购置	本年新增固定资产
25696	**21346**	**18284**	**44398**	**10608**	**10184**	**519**	**—**	**6**	**2440**	**56819**
—	—	—	—	—	—	—	—	—	—	—
—	—	—	—	—	—	—	—	—	—	—
—	—	—	—	—	—	—	—	—	—	—
—	—	—	—	—	—	—	—	—	—	—
—	—	200	—	999	—	—	—	—	—	344
—	—	200	—	999	—	—	—	—	—	344
—	—	—	—	—	—	—	—	—	—	—
16395	16081	1434	24802	1274	3844	460	—	—	418	32535
16395	16081	—	22605	—	133	—	—	—	388	25533
786	—	8968	3091	6149	3240	—	—	—	720	9888
786	—	8968	3091	6149	3240	—	—	—	720	9888
—	—	—	—	—	—	—	—	—	—	—
—	—	—	—	—	—	—	—	—	—	—
—	—	50	—	—	—	—	—	—	—	—
1200	—	7	1207	—	—	—	—	—	—	1207
650	—	452	713	—	347	—	—	6	36	94
—	—	63	42	—	—	—	—	—	—	—
—	—	—	—	—	—	—	—	—	—	—
—	—	—	—	—	—	—	—	—	—	—
704	110	—	400	20	—	—	—	—	414	402
—	—	—	—	—	—	—	—	—	—	—
—	—	—	—	—	—	—	—	—	—	—
4281	4281	600	4281	—	600	—	—	—	—	2251
—	—	—	—	—	—	—	—	—	—	—
—	—	—	—	—	—	—	—	—	—	—
—	—	1206	2111	432	688	—	—	—	56	1477
—	—	—	—	—	—	—	—	—	—	—
1431	874	1428	4353	967	51	59	—	—	30	1650
—	—	—	—	—	—	—	—	—	—	—
—	—	—	—	478	—	—	—	—	—	478
—	—	—	—	—	—	—	—	—	—	—
—	—	—	—	—	—	—	—	—	—	—
—	—	—	—	—	—	—	—	—	—	—
—	—	—	158	—	—	—	—	—	73	677
—	—	—	—	—	—	—	—	—	—	—
249	—	3876	3240	289	1414	—	—	—	693	5816
249	—	3876	3240	289	1414	—	—	—	693	5816

林业系统各地区森工基本建设

地区	本年资金来源总计									
	总计	上年末结余资金	本年资金来源合计							
			合计	其中：地方配套资金	国家预算内资金			国内贷款	利用外资	自筹资金
					计	其中：国债资金	其中：中央财政专项资金			
全国合计	**77720**	**3929**	**73791**	**180**	**21476**	**2236**	**3121**	**8700**	**800**	**36578**
北京	—	—	—	—	—	—	—	—	—	—
天津	—	—	—	—	—	—	—	—	—	—
河北	—	—	—	—	—	—	—	—	—	—
山西	—	—	—	—	—	—	—	—	—	—
内蒙古	999	—	999	—	999	—	999	—	—	—
内蒙古集团	999	—	999	—	999	—	999	—	—	—
辽宁	—	—	—	—	—	—	—	—	—	—
吉林	36229	1809	34420	—	4180	638	—	3300	—	22542
吉林集团	27346	220	27126	—	1186	253	—	3300	—	22254
黑龙江	13200	—	13200	—	6738	250	—	—	—	6212
龙江集团	13200	—	13200	—	6738	250	—	—	—	6212
上海	—	—	—	—	—	—	—	—	—	—
江苏	—	—	—	—	—	—	—	—	—	—
浙江	50	—	50	—	50	—	—	—	—	—
安徽	1207	—	1207	—	—	—	—	400	800	7
福建	1102	—	1102	71	175	57	108	—	—	181
江西	85	—	85	—	83	63	—	—	—	—
山东	—	—	—	—	—	—	—	—	—	—
河南	—	—	—	—	—	—	—	—	—	—
湖北	842	40	802	20	—	—	—	—	—	802
湖南	—	—	—	—	—	—	—	—	—	—
广东	—	—	—	—	—	—	—	—	—	—
广西	5600	—	5600	—	—	—	—	5000	—	600
海南	—	—	—	—	—	—	—	—	—	—
重庆	—	—	—	—	—	—	—	—	—	—
四川	3378	70	3308	—	1199	—	—	—	—	1669
贵州	—	—	—	—	—	—	—	—	—	—
云南	8232	2010	6222	89	3511	1073	1761	—	—	2408
西藏	—	—	—	—	—	—	—	—	—	—
陕西	478	—	478	—	408	155	253	—	—	—
甘肃	—	—	—	—	—	—	—	—	—	—
青海	—	—	—	—	—	—	—	—	—	—
宁夏	—	—	—	—	—	—	—	—	—	—
新疆	231	—	231	—	—	—	—	—	—	203
新疆兵团	—	—	—	—	—	—	—	—	—	—
局直属单位	6087	—	6087	—	4133	—	—	—	—	1954
大兴安岭	6087	—	6087	—	4133	—	—	—	—	1954

投资和资金来源情况(二)

单位:万元

其他资金		本年各项应付款合计		房屋建筑面积及竣工价值					
				本年房屋施工面积(万平方米)		本年房屋竣工面积(万平方米)		本年房屋竣工价值	
计	其中:育林基金	合计	其中:工程款	合 计	其中:住宅	合 计	其中:住宅	合 计	其中:住宅
6237	**3567**	**3625**	**1516**	**14.86**	**3.74**	**12.43**	**3.48**	**9251**	**2134**
—	—	—	—	—	—	—	—	—	—
—	—	—	—	—	—	—	—	—	—
—	—	—	—	—	—	—	—	—	—
—	—	—	—	—	—	—	—	—	—
—	—	—	—	0.01	—	0.01	—	10	—
—	—	—	—	0.01	—	0.01	—	10	—
—	—	—	—	—	—	—	—	—	—
4398	3403	653	265	3.62	2.40	3.62	2.40	1639	976
386	386	653	265	0.45	—	0.45	—	484	—
250	—	—	—	3.67	—	3.23	—	2442	—
250	—	—	—	3.67	—	3.23	—	2442	—
—	—	—	—	—	—	—	—	—	—
—	—	—	—	—	—	—	—	—	—
—	—	—	—	—	—	—	—	—	—
—	—	7	—	—	—	—	—	—	—
746	132	650	650	—	—	—	—	—	—
2	2	—	—	—	—	—	—	—	—
—	—	—	—	—	—	—	—	—	—
—	—	—	—	—	—	—	—	—	—
—	—	—	—	0.04	—	—	—	—	—
—	—	—	—	—	—	—	—	—	—
—	—	—	—	—	—	—	—	—	—
—	—	—	—	0.97	—	—	—	—	—
—	—	—	—	—	—	—	—	—	—
—	—	—	—	—	—	—	—	—	—
440	—	174	174	0.91	—	0.91	—	1265	—
—	—	—	—	—	—	—	—	—	—
303	30	2141	427	0.72	0.16	0.72	0.05	378	18
—	—	—	—	—	—	—	—	—	—
70	—	—	—	—	—	—	—	—	—
—	—	—	—	—	—	—	—	—	—
—	—	—	—	—	—	—	—	—	—
—	—	—	—	—	—	—	—	—	—
28	—	—	—	0.22	0.18	0.04	0.03	27	20
—	—	—	—	—	—	—	—	—	—
—	—	—	—	4.70	1.00	3.90	1.00	3490	1120
—	—	—	—	4.70	1.00	3.90	1.00	3490	1120

林业系统各地区森工更新改造

自年初累

地　区	本年计划投资	合计	其中:国家投资		按构成分					
			计	其中:国债资金	建筑工程	安装工程	设备、工具、器具购置	其他费用	营造林业	木材及竹材采运业
全国合计	**78224**	**72280**	**2384**	**—**	**22098**	**6443**	**38520**	**5219**	**449**	**10255**
北　京	—	—	—	—	—	—	—	—	—	—
天　津	—	—	—	—	—	—	—	—	—	—
河　北	—	—	—	—	—	—	—	—	—	—
山　西	—	—	—	—	—	—	—	—	—	—
内蒙古	—	—	—	—	—	—	—	—	—	—
内蒙古集团	—	—	—	—	—	—	—	—	—	—
辽　宁	—	—	—	—	—	—	—	—	—	—
吉　林	20694	19083	100	—	6572	378	10891	1242	—	6185
吉林集团	10353	8780	—	—	2699	259	5051	771	—	—
黑龙江	3651	3603	1881	—	3133	30	265	175	—	—
龙江集团	3651	3603	1881	—	3133	30	265	175	—	—
上　海	—	—	—	—	—	—	—	—	—	—
江　苏	—	—	—	—	—	—	—	—	—	—
浙　江	—	—	—	—	—	—	—	—	—	—
安　徽	—	—	—	—	—	—	—	—	—	—
福　建	36263	33934	219	—	5547	1292	24568	2527	409	—
江　西	55	55	15	—	—	—	—	55	40	10
山　东	—	—	—	—	—	—	—	—	—	—
河　南	—	—	—	—	—	—	—	—	—	—
湖　北	—	168	—	—	—	11	157	—	—	58
湖　南	—	—	—	—	—	—	—	—	—	—
广　东	—	—	—	—	—	—	—	—	—	—
广　西	6279	6122	—	—	833	3681	1503	105	—	—
海　南	—	—	—	—	—	—	—	—	—	—
重　庆	—	—	—	—	—	—	—	—	—	—
四　川	458	334	169	—	—	70	—	264	—	106
贵　州	—	—	—	—	—	—	—	—	—	—
云　南	254	254	—	—	—	—	254	—	—	—
西　藏	—	—	—	—	—	—	—	—	—	—
陕　西	—	—	—	—	—	—	—	—	—	—
甘　肃	—	—	—	—	—	—	—	—	—	—
青　海	—	—	—	—	—	—	—	—	—	—
宁　夏	—	—	—	—	—	—	—	—	—	—
新　疆	—	—	—	—	—	—	—	—	—	—
新疆兵团	—	—	—	—	—	—	—	—	—	—
局直属单位	10570	8727	—	—	6013	981	882	851	—	3896
大兴安岭	10570	8727	—	—	6013	981	882	851	—	3896

投资和资金来源情况(一)

单位:万元

计完成投资										本年新增固定资产
按行业分			按性质分							
木材加工及竹、藤、棕、草制品业		其他	其中							
小计	其中:人造板制造业		新建	扩建	改建和技术改造	单纯建造生活设施	迁建	恢复	单纯购置	
46593	**37303**	**14983**	**7761**	**35716**	**17932**	**70**	**—**	**223**	**2792**	**39485**
—	—	—	—	—	—	—	—	—	—	—
—	—	—	—	—	—	—	—	—	—	—
—	—	—	—	—	—	—	—	—	—	—
—	—	—	—	—	—	—	—	—	—	—
—	—	—	—	—	—	—	—	—	—	—
—	—	—	—	—	—	—	—	—	—	—
—	—	—	—	—	—	—	—	—	—	—
11502	7551	1396	5437	701	7129	—	—	—	629	16353
8529	7296	251	—	—	3427	—	—	—	166	7201
—	—	3603	—	2102	1356	—	—	—	145	3603
—	—	3603	—	2102	1356	—	—	—	145	3603
—	—	—	—	—	—	—	—	—	—	—
—	—	—	—	—	—	—	—	—	—	—
—	—	—	—	—	—	—	—	—	—	—
—	—	—	—	—	—	—	—	—	—	—
32731	28421	794	196	31271	2347	—	—	117	3	4216
—	—	5	50	—	5	—	—	—	—	10
—	—	—	—	—	—	—	—	—	—	—
—	—	—	—	—	—	—	—	—	—	—
110	52	—	—	—	168	—	—	—	—	—
—	—	—	—	—	—	—	—	—	—	—
—	—	—	—	—	—	—	—	—	—	—
1279	1279	4843	—	1179	4843	—	—	—	100	6299
—	—	—	—	—	—	—	—	—	—	—
—	—	—	—	—	—	—	—	—	—	—
—	—	228	—	—	158	70	—	106	—	35
—	—	—	—	—	—	—	—	—	—	—
—	—	254	254	—	—	—	—	—	—	254
—	—	—	—	—	—	—	—	—	—	—
—	—	—	—	—	—	—	—	—	—	—
—	—	—	—	—	—	—	—	—	—	—
—	—	—	—	—	—	—	—	—	—	—
—	—	—	—	—	—	—	—	—	—	—
—	—	—	—	—	—	—	—	—	—	—
—	—	—	—	—	—	—	—	—	—	—
971	—	3860	1824	463	1926	—	—	—	1915	8715
971	—	3860	1824	463	1926	—	—	—	1915	8715

林业系统各地区森工更新改造

地　　区	本年资金来源总计									
	总　计	上年末结余资金	本年资金来源合计							
			合　计	其中：地方配套资金	国家预算内资金			国内贷款	利用外资	自筹资金
					计	其中：国债资金	其中：中央财政专项资金			
全国合计	**52979**	**6658**	**46321**	**—**	**2649**	**—**	**110**	**4000**	**300**	**38938**
北　京	—	—	—	—	—	—	—	—	—	—
天　津	—	—	—	—	—	—	—	—	—	—
河　北	—	—	—	—	—	—	—	—	—	—
山　西	—	—	—	—	—	—	—	—	—	—
内蒙古	—	—	—	—	—	—	—	—	—	—
内蒙古集团	—	—	—	—	—	—	—	—	—	—
辽　宁	—	—	—	—	—	—	—	—	—	—
吉　林	19456	—	19456	—	100	—	100	—	—	19356
吉林集团	8780	—	8780	—	—	—	—	—	—	8780
黑龙江	3603	—	3603	—	1881	—	—	—	—	1722
龙江集团	3603	—	3603	—	1881	—	—	—	—	1722
上　海	—	—	—	—	—	—	—	—	—	—
江　苏	—	—	—	—	—	—	—	—	—	—
浙　江	—	—	—	—	—	—	—	—	—	—
安　徽	—	—	—	—	—	—	—	—	—	—
福　建	15654	4388	11266	—	196	—	—	4000	300	6496
江　西	80	—	80	—	20	—	10	—	—	—
山　东	—	—	—	—	—	—	—	—	—	—
河　南	—	—	—	—	—	—	—	—	—	—
湖　北	187	30	157	—	—	—	—	—	—	157
湖　南	—	—	—	—	—	—	—	—	—	—
广　东	—	—	—	—	—	—	—	—	—	—
广　西	4684	2240	2444	—	283	—	—	—	—	2061
海　南	—	—	—	—	—	—	—	—	—	—
重　庆	—	—	—	—	—	—	—	—	—	—
四　川	334	—	334	—	169	—	—	—	—	165
贵　州	—	—	—	—	—	—	—	—	—	—
云　南	254	—	254	—	—	—	—	—	—	254
西　藏	—	—	—	—	—	—	—	—	—	—
陕　西	—	—	—	—	—	—	—	—	—	—
甘　肃	—	—	—	—	—	—	—	—	—	—
青　海	—	—	—	—	—	—	—	—	—	—
宁　夏	—	—	—	—	—	—	—	—	—	—
新　疆	—	—	—	—	—	—	—	—	—	—
新疆兵团	—	—	—	—	—	—	—	—	—	—
局直属单位	8727	—	8727	—	—	—	—	—	—	8727
大兴安岭	8727	—	8727	—	—	—	—	—	—	8727

投资和资金来源情况(二)

单位:万元

其他资金		本年各项应付款合计		房屋建筑面积及竣工价值					
				本年房屋施工面积(万平方米)		本年房屋竣工面积(万平方米)		本年房屋竣工价值	
计	其中:育林基金	合计	其中:工程款	合 计	其中:住宅	合 计	其中:住宅	合 计	其中:住宅
434	**60**	**1549**	**1549**	**3.73**	**0.45**	**3.48**	**0.45**	**3002**	**546**
—	—	—	—	—	—	—	—	—	—
—	—	—	—	—	—	—	—	—	—
—	—	—	—	—	—	—	—	—	—
—	—	—	—	—	—	—	—	—	—
—	—	—	—	—	—	—	—	—	—
—	—	—	—	—	—	—	—	—	—
—	—	—	—	—	—	—	—	—	—
—	—	—	—	0.94	—	0.94	—	480	—
—	—	—	—	—	—	—	—	—	—
—	—	—	—	0.64	—	0.64	—	449	—
—	—	—	—	0.64	—	0.64	—	449	—
—	—	—	—	—	—	—	—	—	—
—	—	—	—	—	—	—	—	—	—
—	—	—	—	—	—	—	—	—	—
—	—	—	—	—	—	—	—	—	—
274	—	93	93	0.51	0.14	0.26	0.14	226	196
60	60	—	—	—	—	—	—	—	—
—	—	—	—	—	—	—	—	—	—
—	—	—	—	—	—	—	—	—	—
—	—	—	—	—	—	—	—	—	—
—	—	—	—	—	—	—	—	—	—
—	—	—	—	—	—	—	—	—	—
100	—	1450	1450	0.64	0.31	0.64	0.31	861	350
—	—	—	—	—	—	—	—	—	—
—	—	—	—	—	—	—	—	—	—
—	—	6	6	—	—	—	—	—	—
—	—	—	—	—	—	—	—	—	—
—	—	—	—	—	—	—	—	—	—
—	—	—	—	—	—	—	—	—	—
—	—	—	—	—	—	—	—	—	—
—	—	—	—	—	—	—	—	—	—
—	—	—	—	—	—	—	—	—	—
—	—	—	—	—	—	—	—	—	—
—	—	—	—	—	—	—	—	—	—
—	—	—	—	—	—	—	—	—	—
—	—	—	—	1.00	—	1.00	—	986	—
—	—	—	—	1.00	—	1.00	—	986	—

林业系统各地区森工其他

地　区	本年计划投资	自年初累								
		合 计	其中:国家投资		按构成分					
			计	其中:国债资金	建筑工程	安装工程	设备、工具、器具购置	其他费用	营造林业	木材及竹材采运业
全国合计	**38582**	**31889**	**80**	**—**	**16366**	**834**	**11255**	**3434**	**1822**	**14205**
北　京	—	—	—	—	—	—	—	—	—	—
天　津	—	—	—	—	—	—	—	—	—	—
河　北	—	—	—	—	—	—	—	—	—	—
山　西	—	—	—	—	—	—	—	—	—	—
内蒙古	23416	15721	—	—	8959	304	6404	54	841	6316
内蒙古集团	23416	15721	—	—	8959	304	6404	54	841	6316
辽　宁	—	—	—	—	—	—	—	—	—	—
吉　林	9736	10515	—	—	5079	18	3433	1985	981	5642
吉林集团	9736	10515	—	—	5079	18	3433	1985	981	5642
黑龙江	—	—	—	—	—	—	—	—	—	—
龙江集团	—	—	—	—	—	—	—	—	—	—
上　海	—	—	—	—	—	—	—	—	—	—
江　苏	—	—	—	—	—	—	—	—	—	—
浙　江	15	12	12	—	—	—	12	—	—	—
安　徽	20	20	—	—	—	20	—	—	—	—
福　建	1449	1828	58	—	300	—	670	858	—	436
江　西	12	12	—	—	—	—	12	—	—	12
山　东	—	—	—	—	—	—	—	—	—	—
河　南	—	—	—	—	—	—	—	—	—	—
湖　北	50	121	—	—	50	—	71	—	—	—
湖　南	—	—	—	—	—	—	—	—	—	—
广　东	—	—	—	—	—	—	—	—	—	—
广　西	—	—	—	—	—	—	—	—	—	—
海　南	—	—	—	—	—	—	—	—	—	—
重　庆	—	—	—	—	—	—	—	—	—	—
四　川	806	806	—	—	—	432	374	—	—	806
贵　州	—	—	—	—	—	—	—	—	—	—
云　南	993	812	10	—	108	—	167	537	—	141
西　藏	—	—	—	—	—	—	—	—	—	—
陕　西	—	—	—	—	—	—	—	—	—	—
甘　肃	—	—	—	—	—	—	—	—	—	—
青　海	—	—	—	—	—	—	—	—	—	—
宁　夏	—	—	—	—	—	—	—	—	—	—
新　疆	—	—	—	—	—	—	—	—	—	—
新疆兵团	—	—	—	—	—	—	—	—	—	—
局直属单位	2085	2042	—	—	1870	60	112	—	—	852
大兴安岭	2085	2042	—	—	1870	60	112	—	—	852

投资和资金来源情况(一)

单位:万元

计完成投资										本年新增固定资产
按行业分			按性质分							
木材加工及竹、藤、棕、草制品业		其他	其中							
小计	其中:人造板制造业		新建	扩建	改建和技术改造	单纯建造生活设施	迁建	恢复	单纯购置	
2207	**1576**	**13655**	**8805**	**18626**	**1581**	**1029**	**—**	**—**	**1329**	**38433**
—	—	—	—	—	—	—	—	—	—	—
—	—	—	—	—	—	—	—	—	—	—
—	—	—	—	—	—	—	—	—	—	—
—	—	—	—	—	—	—	—	—	—	—
1200	1200	7364	—	15721	—	—	—	—	—	26460
1200	1200	7364	—	15721	—	—	—	—	—	26460
—	—	—	—	—	—	—	—	—	—	—
18	18	3874	7189	1608	—	921	—	—	797	9138
18	18	3874	7189	1608	—	921	—	—	797	9138
—	—	—	—	—	—	—	—	—	—	—
—	—	—	—	—	—	—	—	—	—	—
—	—	—	—	—	—	—	—	—	—	—
—	—	—	—	—	—	—	—	—	—	—
—	—	12	—	—	—	—	—	—	—	12
—	—	20	20	—	—	—	—	—	—	20
918	358	474	5	815	976	—	—	—	32	992
—	—	—	—	—	—	—	—	—	12	12
—	—	—	—	—	—	—	—	—	—	—
—	—	—	—	—	—	—	—	—	—	—
71	—	50	—	50	—	—	—	—	71	—
—	—	—	—	—	—	—	—	—	—	—
—	—	—	—	—	—	—	—	—	—	—
—	—	—	—	—	—	—	—	—	—	—
—	—	—	—	—	—	—	—	—	—	—
—	—	—	—	—	—	—	—	—	—	—
—	—	—	—	399	—	—	—	—	407	349
—	—	—	—	—	—	—	—	—	—	—
—	—	671	661	33	—	108	—	—	10	697
—	—	—	—	—	—	—	—	—	—	—
—	—	—	—	—	—	—	—	—	—	—
—	—	—	—	—	—	—	—	—	—	—
—	—	—	—	—	—	—	—	—	—	—
—	—	—	—	—	—	—	—	—	—	—
—	—	—	—	—	—	—	—	—	—	—
—	—	—	—	—	—	—	—	—	—	—
—	—	1190	930	—	605	—	—	—	—	753
—	—	1190	930	—	605	—	—	—	—	753

林业系统各地区森工其他

地区	本年资金来源总计									
	总计	上年末结余资金	本年资金来源合计							
			合计	其中：地方配套资金	国家预算内资金			国内贷款	利用外资	自筹资金
					计	其中				
						国债资金	中央财政专项资金			
全国合计	**32610**	**94**	**32516**	**—**	**209**	**—**	**190**	**150**	**180**	**25933**
北京	—	—	—	—	—	—	—	—	—	—
天津	—	—	—	—	—	—	—	—	—	—
河北	—	—	—	—	—	—	—	—	—	—
山西	—	—	—	—	—	—	—	—	—	—
内蒙古	15721	—	15721	—	—	—	—	—	—	15721
内蒙古集团	15721	—	15721	—	—	—	—	—	—	15721
辽宁	—	—	—	—	—	—	—	—	—	—
吉林	11013	—	11013	—	—	—	—	—	—	6846
吉林集团	11013	—	11013	—	—	—	—	—	—	6846
黑龙江	—	—	—	—	—	—	—	—	—	—
龙江集团	—	—	—	—	—	—	—	—	—	—
上海	—	—	—	—	—	—	—	—	—	—
江苏	—	—	—	—	—	—	—	—	—	—
浙江	15	—	15	—	15	—	—	—	—	—
安徽	20	—	20	—	—	—	—	—	—	20
福建	1828	54	1774	—	4	—	—	150	180	1005
江西	12	—	12	—	—	—	—	—	—	12
山东	—	—	—	—	—	—	—	—	—	—
河南	—	—	—	—	—	—	—	—	—	—
湖北	121	—	121	—	—	—	—	—	—	121
湖南	—	—	—	—	—	—	—	—	—	—
广东	—	—	—	—	—	—	—	—	—	—
广西	—	—	—	—	—	—	—	—	—	—
海南	—	—	—	—	—	—	—	—	—	—
重庆	—	—	—	—	—	—	—	—	—	—
四川	806	—	806	—	—	—	—	—	—	806
贵州	—	—	—	—	—	—	—	—	—	—
云南	1032	40	992	—	190	—	190	—	—	802
西藏	—	—	—	—	—	—	—	—	—	—
陕西	—	—	—	—	—	—	—	—	—	—
甘肃	—	—	—	—	—	—	—	—	—	—
青海	—	—	—	—	—	—	—	—	—	—
宁夏	—	—	—	—	—	—	—	—	—	—
新疆	—	—	—	—	—	—	—	—	—	—
新疆兵团	—	—	—	—	—	—	—	—	—	—
局直属单位	2042	—	2042	—	—	—	—	—	—	600
大兴安岭	2042	—	2042	—	—	—	—	—	—	600

投资和资金来源情况(二)

单位:万元

其他资金 计	其他资金 其中:育林基金	本年各项应付款合计 合计	本年各项应付款合计 其中:工程款	本年房屋施工面积(万平方米) 合计	本年房屋施工面积(万平方米) 其中:住宅	本年房屋竣工面积(万平方米) 合计	本年房屋竣工面积(万平方米) 其中:住宅	本年房屋竣工价值 合计	本年房屋竣工价值 其中:住宅
6044	**2319**	**2990**	**1177**	**5.50**	**4.33**	**4.50**	**3.33**	**6394**	**5151**
—	—	—	—	—	—	—	—	—	—
—	—	—	—	—	—	—	—	—	—
—	—	—	—	—	—	—	—	—	—
—	—	—	—	—	—	—	—	—	—
—	—	—	—	2.50	1.33	2.50	1.33	2908	1748
—	—	—	—	2.50	1.33	2.50	1.33	2908	1748
—	—	—	—	—	—	—	—	—	—
4167	2319	2647	1077	3.00	3.00	2.00	2.00	3486	3403
4167	2319	2647	1077	4.26	4.16	3.64	3.54	3486	3403
—	—	—	—	—	—	—	—	—	—
—	—	—	—	—	—	—	—	—	—
—	—	—	—	—	—	—	—	—	—
—	—	—	—	—	—	—	—	—	—
—	—	—	—	—	—	—	—	—	—
—	—	20	20	—	—	—	—	—	—
435	—	156	80	—	—	—	—	—	—
—	—	—	—	—	—	—	—	—	—
—	—	—	—	—	—	—	—	—	—
—	—	—	—	—	—	—	—	—	—
—	—	—	—	—	—	—	—	—	—
—	—	—	—	—	—	—	—	—	—
—	—	—	—	—	—	—	—	—	—
—	—	—	—	—	—	—	—	—	—
—	—	—	—	—	—	—	—	—	—
—	—	—	—	—	—	—	—	—	—
—	—	—	—	—	—	—	—	—	—
—	—	—	—	—	—	—	—	—	—
—	—	167	—	—	—	—	—	—	—
—	—	—	—	—	—	—	—	—	—
—	—	—	—	—	—	—	—	—	—
—	—	—	—	—	—	—	—	—	—
—	—	—	—	—	—	—	—	—	—
—	—	—	—	—	—	—	—	—	—
—	—	—	—	—	—	—	—	—	—
—	—	—	—	—	—	—	—	—	—
1442	—	—	—	—	—	—	—	—	—
1442	—	—	—	—	—	—	—	—	—

国家林业局机关及直属单位基本

地区	本年计划投资	自年初累计						
		合计	其中:国家投资		按构成分			
			计	其中:国债资金	建筑工程	安装工程	设备、工具、器具购置	其他费用
总计	**22422**	**25441**	**24939**	**4745**	**12777**	**684**	**7208**	**4771**
一、中国林业科学研究院	**6668**	**5328**	**4854**	**777**	**1588**	**244**	**2084**	**1411**
院部	2173	1471	1322	148	825	18	468	160
林业研究所	1097	1308	1308	478	—	—	491	817
木材工业研究所	100	65	65	—	—	5	4	56
森林生态环境所	448	430	430	—	102	—	242	86
森林保护研究所	100	69	69	—	—	—	63	6
林业科技信息研究所	—	4	4	—	—	—	—	4
资源信息研究所	150	150	150	—	—	—	56	94
华北林业实验中心	400	185	—	—	47	73	7	58
热带林业研究所	400	447	447	—	21	—	426	—
亚热带林业研究所	619	249	249	14	189	—	17	43
林产化学工业研究所	590	140	—	—	—	—	140	—
热带林业实验中心	—	10	10	—	6	—	4	—
亚热带林业实验中心	70	31	31	11	31	—	—	—
沙漠林业实验中心	—	489	489	5	221	148	84	36
资源昆虫研究所	200	164	164	5	30	—	83	51
国家林业局泡桐研究开发中心	—	45	45	45	45	—	—	—
国家林业局桉树研究开发中心	71	71	71	71	71	—	—	—
国家林业局竹子研究开发中心	—	—	—	—	—	—	—	—
北京林业机械研究所	—	—	—	—	—	—	—	—
哈尔滨林业机械研究所	250	—	—	—	—	—	—	—
二、林业教育	**488**	**3689**	**3689**	**—**	**3036**	**100**	**553**	**—**
北京林业管理干部学院	238	2889	2889	—	2486	—	403	—
南京森林公安高等专科学校	250	800	800	—	550	100	150	—
三、森林保护	**2234**	**3313**	**3313**	**3199**	**903**	**35**	**2282**	**93**
国家林业局森林病虫害防治总站	440	2356	2356	2242	114	—	2242	—
陕西佛坪国家级自然保护区管理局	628	628	628	628	477	35	40	76
甘肃白水江国家级自然保护区管理局	277	277	277	277	260	—	—	17
国家林业局卧龙自然保护区管理局	889	52	52	52	52	—	—	—
四、森林防火	**366**	**612**	**605**	**341**	**—**	**297**	**315**	**—**
国家林业局西南航空护林总站	316	245	238	238	—	—	245	—
国家林业局东北航空护林指挥中心	50	367	367	103	—	297	70	—
五、勘察设计	**560**	**393**	**393**	**—**	**176**	**—**	**217**	**—**
国家林业局昆明勘察设计院	—	—	—	—	—	—	—	—
国家林业局林产工业规划设计院	560	393	393	—	176	—	217	—
六、调查规划	**3720**	**1965**	**1965**	**—**	**1189**	**8**	**634**	**134**
国家林业局调查规划设计院	2937	1291	1291	—	611	—	564	116
国家林业局华东林业调查规划设计院	10	71	71	—	—	1	66	4
国家林业局中南林业调查规划设计院	350	350	350	—	350	—	—	—
国家林业局西北林业调查规划设计院	423	253	253	—	228	7	4	14

建设投资和资金来源情况(一)

单位:万元

完成投资												
按行业分					按性质分							本年新增固定资产
		木材加工及竹、藤、棕、草制品业			其中							
营造林业	木材及竹材采运业	小计	其中:人造板制造业	其他	新建	扩建	改建和技术改造	单纯建造生活设施	迁建	恢复	单纯购置	
6850	**—**	**—**	**—**	**18590**	**7739**	**11380**	**451**	**567**	**—**	**—**	**5303**	**10572**
174	**—**	**—**	**—**	**5153**	**3184**	**1131**	**—**	**567**	**—**	**—**	**445**	**4614**
—	—	—	—	1470	541	929	—	—	—	—	—	2564
—	—	—	—	1308	1308	—	—	—	—	—	—	491
—	—	—	—	65	65	—	—	—	—	—	—	—
34	—	—	—	396	188	—	—	—	—	—	242	242
—	—	—	—	69	6	—	—	—	—	—	63	63
—	—	—	—	4	4	—	—	—	—	—	—	—
—	—	—	—	150	150	—	—	—	—	—	—	56
—	—	—	—	185	185	—	—	—	—	—	—	72
—	—	—	—	447	320	127	—	—	—	—	—	447
14	—	—	—	235	235	14	—	—	—	—	—	—
—	—	—	—	140	—	—	—	—	—	—	140	140
10	—	—	—	—	—	10	—	—	—	—	—	9
—	—	—	—	31	31	—	—	—	—	—	—	—
—	—	—	—	489	5	—	—	484	—	—	—	—
—	—	—	—	164	30	51	—	83	—	—	—	30
45	—	—	—	—	45	—	—	—	—	—	—	500
71	—	—	—	—	71	—	—	—	—	—	—	—
—	—	—	—	—	—	—	—	—	—	—	—	—
—	—	—	—	—	—	—	—	—	—	—	—	—
—	—	—	—	—	—	—	—	—	—	—	—	—
800	**—**	**—**	**—**	**2889**	**800**	**2889**	**—**	**—**	**—**	**—**	**—**	**—**
—	—	—	—	2889	—	2889	—	—	—	—	—	—
800	—	—	—	—	800	—	—	—	—	—	—	—
52	**—**	**—**	**—**	**3261**	**1071**	**—**	**—**	**—**	**—**	**—**	**2242**	**1676**
—	—	—	—	2356	114	—	—	—	—	—	2242	1399
—	—	—	—	628	628	—	—	—	—	—	—	—
—	—	—	—	277	277	—	—	—	—	—	—	277
52	—	—	—	—	52	—	—	—	—	—	—	—
—	**—**	**—**	**—**	**612**	**367**	**—**	**—**	**—**	**—**	**—**	**245**	**243**
—	—	—	—	245	—	—	—	—	—	—	245	243
—	—	—	—	367	367	—	—	—	—	—	—	—
—	**—**	**—**	**—**	**393**	**—**	**—**	**176**	**—**	**—**	**—**	**217**	**217**
—	—	—	—	—	—	—	—	—	—	—	—	—
—	—	—	—	393	—	—	176	—	—	—	217	217
350	**—**	**—**	**—**	**1615**	**—**	**1082**	**253**	**—**	**—**	**—**	**630**	**66**
—	—	—	—	1291	—	727	—	—	—	—	564	—
—	—	—	—	71	—	5	—	—	—	—	66	66
350	—	—	—	—	—	350	—	—	—	—	—	—
—	—	—	—	253	—	—	253	—	—	—	—	—

国家林业局机关及直属单位基本

地区	本年计划投资	自年初累计						
		合计	其中:国家投资		按构成分			
			计	其中:国债资金	建筑工程	安装工程	设备、工具、器具购置	其他费用
七、资源监督	**1580**	**1968**	**1959**	**—**	**1247**	**—**	**720**	**1**
国家林业局森林资源监督专员办事处	113	113	113	—	—	—	113	—
驻黑龙江省森林资源监督专员办事处	—	—	—	—	—	—	—	—
驻内蒙古自治区森林资源监督专员办事处	199	634	634	—	199	—	435	—
驻长春森林资源监督专员办事处	—	—	—	—	—	—	—	—
驻大兴安岭森林资源监督专员办事处	22	—	—	—	—	—	—	—
驻福州森林资源监督专员办事处	—	—	—	—	—	—	—	—
驻云南省森林资源监督专员办事处	—	1	—	—	—	—	1	—
驻成都森林资源监督专员办事处	—	8	—	—	—	—	8	—
驻兰州森林资源监督专员办事处	280	280	280	—	280	—	—	—
驻乌鲁木齐森林资源监督专员办事处	126	126	126	—	126	—	—	—
驻海口森林资源监督专员办事处	295	223	223	—	223	—	—	—
驻武汉森林资源监督专员办事处	125	125	125	—	125	—	—	—
驻合肥森林资源监督专员办事处	45	45	45	—	—	—	45	—
驻贵阳森林资源监督专员办事处	75	113	113	—	—	—	113	—
驻西安森林资源监督专员办事处	300	300	300	—	294	—	5	1
八、其他	**6806**	**8173**	**8161**	**428**	**4638**	**—**	**403**	**3132**
国家林业局天然林资源保护工程管理中心	—	—	—	—	—	—	—	—
国家林业局退耕还林(草)工程管理办公室	11	11	11	—	—	—	11	—
国家林业局西北华北东北防护林建设局	86	—	—	—	—	—	—	—
国家林业局防治荒漠化管理中心	—	—	—	—	—	—	—	—
国家林业局世界银行贷款项目管理中心	—	—	—	—	—	—	—	—
国家林业局林业工作站管理总站	—	—	—	—	—	—	—	—
国家林业局国有林场和林木种苗工作总站	32	32	32	—	—	—	25	7
国家林业局林业基金管理总站	31	31	31	—	—	—	31	—
国家林业局宣传中心	19	19	19	—	19	—	—	—
国家林业局经济发展研究中心	242	297	297	—	116	—	—	181
国家林业局科技发展中心	621	518	518	—	497	—	21	—
国家林业局对外合作项目中心	—	—	—	—	—	—	—	—
国际竹藤网络中心	3977	3545	3545	428	582	—	79	2884
国家林业局濒危物种进出口管理中心	852	852	852	—	792	—	—	60
国家林业局人才开发交流中心	—	—	—	—	—	—	—	—
中国花卉协会	—	—	—	—	—	—	—	—
中国野生动物保护协会	12	12	—	—	—	—	12	—
中国林学会	16	16	16	—	16	—	—	—
中国绿化基金会	—	—	—	—	—	—	—	—
全国绿化委员会办公室	—	—	—	—	—	—	—	—
中国林业出版社	626	7	7	—	7	—	—	—
中国绿色时报社	21	21	21	—	—	—	21	—
国家林业局基建办	260	2812	2812	—	2609	—	203	—
国家林业局幼儿园	—	—	—	—	—	—	—	—
国家林业局北戴河培训中心	—	—	—	—	—	—	—	—
国家林业局招待所	—	—	—	—	—	—	—	—
大兴安岭林业集团公司	—	—	—	—	—	—	—	—

建设投资和资金来源情况(二)

单位:万元

完成投资												本年新增固定资产
按行业分					按性质分							
					其中							
营造林业	木材及竹材采运业	木材加工及竹、藤、棕、草制品业		其他	新建	扩建	改建和技术改造	单纯建造生活设施	迁建	恢复	单纯购置	
		小 计	其中:人造板制造业									
1218	**—**	**—**	**—**	**750**	**634**	**—**	**—**	**—**	**—**	**—**	**1334**	**775**
—	—	—	—	113	—	—	—	—	—	—	113	113
—	—	—	—	—	—	—	—	—	—	—	—	—
634	—	—	—	—	634	—	—	—	—	—	—	199
—	—	—	—	—	—	—	—	—	—	—	—	—
—	—	—	—	—	—	—	—	—	—	—	—	—
—	—	—	—	—	—	—	—	—	—	—	—	—
—	—	—	—	1	—	—	—	—	—	—	1	—
—	—	—	—	8	—	—	—	—	—	—	8	—
—	—	—	—	280	—	—	—	—	—	—	280	280
126	—	—	—	—	—	—	—	—	—	—	126	126
—	—	—	—	223	—	—	—	—	—	—	223	—
—	—	—	—	125	—	—	—	—	—	—	125	57
45	—	—	—	—	—	—	—	—	—	—	45	—
113	—	—	—	—	—	—	—	—	—	—	113	—
300	—	—	—	—	—	—	—	—	—	—	300	—
4256	**—**	**—**	**—**	**3917**	**1683**	**6278**	**22**	**—**	**—**	**—**	**190**	**2981**
—	—	—	—	—	—	—	—	—	—	—	—	—
11	—	—	—	—	—	—	—	—	—	—	11	11
—	—	—	—	—	—	—	—	—	—	—	—	—
—	—	—	—	—	—	—	—	—	—	—	—	—
—	—	—	—	—	—	—	—	—	—	—	—	—
—	—	—	—	—	—	—	—	—	—	—	—	—
32	—	—	—	—	7	—	—	—	—	—	25	25
—	—	—	—	31	—	—	—	—	—	—	31	—
19	—	—	—	—	19	—	—	—	—	—	—	—
—	—	—	—	297	275	—	22	—	—	—	—	—
518	—	—	—	—	507	—	—	—	—	—	11	21
—	—	—	—	—	—	—	—	—	—	—	—	—
—	—	—	—	3545	—	3466	—	—	—	—	79	79
852	—	—	—	—	852	—	—	—	—	—	—	—
—	—	—	—	—	—	—	—	—	—	—	—	—
—	—	—	—	—	—	—	—	—	—	—	—	—
12	—	—	—	—	—	—	—	—	—	—	12	12
—	—	—	—	16	16	—	—	—	—	—	—	—
—	—	—	—	—	—	—	—	—	—	—	—	—
—	—	—	—	—	—	—	—	—	—	—	—	—
—	—	—	—	7	7	—	—	—	—	—	—	—
—	—	—	—	21	—	—	—	—	—	—	21	21
2812	—	—	—	—	—	2812	—	—	—	—	—	2812
—	—	—	—	—	—	—	—	—	—	—	—	—
—	—	—	—	—	—	—	—	—	—	—	—	—
—	—	—	—	—	—	—	—	—	—	—	—	—
—	—	—	—	—	—	—	—	—	—	—	—	—

国家林业局机关及直属单位基本

地区	本年资金来源总计						
	总计	上年末结余资金	本年资金				
			合计	其中：地方配套资金	国家预算内资金		
					计	其中：国债资金	其中：中央财政专项资金
总计	**40671**	**18789**	**21882**	**16**	**21446**	**2134**	**2877**
一、中国林业科学研究院	**14564**	**7880**	**6684**	**16**	**6668**	**766**	**—**
院部	3997	1824	2173	—	2173	—	—
林业研究所	3169	2072	1097	—	1097	240	—
木材工业研究所	622	522	100	—	100	—	—
森林生态环境所	507	59	448	—	448	248	—
森林保护研究所	144	44	100	—	100	—	—
林业科技信息研究所	4	4	—	—	—	—	—
资源信息研究所	150	—	150	—	150	—	—
华北林业实验中心	1016	616	400	—	400	—	—
热带林业研究所	1314	914	400	—	400	—	—
亚热带林业研究所	863	244	619	—	619	278	—
林产化学工业研究所	1179	589	590	—	590	—	—
热带林业实验中心	10	10	—	—	—	—	—
亚热带林业实验中心	111	41	70	—	70	—	—
沙漠林业实验中心	494	478	16	16	—	—	—
资源昆虫研究所	307	107	200	—	200	—	—
国家林业局泡桐研究开发中心	204	204	—	—	—	—	—
国家林业局桉树研究开发中心	71	—	71	—	71	—	—
国家林业局竹子研究开发中心	—	—	—	—	—	—	—
北京林业机械研究所	—	—	—	—	—	—	—
哈尔滨林业机械研究所	401	151	250	—	250	—	—
二、林业教育	**3488**	**—**	**3488**	**—**	**3238**	**—**	**—**
北京林业管理干部学院	238	—	238	—	238	—	—
南京森林公安高等专科学校	3250	—	3250	—	3000	—	—
三、森林保护	**4919**	**2743**	**2176**	**—**	**2176**	**628**	**1108**
国家林业局森林病虫害防治总站	3125	2685	440	—	440	—	—
陕西佛坪国家级自然保护区管理局	628	—	628	—	628	628	—
甘肃白水江国家级自然保护区管理局	277	58	219	—	219	—	219
国家林业局卧龙自然保护区管理局	889	—	889	—	889	—	889
四、森林防火	**853**	**572**	**281**	**—**	**246**	**162**	**—**
国家林业局西南航空护林总站	371	140	231	—	196	162	—
国家林业局东北航空护林指挥中心	482	432	50	—	50	—	—
五、勘察设计	**1693**	**1133**	**560**	**—**	**560**	**—**	**—**
国家林业局昆明勘察设计院	—	—	—	—	—	—	—
国家林业局林产工业规划设计院	1693	1133	560	—	560	—	—
六、调查规划	**3803**	**2086**	**1717**	**—**	**1717**	**—**	**350**
国家林业局调查规划设计院	2937	1993	944	—	944	—	—
国家林业局华东林业调查规划设计院	85	85	—	—	—	—	—
国家林业局中南林业调查规划设计院	350	—	350	—	350	—	350
国家林业局西北林业调查规划设计院	431	8	423	—	423	—	—

建设投资和资金来源情况(三)

单位:万元

来源合计					本年各项应付款合计		房屋建筑面积及竣工价值					
			其他资金		合计	其中:工程款	本年房屋施工面积(万平方米)		本年房屋竣工面积(万平方米)		本年房屋竣工价值	
国内贷款	利用外资	自筹资金	计	其中:育林基金			合计	其中:住宅	合计	其中:住宅	合计	其中:住宅
—	**117**	**278**	**41**	**—**	**5068**	**4111**	**0.93**	**—**	**2.46**	**0.05**	**5443**	**163**
—	**—**	**16**	**—**	**—**	**945**	**318**	**0.01**	**—**	**0.56**	**—**	**1154**	**—**
—	—	—	—	—	182	16	—	—	0.56	—	1148	—
—	—	—	—	—	—	—	—	—	—	—	—	—
—	—	—	—	—	—	—	—	—	—	—	—	—
—	—	—	—	—	—	—	—	—	—	—	—	—
—	—	—	—	—	—	—	—	—	—	—	—	—
—	—	—	—	—	—	—	—	—	—	—	—	—
—	—	—	—	—	—	—	—	—	—	—	—	—
—	—	—	—	—	6	6	—	—	—	—	—	—
—	—	—	—	—	447	21	—	—	—	—	—	—
—	—	—	—	—	—	—	—	—	—	—	—	—
—	—	—	—	—	—	—	—	—	—	—	—	—
—	—	—	—	—	—	—	0.01	—	0.01	—	6	—
—	—	—	—	—	—	—	—	—	—	—	—	—
—	—	16	—	—	13	13	—	—	—	—	—	—
—	—	—	—	—	35	—	—	—	—	—	—	—
—	—	—	—	—	3	3	—	—	—	—	—	—
—	—	—	—	—	—	—	—	—	—	—	—	—
—	—	—	—	—	—	—	—	—	—	—	—	—
—	—	—	—	—	—	—	—	—	—	—	—	—
—	—	—	—	—	259	259	—	—	—	—	—	—
—	**—**	**250**	**—**	**—**	**3550**	**3300**	**—**	**—**	**—**	**—**	**—**	**—**
—	—	—	—	—	—	—	—	—	—	—	—	—
—	—	250	—	—	3550	3300	—	—	—	—	—	—
—	**—**	**—**	**—**	**—**	**116**	**85**	**0.27**	**—**	**0.27**	**—**	**255**	**—**
—	—	—	—	—	31	—	—	—	—	—	—	—
—	—	—	—	—	33	33	0.21	—	0.21	—	197	—
—	—	—	—	—	—	—	0.06	—	0.06	—	58	—
—	—	—	—	—	52	52	—	—	—	—	—	—
—	**—**	**—**	**35**	**—**	**73**	**58**	**—**	**—**	**—**	**—**	**—**	**—**
—	—	—	35	—	15	—	—	—	—	—	—	—
—	—	—	—	—	58	58	—	—	—	—	—	—
—	**—**	**—**	**—**	**—**	**—**	**—**	**—**	**—**	**—**	**—**	**—**	**—**
—	—	—	—	—	—	—	—	—	—	—	—	—
—	—	—	—	—	—	—	—	—	—	—	—	—
—	**—**	**—**	**—**	**—**	**29**	**29**	**0.40**	**—**	**—**	**—**	**—**	**—**
—	—	—	—	—	—	—	—	—	—	—	—	—
—	—	—	—	—	—	—	—	—	—	—	—	—
—	—	—	—	—	—	—	0.40	—	—	—	—	—
—	—	—	—	—	29	29	—	—	—	—	—	—

国家林业局机关及直属单位基本

地区	本年资金来源总计						
	总计	上年末结余资金	本年资金				
			合计	其中：地方配套资金	国家预算内资金		
					计	其中	
						国债资金	中央财政专项资金
七、资源监督	**2291**	**431**	**1860**	**—**	**1743**	**—**	**566**
国家林业局森林资源监督专员办事处	640	105	535	—	418	—	286
驻黑龙江省森林资源监督专员办事处	—	—	—	—	—	—	—
驻内蒙古自治区森林资源监督专员办事处	327	128	199	—	199	—	—
驻长春森林资源监督专员办事处	—	—	—	—	—	—	—
驻大兴安岭森林资源监督专员办事处	22	22	—	—	—	—	—
驻福州森林资源监督专员办事处	16	16	—	—	—	—	—
驻云南省森林资源监督专员办事处	14	14	—	—	—	—	—
驻成都森林资源监督专员办事处	22	22	—	—	—	—	—
驻兰州森林资源监督专员办事处	280	—	280	—	280	—	280
驻乌鲁木齐森林资源监督专员办事处	126	—	126	—	126	—	—
驻海口森林资源监督专员办事处	295	—	295	—	295	—	—
驻武汉森林资源监督专员办事处	77	27	50	—	50	—	—
驻合肥森林资源监督专员办事处	97	97	—	—	—	—	—
驻贵阳森林资源监督专员办事处	75	—	75	—	75	—	—
驻西安森林资源监督专员办事处	300	—	300	—	300	—	—
八、其他	**9060**	**3944**	**5116**	**—**	**5098**	**578**	**853**
国家林业局天然林资源保护工程管理中心	—	—	—	—	—	—	—
国家林业局退耕还林(草)工程管理办公室	695	478	217	—	211	—	211
国家林业局西北华北东北防护林建设局	181	95	86	—	86	—	—
国家林业局防治荒漠化管理中心	25	—	25	—	25	—	—
国家林业局世界银行贷款项目管理中心	—	—	—	—	—	—	—
国家林业局林业工作站管理总站	—	—	—	—	—	—	—
国家林业局国有林场和林木种苗工作总站	34	34	—	—	—	—	—
国家林业局林业基金管理总站	31	31	—	—	—	—	—
国家林业局宣传中心	19	—	19	—	19	—	—
国家林业局经济发展研究中心	374	77	297	—	297	—	—
国家林业局科技发展中心	621	—	621	—	621	—	621
国家林业局对外合作项目中心	—	—	—	—	—	—	—
国际竹藤网络中心	1278	500	778	—	778	578	—
国家林业局濒危物种进出口管理中心	314	104	210	—	210	—	—
国家林业局人才开发交流中心	—	—	—	—	—	—	—
中国花卉协会	—	—	—	—	—	—	—
中国野生动物保护协会	12	—	12	—	—	—	—
中国林学会	62	62	—	—	—	—	—
中国绿化基金会	—	—	—	—	—	—	—
全国绿化委员会办公室	—	—	—	—	—	—	—
中国林业出版社	7	—	7	—	7	—	—
中国绿色时报社	21	—	21	—	21	—	21
国家林业局基建办	5386	2563	2823	—	2823	—	—
国家林业局幼儿园	—	—	—	—	—	—	—
国家林业局北戴河培训中心	—	—	—	—	—	—	—
国家林业局招待所	—	—	—	—	—	—	—
大兴安岭林业集团公司	—	—	—	—	—	—	—

建设投资和资金来源情况(四)

单位:万元

来源合计					本年各项应付款合计		房屋建筑面积及竣工价值					
			其他资金		合计	其中:工程款	本年房屋施工面积(万平方米)		本年房屋竣工面积(万平方米)		本年房屋竣工价值	
国内贷款	利用外资	自筹资金	计	其中:育林基金			合计	其中:住宅	合计	其中:住宅	合计	其中:住宅
—	**117**	**—**	**—**	**—**	**321**	**321**	**0.25**	**—**	**0.14**	**0.05**	**500**	**163**
—	117	—	—	—	—	—	—	—	—	—	—	—
—	—	—	—	—	—	—	—	—	—	—	—	—
—	—	—	—	—	199	199	0.11	—	—	—	—	—
—	—	—	—	—	—	—	—	—	—	—	—	—
—	—	—	—	—	13	13	—	—	—	—	—	—
—	—	—	—	—	—	—	—	—	—	—	—	—
—	—	—	—	—	—	—	—	—	—	—	—	—
—	—	—	—	—	—	—	—	—	—	—	—	—
—	—	—	—	—	—	—	0.08	—	0.08	—	280	—
—	—	—	—	—	109	109	—	—	0.05	0.05	163	163
—	—	—	—	—	—	—	0.06	—	—	—	—	—
—	—	—	—	—	—	—	—	—	0.01	—	57	—
—	—	—	—	—	—	—	—	—	—	—	—	—
—	—	—	—	—	—	—	—	—	—	—	—	—
—	—	—	—	—	—	—	—	—	—	—	—	—
—	**—**	**12**	**6**	**—**	**34**	**—**	**—**	**—**	**1.49**	**—**	**3534**	**—**
—	—	—	—	—	—	—	—	—	—	—	—	—
—	—	—	6	—	—	—	—	—	—	—	—	—
—	—	—	—	—	—	—	—	—	—	—	—	—
—	—	—	—	—	—	—	—	—	—	—	—	—
—	—	—	—	—	—	—	—	—	—	—	—	—
—	—	—	—	—	—	—	—	—	—	—	—	—
—	—	—	—	—	2	—	—	—	—	—	—	—
—	—	—	—	—	—	—	—	—	—	—	—	—
—	—	—	—	—	—	—	—	—	—	—	—	—
—	—	—	—	—	32	—	—	—	—	—	—	—
—	—	—	—	—	—	—	—	—	—	—	—	—
—	—	—	—	—	—	—	—	—	—	—	—	—
—	—	—	—	—	—	—	—	—	—	—	—	—
—	—	—	—	—	—	—	—	—	—	—	—	—
—	—	—	—	—	—	—	—	—	—	—	—	—
—	—	—	—	—	—	—	—	—	—	—	—	—
—	—	12	—	—	—	—	—	—	—	—	—	—
—	—	—	—	—	—	—	—	—	—	—	—	—
—	—	—	—	—	—	—	—	—	—	—	—	—
—	—	—	—	—	—	—	—	—	—	—	—	—
—	—	—	—	—	—	—	—	—	—	—	—	—
—	—	—	—	—	—	—	—	—	—	—	—	—
—	—	—	—	—	—	—	—	—	1.49	—	3534	—
—	—	—	—	—	—	—	—	—	—	—	—	—
—	—	—	—	—	—	—	—	—	—	—	—	—
—	—	—	—	—	—	—	—	—	—	—	—	—
—	—	—	—	—	—	—	—	—	—	—	—	—

林业系统按事业分的营林基本建设投资完成情况

单位:万元

指　　标	本年完成投资			在总计中:国有林场、苗圃
	总　计	其中:国家投资		
		合计	其中:由国家林业局安排	
总　　计	**4397842**	**3483792**	**1413129**	**217609**
一、造林	2101982	1628301	466810	42876
二、封山(沙)育林	162822	144873	97753	25314
三、迹地更新	16876	6792	2769	4617
四、森林管护	353032	324212	150238	61707
五、低产林改造	12764	8474	358	405
六、中、幼龄林抚育	51210	16303	6772	4914
七、种苗工程	85847	42153	21640	8769
八、森林防火	68256	50291	21357	7026
九、森林病虫鼠害防治	40132	24878	10114	2024
十、林业工作站	9627	6597	3539	219
十一、森林公安	35940	33948	28082	1835
十二、森林公园	44178	10170	2397	2814
十三、野生动植物保护及自然保护区	34895	26074	8106	3839
十四、花　卉	12548	1675	51	141
十五、林政及木材检查站	7350	5797	3305	1020
十六、林业调查规划设计	8865	7172	2826	223
十七、林业教育	57065	54687	52729	618
十八、林业科技及重点实验室	11400	9512	6788	169
十九、其　他	1283053	1081883	527495	49079

林业系统各地区按事业分的营林基本建设投资完成额(一)

单位:万元

地 区	合 计	造林	封山(沙)育林	迹地更新	森林管护	低产林改造	中、幼龄林抚育	种苗工程	森林防火	森林病虫鼠害防治
全国合计	**4397842**	**2101982**	**162822**	**16876**	**353032**	**12764**	**51210**	**85847**	**68256**	**40132**
北 京	109188	45063	864	832	19565	100	2373	4292	6102	2187
天 津	5139	3500	420	—	—	—	—	210	480	420
河 北	224956	166767	13817	899	5849	42	184	1107	545	680
山 西	174345	26324	11210	170	7367	—	559	1623	640	1333
内蒙古	400559	161536	26699	100	44355	—	117	2139	4847	2571
内蒙古集团	44953	—	—	—	17961	—	57	—	316	56
辽 宁	121087	96213	2142	474	11664	1012	650	2757	1471	1745
吉 林	128124	27746	968	1802	17447	436	2716	2420	3308	1261
吉林集团	44574	224	187	1775	3578	436	2547	782	557	70
黑龙江	181176	27789	6798	—	28202	—	775	1858	5236	904
龙江集团	127267	—	—	—	21585	—	70	430	2920	201
上 海	81293	74418	—	—	2000	—	1400	50	—	210
江 苏	235128	150782	3673	170	2617	169	1331	6831	5124	1524
浙 江	13086	3363	939	70	40	70	90	398	2326	1034
安 徽	67407	42118	2456	324	5366	384	1040	1227	733	357
福 建	42925	18652	483	4266	4262	214	681	1633	2191	1190
江 西	39470	20492	1729	128	2681	531	4704	1686	1540	327
山 东	162168	79053	907	1159	5126	1094	16541	26981	4791	8648
河 南	106248	60890	2460	—	3635	4	50	1443	170	136
湖 北	140730	97300	7221	840	8029	148	1128	3694	1623	416
湖 南	124664	106720	803	310	1837	157	396	5570	2682	536
广 东	39888	1883	265	601	457	6812	351	853	2780	755
广 西	162200	64606	1823	1331	11291	288	1563	1896	1047	496
海 南	37864	17123	225	1295	4805	310	1825	150	684	1320
重 庆	211184	163220	6396	—	6322	—	70	232	1434	885
四 川	465107	308202	23968	—	40495	—	50	9642	2835	1677
贵 州	198246	13671	6790	186	10632	40	1386	300	1280	1124
云 南	175709	65378	7000	4	27642	236	772	2714	3252	806
西 藏	5832	2321	855	—	2538	—	—	20	—	1
陕 西	143402	67143	9548	490	16534	—	1824	788	3004	343
甘 肃	253385	70695	7424	—	12608	—	12	296	1928	1036
青 海	72868	13612	6313	—	10734	—	—	775	295	208
宁 夏	38196	29726	787	—	4206	—	—	335	20	746
新 疆	137918	75676	7839	1425	18855	717	8572	1644	1913	2676
新疆兵团	57768	35535	1213	85	3853	—	6232	712	262	2116
局直属单位	98351	—	—	—	15871	—	50	283	3975	2580
大兴安岭	72910	—	—	—	15871	—	50	283	3975	224

林业系统各地区按事业分的营林基本建设投资完成额(二)

单位:万元

地区	林业工作站	森林公安	森林公园	野生动植物保护及自然保护区	花卉	林政及木材检查站	林业调查规划设计	林业教育	林业科技及重点实验室	其他
全国合计	**9627**	**35940**	**44178**	**34895**	**12548**	**7350**	**8865**	**57065**	**11400**	**1283053**
北京	222	502	654	6273	80	226	1319	32	619	17883
天津	36	23	—	50	—	—	—	—	—	—
河北	169	30	226	823	25	37	38	1	100	33617
山西	139	505	40	355	—	66	377	307	774	122556
内蒙古	272	449	10	1642	30	183	616	640	326	154027
内蒙古集团	—	28	—	—	—	—	—			26535
辽宁	173	81	—	406	1536	164	552	—	47	—
吉林	287	4870	10	1523	—	61	140	8793	107	54229
吉林集团	10	1665	—	—	—	50	120	2637	—	29936
黑龙江	144	13335	470	576	—	75	102	26350	—	68562
龙江集团	—	13189	110	12	—	—	—	26330	—	62420
上海	576	10	600	20	—	—	84	—	—	1925
江苏	296	193	509	425	1344	183	297	39	100	59521
浙江	72	195	799	2741	2	158	44	—	—	745
安徽	110	14	30	70	490	27	75	—	23	12563
福建	674	385	4170	562	6	587	73	15	64	2817
江西	179	79	—	158	527	153	193	2	2	4359
山东	144	120	830	30	408	148	54	24	380	15730
河南	179	280	325	1785	424	40	1	3	26	34397
湖北	791	222	352	1108	6803	68	95	26	176	10690
湖南	360	155	232	2740	85	452	95	75	286	1173
广东	298	246	14734	1079	20	89	847	4	155	7659
广西	275	176	412	1112	27	104	152	111	262	75228
海南	36	100	—	558	307	174	—	135	—	8817
重庆	211	1296	18804	1351	80	34	33	8	25	10783
四川	227	314	12	2835	200	15	251	—	672	73712
贵州	1276	358	527	836	5	471	151	2	214	158997
云南	508	1498	29	1299	39	283	219	84	210	63736
西藏	—	2	—	4	—	6	5	5	—	75
陕西	970	690	—	940	—	74	66	180	306	40502
甘肃	139	2546	350	907	5	—	493	2310	147	152489
青海	338	69	10	829	—	—	230	—	183	39272
宁夏	—	—	—	—	—	—	—	—	60	2316
新疆	526	727	11	643	105	1052	105	172	514	14746
新疆兵团	216	60	2	44	—	22	52	15	256	7093
局直属单位	—	6470	32	1215	—	2420	2158	17747	5622	39928
大兴安岭	—	6470	—	258	—	452	193	14058	294	30782

林业系统各地区按事业分的营林基本建设国家投资完成额(一)

单位:万元

地区	合计	造林	封山(沙)育林	迹地更新	森林管护	低产林改造	中、幼龄林抚育	种苗工程	森林防火	森林病虫鼠害防治
全国合计	**3483792**	**1628301**	**144873**	**6792**	**324212**	**8474**	**16303**	**42153**	**50291**	**24878**
北京	99857	43232	864	832	15222	100	2373	3911	4462	2052
天津	3628	2619	420	—	—	—	—	200	30	300
河北	196830	146202	13747	888	5845	—	113	943	434	624
山西	168140	22573	11141	170	7367	—	54	1399	640	1333
内蒙古	377857	147231	21651	—	44344	—	107	2139	4732	2571
内蒙古集团	44953	—	—	—	17961	—	57	—	316	56
辽宁	115563	93385	1944	58	11493	896	322	2265	1294	1668
吉林	111160	26613	781	859	17383	—	492	1280	2415	1018
吉林集团	34893	11	—	835	3578	—	330	90	244	61
黑龙江	161504	21710	6772	—	27317	—	50	680	3893	498
龙江集团	118730	—	—	—	21062	—	50	280	2108	148
上海	36080	31684	—	—	200	—	1400	50	—	210
江苏	14248	10367	60	—	38	—	45	685	217	720
浙江	9373	3137	772	70	40	70	90	398	2171	978
安徽	46621	30471	2374	30	5249	—	369	539	580	218
福建	12430	2448	384	256	1752	99	88	1029	617	588
江西	28062	13161	1503	18	2605	124	3218	1680	1227	303
山东	12136	4013	245	81	357	76	150	1878	3520	950
河南	95571	53767	2425	—	3327	—	50	1443	170	136
湖北	91337	62528	5981	618	7371	38	618	2429	679	236
湖南	113362	106056	252	—	—	—	65	882	2682	283
广东	18979	1572	55	305	209	6384	108	772	2217	580
广西	101526	56634	1668	32	11207	52	726	1392	694	401
海南	25058	16700	—	595	3705	310	—	150	589	620
重庆	192233	161675	6349	—	6237	—	70	232	1410	885
四川	453978	304975	23968	—	40495	—	50	9642	2807	1628
贵州	192124	10867	5676	186	10632	37	1286	300	1280	400
云南	149073	54085	6876	4	27419	171	13	2541	2379	562
西藏	—	—	—	—	—	—	—	—	—	—
陕西	136328	63992	9443	490	16253	—	1824	788	2169	223
甘肃	239400	58264	7424	—	12608	—	12	296	1923	1026
青海	72615	13601	6313	—	10734	—	—	773	295	186
宁夏	33263	26266	772	—	3192	—	—	335	—	696
新疆	81528	38473	5013	1300	15740	117	2560	819	1561	405
新疆兵团	23848	11446	821	—	1590	—	2560	282	5	120
局直属单位	93928	—	—	—	15871	—	50	283	3204	2580
大兴安岭	68989	—	—	—	15871	—	50	283	3204	224

林业系统各地区按事业分的营林基本建设国家投资完成额(二)

单位:万元

地区	林业工作站	森林公安	森林公园	野生动植物保护及自然保护区	花卉	林政及木材检查站	林业调查规划设计	林业教育	林业科技及重点实验室	其他
全国合计	**6597**	**33948**	**10170**	**26074**	**1675**	**5797**	**7172**	**54687**	**9512**	**1081883**
北　京	186	422	654	6273	80	226	1319	32	619	16998
天　津	36	23	—	—	—	—	—	—	—	—
河　北	169	30	10	578	20	37	27	—	100	27063
山　西	139	505	20	355	—	66	377	307	770	120924
内蒙古	272	411	10	1642	30	163	593	607	326	151028
内蒙古集团	—	28	—	—	—	—	—	—	—	26535
辽　宁	147	80	—	288	986	164	526	—	47	—
吉　林	177	4602	10	1523	—	—	—	8740	50	45217
吉林集团	—	1560	—	—	—	—	—	2584	—	25600
黑龙江	144	13033	150	576	—	63	102	25907	—	60609
龙江集团	—	12913	50	12	—	—	—	25887	—	56220
上　海	576	10	—	20	—	—	5	—	—	1925
江　苏	72	193	—	425	200	120	297	—	100	709
浙　江	72	171	30	454	2	129	44	—	—	745
安　徽	104	4	—	47	—	2	31	—	21	6582
福　建	244	185	3415	275	6	169	23	1	23	828
江　西	114	57	—	155	15	89	180	—	—	3613
山　东	144	120	58	30	—	148	6	—	210	150
河　南	162	270	—	1717	124	35	—	—	24	31921
湖　北	695	149	—	295	7	30	8	—	42	9613
湖　南	180	40	65	1633	—	149	95	75	194	711
广　东	187	246	371	889	20	74	244	—	125	4621
广　西	242	57	378	1037	—	48	110	51	35	26762
海　南	36	100	—	358	—	74	—	—	—	1821
重　庆	211	1229	4066	26	80	34	33	8	25	9663
四　川	227	314	12	1552	—	15	61	—	647	67585
贵　州	144	130	520	836	—	466	151	2	214	158997
云　南	299	1224	—	922	—	98	109	70	89	52212
西　藏	—	—	—	—	—	—	—	—	—	—
陕　西	961	690	—	814	—	64	—	180	306	38131
甘　肃	139	2546	350	904	5	—	493	870	132	152408
青　海	338	54	10	813	—	—	230	—	183	39085
宁　夏	—	—	—	—	—	—	—	—	—	2003
新　疆	180	583	9	422	100	923	41	90	376	12816
新疆兵团	37	—	—	—	—	—	1	—	176	6810
局直属单位	—	6470	32	1215	—	2411	2067	17747	4854	37144
大兴安岭	—	6470	—	258	—	452	102	14058	—	28017

林业系统各地区按事业分的营林基本建设由国家林业局安排的国家投资完成额(一)

单位:万元

地　区	合　计	造林	封山（沙）育林	迹地更新	森林管护	低产林改造	中、幼龄林抚育	种苗工程	森林防火	森林病虫鼠害防治
全国合计	**1413129**	**466810**	**97753**	**2769**	**150238**	**358**	**6772**	**21640**	**21357**	**10114**
北　京	2642	895	190	—	50	—	50	446	323	213
天　津	3628	2619	420	—	—	—	—	200	30	300
河　北	17667	14768	1942	—	—	—	—	30	60	30
山　西	31211	16698	9701	—	—	—	—	1166	125	16
内蒙古	328871	112940	20937	—	43777	—	107	1943	3575	1811
内蒙古集团	44953	—	—	—	17961	—	57	—	316	56
辽　宁	1857	536	654	—	187	—	90	82	30	146
吉　林	57971	9063	601	417	9958	—	492	573	2064	425
吉林集团	15240	11	—	393	3009	—	330	90	244	61
黑龙江	136418	6838	6772	—	21062	—	50	680	3893	498
龙江集团	118730	—	—	—	21062	—	50	280	2108	148
上　海	161	—	—	—	—	—	—	—	—	125
江　苏	—	—	—	—	—	—	—	—	—	—
浙　江	6059	2357	465	—	10	50	50	271	1496	453
安　徽	18384	11263	1033	30	2630	—	142	452	301	54
福　建	5398	1265	70	75	705	—	51	334	161	300
江　西	12272	5601	575	14	669	28	3163	349	126	170
山　东	5275	2108	245	—	—	—	50	630	620	950
河　南	56248	25817	1425	—	2343	—	—	599	49	96
湖　北	29000	10918	4097	468	3670	—	100	1259	434	102
湖　南	2292	349	252	—	—	—	55	110	459	—
广　东	2086	436	5	52	3	248	12	268	436	159
广　西	32194	19847	700	—	4241	22	—	757	120	163
海　南	—	—	—	—	—	—	—	—	—	—
重　庆	173129	151659	5741	—	5028	—	50	185	872	490
四　川	51104	16259	23256	—	—	—	—	8954	957	345
贵　州	187210	10867	5676	—	10101	—	50	300	1280	400
云　南	25114	4137	1247	—	8728	10	—	435	330	75
西　藏	—	—	—	—	—	—	—	—	—	—
陕　西	26327	11830	3366	452	5734	—	50	361	87	11
甘　肃	16582	2216	635	—	2805	—	—	—	85	67
青　海	64963	12853	5198	—	9790	—	—	773	120	127
宁　夏	1150	—	—	—	—	—	—	—	—	—
新　疆	23988	12671	2550	1261	2876	—	2160	200	120	8
新疆兵团	9045	4491	450	—	207	—	2160	120	—	—
局直属单位	93928	—	—	—	15871	—	50	283	3204	2580
大兴安岭	68989	—	—	—	15871	—	50	283	3204	224

林业系统各地区按事业分的营林基本建设由国家林业局安排的国家投资完成额(二)

单位:万元

地　　区	林业工作站	森林公安	森林公园	野生动植物保护及自然保护区	花卉	林政及木材检查站	林业调查规划设计	林业教育	林业科技及重点实验室	其他
全国合计	**3539**	**28082**	**2397**	**8106**	**51**	**3305**	**2826**	**52729**	**6788**	**527495**
北　京	—	130	154	81	—	—	10	—	100	—
天　津	36	23	—	—	—	—	—	—	—	—
河　北	—	—	—	—	—	—	—	—	—	837
山　西	66	83	—	65	—	17	220	—	362	2692
内蒙古	260	400	—	1042	30	163	—	547	311	141028
内蒙古集团	—	28	—	—	—	—	—	—	—	26535
辽　宁	63	—	—	15	—	—	30	—	24	—
吉　林	177	4206	10	433	—	—	—	8348	35	21169
吉林集团	—	1184	—	—	—	—	—	2192	—	7726
黑龙江	144	13033	150	576	—	63	102	25907	—	56650
龙江集团	—	12913	50	12	—	—	—	25887	—	56220
上　海	36	—	—	—	—	—	—	—	—	—
江　苏	—	—	—	—	—	—	—	—	—	—
浙　江	72	102	—	454	—	111	44	—	—	124
安　徽	69	—	—	39	—	—	—	—	3	2368
福　建	144	116	2041	26	2	35	3	—	—	70
江　西	42	41	—	—	15	39	—	—	—	1440
山　东	144	120	—	—	—	148	—	—	160	100
河　南	66	172	—	1411	4	—	—	—	10	24256
湖　北	675	130	—	32	—	25	1	—	20	7069
湖　南	180	40	—	228	—	149	—	—	50	420
广　东	72	86	—	143	—	37	16	—	25	88
广　西	166	39	—	189	—	37	97	—	—	5816
海　南	—	—	—	—	—	—	—	—	—	—
重　庆	36	1000	—	—	—	—	—	—	—	8068
四　川	220	197	—	375	—	4	—	—	236	301
贵　州	144	130	—	651	—	—	151	—	214	157246
云　南	53	264	—	218	—	—	—	—	25	9592
西　藏	—	—	—	—	—	—	—	—	—	—
陕　西	384	670	—	802	—	—	—	180	—	2400
甘　肃	—	529	—	—	—	—	15	—	—	10230
青　海	254	54	10	111	—	—	30	—	183	35460
宁　夏	—	—	—	—	—	—	—	—	—	1150
新　疆	36	47	—	—	—	66	40	—	176	1777
新疆兵团	36	—	—	—	—	—	—	—	176	1405
局直属单位	—	6470	32	1215	—	2411	2067	17747	4854	37144
大兴安岭	—	6470	—	258	—	452	102	14058	—	28017

林业系统各地区按事业分的国有林场、苗圃营林基本建设投资完成额(一)

单位:万元

地区	合计	造林	封山(沙)育林	迹地更新	森林管护	低产林改造	中、幼龄林抚育	种苗工程	森林防火	森林病虫鼠害防治
全国合计	**217609**	**42876**	**25314**	**4617**	**61707**	**405**	**4914**	**8769**	**7026**	**2024**
北京	7240	576	217	650	200	100	—	1776	435	281
天津	150	—	—	—	—	—	—	150	—	—
河北	7242	2911	280	123	845	—	79	249	107	133
山西	12843	3287	3317	—	3570	—	558	103	9	187
内蒙古	40840	8898	3917	10	17148	—	—	652	1178	357
内蒙古集团	2133	—	—	—	2065	—	—	—	—	—
辽宁	1794	649	34	192	257	—	192	391	14	32
吉林	22524	2941	90	1296	6934	—	1934	1030	728	374
吉林集团	8234	4	—	1293	1817	—	1928	680	313	13
黑龙江	23537	5691	5241	—	5345	—	663	633	955	111
龙江集团	—	—	—	—	—	—	—	—	—	—
上海	—	—	—	—	—	—	—	—	—	—
江苏	2300	499	15	8	428	—	62	97	814	104
浙江	959	14	10	—	—	—	—	111	—	—
安徽	874	311	135	4	129	—	35	130	22	4
福建	1796	185	4	544	398	—	196	99	28	10
江西	1499	663	64	77	64	133	91	154	6	26
山东	2668	895	—	5	286	—	19	531	134	6
河南	1405	—	135	—	445	—	—	10	—	—
湖北	6543	2767	527	2	788	23	143	60	169	50
湖南	165	—	—	—	—	—	15	—	10	—
广东	3007	83	210	79	62	99	222	186	87	2
广西	9215	794	—	872	355	19	195	635	70	25
海南	2317	220	—	755	719	14	334	150	15	1
重庆	3720	262	843	—	1411	—	28	84	151	34
四川	14444	1321	4130	—	6178	—	—	320	264	104
贵州	4328	1607	17	—	497	—	—	300	79	15
云南	3200	273	292	—	1020	17	15	238	171	13
西藏	—	—	—	—	—	—	—	—	—	—
陕西	10236	3024	3043	—	3138	—	121	180	66	48
甘肃	19422	4671	1679	—	4741	—	12	6	447	94
青海	4334	319	1114	—	2600	—	—	—	27	—
宁夏	705	—	—	—	—	—	—	335	20	—
新疆	8302	15	—	—	4149	—	—	159	1020	13
新疆兵团	—	—	—	—	—	—	—	—	—	—
局直属单位	—	—	—	—	—	—	—	—	—	—
大兴安岭	—	—	—	—	—	—	—	—	—	—

林业系统各地区按事业分的国有林场、苗圃营林基本建设投资完成额(二)

单位:万元

地区	林业工作站	森林公安	森林公园	野生动植物保护及自然保护区	花卉	林政及木材检查站	林业调查规划设计	林业教育	林业科技及重点实验室	其他
全国合计	**219**	**1835**	**2814**	**3839**	**141**	**1020**	**223**	**618**	**169**	**49079**
北　京	—	282	—	1587	—	—	—	—	—	1136
天　津	—	—	—	—	—	—	—	—	—	—
河　北	—	—	226	279	—	—	8	—	—	2002
山　西	—	17	30	22	—	—	21	—	42	1680
内蒙古	—	221	—	—	—	30	23	519	—	7887
内蒙古集团	—	—	—	—	—	—	—	—	—	68
辽　宁	—	—	—	30	—	—	3	—	—	—
吉　林	—	19	—	330	—	25	120	—	—	6703
吉林集团	—	—	—	—	—	14	120	—	—	2052
黑龙江	67	20	320	54	—	53	25	—	—	4359
龙江集团	—	—	—	—	—	—	—	—	—	—
上　海	—	—	—	—	—	—	—	—	—	—
江　苏	10	40	66	—	33	—	1	2	5	116
浙　江	—	—	769	—	—	—	—	—	—	55
安　徽	—	—	15	—	—	—	—	—	—	89
福　建	—	63	—	—	—	—	18	—	20	231
江　西	—	—	—	—	15	—	—	—	—	206
山　东	—	—	600	—	—	—	—	—	9	183
河　南	—	84	—	502	1	—	—	—	—	228
湖　北	—	8	60	483	20	—	1	—	—	1442
湖　南	—	—	50	—	—	—	—	—	—	90
广　东	—	—	51	210	20	—	3	—	—	1693
广　西	—	33	—	176	15	—	—	—	—	6026
海　南	—	41	—	—	7	—	—	5	—	56
重　庆	—	6	100	—	—	—	—	—	—	801
四　川	—	—	—	48	—	—	—	—	20	2059
贵　州	—	32	517	—	—	10	—	—	—	1254
云　南	14	15	—	113	30	—	—	—	—	989
西　藏	—	—	—	—	—	—	—	—	—	—
陕　西	—	—	—	—	—	—	—	—	53	563
甘　肃	128	494	—	5	—	—	—	—	20	7125
青　海	—	—	10	—	—	—	—	—	—	264
宁　夏	—	—	—	—	—	—	—	—	—	350
新　疆	—	460	—	—	—	902	—	92	—	1492
新疆兵团	—	—	—	—	—	—	—	—	—	—
局直属单位	—	—	—	—	—	—	—	—	—	—
大兴安岭	—	—	—	—	—	—	—	—	—	—

林业利用外资基本情况

单位:万美元

指　　标	项目个数(个)	实际利用外资金额				协议利用外资金额			
		合计	国外借款	外商投资	无偿援助	合计	国外借款	外商投资	无偿援助
总　　计	**489**	**115589**	**12454**	**101325**	**1810**	**22375**	**10447**	**10803**	**1125**
一、按工程分									
(一)天然林保护工程	2	38	—	—	38	—	—	—	—
(二)退耕还林工程	5	184	—	184	—	149	—	149	—
(三)京津风沙源治理工程	—	—	—	—	—	—	—	—	—
(四)三北及长江流域等防护林工程	8	1174	53	1117	4	229	52	—	177
(五)野生动植物保护及自然保护区工程	16	259	—	—	259	12	—	—	12
(六)速生丰产用材林基地建设工程	84	6413	2375	3947	91	4149	1229	2634	286
(七)其他	374	107521	10026	96077	1418	17836	9166	8020	650
二、按建设项目分									
(一)营造林	264	76641	11971	63636	1034	14038	10009	3194	835
(二)木竹材加工	106	20724	—	20724	—	2941	—	2941	—
(三)林产化工	15	1166	—	1166	—	2649	—	2649	—
(四)非木质林产品加工	6	622	—	622	—	6	—	6	—
(五)花卉、种苗	27	1177	—	1177	—	13	—	13	—
(六)科学研究	1	1	—	—	1	—	—	—	—
(七)其他	70	15258	483	14000	775	2728	438	2000	290
补充资料:境外承包、劳务合作及设计咨询金额	—	—	—	—	—	113	113	—	—

各地区林业利用

<table>
<tr><th rowspan="3">地　区</th><th colspan="7">项　目</th></tr>
<tr><th rowspan="2">合　计</th><th colspan="6">按工程分</th></tr>
<tr><th>天然林资源保护工程</th><th>退耕还林工程</th><th>京津风沙源治理工程</th><th>三北及长江流域等防护林工程</th><th>野生动植物保护及自然保护区建设工程</th><th>速生丰产用材林基地建设工程</th></tr>
<tr><td>全国合计</td><td>489</td><td>2</td><td>5</td><td>—</td><td>8</td><td>16</td><td>84</td></tr>
<tr><td>北　京</td><td>3</td><td>—</td><td>—</td><td>—</td><td>—</td><td>—</td><td>—</td></tr>
<tr><td>天　津</td><td>—</td><td>—</td><td>—</td><td>—</td><td>—</td><td>—</td><td>—</td></tr>
<tr><td>河　北</td><td>8</td><td>—</td><td>—</td><td>—</td><td>—</td><td>—</td><td>3</td></tr>
<tr><td>山　西</td><td>6</td><td>—</td><td>—</td><td>—</td><td>—</td><td>—</td><td>—</td></tr>
<tr><td>内蒙古</td><td>2</td><td>—</td><td>—</td><td>—</td><td>—</td><td>—</td><td>—</td></tr>
<tr><td>内蒙古集团</td><td>—</td><td>—</td><td>—</td><td>—</td><td>—</td><td>—</td><td>—</td></tr>
<tr><td>辽　宁</td><td>8</td><td>—</td><td>—</td><td>—</td><td>—</td><td>—</td><td>—</td></tr>
<tr><td>吉　林</td><td>1</td><td>—</td><td>—</td><td>—</td><td>—</td><td>—</td><td>—</td></tr>
<tr><td>吉林集团</td><td>—</td><td>—</td><td>—</td><td>—</td><td>—</td><td>—</td><td>—</td></tr>
<tr><td>黑龙江</td><td>1</td><td>—</td><td>—</td><td>—</td><td>—</td><td>—</td><td>1</td></tr>
<tr><td>龙江集团</td><td>—</td><td>—</td><td>—</td><td>—</td><td>—</td><td>—</td><td>—</td></tr>
<tr><td>上　海</td><td>—</td><td>—</td><td>—</td><td>—</td><td>—</td><td>—</td><td>—</td></tr>
<tr><td>江　苏</td><td>48</td><td>—</td><td>—</td><td>—</td><td>7</td><td>—</td><td>—</td></tr>
<tr><td>浙　江</td><td>6</td><td>—</td><td>—</td><td>—</td><td>—</td><td>—</td><td>—</td></tr>
<tr><td>安　徽</td><td>27</td><td>—</td><td>—</td><td>—</td><td>1</td><td>—</td><td>14</td></tr>
<tr><td>福　建</td><td>146</td><td>—</td><td>—</td><td>—</td><td>—</td><td>—</td><td>—</td></tr>
<tr><td>江　西</td><td>46</td><td>—</td><td>—</td><td>—</td><td>—</td><td>—</td><td>14</td></tr>
<tr><td>山　东</td><td>17</td><td>—</td><td>—</td><td>—</td><td>—</td><td>—</td><td>15</td></tr>
<tr><td>河　南</td><td>3</td><td>—</td><td>—</td><td>—</td><td>—</td><td>—</td><td>—</td></tr>
<tr><td>湖　北</td><td>40</td><td>—</td><td>—</td><td>—</td><td>—</td><td>—</td><td>6</td></tr>
<tr><td>湖　南</td><td>13</td><td>—</td><td>—</td><td>—</td><td>—</td><td>2</td><td>3</td></tr>
<tr><td>广　东</td><td>15</td><td>—</td><td>—</td><td>—</td><td>—</td><td>—</td><td>14</td></tr>
<tr><td>广　西</td><td>29</td><td>—</td><td>4</td><td>—</td><td>—</td><td>—</td><td>14</td></tr>
<tr><td>海　南</td><td>2</td><td>—</td><td>1</td><td>—</td><td>—</td><td>—</td><td>—</td></tr>
<tr><td>重　庆</td><td>5</td><td>—</td><td>—</td><td>—</td><td>—</td><td>—</td><td>—</td></tr>
<tr><td>四　川</td><td>31</td><td>2</td><td>—</td><td>—</td><td>—</td><td>11</td><td>—</td></tr>
<tr><td>贵　州</td><td>—</td><td>—</td><td>—</td><td>—</td><td>—</td><td>—</td><td>—</td></tr>
<tr><td>云　南</td><td>7</td><td>—</td><td>—</td><td>—</td><td>—</td><td>3</td><td>—</td></tr>
<tr><td>西　藏</td><td>—</td><td>—</td><td>—</td><td>—</td><td>—</td><td>—</td><td>—</td></tr>
<tr><td>陕　西</td><td>17</td><td>—</td><td>—</td><td>—</td><td>—</td><td>—</td><td>—</td></tr>
<tr><td>甘　肃</td><td>3</td><td>—</td><td>—</td><td>—</td><td>—</td><td>—</td><td>—</td></tr>
<tr><td>青　海</td><td>2</td><td>—</td><td>—</td><td>—</td><td>—</td><td>—</td><td>—</td></tr>
<tr><td>宁　夏</td><td>3</td><td>—</td><td>—</td><td>—</td><td>—</td><td>—</td><td>—</td></tr>
<tr><td>新　疆</td><td>—</td><td>—</td><td>—</td><td>—</td><td>—</td><td>—</td><td>—</td></tr>
<tr><td>新疆兵团</td><td>—</td><td>—</td><td>—</td><td>—</td><td>—</td><td>—</td><td>—</td></tr>
<tr><td>大兴安岭</td><td>—</td><td>—</td><td>—</td><td>—</td><td>—</td><td>—</td><td>—</td></tr>
</table>

外资项目个数

单位:个

个数								补充资料:境外承包、劳务合作及设计咨询金额
	按建设项目分							
其他	营造林	木竹材加工	林产化工	非木质林产品加工	花卉、种苗	科学研究	其他	
374	**264**	**106**	**15**	**6**	**27**	**1**	**70**	**—**
3	—	—	—	—	—	—	3	—
—	—	—	—	—	—	—	—	—
5	8	—	—	—	—	—	—	—
6	6	—	—	—	—	—	—	—
2	2	—	—	—	—	—	—	—
—	—	—	—	—	—	—	—	—
8	8	—	—	—	—	—	—	—
1	1	—	—	—	—	—	—	—
—	—	—	—	—	—	—	—	—
—	1	—	—	—	—	—	—	—
—	—	—	—	—	—	—	—	—
—	—	—	—	—	—	—	—	—
41	21	11	—	1	15	—	—	—
6	—	3	—	—	—	—	3	—
12	22	1	—	—	—	—	4	—
146	12	81	13	4	10	—	26	—
32	33	8	1	1	2	—	1	—
2	17	—	—	—	—	—	—	—
3	3	—	—	—	—	—	—	—
34	35	1	1	—	—	—	3	—
8	8	1	—	—	—	—	4	—
1	15	—	—	—	—	—	—	—
11	28	—	—	—	—	—	1	—
1	2	—	—	—	—	—	—	—
5	5	—	—	—	—	—	—	—
18	13	—	—	—	—	—	18	—
—	—	—	—	—	—	—	—	—
4	4	—	—	—	—	—	3	—
—	—	—	—	—	—	—	—	—
17	16	—	—	—	—	—	1	—
3	2	—	—	—	—	—	1	—
2	—	—	—	—	—	—	2	—
3	2	—	—	—	—	1	—	—
—	—	—	—	—	—	—	—	—
—	—	—	—	—	—	—	—	—
—	—	—	—	—	—	—	—	—

各地区林业实际

地区	实际利用						
	合计	按工程分					
		天然林资源保护工程	退耕还林工程	京津风沙源治理工程	三北及长江流域等防护林工程	野生动植物保护及自然保护区建设工程	速生丰产用材林基地建设工程
全国合计	**115589**	**38**	**184**	**—**	**1174**	**259**	**6413**
北京	51	—	—	—	—	—	—
天津	—	—	—	—	—	—	—
河北	100	—	—	—	—	—	1
山西	498	—	—	—	—	—	—
内蒙古	5238	—	—	—	—	—	—
内蒙古集团	—	—	—	—	—	—	—
辽宁	343	—	—	—	—	—	—
吉林	7	—	—	—	—	—	—
吉林集团	—	—	—	—	—	—	—
黑龙江	552	—	—	—	—	—	552
龙江集团	—	—	—	—	—	—	—
上海	—	—	—	—	—	—	—
江苏	5666	—	—	—	944	—	—
浙江	705	—	—	—	—	—	—
安徽	1164	—	—	—	53	—	909
福建	87122	—	—	—	—	—	—
江西	1082	—	—	—	—	—	215
山东	131	—	—	—	—	—	122
河南	894	—	—	—	—	—	—
湖北	4135	—	—	—	—	—	347
湖南	1057	—	—	—	177	72	594
广东	1053	—	—	—	—	—	1027
广西	3393	—	149	—	—	—	2646
海南	375	—	35	—	—	—	—
重庆	66	—	—	—	—	—	—
四川	903	38	—	—	—	157	—
贵州	—	—	—	—	—	—	—
云南	87	—	—	—	—	30	—
西藏	—	—	—	—	—	—	—
陕西	625	—	—	—	—	—	—
甘肃	11	—	—	—	—	—	—
青海	299	—	—	—	—	—	—
宁夏	32	—	—	—	—	—	—
新疆	—	—	—	—	—	—	—
新疆兵团	—	—	—	—	—	—	—
大兴安岭	—	—	—	—	—	—	—

利用外资情况

单位:万美元

外资金额								补充资料:境外承包、劳务合作及设计咨询金额
	按建设项目分							
其他	营造林	木竹材加工	林产化工	非木质林产品加工	花卉、种苗	科学研究	其他	
107521	**76641**	**20724**	**1166**	**622**	**1177**	**1**	**15258**	—
51	—	—	—	—	—	—	51	—
—	—	—	—	—	—	—	—	—
99	100	—	—	—	—	—	—	—
498	498	—	—	—	—	—	—	—
5238	5238	—	—	—	—	—	—	—
—	—	—	—	—	—	—	—	—
343	343	—	—	—	—	—	—	—
7	7	—	—	—	—	—	—	—
—	—	—	—	—	—	—	—	—
—	552	—	—	—	—	—	—	—
—	—	—	—	—	—	—	—	—
—	—	—	—	—	—	—	—	—
4722	3823	1057	—	400	386	—	—	—
705	—	250	—	—	—	—	455	—
202	1006	100	—	—	—	—	58	—
87122	54199	18019	542	216	778	—	13368	—
867	553	330	124	6	13	—	56	—
9	131	—	—	—	—	—	—	—
894	894	—	—	—	—	—	—	—
3788	2352	900	500	—	—	—	383	—
214	809	68	—	—	—	—	180	—
26	1053	—	—	—	—	—	—	—
598	3303	—	—	—	—	—	90	—
340	375	—	—	—	—	—	—	—
66	66	—	—	—	—	—	—	—
708	651	—	—	—	—	—	252	—
—	—	—	—	—	—	—	—	—
57	57	—	—	—	—	—	30	—
—	—	—	—	—	—	—	—	—
625	590	—	—	—	—	—	35	—
11	10	—	—	—	—	—	1	—
299	—	—	—	—	—	—	299	—
32	31	—	—	—	—	1	—	—
—	—	—	—	—	—	—	—	—
—	—	—	—	—	—	—	—	—
—	—	—	—	—	—	—	—	—

各地区林业协议

地区	协议利用						
	合计	按工程分					
		天然林资源保护工程	退耕还林工程	京津风沙源治理工程	三北及长江流域等防护林工程	野生动植物保护及自然保护区建设工程	速生丰产用材林基地建设工程
全国合计	**22375**	**—**	**149**	**—**	**229**	**12**	**4149**
北京	70	—	—	—	—	—	—
天津	—	—	—	—	—	—	—
河北	212	—	—	—	—	—	200
山西	802	—	—	—	—	—	—
内蒙古	2712	—	—	—	—	—	—
内蒙古集团	—	—	—	—	—	—	—
辽宁	—	—	—	—	—	—	—
吉林	—	—	—	—	—	—	—
吉林集团	—	—	—	—	—	—	—
黑龙江	—	—	—	—	—	—	—
龙江集团	—	—	—	—	—	—	—
上海	—	—	—	—	—	—	—
江苏	—	—	—	—	—	—	—
浙江	—	—	—	—	—	—	—
安徽	622	—	—	—	52	—	334
福建	4576	—	—	—	—	—	—
江西	3110	—	—	—	—	—	75
山东	—	—	—	—	—	—	—
河南	483	—	—	—	—	—	140
湖北	3183	—	—	—	—	—	275
湖南	2880	—	—	—	177	12	479
广东	—	—	—	—	—	—	—
广西	3384	—	149	—	—	—	2646
海南	—	—	—	—	—	—	—
重庆	23	—	—	—	—	—	—
四川	—	—	—	—	—	—	—
贵州	—	—	—	—	—	—	—
云南	62	—	—	—	—	—	—
西藏	—	—	—	—	—	—	—
陕西	42	—	—	—	—	—	—
甘肃	6	—	—	—	—	—	—
青海	208	—	—	—	—	—	—
宁夏	—	—	—	—	—	—	—
新疆	—	—	—	—	—	—	—
新疆兵团	—	—	—	—	—	—	—
大兴安岭	—	—	—	—	—	—	—

利用外资情况

单位:万美元

外资金额								补充资料:境外承包、劳务合作及设计咨询金额
	按建设项目分							
其他	营造林	木竹材加工	林产化工	非木质林产品加工	花卉、种苗	科学研究	其他	
17836	**14038**	**2941**	**2649**	**6**	**13**	**—**	**2728**	**113**
70	—	—	—	—	—	—	70	—
—	—	—	—	—	—	—	—	—
12	212	—	—	—	—	—	—	—
802	802	—	—	—	—	—	—	—
2712	2712	—	—	—	—	—	—	—
—	—	—	—	—	—	—	—	—
—	—	—	—	—	—	—	—	—
—	—	—	—	—	—	—	—	—
—	—	—	—	—	—	—	—	—
—	—	—	—	—	—	—	—	—
—	—	—	—	—	—	—	—	—
—	—	—	—	—	—	—	—	—
—	—	—	—	—	—	—	—	—
—	—	—	—	—	—	—	—	—
236	392	200	—	—	—	—	30	—
4576	—	2076	2500	—	—	—	—	—
3035	2277	665	149	6	13	—	—	113
—	—	—	—	—	—	—	—	—
343	483	—	—	—	—	—	—	—
2908	2865	—	—	—	—	—	318	—
2212	868	—	—	—	—	—	2012	—
—	—	—	—	—	—	—	—	—
589	3294	—	—	—	—	—	90	—
—	—	—	—	—	—	—	—	—
23	23	—	—	—	—	—	—	—
—	—	—	—	—	—	—	—	—
—	—	—	—	—	—	—	—	—
62	62	—	—	—	—	—	—	—
—	—	—	—	—	—	—	—	—
42	42	—	—	—	—	—	—	—
6	6	—	—	—	—	—	—	—
208	—	—	—	—	—	—	208	—
—	—	—	—	—	—	—	—	—
—	—	—	—	—	—	—	—	—
—	—	—	—	—	—	—	—	—
—	—	—	—	—	—	—	—	—

林业系统林业建设资金到位情况

单位:万元

指　　标	本年应拨、贷资金额	自年初累计实际到位资金额
合　　计	**6362517**	**5537553**
在合计中:地方配套资金	489718	440384
其中:天保工程配套资金	89484	65316
其中:东北、内蒙古等天保工程配套资金	34426	34124
退耕还林配套资金	33479	33719
一、国家预算内资金	**4419816**	**4153014**
1. 国家预算内基建资金	170033	121899
2. 国债资金	665965	626839
(1)天然林保护工程国债资金	110013	111426
公益林建设	106992	104448
森林防火	864	826
种苗及其他	2157	6152
(2)退耕还林工程国债资金	335907	312473
(3)京津风沙源工程	72930	73705
(4)防护林工程(三北四期及长江流域等)	59534	48799
(5)种苗工程	20976	20316
(6)野生动植物保护及自然保护区工程	18795	11190
(7)病虫害防治工程	7728	6864
(8)森林防火工程	25574	25224
(9)其他	14509	16843
3. 中央财政专项资金	2825858	2740587
(1)天然林资源保护工程	492448	492467
东北、内蒙古等天保工程	314351	315760
长江、黄河流域天保工程	178097	176707
(2)退耕还林工程	1901695	1844320
(3)京津风沙源工程	148332	148225
(4)农业综合开发资金	15995	14771
(5)扶贫资金	17970	13885
(6)其他	249418	226919
4. 其他国家预算内资金	757961	663690
二、国内贷款	**276532**	**232808**
其中:林业贴息贷款	251786	208586
三、利用外资	**799849**	**291875**
四、自筹资金	**516098**	**524333**
五、其他资金	**350221**	**335523**

林业系统各地区本年应拨、贷资金额(一)

单位:万元

地区	总计	其中:地方配套资金				国家预算内资金	
		合计	其中			合计	国家预算内基建资金
			天保工程配套资金		退耕还林工程配套资金		
			计	其中:东北、内蒙古重点国有林区配套资金			
全国合计	**6362517**	**489718**	**89484**	**34426**	**33479**	**4419816**	**170033**
北京	111007	90318	—	—	—	106227	2098
天津	6171	1883	—	—	—	4288	379
河北	250945	14171	—	—	340	214616	2308
山西	180956	4708	2209	—	—	168471	2879
内蒙古	468205	4365	1045	4	31	406794	6145
内蒙古集团	75057	—	—	—	—	48581	3392
辽宁	126240	14406	—	—	—	115563	1857
吉林	264376	29172	25400	25400	—	184074	11115
吉林集团	100961	25016	24900	24900	—	47066	1163
黑龙江	249080	9097	6015	6015	—	211934	10853
龙江集团	141952	6743	6015	6015	—	125941	9009
上海	105962	76007	—	—	—	76437	69340
江苏	225478	88352	—	—	—	60436	1007
浙江	111224	8868	—	—	—	64153	2542
安徽	112002	2193	—	—	275	78070	650
福建	777607	2403	—	—	—	28792	2547
江西	135089	1324	—	—	63	89525	1273
山东	300947	5129	—	—	—	71358	1797
河南	166409	2858	714	—	—	130436	1258
湖北	152488	120	—	—	120	124145	1519
湖南	177596	1675	—	—	305	164342	2183
广东	226229	4623	—	—	—	189212	1570
广西	205739	2863	—	—	319	122424	1341
海南	37864	1100	1100	1100	—	25058	915
重庆	201290	16420	2864	—	11583	190342	451
四川	507594	47350	33113	—	11941	469484	3671
贵州	199530	13560	1679	—	1719	198423	2099
云南	249437	21111	5725	887	4446	202576	4908
西藏	5761	1947	—	—	1947	5741	—
陕西	165896	3956	3489	—	240	154592	2581
甘肃	270231	7770	5096	—	—	243822	921
青海	78375	2142	—	—	—	76742	702
宁夏	38228	4932	15	—	150	33263	1767
新疆	140426	4895	1020	1020	—	112160	4838
新疆兵团	37541	—	—	—	—	26541	—
局直属单位	114135	—	—	—	—	96316	22519
大兴安岭	91713	—	—	—	—	73894	6084

林业系统各地区本年

<table>
<tr><th rowspan="4">地　区</th><th colspan="9">国　家　预</th></tr>
<tr><th colspan="9">国　债　资　金</th></tr>
<tr><th rowspan="2">合 计</th><th colspan="4">天然林资源保护工程</th><th rowspan="2">退耕还林工程国债资金</th><th rowspan="2">京津风沙源治理工程</th><th rowspan="2">防护林工程(三北四期及长江流域等)</th><th rowspan="2">种苗工程</th></tr>
<tr><th>小计</th><th>公益林建设</th><th>森林防火</th><th>科技及其他</th></tr>
<tr><td>全国合计</td><td>665965</td><td>110013</td><td>106992</td><td>864</td><td>2157</td><td>335907</td><td>72930</td><td>59534</td><td>20976</td></tr>
<tr><td>北　京</td><td>5743</td><td>—</td><td>—</td><td>—</td><td>—</td><td>—</td><td>3940</td><td>700</td><td>72</td></tr>
<tr><td>天　津</td><td>2500</td><td>—</td><td>—</td><td>—</td><td>—</td><td>—</td><td>1500</td><td>700</td><td>150</td></tr>
<tr><td>河　北</td><td>42975</td><td>—</td><td>—</td><td>—</td><td>—</td><td>23000</td><td>16394</td><td>2500</td><td>345</td></tr>
<tr><td>山　西</td><td>27881</td><td>3920</td><td>3741</td><td>—</td><td>179</td><td>6550</td><td>13617</td><td>2600</td><td>400</td></tr>
<tr><td>内蒙古</td><td>69316</td><td>9280</td><td>9280</td><td>—</td><td>—</td><td>10877</td><td>37479</td><td>6000</td><td>475</td></tr>
<tr><td>内蒙古集团</td><td>—</td><td>—</td><td>—</td><td>—</td><td>—</td><td>—</td><td>—</td><td>—</td><td>—</td></tr>
<tr><td>辽　宁</td><td>19160</td><td>—</td><td>—</td><td>—</td><td>—</td><td>14250</td><td>—</td><td>4300</td><td>310</td></tr>
<tr><td>吉　林</td><td>19311</td><td>—</td><td>—</td><td>—</td><td>—</td><td>12250</td><td>—</td><td>1750</td><td>1046</td></tr>
<tr><td>吉林集团</td><td>690</td><td>—</td><td>—</td><td>—</td><td>—</td><td>—</td><td>—</td><td>—</td><td>140</td></tr>
<tr><td>黑龙江</td><td>19077</td><td>—</td><td>—</td><td>—</td><td>—</td><td>11000</td><td>—</td><td>4000</td><td>680</td></tr>
<tr><td>龙江集团</td><td>978</td><td>—</td><td>—</td><td>—</td><td>—</td><td>—</td><td>—</td><td>—</td><td>280</td></tr>
<tr><td>上　海</td><td>167</td><td>—</td><td>—</td><td>—</td><td>—</td><td>—</td><td>—</td><td>—</td><td>—</td></tr>
<tr><td>江　苏</td><td>2075</td><td>—</td><td>—</td><td>—</td><td>—</td><td>—</td><td>—</td><td>1100</td><td>575</td></tr>
<tr><td>浙　江</td><td>4346</td><td>—</td><td>—</td><td>—</td><td>—</td><td>—</td><td>—</td><td>1980</td><td>293</td></tr>
<tr><td>安　徽</td><td>9403</td><td>505</td><td>448</td><td>6</td><td>51</td><td>5618</td><td>—</td><td>1840</td><td>430</td></tr>
<tr><td>福　建</td><td>1803</td><td>—</td><td>—</td><td>—</td><td>—</td><td>—</td><td>—</td><td>700</td><td>330</td></tr>
<tr><td>江　西</td><td>7236</td><td>—</td><td>—</td><td>—</td><td>—</td><td>5000</td><td>—</td><td>1000</td><td>350</td></tr>
<tr><td>山　东</td><td>2682</td><td>—</td><td>—</td><td>—</td><td>—</td><td>—</td><td>—</td><td>1828</td><td>350</td></tr>
<tr><td>河　南</td><td>14913</td><td>1388</td><td>917</td><td>—</td><td>471</td><td>12335</td><td>—</td><td>900</td><td>290</td></tr>
<tr><td>湖　北</td><td>41007</td><td>4588</td><td>4588</td><td>—</td><td>—</td><td>33066</td><td>—</td><td>1100</td><td>334</td></tr>
<tr><td>湖　南</td><td>30902</td><td>—</td><td>—</td><td>—</td><td>—</td><td>24071</td><td>—</td><td>2949</td><td>2637</td></tr>
<tr><td>广　东</td><td>1550</td><td>—</td><td>—</td><td>—</td><td>—</td><td>—</td><td>—</td><td>700</td><td>200</td></tr>
<tr><td>广　西</td><td>25546</td><td>—</td><td>—</td><td>—</td><td>—</td><td>12751</td><td>—</td><td>2429</td><td>1113</td></tr>
<tr><td>海　南</td><td>4147</td><td>—</td><td>—</td><td>—</td><td>—</td><td>2000</td><td>—</td><td>900</td><td>—</td></tr>
<tr><td>重　庆</td><td>15639</td><td>3531</td><td>3531</td><td>—</td><td>—</td><td>11313</td><td>—</td><td>—</td><td>140</td></tr>
<tr><td>四　川</td><td>48644</td><td>34960</td><td>34960</td><td>—</td><td>—</td><td>12503</td><td>—</td><td>—</td><td>227</td></tr>
<tr><td>贵　州</td><td>19905</td><td>3584</td><td>3584</td><td>—</td><td>—</td><td>13500</td><td>—</td><td>1000</td><td>250</td></tr>
<tr><td>云　南</td><td>43327</td><td>16834</td><td>15823</td><td>820</td><td>191</td><td>22390</td><td>—</td><td>1209</td><td>1155</td></tr>
<tr><td>西　藏</td><td>4434</td><td>1817</td><td>1817</td><td>—</td><td>—</td><td>—</td><td>—</td><td>—</td><td>30</td></tr>
<tr><td>陕　西</td><td>56570</td><td>17022</td><td>15910</td><td>38</td><td>1074</td><td>35099</td><td>—</td><td>2450</td><td>434</td></tr>
<tr><td>甘　肃</td><td>37689</td><td>9485</td><td>9485</td><td>—</td><td>—</td><td>19132</td><td>—</td><td>5058</td><td>538</td></tr>
<tr><td>青　海</td><td>18213</td><td>2136</td><td>2136</td><td>—</td><td>—</td><td>7000</td><td>—</td><td>1200</td><td>163</td></tr>
<tr><td>宁　夏</td><td>18152</td><td>772</td><td>772</td><td>—</td><td>—</td><td>14500</td><td>—</td><td>2545</td><td>335</td></tr>
<tr><td>新　疆</td><td>45980</td><td>191</td><td>—</td><td>—</td><td>191</td><td>27702</td><td>—</td><td>6096</td><td>7041</td></tr>
<tr><td>新疆兵团</td><td>25257</td><td>191</td><td>—</td><td>—</td><td>191</td><td>18452</td><td>—</td><td>1221</td><td>4606</td></tr>
<tr><td>局直属单位</td><td>5672</td><td>—</td><td>—</td><td>—</td><td>—</td><td>—</td><td>—</td><td>—</td><td>283</td></tr>
<tr><td>大兴安岭</td><td>3538</td><td>—</td><td>—</td><td>—</td><td>—</td><td>—</td><td>—</td><td>—</td><td>283</td></tr>
</table>

应拨、贷资金额(二)

单位:万元

算内资金									
				中央财政专项资金					
					天然林资源保护工程				
野生动植物保护及自然保护区建设工程	病虫害防治工程	森林防火工程	其他	合计	小计	东北、内蒙古等天保工程	长江、黄河流域天保工程	退耕还林工程	京津风沙源治理工程
18795	**7728**	**25574**	**14509**	**2825858**	**492448**	**314351**	**178097**	**1901695**	**148332**
361	150	412	108	8068	—	—	—	—	6440
—	150	—	—	1409	—	—	—	980	140
—	300	436	—	155162	—	—	—	142550	—
—	350	154	290	117280	6941	—	6941	81304	24329
2013	400	2190	602	317921	57003	52347	4656	95241	117423
—	—	—	—	45189	45189	45189	—	—	—
—	300	—	—	66737	—	—	—	53262	—
280	322	3252	411	153078	75596	75596	—	51639	—
—	123	427	—	45213	42895	42895	—	—	—
564	498	2335	—	181954	114772	114772	—	66000	—
—	148	550	—	115954	114772	114772	—	—	—
—	167	—	—	—	—	—	—	—	—
—	400	—	—	1630	—	—	—	—	—
442	532	1099	—	791	—	—	—	—	—
39	68	525	378	66824	—	—	—	60658	—
123	300	350	—	8353	—	—	—	—	—
—	—	886	—	79541	—	—	—	66698	—
—	270	234	—	9357	—	—	—	—	—
—	—	—	—	90360	2852	—	2852	73845	—
—	350	1569	—	80528	—	—	—	79648	—
643	229	208	165	128034	—	—	—	111642	—
—	250	400	—	4090	—	—	—	—	—
306	183	1314	7450	66853	—	—	—	50532	—
358	300	589	—	19500	2205	2205	—	13800	—
—	80	557	18	154681	7392	—	7392	146562	—
—	203	382	369	359120	60733	—	60733	294752	—
621	400	550	—	162859	12827	—	12827	146382	—
646	516	390	187	125455	34352	83	34269	81383	—
—	—	1947	640	1307	—	—	—	1307	—
772	111	32	651	94623	21535	—	21535	72303	—
819	245	2349	63	201418	19581	—	19581	160538	—
7411	150	—	153	57477	5043	—	5043	40398	—
—	—	—	—	13344	2268	—	2268	9031	—
2734	310	1138	768	31055	5176	5176	—	1240	—
—	46	5	736	1284	—	—	—	1240	—
663	194	2276	2256	67049	64172	64172	—	—	—
35	194	2276	750	64172	64172	64172	—	—	—

林业系统各地区本年应拨、贷资金额(三)

单位:万元

地区	国家预算内资金				国内贷款		利用外资	自筹资金	其他资金
	中央财政专项资金			其他国家预算内资金	合计	其中:林业贴息贷款			
	农业综合开发资金	扶贫资金	其他						
全国合计	**15995**	**17970**	**249418**	**757961**	**276532**	**251786**	**799849**	**516098**	**350221**
北　京	860	—	768	90318	4220	4220	560	—	—
天　津	—	—	289	—	—	—	—	1883	—
河　北	1600	500	10512	14171	25000	25000	1410	3826	6093
山　西	1200	650	2856	20431	7200	7200	4022	65	1198
内蒙古	454	653	47147	13412	—	—	29885	28204	3322
内蒙古集团	—	—	—	—	—	—	—	26476	—
辽　宁	400	700	12375	27809	523	523	2758	7396	—
吉　林	197	1000	24646	570	4181	155	56	51430	24635
吉林集团	—	—	2318	—	3736	155	—	37094	13065
黑龙江	1182	—	—	50	10289	10000	552	18225	8080
龙江集团	1182	—	—	—	—	—	—	9268	6743
上　海	—	—	—	6930	—	—	—	22095	7430
江　苏	600	—	1030	55724	9536	9536	2645	122445	30416
浙　江	10	—	781	56474	14230	13500	4467	13127	15247
安　徽	1063	177	4926	1193	10772	10462	4634	8564	9962
福　建	300	700	7353	16089	14000	14000	700000	23116	11699
江　西	1100	600	11143	1475	15300	15300	10377	6322	13565
山　东	1370	600	7387	57522	45950	41000	1460	87626	94553
河　南	1670	450	11543	23905	16488	16488	6928	3470	9087
湖　北	880	—	—	1091	352	352	4135	20803	3053
湖　南	1149	6919	8324	3223	1440	1440	2103	1188	8523
广　东	—	200	3890	182002	4540	4540	8541	12266	11670
广　西	332	1065	14924	28684	50267	39500	4004	19514	9530
海　南	—	500	2995	496	4774	1800	451	3379	4202
重　庆	24	10	693	19571	—	—	532	3499	6917
四　川	214	631	2790	58049	14	14	7407	12409	18280
贵　州	—	600	3050	13560	—	—	—	310	797
云　南	126	234	9360	28886	812	712	418	14275	31356
西　藏	—	—	—	—	—	—	—	—	20
陕　西	10	130	645	819	—	—	1855	1411	8038
甘　肃	534	686	20079	3794	24544	24544	110	1751	4
青　海	—	615	11421	350	1100	500	507	—	26
宁　夏	—	350	1696	—	—	—	32	4932	—
新　疆	720	—	23919	30287	11000	11000	—	10937	6329
新疆兵团	—	—	44	—	11000	11000	—	—	—
局直属单位	—	—	2877	1076	—	—	—	11630	6189
大兴安岭	—	—	—	100	—	—	—	11630	6189

林业系统各地区本年实际到位资金额(一)

单位:万元

地区	总计	其中:地方配套资金				国家预算内资金	
		合计	其中			合计	国家预算内基建资金
			天保工程配套资金		退耕还林工程配套资金		
			计	其中:东北、内蒙古等重点国有林区配套资金			
全国合计	**5537553**	**440384**	**65316**	**34124**	**33719**	**4153014**	**121899**
北京	114695	91706	—	—	—	109087	2337
天津	6055	1861	—	—	—	4194	379
河北	237905	14171	—	—	340	214576	2308
山西	174183	4148	2105	—	—	167899	2879
内蒙古	433804	1633	4	4	26	395469	4468
内蒙古集团	61673	—	—	—	—	45952	1456
辽宁	121087	14417	—	—	—	110410	1857
吉林	225082	27042	25400	25400	—	146224	8911
吉林集团	101137	24942	24900	24900	—	46670	953
黑龙江	245698	9495	6015	6015	—	213342	10853
龙江集团	144070	7141	6015	6015	—	127349	9009
上海	59373	31457	—	—	—	31720	28600
江苏	223800	88272	—	—	—	60436	1007
浙江	110024	8604	—	—	—	62973	2322
安徽	109836	2175	—	—	275	76280	615
福建	277607	2403	—	—	—	28792	2547
江西	103703	1009	—	—	73	64635	1533
山东	297711	5129	—	—	—	69654	1797
河南	165014	2858	714	—	—	130520	1258
湖北	149325	120	—	—	120	120982	1519
湖南	165084	1278	—	—	305	152776	1961
广东	182106	4174	—	—	—	144602	1961
广西	186978	2129	—	—	310	104379	1264
海南	37864	1100	1100	1100	—	25058	915
重庆	198384	14943	2188	—	10816	188106	446
四川	483417	30129	15821	—	11974	453434	3781
贵州	199530	13560	1679	—	1719	198423	2099
云南	244047	19058	3953	659	4446	197936	4708
西藏	7643	2007	—	—	1947	7623	—
陕西	164119	3174	2474	—	240	149601	3148
甘肃	253385	3464	2887	—	—	239145	661
青海	72868	2142	—	—	—	71235	756
宁夏	38228	4932	15	—	150	33263	1767
新疆	137952	31778	961	946	978	86197	1848
新疆兵团	60969	20092	—	—	978	27005	—
局直属单位	111046	16	—	—	—	94043	21394
大兴安岭	89164	—	—	—	—	72597	4959

林业系统各地区本年

地区	国家预								
	国债资金								
	合计	天然林资源保护工程				退耕还林工程国债资金	京津风沙源治理工程	防护林工程(三北四期及长江流域等)	种苗工程
		小计	公益林建设	森林防火	科技及其他				
全国合计	**626839**	**111426**	**104448**	**826**	**6152**	**312473**	**73705**	**48799**	**20316**
北京	7259	—	—	—	—	—	4821	310	116
天津	2500	—	—	—	—	—	1500	700	150
河北	42975	—	—	—	—	23000	16394	2500	345
山西	27881	3920	3741	—	179	6550	13617	2600	400
内蒙古	63019	9283	9268	—	15	10967	37268	29	608
内蒙古集团	—	—	—	—	—	—	—	—	—
辽宁	13922	—	—	—	—	9250	—	4062	310
吉林	14599	—	—	—	—	7823	—	1603	1020
吉林集团	690	—	—	—	—	—	—	—	90
黑龙江	20415	—	—	—	—	11000	—	4000	680
龙江集团	2316	—	—	—	—	—	—	—	280
上海	167	—	—	—	—	—	—	—	—
江苏	2075	—	—	—	—	—	—	1100	575
浙江	4346	—	—	—	—	—	—	1980	293
安徽	9287	505	448	6	51	5534	—	1810	430
福建	1803	—	—	—	—	—	—	700	330
江西	9044	—	—	—	—	5748	—	1545	603
山东	2682	—	—	—	—	—	—	1828	350
河南	14913	1388	917	—	471	12335	—	900	290
湖北	41007	4588	4588	—	—	33066	—	1100	334
湖南	25626	—	—	—	—	19080	—	2744	2637
广东	2190	—	—	—	—	—	—	825	369
广西	19270	—	—	—	—	8637	—	2058	849
海南	4147	—	—	—	—	2000	—	900	—
重庆	15604	3515	3515	—	—	11294	—	—	140
四川	52914	38950	38950	—	—	12399	—	—	499
贵州	19905	3584	3584	—	—	13500	—	1000	250
云南	40342	15738	14769	783	186	21069	—	1324	1102
西藏	5008	1685	1684	1	—	17	105	600	9
陕西	53566	17541	12446	36	5059	32101	—	1740	606
甘肃	34307	7705	7705	—	—	19132	—	4225	450
青海	13004	2061	2061	—	—	7000	—	1109	163
宁夏	18152	772	772	—	—	14500	—	2545	335
新疆	39410	191	—	—	191	26471	—	2962	5790
新疆兵团	25565	191	—	—	191	18660	—	1321	4606
局直属单位	5500	—	—	—	—	—	—	—	283
大兴安岭	3366	—	—	—	—	—	—	—	283

实际到位资金额(二)

单位:万元

算内资金					中央财政专项资金				
					天然林资源保护工程				
野生动植物保护及自然保护区建设工程	病虫害防治工程	森林防火工程	其他	合 计	小 计	东北、内蒙古等天保工程	长江、黄河流域天保工程	退耕还林工程	京津风沙源治理工程
11190	**6864**	**25224**	**16843**	**2740587**	**492467**	**315760**	**176707**	**1844320**	**148225**
—	81	340	1591	9173	—	—	—	—	6377
—	150	—	—	1315	—	—	—	980	140
—	300	436	—	155122	—	—	—	142550	—
—	350	154	290	116812	7025	—	7025	81304	24329
2164	151	1909	640	316120	56303	51654	4649	94578	117379
—	—	—	—	44496	44496	44496	—	—	—
—	300	—	—	66779	—	—	—	53304	—
512	249	2841	551	122203	75596	75596	—	25204	—
—	96	338	166	45027	42895	42895	—	—	—
614	498	3373	250	182024	114772	114772	—	66000	—
50	148	1588	250	116024	114772	114772	—	—	—
—	167	—	—	—	—	—	—	—	—
—	400	—	—	1630	—	—	—	—	—
442	532	1099	—	791	—	—	—	—	—
39	66	525	378	65207	—	—	—	59251	—
123	300	350	—	8353	—	—	—	—	—
—	46	1074	28	52758	—	—	—	41961	—
—	270	234	—	9357	—	—	—	—	—
—	—	—	—	90444	2852	—	2852	73845	—
—	350	1569	—	77365	—	—	—	76485	—
643	217	203	102	122706	—	—	—	111353	—
16	358	622	—	5008	—	—	—	—	—
306	124	768	6528	60021	—	—	—	46485	—
358	300	589	—	19500	2205	2205	—	13800	—
—	80	557	18	154396	7381	—	7381	146288	—
—	205	492	369	354703	60506	—	60506	290595	—
621	400	550	—	162859	12827	—	12827	146382	—
369	209	344	187	125058	34889	83	34806	81671	—
4	1	1947	640	1307	—	—	—	1307	—
772	128	218	461	91423	20252	—	20252	70414	—
655	197	1880	63	200486	19098	—	19098	160538	—
2488	30	—	153	57125	5043	—	5043	40398	—
—	—	—	—	13344	2268	—	2268	9031	—
421	211	913	2451	30149	7278	7278	—	10596	—
—	46	5	736	1440	—	—	—	1266	—
643	194	2237	2143	67049	64172	64172	—	—	—
15	194	2237	637	64172	64172	64172	—	—	—

林业系统各地区本年实际到位资金额(三)

单位:万元

地　　区	国家预算内资金				国内贷款		利用外资	自筹资金	其他资金
	中央财政专项资金			其他国家预算内资金	合 计	其中:林业贴息贷款			
	农业综合开发资金	扶贫资金	其他						
全国合计	**14771**	**13885**	**226919**	**663690**	**232808**	**208586**	**291875**	**524333**	**335523**
北　京	905	—	1891	90318	4220	4220	412	431	545
天　津	—	—	195	—	—	—	—	1861	—
河　北	1600	500	10472	14171	12000	12000	1410	3826	6093
山　西	1200	98	2856	20327	999	999	4022	65	1198
内蒙古	454	563	46843	11862	—	—	19366	17212	1757
内蒙古集团	—	—	—	—	—	—	—	15721	—
辽　宁	400	700	12375	27852	523	523	2758	7396	—
吉　林	197	960	20246	511	3367	—	56	51264	24171
吉林集团	—	—	2132	—	3300	—	—	38208	12959
黑龙江	1252	—	—	50	4789	4500	552	18537	8478
龙江集团	1252	—	—	—	—	—	—	9580	7141
上　海	—	—	—	2953	—	—	—	20323	7330
江　苏	600	—	1030	55724	9536	9536	2645	121490	29693
浙　江	10	—	781	55514	14210	13480	4467	13127	15247
安　徽	953	162	4841	1171	9654	9344	4453	8785	10664
福　建	300	700	7353	16089	14000	14000	200000	23116	11699
江　西	1370	580	8847	1300	10375	10240	8395	6360	13938
山　东	1370	600	7387	55818	45950	41000	1460	87344	93303
河　南	1670	450	11627	23905	16488	16488	6928	3471	7608
湖　北	880	—	—	1091	352	352	4135	20803	3053
湖　南	718	4079	6556	2483	1440	1440	1903	1130	7835
广　东	20	70	4918	135443	4540	4540	8541	12082	12341
广　西	197	1065	12274	23824	50267	39500	4004	19616	8712
海　南	—	500	2995	496	4774	1800	451	3379	4202
重　庆	24	10	693	17660	—	—	532	3499	6247
四　川	214	571	2817	42036	14	14	7386	9562	13021
贵　州	—	600	3050	13560	—	—	—	310	797
云　南	126	221	8151	27828	812	712	695	16252	28352
西　藏	—	—	—	1308	—	—	—	—	20
陕　西	31	85	641	1465	—	—	6561	937	7020
甘　肃	280	675	19895	3691	12398	12398	87	1751	4
青　海	—	315	11369	350	1100	500	507	—	26
宁　夏	—	350	1696	—	—	—	32	4932	—
新　疆	—	31	12244	14790	11000	11000	—	34514	6241
新疆兵团	—	—	174	—	11000	11000	—	22964	—
局直属单位	—	—	2877	100	—	—	117	10958	5928
大兴安岭	—	—	—	100	—	—	—	10680	5887

林业教育

2005～2006学年初普通高、中等林业院校和其他高、中等院校林科基本情况

单位：人

名　称	学校数（所、个）	毕业生数	招生数	在校学生数	毕业班学生数	教职工数	
						计	其中：专任教师
总计	**—**	**67912**	**86043**	**260337**	**70716**	**19035**	**12589**
一、研究生	**49**	**1785**	**4608**	**11253**	**2849**	**—**	**—**
1. 高等林业院校	6	1191	3026	7483	1946	14191	9749
2. 其他高等院校（林科）	37	536	1399	3302	775	—	—
3. 科研单位	6	58	183	468	128	—	—
二、普通本专科生	**273**	**36954**	**51135**	**168018**	**40748**	**—**	**—**
1. 高等林业院校	6	18216	22710	83468	18373	—	—
2. 森林公安高等学校	1	711	1540	3593	871	492	326
3. 其他高等院校（林科）	266	18027	26885	80957	21504	—	—
三、中专生	**379**	**29173**	**30300**	**81066**	**27119**	**—**	**—**
1. 中等林业（园林）职业学校	52	16688	18253	45654	14338	4352	2514
2. 其他中等职业学校（林科）	327	12485	12047	35412	12781	—	—

2005～2006学年初普通高等林业院校教职工情况(一)

单位:人

学校名称	教职工数									
	总计	校本部教职工								
		合计	专任教师						行政人员	教辅人员
			计	正高级	副高级	中级	初级	无职称者		
总　计	**14683**	**13524**	**10075**	**794**	**2125**	**2993**	**2247**	**1916**	**1595**	**991**
一、高等林业院校	**14191**	**13052**	**9749**	**787**	**2066**	**2892**	**2140**	**1864**	**1502**	**968**
北京林业大学	2077	1851	1483	159	405	483	199	237	195	141
东北林业大学	3947	3338	2536	222	519	778	516	501	349	275
南京林业大学	2675	2491	1911	145	383	618	450	315	275	130
中南林学院	3099	3003	2077	136	467	506	459	509	387	221
西南林学院	1126	1126	824	55	151	232	207	179	160	84
浙江林学院	1267	1243	918	70	141	275	309	123	136	117
二、森林公安高等学校	**492**	**472**	**326**	**7**	**59**	**101**	**107**	**52**	**93**	**23**
南京森林公安高等专科学校	492	472	326	7	59	101	107	52	93	23

2005～2006学年初普通高等林业院校教职工情况(二)

单位:人

学校名称	教职工数				另有其他人员			
	工勤人员	科研机构人员	校办企业职工	其他附设机构人员	聘请校外教师	离退休人员	附属中小学幼儿园教职工	集体所有制人员
总　计	**863**	**100**	**418**	**641**	**905**	**3884**	**193**	**324**
一、高等林业院校	**833**	**100**	**418**	**621**	**865**	**3884**	**193**	**324**
北京林业大学	32	—	108	118	222	676	42	—
东北林业大学	178	36	214	359	72	1031	36	259
南京林业大学	175	64	42	78	254	903	60	65
中南林学院	318	—	54	42	298	949	13	—
西南林学院	58	—	—	—	—	319	42	—
浙江林学院	72	—	—	24	19	6	—	—
二、森林公安高等学校	**30**	**—**	**—**	**20**	**40**	**—**	**—**	**—**
南京森林公安高等专科学校	30	—	—	20	40	—	—	—

2005～2006学年初普通

学校名称	合 计	教学及辅助用房				
		计	教室	图书馆	实验室、实习场所	体育馆
一、学校产权建筑面积	**3252777**	**1391011**	**493360**	**176437**	**602839**	**80595**
1. 高等林业院校	3080907	1314836	473666	164799	575287	63304
北京林业大学	369461	153611	46985	23500	73948	9178
东北林业大学	774842	322341	150339	42388	108522	11716
南京林业大学	674297	300778	63490	31146	169503	26700
中南林学院	349831	158221	103241	21500	14820	4110
西南林学院	688207	309259	72790	31451	191925	9178
浙江林学院	224269	70626	36821	14814	16569	2422
2. 森林公安高等学校	171870	76175	19694	11638	27552	17291
南京森林公安高等专科学校	171870	76175	19694	11638	27552	17291
二、正在施工面积	**150468**	**88322**	**20212**	**—**	**30953**	**37157**
1. 高等林业院校	150468	88322	20212	—	30953	37157
北京林业大学	11876	11876	—	—	11876	—
东北林业大学	85553	27500	—	—	—	27500
南京林业大学	—	—	—	—	—	—
中南林学院	31562	27469	20212	—	7257	—
西南林学院	—	—	—	—	—	—
浙江林学院	21477	21477	—	—	11820	9657
2. 森林公安高等学校	—	—	—	—	—	—
南京森林公安高等专科学校	—	—	—	—	—	—
三、非学校产权建筑面积	**335293**	**237723**	**87562**	**2001**	**145060**	**—**
1. 高等林业院校	335293	237723	87562	2001	145060	—
北京林业大学	165631	132779	7845	1400	121234	—
东北林业大学	—	—	—	—	—	—
南京林业大学	1200	—	—	—	—	—
中南林学院	48100	—	—	—	—	—
西南林学院	120362	104944	79717	601	23826	—
浙江林学院	—	—	—	—	—	—
2. 森林公安高等学校	—	—	—	—	—	—
南京森林公安高等专科学校	—	—	—	—	—	—

高等林业院校校舍情况

单位:平方米

	行政办公用房	生活用房						教工住宅
会堂		计	学生宿舍	学生食堂	教工单身宿舍	教工食堂	生活福利及其他用房	
37780	**175150**	**1264596**	**897607**	**127098**	**63997**	**16980**	**158914**	**422020**
37780	165301	1200856	862090	110522	61537	16980	149727	399914
—	23622	192228	153230	6400	4423	—	28175	—
9376	36589	233104	162153	20137	6150	3770	40894	182808
9939	63425	223137	165246	21679	21622	10460	4130	86957
14550	6832	184778	150081	24644	10053	—	—	—
3915	33083	260590	150493	28001	13186	2250	66660	85275
—	1750	107019	80887	9661	6103	500	9868	44874
—	9849	63740	35517	16576	2460	—	9187	22106
—	9849	63740	35517	16576	2460	—	9187	22106
—	**—**	**4093**	**—**	**—**	**—**	**—**	**4093**	**58053**
—	—	4093	—	—	—	—	4093	58053
—	—	—	—	—	—	—	—	—
—	—	—	—	—	—	—	—	58053
—	—	—	—	—	—	—	—	—
—	—	4093	—	—	—	—	4093	—
—	—	—	—	—	—	—	—	—
—	—	—	—	—	—	—	—	—
—	—	—	—	—	—	—	—	—
—	—	—	—	—	—	—	—	—
3100	**9750**	**87820**	**66610**	**14958**	**3192**	**1258**	**1802**	**—**
3100	9750	87820	66610	14958	3192	1258	1802	—
2300	4950	27902	18502	8700	—	—	700	—
—	—	—	—	—	—	—	—	—
—	—	1200	1200	—	—	—	—	—
—	—	48100	40308	5000	2792	—	—	—
800	4800	10618	6600	1258	400	1258	1102	—
—	—	—	—	—	—	—	—	—
—	—	—	—	—	—	—	—	—
—	—	—	—	—	—	—	—	—

2005～2006 学年初普通高等林业院校资产情况

学校名称	占地面积（平方米）			图书资料		拥有教学用计算机（台）	语音实验室座位数（个）	多媒体教室座位数（个）	网上教学课程数（种）	固定资产总值（万元）	
	总面积	其中：绿化用地	其中：运动场地	一般图书（万册）	电子图书（片）					合计	教学、科研仪器设备资产
一、学校产权	**8802008**	**2762753**	**446800**	**663**	**322**	**19792**	**5907**	**54840**	**234**	**500226**	**89410**
1. 高等林业院校	8054423	2416753	361584	636	318	18780	5587	50404	234	456065	86938
北京林业大学	511556	33500	61653	121	71	4191	1006	11735	234	107704	17493
东北林业大学	947246	446832	70919	138	67	3469	1236	12097	—	113650	28169
南京林业大学	3730262	430000	62375	131	23	2895	1008	7664	—	78012	17487
中南林学院	1117320	552000	62175	129	81	3504	964	7165	—	68749	11907
西南林学院	394053	180754	30518	48	23	1726	318	1720	—	16387	5232
浙江林学院	1353986	773667	73944	68	54	2995	1055	10023	—	71564	6650
2. 森林公安高等专科学校	747585	346000	85216	27	4	1012	320	4436	—	44161	2472
南京森林公安高等专科学校	747585	346000	85216	27	4	1012	320	4436	—	44161	2472
二、非学校产权	**310642**	**70000**	**14200**	**65**	**33**	**980**	**507**	**2913**	**—**	**13260**	**3900**
1. 高等林业院校	310642	70000	14200	65	33	980	507	2913	—	13260	3900
北京林业大学	107942	—	700	—	—	—	297	1328	—	—	—
东北林业大学	—	—	—	—	28	—	—	—	—	—	—
南京林业大学	—	—	—	35	—	—	—	—	—	—	—
中南林学院	202700	70000	13500	31	5	980	210	1585	—	13260	3900
西南林学院	—	—	—	—	—	—	—	—	—	—	—
浙江林学院	—	—	—	—	—	—	—	—	—	—	—
2. 森林公安高等专科学校	—	—	—	—	—	—	—	—	—	—	—
南京森林公安高等专科学校	—	—	—	—	—	—	—	—	—	—	—

2005～2006学年初普通高等林业院校和其他高等院校、科研院所林科分单位研究生情况(一)

单位:人

学校名称	毕业生数	招生数	在校学生数	毕业班学生数
总　　计	**1785**	**4608**	**11253**	**2849**
一、博士生	**264**	**659**	**2099**	**797**
1. 高等林业院校	223	512	1674	671
北京林业大学	72	208	664	260
东北林业大学	86	157	521	212
南京林业大学	50	109	373	157
中南林学院	15	38	116	42
2. 科研单位	26	77	220	71
中国林业科学研究院	26	77	220	71
3. 其他高等院校(林科)	15	70	205	55
二、硕士生	**1521**	**3949**	**9154**	**2052**
1. 高等林业院校	968	2514	5809	1275
北京林业大学	325	717	1759	426
东北林业大学	303	656	1572	341
南京林业大学	180	507	1198	271
浙江林学院	2	65	103	—
中南林学院	116	319	708	149
西南林学院	42	250	469	88
2. 其他高等院校(林科)	521	1329	3097	720
中国人民大学	—	1	3	2
中国农业大学	6	33	36	25
北京师范大学	—	9	18	—
天津科技大学	—	2	2	—
河北农业大学	29	56	147	35
山西大学	—	5	10	—
山西农业大学	17	29	73	19
内蒙古农业大学	31	87	205	44
沈阳农业大学	30	82	180	36
吉林农业大学	—	9	14	—
北华大学	8	17	47	16
东北农业大学	1	29	56	—
上海交通大学	4	14	35	6

2005~2006学年初普通高等林业院校和其他高等院校、科研院所林科分单位研究生情况(二)

单位:人

学校名称	毕业生数	招生数	在校学生数	毕业班学生数
南京农业大学	17	35	93	27
浙江大学	—	—	1	—
安徽农业大学	16	70	156	31
福建农林大学	73	125	318	97
江西农业大学	16	54	127	33
山东农业大学	22	56	110	22
莱阳农学院	10	24	59	14
河南农业大学	12	47	108	25
华中农业大学	21	56	148	38
湖南师范大学	1	2	6	1
华南农业大学	11	57	120	26
广西大学	3	17	38	8
广西师范大学	16	9	49	20
华南热带农业大学	—	8	12	—
西南大学	17	47	112	21
四川大学	—	19	35	—
四川农业大学	59	76	195	57
西华师范大学	5	13	38	12
贵州大学	8	11	34	10
云南农业大学	7	13	46	15
西北农林科技大学	57	158	315	45
陕西师范大学	—	6	8	—
甘肃农业大学	15	29	74	16
新疆农业大学	9	24	69	19
3. 科研单位	32	106	248	57
中国林业科学研究院	24	90	209	49
中国农业科学院研究生院	1	3	8	2
中国科学院沈阳应用生态所	—	2	2	—
中国科学院南京土壤研究所	2	1	3	—
中国科学院水土保持与生态环境研究中心	5	8	17	4
中国科学院新疆生态与地理研究所	—	2	9	2

2005～2006学年初普通高等林业院校和其他高等院校、科研院所林科分学科专业研究生情况(一)

单位：人

学校名称	毕业生数	招生数	在校学生数	毕业班学生数
总　计	**1785**	**4608**	**11253**	**2849**
一、博士生	**264**	**659**	**2099**	**797**
1. 林业学科专业	256	620	1977	755
林木遗传育种	17	22	95	43
森林培育	31	72	280	109
森林保护学	12	23	87	33
森林经理学	16	30	119	49
野生动植物保护与利用	6	22	48	11
园林植物与观赏园艺	11	39	116	36
水土保持与荒漠化防治	15	43	152	58
森林工程	6	30	65	23
木材科学与技术	33	27	146	85
林产化学加工工程	8	11	51	30
林业经济管理	46	118	332	118
其他	55	183	486	160
2. 林业院校和科研单位其他学科专业	8	39	122	42
草业科学	—	2	5	—
发育生物学	—	1	5	—
机械设计及理论	8	13	79	42
生物化学与分子生物学	—	3	7	—
微生物学	—	2	3	—
遗传学	—	8	10	—
载运工具运用工程	—	4	5	—
制浆造纸工程	—	6	8	—
二、硕士	**1521**	**3949**	**9154**	**2052**
1. 林业学科专业	1265	2926	6985	1672
林木遗传育种	59	113	284	77
森林培育	181	422	986	252
森林保护学	85	151	375	93
森林经理学	105	227	547	141
野生动植物保护与利用	63	148	381	92
园林植物与观赏园艺	215	760	1724	356
水土保持与荒漠化防治	96	216	526	124
森林工程	45	53	162	53
木材科学与技术	131	173	462	119
林产化工加工工程	6	8	22	7
林产化学加工工程	29	46	125	34
林业经济管理	63	94	235	69
其他	187	515	1156	255
2. 林业院校和科研单位其他学科专业	256	1023	2169	380
动物学	7	12	22	5
材料学	—	6	16	—
草业科学	1	19	33	—
测试计量技术及仪器	—	11	20	—
车辆工程	1	6	12	4

2005～2006 学年初普通高等林业院校和其他高等院校、科研院所林科分学科专业研究生情况（二）

单位：人

学校名称	毕业生数	招生数	在校学生数	毕业班学生数
道路与铁道工程	14	35	93	30
地图学与地理信息系统	—	27	57	—
发育生物学	—	9	10	—
高分子化学与物理	—	7	19	—
管理科学与工程	7	29	77	24
国际贸易学	—	14	22	—
化学工艺	—	9	17	—
环境工程	—	8	13	—
环境科学	10	67	122	11
环境与资源保护法学	38	22	79	27
会计学	32	27	77	23
机械电子工程	5	3	3	—
机械设计及理论	24	49	129	49
计算机应用技术	11	69	118	29
检测技术与自动化装置	—	10	21	—
结构工程	—	1	4	—
科学技术哲学	—	17	27	—
控制理论与控制工程	10	11	34	11
旅游管理	10	37	88	26
伦理学	—	15	26	—
马克思主义理论与思想政治教育	—	7	15	—
农产品加工及贮藏工程	2	21	43	3
农业电气化与自动化	—	5	10	—
农业生物环境与能源工程	8	11	30	9
企业管理	7	21	56	10
桥梁与隧道工程	—	14	32	—
人口、资源与环境经济学	—	20	25	—
设计艺术学	—	67	113	—
生理学	—	8	15	—
生物化工	4	12	27	8
生物化学与分子生物学	12	38	120	27
生物物理学	—	15	24	—
生药学	—	6	15	—
食品科学	—	24	29	—
特种经济动物饲养	12	26	46	12
统计学	8	19	47	10
外国语言学及应用语言学	—	25	37	—
微生物学	—	40	56	—
细胞生物学	—	20	29	—
遗传学	3	19	45	7
英语语言文学	11	24	72	26
载运工具运用工程	9	17	62	14
植物营养学	—	5	9	—
制浆造纸工程	10	27	51	15
自然地理学	—	12	22	—

备注："其他"包括：林业工程新学科专业、林学新学科专业及林业院校、科研单位设置的生态学、植物学、土壤学、城市规划与设计 4 个学科专业。

2005～2006 学年初普通高等林业院校和其他高等院校林科分学校本专科学生情况(一)

单位:人

学校名称	毕业生数			招生数			在校学生数			毕业班学生数		
	计	本科生	专科生	计	本科生	专科生	计	本科生	专科生	计	本科生	专科生
总　　计	**36954**	**23767**	**13187**	**51135**	**32842**	**18293**	**168018**	**119423**	**48595**	**40748**	**25393**	**15355**
一、普通高等林业院校	**18216**	**15947**	**2269**	**22710**	**21622**	**1088**	**83468**	**80444**	**3024**	**18373**	**17306**	**1067**
北京林业大学	3602	3093	509	3465	3465	—	13344	13257	87	3290	3203	87
东北林业大学	4013	3669	344	4582	4100	482	17851	16604	1247	4306	3849	457
南京林业大学	3590	3241	349	3672	3610	62	15620	15333	287	3844	3675	169
中南林学院	3215	3085	130	5241	4727	514	17649	16794	855	3365	3365	—
西南林学院	1981	1432	549	2858	2828	30	9131	8583	548	1807	1453	354
浙江林学院	1815	1427	388	2892	2892	—	9873	9873	—	1761	1761	—
二、森林公安高等专科学校	**711**	**—**	**711**	**1540**	**—**	**1540**	**3593**	**—**	**3593**	**871**	**—**	**871**
南京森林公安高等专科学校	711	—	711	1540	—	1540	3593	—	3593	871	0	871
三、其他高等院校(林科)	**18027**	**7820**	**10207**	**26885**	**11220**	**15665**	**80957**	**38979**	**41978**	**21504**	**8087**	**13417**
北京城市学院	37	—	37	90	—	90	272	—	272	91	—	91
北京联合大学	20	—	20	12	—	12	45	—	45	13	—	13
北京农学院	136	136	—	120	120	—	523	523	—	150	150	—
北京农业职业学院	68	—	68	40	—	40	184	—	184	103	—	103
中国农业大学	125	34	91	53	53	—	375	248	127	188	61	127
天津滨海职业学院	37	—	37	54	—	54	143	—	143	47	—	47
天津城市建设学院	—	—	—	60	60	—	204	204	—	43	43	—
天津科技大学	38	38	—	—	—	—	92	92	—	39	39	—
天津农学院	148	75	73	231	116	115	703	423	280	231	115	116
保定职业技术学院	86	—	86	68	—	68	210	—	210	74	—	74
沧州职业技术学院	28	—	28	48	—	48	93	—	93	33	—	33
承德职业学院	72	—	72	98	—	98	297	—	297	92	—	92
河北北方学院	94	—	94	82	—	82	237	—	237	70	—	70
河北工程学院	62	—	62	57	57	—	229	102	127	127	—	127
河北科技师范学院	125	125	—	59	59	—	333	333	—	124	124	—
河北农业大学	405	273	132	575	441	134	1938	1227	711	691	313	378
河北农业大学现代科技学院	—	—	—	76	76	—	145	140	5	5	—	5
河北政法职业学院	—	—	—	104	—	104	297	—	297	193	—	193
河北职业技术学院	32	—	32	—	—	—	125	—	125	82	—	82
衡水学院	63	—	63	82	—	82	128	—	128	46	—	46
衡水职业技术学院	24	—	24	19	—	19	43	—	43	—	—	—
廊坊师范学院	—	—	—	44	—	44	44	—	44	—	—	—
廊坊职业技术学院	—	—	—	68	—	68	85	—	85	—	—	—
唐山职业技术学院	54	—	54	48	—	48	164	—	164	52	—	52
中国环境管理干部学院	—	—	—	139	—	139	391	—	391	143	—	143
长治职业技术学院	20	—	20	29	—	29	62	—	62	20	—	20
山西林业职业技术学院	284	—	284	292	—	292	902	—	902	301	—	301
山西农业大学	153	89	64	417	121	296	1109	527	582	296	179	117
山西农业大学信息学院	—	—	—	93	93	—	191	191	—	—	—	—
山西师范大学	—	—	—	91	91	—	264	264	—	—	—	—
运城学院	—	—	—	46	—	46	138	—	138	44	—	44
内蒙古民族大学	—	—	—	55	55	—	212	212	—	45	45	—
内蒙古农业大学	347	268	79	627	597	30	2314	2095	219	517	406	111
阜新高等专科学校	34	—	34	18	—	18	70	—	70	32	—	32
辽东学院	—	—	—	105	—	105	159	—	159	—	—	—
辽宁工程技术大学	—	—	—	54	54	—	100	100	—	—	—	—
辽宁科技学院	71	—	71	102	—	102	301	—	301	97	—	97

2005～2006学年初普通高等林业院校和其他高等院校林科分学校本专科学生情况(二)

单位:人

学校名称	毕业生数			招生数			在校学生数			毕业班学生数		
	计	本科生	专科生	计	本科生	专科生	计	本科生	专科生	计	本科生	专科生
辽宁林业职业技术学院	63	—	63	675	—	675	1131	—	1131	196	—	196
辽宁农业职业技术学院	177	—	177	177	—	177	405	—	405	58	—	58
沈阳大学	—	—	—	70	34	36	137	101	36	—	—	—
沈阳大学科技工程学院	—	—	—	33	33	—	61	61	—	—	—	—
沈阳建筑大学	23	23	—	56	56	—	159	159	—	29	29	—
沈阳农业大学	308	270	38	277	200	77	1010	807	203	246	184	62
沈阳农业大学科学技术学院	58	58	—	73	73	—	363	363	—	91	91	—
铁岭农业职业技术学院	—	—	—	60	—	60	60	—	60	—	—	—
北华大学	138	138	—	201	201	—	650	650	—	145	145	—
长春大学	76	—	76	74	74	—	185	127	58	58	—	58
吉林农业大学	215	151	64	341	277	64	1452	1229	223	371	275	96
吉林农业大学发展学院	29	29	—	148	148	—	524	524	—	79	79	—
吉林农业科技学院	243	—	243	101	59	42	370	122	248	102	—	102
延边大学	19	19	—	50	50	—	131	131	—	—	—	—
大庆职业学院	—	—	—	45	—	45	62	—	62	—	—	—
大兴安岭职业学院	23	—	23	28	—	28	187	—	187	117	—	117
东北农业大学	410	320	90	177	177	—	899	828	71	281	229	52
黑龙江八一农垦大学	—	—	—	116	116	—	336	336	—	—	—	—
黑龙江大学	—	—	—	107	107	—	201	201	—	—	—	—
黑龙江林业职业技术学院	150	—	150	151	—	151	997	—	997	285	—	285
黑龙江农垦林业职业技术学院	34	—	34	305	—	305	498	—	498	108	—	108
黑龙江农业工程职业学院	134	—	134	81	—	81	431	—	431	193	—	193
黑龙江农业经济职业学院	34	—	34	98	—	98	205	—	205	—	—	—
黑龙江农业职业技术学院	119	—	119	202	—	202	296	—	296	94	—	94
黑龙江生物科技职业学院	—	—	—	104	—	104	196	—	196	25	—	25
黑龙江畜牧兽医职业学院	14	—	14	—	—	—	62	—	62	23	—	23
佳木斯大学	—	—	—	37	37	—	88	88	—	—	—	—
牡丹江师范学院	—	—	—	17	17	—	17	17	—	—	—	—
齐齐哈尔大学	—	—	—	25	25	—	101	101	—	—	—	—
上海建桥职业技术学院	—	—	—	50	—	50	118	—	118	—	—	—
上海交通大学	48	48	—	—	—	—	38	38	—	38	38	—
上海农林职业技术学院	181	—	181	186	—	186	368	—	368	88	—	88
上海商学院	142	—	142	42	—	42	199	—	199	86	—	86
同济大学	—	—	—	27	27	—	61	61	—	—	—	—
硅湖职业技术学院	13	—	13	77	—	77	138	—	138	25	—	25
淮阴工学院	24	—	24	—	—	—	62	—	62	23	—	23
江苏农林职业技术学院	228	—	228	242	—	242	671	—	671	202	—	202
金陵科技学院	175	32	143	167	—	167	387	—	387	56	—	56
南京农业大学	64	64	—	58	58	—	271	271	—	94	94	—
南通农业职业技术学院	—	—	—	101	—	101	161	—	161	—	—	—
苏州大学	—	—	—	29	29	—	61	61	—	—	—	—
苏州科技学院	83	83	—	61	61	—	271	271	—	66	66	—
苏州农业职业技术学院	150	—	150	145	—	145	485	—	485	186	—	186
徐州工程学院	43	—	43	63	63	—	222	63	159	80	—	80
徐州师范大学	—	—	—	35	35	—	153	153	—	—	—	—
扬州大学	87	87	—	110	110	—	459	459	—	114	114	—
扬州大学广陵学院	—	—	—	37	37	—	60	60	—	—	—	—
扬州环境资源职业技术学院	—	—	—	58	—	58	246	—	246	31	—	31

2005～2006 学年初普通高等林业院校和其他高等院校林科分学校本专科学生情况(三)

单位:人

学校名称	毕业生数			招生数			在校学生数			毕业班学生数		
	计	本科生	专科生	计	本科生	专科生	计	本科生	专科生	计	本科生	专科生
钟山职业技术学院	34	—	34	26	—	26	110	—	110	28	—	28
杭州万向职业技术学院	70	—	70	82	—	82	250	—	250	94	—	94
嘉兴职业技术学院	98	—	98	104	—	104	312	—	312	130	—	130
金华职业技术学院	9	—	9	97	—	97	285	—	285	—	—	—
丽水学院	177	—	177	73	53	20	510	53	457	191	—	191
丽水职业技术学院	46	—	46	84	—	84	248	—	248	84	—	84
宁波城市职业技术学院	—	—	—	33	—	33	237	—	237	109	—	109
温州职业技术学院	—	—	—	—	—	—	28	—	28	—	—	—
浙江大学	29	29	—	25	25	—	97	97	—	30	30	—
浙江万里学院	30	—	30	—	—	—	50	—	50	17	—	17
安徽城市管理职业学院	—	—	—	75	—	75	75	—	75	—	—	—
安徽建筑工业学院	59	59	—	64	64	—	248	248	—	58	58	—
安徽科技学院	—	—	—	58	58	—	117	117	—	—	—	—
安徽林业职业技术学院	—	—	—	278	—	278	413	—	413	23	—	23
安徽农业大学	412	357	55	363	286	77	1353	1020	333	443	296	147
安庆职业技术学院	—	—	—	30	—	30	54	—	54	18	—	18
巢湖职业技术学院	—	—	—	37	—	37	56	—	56	—	—	—
池州职业技术学院	21	—	21	38	—	38	86	—	86	20	—	20
淮南师范学院	—	—	—	44	44	—	44	44	—	—	—	—
黄山学院	148	—	148	153	58	95	401	58	343	107	—	107
六安职业技术学院	—	—	—	81	—	81	81	—	81	—	—	—
宿州职业技术学院	32	—	32	71	—	71	132	—	132	36	—	36
皖西学院	—	—	—	—	—	—	31	—	31	31	—	31
芜湖职业技术学院	78	—	78	101	—	101	305	—	305	74	—	74
宣城职业技术学院	—	—	—	36	—	36	50	—	50	—	—	—
福建林业职业技术学院	—	—	—	212	—	212	618	—	618	217	—	217
福建农林大学	372	322	50	421	421	—	1518	1518	—	261	261	—
福建农业职业技术学院	—	—	—	130	—	130	312	—	312	114	—	114
福建师范大学福清分校	33	—	33	—	—	—	45	—	45	45	—	45
福州黎明职业技术学院	—	—	—	49	—	49	80	—	80	—	—	—
龙岩学院	46	—	46	120	—	120	305	—	305	59	—	59
三明学院	81	—	81	33	—	33	153	—	153	87	—	87
漳州职业技术学院	49	—	49	51	—	51	129	—	129	45	—	45
东华理工学院	—	—	—	16	—	16	16	—	16	—	—	—
赣南师范学院	—	—	—	—	—	—	17	—	17	17	—	17
江西财经大学	16	—	16	67	—	67	191	—	191	18	—	18
江西环境工程职业学院	—	—	—	—	—	—	54	—	54	16	—	16
江西教育学院	—	—	—	—	—	—	57	—	57	—	—	—
江西农业大学	151	151	—	210	155	55	549	494	55	104	104	—
江西农业大学南昌商学院	28	28		90	90		228	228	—	—	—	—
江西生物科技职业学院	—	—	—	35	—	35	111	—	111	21	—	21
九江学院	80	—	80	—	—	—	86	—	86	39	—	39
南昌高等专科学校	—	—	—	44	—	44	85	—	85	—	—	—
南昌工程学院	—	—	—	113	62	51	146	95	51	—	—	—
宜春学院	87	16	71	197	122	75	416	244	172	59	—	59
滨州学院	—	—	—	38	—	38	38	—	38	—	—	—
滨州职业学院	32	—	32	101	—	101	164	—	164	42	—	42

2005～2006学年初普通高等林业院校和其他高等院校林科分学校本专科学生情况(四)

单位:人

学校名称	毕业生数			招生数			在校学生数			毕业班学生数		
	计	本科生	专科生	计	本科生	专科生	计	本科生	专科生	计	本科生	专科生
东营职业学院	—	—	—	63	—	63	96	—	96	19	—	19
莱阳农学院	221	221	—	271	200	71	878	746	132	236	203	33
莱阳农学院黄海科技学院	—	—	—	—	—	—	3	3	—	—	—	—
聊城大学	—	—	—	37	37	—	72	72	—	—	—	—
临沂师范学院	26	—	26	168	113	55	437	211	226	68	48	20
平原大学	—	—	—	83	—	83	211	—	211	68	—	68
青岛求实职业技术学院	—	—	—	117	—	117	117	—	117	117	—	117
山东建筑工程学院	—	—	—	74	74	—	206	206	—	—	—	—
山东农业大学	595	318	277	553	354	199	2395	2050	345	361	285	76
山东农业大学东岳学院	—	—	—	—	—	—	106	106	—	45	45	—
山东省农业管理干部学院	—	—	—	150	—	150	150	—	150	—	—	—
潍坊科技职业学院	40	—	40	61	—	61	404	—	404	150	—	150
潍坊学院	—	—	—	65	—	65	133	—	133	14	—	14
潍坊职业学院	182	—	182	605	—	605	1028	—	1028	212	—	212
安阳工学院	—	—	—	51	—	51	88	—	88	—	—	—
河南科技大学	102	—	102	85	85	—	456	182	274	131	—	131
河南科技大学林业职业学院	136	—	136	386	—	386	1013	—	1013	217	—	217
河南科技学院	77	57	20	29	29	—	501	501	—	145	145	—
河南农业大学	202	202	—	114	114	—	664	664	—	189	189	—
河南农业职业学院	—	—	—	191	—	191	389	—	389	—	—	—
河南省广播电视大学	—	—	—	62	—	62	62	—	62	—	—	—
黄淮学院	—	—	—	65	—	65	65	—	65	—	—	—
濮阳职业技术学院	—	—	—	25	—	25	25	—	25	—	—	—
三门峡职业技术学院	22	—	22	48	—	48	178	—	178	48	—	48
商丘职业技术学院	62	—	62	68	—	68	206	—	206	59	—	59
信阳农业高等专科学校	182	—	182	150	—	150	497	—	497	190	—	190
许昌职业技术学院	—	—	—	43	—	43	120	—	120	—	—	—
长江大学	193	193	—	166	141	25	471	446	25	184	184	—
恩施职业技术学院	19	—	19	26	—	26	93	—	93	32	—	32
湖北民族学院	44	44	—	25	25	—	138	138	—	48	48	—
湖北三峡职业技术学院	—	—	—	45	—	45	156	—	156	61	—	61
湖北生态工程职业技术学院	64	—	64	290	—	290	585	—	585	146	—	146
湖北生物科技职业学院	48	—	48	78	—	78	189	—	189	53	—	53
华中农业大学	117	117	—	224	224	—	808	808	—	135	135	—
荆州职业技术学院	17	—	17	46	—	46	121	—	121	50	—	50
随州职业技术学院	—	—	—	20	—	20	20	—	20	—	—	—
武汉科技大学城市学院	—	—	—	90	—	90	90	—	90	—	—	—
武汉科技大学中南分校	—	—	—	26	—	26	49	—	49	—	—	—
武汉民政职业学院	—	—	—	72	—	72	132	—	132	—	—	—
武汉软件职业学院	—	—	—	14	—	14	14	—	14	—	—	—
武汉生物工程学院	411	—	411	299	37	262	1377	37	1340	643	—	643
长沙特殊教育职业学院	4	—	4	7	—	7	47	—	47	29	—	29
湖南环境生物职业技术学院	285	—	285	359	—	359	934	—	934	270	—	270

2005～2006学年初普通高等林业院校和其他高等院校林科分学校本专科学生情况(五)

单位:人

学校名称	毕业生数			招生数			在校学生数			毕业班学生数		
	计	本科生	专科生	计	本科生	专科生	计	本科生	专科生	计	本科生	专科生
湖南农业大学	174	174	—	205	160	45	811	626	185	238	148	90
湖南农业大学东方科技学院	—	—	—	72	72	—	224	224	—	59	59	—
生物与机电工程职业技术学院	87	—	87	154	—	154	541	—	541	198	—	198
怀化职业技术学院	27	—	27	6	—	6	28	—	28	68	—	68
吉首大学	67	—	67	41	41	—	166	78	88	88	—	88
邵阳职业技术学院	—	—	—	14	—	14	18	—	18	2	—	2
湘西民族职业技术学院	—	—	—	14	—	14	28	—	28	—	—	—
益阳职业技术学院	—	—	—	40	—	40	86	—	86	—	—	—
永州职业技术学院	49	—	49	21	—	21	67	—	67	25	—	25
岳阳职业技术学院	—	—	—	55	—	55	77	—	77	—	—	—
番禺职业技术学院	25	—	25	—	—	—	—	—	—	—	—	—
佛山科学技术学院	—	—	—	27	27	—	27	27	—	—	—	—
广东海洋大学	62	40	22	156	156	—	519	519	—	113	113	—
广东省农业管理干部学院	—	—	—	121	—	121	292	—	292	70	—	70
广州城市职业学院	—	—	—	23	—	23	54	—	54	31	—	31
华南农业大学	280	280	—	370	370	—	1422	1422	—	334	334	—
惠州学院	—	—	—	30	30	—	134	79	55	—	—	—
韶关学院	74	—	74	—	—	—	85	—	85	45	—	45
深圳职业技术学院	116	—	116	72	—	72	287	—	287	116	—	116
顺德职业技术学院	60	—	60	131	—	131	291	—	291	48	—	48
私立华联学院	—	—	—	—	—	—	27	—	27	19	—	19
阳江职业技术学院	—	—	—	45	—	45	88	—	88	—	—	—
湛江师范学院	—	—	—	51	51	—	51	51	—	—	—	—
肇庆学院	45	—	45	25	25	—	67	26	41	41	—	41
广西大学	178	178	—	296	296	—	1096	1096	—	265	265	—
广西农业职业技术学院	126	—	126	209	—	209	684	—	684	277	—	277
广西生态工程职业技术学院	259	—	259	107	—	107	565	—	565	290	—	290
广西职业技术学院	—	—	—	31	—	31	31	—	31	—	—	—
桂林工学院	—	—	—	29	29	—	79	79	—	—	—	—
海南大学	—	—	—	70	70	—	227	227	—	52	52	—
海南师范学院	17	—	17	—	—	—	—	—	—	—	—	—
海南职业技术学院	—	—	—	38	—	38	126	—	126	59	—	59
华南热带农业大学	67	67	—	165	95	70	655	366	289	203	75	128
西南大学	315	210	105	233	191	42	1013	893	120	339	261	78
重庆三峡职业学院	36	—	36	77	—	77	145	—	145	68	—	68
重庆文理学院	47	—	47	232	113	119	563	260	303	88	—	88
涪陵职业技术学院	—	—	—	51	—	51	69	—	69	8	—	8
成都理工大学	—	—	—	49	49	—	99	99	—	—	—	—
成都农业科技职业学院	43	—	43	153	—	153	171	—	171	18	—	18
达州职业技术学院	—	—	—	5	—	5	12	—	12	—	—	—
广安职业技术学院	—	—	—	51	—	51	51	—	51	—	—	—
眉山职业技术学院	8	—	8	93	—	93	96	—	96	—	—	—
绵阳师范学院	—	—	—	121	50	71	151	50	101	—	—	—
内江职业技术学院	—	—	—	47	—	47	65	—	65	8	—	8
南充职业技术学院	—	—	—	50	—	50	66	—	66	2	—	2
四川大学	—	—	—	21	21	—	65	65	—	—	—	—

2005～2006学年初普通高等林业院校和其他高等院校林科分学校本专科学生情况(六)

单位：人

学校名称	毕业生数			招生数			在校学生数			毕业班学生数		
	计	本科生	专科生	计	本科生	专科生	计	本科生	专科生	计	本科生	专科生
四川理工学院	—	—	—	53	—	53	53	—	53	—	—	—
四川农业大学	993	801	192	549	496	53	2170	2003	167	615	563	52
西昌学院	560	—	560	108	—	108	330	—	330	94	—	94
西华师范大学	83	83	—	44	44	—	189	189	—	62	62	—
西南交通大学	—	—	—	56	56	—	165	165	—	—	—	—
西南科技大学	—	—	—	61	—	61	164	—	164	—	—	—
宜宾职业技术学院	—	—	—	87	—	87	197	—	197	38	—	38
安顺职业技术学院	12	—	12	28	—	28	90	—	90	62	—	62
贵州大学	134	134	—	163	163	—	514	514	—	110	110	—
贵州师范大学	—	—	—	136	47	89	681	193	488	447	48	399
贵州师范大学求是学院	—	—	—	7	7	—	17	17	—	3	3	—
黔东南民族职业技术学院	220	—	220	12	—	12	118	—	118	106	—	106
黔南民族师范学院	1	—	1	—	—	—	—	—	—	—	—	—
黔南民族职业技术学院	94	—	94	9	—	9	49	—	49	20	—	20
思茅师范高等专科学校	53	—	53	30	—	30	125	—	125	31	—	31
云南广播电视大学	—	—	—	40	—	40	40	—	40	—	—	—
云南林业职业技术学院	—	—	—	333	—	333	460	—	460	127	—	127
云南农业大学	182	128	54	238	238	—	700	700	—	120	120	—
云南农业职业技术学院	—	—	—	219	—	219	219	—	219	—	—	—
云南热带作物职业学院	—	—	—	93	—	93	93	—	93	—	—	—
云南师范大学文理学院	—	—	—	75	75	—	88	75	13	—	—	—
西藏大学农学院	53	31	22	161	161	—	456	387	69	99	30	69
安康师范专科学校	45	—	45	60	—	60	170	—	170	97	—	97
汉中职业技术学院	—	—	—	18	—	18	18	—	18	—	—	—
商洛师范专科学校	—	—	—	16	—	16	16	—	16	—	—	—
西安东方亚太职业技术学院	—	—	—	—	—	—	1	—	1	—	—	—
西北工业大学	32	—	32	—	—	—	—	—	—	—	—	—
西北农林科技大学	873	570	303	393	393	—	1825	1376	449	697	339	358
延安大学	—	—	—	45	45	—	168	148	20	—	—	—
延安大学西安创新学院	—	—	—	72	72	—	104	104	—	—	—	—
杨凌职业技术学院	230	—	230	39	—	39	164	—	164	90	—	90
榆林学院	60	—	60	60	—	60	209	—	209	63	—	63
甘肃林业职业技术学院	150	—	150	300	—	300	1249	—	1249	443	—	443
甘肃农业大学	217	217	—	151	151	—	655	655	—	128	128	—
甘肃农业职业技术学院	—	—	—	53	—	53	53	—	53	—	—	—
河西学院	24	—	24	—	—	—	—	—	—	—	—	—
青海大学	44	44	—	48	48	—	178	178	—	26	26	—
宁夏大学	53	46	7	—	—	—	153	153	—	64	64	—
巴音郭楞职业技术学院	—	—	—	9	—	9	72	—	72	30	—	30
石河子大学	77	77	—	72	72	—	228	228	—	45	45	—
塔里木大学	76	40	36	69	69	—	511	460	51	152	152	—
新疆农业大学	231	226	5	291	208	83	906	796	110	267	240	27
新疆农业大学科学技术学院	—	—	—	61	61	—	102	102	—	—	—	—
新疆农业职业技术学院	33	—	33	86	—	86	401	—	401	160	—	160
伊犁师范学院	—	—	—	35	—	35	55	—	55	—	—	—

2005～2006 学年初普通高等林业院校和其他高等院校林科分专业本专科学生情况(一)

单位:人

专业名称	毕业生数			招生数			在校学生数			毕业班学生数		
	计	本科生	专科生	计	本科生	专科生	计	本科生	专科生	计	本科生	专科生
总　计	**36954**	**23767**	**13187**	**51135**	**32842**	**18293**	**168018**	**119423**	**48595**	**40748**	**25393**	**15355**
一、林科专业	**21910**	**11248**	**10662**	**30605**	**14846**	**15759**	**96165**	**53444**	**42721**	**25155**	**11458**	**13697**
1. 林业工程类	2159	1622	537	2259	2002	257	8385	7157	1228	1950	1506	444
森林工程	249	249	—	255	255	—	1248	1248	—	321	321	—
木材科学与工程	1421	1184	237	1475	1374	101	5084	4778	306	1025	945	80
林产化工	437	189	248	529	373	156	1704	1131	573	507	240	267
林业工程类新专业	52	—	52	—	—	—	349	—	349	97	—	97
2. 森林资源类	5062	3096	1966	6008	3772	2236	20505	14271	6234	5116	3017	2099
林学（含师范类）	3408	1982	1426	3870	2304	1566	13141	8906	4235	3297	1891	1406
森林资源保护与游憩	1151	819	332	1743	1161	582	5857	4382	1475	1430	966	464
野生动物与自然保护区管理	355	192	163	395	307	88	1374	934	440	330	160	170
森林资源类新专业	148	103	45	—	—	—	133	49	84	59	—	59
3. 环境生态类	14268	6169	8099	21998	8732	13266	65870	30611	35259	17749	6595	11154
园林	13709	5610	8099	21095	7829	13266	62850	27591	35259	17263	6109	11154
水土保持与荒漠化防治	559	559	—	903	903	—	3020	3020	—	486	486	—
4. 农林经济管理类	421	361	60	340	340	—	1405	1405	—	340	340	—
农林经济管理	421	361	60	340	340	—	1405	1405	—	340	340	—
二、林业院校非林科专业	**15044**	**12519**	**2525**	**20530**	**17996**	**2534**	**71853**	**65979**	**5874**	**15593**	**13935**	**1658**
安全工程	—	—	—	—	—	—	45	45	—	—	—	—
包装工程	81	81	—	144	144	—	582	582	—	87	87	—
播音与主持艺术	87	87	—	—	—	—	337	337	—	90	90	—
材料成型及控制工程	—	—	—	63	63	—	63	63	—	—	—	—
材料化学	—	—	—	49	49	—	183	183	—	41	41	—
测绘工程	—	—	—	117	117	—	252	252	—	—	—	—
测控技术与仪器	—	—	—	61	61	—	172	172	—	—	—	—
车辆工程	—	—	—	61	61	—	163	163	—	—	—	—
城市规划	492	492	—	379	379	—	1950	1950	—	487	487	—
地理信息系统	—	—	—	310	310	—	873	873	—	64	64	—
电气工程及其自动化	97	74	23	166	107	59	386	327	59	70	70	—
电子商务	112	—	112	198	30	168	445	182	263	—	—	—
电子信息工程	281	281	—	360	360	—	1334	1334	—	345	345	—
电子信息科学与技术	63	63	—	59	59	—	245	245	—	63	63	—
电子信息科学与技术类新专业	77	—	77	59	59	—	121	121	—	—	—	—
动画	49	49	—	20	20	—	256	232	24	24	—	24
动物科学	—	—	—	40	40	—	83	83	—	—	—	—
动物医学	—	—	—	52	52	—	137	137	—	—	—	—
俄语	—	—	—	21	21	—	86	86	—	—	—	—
法学	559	526	33	413	413	—	2000	2000	—	512	512	—
法语	—	—	—	186	186	—	186	186	—	—	—	—
高分子材料与工程	110	110	—	211	211	—	752	752	—	131	131	—
工程管理	87	87	—	245	245	—	821	821	—	195	195	—

2005～2006学年初普通高等林业院校和其他高等院校林科分专业本专科学生情况(二)

单位:人

专业名称	毕业生数			招生数			在校学生数			毕业班学生数		
	计	本科生	专科生	计	本科生	专科生	计	本科生	专科生	计	本科生	专科生
工商管理类	646	566	80	681	681	—	2564	2564	—	612	612	—
工业工程	51	51	—	50	50	—	203	203	—	41	41	—
工业设计	482	454	28	500	500	—	1951	1951	—	436	436	—
公共事业管理	—	—	—	112	112	—	266	266	—	53	53	—
管理科学与工程类新专业	—	—	—	61	61	—	121	121	—	—	—	—
广告学	126	126	—	231	231	—	1181	1181	—	167	167	—
国际经济与贸易	572	462	110	467	467	—	3015	3015	—	645	645	—
过程装备与控制工程	—	—	—	57	57	—	157	157	—	—	—	—
汉语言文学	76	76	—	122	122	—	319	319	—	55	55	—
化学	57	57	—	46	46	—	155	155	—	34	34	—
化学工程与工艺	197	197	—	290	290	—	1054	1054	—	206	206	—
环境工程	176	176	—	204	204	—	825	825	—	242	242	—
环境科学	414	414	—	377	377	—	1427	1427	—	348	348	—
会计学	507	320	187	667	441	226	2816	2612	204	672	672	—
机械类新专业	—	—	—	50	50	—	143	143	—	—	—	—
机械设计制造及其自动化	735	677	58	856	778	78	2843	2581	262	706	547	159
计算机科学与技术	1098	779	319	959	959	—	3148	3027	121	925	835	90
建筑环境与设备工程	94	94	—	62	62	—	225	225	—	47	47	—
交通工程	127	127	—	155	155	—	571	571	—	123	123	—
交通运输	459	412	47	456	456	—	1625	1598	27	416	389	27
金融学	69	69	—	153	153	—	581	581	—	66	66	—
经济学类	40	—	40	650	650	—	650	650	—	—	—	—
旅游管理	565	565	—	635	635	—	2098	2004	94	513	457	56
农村区域发展	—	—	—	49	49	—	137	137	—	—	—	—
轻化工程	154	154	—	223	223	—	782	782	—	167	167	—
热能与动力工程	29	29	—	55	55	—	138	138	—	28	28	—
人力资源管理	86	86	—	247	247	—	645	645	—	104	104	—
日语	47	47	—	196	196	—	691	691	—	117	117	—
社会工作	—	—	—	49	49	—	143	143	—	—	—	—
摄影	98	98	—	62	62	—	578	578	—	179	179	—
生态学	—	—	—	83	83	—	263	263	—	—	—	—
生物工程	249	199	50	159	159	—	838	797	41	255	214	41
生物技术	411	411	—	288	288	—	1601	1601	—	445	445	—
生物科学	125	125	—	253	253	—	564	564	—	104	104	—
生物科学类新专业	—	—	—	33	33	—	123	123	—	31	31	—
食品科学与工程	198	198	—	323	323	—	1049	1049	—	230	230	—
市场营销	247	247	—	370	290	80	1328	1126	202	337	294	43

2005～2006学年初普通高等林业院校和其他高等院校林科分专业本专科学生情况(三)

单位:人

专业名称	毕业生数			招生数			在校学生数			毕业班学生数		
	计	本科生	专科生	计	本科生	专科生	计	本科生	专科生	计	本科生	专科生
数学与应用数学	73	73	—	60	60	—	301	301	—	47	47	—
数学与应用数学(师)	—	—	—	51	51	—	51	51	—	—	—	—
体育教育	—	—	—	39	39	—	39	39	—	—	—	—
通信工程	73	73	—	60	60	—	268	268	—	88	88	—
统计学	117	117	—	166	166	—	456	456	—	98	98	—
土地资源管理	—	—	—	61	61	—	119	119	—	—	—	—
土木工程	662	598	64	901	826	75	3300	3071	229	691	630	61
物理学	54	54	—	48	48	—	166	166	—	38	38	—
物流工程	25	—	25	129	129	—	206	206	—	—	—	—
心理学	—	—	—	69	69	—	248	248	—	58	58	—
信息管理与信息系统	284	284	—	368	368	—	1689	1689	—	340	340	—
信息与计算科学	—	—	—	237	237	—	994	994	—	112	112	—
行政管理	—	—	—	51	51	—	261	261	—	63	63	—
艺术类新专业	248	210	38	127	127	—	574	543	31	126	126	—
艺术设计	1048	985	63	1180	1096	84	4129	4012	117	1025	992	33
印刷工程	—	—	—	47	47	—	194	194	—	55	55	—
应用化学	—	—	—	57	57	—	90	90	—	—	—	—
英语	506	468	38	648	597	51	2385	2287	98	522	475	47
政治学与行政学	65	65	—	52	52	—	220	220	—	64	64	—
中药学	—	—	—	61	61	—	206	206	—	—	—	—
资源环境与城乡规划管理	222	222	—	248	248	—	994	994	—	248	248	—
自动化	83	83	—	360	360	—	1288	1288	—	265	265	—
公安学类新专业	448	—	448	—	—	—	1231	—	1231	551	—	551
教育学类新专业	69	—	69	—	—	—	—	—	—	—	—	—
经济犯罪侦查	—	—	—	—	—	—	86	—	86	—	—	—
景观建筑设计	29	—	29	71	—	71	160	—	160	36	—	36
农学	87	—	87	—	—	—	83	—	83	46	—	46
轻化工程	37	—	37	—	—	—	—	—	—	—	—	—
网络工程	—	—	—	102	—	102	102	—	102	—	—	—
侦查学	74	—	74	670	—	670	907	—	907	132	—	132
植物生产类新专业	74	—	74	—	—	—	87	—	87	87	—	87
治安学	237	—	237	870	—	870	1369	—	1369	188	—	188
种子科学与工程	78	—	78	—	—	—	77	—	77	37	—	37
农业资源与环境	60	60	—	—	—	—	45	45	—	45	45	—
环境生态类新专业	—	—	—	48	48	—	88	88	—	—	—	—
园艺	161	161	—	304	304	—	1150	1150	—	218	218	—

2005～2006学年初普通中等林业(园林)职业学校和其他中等职业学校林科分学校基本情况(一)

单位:人

学校名称	毕业生数	招生数	在校学生数	毕业班学生数
总　　计	**29173**	**30300**	**81066**	**27119**
(一)中等林业(园林)职业学校	**16688**	**18253**	**45654**	**14338**
北京市园林学校	444	484	1877	506
北京市丰台区城市园林建设学校	492	374	1435	615
天津市园林学校	225	160	456	145
山西林业职业技术学院	209	268	851	335
内蒙古扎兰屯林业学校	337	224	635	163
内蒙古大兴安岭林业学校	196	360	921	321
大兴安岭林业管理局职工中专	21	21	87	26
辽宁省园林学校	286	27	294	202
辽宁林业职业技术学院中专部	604	90	456	186
吉林市林业职工中等专业学校	49	58	181	40
吉林省露水河林业局教师进修学校	—	—	—	—
三岔子林业局教师进修学校	—	—	—	—
临江林业局职业高中	19	—	—	—
白山市林业职业高中	—	104	188	84
延边林业学校	243	350	858	337
延边林业集团黄泥河林业有限公司技工学校	—	110	276	119
黑龙江省伊春市铁力市双丰林业局职业高中	96	102	308	138
黑龙江省伊春市乌伊岭林业局职业高级中学	—	20	50	—
伊春市朗乡林业局职业高中	70	70	260	120
桃山林业局职业高中	44	8	35	27
阿木尔林业局职业高中	—	22	55	16
黑龙江农垦林业职业技术学院	1306	918	1479	420
黑龙江林业职业技术学院(中专部)	1300	2456	2929	198
黑龙江省伊春林业学校	333	433	1441	807
黑龙江省齐齐哈尔林业学校	503	488	1388	480
黑龙江省林业卫生学校	328	1023	2156	271
上海市园林学校	466	267	1086	193
安徽林业职业技术学院	156	48	231	82
浦城县石陂林业职业中学	56	90	183	41
福建省龙岩林业职业中专学校	110	199	544	135
福建林业职业技术学院	—	79	966	443
福建三明林业学校	666	902	2462	909
西峡县林业高中	156	39	385	220
河南省林业学校	750	466	1515	555
河南省驻马店市汝南园林学校	366	708	1382	583
湖北省黄冈林业学校	282	1010	1722	305
湖北省园林工程学校	123	225	623	238
广东省林业学校	620	580	1688	600
广西林业成人中等专业学校	452	547	1346	265
广西梧州林业学校	230	215	631	170
广西壮族治区桂林林业学校	453	380	1334	463
贵州省林业学校	765	364	829	185
云南林业职业技术学院(中专部)	744	430	1288	596

2005～2006 学年初普通中等林业（园林）职业学校和其他中等职业学校林科分学校基本情况（二）

单位：人

学校名称	毕业生数	招生数	在校学生数	毕业班学生数
云南省思茅林业学校	242	330	1124	584
陕西省榆林林业学校	613	605	1820	582
陕西省林业广播电视学校	832	220	620	400
甘肃林业职业技术学院	586	452	1358	381
甘肃省小陇山林业职工中等专业学校	—	—	—	—
甘肃省庆阳林业学校	307	465	1519	335
甘肃省庆城县太白梁林业学校	93	122	156	114
宁夏林业学校	398	1045	1685	292
新疆林业学校	117	295	541	111
（二）其他中等专业学校（林科）	**12485**	**12047**	**35412**	**12781**
北京市东城区职教中心学校	144	61	135	49
北京市东方职业学校	96	74	208	66
北京市古城旅游职业学校	81	27	120	59
北京市花园路职业高中	32	52	135	53
北京市远大职业高中	37	28	144	73
北京农业职业学院（中专部）	108	73	268	115
北京市昌平职业学校	56	122	302	128
平谷区第一职业学校	6	3	20	12
延庆县第一职业学校	40	28	75	22
河北政法职业学院	151	23	155	112
河北省高邑县职业技术教育中心	77	—	95	68
无极县综合职业技术教育中心	49	76	246	114
河北省平山县职教中心	133	41	212	127
唐山职业技术学院	9	—	31	18
唐山市第一职业中专	12	—	—	—
滦南县杨岭中学	396	146	689	350
迁西县职教中心	17	50	360	20
卢龙县职业技术教育中心	19	—	—	—
曲周县职业技术教育中心	200	—	100	100
邢台市工业学校	23	—	—	—
邢台市开发区职业技术学校	—	50	150	—
邢台县成人中等专业学校	—	25	96	—
广宗县职业技术教育中心	50	—	—	—
临西县职业技术教育中心	200	1218	2018	400
清苑县职业技术教育中心	—	98	219	57
望都县职业技术教育中心	100	111	211	—
宣化县职业技术教育中心	20	41	137	63
尚义县职业技术教育中心	30	16	117	70
涿鹿县宝峰寺林业中学	77	25	115	60
承德职业学院	—	—	38	26
沧州职业技术学院	—	11	22	—
廊坊市职业技术学院（北校区）	178	36	295	45
衡水科技学校	2	31	62	8
枣强县第一高级职业技术中学	—	100	200	—
武邑县农业技术中学	—	—	22	17
太原农业学校	67	—	40	—
山西省农业广播电视学校	—	—	59	—
山西省城乡建设学校	82	—	116	83

2005～2006学年初普通中等林业(园林)职业学校和其他中等职业学校林科分学校基本情况(三)

单位:人

学校名称	毕业生数	招生数	在校学生数	毕业班学生数
山西林业职业技术学院	129	130	453	187
王庄堡高职中	50	—	—	—
长治县职业高级中学校	75	72	270	82
大宁县职业高级中学	—	23	31	8
石楼职业中学	5	10	64	24
内蒙古水利学校	—	30	138	58
内蒙包头市土右旗职业技术教育中心	10	15	52	30
赤峰农牧学校	—	—	82	82
鄂尔多斯市农牧学校	22	—	6	6
鄂托克旗蒙古族职业中学	—	17	40	16
兴安盟农牧学校	—	—	35	—
哈拉黑职业高中	45	30	80	30
多伦职教中心	40	80	223	47
沈阳市城市建设学校	—	4	17	—
辽宁省农业技术学校	26	68	141	25
沈阳市于洪区职教中心(职教中心)	19	—	22	22
沈阳市于洪区职教中心	—	80	80	—
法库县职业技术高级中学(职教中	47	32	58	26
辽宁师范大学附属中等职业学校	55	—	—	—
大连市城建学校	92	63	377	204
辽宁省农广校大连分校	—	1	9	—
辽宁省农广校抚顺分校	4	6	10	4
抚顺市农业特产学校	176	61	273	175
本溪商贸服务学校	28	32	125	49
农广校本溪分校	—	66	66	—
农广校丹东分校	—	56	56	—
东港市职教中心(职教中心)	28	—	—	—
农广校锦州分校	—	2	2	—
辽宁省农业经济学校	96	22	169	62
大石桥市中等职业技术专业学校	—	90	183	63
阜新公路学校	6	—	—	—
阜新市农业学校	—	—	79	39
辽宁省农广校辽阳分校	—	—	24	—
辽宁省农广校铁岭分校	—	155	155	—
铁岭农业职业技术学院中专部	114	104	394	126
农广校朝阳分校	11	184	186	1
建平县中等职业技术专业学校	25	22	47	25
喀左县中等职业技术学校	—	108	127	19
辽宁省农广校葫芦岛分校	—	9	31	17
长春市双阳区第三职业成人教育学校	—	7	7	—
榆树农村成人中等专业学校	31	—	21	21
德惠市第四职业中学	40	25	50	25
吉林实验中等专业学校	28	—	—	—
吉林农业科技学院	—	—	54	54
吉林省畜牧业学校	92	—	121	90
通榆县技工学校	—	—	20	20
黑龙江畜牧兽医职业学院	4	9	43	24
黑龙江农业经济职业学院	40	—	9	—

2005～2006学年初普通中等林业(园林)职业学校和其他中等职业学校林科分学校基本情况(四)

单位:人

学校名称	毕业生数	招生数	在校学生数	毕业班学生数
黑龙江农业职业技术学院	2	53	132	79
哈尔滨市旅游职业学校	62	23	57	14
黑龙江农垦职业学院	—	172	172	—
黑龙江省佳木斯桦南县职业技术教育中心学校	—	—	16	—
孙吴县职业高级中学	—	10	10	—
绥化市北林区西长镇农技职业中学	52	60	184	64
望奎县职业技术教育中心学校	—	—	—	—
大兴安岭职业学院(中专部)	142	3	798	146
上海文恩职业技术学校	—	—	59	25
上海市群益职业技术学校	142	42	208	108
上海市农业学校	85	77	116	39
上海市竖河职业技术学校	52	73	119	—
南京市中等专业(走读)学校	36	13	65	29
南京城建中等专业学校	97	38	66	28
南京市江宁职业技术教育中心	20	—	—	—
徐州生物工程高等职业学校	40	76	302	33
徐州市农业干部中等专业学校	16	—	17	7
江苏省常州建设高等职业技术学校	54	108	250	43
苏州农业职业技术学院	—	54	54	—
南通农业职业技术学院	—	21	69	—
江苏广播电视中专连云港分校	—	—	41	41
江苏省东台第二职业高级中学	10	22	65	22
江苏省扬州商业学校	21	—	25	25
扬州环境资源职业技术学院	—	77	211	—
镇江市中等专业学校	—	—	23	12
江苏农林职业技术学院	—	—	89	32
杭州万向职业技术学院中专部	—	—	38	38
浙江省农业广播电视学校	73	29	45	16
杭州市旅游职业学校	166	145	407	114
杭州市萧山区第二中等职业学校	87	19	189	68
建德市新安江职业学校	6	—	—	—
宁波城市职业技术学院中专部	—	24	24	—
奉化市职业技术学校	—	13	13	—
温州农业学校	67	109	250	33
嘉兴职业技术学院中专部	43	—	—	—
海盐县职业中等专业学校	17	—	22	22
海宁市职业高级中学	27	—	35	35
湖州现代农业技术学校	—	41	78	—
浙江省湖州市安吉职业教育中心学校	—	—	42	—
绍兴市农业学校	18	153	494	253
新昌县大市聚镇职业中学	—	—	39	39
浙江海洋学院中专部	16	—	—	—
丽水职业技术学院中专部	16	52	166	14
安徽城市建设学校	—	—	—	—
蚌埠市城乡建设成人中专学校	—	—	26	26
五河县城郊高级职业中学	101	72	244	92
五河县双忠庙职业高中	54	80	198	51

2005～2006学年初普通中等林业(园林)职业学校和其他中等职业学校林科分学校基本情况(五)

单位:人

学校名称	毕业生数	招生数	在校学生数	毕业班学生数
五河县河口高级职业中学	112	60	262	90
安庆职业技术学院	—	3	3	—
潜山县职业技术教育中心	—	—	33	33
安徽省茶叶学校	10	7	36	20
安徽省滁州市第一职业高级中学	44	—	—	—
宿州职业技术学院	—	12	24	—
巢湖职业技术学院中专部	—	—	18	—
池州职业技术学院中专部	—	20	20	—
福建省农业广播电视学校	21	89	123	5
福建生态工程职业技术学校	—	—	30	30
福建省福州市环境保护职业中专学校	39	32	125	59
福建省农业学校	20	—	—	—
福建农业职业技术学院(中专部)	—	6	31	12
福州市农业学校	8	—	—	—
思明区成人中专	25	—	—	—
湖里中学	28	—	42	42
三明市农业学校	37	33	114	33
福建省漳州市农业学校	56	106	258	60
南平市农业学校	42	—	92	92
福建省龙岩市农业学校	19	30	51	—
福建省宁德市农业学校	27	7	53	10
江西省南昌城市建设学校	—	7	7	—
江西生物科技职业学院(中专部)	—	—	62	39
修水县职业高级中学	—	45	45	—
江西省通用技术工程学校	—	—	44	31
江西环境工程职业学院(中专部)	54	93	416	161
江西省井冈山应用科技学校	78	—	13	13
江西农业工程职业学院(中专部)	48	24	158	77
崇仁县职业教育中心	14	—	—	—
弋阳县职业高级中学	—	90	90	—
山东省城市建设学校	—	28	80	20
山东省特殊教育中等专业学校	—	—	45	32
济南第八职业中等专业学校	16	—	37	17
济南市农业学校	—	—	—	—
山东省济南卫生学校	—	—	33	—
山东省青岛第二十中学	20	—	47	26
淄博职业学院中专部	—	—	20	20
山东省枣庄市农业学校	12	3	25	18
东营职业学院	—	25	37	—
山东省商务科技学校	24	23	100	45
山东省烟台农业学校	143	133	581	292
栖霞市农业广播学校	—	—	6	6
潍坊职业学院	29	14	76	30
高密市职业中等专业学校	117	—	242	106
山东省济宁农业学校	26	—	—	—
梁山县第二职业高级中学	50	45	245	100
山东省文登第三职业中等专业学校	—	—	13	—
莒县职业中等专业学校	—	—	100	100

2005～2006学年初普通中等林业(园林)职业学校和其他中等职业学校林科分学校基本情况(六)

单位:人

学校名称	毕业生数	招生数	在校学生数	毕业班学生数
山东省德州农业学校	—	38	75	—
山东省聊城建设学校	—	—	4	4
河南省农业学校	91	—	153	93
登封市第二中等专业学校	—	30	30	—
河南省农业经济学校	—	23	72	24
嵩县教师进修学校	—	—	58	58
安阳工学院中专班	—	49	89	—
河南省安阳农业学校	—	13	63	13
清丰县第二职业高级中学	—	—	50	50
商丘职业技术学院中专部	—	15	21	—
永城市成人中等专业学校	80	—	125	85
永城市第一职业高级中学	130	—	210	160
永城市第二职业高级中学	80	—	100	100
信阳林校	219	162	536	215
光山县中等职业学校	175	196	723	347
西华县成人中等专业学校	—	100	190	90
沈丘县刘庄店职业高中	—	—	39	—
湖北省农业广播电视学校	62	—	—	—
长江职业学院	—	—	7	7
湖北生态工程职业技术学院	52	67	226	77
武汉市建设学校	—	—	20	20
武汉市农业学校	33	56	144	44
十堰市应用科技学校	22	—	—	—
竹溪县职业教育中心	51	271	556	164
湖北三峡科技学校	93	—	151	129
荆门市职教中心	50	—	10	10
长沙市城建职业中专学校	22	32	70	16
湖南生物机电职业技术学院中专部	32	19	68	33
长沙特殊教育职业学院中专部	20	13	52	20
湖南环境生物职业技术学院中专部	136	219	442	124
衡阳市生物与信息学校	—	—	23	—
湖南省隆回县职业中等专业学校	17	—	20	20
岳阳职业技术学院中专部	—	—	130	130
岳阳县职业中等专业学校	27	—	9	9
常德职业技术学院中专部	28	52	128	39
湖南同德职业学院中职部	18	—	19	19
澧县职业中专学校	73	—	150	51
益阳职业技术学院	—	55	228	130
郴州市理工职业技术学校	39	—	26	26
永州职业技术学院中专部	27	27	34	3
娄底市机电工程学校	18	17	41	12
湘西民族职业技术学院中专	5	21	96	37
龙山县第一职业中学	22	—	—	—
广州市市政建设中等专业学校	63	115	237	70
广州市土地房产管理学校	64	49	122	42
广州市农业中等专业学校	22	44	96	17
广东省农业广播电视职业技术学校	—	—	25	25
广州市番禺区工贸职业技术学校	59	66	197	66

2005～2006 学年初普通中等林业(园林)职业学校和其他中等职业学校林科分学校基本情况(七)

单位:人

学校名称	毕业生数	招生数	在校学生数	毕业班学生数
广东省韶关农业学校	14	—	4	4
深圳市龙岗区大鹏华侨中学	33	—	—	—
珠海市第一中等职业学校	34	54	117	19
广东省惠州农业学校	20	38	96	20
梅州市农业学校	35	71	230	28
阳东县塘坪中学	—	162	162	—
南宁市第四中等职业学校	56	34	114	38
广西农业职业技术学院	119	—	92	58
柳州市第一职业中等专业学校	—	35	35	—
广西生态工程职业技术学院	344	—	120	120
广西城市建设学校	—	—	41	27
广西桂林农业学校	10	134	277	50
广西钦州农业学校	14	52	96	27
广西百色农业学校	—	5	30	10
海南职业技术学院	—	—	6	—
重庆三峡职业学院	91	—	45	45
涪陵职业技术学院	17	—	26	26
重庆市立信职业高级中学	56	—	49	49
重庆市城市建设工程学校	33	30	100	46
重庆市农业学校	—	—	—	—
重庆市勉仁职业教育中心	40	80	154	34
酉阳县职业教育中心	—	35	35	—
成都市建设学校	25	58	169	49
成都农业科技职业学院	150	123	123	—
郫县友爱职业技术学校	4	—	18	—
都江堰市职业中学	42	47	101	30
自贡市农业学校	—	45	110	34
四川省绵阳农业学校	17	38	89	11
广元市利州中专	31	—	153	75
内江职业技术学院	68	19	70	34
四川省乐山市竹根职业中专学校	22	—	—	—
南充职业技术学院	26	3	67	39
眉山职业技术学院	67	—	15	11
宜宾职业技术学院	—	26	65	—
凉山州农业学校	—	—	14	—
贵州省贵阳农业学校	14	52	85	—
贵州省农业广播电视学校	38	—	4	4
赤水市旺隆职业中学	—	—	53	53
安顺职业技术学院	—	—	5	—
安顺市农业广播电视学校	—	—	5	5
德江县民族职业技术学校	20	—	40	40
黔南民族职业技术学院中专部	11	—	—	—
云南省水利水电学校	48	—	—	—
云南建设学校	—	21	53	32
云南农业职业技术学院(中专部)	47	22	163	74
云南热带作物职业学院(中专部)	85	13	186	74
云南农业大学(中专部)	44	—	20	20

2005～2006学年初普通中等林业(园林)职业学校和其他中等职业学校林科分学校基本情况(八)

单位:人

学校名称	毕业生数	招生数	在校学生数	毕业班学生数
云南科技信息职业学院(一贯制)	7	10	23	13
云南省农业广播电视学校	208	—	71	71
昆明市农业学校	100	185	331	58
昆明市第二职业中等专业学校	46	422	692	124
嵩明县职业高级中学	50	—	87	87
保山中等专业学校	21	—	12	—
云南省昭通农业学校	35	—	—	—
景谷县职业高级中学	31	—	—	—
西盟县高级职业中学	—	24	24	—
耿马县职业教育中心	—	50	50	—
云南省楚雄农业学校	43	—	22	15
云南省红河州农业学校	131	105	296	71
云南省文山农业学校	39	46	85	—
文山县职业高级中学	23	27	69	21
富宁县民族职业高级中学	13	—	44	—
云南省大理农业学校	27	29	70	20
云龙县民族职业高级中学	—	20	20	—
西藏自治区农牧学校	—	—	76	41
陕西省城乡建设学校	—	—	—	—
陕西省农业广播电视学校	46	26	43	17
陕西省宝鸡农业学校	46	49	124	29
三原县职业教育中心	13	—	27	27
旬邑县职教中心	203	165	320	155
白水县职业中等专业学校	40	—	75	—
延安职业技术学院	109	24	209	142
志丹县职业高中	380	570	1010	440
汉中职业技术学院	56	13	44	—
陕西省安康农业学校	67	—	45	45
商南县高级职业中学	67	—	49	49
山阳县职业教育中心	43	50	189	35
杨凌职业技术学院	—	35	35	—
甘肃省水利水电学校	30	—	—	—
甘肃省农业广播电视学校	40	17	57	40
甘肃省农业广播电视学校(职业高中)	14	—	47	7
甘肃农业职业技术学院(原中专)	32	—	90	39
甘谷县职业技术学校	—	2	2	—
平凉农业学校	—	29	76	—
酒泉市银达职业中学	—	—	—	—
青海省西宁市城西区职校	—	31	31	—
宁夏农业广播电视学校	—	13	54	41
固原市农业学校	284	213	236	206
十三师职业中学	30	30	90	30
新疆维吾尔自治区农业学校	64	25	157	—
巴音郭楞职业技术学院	64	9	47	9
英吉沙县职业高中	5	40	42	2
泽普职业高中	20	—	20	20
岳普湖县职业高中	60	50	50	—
伽师县职业高中	3	12	12	—
皮山县职业高中	4	1	3	2
洛浦县职业高中	15	—	11	11
塔城财贸学校	—	6	6	6

2005～2006学年初普通中等林业（园林）职业学校和其他中等职业学校林科分专业基本情况（一）

单位：人

专业名称	毕业生数	招生数	在校学生数	毕业班学生数
总　　计	**29250**	**30325**	**81181**	**27179**
（一）林科专业	**22029**	**21675**	**59498**	**20313**
林产化工	32	169	169	—
林特产品加工	119	1509	1817	184
林业	7147	7334	20257	7170
木材加工	231	250	595	183
森林保护	73	—	—	—
森林旅游	18	46	125	20
森林资源与林政管理	1348	334	1082	471
水土保持生态环境	131	30	159	79
园林	12776	11923	35096	12155
农林类新专业	154	80	198	51
（二）非林科专业	**7221**	**8650**	**21683**	**6866**
播音与节目主持	71	43	108	51
财经类新专业	48	12	203	68
城镇建设	29	—	49	49
电气技术应用	—	241	352	33
电子电器应用与维修	75	42	125	31
电子技术应用	—	237	340	25
电子商务	279	386	1077	352
电子与信息技术	—	22	38	16
法律事务	435	114	453	255
饭店服务与管理	—	23	23	—
服装设计与工艺	—	13	13	—
服装设计与工艺	10	—	21	21
工商行政管理事务	—	115	137	—
工业与民用建筑	42	21	80	42
工艺美术	32	30	98	32
公安保卫	139	10	58	38
公路与桥梁	34	104	201	37
供用电技术	—	92	181	—
焊接	—	52	72	20
护理	69	552	1017	63
化学工艺	—	35	35	—
环境监理	46	—	—	—
会计	500	489	1302	382
机电技术应用	91	625	1001	134
计算机及外设维修	14	—	21	21
计算机及应用	1329	1480	4090	1631
计算机网络技术	266	406	1287	530
加工制造类新专业	215	116	220	27

2005～2006学年初普通中等林业(园林)职业学校和其他中等职业学校林科分专业基本情况(二)

单位:人

专业名称	毕业生数	招生数	在校学生数	毕业班学生数
建筑经济管理	1	—	11	1
建筑装饰	19	33	132	75
交通运输类新专业	—	185	185	—
口腔工艺技术	100	93	198	56
旅游服务与管理	284	184	965	371
美术设计	30	21	65	17
模具设计与制造	130	226	456	142
能源类新专业	—	40	40	—
农业水利技术	1	—	36	31
其他新专业	59	463	827	113
汽车运用与维修	31	55	182	41
汽车制造与维修	55	30	116	50
商贸与旅游类新专业	92	172	409	205
商品经营	27	—	—	—
商务外语	150	1	208	120
社会公共事务类新专业	—	—	182	182
生态环境保护	337	91	91	—
师范	—	24	62	—
食品生物工艺	—	64	145	35
市场营销	—	—	136	94
数控技术应用	—	132	148	—
数控技术应用	—	33	151	46
水利水电工程技术	42	11	19	8
水文与水资源	2	—	—	—
土木水利工程类新专业	1	—	14	13
卫生保健	60	74	250	96
文化艺术与体育类新专业	30	7	16	8
文秘	1171	380	1290	502
物业管理	63	59	143	32
小学教育	94	9	56	29
信息技术类	73	11	314	215
休闲体育服务与管理	—	—	17	17
畜牧兽医	—	—	12	9
养殖	69	11	128	55
医学生物技术	69	60	229	106
医药卫生类新专业	75	289	686	55
音乐	—	1	8	2
幼儿教育	—	—	31	—
园艺	264	136	258	68
治安管理	48	46	105	—
中药制药	—	—	28	28
中医	10	51	66	—
种植	96	398	609	147
助产	14	—	2	1
资源与环境类新专业	—	—	55	38

2005～2006学年初普通中等林业

学校名称	教职工总计	校本部			
		合计	专任		
			计	正高级	副高级
合计	**4352**	**4338**	**2514**	**3**	**652**
北京市园林学校	111	111	63	—	9
北京市丰台区城市园林建设学校	234	234	133	—	34
天津市园林学校	137	137	59	—	20
涿鹿县宝峰寺林业中学	20	20	18	—	—
山西林业职业技术学院	—	—	—	—	—
内蒙古扎兰屯林业学校	117	117	84	—	22
内蒙古大兴安岭林业学校	203	203	106	—	38
大兴安岭林业管理局职工中专	26	26	20	—	4
辽宁省园林学校	43	43	38	—	5
辽宁林业职业技术学院中专部	—	—	—	—	—
吉林市林业职工中等专业学校	27	27	22	—	7
通化市林业学校	25	25	10	—	3
吉林省露水河林业局教师进修学校	4	4	2	—	—
三岔子林业局教师进修学校	8	8	7	—	1
临江林业局进修学校	40	40	36	—	8
临江林业局职业高中	102	102	81	—	4
白山市林业职业高中	54	54	40	—	3
延边林业学校	89	89	50	—	6
延边林业集团黄泥河林业有限公司技工学校	38	38	18	—	—
松江河林业有限公司教师进修学校	—	—	—	—	—
黑龙江省伊春市铁力市双丰林业局职业高中	36	36	30	—	9
黑龙江省伊春市乌伊岭林业局职业高级中学	8	8	8	—	2
伊春市朗乡林业局职业高中	39	39	26	—	6
伊春市朗乡林业局教师进修校	20	20	6	—	1
桃山林业局职业高中	15	15	13	—	11
黑河市林业职工中专	—	—	—	—	—
阿木尔林业局职业高中	18	18	14	—	—
黑龙江农垦林业职业技术学院	—	—	—	—	—
黑龙江省伊春林业学校	157	148	74	—	43
黑龙江省齐齐哈尔林业学校	164	161	68	—	47
黑龙江省林业卫生学校	151	151	77	—	30
上海市园林学校	180	180	81	—	7
安徽林业职业技术学院	—	—	—	—	—
浦城县石陂林业职业中学	16	16	6	—	—
福建省龙岩林业职业中专学校	28	28	18	—	2
福建三明林业学校	107	107	73	—	31
西峡县林业高中	57	57	43	—	3
河南省林业学校	209	207	127	—	35
河南省驻马店市汝南园林学校	105	105	65	—	24
湖北省黄冈林业学校	186	186	87	—	28
湖北省园林工程学校	104	104	46	—	16
广东省林业学校	215	215	125	—	42
广西林业成人中等专业学校	60	60	14	—	—
广西梧州林业学校	71	71	57	—	5
广西壮族治区桂林林业学校	106	106	78	—	11
广西林业干部学校	25	25	12	—	2
贵州省林业学校	169	169	85	—	17
贵州省林业干部学校	—	—	—	—	—
云南林业职业技术学院（中专部）	—	—	—	—	—
云南省思茅林业学校	57	57	42	—	6
陕西省榆林林业学校	237	237	111	—	24
陕西省林业广播电视学校	113	113	89	3	17
甘肃林业职业技术学院	—	—	—	—	—
甘肃省小陇山林业职工中等专业学校	18	18	12	—	5
甘肃省庆阳林业学校	96	96	71	—	12
甘肃省庆城县太白梁林业学校	10	10	10	—	1
宁夏林业学校	82	82	50	—	23
新疆林业学校	215	215	109	—	28

(园林)职业学校教职工基本情况

单位:人

职工数						校办厂(场)职工	附设机构人员	兼任教师(不在教职工数中)
教师			教辅人员	行政人员	工勤人员			
讲师	助理讲师	教员						
1072	**649**	**138**	**387**	**690**	**747**	**14**	**—**	**524**
23	22	9	8	23	17	—	—	62
61	33	5	24	53	24	—	—	—
30	9	—	12	18	48	—	—	—
14	4	—	—	1	1	—	—	—
—	—	—	—	—	—	—	—	—
36	26	—	4	8	21	—	—	—
37	28	3	18	29	50	—	—	—
10	6	—	2	2	2	—	—	15
15	18	—	—	3	2	—	—	—
—	—	—	—	—	—	—	—	—
13	2	—	2	1	2	—	—	4
6	1	—	—	15	—	—	—	—
2	—	—	—	2	—	—	—	—
6	—	—	—	1	—	—	—	—
24	4	—	—	4	—	—	—	—
37	22	18	10	5	6	—	—	—
21	16	—	8	4	2	—	—	—
22	17	5	8	19	12	—	—	—
17	1	—	6	6	8	—	—	3
—	—	—	—	—	—	—	—	—
6	11	4	1	3	2	—	—	—
3	3	—	—	—	—	—	—	—
15	4	1	2	8	3	—	—	2
4	1	—	5	8	1	—	—	—
2	—	—	—	2	—	—	—	—
—	—	—	—	—	—	—	—	—
12	1	1	1	3	—	—	—	—
—	—	—	—	—	—	—	—	—
28	3	—	9	30	35	9	—	—
14	6	1	14	32	47	3	—	—
28	13	6	30	25	19	—	—	—
61	13	—	40	29	30	—	—	—
—	—	—	—	—	—	—	—	—
2	4	—	—	4	6	—	—	—
5	5	6	—	4	6	—	—	—
22	19	1	3	16	15	—	—	79
21	19	—	1	3	10	—	—	—
58	24	10	5	24	51	2	—	—
18	20	3	5	5	30	—	—	3
28	20	11	23	53	23	—	—	—
13	13	4	3	30	25	—	—	—
47	31	5	22	31	37	—	—	13
13	1	—	2	27	17	—	—	33
32	13	7	4	3	7	—	—	8
40	27	—	10	15	3	—	—	13
10	—	—	13	—	—	—	—	—
38	30	—	18	38	28	—	—	—
—	—	—	—	—	—	—	—	—
—	—	—	—	—	—	—	—	—
16	20	—	3	5	7	—	—	7
45	42	—	37	26	63	—	—	24
23	20	26	12	12	—	—	—	220
—	—	—	—	—	—	—	—	—
6	1	—	—	4	2	—	—	—
26	26	7	—	12	13	—	—	—
4	4	1	—	—	—	—	—	—
11	13	3	6	11	15	—	—	31
47	33	1	16	33	57	—	—	7

附录一

国有林区 135 个木材采运企业和 20 个重点营林局主要统计指标

国有林区企业总产值、销售产值和增加值

（按现行价格计算） 单位：万元

指标名称	合　计	135 个木材采运企业	20 个重点营林局
企业总产值	2652701	2542431	110270
第一产业	1322746	1242764	79982
农业	258620	243773	14847
林业	853489	811037	42452
营造林	113027	97272	15755
木材采运	659559	635839	23720
竹材采运	32	22	10
林产品采集	80871	77904	2967
畜牧业	191697	171370	20327
林业服务业	14750	12594	2156
其他	4190	3990	200
第二产业	895150	883580	11570
工业	806488	796280	10208
非木质林产品加工	42249	41349	900
锯材木片加工	115586	109866	5720
人造板制造	120334	119226	1108
木制品制造	288655	286932	1723
木质家具	42880	42523	357
其他	196784	196384	400
建筑业	88662	87300	1362
第三产业	434805	416087	18718
企业销售产值	2121577	2076151	45426
企业增加值	1341138	1214015	127123

国有林区分企业的企业总产值、销售产值和增加值(一)

(按现行价格计算)　　单位:万元

企业名称	企业总产值				
	总计	第一产业			
		合计	农业	林业	
				小计	营造林
全国合计	**2652701**	**1322746**	**258620**	**853489**	**113027**
135个木材采运企业小计	2542431	1242764	243773	811037	97272
20个重点营林局小计	110270	79982	14847	42452	15755
内蒙古	**269548**	**188690**	**8393**	**170086**	**37683**
内蒙古集团林管局	**227501**	**159660**	**3419**	**153111**	**31282**
阿尔山	15089	11099	—	11099	2330
绰尔	11928	8202	175	8027	1851
绰源	8680	7060	257	6420	1710
乌尔旗汉	17210	9468	292	8857	1616
库都尔	13025	7447	—	7137	1988
图里河	12216	6862	1505	5107	1964
伊图里河	6014	4956	492	3873	1845
克一河	9727	7240	—	7234	1837
甘河	9436	6905	—	6905	1408
吉文	10043	7668	—	7347	1610
阿里河	16143	9437	473	8964	1856
根河	22817	16947	—	16847	2081
金河	16335	13140	—	13140	1935
阿龙山	11378	9521	—	9521	2021
满归	17849	10837	120	9967	1876
得耳布尔	11665	8153	—	8053	1736
莫尔道嘎	17946	14718	105	14613	1618
内蒙古集团营林局	**8691**	**5548**	**1170**	**4121**	**3905**
大杨树	4855	3308	818	2293	2288
毕拉河	3836	2240	352	1828	1617
内蒙古林业厅营林局	**33356**	**23482**	**3804**	**12854**	**2496**
免渡河	5365	3746	1367	2073	510
乌奴尔	4697	3209	570	2226	356
巴林	1344	1246	81	948	405
南木	2154	1391	214	481	—
红花尔基	2509	1816	123	1269	714
柴河	2543	2213	39	1743	511
五岔沟	11334	7042	1282	1473	—
白狼	3410	2819	128	2641	—
吉林	**529354**	**233569**	**6142**	**199887**	**22129**
吉林集团林管局	**190818**	**95262**	**2096**	**85982**	**13020**
临江	24962	10905	995	9262	960
三岔子	22251	15292	—	15292	—
湾沟	23245	8241	13	7945	5533
松江河	20886	15328	—	14019	1073

国有林区分企业的企业总产值、

（按现行

企业名称	企业总					
	第一产业					
	林业			畜牧业	林业服务业	其他
	木材采运	竹材采运	林产品采集			
全国合计	**659559**	**32**	**80871**	**191697**	**14750**	**4190**
135 个木材采运企业小计	635839	22	77904	171370	12594	3990
20 个重点营林局小计	23720	10	2967	20327	2156	200
内蒙古	**131285**	**—**	**1118**	**9014**	**959**	**238**
内蒙古集团林管局	**121087**	**—**	**742**	**2963**	**99**	**68**
阿尔山	8769	—	—	—	—	—
绰尔	6176	—	—	—	—	—
绰源	4281	—	429	383	—	—
乌尔旗汉	7180	—	61	220	99	—
库都尔	5149	—	—	310	—	—
图里河	3143	—	—	250	—	—
伊图里河	2028	—	—	526	—	65
克一河	5397	—	—	6	—	—
甘河	5497	—	—	—	—	—
吉文	5737	—	—	318	—	3
阿里河	6910	—	198	—	—	—
根河	14712	—	54	100	—	—
金河	11205	—	—	—	—	—
阿龙山	7500	—	—	—	—	—
满归	8091	—	—	750	—	—
得耳布尔	6317	—	—	100	—	—
莫尔道嘎	12995	—	—	—	—	—
内蒙古集团营林局	**211**	**—**	**5**	**257**	**—**	**—**
大杨树	—	—	5	197	—	—
毕拉河	211	—	—	60	—	—
内蒙古林业厅营林局	**9987**	**—**	**371**	**5794**	**860**	**170**
免渡河	1432	—	131	301	5	—
乌奴尔	1787	—	83	393	20	—
巴林	503	—	40	205	12	—
南木	472	—	9	534	162	—
红花尔基	493	—	62	384	40	—
柴河	1232	—	—	289	142	—
五岔沟	1468	—	5	3638	479	170
白狼	2600	—	41	50	—	—
吉林	**171147**	**—**	**6611**	**19056**	**5511**	**2973**
吉林集团林管局	**70482**	**—**	**2480**	**4830**	**2094**	**260**
临江	7427	—	875	453	—	195
三岔子	15292	—	—	—	—	—
湾沟	2216	—	196	196	87	—
松江河	11759	—	1187	87	1157	65

销售产值和增加值(一)

价格计算) 单位:万元

产值							
第二产业							
合计	工业						
	小计	非木质林产品加工	锯材木片加工	人造板制造	木制品制造	木质家具	其他
895150	**806488**	**42249**	**115586**	**120334**	**288655**	**42880**	**196784**
883580	796280	41349	109866	119226	286932	42523	196384
11570	**10208**	**900**	**5720**	**1108**	**1723**	**357**	**400**
39089	**32399**	**49**	**2233**	**1343**	**20516**	**2688**	**5570**
36777	30859	49	1559	1340	19820	2688	5403
1888	1188	—	541	—	—	—	647
2637	2637	—	20	200	1482	—	935
802	702	—	—	—	582	—	120
4089	3709	4	261	—	1429	2003	12
3996	3716	—	—	—	3716	—	—
3253	2603	—	—	—	1603	—	1000
420	361	—	—	—	150	60	151
1099	1099	—	13	102	144	—	840
565	245	—	—	—	245	—	—
940	483	—	102	—	381	—	—
5122	5122	—	—	—	4497	625	—
3619	3021	—	—	—	2301	—	720
537	7	—	7	—	—	—	—
392	160	—	160	—	—	—	—
4189	3477	—	—	—	2877	—	600
1970	1490	—	—	1038	74	—	378
1259	839	45	455	—	339	—	—
841	**69**	**—**	**—**	**—**	**—**	**—**	**69**
386	38	—	—	—	—	—	38
455	31	—	—	—	—	—	31
1471	**1471**	**—**	**674**	**3**	**696**	**—**	**98**
338	338	—	193	—	47	—	98
719	719	—	117	3	599	—	—
—	—	—	—	—	—	—	—
60	60	—	60	—	—	—	—
8	8	—	—	—	8	—	—
—	—	—	—	—	—	—	—
120	120	—	120	—	—	—	—
226	226	—	184	—	42	—	—
219933	**187116**	**1730**	**25609**	**44443**	**71256**	**6442**	**37636**
74548	**59159**	**235**	**11176**	**17090**	**8630**	**1437**	**20591**
12810	8960	—	—	3275	3054	1116	1515
4613	2636	—	2636	—	—	—	—
13787	12300	—	—	—	—	—	12300
2398	1912	95	190	—	—	—	1627

国有林区分企业的企业总产值、销售产值和增加值(一)

(按现行价格计算)　　　　单位:万元

企业名称	企业总产值		企业销售产值	企业增加值
	第二产业	第三产业		
	建筑业			
全国合计	**88662**	**434805**	**2121577**	**1341138**
135个木材采运企业小计	87300	416087	2076151	1214015
20个重点营林局小计	1362	18718	45426	127123
内蒙古	**6690**	**41769**	**175638**	**246232**
内蒙古集团林管局	**5918**	**31064**	**165034**	**137741**
阿尔山	700	2102	9122	10161
绰尔	—	1089	7653	8596
绰源	100	818	4938	628
乌尔旗汉	380	3653	10883	12064
库都尔	280	1582	8235	7170
图里河	650	2101	6774	6796
伊图里河	59	638	3488	3175
克一河	—	1388	5167	6810
甘河	320	1966	6625	5700
吉文	457	1435	6681	5789
阿里河	—	1584	12335	8193
根河	598	2251	20258	14612
金河	530	2658	15912	9742
阿龙山	232	1465	7518	6762
满归	712	2823	14539	12355
得耳布尔	480	1542	7740	8004
莫尔道嘎	420	1969	17166	11184
内蒙古集团营林局	**772**	**2302**	**2491**	**4788**
大杨树	348	1161	1112	2760
毕拉河	424	1141	1379	2028
内蒙古林业厅营林局	**—**	**8403**	**8113**	**103703**
免渡河	—	1281	1584	713
乌奴尔	—	769	1882	1066
巴林	—	98	503	174
南木	—	703	504	474
红花尔基	—	685	624	654
柴河	—	330	1412	573
五岔沟	—	4172	1444	100000
白狼	—	365	160	49
吉林	**32817**	**75852**	**404020**	**185740**
吉林集团林管局	**15389**	**21008**	**161324**	**76836**
临江	3850	1247	15917	9266
三岔子	1977	2346	22221	13600
湾沟	1487	1217	14986	6508
松江河	486	3160	21017	6220

国有林区分企业的企业总产值、销售产值和增加值(二)

(按现行价格计算)　　单位:万元

企业名称	企业总产值				
	总计	第一产业			
		合计	农业	林业	
				小计	营造林
泉阳	15893	7452	—	7066	2209
露水河	29474	11963	—	11662	959
白石山	15280	7549	—	7549	655
红石	38827	18532	1088	13187	1631
延边林管局	**295375**	**107828**	**1362**	**97138**	**7669**
黄泥河	20603	8149	25	7479	1181
敦化	64359	14123	—	13756	1247
大石头	23954	9391	20	8995	1182
八家子	15154	7077	62	6488	313
和龙	31108	11281	20	11092	889
汪清	34108	16041	69	13619	988
大兴沟	14407	6915	882	4410	627
天桥岭	15689	8820	—	6027	14
白河	56056	17479	—	17144	945
珲春	19937	8552	284	8128	283
吉林省林业厅营林局	**43161**	**30479**	**2684**	**16767**	**1440**
上营	25010	17127	1523	6191	31
辉南	5034	3299	66	2377	152
长白	4711	4593	1060	3533	263
安图	8406	5460	35	4666	994
长白山	—	—	—	—	—
龙江集团	**1479303**	**688361**	**205494**	**332579**	**19309**
牡丹江林管局	**264753**	**139036**	**40973**	**70793**	**3741**
大海林	40174	22040	11617	10423	274
柴河	41156	20694	1982	13364	251
东京城	42363	28591	6463	16556	560
穆棱	29998	16531	3433	9600	321
绥阳	34341	16204	3000	8324	390
海林	36010	13723	4867	5777	185
林口	21900	11571	4871	3271	1065
八面通	18811	9682	4740	3478	695
合江林管局	**224502**	**122097**	**27624**	**64627**	**1784**
桦南	32528	16811	7349	3078	166
双鸭山	27620	9802	4715	2831	164
鹤立	15523	8986	2400	3313	327
鹤北	40165	24681	2014	15639	359
东方红	48970	31667	4211	21551	266
迎春	18900	9096	3291	4393	265
清河	40796	21054	3644	13822	237
伊春林管局	**665159**	**242559**	**89568**	**95223**	**6640**
乌伊岭	25808	12939	4273	7038	490

国有林区分企业的企业总产值、

（按现行

企业名称	企业总					
	第一产业					
	林业			畜牧业	林业服务业	其他
	木材采运	竹材采运	林产品采集			
泉阳	4857	—	—	—	386	—
露水河	10703	—	—	3	298	—
白石山	6894	—	—	—	—	—
红石	11334	—	222	4091	166	—
延边林管局	**87812**	**—**	**1657**	**3929**	**2716**	**2683**
黄泥河	6298	—	—	184	461	—
敦化	12509	—	—	200	167	—
大石头	7813	—	—	184	192	—
八家子	6175	—	—	419	108	—
和龙	10203	—	—	39	130	—
汪清	11829	—	802	1752	601	—
大兴沟	2968	—	815	1112	511	—
天桥岭	6013	—	—	—	110	2683
白河	16199	—	—	34	301	—
珲春	7805	—	40	5	135	—
吉林省林业厅营林局	**12853**	**—**	**2474**	**10297**	**701**	**30**
上营	3750	—	2410	9200	183	30
辉南	2172	—	53	841	15	—
长白	3259	—	11	—	—	—
安图	3672	—	—	256	503	—
长白山	—	—	—	—	—	—
龙江集团	**247145**	**—**	**66125**	**142284**	**7590**	**414**
牡丹江林管局	**59557**	**—**	**7495**	**24577**	**2693**	**—**
大海林	10149	—	—	—	—	—
柴河	10557	—	2556	4978	370	—
东京城	15366	—	630	4965	607	—
穆棱	8680	—	599	2950	548	—
绥阳	6878	—	1056	3900	980	—
海林	3766	—	1826	2891	188	—
林口	2204	—	2	3429	—	—
八面通	1957	—	826	1464	—	—
合江林管局	**45909**	**—**	**16934**	**28523**	**909**	**414**
桦南	1734	—	1178	6152	232	—
双鸭山	1357	—	1310	2149	107	—
鹤立	1517	—	1469	3273	—	—
鹤北	12870	—	2410	6588	26	414
东方红	15770	—	5515	5361	544	—
迎春	3728	—	400	1412	—	—
清河	8933	—	4652	3588	—	—
伊春林管局	**66245**	**—**	**22338**	**56460**	**1308**	**—**
乌伊岭	6165	—	383	1628	—	—

销售产值和增加值(二)

价格计算)　　　　单位:万元

产值							
第二产业							
合计	工业						
	小计	非木质林产品加工	锯材木片加工	人造板制造	木制品制造	木质家具	其他
6427	4591	—	—	—	—	—	4591
9982	5769	130	2994	—	2535	—	110
7301	6101	10	—	5916	—	—	175
17230	16890	—	5356	7899	3041	321	273
137454	**120241**	**595**	**9387**	**26973**	**61599**	**4765**	**16922**
10002	4254	—	191	1399	2125	—	539
42329	41649	—	1977	2486	26665	4697	5824
10514	10514	—	1378	73	9063	—	—
6062	6062	120	1964	470	1019	—	2489
18820	12624	339	1109	8925	1572	—	679
12017	11004	—	1015	5339	1385	—	3265
3670	3074	—	57	199	1919	—	899
3715	2965	108	—	—	1622	—	1235
19324	17094	28	1293	8082	5742	60	1889
11001	11001	—	403	—	10487	8	103
7931	**7716**	**900**	**5046**	**380**	**1027**	**240**	**123**
6448	6233	900	5000	—	63	240	30
—	—	—	—	—	—	—	—
—	—	—	—	—	—	—	—
1483	1483	—	46	380	964	—	93
—	—	—	—	—	—	—	—
534535	**489520**	**40470**	**68396**	**65035**	**153286**	**30550**	**131783**
82296	73062	13857	5726	2940	33120	—	17419
11807	10932	—	—	—	7317	—	3615
12771	9976	1453	515	548	4455	—	3005
5841	5097	—	1923	—	2680	—	494
7598	5348	1281	147	2275	346	—	1299
15282	13776	9520	2117	117	870	—	1152
17023	16573	—	185	—	14267	—	2121
6116	5616	1603	825	—	380	—	2808
5858	5744	—	14	—	2805	—	2925
63828	57509	12184	11430	2704	8589	32	22570
7196	6896	—	499	967	76	32	5322
13808	13808	1884	636	—	666	—	10622
4869	4174	2394	276	560	120	—	824
8478	6412	1205	2177	180	2850	—	—
10713	8695	1858	3471	321	1311	—	1734
3270	2370	565	469	26	1310	—	—
15494	15154	4278	3902	650	2256	—	4068
314211	**290980**	**11082**	**28744**	**52217**	**95837**	**30010**	**73090**
7427	5767	—	1107	928	1909	110	1713

国有林区分企业的企业总产值、销售产值和增加值(二)

(按现行价格计算)　　单位:万元

企业名称	企业总产值		企业销售产值	企业增加值
	第二产业	第三产业		
	建筑业			
泉阳	1836	2014	15872	4689
露水河	4213	7529	28825	7725
白石山	1200	430	15850	9080
红石	340	3065	26636	19748
延边林管局	**17213**	**50093**	**224017**	**101186**
黄泥河	5748	2452	19221	5152
敦化	680	7907	61452	20268
大石头	—	4049	23544	9677
八家子	—	2015	12394	5577
和龙	6196	1007	24818	13505
汪清	1013	6050	11031	9857
大兴沟	596	3822	4699	2254
天桥岭	750	3154	15065	4124
白河	2230	19253	32862	22561
珲春	—	384	18931	8211
吉林省林业厅营林局	**215**	**4751**	**18679**	**7718**
上营	215	1435	5418	3539
辉南	—	1735	2246	1083
长白	—	118	5584	—
安图	—	1463	5431	3096
长白山	—	—	—	—
龙江集团	**45015**	**256407**	**1281378**	**738348**
牡丹江林管局	**9234**	**43421**	**211789**	**119222**
大海林	875	6327	32139	18079
柴河	2795	7691	41982	19145
东京城	744	7931	14702	16098
穆棱	2250	5869	28624	14592
绥阳	1506	2855	48109	16371
海林	450	5264	24763	15250
林口	500	4213	17520	10950
八面通	114	3271	3950	8737
合江林管局	**6319**	**38577**	**362634**	**62065**
桦南	300	8521	4524	9759
双鸭山	—	4010	275091	8428
鹤立	695	1668	14338	3390
鹤北	2066	7006	29506	—
东方红	2018	6590	6589	22201
迎春	900	6534	18571	7525
清河	340	4248	14015	10762
伊春林管局	**23231**	**108389**	**570270**	**314575**
乌伊岭	1660	5442	20646	13367

国有林区分企业的企业总产值、销售产值和增加值(三)

(按现行价格计算)　　单位:万元

企业名称	企业总产值				
	总 计	第一产业			
		合 计	农 业	林 业	
				小 计	营造林
新青	57950	18703	5728	10675	430
红星	37874	13471	7599	4428	282
上甘岭	20360	6720	2127	1901	234
友好	75729	36858	8309	10106	326
翠峦	36445	8444	1771	4591	388
乌马河	48384	12286	4764	3970	267
美溪	38888	12184	6665	5519	1239
金山屯	56729	17754	8528	5233	881
南岔	30856	8954	2750	5254	—
朗乡	51428	21259	3420	12579	262
桃山	19424	14585	9480	1621	206
铁力	26969	14639	7524	3781	313
双丰	34679	12364	5360	3182	300
汤旺河	61467	20806	8963	9411	619
五营	42169	10593	2307	5934	403
松花江林管局	**273590**	**172174**	**43909**	**95581**	**6770**
山河屯	30737	16601	5495	7057	1000
苇河	39428	26078	8577	15437	1125
亚布力	43015	30272	5031	22261	1434
方正	44916	24904	8034	12517	706
兴隆	43354	30095	2490	16887	602
绥棱	31113	20240	8388	7718	608
通北	25934	11328	5894	2356	400
沾河	15093	12656	—	11348	895
总局直属企业	**51299**	**12495**	**3420**	**6355**	**374**
带岭实验局	51299	12495	3420	6355	374
大兴安岭	**328294**	**180006**	**37359**	**122094**	**6478**
大兴安岭林业集团公司	**315054**	**167605**	**30719**	**119946**	**4330**
松岭	62593	30005	15653	11385	681
新林	41219	29097	3855	19612	508
塔河	37372	15695	1195	13540	554
呼中	28583	18419	4103	12742	429
阿木尔	10888	8471	1371	5773	302
图强	24150	14032	1287	11512	349
西林吉	52877	20412	1727	16742	649
十八站	43262	21306	1096	19675	338
韩家园	14110	10168	432	8965	520
大兴安岭营林局	**13240**	**12401**	**6640**	**2148**	**2148**
加格达奇	13240	12401	6640	2148	2148

国有林区分企业的企业总产值、

（按现行

企业名称	企业总					
	第一产业					
	林业			畜牧业	林业服务业	其他
	木材采运	竹材采运	林产品采集			
新青	9135	—	1110	2200	100	—
红星	3210	—	936	1444	—	—
上甘岭	976	—	691	2692	—	—
友好	7858	—	1922	18293	150	—
翠峦	3133	—	1070	2082	—	—
乌马河	2554	—	1149	3464	88	—
美溪	4225	—	55	—	—	—
金山屯	3218	—	1134	3993	—	—
南岔	1998	—	3256	950	—	—
朗乡	7817	—	4500	5260	—	—
桃山	883	—	532	3464	20	—
铁力	3094	—	374	3334	—	—
双丰	1682	—	1200	2872	950	—
汤旺河	8192	—	600	2432	—	—
五营	2105	—	3426	2352	—	—
松花江林管局	**69813**	**—**	**18998**	**30124**	**2560**	**—**
山河屯	6057	—	—	3561	488	—
苇河	5785	—	8527	2064	—	—
亚布力	13167	—	7660	2954	26	—
方正	10209	—	1602	4321	32	—
兴隆	15488	—	797	10632	86	—
绥棱	7110	—	—	3650	484	—
通北	1544	—	412	2942	136	—
沾河	10453	—	—	—	1308	—
总局直属企业	**5621**	**—**	**360**	**2600**	**120**	**—**
带岭实验局	5621	—	360	2600	120	—
大兴安岭	**108716**	**—**	**6900**	**20553**	**—**	**—**
大兴安岭林业集团公司	**108716**	**—**	**6900**	**16940**	**—**	**—**
松岭	9724	—	980	2967	—	—
新林	18095	—	1009	5630	—	—
塔河	12986	—	—	960	—	—
呼中	10661	—	1652	1574	—	—
阿木尔	4953	—	518	1327	—	—
图强	9969	—	1194	1233	—	—
西林吉	14546	—	1547	1943	—	—
十八站	19337	—	—	535	—	—
韩家园	8445	—	—	771	—	—
大兴安岭营林局	**—**	**—**	**—**	**3613**	**—**	**—**
加格达奇	—	—	—	3613	—	—

销售产值和增加值(三)

价格计算)　　　　　　　　　　　　　　　　　　　　　　　　　　　　单位:万元

产值							
	第二产业						
合计	工业						
	小计	非木质林产品加工	锯材木片加工	人造板制造	木制品制造	木质家具	其他
32397	31212	—	9032	6805	7470	2020	5885
16334	14899	—	—	1758	10036	—	3105
11412	10623	—	—	5094	—	193	5336
35295	33561	—	—	6152	6891	6935	13583
20879	16569	—	158	—	7444	574	8393
27741	25962	—	6948	5021	5402	700	7891
16290	15390	—	2075	—	6842	1838	4635
25513	23272	5790	3663	2960	3680	4144	3035
14877	13871	—	38	—	2211	113	11509
23341	20885	—	382	11911	5188	—	3404
4133	3470	—	—	—	3432	—	38
6848	6248	—	351	1119	3812	243	723
18015	17185	—	3135	636	72	12506	836
35790	35442	—	450	9449	23884	—	1659
17919	16624	5292	1405	384	7564	634	1345
51553	**46662**	**3347**	**10976**	**5551**	**10340**	**132**	**16316**
8587	8072	—	1684	291	1326	—	4771
7494	6991	1484	1592	3605	97	26	187
4377	3611	—	1025	452	2134	—	—
10781	10781	157	2681	690	2089	—	5164
6991	6697	1706	3106	383	1396	106	—
5977	5175	—	450	130	1523	—	3072
7346	5335	—	438	—	1775	—	3122
—	—	—	—	—	—	—	—
22647	21307	—	11520	1623	5400	376	2388
22647	21307	—	11520	1623	5400	376	2388
97443	**93303**	**—**	**19191**	**6180**	**43597**	**3083**	**21252**
96958	**93193**	**—**	**19191**	**6180**	**43597**	**3083**	**21142**
17537	15929	—	476	1712	5346	—	8395
6903	6903	—	2702	—	3835	215	151
9769	8957	—	2064	1232	4761	—	900
6222	6154	—	—	1577	1752	2793	32
2417	2417	—	857	84	1359	—	117
5711	5632	—	17	535	4662	—	418
23785	22587	—	3244	—	11983	—	7360
20914	20914	—	8942	1040	8148	75	2709
3700	3700	—	889	—	1751	—	1060
485	**110**	**—**	**—**	**—**	**—**	**—**	**110**
485	110	—	—	—	—	—	110

国有林区分企业的企业总产值、销售产值和增加值(三)

(按现行价格计算)　　单位:万元

企业名称	企业总产值		企业销售产值	企业增加值
	第二产业	第三产业		
	建筑业			
新青	1185	6850	49258	27806
红星	1435	8069	30299	15906
上甘岭	789	2228	17306	9290
友好	1734	3576	68156	36327
翠峦	4310	7122	31343	14996
乌马河	1779	8357	43545	24790
美溪	900	10414	31111	20920
金山屯	2241	13462	49921	28127
南岔	1006	7025	25302	16759
朗乡	2456	6828	42685	22644
桃山	663	706	16705	10615
铁力	600	5482	24542	12607
双丰	830	4300	30517	15281
汤旺河	348	4871	52247	24477
五营	1295	13657	36687	20663
松花江林管局	**4891**	**49863**	**93081**	**221342**
山河屯	515	5549	31011	10340
苇河	503	5856	—	140823
亚布力	766	8366	13819	20708
方正	—	9231	11305	18180
兴隆	294	6268	15401	11156
绥棱	802	4896	6039	7266
通北	2011	7260	3228	7228
沾河	—	2437	12278	5641
总局直属企业	**1340**	**16157**	**43604**	**21144**
带岭实验局	1340	16157	43604	21144
大兴安岭	**4140**	**50845**	**253192**	**165992**
大兴安岭林业集团公司	**3765**	**50491**	**239701**	**157995**
松岭	1608	15051	27357	29558
新林	—	5219	25619	23929
塔河	812	11908	37182	20244
呼中	68	3942	25072	15063
阿木尔	—	—	8963	6470
图强	79	4407	16022	13071
西林吉	1198	8680	48127	25060
十八站	—	1042	39449	16794
韩家园	—	242	11910	7806
大兴安岭营林局	**375**	**354**	**13491**	**7997**
加格达奇	375	354	13491	7997

国有林区分企业的企业总产值、销售产值和增加值(四)

(按现行价格计算)　　单位:万元

企业名称	企业总产值				
	总　计	第一产业			
		合　计	农　业	林　业	
				小　计	营造林
湖北	**—**	**—**	**—**	**—**	**—**
湖北省重点林业企业	**—**	**—**	**—**	**—**	**—**
神农架	—	—	—	—	—
海南	**—**	**—**	**—**	**—**	**—**
海南省重点林业企业	**—**	**—**	**—**	**—**	**—**
尖峰岭	—	—	—	—	—
霸王岭	—	—	—	—	—
吊罗山	—	—	—	—	—
黎母山	—	—	—	—	—
四川	**34731**	**23723**	**8**	**18993**	**18993**
阿坝州林管局	**21437**	**11172**	**—**	**6595**	**6595**
川西	—	—	—	—	—
黑水	—	—	—	—	—
马尔康	—	—	—	—	—
小金	—	—	—	—	—
观音桥	—	—	—	—	—
松潘	—	—	—	—	—
南坪	—	—	—	—	—
壤塘	—	—	—	—	—
甘孜州林管局	**4417**	**4397**	**—**	**4359**	**4359**
道孚	—	—	—	—	—
新龙	—	—	—	—	—
丹巴	—	—	—	—	—
炉霍	—	—	—	—	—
白玉	—	—	—	—	—
力邱河	—	—	—	—	—
翁达	—	—	—	—	—
其他地、州林管局	**8877**	**8154**	**8**	**8039**	**8039**
川南	2476	1937	8	1929	1929
雷波	1343	1333	—	1333	1333
凉北	1563	1421	—	1421	1421
夹金山	—	—	—	—	—
木里	2830	2798	—	2691	2691
普威	665	665	—	665	665
盐边	—	—	—	—	—
云南	**8968**	**5418**	**—**	**5413**	**5209**
云南省林管局	**8968**	**5418**	**—**	**5413**	**5209**
华坪	—	—	—	—	—
碧泉	337	317	—	317	317
黑白水	398	80	—	80	80
中甸	—	—	—	—	—

国有林区分企业的企业总产值、

（按现行

企业名称	企业总					
	第一产业					
	林业			畜牧业	林业服务业	其他
	木材采运	竹材采运	林产品采集			
湖北	—	—	—	—	—	—
湖北省重点林业企业	—	—	—	—	—	—
神农架	—	—	—	—	—	—
海南	—	—	—	—	—	—
海南省重点林业企业	—	—	—	—	—	—
尖峰岭	—	—	—	—	—	—
霸王岭	—	—	—	—	—	—
吊罗山	—	—	—	—	—	—
黎母山	—	—	—	—	—	—
四川	—	—	—	—	**4418**	**304**
阿坝州林管局	—	—	—	—	**4283**	**294**
川西	—	—	—	—	—	—
黑水	—	—	—	—	—	—
马尔康	—	—	—	—	—	—
小金	—	—	—	—	—	—
观音桥	—	—	—	—	—	—
松潘	—	—	—	—	—	—
南坪	—	—	—	—	—	—
壤塘	—	—	—	—	—	—
甘孜州林管局	—	—	—	—	**28**	**10**
道孚	—	—	—	—	—	—
新龙	—	—	—	—	—	—
丹巴	—	—	—	—	—	—
炉霍	—	—	—	—	—	—
白玉	—	—	—	—	—	—
力邱河	—	—	—	—	—	—
翁达	—	—	—	—	—	—
其他地、州林管局	—	—	—	—	**107**	—
川南	—	—	—	—	—	—
雷波	—	—	—	—	—	—
凉北	—	—	—	—	—	—
夹金山	—	—	—	—	—	—
木里	—	—	—	—	107	—
普威	—	—	—	—	—	—
盐边	—	—	—	—	—	—
云南	**204**	—	—	—	**5**	—
云南省林管局	**204**	—	—	—	**5**	—
华坪	—	—	—	—	—	—
碧泉	—	—	—	—	—	—
黑白水	—	—	—	—	—	—
中甸	—	—	—	—	—	—

销售产值和增加值(四)

价格计算) **单位:万元**

产值							
	第二产业						
合计	工业						
	小计	非木质林产品加工	锯材木片加工	人造板制造	木制品制造	木质家具	其他
—	—	—	—	—	—	—	—
—	—	—	—	—	—	—	—
—	—	—	—	—	—	—	—
—	—	—	—	—	—	—	—
—	—	—	—	—	—	—	—
—	—	—	—	—	—	—	—
—	—	—	—	—	—	—	—
—	—	—	—	—	—	—	—
—	—	—	—	—	—	—	—
7099	**1925**	**—**	**141**	**—**	**—**	**—**	**1784**
6682	**1540**	**—**	**—**	**—**	**—**	**—**	**1540**
—	—	—	—	—	—	—	—
—	—	—	—	—	—	—	—
—	—	—	—	—	—	—	—
—	—	—	—	—	—	—	—
—	—	—	—	—	—	—	—
—	—	—	—	—	—	—	—
—	—	—	—	—	—	—	—
—	—	—	—	—	—	—	—
—	—	—	—	—	—	—	—
—	—	—	—	—	—	—	—
—	—	—	—	—	—	—	—
—	—	—	—	—	—	—	—
—	—	—	—	—	—	—	—
—	—	—	—	—	—	—	—
—	—	—	—	—	—	—	—
—	—	—	—	—	—	—	—
417	**385**	**—**	**141**	**—**	**—**	**—**	**244**
312	280	—	141	—	—	—	139
—	—	—	—	—	—	—	—
105	105	—	—	—	—	—	105
—	—	—	—	—	—	—	—
—	—	—	—	—	—	—	—
—	—	—	—	—	—	—	—
—	—	—	—	—	—	—	—
3113	**3113**	**—**	**157**	**2608**	**—**	**—**	**348**
3113	**3113**	**—**	**157**	**2608**	**—**	**—**	**348**
—	—	—	—	—	—	—	—
—	—	—	—	—	—	—	—
—	—	—	—	—	—	—	—
—	—	—	—	—	—	—	—

国有林区分企业的企业总产值、销售产值和增加值(四)

（按现行价格计算） 单位：万元

企业名称	企业总产值		企业销售产值	企业增加值
	第二产业	第三产业		
	建筑业			
湖北	**—**	**—**	**—**	**—**
湖北省重点林业企业	**—**	**—**	**—**	**—**
神农架	—	—	—	—
海南	**—**	**—**	**—**	**—**
海南省重点林业企业	**—**	**—**	**—**	**—**
尖峰岭	—	—	—	—
霸王岭	—	—	—	—
吊罗山	—	—	—	—
黎母山	—	—	—	—
四川	**5174**	**3909**	**4427**	**1023**
阿坝州林管局	**5142**	**3583**	**3994**	**962**
川西	—	—	—	—
黑水	—	—	—	—
马尔康	—	—	—	—
小金	—	—	—	—
观音桥	—	—	—	—
松潘	—	—	—	—
南坪	—	—	—	—
壤塘	—	—	—	—
甘孜州林管局	**—**	**20**	**—**	**—**
道孚	—	—	—	—
新龙	—	—	—	—
丹巴	—	—	—	—
炉霍	—	—	—	—
白玉	—	—	—	—
力邱河	—	—	—	—
翁达	—	—	—	—
其他地、州林管局	**32**	**306**	**433**	**61**
川南	32	227	328	5
雷波	—	10	—	—
凉北	—	37	105	56
夹金山	—	—	—	—
木里	—	32	—	—
普威	—	—	—	—
盐边	—	—	—	—
云南	**—**	**437**	**3009**	**436**
云南省林管局	**—**	**437**	**3009**	**436**
华坪	—	—	—	—
碧泉	—	20	—	—
黑白水	—	318	—	—
中甸	—	—	—	—

国有林区分企业的企业总产值、销售产值和增加值（五）

（按现行价格计算）　　单位：万元

企业名称	企业总产值				
	总计	第一产业			
		合计	农业	林业	
				小计	营造林
巨甸	—	—	—	—	—
红旗	558	558	—	558	558
云台山	1955	1955	—	1955	1955
漾江	52	50	—	50	50
景东	1051	978	—	973	933
墨江	1037	857	—	857	817
卫国	3371	488	—	488	364
江边	—	—	—	—	—
清水江	—	—	—	—	—
南盘江	—	—	—	—	—
新平	—	—	—	—	—
宁蒗	209	135	—	135	135
陕西	**3876**	**497**	**7**	**449**	**371**
陕西省林管局	**3474**	**367**	**—**	**367**	**299**
宁西	353	15	—	15	15
太白	1242	91	—	91	65
长青	1602	—	—	—	—
宁东	223	207	—	207	187
汉西	54	54	—	54	32
龙草坪	—	—	—	—	—
陕西省营林局	**402**	**130**	**7**	**82**	**72**
马头滩	262	80	—	80	72
辛家山	140	50	7	2	—
甘肃	**31276**	**22428**	**183**	**22097**	**21345**
甘肃省林管局	**22358**	**16286**	**176**	**16108**	**16108**
舟曲	3422	1871	—	1869	1869
迭部	12000	9949	153	9796	9796
洮河	5251	3637	—	3637	3637
白水江	1685	829	23	806	806
甘肃省营林局	**8918**	**6142**	**7**	**5989**	**5237**
小陇山	8918	6142	7	5989	5237
青海	**—**	**—**	**—**	**—**	**—**
青海省林管局	**—**	**—**	**—**	**—**	**—**
玛可河	—	—	—	—	—
新疆	**5926**	**4242**	**1049**	**1301**	**874**
新疆自治区林管局	**3424**	**2442**	**514**	**810**	**417**
天山西部	2597	1660	478	269	226
阿尔泰山	827	782	36	541	191
新疆自治区营林局	**2502**	**1800**	**535**	**491**	**457**
天山中东部	2502	1800	535	491	457

国有林区分企业的企业总产值、

（按现行

企业名称	企业总					
	第一产业					
	林业			畜牧业	林业服务业	其他
	木材采运	竹材采运	林产品采集			
巨甸	—	—	—	—	—	—
红旗	—	—	—	—	—	—
云台山	—	—	—	—	—	—
漾江	—	—	—	—	—	—
景东	40	—	—	—	5	—
墨江	40	—	—	—	—	—
卫国	124	—	—	—	—	—
江边	—	—	—	—	—	—
清水江	—	—	—	—	—	—
南盘江	—	—	—	—	—	—
新平	—	—	—	—	—	—
宁蒗	—	—	—	—	—	—
陕西	**—**	**32**	**46**	**—**	**41**	**—**
陕西省林管局	**—**	**22**	**46**	**—**	**—**	**—**
宁西	—	—	—	—	—	—
太白	—	—	26	—	—	—
长青	—	—	—	—	—	—
宁东	—	—	20	—	—	—
汉西	—	22	—	—	—	—
龙草坪	—	—	—	—	—	—
陕西省营林局	**—**	**10**	**—**	**—**	**41**	**—**
马头滩	—	8	—	—	—	—
辛家山	—	2	—	—	41	—
甘肃	**650**	**—**	**102**	**63**	**85**	**—**
甘肃省林管局	**—**	**—**	**—**	**2**	**—**	**—**
舟曲	—	—	—	2	—	—
迭部	—	—	—	—	—	—
洮河	—	—	—	—	—	—
白水江	—	—	—	—	—	—
甘肃省营林局	**650**	**—**	**102**	**61**	**85**	**—**
小陇山	650	—	102	61	85	—
青海	**—**	**—**	**—**	**—**	**—**	**—**
青海省林管局	**—**	**—**	**—**	**—**	**—**	**—**
玛可河	—	—	—	—	—	—
新疆	**412**	**—**	**15**	**727**	**600**	**565**
新疆自治区林管局	**393**	**—**	**—**	**422**	**131**	**565**
天山西部	43	—	—	241	107	565
阿尔泰山	350	—	—	181	24	—
新疆自治区营林局	**19**	**—**	**15**	**305**	**469**	**—**
天山中东部	19	—	15	305	469	—

销售产值和增加值(五)

价格计算)　　　　　　　　　　　　　　　　　　　　　　　　　　　　　　　　单位:万元

产值							
第二产业							
合计	工业						
	小计	非木质林产品加工	锯材木片加工	人造板制造	木制品制造	木质家具	其他
—	—	—	—	—	—	—	—
—	—	—	—	—	—	—	—
—	—	—	—	—	—	—	—
—	—	—	—	—	—	—	—
73	73	—	—	—	—	—	73
157	157	—	157	—	—	—	—
2883	2883	—	—	2608	—	—	275
—	—	—	—	—	—	—	—
—	—	—	—	—	—	—	—
—	—	—	—	—	—	—	—
—	—	—	—	—	—	—	—
—	—	—	—	—	—	—	—
1514	**893**	**712**	**—**	**—**	**—**	**—**	**181**
1514	**893**	**712**	**—**	**—**	**—**	**—**	**181**
314	28	—	—	—	—	—	28
1115	865	712	—	—	—	—	153
85	—	—	—	—	—	—	—
—	—	—	—	—	—	—	—
—	—	—	—	—	—	—	—
—	—	—	—	—	—	—	—
—	**—**	**—**	**—**	**—**	**—**	**—**	**—**
—	—	—	—	—	—	—	—
—	—	—	—	—	—	—	—
1037	**1037**	**—**	**—**	**725**	**—**	**117**	**195**
195	**195**	**—**	**—**	**—**	**—**	**—**	**195**
—	—	—	—	—	—	—	—
21	21	—	—	—	—	—	21
103	103	—	—	—	—	—	103
71	71	—	—	—	—	—	71
842	**842**	**—**	**—**	**725**	**—**	**117**	**—**
842	842	—	—	725	—	117	—
—	**—**	**—**	**—**	**—**	**—**	**—**	**—**
—	**—**	**—**	**—**	**—**	**—**	**—**	**—**
—	—	—	—	—	—	—	—
—	**—**	**—**	**—**	**—**	**—**	**—**	**—**
—	**—**	**—**	**—**	**—**	**—**	**—**	**—**
—	—	—	—	—	—	—	—
—	—	—	—	—	—	—	—
—	**—**	**—**	**—**	**—**	**—**	**—**	**—**
—	—	—	—	—	—	—	—

国有林区分企业的企业总产值、销售产值和增加值(五)

(按现行价格计算)

单位:万元

企业名称	企业总产值		企业销售产值	企业增加值
	第二产业	第三产业		
	建筑业			
巨甸	—	—	—	—
红旗	—	—	—	—
云台山	—	—	—	—
漾江	—	2	—	—
景东	—	—	67	-24
墨江	—	23	150	25
卫国	—	—	2792	435
江边	—	—	—	—
清水江	—	—	—	—
南盘江	—	—	—	—
新平	—	—	—	—
宁蒗	—	74	—	—
陕西	**621**	**1865**	**782**	**258**
陕西省林管局	**621**	**1593**	**782**	**258**
宁西	286	24	28	-92
太白	250	36	754	300
长青	85	1517	—	50
宁东	—	16	—	—
汉西	—	—	—	—
龙草坪	—	—	—	—
陕西省营林局	**—**	**272**	**—**	**—**
马头滩	—	182	—	—
辛家山	—	90	—	—
甘肃	**—**	**7811**	**2394**	**1454**
甘肃省林管局	**—**	**5877**	**195**	**70**
舟曲	—	1551	—	—
迭部	—	2030	21	10
洮河	—	1511	103	25
白水江	—	785	71	35
甘肃省营林局	**—**	**1934**	**2199**	**1384**
小陇山	—	1934	2199	1384
青海	**—**	**—**	**—**	**—**
青海省林管局	**—**	**—**	**—**	**—**
玛可河	—	—	—	—
新疆	**—**	**1684**	**1946**	**2936**
新疆自治区林管局	**—**	**982**	**1493**	**1403**
天山西部	—	937	459	575
阿尔泰山	—	45	1034	828
新疆自治区营林局	**—**	**702**	**453**	**1533**
天山中东部	—	702	453	1533

国有林区主要产品产量

单位:立方米

指标名称	合计	135 个木材采运企业	20 个重点营林局
木材产量	11326574	10801136	525438
原木	11052283	10532741	519542
薪材	274291	268395	5896
木材销售量	11195197	10686983	508214
其中:胶合板	373867	373867	—
木材实际库存量	2629845	2465794	164051
锯材产量	817970	800522	17448
人造板产量	941333	932133	9200
其中:胶合板	95541	94331	1210
纤维板	389635	381645	7990
刨花板	289027	289027	—
木片产量(实积立方米)	837746	836196	1550
木地板(平方米)	3933282	3933282	—
卫生筷子(标准箱)	3314813	3286059	28754

国有林区分企业

企业名称	木材产量			木材销售量		木材实际库存量
	合　计	原　木	薪　材	合　计	其中：胶合板材	
全国合计	**11326574**	**11052283**	**274291**	**11195197**	**373867**	**2629845**
135 个木材采运企业小计	10801136	10532741	268395	10686983	373867	2465794
20 个重点营林局小计	525438	519542	5896	508214	—	164051
内蒙古	**2727314**	**2637550**	**89764**	**2737815**	**—**	**722257**
内蒙古集团林管局	**2443286**	**2354231**	**89055**	**2465119**	**—**	**663880**
阿尔山	184179	184179	—	167706	—	42168
绰尔	136461	136461	—	123638	—	37401
绰源	75271	75186	85	68942	—	18331
乌尔旗汉	164648	151643	13005	165423	—	21394
库都尔	106360	106360	—	98149	—	31288
图里河	67698	67698	—	71999	—	17845
伊图里河	40000	38058	1942	41409	—	3153
克一河	101081	93140	7941	82372	—	34371
甘河	129960	109528	20432	129392	—	6075
吉文	119098	101825	17273	116199	—	31395
阿里河	143967	123607	20360	114468	—	56277
根河	248109	248109	—	277705	—	87701
金河	223916	223916	—	308270	—	65656
阿龙山	144662	136645	8017	137036	—	104515
满归	171232	171232	—	189056	—	56035
得耳布尔	114644	114644	—	115826	—	14092
莫尔道嘎	272000	272000	—	257529	—	36183
内蒙古集团营林局	**4897**	**4742**	**155**	**4742**	**—**	**3455**
大杨树	—	—	—	—	—	2056
毕拉河	4897	4742	155	4742	—	1399
内蒙古林业厅营林局	**279131**	**278577**	**554**	**267954**	**—**	**54922**
免渡河	27979	27425	554	31056	—	9196
乌奴尔	34000	34000	—	24303	—	17210
巴林	10000	10000	—	10029	—	1500
南木	8958	8958	—	9562	—	2004
红花尔基	12367	12367	—	15517	—	1855
柴河	36897	36897	—	34557	—	17157
五岔沟	18930	18930	—	18930	—	—
白狼	130000	130000	—	124000	—	6000
吉林	**2372909**	**2343922**	**28987**	**2365529**	**198525**	**377233**
吉林集团林管局	**907475**	**890087**	**17388**	**896874**	**82750**	**82328**
临江	108868	106767	2101	110009	26474	4505
三岔子	174001	173820	181	172214	16799	17965
湾沟	31000	31000	—	31001	—	2327
松江河	123128	117247	5881	123112	—	6552

的主要产品产量(一)

单位:立方米

锯材产量	人造板产量				木片产量（实积立方米）	木地板（平方米）	卫生筷子（标准箱）
	合计	其中					
		胶合板	纤维板	刨花板			
817970	**941333**	**95541**	**389635**	**289027**	**837746**	**3933282**	**3314813**
800522	932133	94331	381645	289027	836196	3933282	3286059
17448	9200	1210	7990	—	1550	—	28754
24213	**25742**	**1021**	**—**	**17982**	**37229**	**5942**	**585803**
15165	**25716**	**995**	**—**	**17982**	**37229**	**5942**	**585421**
6140	—	—	—	—	—	—	—
—	3559	—	—	3559	541	942	69279
—	—	—	—	—	—	5000	—
4293	—	—	—	—	—	—	124316
—	—	—	—	—	—	—	165928
—	—	—	—	—	—	—	45435
—	—	—	—	—	—	—	10000
208	180	180	—	—	2084	—	—
—	1100	—	—	—	—	—	30082
2051	—	—	—	—	—	—	50882
—	16722	—	—	14423	—	—	—
—	25	—	—	—	—	—	—
—	—	—	—	—	2123	—	—
2473	—	—	—	—	—	—	—
—	—	—	—	—	26103	—	58629
—	4130	815	—	—	—	—	—
—	—	—	—	—	6378	—	30870
—	**—**	**—**	**—**	**—**	**—**	**—**	**—**
—	—	—	—	—	—	—	—
—	—	—	—	—	—	—	—
9048	**26**	**26**	**—**	**—**	**—**	**—**	**382**
2030	—	—	—	—	—	—	—
1923	26	26	—	—	—	—	382
—	—	—	—	—	—	—	—
1195	—	—	—	—	—	—	—
—	—	—	—	—	—	—	—
—	—	—	—	—	—	—	—
1600	—	—	—	—	—	—	—
2300	—	—	—	—	—	—	—
148547	**341692**	**21221**	**220012**	**69685**	**111564**	**3390551**	**241392**
66875	**144705**	**3376**	**115315**	**13998**	**71683**	**49562**	**57984**
—	26536	1804	—	13998	11982	—	26514
18982	—	—	—	—	41591	—	—
—	—	—	—	—	—	—	—
1306	—	—	—	—	724	—	—

国有林区分企业

企业名称	木材产量			木材销售量		木材实际库存量
	合　计	原　木	薪　材	合　计	其中：胶合板材	
泉阳	55995	55098	897	55937	24524	12626
露水河	127074	126302	772	114369	—	20731
白石山	83810	82461	1349	87205	14953	5715
红石	203599	197392	6207	203027	—	11907
延边林管局	**1240683**	**1231559**	**9124**	**1243882**	**115775**	**198125**
黄泥河	100000	100000	—	107772	19772	24840
敦化	152000	150300	1700	143742	30466	33973
大石头	115167	114148	1019	122283	—	25500
八家子	83000	83000	—	87517	—	8360
和龙	131000	131000	—	158854	30052	3113
汪清	177012	177012	—	151373	12182	29757
大兴沟	40000	40000	—	41712	—	6656
天桥岭	116709	116709	—	111627	—	14444
白河	201474	197899	3575	198663	23303	19513
珲春	124321	121491	2830	120339	—	31969
吉林省林业厅营林局	**224751**	**222276**	**2475**	**224773**	**—**	**96780**
上营	66618	64143	2475	57011	—	10375
辉南	40256	40256	—	38394	—	10354
长白	63277	63277	—	72076	—	49953
安图	54600	54600	—	57292	—	26098
长白山	—	—	—	—	—	—
龙江集团	**3969782**	**3817117**	**152665**	**3831024**	**175342**	**773183**
牡丹江林管局	**864829**	**821766**	**43063**	**858710**	**10979**	**113199**
大海林	158000	158000	—	165012	—	21641
柴河	137997	137997	—	151413	2789	19940
东京城	197000	191981	5019	188486	8190	9169
穆棱	131812	100767	31045	122260	—	16054
绥阳	119000	118521	479	122228	—	13514
海林	54985	54985	—	45133	—	12032
林口	44184	39911	4273	43984	—	13354
八面通	21851	19604	2247	20194	—	7495
合江林管局	**663523**	**662773**	**750**	**614714**	**—**	**249779**
桦南	38106	38106	—	40790	—	11207
双鸭山	25700	24950	750	26743	—	8096
鹤立	24000	24000	—	20802	—	5237
鹤北	179988	179988	—	163660	—	93263
东方红	205400	205400	—	203790	—	50641
迎春	67993	67993	—	65806	—	23244
清河	122336	122336	—	93123	—	58091
伊春林管局	**1327063**	**1240150**	**86913**	**1306950**	**—**	**115164**
乌伊岭	94879	94879	—	87115	—	19430

的主要产品产量(二)

单位:立方米

锯材产量	人造板产量				木片产量(实积立方米)	木地板(平方米)	卫生筷子(标准箱)
	合计	其中					
		胶合板	纤维板	刨花板			
—	—	—	—	—	—	—	—
14268	—	—	—	—	4070	—	—
—	60207	214	59148	—	—	—	—
32319	57962	1358	56167	—	13316	49562	31470
73272	**195803**	**16661**	**104697**	**55687**	**38331**	**3340989**	**155036**
956	4273	824	—	—	—	—	—
19478	23588	—	23588	—	—	1742555	—
6000	371	—	—	—	—	608072	—
15804	2270	848	—	—	1825	—	—
9021	62629	2208	56089	—	363	—	19436
3555	33781	6508	25020	—	23400	—	123522
—	1005	1005	—	—	3520	—	—
—	—	—	—	—	—	—	12078
16995	67886	5268	—	55687	—	88424	—
1463	—	—	—	—	9223	901938	—
8400	**1184**	**1184**	**—**	**—**	**1550**	**—**	**28372**
8400	—	—	—	—	—	—	28372
—	—	—	—	—	—	—	—
—	—	—	—	—	—	—	—
—	1184	1184	—	—	1550	—	—
—	—	—	—	—	—	—	—
505341	**479555**	**51624**	**132978**	**193578**	**390626**	**497434**	**1212090**
38491	**540**	**306**	**—**	**—**	**70460**	**27028**	**59669**
37474	—	—	—	—	30000	—	—
—	540	306	—	—	5389	—	—
528	—	—	—	—	13390	—	—
—	—	—	—	—	6000	—	—
—	—	—	—	—	8294	—	—
489	—	—	—	—	5103	27028	11219
—	—	—	—	—	1360	—	48450
—	—	—	—	—	924	—	—
73177	**14394**	**4394**	**—**	**7000**	**123184**	**48000**	**530982**
5343	1674	1674	—	—	3337	—	10982
6000	—	—	—	—	1151	—	20000
3000	7000	—	—	7000	2000	—	—
23700	3000	—	—	—	26679	—	255000
16708	—	—	—	—	66770	—	150000
1926	220	220	—	—	13247	—	95000
16500	2500	2500	—	—	10000	48000	—
287336	**452463**	**42830**	**125214**	**186578**	**69333**	**370006**	**316927**
4650	1980	1980	—	—	5000	—	18000

企业名称	木材产量			木材销售量		木材实际库存量
	合 计	原 木	薪 材	合 计	其中：胶合板材	
新青	164900	164900	—	159113	—	18784
红星	77724	71927	5797	77625	—	27823
上甘岭	20000	19868	132	20411	—	—
友好	161110	157807	3303	161254	—	2646
翠峦	64996	55993	9003	65010	—	715
乌马河	50000	46953	3047	49353	—	788
美溪	65000	65000	—	64122	—	828
金山屯	65000	63195	1805	65000	—	—
南岔	44999	38763	6236	48528	—	22181
朗乡	169558	143007	26551	169560	—	3824
桃山	20000	19700	300	10957	—	15753
铁力	67915	61215	6700	67915	—	—
双丰	39999	38023	1976	40004	—	—
汤旺河	176000	153937	22063	176000	—	2392
五营	44983	44983	—	44983	—	—
松花江林管局	**1012363**	**995892**	**16471**	**948246**	**159913**	**272668**
山河屯	89208	84284	4924	93238	17245	1773
苇河	87977	81208	6769	87095	—	17503
亚布力	178164	178164	—	141991	42481	51248
方正	145559	142310	3249	120012	33274	44909
兴隆	197533	196175	1358	179228	65887	75367
绥棱	104398	104395	3	88589	—	23420
通北	34309	34141	168	32293	—	7344
沾河	175215	175215	—	205800	1026	51104
总局直属企业	**102004**	**96536**	**5468**	**102404**	**4450**	**22373**
带岭实验局	102004	96536	5468	102404	4450	22373
大兴安岭	**2234936**	**2234936**	**—**	**2231835**	**—**	**711841**
大兴安岭林业集团公司	**2234936**	**2234936**	**—**	**2231835**	**—**	**711841**
松岭	185200	185200	—	244513	—	13562
新林	365000	365000	—	334122	—	141318
塔河	224400	224400	—	219564	—	66439
呼中	200000	200000	—	230074	—	129670
阿木尔	118408	118408	—	107702	—	48790
图强	181871	181871	—	188902	—	30574
西林吉	255773	255773	—	237420	—	96830
十八站	417409	417409	—	392444	—	101753
韩家园	286875	286875	—	277094	—	82905
大兴安岭营林局	**—**	**—**	**—**	**—**	**—**	**—**
加格达奇	—	—	—	—	—	—

的主要产品产量(三)

单位:立方米

锯材产量	人造板产量				木片产量(实积立方米)	木地板(平方米)	卫生筷子(标准箱)
	合 计	其 中					
		胶合板	纤维板	刨花板			
51000	44800	—	—	1100	3000	—	50000
—	15025	—	15025	—	—	—	—
—	30451	30451	—	—	—	—	26372
—	41435	6363	29537	—	—	—	37552
—	—	—	—	—	—	196380	—
—	54135	—	36276	17859	—	—	—
10013	—	—	—	—	—	—	86803
—	8100	—	—	—	—	—	—
—	—	—	—	—	3000	—	—
—	131476	—	44376	85000	28333	—	—
—	—	—	—	—	—	—	—
3773	14742	2039	—	12268	—	173626	—
33000	2650	350	—	—	—	—	—
176000	102869	1647	—	65551	30000	—	88000
8900	4800	—	—	4800	—	—	10200
48737	**12158**	**4094**	**7764**	**—**	**127649**	**—**	**185832**
710	2541	—	2541	—	—	—	—
4007	5842	619	5223	—	13016	—	—
2012	1860	1860	—	—	30000	—	69532
15000	—	—	—	—	25035	—	—
12950	606	606	—	—	41333	—	6300
3058	1009	1009	—	—	3706	—	—
—	—	—	—	—	1226	—	10000
11000	300	—	—	—	13333	—	100000
57600	**—**	**—**	**—**	**—**	**—**	**52400**	**118680**
57600	—	—	—	—	—	52400	118680
138406	**54789**	**17735**	**8045**	**7782**	**298327**	**39355**	**1275528**
138406	**54789**	**17735**	**8045**	**7782**	**298327**	**39355**	**1275528**
5908	9025	7000	—	—	370	—	419395
3408	—	—	—	—	135884	14080	206560
7709	9366	6036	—	1330	103770	—	258159
—	17711	1099	8045	1432	—	—	16270
3194	699	—	—	—	20000	—	21972
—	5020	—	—	5020	977	25275	17267
15876	5868	—	—	—	28744	—	30770
85248	7100	3600	—	—	4000	—	255151
17063	—	—	—	—	4582	—	49984
—	**—**	**—**	**—**	**—**	**—**	**—**	**—**
—	—	—	—	—	—	—	—

国有林区分企业

企业名称	木材产量			木材销售量		木材实际库存量
	合　计	原　木	薪　材	合　计	其中：胶合板材	
湖北	—	—	—	—	—	—
湖北省重点林业企业	—	—	—	—	—	—
神农架	—	—	—	—	—	—
海南	—	—	—	—	—	—
海南省重点林业企业	—	—	—	—	—	—
尖峰岭	—	—	—	—	—	—
霸王岭	—	—	—	—	—	—
吊罗山	—	—	—	—	—	—
黎母山	—	—	—	—	—	—
四川	—	—	—	—	—	—
阿坝州林管局	—	—	—	—	—	—
川西	—	—	—	—	—	—
黑水	—	—	—	—	—	—
马尔康	—	—	—	—	—	—
小金	—	—	—	—	—	—
观音桥	—	—	—	—	—	—
松潘	—	—	—	—	—	—
南坪	—	—	—	—	—	—
壤塘	—	—	—	—	—	—
甘孜州林管局	—	—	—	—	—	—
道孚	—	—	—	—	—	—
新龙	—	—	—	—	—	—
丹巴	—	—	—	—	—	—
炉霍	—	—	—	—	—	—
白玉	—	—	—	—	—	—
力邱河	—	—	—	—	—	—
翁达	—	—	—	—	—	—
其他地、州林管局	—	—	—	—	—	—
川南	—	—	—	—	—	—
雷波	—	—	—	—	—	—
凉北	—	—	—	—	—	—
夹金山	—	—	—	—	—	—
木里	—	—	—	—	—	—
普威	—	—	—	—	—	—
盐边	—	—	—	—	—	—
云南	**4974**	**4811**	**163**	**3164**	—	**3626**
云南省林管局	**4974**	**4811**	**163**	**3164**	—	**3626**
华坪	—	—	—	—	—	—
碧泉	—	—	—	—	—	—
黑白水	—	—	—	—	—	—
中甸	—	—	—	—	—	—

的主要产品产量(四)

单位:立方米

锯材产量	人造板产量				木片产量（实积立方米）	木地板（平方米）	卫生筷子（标准箱）
	合计	其中					
		胶合板	纤维板	刨花板			
—	—	—	—	—	—	—	—
—	—	—	—	—	—	—	—
—	—	—	—	—	—	—	—
—	—	—	—	—	—	—	—
—	—	—	—	—	—	—	—
—	—	—	—	—	—	—	—
—	—	—	—	—	—	—	—
—	—	—	—	—	—	—	—
—	—	—	—	—	—	—	—
346	—	—	—	—	—	—	—
—	—	—	—	—	—	—	—
—	—	—	—	—	—	—	—
—	—	—	—	—	—	—	—
—	—	—	—	—	—	—	—
—	—	—	—	—	—	—	—
—	—	—	—	—	—	—	—
—	—	—	—	—	—	—	—
—	—	—	—	—	—	—	—
—	—	—	—	—	—	—	—
—	—	—	—	—	—	—	—
—	—	—	—	—	—	—	—
—	—	—	—	—	—	—	—
—	—	—	—	—	—	—	—
—	—	—	—	—	—	—	—
—	—	—	—	—	—	—	—
—	—	—	—	—	—	—	—
—	—	—	—	—	—	—	—
346	—	—	—	—	—	—	—
346	—	—	—	—	—	—	—
—	—	—	—	—	—	—	—
—	—	—	—	—	—	—	—
—	—	—	—	—	—	—	—
—	—	—	—	—	—	—	—
—	—	—	—	—	—	—	—
—	—	—	—	—	—	—	—
1463	**31565**	**3940**	**20610**	—	—	—	—
1463	**31565**	**3940**	**20610**	—	—	—	—
—	—	—	—	—	—	—	—
—	—	—	—	—	—	—	—
—	—	—	—	—	—	—	—
—	—	—	—	—	—	—	—

企业名称	木材产量			木材销售量		木材实际库存量
	合计	原木	薪材	合计	其中：胶合板材	
巨甸	—	—	—	—	—	—
红旗	—	—	—	—	—	—
云台山	713	713	—	—	—	713
漾江	—	—	—	—	—	—
景东	842	842	—	482	—	424
墨江	1011	848	163	—	—	1011
卫国	2408	2408	—	2682	—	1478
江边	—	—	—	—	—	—
清水江	—	—	—	—	—	—
南盘江	—	—	—	—	—	—
新平	—	—	—	—	—	—
宁蒗	—	—	—	—	—	—
陕西	**—**	**—**	**—**	**—**	**—**	**—**
陕西省林管局	**—**	**—**	**—**	**—**	**—**	**—**
宁西	—	—	—	—	—	—
太白	—	—	—	—	—	—
长青	—	—	—	—	—	—
宁东	—	—	—	—	—	—
汉西	—	—	—	—	—	—
龙草坪	—	—	—	—	—	—
陕西省营林局	**—**	**—**	**—**	**—**	**—**	**—**
马头滩	—	—	—	—	—	—
辛家山	—	—	—	—	—	—
甘肃	**16054**	**13342**	**2712**	**7160**	**—**	**8894**
甘肃省林管局	**—**	**—**	**—**	**—**	**—**	**—**
舟曲	—	—	—	—	—	—
迭部	—	—	—	—	—	—
洮河	—	—	—	—	—	—
白水江	—	—	—	—	—	—
甘肃省营林局	**16054**	**13342**	**2712**	**7160**	**—**	**8894**
小陇山	16054	13342	2712	7160	—	8894
青海	**—**	**—**	**—**	**—**	**—**	**—**
青海省林管局	**—**	**—**	**—**	**—**	**—**	**—**
玛可河	—	—	—	—	—	—
新疆	**605**	**605**	**—**	**18670**	**—**	**32811**
新疆自治区林管局	**—**	**—**	**—**	**15085**	**—**	**32811**
天山西部	—	—	—	956	—	—
阿尔泰山	—	—	—	14129	—	32811
新疆自治区营林局	**605**	**605**	**—**	**3585**	**—**	**—**
天山中东部	605	605	—	3585	—	—

的主要产品产量(五)

单位:立方米

锯材产量	人造板产量				木片产量(实积立方米)	木地板(平方米)	卫生筷子(标准箱)
	合 计	其 中					
		胶合板	纤维板	刨花板			
—	—	—	—	—	—	—	—
—	—	—	—	—	—	—	—
—	—	—	—	—	—	—	—
—	—	—	—	—	—	—	—
—	—	—	—	—	—	—	—
1463	—	—	—	—	—	—	—
—	31565	3940	20610	—	—	—	—
—	—	—	—	—	—	—	—
—	—	—	—	—	—	—	—
—	—	—	—	—	—	—	—
—	—	—	—	—	—	—	—
—	—	—	—	—	—	—	—
—	—	—	—	—	—	—	—
—	—	—	—	—	—	—	—
—	—	—	—	—	—	—	—
—	—	—	—	—	—	—	—
—	—	—	—	—	—	—	—
—	—	—	—	—	—	—	—
—	—	—	—	—	—	—	—
—	—	—	—	—	—	—	—
—	—	—	—	—	—	—	—
—	—	—	—	—	—	—	—
—	—	—	—	—	—	—	—
—	**7990**	**—**	**7990**	**—**	**—**	**—**	**—**
—	—	—	—	—	—	—	—
—	—	—	—	—	—	—	—
—	—	—	—	—	—	—	—
—	—	—	—	—	—	—	—
—	—	—	—	—	—	—	—
—	**7990**	**—**	**7990**	**—**	**—**	**—**	**—**
—	7990	—	7990	—	—	—	—
—	—	—	—	—	—	—	—
—	—	—	—	—	—	—	—
—	—	—	—	—	—	—	—
—	—	—	—	—	—	—	—
—	—	—	—	—	—	—	—
—	—	—	—	—	—	—	—
—	—	—	—	—	—	—	—
—	—	—	—	—	—	—	—
—	—	—	—	—	—	—	—

国有林区非木材产品产量

指标名称	合　计	135 个木材采运企业	20 个重点营林局
主要 11 种林产品产量合计(吨)	49132	48532	600
中药材(吨)	9437	8947	490
食用菌(吨)	31879	31211	668
山野菜(吨)	26413	23721	2692
年末大牲畜存栏头数(万只)	580	26	554
年末家禽存栏头数(万只)	136227	135721	506
森林旅游人数(人次)	4440003	4068649	371354

国有林区分企业的非木材产品产量(一)

企业名称	主要 11 种林产品产量（吨）	中药材（吨）	食用菌（吨）	山野菜（吨）	年末大牲畜存栏头数（万只）	年末家禽存栏头数（万只）	森林旅游人数（人次）
全国合计	**49132**	**9437**	**31879**	**26413**	**580**	**136227**	**4440003**
135 个木材采运企业小计	48532	8947	31211	23721	26	135721	4068649
20 个重点营林局小计	600	490	668	2692	554	506	371354
内蒙古	**—**	**82**	**2654**	**2240**	**506**	**14**	**216368**
内蒙古集团林管局	**—**	**79**	**2589**	**1998**	**3**	**13**	**169588**
阿尔山	—	—	3	40	1	—	45000
绰尔	—	—	—	810	1	—	—
绰源	—	—	4	820	—	—	—
乌尔旗汉	—	—	125	—	—	—	—
库都尔	—	—	2	46	—	1	—
图里河	—	—	—	—	—	3	1500
伊图里河	—	—	25	2	—	—	—
克一河	—	—	2224	100	—	1	7500
甘河	—	46	—	55	—	—	—
吉文	—	30	2	50	1	1	2000
阿里河	—	—	170	63	—	3	26000
根河	—	—	2	—	—	—	76000
金河	—	—	—	—	—	—	—
阿龙山	—	—	—	9	—	1	—
满归	—	—	28	—	—	1	3588
得耳布尔	—	3	1	1	—	2	—
莫尔道嘎	—	—	3	2	—	—	8000
内蒙古集团营林局	**—**	**1**	**2**	**5**	**2**	**—**	**1800**
大杨树	—	1	—	1	—	—	—
毕拉河	—	—	2	4	2	—	1800
内蒙古林业厅营林局	**—**	**2**	**63**	**237**	**501**	**1**	**44980**
免渡河	—	—	38	27	474	—	—
乌奴尔	—	—	—	54	—	—	—
巴林	—	—	11	—	—	—	—
南木	—	—	1	17	1	—	—
红花尔基	—	2	10	118	1	—	40475
柴河	—	—	2	1	1	—	—
五岔沟	—	—	—	17	24	—	1255
白狼	—	—	1	3	—	1	3250

国有林区分企业的非木材产品产量(二)

企业名称	主要11种林产品产量（吨）	中药材（吨）	食用菌（吨）	山野菜（吨）	年末大牲畜存栏头数（万只）	年末家禽存栏头数（万只）	森林旅游人数（人次）
吉林	**1078**	**3792**	**3149**	**6975**	**55**	**542**	**378038**
吉林集团林管局	**—**	**2260**	**931**	**1869**	**—**	**2**	**149000**
临江	—	584	171	232	—	—	—
三岔子	—	33	2	300	—	—	
湾沟	—	8	—	235	—	—	
松江河	—	—	—	—	—	—	124000
泉阳	—	1200	5	66	—	1	10000
露水河	—	175	3	606	—	—	15000
白石山	—	260	750	430	—	1	—
红石	—	—	—	—	—	—	—
延边林管局	**478**	**1045**	**1706**	**3063**	**5**	**39**	**169038**
黄泥河	410	27	461	307	1	5	—
敦化	—	83	85	860	1	3	—
大石头	—	3	240	256	—	9	25000
八家子	—	—	60	450	1	1	—
和龙	51	19	79	448	—	2	12038
汪清	—	23	223	128	—	4	—
大兴沟	17	165	213	356	1	3	—
天桥岭	—	—	10	4	—	4	—
白河	—	600	223	44	—	6	132000
珲春	—	125	112	210	1	2	—
吉林省林业厅营林局	**600**	**487**	**512**	**2043**	**50**	**501**	**60000**
上营	600	10	500	2000	50	500	—
辉南	—	12	11	6	—	—	60000
长白	—	465	—	—	—	—	—
安图	—	—	1	37	—	1	—
长白山	—	—	—	—	—	—	—
龙江集团	**48054**	**5538**	**22568**	**16025**	**16**	**135639**	**3416042**
牡丹江林管局	**7109**	**2538**	**7234**	**3991**	**4**	**66**	**53472**
大海林	—	210	1013	790	—	—	13500
柴河	1865	325	840	700	2	20	28300
东京城	1933	10	1328	435	—	9	6820
穆棱	1735	135	530	320	—	3	1000
绥阳	—	144	2880	350	1	10	—

国有林区分企业的非木材产品产量(三)

企业名称	主要11种林产品产量（吨）	中药材（吨）	食用菌（吨）	山野菜（吨）	年末大牲畜存栏头数（万只）	年末家禽存栏头数（万只）	森林旅游人数（人次）
海林	1001	1531	277	764	—	4	—
林口	575	150	180	500	—	10	3852
八面通	—	33	186	132	—	10	—
合江林管局	**9383**	**1605**	**2630**	**3696**	**8**	**55**	**129750**
桦南	560	—	60	500	1	25	1750
双鸭山	612	—	363	249	—	2	35000
鹤立	429	—	243	186	3	18	3000
鹤北	2128	20	261	1300	—	4	11000
东方红	3930	1500	800	700	1	—	40000
迎春	463	60	203	200	1	4	1000
清河	1261	25	700	561	—	2	38000
伊春林管局	**—**	**393**	**6581**	**5285**	**—**	**—**	**3092980**
乌伊岭	—	—	—	—	—	—	—
新青	—	200	1960	500	—	—	60000
红星	—	—	110	250	—	—	—
上甘岭	—	—	—	—	—	—	61000
友好	—	—	—	—	—	—	21000
翠峦	—	—	—	—	—	—	45000
乌马河	—	—	—	—	—	—	—
美溪	—	—	—	—	—	—	170000
金山屯	—	193	1660	495	—	—	167000
南岔	—	—	—	—	—	—	85000
朗乡	—	—	—	—	—	—	53000
桃山	—	—	—	—	—	—	7880
铁力	—	—	—	460	—	—	2000000
双丰	—	—	—	—	—	—	20000
汤旺河	—	—	926	1430	—	—	130100
五营	—	—	1925	2150	—	—	273000
松花江林管局	**31562**	**1002**	**6123**	**3053**	**5**	**135518**	**139840**
山河屯	17203	235	55	350	1	28	1500
苇河	—	—	2298	36	—	—	27100
亚布力	—	—	1925	405	1	129450	49380
方正	—	371	124	590	1	13	30000
兴隆	—	93	352	503	—	6	15000

国有林区分企业的非木材产品产量(四)

企业名称	主要11种林产品产量（吨）	中药材（吨）	食用菌（吨）	山野菜（吨）	年末大牲畜存栏头数（万只）	年末家禽存栏头数（万只）	森林旅游人数（人次）
绥棱	14311	245	725	145	1	20	3900
通北	48	11	228	218	1	1	8760
沾河	—	47	416	806	—	6000	4200
总局直属企业	**—**	**—**	**—**	**—**	**—**	**—**	**—**
带岭实验局	—	—	—	—	—	—	—
大兴安岭	**—**	**25**	**3508**	**1104**	**2**	**32**	**95102**
大兴安岭林业集团公司	**—**	**25**	**3424**	**704**	**1**	**28**	**91196**
松岭	—	—	1644	17	—	3	4120
新林	—	10	54	71	1	4	1900
塔河	—	—	108	—	—	7	4405
呼中	—	—	546	112	—	5	2136
阿木尔	—	3	461	54	—	2	1942
图强	—	3	126	—	—	2	1942
西林吉	—	9	120	450	—	3	69800
十八站	—	—	300	—	—	1	1951
韩家园	—	—	65	—	—	1	3000
大兴安岭营林局	**—**	**—**	**84**	**400**	**1**	**4**	**3906**
加格达奇	—	—	84	400	1	4	3906
湖北	**—**	**—**	**—**	**—**	**—**	**—**	**—**
湖北省重点林业企业	**—**	**—**	**—**	**—**	**—**	**—**	**—**
神农架	—	—	—	—	—	—	—
海南	**—**	**—**	**—**	**—**	**—**	**—**	**—**
海南省重点林业企业	**—**	**—**	**—**	**—**	**—**	**—**	**—**
尖峰岭	—	—	—	—	—	—	—
霸王岭	—	—	—	—	—	—	—
吊罗山	—	—	—	—	—	—	—
黎母山	—	—	—	—	—	—	—
四川	**—**	**—**	**—**	**—**	**—**	**—**	**—**
阿坝州林管局	**—**	**—**	**—**	**—**	**—**	**—**	**—**
川西	—	—	—	—	—	—	—
黑水	—	—	—	—	—	—	—
马尔康	—	—	—	—	—	—	—
小金	—	—	—	—	—	—	—
观音桥	—	—	—	—	—	—	—

国有林区分企业的非木材产品产量(五)

企业名称	主要11种林产品产量（吨）	中药材（吨）	食用菌（吨）	山野菜（吨）	年末大牲畜存栏头数（万只）	年末家禽存栏头数（万只）	森林旅游人数（人次）
松潘	—	—	—	—	—	—	—
南坪	—	—	—	—	—	—	—
壤塘	—	—	—	—	—	—	—
甘孜州林管局	**—**	**—**	**—**	**—**	**—**	**—**	**—**
道孚	—	—	—	—	—	—	—
新龙	—	—	—	—	—	—	—
丹巴	—	—	—	—	—	—	—
炉霍	—	—	—	—	—	—	—
白玉	—	—	—	—	—	—	—
力邱河	—	—	—	—	—	—	—
翁达	—	—	—	—	—	—	—
其他地、州林管局	**—**	**—**	**—**	**—**	**—**	**—**	**—**
川南	—	—	—	—	—	—	—
雷波	—	—	—	—	—	—	—
凉北	—	—	—	—	—	—	—
夹金山	—	—	—	—	—	—	—
木里	—	—	—	—	—	—	—
普威	—	—	—	—	—	—	—
盐边	—	—	—	—	—	—	—
云南	**—**	**—**	**—**	**—**	**—**	**—**	**1652**
云南省林管局	**—**	**—**	**—**	**—**	**—**	**—**	**1652**
华坪	—	—	—	—	—	—	—
碧泉	—	—	—	—	—	—	—
黑白水	—	—	—	—	—	—	—
中甸	—	—	—	—	—	—	—
巨甸	—	—	—	—	—	—	—
红旗	—	—	—	—	—	—	—
云台山	—	—	—	—	—	—	—
漾江	—	—	—	—	—	—	—
景东	—	—	—	—	—	—	—
墨江	—	—	—	—	—	—	—
卫国	—	—	—	—	—	—	—
江边	—	—	—	—	—	—	—
清水江	—	—	—	—	—	—	—

国有林区分企业的非木材产品产量(六)

企业名称	主要11种林产品产量（吨）	中药材（吨）	食用菌（吨）	山野菜（吨）	年末大牲畜存栏头数（万只）	年末家禽存栏头数（万只）	森林旅游人数（人次）
南盘江	—	—	—	—	—	—	—
新平	—	—	—	—	—	—	—
宁蒗	—	—	—	—	—	—	1652
陕西	**—**	**—**	**7**	**—**	**—**	**—**	**41500**
陕西省林管局	**—**	**—**	**—**	**—**	**—**	**—**	**—**
宁西	—	—	—	—	—	—	—
太白	—	—	—	—	—	—	—
长青	—	—	—	—	—	—	—
宁东	—	—	—	—	—	—	—
汉西	—	—	—	—	—	—	—
龙草坪	—	—	—	—	—	—	—
陕西省营林局	**—**	**—**	**7**	**—**	**—**	**—**	**41500**
马头滩	—	—	—	—	—	—	32000
辛家山	—	—	7	—	—	—	9500
甘肃	**—**	**—**	**—**	**69**	**—**	**—**	**209311**
甘肃省林管局	**—**	**—**	**—**	**62**	**—**	**—**	**60033**
舟曲	—	—	—	62	—	—	33
迭部	—	—	—	—	—	—	—
洮河	—	—	—	—	—	—	60000
白水江	—	—	—	—	—	—	—
甘肃省营林局	**—**	**—**	**—**	**7**	**—**	**—**	**149278**
小陇山	—	—	—	7	—	—	149278
青海	**—**	**—**	**—**	**—**	**—**	**—**	**—**
青海省林管局	**—**	**—**	**—**	**—**	**—**	**—**	**—**
玛可河	—	—	—	—	—	—	—
新疆	**—**	**—**	**—**	**—**	**1**	**—**	**123490**
新疆自治区林管局	**—**	**—**	**—**	**—**	**1**	**—**	**53600**
天山西部	—	—	—	—	—	—	53600
阿尔泰山	—	—	—	—	1	—	—
新疆自治区营林局	**—**	**—**	**—**	**—**	**—**	**—**	**69890**
天山中东部	—	—	—	—	—	—	69890

国有林区主要经济效益指标

指标名称	单位	合计	135 个木材采运企业	20 个重点营林局
总资产贡献率	%	3.1	3.2	1.7
资本保值增值率	%	108.2	110.3	92.8
资产负债率	%	62.9	64.6	41.6
流动资产周转率	次	0.6	0.6	0.4
成本费用利润率	%	7.5	7.2	15.7
全员劳动生产率	元/人	9062	9269	5129
产品销售率	%	91.8	91.2	135.0

国有林区营林生产情况

单位:公顷

指标名称	合　计	135 个木材采运企业	20 个重点营林局
造林面积	35161	28127	7034
人工造林	26131	19097	7034
飞播造林	9030	9030	—
迹地更新面积	58702	58453	249
其中:人工更新	15872	15623	249
年末实有封山(沙)育林面积	1359394	1191526	167868
其中:本年新封	13890	9533	4357
其中:无林地和疏林地封育	—	—	—
其中:本年新封	—	—	—
低产低效林改造面积	122	122	—
森林管护面积	1235874	1235874	—
幼林抚育面积	51334	51334	—
幼林抚育作业面积(公顷次)	77605	77605	—
成林抚育面积	19390	19390	—
其中:中、幼龄林抚育面积	16510	16510	—
抚育改造出材量(立方米)	185976	185976	—
年末实有育苗面积	165	165	—
其中:本年新育	39	39	—

国有林区分企业的

企业名称	总资产贡献率			资本保值增值率			资产负债率		
	指标	子项（万元）	母项（万元）	指标	子项（万元）	母项（万元）	指标	子项（万元）	母项（万元）
全国合计	**3.1**	**127034**	**4099878**	**108.2**	**1360352**	**1257380**	**62.9**	**2315806**	**3679343**
135个木材采运企业小计	3.2	122527	3826909	110.3	1220827	1107086	64.6	2206258	3415850
20个重点营林局小计	1.7	4507	272969	92.8	139525	150294	41.6	109548	263493
内蒙古	**1.9**	**18558**	**979758**	**98.9**	**294252**	**297548**	**70.1**	**693914**	**989606**
内蒙古集团林管局	**1.8**	**15741**	**862400**	**103.2**	**232380**	**225066**	**73.4**	**639624**	**872004**
阿尔山	1.2	590	48793	102.7	14505	14124	70.3	34305	48810
绰尔	0.5	256	56284	104.0	12739	12245	74.5	37228	49967
绰源	1.0	355	34302	105.0	6821	6497	80.7	28436	35257
乌尔旗汉	1.4	899	64529	102.1	15736	15412	75.9	49503	65239
库都尔	-0.5	-282	60995	102.1	22302	21848	65.1	41533	63835
图里河	-1.9	-744	38910	107.2	4762	4442	88.1	35136	39898
伊图里河	0.9	240	25890	108.2	9023	8343	67.3	18567	27590
克一河	1.1	358	31290	101.1	13476	13330	58.1	18715	32191
甘河	1.2	500	42593	99.6	14375	14437	66.3	28289	42664
吉文	1.2	394	32485	103.6	8703	8397	74.5	25411	34114
阿里河	2.6	1291	49454	104.1	16024	15394	68.6	34950	50974
根河	3.7	2366	64264	99.8	21275	21328	65.9	41182	62457
金河	5.4	4148	76514	124.6	9928	7967	87.4	68854	78782
阿龙山	1.1	643	57156	102.4	11224	10963	81.0	47985	59209
满归	1.9	1457	75049	101.8	20515	20150	72.6	54369	74884
得耳布尔	3.0	1032	34940	104.5	13012	12453	63.8	22980	35992
莫尔道嘎	3.2	2238	68952	101.3	17960	17736	74.4	52181	70141
内蒙古集团营林局	**0.5**	**215**	**39213**	**104.1**	**20112**	**19315**	**49.0**	**19335**	**39447**
大杨树	0.6	154	25710	104.4	12891	12345	50.3	13031	25922
毕拉河	0.5	61	13503	103.6	7221	6970	46.6	6304	13525
内蒙古林业厅营林局	**3.3**	**2602**	**78145**	**78.5**	**41760**	**53167**	**44.7**	**34955**	**78155**
免渡河	-0.1	-10	13156	100.5	7358	7322	44.1	5809	13167
乌奴尔	0.9	125	13466	100.9	9334	9254	37.0	5473	14807
巴林	0.3	22	6775	104.4	3109	2979	52.1	3379	6488
南木	0.5	27	5478	111.9	498	445	65.4	3588	5484
红花尔基	-0.2	-15	8266	102.0	5425	5317	36.4	3099	8522
柴河	2.1	192	8979	106.4	3362	3160	62.6	5633	8995
五岔沟	3.7	629	16847	69.1	8059	11671	39.3	5216	13275
白狼	31.5	1632	5178	35.4	4615	13019	37.2	2758	7417
吉林	**4.2**	**34295**	**811271**	**105.2**	**314219**	**298734**	**57.8**	**469967**	**813493**
吉林集团林管局	**5.8**	**20071**	**344470**	**111.9**	**137053**	**122453**	**59.2**	**200277**	**338262**
临江	3.5	1169	33125	104.8	18653	17799	43.3	14355	33164
三岔子	4.8	1782	36917	115.0	10337	8989	72.5	27197	37534
湾沟	6.6	2749	41629	138.9	11139	8021	64.6	20285	31424
松江河	5.8	3109	53308	117.0	19317	16506	60.4	30419	50339

主要经济效益指标(一)

单位:%

流动资产周转率(次)			成本费用利润率			全员劳动生产率(元/人·年)			产品销售率		
指标	子项(万元)	母项(万元)	指标	子项(万元)	母项(万元)	指标	子项(元)	母项(人)	指标	子项(万元)	母项(万元)
0.6	**976173**	**1623676**	**7.5**	**54165**	**718696**	**9062**	**4182359237**	**461518**	**91.8**	**876735**	**955138**
0.6	934588	1521881	7.2	49608	689725	9269	4064100136	438463	91.2	859810	942600
0.4	**41585**	**101795**	**15.7**	**4557**	**28971**	**5129**	**118259101**	**23055**	**135.0**	**16925**	**12538**
0.4	**160995**	**407528**	**7.2**	**11984**	**167050**	**2592**	**206556000**	**79700**	**100.1**	**32423**	**32399**
0.4	140144	352010	5.8	9061	156306	2401	169150000	70443	82.9	25572	30859
0.3	5780	19078	16.6	1529	9195	1085	5560000	5125	45.0	535	1188
0.3	5558	20215	3.9	293	7472	4846	13650000	2817	52.1	1375	2637
0.3	3522	12540	7.2	276	3844	1671	3510000	2101	69.8	490	702
0.4	9088	25965	9.6	1060	11063	4011	20260000	5051	77.6	2878	3709
0.2	7427	31119	-9.3	-935	10097	3635	19340000	5321	101.3	3765	3716
0.4	5350	15123	-17.9	-1532	8579	2409	13880000	5761	55.3	1439	2603
0.2	1929	10033	—	—	1665	841	2300000	2736	83.1	300	361
0.4	4217	11515	9.3	428	4601	2347	6200000	2642	57.3	630	1099
0.4	6079	17337	0.4	30	6901	222	1090000	4916	278.0	681	245
0.4	4528	12483	4.4	273	6157	1041	2860000	2748	29.0	140	483
0.6	9892	16570	7.1	686	9612	5687	27900000	4906	109.7	5618	5122
0.6	17399	28996	7.7	1488	19411	2458	15070000	6131	97.0	2930	3021
0.4	16112	37358	17.0	2247	13256	2	10000	4148	100.0	7	7
0.2	6538	30421	9.1	598	6601	220	710000	3226	80.0	128	160
0.5	13297	26471	7.2	844	11749	6692	26120000	3903	82.4	2865	3477
0.5	7425	14258	3.1	261	8308	1996	7330000	3673	61.6	918	1490
0.7	16003	22528	8.5	1515	17795	641	3360000	5238	104.1	873	839
—	**216**	**11218**	**—**	**—**	**1560**	**114**	**280000**	**2455**	**100.0**	**69**	**69**
—	10	8484	—	—	860	125	190000	1517	100.0	38	38
0.1	206	2734	—	—	700	96	90000	938	100.0	31	31
0.5	**20635**	**44300**	**31.8**	**2923**	**9184**	**5458**	**37126000**	**6802**	**461.0**	**6782**	**1471**
0.2	1321	7092	1.3	12	953	5458	7128000	1306	468.6	1584	338
0.3	1440	5013	5.1	97	1902	12084	10658000	882	261.8	1882	719
0.1	318	2981	18.8	90	480	3047	1740000	571	100.0	503	503
0.2	542	2727	—	—	643	7874	4740000	602	840.0	504	60
0.2	464	2485	5.5	32	580	7381	6540000	886	7800.0	624	8
0.3	1219	3736	0.3	3	957	7650	5730000	749	114.6	1412	1232
0.1	1015	16847	26.7	348	1302	3846	100000	26	94.2	113	120
4.2	14316	3419	98.9	2341	2367	275	490000	1780	70.8	160	226
1.2	**374936**	**305780**	**4.8**	**14182**	**295712**	**15024**	**1571098101**	**104574**	**104.0**	**257107**	**247308**
1.3	**177618**	**133629**	**6.9**	**10484**	**152074**	**17771**	**768360000**	**43237**	**118.4**	**70022**	**59159**
1.6	25104	15295	5.7	913	16058	13551	92660000	6838	95.4	8548	8960
0.9	19264	21098	13.4	1922	14394	24723	136000000	5501	103.9	2738	2636
1.9	13453	6901	6.4	535	8421	25492	65080000	2553	103.8	12770	12300
1.2	31631	26688	6.6	2038	30697	10673	62200000	5828	100.6	1923	1912

国有林区分企业的

企业名称	总资产贡献率			资本保值增值率			资产负债率		
	指标	子项（万元）	母项（万元）	指标	子项（万元）	母项（万元）	指标	子项（万元）	母项（万元）
泉阳	8.0	2270	28310	117.1	5867	5010	80.1	23594	29461
露水河	4.8	2194	45725	119.9	6846	5708	85.4	41159	48178
白石山	5.4	1409	25915	110.3	6818	6181	73.4	18842	25660
红石	6.8	5389	79541	107.1	58076	54239	29.6	24426	82502
延边林管局	**3.5**	**12833**	**362835**	**100.4**	**117192**	**116740**	**62.3**	**240988**	**386845**
黄泥河	3.1	979	31319	100.5	9252	9203	69.9	21443	30696
敦化	5.2	4100	78330	102.7	26571	25880	64.6	48424	74996
大石头	3.4	1261	36581	94.1	5424	5765	85.8	32706	38130
八家子	2.7	471	17704	103.5	9803	9468	41.5	6956	16759
和龙	4.6	1802	39312	113.9	17117	15025	50.2	17283	34401
汪清	2.6	874	33623	85.5	15465	18090	52.9	17359	32824
大兴沟	-2.5	-189	7484	99.4	2119	2131	72.2	5512	7631
天桥岭	1.1	38	3605	122.4	3185	2602	13.0	4779	36627
白河	5.0	3179	63197	100.6	24986	24829	59.7	36967	61952
珲春	0.6	318	51680	87.3	3270	3747	93.8	49559	52829
吉林省林业厅营林局	**1.3**	**1391**	**103966**	**100.7**	**59974**	**59541**	**32.5**	**28702**	**88386**
上营	0.3	150	46500	100.1	43190	43138	8.5	4000	46900
辉南	2.7	317	11700	121.7	2536	2084	78.0	8986	11522
长白	1.6	586	35705	108.1	8211	7595	57.0	10887	19098
安图	3.4	338	10061	89.8	6037	6724	44.4	4829	10866
长白山	—	—	—	—	—	—	—	—	—
龙江集团	**1.4**	**18397**	**1312544**	**100.7**	**250569**	**248764**	**80.4**	**961355**	**1196345**
牡丹江林管局	**2.2**	**4664**	**211631**	**104.4**	**45271**	**43376**	**79.0**	**170404**	**215672**
大海林	3.8	1222	31981	103.8	6230	6003	80.4	25574	31804
柴河	1.4	470	33149	103.0	4795	4654	85.3	27825	32619
东京城	3.8	1504	39883	108.6	7557	6960	82.0	34414	41971
穆棱	2.8	886	31576	105.6	6441	6099	79.6	25078	31518
绥阳	2.0	443	22648	102.9	6305	6126	72.4	16537	22842
海林	1.2	276	22878	104.2	6418	6160	74.4	18641	25059
林口	0.6	113	18538	104.3	4172	3999	78.0	14793	18964
八面通	-2.3	-250	10978	99.3	3353	3375	69.2	7542	10895
合江林管局	**3.5**	**6412**	**185274**	**102.3**	**48819**	**47707**	**73.7**	**136866**	**185684**
桦南	7.0	1520	21656	108.3	4518	4173	78.1	16099	20616
双鸭山	-1.5	-299	20080	87.9	3244	3689	83.7	16660	19904
鹤立	-2.4	-359	14788	92.6	4587	4952	69.0	10202	14789
鹤北	3.9	1475	37642	100.8	15349	15227	60.0	23040	38388
东方红	4.1	1819	44422	104.1	10516	10102	77.0	35152	45668
迎春	2.7	489	18249	105.9	3972	3749	78.5	14470	18443
清河	6.2	1767	28437	114.1	6633	5815	76.2	21243	27876
伊春林管局	**-0.3**	**-1434**	**495400**	**95.7**	**79761**	**83344**	**83.5**	**417973**	**500553**
乌伊岭	-0.6	-161	27001	100.3	6521	6504	76.5	21217	27738

主要经济效益指标(二)

单位:%

流动资产周转率(次)			成本费用利润率			全员劳动生产率(元/人·年)			产品销售率		
指标	子项(万元)	母项(万元)	指标	子项(万元)	母项(万元)	指标	子项(元)	母项(人)	指标	子项(万元)	母项(万元)
1.9	13561	7146	-6.0	-520	8596	9406	46890000	4985	90.3	4144	4591
0.9	22657	26112	6.4	1422	22047	12933	77250000	5973	120.2	6935	5769
1.7	15521	8896	3.4	573	16996	22751	90800000	3991	103.7	6328	6101
1.7	36427	21493	10.3	3601	34865	26094	197480000	7568	157.7	26636	16890
1.3	**181957**	**143976**	**2.0**	**2603**	**128736**	**13540**	**736200000**	**54373**	**99.4**	**179320**	**180367**
1.3	8762	6651	2.2	165	7529	8242	46360000	5625	93.3	19221	20603
1.5	55367	36654	0.7	306	45605	20782	209880000	10099	94.8	51025	53845
1.0	14668	14771	-2.6	-197	7523	7563	52910000	6996	100.6	17719	17617
1.6	8053	5010	5.6	364	6480	11977	45980000	3839	102.1	11860	11621
1.7	19850	11501	6.4	808	12564	28669	105760000	3689	109.4	24330	22240
0.8	13684	17180	1.4	200	14046	15512	91720000	5913	100.2	11031	11004
1.7	2925	1738	-21.4	-294	1373	11982	25690000	2144	102.8	4699	4572
0.8	8908	11508	2.1	153	7221	2006	11520000	5743	96.1	2849	2965
2.3	34610	14917	4.4	384	8706	8436	66660000	7902	103.3	17655	17094
0.6	15130	24046	4.0	714	17689	32901	79720000	2423	100.7	18931	18806
0.5	**15361**	**28175**	**7.3**	**1095**	**14902**	**9555**	**66538101**	**6964**	**99.8**	**7765**	**7782**
0.5	2690	5800	1.6	56	3551	12795	35390000	2766	86.9	5418	6233
0.8	3869	4634	1.6	67	4061	7351	10828101	1473	125.8	83	66
0.3	4382	12847	15.2	654	4300	—	—	1048	—	812	—
0.9	4420	4894	10.6	318	2990	12117	20320000	1677	97.9	1452	1483
—	—	—	—	—	—	—	—	—	—	—	—
0.5	**255423**	**557682**	**4.8**	**8901**	**185056**	**7521**	**1570771136**	**208865**	**84.7**	**453900**	**535909**
0.8	**65565**	**83749**	**5.7**	**3214**	**56061**	**9930**	**412967940**	**41588**	**98.1**	**141606**	**144392**
0.7	10794	15104	13.8	880	6358	12991	85010000	6544	100.5	10821	10766
0.5	7347	15787	8.8	500	5669	9474	67150000	7088	108.8	13041	11986
1.0	15112	14676	16.7	1233	7387	11479	65440180	5701	94.5	16275	17221
0.6	8021	12596	11.1	600	5383	8669	50193320	5790	91.0	8222	9031
0.5	5661	10487	3.0	376	12338	12914	47291000	3662	102.7	70647	68786
2.7	12408	4666	-0.3	-40	14235	14735	63830000	4332	90.0	17112	19016
0.6	3812	6101	5.2	112	2136	6080	26960000	4434	80.0	4493	5616
0.6	2410	4332	-17.5	-447	2555	1757	7093440	4037	50.5	995	1970
0.6	**47846**	**76963**	**11.2**	**3008**	**26755**	**9794**	**237851196**	**24286**	**57.2**	**48965**	**85637**
0.5	5249	10556	-4.7	-220	4650	14247	57556000	4040	59.1	4253	7196
0.3	2665	9924	-11.0	-297	2710	3291	11560000	3513	102.5	2207	2154
0.5	2868	5415	-20.9	-300	1438	958	3030000	3163	86.7	1315	1517
0.8	11048	13142	169.4	1113	657	6472	37820000	5844	91.0	12113	13317
0.7	13306	19312	—	—	—	—	—	—	—	—	—
0.6	3969	6168	—	5	10580	15945	75246000	4719	37.9	18571	48970
0.7	8741	12446	40.3	2707	6720	17506	52639196	3007	84.2	10506	12483
0.3	**64742**	**252094**	**-5.7**	**-2959**	**52140**	**4973**	**464949000**	**93491**	**65.1**	**75426**	**115934**
0.2	2550	13596	1.7	66	3959	8668	36370000	4196	109.4	6911	6315

国有林区分企业的

企业名称	总资产贡献率			资本保值增值率			资产负债率		
	指标	子项（万元）	母项（万元）	指标	子项（万元）	母项（万元）	指标	子项（万元）	母项（万元）
新青	-1.0	-375	37079	94.6	8224	8692	77.6	28538	36762
红星	-1.3	-391	29442	84.0	2021	2407	93.1	27325	29347
上甘岭	0.6	253	45468	86.5	4720	5459	89.6	40722	45442
友好	-3.2	-788	24714	81.9	4463	5449	81.9	20210	24673
翠峦	3.5	1078	30941	103.3	6847	6629	78.5	24939	31785
乌马河	-10.6	-2380	22469	97.8	3947	4034	82.6	18695	22642
美溪	-1.3	-422	31730	95.6	3270	3420	89.7	28451	31721
金山屯	-0.7	-163	23039	107.2	-3501	-3265	103.0	23508	22821
南岔	3.0	1094	36347	103.6	14358	13859	61.0	22449	36807
朗乡	-1.7	-332	19555	99.3	2765	2784	85.6	16448	19213
桃山	-2.0	-473	23954	87.8	3217	3666	86.6	20750	23967
铁力	-2.1	-506	24369	78.3	2567	3277	89.7	22462	25030
双丰	1.9	980	52830	100.8	5756	5709	89.4	48365	54121
汤旺河	1.9	897	46625	101.3	12184	12030	75.0	36463	48647
五营	1.3	255	19837	89.3	2402	2690	87.9	17431	19837
松花江林管局	**2.1**	**8305**	**396522**	**102.5**	**67384**	**65712**	**81.9**	**221728**	**270719**
山河屯	1.2	358	29975	97.6	4774	4893	83.8	24737	29511
苇河	4.0	923	23310	108.2	8400	7764	64.0	14961	23362
亚布力	6.4	1973	30700	100.9	8251	8174	72.6	21823	30074
方正	4.0	1543	38474	106.6	6162	5780	84.0	32277	38439
兴隆	4.5	2115	46735	104.4	18725	17932	62.0	30601	49325
绥棱	0.4	571	133849	102.7	7674	7471	65.6	14220	21691
通北	0.5	133	24334	77.6	1117	1440	95.4	23279	24396
沾河	1.0	689	69145	100.2	12281	12258	111.0	59830	53921
总局直属企业	**1.9**	**450**	**23717**	**108.2**	**9334**	**8625**	**60.6**	**14384**	**23717**
带岭实验局	1.9	450	23717	108.2	9334	8625	60.6	14384	23717
大兴安岭	**4.5**	**27545**	**613992**	**104.6**	**245165**	**234489**	**60.2**	**370832**	**615998**
大兴安岭林业集团公司	**4.5**	**27545**	**613992**	**104.6**	**245165**	**234489**	**60.2**	**370832**	**615998**
松岭	6.2	3033	48926	103.3	19170	18552	60.8	29756	48926
新林	6.2	5409	87941	104.5	29525	28249	66.4	58416	87940
塔河	4.7	3500	73812	104.0	40542	38985	46.8	35652	76195
呼中	3.8	3323	86806	97.4	31450	32285	64.1	56203	87654
阿木尔	2.5	1370	53810	101.2	31626	31242	42.0	22931	54557
图强	2.4	1639	69704	106.2	37780	35563	46.1	32309	70089
西林吉	4.1	3688	89396	101.4	41536	40982	54.2	49236	90772
十八站	4.2	2568	61037	131.3	5530	4211	91.1	56480	62010
韩家园	7.1	3015	42560	181.1	8006	4420	78.9	29849	37855
大兴安岭营林局	**—**	**—**	**—**	**—**	**—**	**—**	**—**	**—**	**—**
加格达奇	—	—	—	—	—	—	—	—	—

主要经济效益指标(三)

单位:%

流动资产周转率(次)			成本费用利润率			全员劳动生产率(元/人·年)			产品销售率		
指标	子项(万元)	母项(万元)	指标	子项(万元)	母项(万元)	指标	子项(元)	母项(人)	指标	子项(万元)	母项(万元)
0.2	3228	17259	14.3	811	5657	8004	53300000	6659	100.0	1185	1185
0.1	1254	19548	-45.3	-752	1659	4256	19051000	4476	109.9	3528	3210
0.4	10614	25563	-216.1	-592	274	2844	7450000	2620	78.7	995	1265
0.2	1554	10359	20.2	1153	5709	6911	53430000	7731	100.1	7865	7858
0.2	3097	13222	-19.7	-512	2595	3629	24370000	6716	102.0	4150	4068
0.3	3162	10711	-77.9	-1196	1536	3231	19660000	6085	8.0	2219	27741
0.2	2525	15884	-19.9	-453	2276	4633	24080000	5197	89.4	4886	5464
0.4	4064	10314	-39.9	-601	1505	3766	28321000	7520	100.0	3217	3217
0.4	7251	16697	-56.0	-554	990	3961	35040000	8846	57.5	3877	6739
0.1	822	8210	3.1	316	10166	5703	55180000	9675	91.0	18976	20853
0.2	2076	9641	-34.5	-550	1596	1416	5840000	4124	6.4	713	11125
0.2	2410	12097	-16.5	-617	3744	4573	18936000	4141	100.0	3094	3094
0.3	8202	28134	-2.2	-53	2394	2806	10260000	3656	100.6	1690	1680
0.3	7471	29880	19.2	1218	6353	10960	63231000	5769	100.0	10017	10017
0.4	4462	10979	-37.2	-643	1727	1715	10430000	6080	100.0	2103	2103
0.6	**72667**	**130418**	**12.3**	**5532**	**45003**	**8819**	**374723000**	**42490**	**99.6**	**171344**	**171947**
0.5	8728	18934	2.2	201	9025	32298	32879000	1018	218.8	8318	3801
2.0	11282	5606	9.6	689	7188	6070	37796000	6227	99.6	95853	96226
1.2	10610	9174	28.4	1780	6258	18733	78227000	4176	82.4	13819	16778
0.4	10216	25554	25.3	1088	4292	721	4750000	6592	86.3	11305	13102
1.0	15554	16163	24.3	2104	8669	14910	111560000	7482	95.9	15401	16055
0.9	7208	7776	5.1	100	1976	3692	23032000	6239	88.4	8142	9213
0.2	2508	12275	-42.1	-538	1279	3990	16760000	4200	97.3	3228	3319
0.2	6561	34936	1.7	108	6316	10634	69719000	6556	113.6	15278	13453
0.3	**4603**	**14458**	**2.1**	**106**	**5097**	**11452**	**80280000**	**7010**	**92.0**	**16559**	**17999**
0.3	4603	14458	2.1	106	5097	11452	80280000	7010	92.0	16559	17999
0.6	**128818**	**217592**	**28.6**	**18481**	**64668**	**13361**	**815034000**	**61001**	**96.1**	**127925**	**133108**
0.6	**128818**	**217592**	**29.9**	**19129**	**63934**	**13852**	**814559000**	**58805**	**96.1**	**127815**	**132998**
0.5	13700	27225	30.4	2334	7671	12610	73905000	5861	94.3	15018	15929
0.8	21556	25518	64.5	4186	6489	14174	144179000	10172	92.3	17454	18916
0.7	14920	22632	21.7	2077	9567	10311	84899000	8234	99.6	13135	13188
0.3	13918	47658	17.5	1647	9420	9823	72398000	7370	109.5	13533	12357
0.5	7651	14371	25.8	562	2180	9966	47059000	4722	78.0	5746	7368
1.0	10971	10708	33.9	1320	3893	15916	95923000	6027	97.8	14886	15219
0.7	18359	28048	46.1	2835	6153	20294	133067000	6557	97.9	19939	20358
0.7	17859	25775	33.3	2374	7137	19684	111748000	5677	91.1	19321	21218
0.6	9884	15657	15.7	1794	11424	12277	51381000	4185	104.0	8783	8445
—	**—**	**—**	**-88.3**	**-648**	**734**	**216**	**475000**	**2196**	**100.0**	**110**	**110**
—	—	—	-88.3	-648	734	216	475000	2196	100.0	110	110

国有林区分企业的

企业名称	总资产贡献率			资本保值增值率			资产负债率		
	指标	子项（万元）	母项（万元）	指标	子项（万元）	母项（万元）	指标	子项（万元）	母项（万元）
湖北	—	—	—	—	—	—	—	—	—
湖北省重点林业企业	—	—	—	—	—	—	—	—	—
神农架	—	—	—	—	—	—	—	—	—
海南	—	—	—	—	—	—	—	—	—
海南省重点林业企业	—	—	—	—	—	—	—	—	—
尖峰岭	—	—	—	—	—	—	—	—	—
霸王岭	—	—	—	—	—	—	—	—	—
吊罗山	—	—	—	—	—	—	—	—	—
黎母山	—	—	—	—	—	—	—	—	—
四川	**-0.5**	**-123**	**26026**	**60.3**	**4855**	**8054**	**83.9**	**25373**	**30242**
阿坝州林管局	**-2.2**	**-84**	**3862**	**164.8**	**-740**	**-449**	**120.3**	**4394**	**3654**
川西	-2.2	-84	3862	164.8	-740	-449	120.3	4394	3654
黑水	—	—	—	—	—	—	—	—	—
马尔康	—	—	—	—	—	—	—	—	—
小金	—	—	—	—	—	—	—	—	—
观音桥	—	—	—	—	—	—	—	—	—
松潘	—	—	—	—	—	—	—	—	—
南坪	—	—	—	—	—	—	—	—	—
壤塘	—	—	—	—	—	—	—	—	—
甘孜州林管局	—	—	—	—	—	—	—	—	—
道孚	—	—	—	—	—	—	—	—	—
新龙	—	—	—	—	—	—	—	—	—
丹巴	—	—	—	—	—	—	—	—	—
炉霍	—	—	—	—	—	—	—	—	—
白玉	—	—	—	—	—	—	—	—	—
力邱河	—	—	—	—	—	—	—	—	—
翁达	—	—	—	—	—	—	—	—	—
其他地、州林管局	**-0.2**	**-39**	**22164**	**65.8**	**5595**	**8503**	**78.9**	**20979**	**26588**
川南	-0.6	-105	18858	98.1	5785	5899	69.3	13061	18846
雷波	—	—	—	—	—	—	—	—	—
凉北	2.0	66	3306	-11.4	-272	2390	107.8	3564	3306
夹金山	—	—	—	—	—	—	—	—	—
木里	—	—	—	—	—	—	—	—	—
普威	—	—	—	38.3	82	214	98.2	4354	4436
盐边	—	—	—	—	—	—	—	—	—
云南	**0.2**	**80**	**44348**	**330.9**	**4017**	**1214**	**90.9**	**45202**	**49710**
云南省林管局	**0.2**	**80**	**44348**	**330.9**	**4017**	**1214**	**90.9**	**45202**	**49710**
华坪	-3.0	-174	5809	-85.7	2369	-2764	148.1	8514	5750
碧泉	-18.1	-190	1050	-37.2	-320	860	4.8	270	5571
黑白水	6.0	324	5356	76.1	1369	1798	74.4	3986	5356
中甸	—	—	—	—	—	—	—	—	—

主要经济效益指标(四)

单位:%

流动资产周转率(次)			成本费用利润率			全员劳动生产率(元/人·年)			产品销售率		
指标	子项(万元)	母项(万元)	指标	子项(万元)	母项(万元)	指标	子项(元)	母项(人)	指标	子项(万元)	母项(万元)
—	—	—	—	—	—	—	—	—	—	—	—
—	—	—	—	—	—	—	—	—	—	—	—
—	—	—	—	—	—	—	—	—	—	—	—
—	—	—	—	—	—	—	—	—	—	—	—
—	—	—	—	—	—	—	—	—	—	—	—
—	—	—	—	—	—	—	—	—	—	—	—
—	—	—	—	—	—	—	—	—	—	—	—
—	—	—	—	—	—	—	—	—	—	—	—
—	—	—	—	—	—	—	—	—	—	—	—
0.2	**1163**	**5789**	**118.7**	**-7126**	**6001**	**2486**	**6175300**	**2484**	**105.6**	**4427**	**4191**
0.4	**536**	**1244**	**-129.7**	**-6608**	**5093**	**7323**	**5565300**	**760**	**104.9**	**3994**	**3806**
0.4	536	1244	—	—	—	—	—	—	—	—	—
—	—	—	—	—	—	—	—	—	—	—	—
—	—	—	—	—	—	—	—	—	—	—	—
—	—	—	—	—	—	—	—	—	—	—	—
—	—	—	—	—	—	—	—	—	—	—	—
—	—	—	—	—	—	—	—	—	—	—	—
—	—	—	—	—	—	—	—	—	—	—	—
—	—	—	—	—	—	—	—	—	—	—	—
—	—	—	—	—	—	—	—	—	—	—	—
—	—	—	—	—	—	—	—	—	—	—	—
—	—	—	—	—	—	—	—	—	—	—	—
—	—	—	—	—	—	—	—	—	—	—	—
—	—	—	—	—	—	—	—	—	—	—	—
—	—	—	—	—	—	—	—	—	—	—	—
—	—	—	—	—	—	—	—	—	—	—	—
—	—	—	—	—	—	—	—	—	—	—	—
0.1	**627**	**4545**	**-57.0**	**-518**	**908**	**354**	**610000**	**1724**	**112.5**	**433**	**385**
0.1	227	2790	-32.8	-150	457	39	50000	1274	117.1	328	280
—	—	—	—	—	—	—	—	—	—	—	—
0.2	400	1755	-81.6	-368	451	1244	560000	450	100.0	105	105
—	—	—	—	—	—	—	—	—	—	—	—
—	—	—	—	—	—	—	—	—	—	—	—
—	—	—	—	—	—	—	—	—	—	—	—
—	—	—	—	—	—	—	—	—	—	—	—
0.3	**4558**	**15312**	**-18.0**	**-625**	**3479**	**1645**	**4360000**	**2650**	**95.9**	**2986**	**3113**
0.3	**4558**	**15312**	**-18.0**	**-625**	**3479**	**1645**	**4360000**	**2650**	**95.9**	**2986**	**3113**
0.1	350	2739	—	—	—	—	—	—	—	—	—
0.1	514	5571	—	—	—		—		—	—	—
0.5	438	954	-81.5	-299	367	—	—	249	—	—	—
—	—	—	—	—	—	—	—	—	—	—	—

国有林区分企业的

企业名称	总资产贡献率			资本保值增值率			资产负债率		
	指标	子项（万元）	母项（万元）	指标	子项（万元）	母项（万元）	指标	子项（万元）	母项（万元）
巨甸	-0.1	-3	2083	99.5	363	365	82.6	1721	2083
红旗	—	—	—	100.0	-544	-544	222.8	987	443
云台山	—	—	—	—	—	—	—	—	—
漾江	-1.2	-18	1461	108.7	-2007	-1847	234.4	3500	1493
景东	-1.6	-32	2056	89.3	274	307	86.2	1711	1985
墨江	0.1	4	3093	196.9	441	224	85.7	2652	3093
卫国	0.8	148	17478	91.8	3597	3917	78.6	13229	16827
江边	—	—	—	—	—	—	—	—	—
清水江	—	—	—	—	—	—	—	—	—
南盘江	—	—	—	—	—	—	—	—	—
新平	—	—	—	85.9	-158	-184	112.7	1394	1237
宁蒗	0.4	21	5962	148.9	-1367	-918	123.3	7238	5872
陕西	**-3.8**	**-1502**	**39955**	**87.4**	**17752**	**20322**	**66.6**	**25629**	**38475**
陕西省林管局	**-3.8**	**-1502**	**39955**	**87.4**	**17752**	**20322**	**66.6**	**25629**	**38475**
宁西	-2.3	-255	11021	85.5	10163	11880	49.2	4997	10163
太白	0.8	83	10736	96.0	4635	4830	56.8	6082	10717
长青	-8.8	-489	5576	310.3	-785	-253	114.1	6361	5576
宁东	-1.9	-80	4258	96.3	1767	1834	55.6	2217	3984
汉西	-25.7	-676	2630	93.4	963	1032	64.6	1755	2718
龙草坪	-1.5	-85	5734	101.0	1009	999	79.3	4217	5317
陕西省营林局	**—**	**—**	**—**	**—**	**—**	**—**	**—**	**—**	**—**
马头滩	—	—	—	—	—	—	—	—	—
辛家山	—	—	—	—	—	—	—	—	—
甘肃	**-0.6**	**-181**	**29293**	**97.5**	**12527**	**12845**	**56.3**	**16167**	**28694**
甘肃省林管局	**—**	**—**	**—**	**—**	**—**	**—**	**—**	**—**	**—**
舟曲	—	—	—	—	—	—	—	—	—
迭部	—	—	—	—	—	—	—	—	—
洮河	—	—	—	—	—	—	—	—	—
白水江	—	—	—	—	—	—	—	—	—
甘肃省营林局	**-0.6**	**-181**	**29293**	**97.5**	**12527**	**12845**	**56.3**	**16167**	**28694**
小陇山	-0.6	-181	29293	97.5	12527	12845	56.3	16167	28694
青海	**—**	**—**	**—**	**—**	**—**	**—**	**—**	**—**	**—**
青海省林管局	**—**	**—**	**—**	**—**	**—**	**—**	**—**	**—**	**—**
玛可河	—	—	—	—	—	—	—	—	—
新疆	**1.1**	**1105**	**102116**	**98.2**	**31026**	**31591**	**59.2**	**64261**	**108558**
新疆自治区林管局	**0.8**	**625**	**79764**	**98.9**	**25874**	**26165**	**67.6**	**53872**	**79747**
天山西部	0.6	371	59638	100.4	17470	17395	70.7	42170	59640
阿尔泰山	1.3	254	20126	95.8	8404	8770	58.2	11702	20107
新疆自治区营林局	**2.1**	**480**	**22352**	**95.0**	**5152**	**5426**	**36.1**	**10389**	**28811**
天山中东部	2.1	480	22352	95.0	5152	5426	36.1	10389	28811

主要经济效益指标(五)

单位:%

流动资产周转率(次)			成本费用利润率			全员劳动生产率(元/人·年)			产品销售率		
指标	子项(万元)	母项(万元)	指标	子项(万元)	母项(万元)	指标	子项(元)	母项(人)	指标	子项(万元)	母项(万元)
0.4	383	883	-96.0	-97	101	—	—	—	—	—	—
—	—	—	—	—	—	—	—	—	—	—	—
—	—	—	—	—	—	—	—	—	—	—	—
—	7	198	—	—	—	—	—	372	—	—	—
—	24	915	-51.5	-51	99	-635	-240000	378	91.8	67	73
—	—	—	28.1	43	153	619	250000	404	80.9	127	157
1.7	2735	1643	-8.0	-221	2759	3870	4350000	1124	96.8	2792	2883
—	—	—	—	—	—	—	—	—	—	—	—
—	—	—	—	—	—	—	—	—	—	—	—
—	—	—	—	—	—	—	—	—	—	—	—
—	—	—	—	—	—	—	—	123	—	—	—
—	107	2409	—	—	—	—	—	—	—	—	—
0.1	**2142**	**14454**	**6.0**	**169**	**2827**	**3229**	**3503772**	**1085**	**87.6**	**782**	**893**
0.1	**2142**	**14454**	**6.0**	**169**	**2827**	**3229**	**3503772**	**1085**	**87.6**	**782**	**893**
0.1	488	3677	-35.7	-122	342	—	—	—	100.0	28	28
0.2	923	4839	-18.1	-179	991	3036	3000000	988	87.2	754	865
0.3	523	1546	31.5	470	1494	5194	503772	97	—	—	—
0.1	138	2202	—	—	—	—	—	—	—	—	—
0.1	56	1013	—	—	—	—	—	—	—	—	—
—	14	1177	—	—	—	—	—	—	—	—	—
—	—	—	—	—	—	—	—	—	—	—	—
—	—	—	—	—	—	—	—	—	—	—	—
—	—	—	—	—	—	—	—	—	—	—	—
0.2	**1881**	**10489**	**45.5**	**1242**	**2731**	**3075**	**14540000**	**4728**	**72.5**	**2394**	**3301**
—	**—**	**—**	**39.3**	**55**	**140**	**7778**	**700000**	**90**	**100.0**	**195**	**195**
—	—	—	—	—	—	—	—	—	—	—	—
—	—	—	31.3	5	16	7692	100000	13	100.0	21	21
—	—	—	24.1	20	83	9259	250000	27	100.0	103	103
—	—	—	73.2	30	41	7000	350000	50	100.0	71	71
0.2	**1881**	**10489**	**45.8**	**1187**	**2591**	**2984**	**13840000**	**4638**	**70.8**	**2199**	**3106**
0.2	1881	10489	45.8	1187	2591	2984	13840000	4638	70.8	2199	3106
—	—	—	—	—	—	—	—	—	—	—	—
—	—	—	—	—	—	—	—	—	—	—	—
—	—	—	—	—	—	—	—	—	—	—	—
0.3	**8698**	**31679**	—	—	—	—	—	—	—	—	—
0.2	**5206**	**24066**	—	—	—	—	—	—	—	—	—
0.2	3771	17462	—	—	—	—	—	—	—	—	—
0.2	1435	6604	—	—	—	—	—	—	—	—	—
0.5	**3492**	**7613**	—	—	—	—	—	—	—	—	—
0.5	3492	7613	—	—	—	—	—	—	—	—	—

国有林区分企业的

企业名称	造林面积			迹地更新面积		年末实有封山(沙)	
	合计	人工造林	飞播造林	合计	其中：人工更新	合计	其中：本年新封
全国合计	**35161**	**26131**	**9030**	**58702**	**15872**	**1359394**	**13890**
135 个木材采运企业小计	28127	19097	9030	58453	15623	1191526	9533
20 个重点营林局小计	7034	7034	—	249	249	167868	4357
内蒙古	**3434**	**3434**	**—**	**24517**	**10811**	**177325**	**—**
内蒙古集团林管局	**2754**	**2754**	**—**	**24335**	**10629**	**123681**	**—**
阿尔山	671	671	—	600	—	6633	—
绰尔	427	427	—	864	—	6767	—
绰源	667	667	—	1000	133	5848	—
乌尔旗汉	339	339	—	656	2	7171	—
库都尔	—	—	—	1400	1200	10912	—
图里河	—	—	—	1291	1157	10716	—
伊图里河	90	90	—	401	—	11574	—
克一河	—	—	—	274	71	10650	—
甘河	—	—	—	1010	135	5929	—
吉文	156	156	—	1068	—	4707	—
阿里河	262	262	—	367	34	6387	—
根河	142	142	—	5637	2334	5972	—
金河	—	—	—	2834	2005	6612	—
阿龙山	—	—	—	1831	1165	6607	—
满归	—	—	—	1543	204	6278	—
得耳布尔	—	—	—	2092	1389	5645	—
莫尔道嘎	—	—	—	1467	800	5273	—
内蒙古集团营林局	**680**	**680**	**—**	**—**	**—**	**18935**	**—**
大杨树	680	680	—	—	—	9507	—
毕拉河	—	—	—	—	—	9428	—
内蒙古林业厅营林局	**—**	**—**	**—**	**182**	**182**	**34709**	**—**
免渡河	—	—	—	72	72	3069	—
乌奴尔	—	—	—	110	110	2405	—
巴林	—	—	—	—	—	3142	—
南木	—	—	—	—	—	—	—
红花尔基	—	—	—	—	—	7568	—
柴河	—	—	—	—	—	5159	—
五岔沟	—	—	—	—	—	4200	—
白狼	—	—	—	—	—	9166	—
吉林	**196**	**196**	**—**	**14288**	**5061**	**166118**	**—**
吉林集团林管局	**164**	**164**	**—**	**13444**	**4849**	**69429**	**—**
临江	17	17	—	1713	—	22322	—
三岔子	37	37	—	2429	66	22966	—
湾沟	—	—	—	38	38	3090	—
松江河	—	—	—	2513	593	—	—

营林生产情况(一)

单位:公顷

育林面积		低产低效林改造面积	森林管护面积	幼林抚育面积		成林抚育面积		抚育改造出材量(立方米)	年末实有育苗面积	
其中:无林地和疏林地封										
小计	其中:本年新封			实际面积	作业面积(公顷次)	合计	其中:中、幼龄林抚育面积		合计	其中:本年新育
—	**—**	**122**	**1235874**	**51334**	**77605**	**19390**	**16510**	**185976**	**165**	**39**
—	—	122	1235874	51334	77605	19390	16510	185976	165	39
—	—	—	—	—	—	—	—	—	—	—
—	—	—	—	—	—	—	—	—	—	—
—	—	—	—	—	—	—	—	—	—	—
—	—	—	—	—	—	—	—	—	—	—
—	—	—	—	—	—	—	—	—	—	—
—	—	—	—	—	—	—	—	—	—	—
—	—	—	—	—	—	—	—	—	—	—
—	—	—	—	—	—	—	—	—	—	—
—	—	—	—	—	—	—	—	—	—	—
—	—	—	—	—	—	—	—	—	—	—
—	—	—	—	—	—	—	—	—	—	—
—	—	—	—	—	—	—	—	—	—	—
—	—	—	—	—	—	—	—	—	—	—
—	—	—	—	—	—	—	—	—	—	—
—	—	—	—	—	—	—	—	—	—	—
—	—	—	—	—	—	—	—	—	—	—
—	—	—	—	—	—	—	—	—	—	—
—	—	—	—	—	—	—	—	—	—	—
—	—	—	—	—	—	—	—	—	—	—
—	—	—	—	—	—	—	—	—	—	—
—	—	—	—	—	—	—	—	—	—	—
—	—	—	—	—	—	—	—	—	—	—
—	—	—	—	—	—	—	—	—	—	—
—	—	—	—	—	—	—	—	—	—	—
—	—	—	—	—	—	—	—	—	—	—
—	—	—	—	—	—	—	—	—	—	—
—	—	—	—	—	—	—	—	—	—	—
—	—	—	—	—	—	—	—	—	—	—
—	—	—	—	—	—	—	—	—	—	—
—	—	—	—	—	—	—	—	—	—	—
—	—	—	—	—	—	—	—	—	—	—
—	—	—	—	—	—	—	—	—	—	—
—	**—**	**122**	**1235874**	**51334**	**77605**	**19390**	**16510**	**185976**	**165**	**39**
—	**—**	**122**	**1235874**	**51334**	**77605**	**19390**	**16510**	**185976**	**165**	**39**
—	—	—	171549	5978	5978	2483	2483	42977	9	5
—	—	—	201852	11807	12256	1966	1966	49590	25	6
—	—	—	89017	806	1009	1837	1837	22775	5	1
—	—	—	150412	8512	17024	1143	1143	19781	25	10

国有林区分企业的

企业名称	造林面积			迹地更新面积		年末实有封山(沙)	
	合计	人工造林	飞播造林	合计	其中：人工更新	合计	其中：本年新封
泉阳	39	39	—	916	916	—	—
露水河	24	24	—	2328	208	17351	—
白石山	47	47	—	522	43	3700	—
红石	—	—	—	2985	2985	—	—
延边林管局	**15**	**15**	**—**	**777**	**145**	**93860**	**—**
黄泥河	—	—	—	—	—	19234	—
敦化	—	—	—	—	—	21850	—
大石头	—	—	—	35	35	3466	—
八家子	—	—	—	499	—	15399	—
和龙	—	—	—	13	13	—	—
汪清	15	15	—	135	10	17932	—
大兴沟	—	—	—	53	53	12473	—
天桥岭	—	—	—	8	—	1018	—
白河	—	—	—	34	34	—	—
珲春	—	—	—	—	—	2488	—
吉林省林业厅营林局	**17**	**17**	**—**	**67**	**67**	**2829**	**—**
上营	—	—	—	—	—	—	—
辉南	—	—	—	28	28	—	—
长白	17	17	—	39	39	2829	—
安图	—	—	—	—	—	—	—
长白山	—	—	—	—	—	—	—
龙江集团	**—**	**—**	**—**	**—**	**—**	**724323**	**—**
牡丹江林管局	**—**	**—**	**—**	**—**	**—**	**221098**	**—**
大海林	—	—	—	—	—	18451	—
柴河	—	—	—	—	—	18218	—
东京城	—	—	—	—	—	36173	—
穆棱	—	—	—	—	—	24833	—
绥阳	—	—	—	—	—	64197	—
海林	—	—	—	—	—	14452	—
林口	—	—	—	—	—	26608	—
八面通	—	—	—	—	—	18166	—
合江林管局	**—**	**—**	**—**	**—**	**—**	**142403**	**—**
桦南	—	—	—	—	—	13525	—
双鸭山	—	—	—	—	—	11266	—
鹤立	—	—	—	—	—	3473	—
鹤北	—	—	—	—	—	35556	—
东方红	—	—	—	—	—	47004	—
迎春	—	—	—	—	—	15367	—
清河	—	—	—	—	—	16212	—
伊春林管局	**—**	**—**	**—**	**—**	**—**	**285724**	**—**
乌伊岭	—	—	—	—	—	8555	—

营林生产情况(二)

单位:公顷

育林面积 其中:无林地和疏林地封 小计	其中:本年新封	低产低效林改造面积	森林管护面积	幼林抚育面积 实际面积	幼林抚育面积 作业面积(公顷次)	成林抚育面积 合计	其中:中、幼龄林抚育面积	抚育改造出材量(立方米)	年末实有育苗面积 合计	其中:本年新育
—	—	20	103234	5250	9765	2377	2377	8434	12	7
—	—	—	113938	7174	11098	4029	3130	21571	24	8
—	—	102	130076	3434	8595	1981	—	19251	41	2
—	—	—	275796	8373	11880	3574	3574	1597	24	—
—	—	—	—	—	—	—	—	—	—	—
—	—	—	—	—	—	—	—	—	—	—
—	—	—	—	—	—	—	—	—	—	—
—	—	—	—	—	—	—	—	—	—	—
—	—	—	—	—	—	—	—	—	—	—
—	—	—	—	—	—	—	—	—	—	—
—	—	—	—	—	—	—	—	—	—	—
—	—	—	—	—	—	—	—	—	—	—
—	—	—	—	—	—	—	—	—	—	—
—	—	—	—	—	—	—	—	—	—	—
—	—	—	—	—	—	—	—	—	—	—
—	—	—	—	—	—	—	—	—	—	—
—	—	—	—	—	—	—	—	—	—	—
—	—	—	—	—	—	—	—	—	—	—
—	—	—	—	—	—	—	—	—	—	—
—	—	—	—	—	—	—	—	—	—	—
—	—	—	—	—	—	—	—	—	—	—
—	—	—	—	—	—	—	—	—	—	—
—	—	—	—	—	—	—	—	—	—	—
—	—	—	—	—	—	—	—	—	—	—
—	—	—	—	—	—	—	—	—	—	—
—	—	—	—	—	—	—	—	—	—	—
—	—	—	—	—	—	—	—	—	—	—
—	—	—	—	—	—	—	—	—	—	—
—	—	—	—	—	—	—	—	—	—	—
—	—	—	—	—	—	—	—	—	—	—
—	—	—	—	—	—	—	—	—	—	—
—	—	—	—	—	—	—	—	—	—	—
—	—	—	—	—	—	—	—	—	—	—
—	—	—	—	—	—	—	—	—	—	—
—	—	—	—	—	—	—	—	—	—	—
—	—	—	—	—	—	—	—	—	—	—
—	—	—	—	—	—	—	—	—	—	—
—	—	—	—	—	—	—	—	—	—	—
—	—	—	—	—	—	—	—	—	—	—
—	—	—	—	—	—	—	—	—	—	—
—	—	—	—	—	—	—	—	—	—	—

国有林区分企业的

企业名称	造林面积			迹地更新面积		年末实有封山(沙)	
	合计	人工造林	飞播造林	合计	其中：人工更新	合计	其中：本年新封
新青	—	—	—	—	—	20373	—
红星	—	—	—	—	—	10576	—
上甘岭	—	—	—	—	—	10637	—
友好	—	—	—	—	—	59066	—
翠峦	—	—	—	—	—	29326	—
乌马河	—	—	—	—	—	20139	—
美溪	—	—	—	—	—	11830	—
金山屯	—	—	—	—	—	12696	—
南岔	—	—	—	—	—	19914	—
朗乡	—	—	—	—	—	5995	—
桃山	—	—	—	—	—	10741	—
铁力	—	—	—	—	—	17397	—
双丰	—	—	—	—	—	17273	—
汤旺河	—	—	—	—	—	15242	—
五营	—	—	—	—	—	15964	—
松花江林管局	**—**	**—**	**—**	**—**	**—**	**62689**	**—**
山河屯	—	—	—	—	—	15379	—
苇河	—	—	—	—	—	8017	—
亚布力	—	—	—	—	—	9547	—
方正	—	—	—	—	—	—	—
兴隆	—	—	—	—	—	—	—
绥棱	—	—	—	—	—	5040	—
通北	—	—	—	—	—	13342	—
沾河	—	—	—	—	—	11364	—
总局直属企业	**—**	**—**	**—**	**—**	**—**	**12409**	**—**
带岭实验局	—	—	—	—	—	12409	—
大兴安岭	**—**	**—**	**—**	**19897**	**—**	**—**	**—**
大兴安岭林业集团公司	**—**	**—**	**—**	**19897**	**—**	**—**	**—**
松岭	—	—	—	1000	—	—	—
新林	—	—	—	1793	—	—	—
塔河	—	—	—	1500	—	—	—
呼中	—	—	—	2502	—	—	—
阿木尔	—	—	—	1502	—	—	—
图强	—	—	—	2600	—	—	—
西林吉	—	—	—	3000	—	—	—
十八站	—	—	—	2000	—	—	—
韩家园	—	—	—	4000	—	—	—
大兴安岭营林局	**—**	**—**	**—**	**—**	**—**	**—**	**—**
加格达奇	—	—	—	—	—	—	—

营林生产情况(三)

单位:公顷

育林面积		低产低效林改造面积	森林管护面积	幼林抚育面积		成林抚育面积		抚育改造出材量(立方米)	年末实有育苗面积	
其中:无林地和疏林地封										
小计	其中:本年新封			实际面积	作业面积(公顷次)	合计	其中:中、幼龄林抚育面积		合计	其中:本年新育
—	—	—	—	—	—	—	—	—	—	—
—	—	—	—	—	—	—	—	—	—	—
—	—	—	—	—	—	—	—	—	—	—
—	—	—	—	—	—	—	—	—	—	—
—	—	—	—	—	—	—	—	—	—	—
—	—	—	—	—	—	—	—	—	—	—
—	—	—	—	—	—	—	—	—	—	—
—	—	—	—	—	—	—	—	—	—	—
—	—	—	—	—	—	—	—	—	—	—
—	—	—	—	—	—	—	—	—	—	—
—	—	—	—	—	—	—	—	—	—	—
—	—	—	—	—	—	—	—	—	—	—
—	—	—	—	—	—	—	—	—	—	—
—	—	—	—	—	—	—	—	—	—	—
—	—	—	—	—	—	—	—	—	—	—
—	—	—	—	—	—	—	—	—	—	—
—	—	—	—	—	—	—	—	—	—	—
—	—	—	—	—	—	—	—	—	—	—
—	—	—	—	—	—	—	—	—	—	—
—	—	—	—	—	—	—	—	—	—	—
—	—	—	—	—	—	—	—	—	—	—
—	—	—	—	—	—	—	—	—	—	—
—	—	—	—	—	—	—	—	—	—	—
—	—	—	—	—	—	—	—	—	—	—
—	—	—	—	—	—	—	—	—	—	—
—	—	—	—	—	—	—	—	—	—	—
—	—	—	—	—	—	—	—	—	—	—
—	—	—	—	—	—	—	—	—	—	—
—	—	—	—	—	—	—	—	—	—	—
—	—	—	—	—	—	—	—	—	—	—
—	—	—	—	—	—	—	—	—	—	—
—	—	—	—	—	—	—	—	—	—	—
—	—	—	—	—	—	—	—	—	—	—
—	—	—	—	—	—	—	—	—	—	—
—	—	—	—	—	—	—	—	—	—	—
—	—	—	—	—	—	—	—	—	—	—
—	—	—	—	—	—	—	—	—	—	—
—	—	—	—	—	—	—	—	—	—	—
—	—	—	—	—	—	—	—	—	—	—

国有林区分企业的

企业名称	造林面积			迹地更新面积		年末实有封山(沙)	
	合计	人工造林	飞播造林	合计	其中：人工更新	合计	其中：本年新封
湖北	**267**	**267**	**—**	**—**	**—**	**31467**	**4667**
湖北省重点林业企业	**267**	**267**	**—**	**—**	**—**	**31467**	**4667**
神农架	267	267	—	—	—	31467	4667
海南	**—**	**—**	**—**	**—**	**—**	**—**	**—**
海南省重点林业企业	**—**	**—**	**—**	**—**	**—**	**—**	**—**
尖峰岭	—	—	—	—	—	—	—
霸王岭	—	—	—	—	—	—	—
吊罗山	—	—	—	—	—	—	—
黎母山	—	—	—	—	—	—	—
四川	**23569**	**20131**	**3438**	**—**	**—**	**164123**	**46489**
阿坝州林管局	**8328**	**8328**	**—**	**—**	**—**	**46348**	**11706**
川西	—	—	—	—	—	—	—
黑水	—	—	—	—	—	—	—
马尔康	—	—	—	—	—	—	—
小金	—	—	—	—	—	—	—
观音桥	—	—	—	—	—	—	—
松潘	—	—	—	—	—	—	—
南坪	—	—	—	—	—	—	—
壤塘	—	—	—	—	—	—	—
甘孜州林管局	**4938**	**3077**	**1861**	**—**	**—**	**64144**	**4910**
道孚	—	—	—	—	—	—	—
新龙	—	—	—	—	—	—	—
丹巴	—	—	—	—	—	—	—
炉霍	—	—	—	—	—	—	—
白玉	—	—	—	—	—	—	—
力邱河	—	—	—	—	—	—	—
翁达	—	—	—	—	—	—	—
其他地、州林管局	**10303**	**8726**	**1577**	**—**	**—**	**53631**	**29873**
川南	3687	3687	—	—	—	6703	5600
雷波	1319	1319	—	—	—	10062	5440
凉北	1547	1547	—	—	—	11011	4260
夹金山	—	—	—	—	—	—	—
木里	3310	1733	1577	—	—	13200	6600
普威	300	300	—	—	—	7415	3906
盐边	140	140	—	—	—	5240	4067
云南	**12652**	**8955**	**3697**	**—**	**—**	**122018**	**6866**
云南省林管局	**12652**	**8955**	**3697**	**—**	**—**	**122018**	**6866**
华坪	1147	480	667	—	—	17767	133
碧泉	1067	467	600	—	—	24251	1466
黑白水	207	7	200	—	—	2371	733
中甸	—	—	—	—	—	—	—

营林生产情况(四)

单位:公顷

育林面积		低产低效林改造面积	森林管护面积	幼林抚育面积		成林抚育面积		抚育改造出材量(立方米)	年末实有育苗面积	
其中:无林地和疏林地封										
小计	其中:本年新封			实际面积	作业面积(公顷次)	合计	其中:中、幼龄林抚育面积		合计	其中:本年新育
—	—	—	—	—	—	—	—	—	—	—
—	—	—	—	—	—	—	—	—	—	—
—	—	—	—	—	—	—	—	—	—	—
—	—	—	—	—	—	—	—	—	—	—
—	—	—	—	—	—	—	—	—	—	—
—	—	—	—	—	—	—	—	—	—	—
—	—	—	—	—	—	—	—	—	—	—
—	—	—	—	—	—	—	—	—	—	—
—	—	—	—	—	—	—	—	—	—	—
—	—	—	—	—	—	—	—	—	—	—
—	—	—	—	—	—	—	—	—	—	—
—	—	—	—	—	—	—	—	—	—	—
—	—	—	—	—	—	—	—	—	—	—
—	—	—	—	—	—	—	—	—	—	—
—	—	—	—	—	—	—	—	—	—	—
—	—	—	—	—	—	—	—	—	—	—
—	—	—	—	—	—	—	—	—	—	—
—	—	—	—	—	—	—	—	—	—	—
—	—	—	—	—	—	—	—	—	—	—
—	—	—	—	—	—	—	—	—	—	—
—	—	—	—	—	—	—	—	—	—	—
—	—	—	—	—	—	—	—	—	—	—
—	—	—	—	—	—	—	—	—	—	—
—	—	—	—	—	—	—	—	—	—	—
—	—	—	—	—	—	—	—	—	—	—
—	—	—	—	—	—	—	—	—	—	—
—	—	—	—	—	—	—	—	—	—	—
—	—	—	—	—	—	—	—	—	—	—
—	—	—	—	—	—	—	—	—	—	—
—	—	—	—	—	—	—	—	—	—	—
—	—	—	—	—	—	—	—	—	—	—
—	—	—	—	—	—	—	—	—	—	—
—	—	—	—	—	—	—	—	—	—	—
—	—	—	—	—	—	—	—	—	—	—
—	—	—	—	—	—	—	—	—	—	—
—	—	—	—	—	—	—	—	—	—	—
—	—	—	—	—	—	—	—	—	—	—
—	—	—	—	—	—	—	—	—	—	—
—	—	—	—	—	—	—	—	—	—	—
—	—	—	—	—	—	—	—	—	—	—

国有林区分企业的

企业名称	造林面积			迹地更新面积		年末实有封山(沙)	
	合计	人工造林	飞播造林	合计	其中：人工更新	合计	其中：本年新封
巨甸	—	—	—	—	—	1000	133
红旗	—	—	—	—	—	1037	134
云台山	3545	2355	1190	—	—	28670	2933
漾江	190	190	—	—	—	5149	67
景东	1312	1312	—	—	—	13333	67
墨江	867	867	—	—	—	5867	—
卫国	2998	2998	—	—	—	2173	133
江边	—	—	—	—	—	—	—
清水江	—	—	—	—	—	—	—
南盘江	—	—	—	—	—	—	—
新平	267	67	200	—	—	—	—
宁蒗	1052	212	840	—	—	20400	1067
陕西	**200**	**200**	**—**	**—**	**—**	**172908**	**11132**
陕西省林管局	**—**	**—**	**—**	**—**	**—**	**161616**	**10799**
宁西	—	—	—	—	—	37379	1600
太白	—	—	—	—	—	37495	2800
长青	—	—	—	—	—	15422	—
宁东	—	—	—	—	—	38536	3533
汉西	—	—	—	—	—	11484	1533
龙草坪	—	—	—	—	—	21300	1333
陕西省营林局	**200**	**200**	**—**	**—**	**—**	**11292**	**333**
马头滩	200	200	—	—	—	4426	—
辛家山	—	—	—	—	—	6866	333
甘肃	**18673**	**13340**	**5333**	**—**	**—**	**73463**	**7024**
甘肃省林管局	**12667**	**7334**	**5333**	**—**	**—**	**19386**	**3000**
舟曲	1634	1067	567	—	—	2406	400
迭部	4333	2533	1800	—	—	6014	867
洮河	5333	2867	2466	—	—	10352	1620
白水江	1367	867	500	—	—	614	113
甘肃省营林局	**6006**	**6006**	**—**	**—**	**—**	**54077**	**4024**
小陇山	6006	6006	—	—	—	54077	4024
青海	**—**	**—**	**—**	**—**	**—**	**—**	**—**
青海省林管局	**—**	**—**	**—**	**—**	**—**	**—**	**—**
玛可河	—	—	—	—	—	—	—
新疆	**206**	**206**	**—**	**—**	**—**	**96147**	**—**
新疆自治区林管局	**75**	**75**	**—**	**—**	**—**	**50121**	**—**
天山西部	75	75	—	—	—	33874	—
阿尔泰山	—	—	—	—	—	16247	—
新疆自治区营林局	**131**	**131**	**—**	**—**	**—**	**46026**	**—**
天山中东部	131	131	—	—	—	46026	—

营林生产情况(五)

单位:公顷

育林面积		低产低效林改造面积	森林管护面积	幼林抚育面积		成林抚育面积		抚育改造出材量(立方米)	年末实有育苗面积	
其中:无林地和疏林地封										
小计	其中:本年新封			实际面积	作业面积(公顷次)	合计	其中:中、幼龄林抚育面积		合计	其中:本年新育
—	—	—	—	—	—	—	—	—	—	—
—	—	—	—	—	—	—	—	—	—	—
—	—	—	—	—	—	—	—	—	—	—
—	—	—	—	—	—	—	—	—	—	—
—	—	—	—	—	—	—	—	—	—	—
—	—	—	—	—	—	—	—	—	—	—
—	—	—	—	—	—	—	—	—	—	—
—	—	—	—	—	—	—	—	—	—	—
—	—	—	—	—	—	—	—	—	—	—
—	—	—	—	—	—	—	—	—	—	—
—	—	—	—	—	—	—	—	—	—	—
—	—	—	—	—	—	—	—	—	—	—
—	—	—	—	—	—	—	—	—	—	—
—	—	—	—	—	—	—	—	—	—	—
—	—	—	—	—	—	—	—	—	—	—
—	—	—	—	—	—	—	—	—	—	—
—	—	—	—	—	—	—	—	—	—	—
—	—	—	—	—	—	—	—	—	—	—
—	—	—	—	—	—	—	—	—	—	—
—	—	—	—	—	—	—	—	—	—	—
—	—	—	—	—	—	—	—	—	—	—
—	—	—	—	—	—	—	—	—	—	—
—	—	—	—	—	—	—	—	—	—	—
—	—	—	—	—	—	—	—	—	—	—
—	—	—	—	—	—	—	—	—	—	—
—	—	—	—	—	—	—	—	—	—	—
—	—	—	—	—	—	—	—	—	—	—
—	—	—	—	—	—	—	—	—	—	—
—	—	—	—	—	—	—	—	—	—	—
—	—	—	—	—	—	—	—	—	—	—
—	—	—	—	—	—	—	—	—	—	—
—	—	—	—	—	—	—	—	—	—	—
—	—	—	—	—	—	—	—	—	—	—
—	—	—	—	—	—	—	—	—	—	—
—	—	—	—	—	—	—	—	—	—	—
—	—	—	—	—	—	—	—	—	—	—
—	—	—	—	—	—	—	—	—	—	—
—	—	—	—	—	—	—	—	—	—	—
—	—	—	—	—	—	—	—	—	—	—
—	—	—	—	—	—	—	—	—	—	—
—	—	—	—	—	—	—	—	—	—	—
—	—	—	—	—	—	—	—	—	—	—
—	—	—	—	—	—	—	—	—	—	—

国有林区分企业的从业

企业名称	年末全部在册职工人数								
	总计	其中:大集体职工人数	在岗职工人数				下岗待安置职工人数		离开本单位仍保留劳动关系人员
			合计	长期职工	临时职工	其中:大集体职工人数	合计	其中:领取生活费职工人数	
全国合计	**902593**	**279341**	**536321**	**499622**	**36699**	**53817**	**66017**	**9404**	**300255**
135 个木材采运企业小计	865849	273623	510204	474289	35915	53789	63827	9041	291818
20 个重点营林局小计	36744	5718	26117	25333	784	28	2190	363	8437
内蒙古	**123775**	**29807**	**91584**	**89079**	**2505**	**9296**	**853**	**—**	**31338**
内蒙古集团林管局	**109331**	**28329**	**80354**	**78364**	**1990**	**9268**	**—**	**—**	**28977**
阿尔山	6327	669	5419	4346	1073	319	—	—	908
绰尔	5770	2328	4742	4742	—	1923	—	—	1028
绰源	2701	—	2230	2230	—	—	—	—	471
乌尔旗汉	5434	22	5150	4725	425	22	—	—	284
库都尔	7507	1482	5678	5678	—	402	—	—	1829
图里河	7696	814	5980	5980	—	213	—	—	1716
伊图里河	2963	43	2795	2795	—	43	—	—	168
克一河	7197	3645	3561	3561	—	849	—	—	3636
甘河	8205	1495	6360	6360	—	1495	—	—	1845
吉文	3235	—	2748	2748	—	—	—	—	487
阿里河	8289	2749	5052	4899	153	23	—	—	3237
根河	12124	5301	6465	6465	—	290	—	—	5659
金河	4404	—	3921	3921	—	—	—	—	483
阿龙山	9426	5341	5215	5215	—	1855	—	—	4211
满归	4061	—	3899	3899	—	—	—	—	162
得耳布尔	7752	3660	4962	4623	339	1054	—	—	2790
莫尔道嘎	6240	780	6177	6177	—	780	—	—	63
内蒙古集团营林局	**4724**	**1326**	**2513**	**2513**	**—**	**28**	**—**	**—**	**2211**
大杨树	3531	1324	1513	1513	—	26	—	—	2018
毕拉河	1193	2	1000	1000	—	2	—	—	193
内蒙古林业厅营林局	**9720**	**152**	**8717**	**8202**	**515**	**—**	**853**	**—**	**150**
免渡河	1376	—	1291	1291	—	—	—	—	85
乌奴尔	968	—	824	824	—	—	144	—	—
巴林	637	—	503	503	—	—	134	—	—
南木	790	—	609	609	—	—	139	—	42
红花尔基	1040	—	886	886	—	—	154	—	—
柴河	1055	152	750	750	—	—	282	—	23
五岔沟	2389	—	2389	2389	—	—	—	—	—
白狼	1465	—	1465	950	515	—	—	—	—
吉林	**153792**	**20979**	**96436**	**95529**	**907**	**4869**	**21806**	**6087**	**35550**
吉林集团林管局	**57445**	**9249**	**38627**	**38147**	**480**	**3864**	**5965**	**3375**	**12853**
临江	11519	4293	7300	7300	—	2022	1948	55	2271
三岔子	6460	942	4806	4806	—	659	1654	957	—
湾沟	4865	359	2829	2829	—	—	—	—	2036
松江河	7652	—	5247	5247	—	—	—	—	2405

人员和劳动报酬情况(一)

单位:人

其他从业人员	在岗职工		工程实施以来累计一次性安置人数	本年一次性安置		年末参加各级养老统筹保险人数	年末离退休人员人数	离退休人员年生活费(千元)	林区总人口	林区总户数(户)
	平均人数	工资总额(千元)		安置人数	安置费(万元)					
1228	**513209**	**2936876**	**226693**	**11435**	**20656**	**823448**	**352541**	**2287510**	**2751484**	**975687**
1228	486198	2732833	208040	10671	20372	790812	339123	2165780	2623848	935822
—	27011	204043	18653	764	284	32636	13418	121730	127636	39865
—	**90985**	**663529**	**34714**	**—**	**—**	**114782**	**57905**	**460728**	**363571**	**124341**
—	**79356**	**584544**	**25834**	**—**	**—**	**100806**	**51676**	**396463**	**307450**	**108530**
—	5444	39911	1973	—	—	5157	3725	31660	25708	9265
—	4645	29190	1188	—	—	5694	1812	13800	14604	5298
—	2101	15967	797	—	—	4014	963	6605	8206	3218
—	5073	36379	1425	—	—	6536	3269	26815	19126	6914
—	6254	42828	1743	—	—	7264	4778	32477	26446	8607
—	5963	39608	1635	—	—	5120	3069	22785	19631	6455
—	2779	19679	966	—	—	3800	2767	20717	14643	3992
—	3132	25077	1382	—	—	7122	2924	20623	13265	4693
—	6166	41545	1972	—	—	8776	4357	33699	25989	9016
—	2748	20706	1082	—	—	3802	2431	18924	16815	5424
—	4929	37713	1751	—	—	6468	3469	24372	24814	8032
—	6443	50188	1817	—	—	8010	5331	42519	25451	10476
—	4148	33861	1908	—	—	5478	3517	26552	16520	6603
—	5059	30143	1719	—	—	4526	2127	16099	13019	4822
—	3903	31678	1991	—	—	4980	2374	19501	12511	4766
—	4552	36945	948	—	—	6606	2287	17626	13254	4550
—	6017	53126	1537	—	—	7453	2476	21689	17448	6399
—	**2464**	**21810**	**748**	**—**	**—**	**3323**	**1504**	**10252**	**12805**	**4037**
—	1524	14311	457	—	—	2232	1184	7649	8868	2961
—	940	7499	291	—	—	1091	320	2603	3937	1076
—	**9165**	**57175**	**8132**	**—**	**—**	**10653**	**4725**	**54013**	**43316**	**11774**
—	1306	6831	1121	—	—	1376	1004	12150	10652	3133
—	882	7858	1049	—	—	824	745	9410	8804	1760
—	571	3226	887	—	—	637	688	9510	3925	1152
—	602	3770	809	—	—	790	529	6386	3124	1018
—	886	5130	53	—	—	1268	228	2857	3093	1042
—	749	4242	484	—	—	903	202	2777	3165	1055
—	2389	17065	2848	—	—	3390	1001	8700	8023	1986
—	1780	9053	881	—	—	1465	328	2223	2530	628
2	**102558**	**706999**	**61856**	**11421**	**20612**	**164836**	**72337**	**297012**	**536852**	**211954**
2	**43260**	**319778**	**32794**	**10657**	**20328**	**67354**	**35398**	**245906**	**249068**	**109214**
—	6838	46591	4011	—	—	18918	7399	56883	55100	13770
—	5501	63391	5485	247	548	6460	6834	53590	44778	12794
2	2553	22104	2576	—	—	7557	2692	19488	21352	40240
—	5828	56660	8053	5139	10569	7652	6620	49350	36984	9483

国有林区分企业的从业

企业名称	年末全部在册职工人数								
	总计	其中：大集体职工人数	在岗职工人数				下岗待安置职工人数		离开本单位仍保留劳动关系人员
			合计	长期职工	临时职工	其中:大集体职工人数	合计	其中:领取生活费职工人数	
泉阳	6836	1687	4143	3864	279	372	2363	2363	330
露水河	5509	538	3994	3958	36	351	—	—	1515
白石山	6898	1430	3784	3784	—	460	—	—	3114
红石	7706	—	6524	6359	165	—	—	—	1182
延边林管局	**88793**	**11730**	**51269**	**51074**	**195**	**1005**	**15679**	**2613**	**21845**
黄泥河	10269	—	5618	5618	—	—	2186	—	2465
敦化	17351	2361	9297	9297	—	—	7298	1425	756
大石头	10428	1043	6996	6996	—	—	210	—	3222
八家子	8021	3517	4113	3949	164	180	30	30	3878
和龙	7854	1791	3384	3384	—	208	—	—	4470
汪清	11191	2486	5907	5907	—	541	4062	631	1222
大兴沟	3759	203	2074	2074	—	76	275	—	1410
天桥岭	5578	—	3859	3859	—	—	—	—	1719
白河	11253	329	7809	7809	—	—	1586	527	1858
珲春	3089	—	2212	2181	31	—	32	—	845
吉林省林业厅营林局	**7554**	**—**	**6540**	**6308**	**232**	**—**	**162**	**99**	**852**
上营	3303	—	2667	2667	—	—	99	99	537
辉南	1359	—	1271	1039	232	—	63	—	25
长白	999	—	958	958	—	—	—	—	41
安图	1893	—	1644	1644	—	—	—	—	249
长白山	—	—	—	—	—	—	—	—	—
龙江集团	**460593**	**149846**	**264362**	**239203**	**25159**	**31244**	**31755**	**1994**	**164476**
牡丹江林管局	**81676**	**21404**	**48083**	**46722**	**1361**	**3007**	**17294**	**952**	**16299**
大海林	13253	6395	6110	6110	—	—	—	—	7143
柴河	14852	4068	8266	7982	284	1106	6586	858	—
东京城	14212	4851	10346	9869	477	1496	3355	—	511
穆棱	11434	2154	5784	5521	263	120	4645	94	1005
绥阳	9118	1612	4670	4333	337	—	1154	—	3294
海林	6889	1207	4368	4368	—	285	652	—	1869
林口	6725	497	4434	4434	—	—	—	—	2291
八面通	5193	620	4105	4105	—	—	902	—	186
合江林管局	**46728**	**8740**	**30949**	**28933**	**2016**	**2934**	**1916**	**1042**	**13863**
桦南	7584	1327	4205	4195	10	79	—	—	3379
双鸭山	6639	2587	3518	3488	30	2572	85	85	3036
鹤立	3494	237	3127	2947	180	26	—	—	367
鹤北	7161	61	6081	6029	52	—	977	103	103
东方红	12371	3661	6109	5113	996	257	854	854	5408
迎春	4142	90	3644	3406	238	—	—	—	498
清河	5337	777	4265	3755	510	—	—	—	1072
伊春林管局	**235600**	**95371**	**122263**	**118500**	**3763**	**19384**	**12545**	**—**	**100792**
乌伊岭	10928	4641	4701	4701	—	426	6227	—	—

人员和劳动报酬情况(二)

单位:人

其他从业人员	在岗职工		工程实施以来累计一次性安置人数	本年一次性安置		年末参加各级养老统筹保险人数	年末离退休人员人数	离退休人员年生活费(千元)	林区总人口	林区总户数(户)
	平均人数	工资总额(千元)		安置人数	安置费(万元)					
—	4985	3194	2445	—	—	6836	3817	2483	31259	8572
—	5973	39418	5069	3009	5350	5509	3685	30076	22117	9182
—	3991	23360	2238	—	—	6898	2583	18750	19696	7752
—	7591	65060	2917	2262	3861	7524	1768	15286	17782	7421
—	**52326**	**342676**	**22783**	**—**	**—**	**90568**	**33741**	**32957**	**253840**	**90700**
—	5625	26421	2934	—	—	10269	3974	1123	27268	11311
—	10112	78933	2725	—	—	17351	6234	2849	55952	18598
—	6623	38528	3262	—	—	9385	5079	1189	29979	11405
—	4116	24382	2006	—	—	6526	2981	1190	29991	9098
—	3811	28134	1914	—	—	7833	3144	2700	18954	6632
—	5913	36859	2660	—	—	14394	4415	3330	28911	9605
—	2144	12718	1344	—	—	5343	1584	11732	10694	4485
—	3962	24919	2354	—	—	5548	2991	2506	18885	7539
—	7902	55607	2533	—	—	10924	2712	2070	25599	9750
—	2118	16175	1051	—	—	2995	627	4268	7607	2277
—	**6972**	**44545**	**6279**	**764**	**284**	**6914**	**3198**	**18149**	**33944**	**12040**
—	2774	11537	330	—	—	3303	1070	7427	10505	4219
—	1473	11016	2512	44	89	1064	710	4218	4918	1639
—	1048	6864	1885	113	195	1012	589	5314	9378	3126
—	1677	15128	1552	607	—	1535	829	1190	9143	3056
—	—	—	—	—	—	—	—	—	—	—
828	**237668**	**979401**	**91110**	**—**	**—**	**427425**	**170443**	**1107816**	**1443517**	**508034**
—	**43574**	**207285**	**20402**	**—**	**—**	**99941**	**36937**	**252387**	**260550**	**97771**
—	6544	31503	5540	—	—	10501	5292	38308	43095	15918
—	8194	44913	2754	—	—	23109	6494	42493	56321	21822
—	6296	34345	4464	—	—	22010	6799	49031	42114	15371
—	5790	22818	1501	—	—	11507	5226	33446	32218	9692
—	3662	25051	1949	—	—	12526	4263	31637	28470	11017
—	4617	19979	1717	—	—	8504	3769	23055	24621	8854
—	4434	14891	1184	—	—	5931	2729	18067	13536	7917
—	4037	13785	1293	—	—	5853	2365	16350	20175	7180
828	**28445**	**125628**	**13012**	**—**	**—**	**67585**	**23044**	**144096**	**164266**	**59000**
—	4119	19135	2036	—	—	12255	3928	20644	31424	11022
818	3551	14252	1730	—	—	9497	2814	18003	22017	7197
—	3319	11376	1545	—	—	6452	1796	10744	14802	4782
10	5997	24422	2358	—	—	9404	2985	18370	21307	7160
—	4976	27020	2447	—	—	18687	6360	42770	35745	13915
—	3457	11854	1091	—	—	5689	2232	14711	14151	5318
—	3026	17569	1805	—	—	5601	2929	18854	24820	9606
—	**109976**	**405805**	**33713**	**—**	**—**	**166991**	**67718**	**435330**	**653591**	**223014**
—	4642	18722	843	—	—	6672	2419	13920	22408	6895

国有林区分企业的从业

企业名称	年末全部在册职工人数								
	总计	其中：大集体职工人数	在岗职工人数				下岗待安置职工人数		离开本单位仍保留劳动关系人员
			合计	长期职工	临时职工	其中：大集体职工人数	合计	其中：领取生活费职工人数	
新青	12538	2137	7195	7195	—	13	—	—	5343
红星	13332	7029	7027	7027	—	2464	—	—	6305
上甘岭	11815	4733	5497	5497	—	1058	6318	—	—
友好	19319	5622	16771	15486	1285	4122	—	—	2548
翠峦	12964	2854	7625	7625	—	905	—	—	5339
乌马河	9514	1465	7228	6206	1022	1143	—	—	2286
美溪	11852	3154	6765	6765	—	1250	—	—	5087
金山屯	14937	5657	9513	9513	—	1642	—	—	5424
南岔	17672	6906	13023	13023	—	4176	—	—	4649
朗乡	14278	3922	9670	9670	—	—	—	—	4608
桃山	23027	14766	4124	4124	—	—	—	—	18903
铁力	21926	14532	5006	4800	206	—	—	—	16920
双丰	17282	10969	5945	5513	432	1980	—	—	11337
汤旺河	12408	3459	5949	5131	818	61	—	—	6459
五营	11808	3525	6224	6224	—	144	—	—	5584
松花江林管局	**83829**	**16701**	**56171**	**38152**	**18019**	**3805**	**—**	**—**	**27658**
山河屯	12482	2506	8421	4721	3700	101	—	—	4061
苇河	10244	2856	6532	6532	—	57	—	—	3712
亚布力	10871	1639	6379	3656	2723	—	—	—	4492
方正	10815	2750	8052	5594	2458	1256	—	—	2763
兴隆	11363	1307	8037	5881	2156	—	—	—	3326
绥棱	9866	2661	7190	4207	2983	2374	—	—	2676
通北	7765	1762	4115	4115	—	—	—	—	3650
沾河	10423	1220	7445	3446	3999	17	—	—	2978
总局直属企业	**12760**	**7630**	**6896**	**6896**	**—**	**2114**	**—**	**—**	**5864**
带岭实验局	12760	7630	6896	6896	—	2114	—	—	5864
大兴安岭	**141124**	**78115**	**63817**	**55873**	**7944**	**8187**	**10280**	**—**	**67027**
大兴安岭林业集团公司	**133902**	**73875**	**61675**	**53731**	**7944**	**8187**	**9440**	**—**	**62787**
松岭	17261	9784	6315	5268	1047	—	—	—	10946
新林	25225	15051	9804	9565	239	2427	3189	—	12232
塔河	20591	10074	9152	9152	—	—	1365	—	10074
呼中	29956	17718	8777	7288	1489	—	3461	—	17718
阿木尔	6976	3061	4634	4634	—	—	—	—	2342
图强	9246	5100	6027	5065	962	1081	—	—	3219
西林吉	6870	2882	6614	3732	2882	1882	—	—	256
十八站	11899	7063	6333	5008	1325	1497	1425	—	4141
韩家园	5878	3142	4019	4019	—	1300	—	—	1859
大兴安岭营林局	**7222**	**4240**	**2142**	**2142**	**—**	**—**	**840**	**—**	**4240**
加格达奇	7222	4240	2142	2142	—	—	840	—	4240

人员和劳动报酬情况（三）

单位：人

其他从业人员	在岗职工 平均人数	在岗职工 工资总额（千元）	工程实施以来累计一次性安置人数	本年一次性安置 安置人数	本年一次性安置 安置费（万元）	年末参加各级养老统筹保险人数	年末离退休人员人数	离退休人员年生活费（千元）	林区总人口	林区总户数（户）
—	6672	26161	3833	—	—	12960	5217	38890	49289	18585
—	6940	22937	1006	—	—	4563	2649	16760	27000	9215
—	3635	15600	1346	—	—	5590	2530	18220	21947	8175
—	11612	41667	1918	—	—	12067	5186	34650	61139	19307
—	7447	30581	1521	—	—	16964	5333	31440	46317	17449
—	6834	27999	1397	—	—	11020	3150	21340	36858	13048
—	5197	30306	2287	—	—	8698	3153	22510	35448	12918
—	7772	28740	1179	—	—	7203	4702	24330	46322	16396
—	13688	29437	1816	—	—	11024	5250	36570	45598	13194
—	9675	25610	4775	—	—	16537	6867	42700	39454	15318
—	4124	16759	1771	—	—	7904	4181	24760	48714	16227
—	4141	21126	6153	—	—	19022	5894	31160	74258	20752
—	5536	24167	1242	—	—	6483	3945	26190	30526	8780
—	5830	25174	1355	—	—	12397	3866	27390	34244	13594
—	6231	20819	1271	—	—	7887	3376	24500	34069	13161
—	**48663**	**216515**	**21521**	**—**	**—**	**84366**	**39374**	**256192**	**327816**	**115299**
—	5861	26962	3890	—	—	10263	5763	35220	39881	16062
—	6284	19117	4804	—	—	8294	4305	27295	41776	15049
—	4176	27818	2019	—	—	8148	4709	32241	36378	12719
—	7848	39369	—	—	—	13453	4668	32701	45311	15863
—	7482	31630	2103	—	—	16680	5511	38411	46529	14730
—	6239	22786	3079	—	—	6883	6368	40080	48568	18427
—	4200	19300	2590	—	—	8409	4327	26736	32020	9823
—	6573	29533	3036	—	—	12236	3723	23508	37353	12626
—	**7010**	**24168**	**2462**	**—**	**—**	**8542**	**3370**	**19811**	**37294**	**12950**
—	7010	24168	2462	—	—	8542	3370	19811	37294	12950
—	**62286**	**386875**	**24611**	**—**	**—**	**77998**	**34286**	**279380**	**314046**	**104943**
—	**60090**	**374055**	**22338**	**—**	**—**	**74120**	**33011**	**269782**	**305736**	**102163**
—	6212	37574	2517	—	—	9550	3616	28507	35333	12289
—	10282	53169	3564	—	—	13232	6675	55923	55145	19580
—	8234	57237	3692	—	—	11363	6565	54336	64080	19066
—	8010	53079	3458	—	—	8137	6521	54000	48568	16839
—	4722	30663	2202	—	—	6179	2600	21766	19654	7129
—	6211	30599	2061	—	—	8725	2230	18419	18392	5924
—	6557	48309	2031	—	—	7013	2674	21981	35084	10023
—	5677	42351	1955	—	—	6566	1783	12321	22388	8724
—	4185	21074	858	—	—	3355	347	2529	7092	2589
—	**2196**	**12820**	**2273**	**—**	**—**	**3878**	**1275**	**9598**	**8310**	**2780**
—	2196	12820	2273	—	—	3878	1275	9598	8310	2780

国有林区分企业的从业

企业名称	年末全部在册职工人数								离开本单位仍保留劳动关系人员
	总计	其中：大集体职工人数	在岗职工人数				下岗待安置职工人数		
			合计	长期职工	临时职工	其中:大集体职工人数	合计	其中:领取生活费职工人数	
湖北	**1126**	**—**	**737**	**737**	**—**	**—**	**—**	**—**	**389**
湖北省重点林业企业	**1126**	**—**	**737**	**737**	**—**	**—**	**—**	**—**	**389**
神农架	1126	—	737	737	—	—	—	—	389
海南	**—**	**—**	**—**	**—**	**—**	**—**	**—**	**—**	**—**
海南省重点林业企业	**—**	**—**	**—**	**—**	**—**	**—**	**—**	**—**	**—**
尖峰岭	—	—	—	—	—	—	—	—	—
霸王岭	—	—	—	—	—	—	—	—	—
吊罗山	—	—	—	—	—	—	—	—	—
黎母山	—	—	—	—	—	—	—	—	—
四川	**15086**	**652**	**12459**	**12143**	**316**	**202**	**1140**	**55**	**1487**
阿坝州林管局	**5712**	**652**	**4475**	**4164**	**311**	**202**	**789**	**—**	**448**
川西	—	—	—	—	—	—	—	—	—
黑水	—	—	—	—	—	—	—	—	—
马尔康	—	—	—	—	—	—	—	—	—
小金	—	—	—	—	—	—	—	—	—
观音桥	—	—	—	—	—	—	—	—	—
松潘	—	—	—	—	—	—	—	—	—
南坪	—	—	—	—	—	—	—	—	—
壤塘	—	—	—	—	—	—	—	—	—
甘孜州林管局	**4716**	**—**	**4185**	**4180**	**5**	**—**	**176**	**25**	**355**
道孚	—	—	—	—	—	—	—	—	—
新龙	—	—	—	—	—	—	—	—	—
丹巴	—	—	—	—	—	—	—	—	—
炉霍	—	—	—	—	—	—	—	—	—
白玉	—	—	—	—	—	—	—	—	—
力邱河	—	—	—	—	—	—	—	—	—
翁达	—	—	—	—	—	—	—	—	—
其他地、州林管局	**4658**	**—**	**3799**	**3799**	**—**	**—**	**175**	**30**	**684**
川南	1965	—	1268	1268	—	—	30	30	667
雷波	505	—	360	360	—	—	145	—	—
凉北	430	—	413	413	—	—	—	—	17
夹金山	—	—	—	—	—	—	—	—	—
木里	1162	—	1162	1162	—	—	—	—	—
普威	426	—	426	426	—	—	—	—	—
盐边	170	—	170	170	—	—	—	—	—
云南	**5317**	**594**	**5003**	**4905**	**98**	**221**	**—**	**—**	**314**
云南省林管局	**5317**	**594**	**5003**	**4905**	**98**	**221**	**—**	**—**	**314**
华坪	401	—	396	396	—	—	—	—	5
碧泉	339	—	328	328	—	—	—	—	11
黑白水	262	—	251	251	—	—	—	—	11
中甸	—	—	—	—	—	—	—	—	—

人员和劳动报酬情况(四)

单位:人

其他从业人员	在岗职工		工程实施以来累计一次性安置人数	本年一次性安置		年末参加各级养老统筹保险人数	年末离退休人员人数	离退休人员年生活费(千元)	林区总人口	林区总户数(户)
	平均人数	工资总额(千元)		安置人数	安置费(万元)					
34	771	9493	2618	18	29	1405	2360	—	—	—
34	771	9493	2618	18	29	1405	2360	—	—	—
—	—	—	—	—	—	—	—	—	—	—
—	—	—	—	—	—	—	—	—	—	—
—	—	—	—	—	—	—	—	—	—	—
—	—	—	—	—	—	—	—	—	—	—
—	—	—	—	—	—	—	—	—	—	—
—	—	—	—	—	—	—	—	—	—	—
—	—	—	—	—	—	—	—	—	—	—
254	12872	128418	3072	273	400	66903	53529	235828	37765	13718
253	4648	59195	490	—	18	35786	30201	85288	12737	5877
—	—	—	—	—	—	—	—	—	—	—
—	—	—	—	—	—	—	—	—	—	—
—	—	—	—	—	—	—	—	—	—	—
—	—	—	—	—	—	—	—	—	—	—
—	—	—	—	—	—	—	—	—	—	—
—	—	—	—	—	—	—	—	—	—	—
—	—	—	—	—	—	—	—	—	—	—
—	—	—	—	—	—	—	—	—	—	—
1	4195	33703	975	—	—	13857	9222	68068	10505	2675
—	—	—	—	—	—	—	—	—	—	—
—	—	—	—	—	—	—	—	—	—	—
—	—	—	—	—	—	—	—	—	—	—
—	—	—	—	—	—	—	—	—	—	—
—	—	—	—	—	—	—	—	—	—	—
—	—	—	—	—	—	—	—	—	—	—
—	—	—	—	—	—	—	—	—	—	—
—	4029	35520	1607	273	382	17260	14106	82472	14523	5166
—	1274	11320	759	259	248	6046	4081	25828	5031	1892
—	402	4117	151	—	—	2550	2045	13918	1765	518
—	450	4016	164	—	—	430	1504	10918	3543	645
—	—	—	—	—	—	—	—	—	—	—
—	1291	10824	233	—	—	5331	4169	23308	2964	1806
—	439	3243	227	12	130	1753	1327	7710	—	—
—	173	2000	73	2	4	1150	980	790	1220	305
395	5305	57327	3418	14	44	13747	7361	50619	16786	4711
395	5305	57327	3418	14	44	13747	7361	50619	16786	4711
—	396	4995	279	—	—	944	542	5281	1994	372
—	328	4300	369	—	—	1175	836	7490	2450	578
—	249	3670	644	—	—	683	421	4139	1995	681
—	—	—	—	—	—	—	—	—	—	—

国有林区分企业的从业

企业名称	年末全部在册职工人数								
	总计	其中：大集体职工人数	在岗职工人数				下岗待安置职工人数		离开本单位仍保留劳动关系人员
			合计	长期职工	临时职工	其中:大集体职工人数	合计	其中:领取生活费职工人数	
巨甸	183	—	179	179	—	—	—	—	4
红旗	236	—	236	236	—	—	—	—	—
云台山	840	594	833	735	98	221	—	—	7
漾江	364	—	364	364	—	—	—	—	—
景东	396	—	318	318	—	—	—	—	78
墨江	394	—	299	299	—	—	—	—	95
卫国	1097	—	1002	1002	—	—	—	—	95
江边	—	—	—	—	—	—	—	—	—
清水江	—	—	—	—	—	—	—	—	—
南盘江	—	—	—	—	—	—	—	—	—
新平	126	—	118	118	—	—	—	—	8
宁蒗	679	—	679	679	—	—	—	—	—
陕西	**3469**	**—**	**2828**	**2828**	**—**	**—**	**340**	**—**	**301**
陕西省林管局	**3105**	**—**	**2576**	**2576**	**—**	**—**	**269**	**—**	**260**
宁西	755	—	660	660	—	—	—	—	95
太白	1048	—	984	984	—	—	—	—	64
长青	293	—	100	100	—	—	191	—	2
宁东	587	—	463	463	—	—	78	—	46
汉西	255	—	213	213	—	—	—	—	42
龙草坪	167	—	156	156	—	—	—	—	11
陕西省营林局	**364**	**—**	**252**	**252**	**—**	**—**	**71**	**—**	**41**
马头滩	188	—	147	147	—	—	—	—	41
辛家山	176	—	105	105	—	—	71	—	—
甘肃	**14280**	**—**	**11503**	**11503**	**—**	**—**	**1323**	**1323**	**1454**
甘肃省林管局	**8494**	**—**	**6874**	**6874**	**—**	**—**	**1059**	**1059**	**561**
舟曲	1792	—	1715	1715	—	—	—	—	77
迭部	3167	—	2350	2350	—	—	514	514	303
洮河	2341	—	2096	2096	—	—	245	245	—
白水江	1194	—	713	713	—	—	300	300	181
甘肃省营林局	**5786**	**—**	**4629**	**4629**	**—**	**—**	**264**	**264**	**893**
小陇山	5786	—	4629	4629	—	—	264	264	893
青海	**—**	**—**	**—**	**—**	**—**	**—**	**—**	**—**	**—**
青海省林管局	**—**	**—**	**—**	**—**	**—**	**—**	**—**	**—**	**—**
玛可河	—	—	—	—	—	—	—	—	—
新疆	**3712**	**—**	**3616**	**3530**	**86**	**—**	**—**	**—**	**96**
新疆自治区林管局	**2338**	**—**	**2292**	**2243**	**49**	**—**	**—**	**—**	**46**
天山西部	1437	—	1391	1342	49	—	—	—	46
阿尔泰山	901	—	901	901	—	—	—	—	—
新疆自治区营林局	**1374**	**—**	**1324**	**1287**	**37**	**—**	**—**	**—**	**50**
天山中东部	1374	—	1324	1287	37	—	—	—	50

人员和劳动报酬情况(五)

单位:人

其他从业人员	在岗职工		工程实施以来累计一次性安置人数	本年一次性安置		年末参加各级养老统筹保险人数	年末离退休人员人数	离退休人员年生活费(千元)	林区总人口	林区总户数(户)
	平均人数	工资总额(千元)		安置人数	安置费(万元)					
—	183	2340	166	—	—	324	193	4923	437	84
—	236	2267	492	—	—	574	338	2149	655	263
—	833	9501	103	1	1	1318	1512	9738	1541	498
152	372	2632	275	—	—	793	429	790	1178	453
2	378	3271	125	—	—	1166	770	5600	1735	595
241	404	3200	136	6	14	394	481	3480	1589	611
—	1124	11037	424	—	—	4761	995	—	—	—
—	—	—	—	—	—	—	—	—	—	—
—	—	—	—	—	—	—	—	—	—	—
—	—	—	—	—	—	—	—	—	—	—
—	123	1559	112	—	—	375	249	1971	532	139
—	679	8555	293	7	29	1240	595	5058	2680	437
30	**2950**	**23185**	**4867**	**—**	**—**	**3361**	**3294**	**22391**	**7154**	**2175**
30	**2698**	**21000**	**4867**	**—**	**—**	**2997**	**3150**	**21331**	**7154**	**2175**
—	770	5358	1670	—	—	755	34	1953	790	—
—	988	6792	1134	—	—	940	1388	9385	452	—
—	104	861	222	—	—	293	599	3183	1264	580
—	469	4520	564	—	—	587	450	4200	3411	1011
30	213	2189	532	—	—	255	279	210	817	442
—	154	1280	745	—	—	167	400	2400	420	142
—	**252**	**2185**	**—**	**—**	**—**	**364**	**144**	**1060**	**—**	**—**
—	147	1324	—	—	—	188	77	620	—	—
—	105	861	—	—	—	176	67	440	—	—
—	**10788**	**94314**	**5993**	**—**	**—**	**19612**	**7294**	**65693**	**54145**	**15488**
—	**6150**	**45841**	**5963**	**—**	**—**	**13826**	**6118**	**49534**	**33259**	**8652**
—	1342	8051	1580	—	—	3508	1497	10285	8496	2820
—	2030	17020	1695	—	—	5332	2605	22098	12286	3510
—	2096	15940	2063	—	—	3150	1419	12131	8256	2166
—	682	4830	625	—	—	1836	597	5020	4221	156
—	**4638**	**48473**	**30**	**—**	**—**	**5786**	**1176**	**16159**	**20886**	**6836**
—	4638	48473	30	—	—	5786	1176	16159	20886	6836
—	—	—	—	—	—	—	—	—	—	—
—	—	—	—	—	—	—	—	—	—	—
—	—	—	—	—	—	—	—	—	—	—
3	**3619**	**48431**	**4991**	**—**	**—**	**5048**	**2915**	**26262**	**22567**	**6216**
3	**2295**	**31396**	**3800**	**—**	**—**	**3330**	**1519**	**13763**	**14192**	**3818**
3	1380	19413	2924	—	—	2031	942	8505	9421	2829
—	915	11983	876	—	—	1299	577	5258	4771	989
—	**1324**	**17035**	**1191**	**—**	**—**	**1718**	**1396**	**12499**	**8375**	**2398**
—	1324	17035	1191	—	—	1718	1396	12499	8375	2398

国有林区从业人员和劳动报酬情况

单位：人

指标名称	合　计	135个木材采运企业	20个重点营林局
年末全部在册职工人数	902593	865849	36744
其中：大集体职工人数	279341	273623	5718
1. 在岗职工人数	536321	510204	26117
长期职工	499622	474289	25333
临时职工	36699	35915	784
其中：大集体职工人数	53817	53789	28
2. 下岗待安置职工人数	66017	63827	2190
其中：领取生活费职工人数	9404	9041	363
3. 离开本单位仍保留劳动关系人员	300255	291818	8437
其他从业人员	1228	1228	0
在岗职工平均人数	513209	486198	27011
在岗职工工资总额（千元）	2936876	2732833	204043
工程实施以来累计一次性安置人数	226693	208040	18653
本年一次性安置人数	11435	10671	764
本年一次性安置费（万元）	20656	20372	284
年末参加各级养老统筹保险人数	823448	790812	32636
年末离退休人员人数	352541	339123	13418
离退休人员年生活费（千元）	2287510	2165780	121730
林区总人口	2751484	2623848	127636
林区总户数（户）	975687	935822	39865

国有林区固定资产投资和资金来源情况

单位:万元

指标名称	合　计	135 个木材采运企业	20 个重点营林局
固定资产投资	434987	404862	30125
其中:国家投资	348265	323218	25047
营林固定资产投资	353089	324283	28806
其中:公益林建设	24237	21821	2416
森工固定资产投资	81898	80579	1319
本年新增固定资产	84245	77412	6833
本年资金来源总计	464923	431915	33008
上年末结余资金	22832	21190	1642
本年资金来源合计	442091	410725	31366
其中:地方配套资金	37895	35584	2311
1. 国家预算内资金	355250	329162	26088
其中:国债资金	29095	25754	3341
中央财政专项资金	300971	279946	21025
2. 国内贷款	—	—	—
3. 利用外资	—	—	—
4. 自筹资金	55121	52146	2975
5. 其他资金	31720	29417	2303
本年房屋竣工			
面积(平方米)	206630	188099	18531
价值(万元)	17133	15685	1448
本年新增公路里程(公里)	143	112	31

国有林区分企业的固定资

企业名称	固定资产投资					本年新增固定资产		
	总计	其中：国家投资	营林固定资产投资		森工固定资产投资		总计	上年末结余资金
			合计	其中:公益林建设				
全国合计	**434987**	**348265**	**353089**	**24237**	**81898**	**84245**	**464923**	**22832**
135 个木材采运企业小计	404862	323218	324283	21821	80579	77412	431915	21190
20 个重点营林局小计	30125	25047	28806	2416	1319	6833	33008	1642
内蒙古	**59021**	**50135**	**51065**	**—**	**7956**	**6747**	**59021**	**—**
内蒙古集团林管局	**49243**	**42927**	**42128**	**—**	**7115**	**5366**	**49243**	**—**
阿尔山	2805	2568	2568	—	237	254	2805	—
绰尔	2074	1964	1964	—	110	110	2074	—
绰源	2154	1925	1705	—	449	153	2154	—
乌尔旗汉	3161	2800	2780	—	381	381	3161	—
库都尔	3092	2852	2852	—	240	240	3092	—
图里河	2742	2597	2597	—	145	145	2742	—
伊图里河	1910	1754	1754	—	156	156	1910	—
克一河	2698	2531	2531	—	167	167	2698	—
甘河	3677	3354	3354	—	323	323	3677	—
吉文	3425	2499	2006	—	1419	689	3425	—
阿里河	2855	2573	2573	—	282	268	2855	—
根河	3680	3334	3334	—	346	334	3680	—
金河	3040	2388	2322	—	718	651	3040	—
阿龙山	2778	2579	2579	—	199	—	2778	—
满归	2544	2341	2341	—	203	203	2544	—
得耳布尔	3036	2317	2317	—	719	713	3036	—
莫尔道嘎	3572	2551	2551	—	1021	579	3572	—
内蒙古集团营林局	**2974**	**2133**	**2133**	**—**	**841**	**304**	**2974**	**—**
大杨树	2023	1431	1431	—	592	55	2023	—
毕拉河	951	702	702	—	249	249	951	—
内蒙古林业厅营林局	**6804**	**5075**	**6804**	**—**	**—**	**1077**	**6804**	**—**
免渡河	905	834	905	—	—	—	905	—
乌奴尔	1023	763	1023	—	—	10	1023	—
巴林	1236	821	1236	—	—	415	1236	—
南木	1044	795	1044	—	—	441	1044	—
红花尔基	971	629	971	—	—	211	971	—
柴河	—	—	—	—	—	—	—	—
五岔沟	1233	1233	1233	—	—	—	1233	—
白狼	392	—	392	—	—	—	392	—
吉林	**113175**	**70557**	**77340**	**—**	**35835**	**34681**	**124321**	**3813**
吉林集团林管局	**63074**	**36017**	**44574**	**—**	**18500**	**14482**	**67923**	**304**
临江	7510	5775	7128	—	382	212	7710	—
三岔子	9445	3224	3910	—	5535	3220	9445	116
湾沟	5454	4031	4048	—	1406	474	5374	104
松江河	9130	4721	6432	—	2698	2698	9130	84

产投资和资金来源情况(二)

单位:万元

本年资金来源总计									本年房屋竣工		本年新增公路里程(公里)
本年资金来源											
总计	其中:地方配套资金	国家预算内资金			国内贷款	利用外资	自筹资金	其他资金	面积(平方米)	价值(万元)	
		合计	其中								
			国债资金	中央财政专项资金							
8483	2740	6218	—	6218	—	—	1340	925	10390	921	—
9745	2035	4600	—	4580	—	—	1608	3537	—	—	—
7156	2694	4715	254	4461	—	—	1272	1169	2443	172	—
10880	4645	7582	252	7168	—	—	1430	1868	700	86	—
44990	**420**	**30370**	**1183**	**26532**	**—**	**—**	**10758**	**3862**	**23470**	**1586**	**22**
3302	30	2863	32	2469	—	—	295	144	—	—	—
6047	50	3651	—	3492	—	—	1527	869	9977	675	22
4236	30	3844	—	3576	—	—	390	2	2266	172	—
3664	50	3120	297	2693	—	—	413	131	—	—	—
6548	50	2685	—	2349	—	—	3477	386	3583	187	—
5675	130	4611	229	4036	—	—	673	391	—	—	—
3236	80	2006	144	1480	—	—	621	609	6600	460	—
3107	—	2534	170	2184	—	—	484	89	—	—	—
7021	—	3573	311	2959	—	—	2328	1120	1044	92	—
2154	—	1483	—	1294	—	—	550	121	—	—	—
7899	**892**	**6298**	**495**	**5278**	**—**	**—**	**674**	**927**	**8274**	**607**	**23**
1577	—	1577	157	1420	—	—	—	—	—	—	—
2817	775	2042	100	1417	—	—	335	440	1837	157	—
886	37	886	137	749	—	—	—	—	—	—	—
2619	80	1793	101	1692	—	—	339	487	6437	450	23
—	—	—	—	—	—	—	—	—	—	—	—
120764	**7108**	**104229**	**2190**	**94306**	**—**	**—**	**9427**	**7108**	**38767**	**2891**	**74**
23889	**1551**	**20855**	**794**	**18876**	**—**	**—**	**1483**	**1551**	**2500**	**257**	**—**
3846	422	3206	358	2632	—	—	218	422	—	—	—
3811	226	3380	8	3149	—	—	205	226	—	—	—
3525	173	3199	—	3010	—	—	153	173	2500	257	—
3223	197	2697	267	2227	—	—	329	197	—	—	—
3180	204	2732	145	2513	—	—	244	204	—	—	—
2279	108	2055	—	1935	—	—	116	108	—	—	—
2197	85	1965	8	1806	—	—	147	85	—	—	—
1828	136	1621	8	1604	—	—	71	136	—	—	—
17399	**954**	**14745**	**318**	**13416**	**—**	**—**	**1700**	**954**	**8730**	**590**	**—**
2347	177	2117	8	2099	—	—	53	177	—	—	—
2321	125	1804	50	1652	—	—	392	125	5430	335	—
2482	118	2037	—	1767	—	—	327	118	—	—	—
2893	189	2504	8	2357	—	—	200	189	—	—	—
3614	187	3038	252	2644	—	—	389	187	2100	145	—
1948	88	1632	—	1404	—	—	228	88	—	—	—
1794	70	1613	—	1493	—	—	111	70	1200	110	—
48688	**2931**	**42432**	**483**	**38861**	**—**	**—**	**3325**	**2931**	**17900**	**1299**	**—**
2154	137	1970	—	1916	—	—	47	137	—	—	—

国有林区分企业的固定资

企业名称	固定资产投资					本年新增固定资产		
	总计	其中：国家投资	营林固定资产投资		森工固定资产投资		总计	上年末结余资金
			合计	其中:公益林建设				
新青	3118	2746	2745	—	373	373	3118	—
红星	2489	2045	1852	—	637	637	2489	—
上甘岭	2601	2248	2112	—	489	489	2601	—
友好	3064	2687	2808	—	256	256	3064	—
翠峦	3295	2864	2935	—	360	360	3295	—
乌马河	2606	2198	2086	—	520	520	2606	—
美溪	3270	2775	2525	—	745	745	3270	—
金山屯	2846	2548	2601	—	245	245	2846	—
南岔	4182	3727	3742	—	440	440	4182	—
朗乡	4020	3488	3372	—	648	648	4020	—
桃山	3153	2773	2872	—	281	281	3153	—
铁力	3776	3306	3576	—	200	200	3776	—
双丰	2422	2098	2209	—	213	213	2422	—
汤旺河	2491	2164	2103	—	388	388	2491	—
五营	3201	2795	2960	—	241	241	3201	—
松花江林管局	**27398**	**23319**	**22980**	**—**	**4418**	**3068**	**27398**	**—**
山河屯	3458	2977	2733	—	725	—	3458	—
苇河	3220	2781	2892	—	328	280	3220	—
亚布力	3266	2493	2603	—	663	—	3266	—
方正	3859	3043	2758	—	1101	1101	3859	—
兴隆	3292	3034	3037	—	255	255	3292	—
绥棱	3060	2652	2541	—	519	—	3060	—
通北	2909	2477	2364	—	545	545	2909	—
沾河	4334	3862	4052	—	282	887	4334	—
总局直属企业	**3390**	**2878**	**2600**	**—**	**790**	**790**	**3390**	**—**
带岭实验局	3390	2878	2600	—	790	790	3390	—
大兴安岭	**61443**	**48159**	**47682**	**—**	**13761**	**17562**	**61444**	**—**
大兴安岭林业集团公司	**59151**	**46326**	**45390**	**—**	**13761**	**16953**	**59152**	**—**
松岭	6741	5678	5368	—	1373	1690	6741	—
新林	11368	7901	7702	—	3666	3963	11368	—
塔河	8678	7157	6893	—	1785	2234	8679	—
呼中	6554	6170	6326	—	228	1038	6554	—
阿木尔	4421	4153	4176	—	245	632	4421	—
图强	6750	3602	3043	—	3707	3615	6750	—
西林吉	5870	5141	4905	—	965	1256	5870	—
十八站	5502	4096	4187	—	1315	1560	5502	—
韩家园	3267	2428	2790	—	477	965	3267	—
大兴安岭营林局	**2292**	**1833**	**2292**	**—**	**—**	**609**	**2292**	**—**
加格达奇	2292	1833	2292	—	—	609	2292	—

产投资和资金来源情况(三)

单位:万元

本年资金来源总计									本年房屋竣工		本年新增公路里程(公里)
	本年资金来源										
总计	其中:地方配套资金	国家预算内资金			国内贷款	利用外资	自筹资金	其他资金	面积(平方米)	价值(万元)	
		合计	其中:国债资金	其中:中央财政专项资金							
3118	185	2746	—	2560	—	—	187	185	3200	296	—
2489	125	2045	—	1727	—	—	319	125	—	—	—
2601	108	2248	—	2004	—	—	245	108	—	—	—
3064	218	2687	—	2559	—	—	159	218	3500	218	—
3295	210	2864	—	2684	—	—	221	210	—	—	—
2606	148	2198	—	1938	—	—	260	148	—	—	—
3270	147	2775	—	2378	—	—	348	147	2600	249	—
2846	175	2548	21	2405	—	—	123	175	—	—	—
4182	231	3727	—	3511	—	—	224	231	—	—	—
4020	208	3488	—	3164	—	—	324	208	—	—	—
3153	183	2773	—	2633	—	—	197	183	—	—	—
3776	284	3306	—	3206	—	—	186	284	3800	200	—
2422	155	2098	—	1992	—	—	169	155	2300	115	—
2491	133	2164	—	1970	—	—	194	133	2500	221	—
3201	284	2795	462	2214	—	—	122	284	—	—	—
27398	**1509**	**23319**	**595**	**20716**	**—**	**—**	**2570**	**1509**	**9637**	**745**	**74**
3458	122	2977	8	2603	—	—	359	122	1400	176	—
3220	219	2781	21	2592	—	—	220	219	—	—	—
3266	164	2493	8	2431	—	—	609	164	—	—	15
3859	220	3043	—	2488	—	—	596	220	4800	252	—
3292	134	3034	—	2853	—	—	124	134	737	59	34
3060	152	2652	—	2389	—	—	256	152	—	—	—
2909	163	2477	—	2201	—	—	269	163	2700	258	—
4334	335	3862	558	3159	—	—	137	335	—	—	25
3390	**163**	**2878**	**—**	**2437**	**—**	**—**	**349**	**163**	**—**	**—**	**—**
3390	163	2878	—	2437	—	—	349	163	—	—	—
61444	**—**	**48160**	**2701**	**41462**	**—**	**—**	**8593**	**4691**	**60271**	**4921**	**19**
59152	**—**	**46327**	**2701**	**39629**	**—**	**—**	**8593**	**4232**	**58339**	**4586**	**11**
6741	—	5678	541	4570	—	—	657	406	2173	279	8
11368	—	7901	—	7139	—	—	2771	696	9942	349	—
8679	—	7158	300	6326	—	—	1289	232	2312	367	—
6554	—	6170	654	5516	—	—	128	256	—	—	—
4421	—	4153	465	3503	—	—	—	268	—	—	—
6750	—	3602	119	2515	—	—	2177	971	3365	340	—
5870	—	5141	29	4525	—	—	358	371	17285	731	—
5502	—	4096	393	3431	—	—	933	473	18750	2056	—
3267	—	2428	200	2104	—	—	280	559	4512	464	3
2292	**—**	**1833**	**—**	**1833**	**—**	**—**	**—**	**459**	**1932**	**335**	**8**
2292	—	1833	—	1833	—	—	—	459	1932	335	8

国有林区分企业的固定资

企业名称	固定资产投资					本年新增固定资产		
	总计	其中：国家投资	营林固定资产投资		森工固定资产投资		总计	上年末结余资金
			合计	其中：公益林建设				
湖北	**—**	**—**	**—**	**—**	**—**	**—**	**—**	**—**
湖北省重点林业企业	**—**	**—**	**—**	**—**	**—**	**—**	**—**	**—**
神农架	—	—	—	—	—	—	—	—
海南	**—**	**—**	**—**	**—**	**—**	**—**	**—**	**—**
海南省重点林业企业	**—**	**—**	**—**	**—**	**—**	**—**	**—**	**—**
尖峰岭	—	—	—	—	—	—	—	—
霸王岭	—	—	—	—	—	—	—	—
吊罗山	—	—	—	—	—	—	—	—
黎母山	—	—	—	—	—	—	—	—
四川	**32400**	**29155**	**27360**	**15684**	**5040**	**2627**	**39815**	**6115**
阿坝州林管局	**13348**	**10762**	**10297**	**10297**	**3051**	**2283**	**15643**	**2360**
川西	—	—	—	—	—	—	—	—
黑水	—	—	—	—	—	—	—	—
马尔康	—	—	—	—	—	—	—	—
小金	—	—	—	—	—	—	—	—
观音桥	—	—	—	—	—	—	—	—
松潘	—	—	—	—	—	—	—	—
南坪	—	—	—	—	—	—	—	—
壤塘	—	—	—	—	—	—	—	—
甘孜州林管局	**7212**	**7004**	**6793**	**1259**	**419**	**26**	**8967**	**1812**
道孚	—	—	—	—	—	—	—	—
新龙	—	—	—	—	—	—	—	—
丹巴	—	—	—	—	—	—	—	—
炉霍	—	—	—	—	—	—	—	—
白玉	—	—	—	—	—	—	—	—
力邱河	—	—	—	—	—	—	—	—
翁达	—	—	—	—	—	—	—	—
其他地、州林管局	**11840**	**11389**	**10270**	**4128**	**1570**	**318**	**15205**	**1943**
川南	3416	3168	3416	1355	—	—	4479	—
雷波	1528	1479	1528	756	—	318	1991	428
凉北	1500	1376	1382	577	118	—	1557	—
夹金山	—	—	—	—	—	—	—	—
木里	3185	3155	3145	1065	40	—	4044	744
普威	1412	1412	—	—	1412	—	2030	618
盐边	799	799	799	375	—	—	1104	153
云南	**12460**	**12460**	**9541**	**1928**	**2919**	**2814**	**17874**	**5752**
云南省林管局	**12460**	**12460**	**9541**	**1928**	**2919**	**2814**	**17874**	**5752**
华坪	917	917	917	211	—	44	917	—
碧泉	1132	1132	1032	317	100	—	1132	—
黑白水	906	906	707	199	199	13	1276	444
中甸	—	—	—	—	—	—	—	—

产投资和资金来源情况(四)

单位:万元

本年资金来源总计									本年房屋竣工		本年新增公路里程(公里)
本年资金来源											
总计	其中:地方配套资金	国家预算内资金			国内贷款	利用外资	自筹资金	其他资金	面积(平方米)	价值(万元)	
		合计	其中								
			国债资金	中央财政专项资金							
—	—	—	—	—	—	—	—	—	—	—	—
—	—	—	—	—	—	—	—	—	—	—	—
—	—	—	—	—	—	—	—	—	—	—	—
—	—	—	—	—	—	—	—	—	—	—	—
—	—	—	—	—	—	—	—	—	—	—	—
—	—	—	—	—	—	—	—	—	—	—	—
—	—	—	—	—	—	—	—	—	—	—	—
—	—	—	—	—	—	—	—	—	—	—	—
—	—	—	—	—	—	—	—	—	—	—	—
33700	**4964**	**30262**	**9804**	**14227**	**—**	**—**	**2467**	**971**	**10418**	**1217**	**—**
13283	**1956**	**10684**	**2931**	**5332**	**—**	**—**	**2159**	**440**	**10418**	**1217**	**—**
—	—	—	—	—	—	—	—	—	—	—	—
—	—	—	—	—	—	—	—	—	—	—	—
—	—	—	—	—	—	—	—	—	—	—	—
—	—	—	—	—	—	—	—	—	—	—	—
—	—	—	—	—	—	—	—	—	—	—	—
—	—	—	—	—	—	—	—	—	—	—	—
—	—	—	—	—	—	—	—	—	—	—	—
—	—	—	—	—	—	—	—	—	—	—	—
7155	**1178**	**7081**	**1268**	**4119**	**—**	**—**	**—**	**74**	**—**	**—**	**—**
—	—	—	—	—	—	—	—	—	—	—	—
—	—	—	—	—	—	—	—	—	—	—	—
—	—	—	—	—	—	—	—	—	—	—	—
—	—	—	—	—	—	—	—	—	—	—	—
—	—	—	—	—	—	—	—	—	—	—	—
—	—	—	—	—	—	—	—	—	—	—	—
—	—	—	—	—	—	—	—	—	—	—	—
13262	**1830**	**12497**	**5605**	**4776**	**—**	**—**	**308**	**457**	**—**	**—**	**—**
4479	—	4231	2262	1485	—	—	248	—	—	—	—
1563	261	1517	794	507	—	—	1	45	—	—	—
1557	161	1473	614	639	—	—	59	25	—	—	—
—	—	—	—	—	—	—	—	—	—	—	—
3300	442	3250	1160	1523	—	—	—	50	—	—	—
1412	629	1412	400	383	—	—	—	—	—	—	—
951	337	614	375	239	—	—	—	337	—	—	—
12122	**1202**	**11865**	**2817**	**8919**	**—**	**—**	**—**	**257**	**1107**	**106**	**—**
12122	**1202**	**11865**	**2817**	**8919**	**—**	**—**	**—**	**257**	**1107**	**106**	**—**
917	—	917	211	706	—	—	—	—	—	—	—
1132	—	1132	417	715	—	—	—	—	—	—	—
832	—	832	106	726	—	—	—	—	—	—	—
—	—	—	—	—	—	—	—	—	—	—	—

国有林区分企业的固定资

企业名称	固定资产投资					本年新增固定资产		
	总计	其中：国家投资	营林固定资产投资		森工固定资产投资		总计	上年末结余资金
			合计	其中：公益林建设				
巨甸	764	764	764	37	—	—	750	271
红旗	558	558	—	—	558	558	638	—
云台山	2199	2199	496	233	1703	2199	4069	1818
漾江	663	663	663	37	—	—	986	322
景东	1046	1046	1046	219	—	—	1046	—
墨江	1014	1014	1014	124	—	—	2591	1551
卫国	1562	1562	1562	280	—	—	2770	1346
江边	—	—	—	—	—	—	—	—
清水江	—	—	—	—	—	—	—	—
南盘江	—	—	—	—	—	—	—	—
新平	414	414	55	55	359	—	414	—
宁蒗	1285	1285	1285	216	—	—	1285	—
陕西	**4039**	**3969**	**3561**	**907**	**478**	**478**	**9524**	**5485**
陕西省林管局	**3561**	**3561**	**3561**	**907**	**—**	**—**	**9046**	**5485**
宁西	897	897	897	134	—	—	1211	314
太白	1116	1116	1116	235	—	—	3534	2418
长青	77	77	77	—	—	—	94	17
宁东	783	783	783	297	—	—	2259	1476
汉西	370	370	370	129	—	—	592	222
龙草坪	318	318	318	112	—	—	1356	1038
陕西省营林局	**478**	**408**	**—**	**—**	**478**	**478**	**478**	**—**
马头滩	254	220	—	—	254	254	254	—
辛家山	224	188	—	—	224	224	224	—
甘肃	**21588**	**21588**	**21588**	**5718**	**—**	**1700**	**21644**	**580**
甘肃省林管局	**13965**	**13965**	**13965**	**3302**	**—**	**915**	**13965**	**580**
舟曲	2490	2490	2490	567	—	157	2490	114
迭部	4756	4756	4756	1054	—	—	4756	218
洮河	5233	5233	5233	1352	—	758	5233	181
白水江	1486	1486	1486	329	—	—	1486	67
甘肃省营林局	**7623**	**7623**	**7623**	**2416**	**—**	**785**	**7679**	**—**
小陇山	7623	7623	7623	2416	—	785	7679	—
青海	**—**	**—**	**—**	**—**	**—**	**—**	**—**	**—**
青海省林管局	**—**	**—**	**—**	**—**	**—**	**—**	**—**	**—**
玛可河	—	—	—	—	—	—	—	—
新疆	**10097**	**8013**	**9866**	**—**	**231**	**2617**	**10516**	**1087**
新疆自治区林管局	**6841**	**5910**	**6610**	**—**	**231**	**1998**	**7187**	**998**
天山西部	3911	3406	3680	—	231	1441	4508	998
阿尔泰山	2930	2504	2930	—	—	557	2679	—
新疆自治区营林局	**3256**	**2103**	**3256**	**—**	**—**	**619**	**3329**	**89**
天山中东部	3256	2103	3256	—	—	619	3329	89

产投资和资金来源情况(五)

单位:万元

本年资金来源总计									本年房屋竣工		本年新增公路里程(公里)
本年资金来源											
总计	其中:地方配套资金	国家预算内资金			国内贷款	利用外资	自筹资金	其他资金	面积(平方米)	价值(万元)	
		合计	其中								
			国债资金	中央财政专项资金							
479	471	479	8	471	—	—	—	—	—	—	—
638	91	467	11	456	—	—	—	171	—	—	—
2251	85	2165	1032	1093	—	—	—	86	1107	106	—
664	89	664	38	537	—	—	—	—	—	—	—
1046	144	1046	219	827	—	—	—	—	—	—	—
1040	118	1040	224	816	—	—	—	—	—	—	—
1424	204	1424	280	1144	—	—	—	—	—	—	—
—	—	—	—	—	—	—	—	—	—	—	—
—	—	—	—	—	—	—	—	—	—	—	—
—	—	—	—	—	—	—	—	—	—	—	—
414	—	414	55	359	—	—	—	—	—	—	—
1285	—	1285	216	1069	—	—	—	—	—	—	—
4039	**707**	**3969**	**1062**	**2907**	**—**	**—**	**—**	**70**	**—**	**—**	**—**
3561	**707**	**3561**	**907**	**2654**	**—**	**—**	**—**	**—**	**—**	**—**	**—**
897	203	897	134	763	—	—	—	—	—	—	—
1116	236	1116	235	881	—	—	—	—	—	—	—
77	22	77	—	77	—	—	—	—	—	—	—
783	132	783	297	486	—	—	—	—	—	—	—
370	62	370	129	241	—	—	—	—	—	—	—
318	52	318	112	206	—	—	—	—	—	—	—
478	**—**	**408**	**155**	**253**	**—**	**—**	**—**	**70**	**—**	**—**	**—**
254	—	220	97	123	—	—	—	34	—	—	—
224	—	188	58	130	—	—	—	36	—	—	—
21064	**2898**	**21064**	**6505**	**13577**	**—**	**—**	**—**	**—**	**10498**	**759**	**—**
13385	**1771**	**13385**	**3964**	**8730**	**—**	**—**	**—**	**—**	**3690**	**423**	**—**
2376	354	2376	654	1691	—	—	—	—	—	—	—
4538	615	4538	1310	3163	—	—	—	—	—	—	—
5052	612	5052	1622	2850	—	—	—	—	3690	423	—
1419	190	1419	378	1026	—	—	—	—	—	—	—
7679	**1127**	**7679**	**2541**	**4847**	**—**	**—**	**—**	**—**	**6808**	**336**	**—**
7679	1127	7679	2541	4847	—	—	—	—	6808	336	—
—	**—**	**—**	**—**	**—**	**—**	**—**	**—**	**—**	**—**	**—**	**—**
—	—	—	—	—	—	—	—	—	—	—	—
—	—	—	—	—	—	—	—	—	—	—	—
9429	**730**	**7909**	**1648**	**4498**	**—**	**—**	**1191**	**329**	**5557**	**552**	**—**
6189	**438**	**5534**	**1498**	**2963**	**—**	**—**	**627**	**28**	**4890**	**473**	**—**
3510	224	3279	946	1647	—	—	203	28	4890	473	—
2679	214	2255	552	1316	—	—	424	—	—	—	—
3240	**292**	**2375**	**150**	**1535**	**—**	**—**	**564**	**301**	**667**	**79**	**—**
3240	292	2375	150	1535	—	—	564	301	667	79	—

分树种的原木销售实际平均价格

单位：元/立方米、元、立方米

企业名称	材长 6m 径级 22～28cm			材长 6m 径级 30cm 以上			材长 4m 径级 22～28cm			材长 4m 径级 30cm 以上		
	产品销售实际平均单价	产品销售收入	产品销售量	产品销售实际平均单价	产品销售收入	产品销售量	产品销售实际平均单价	产品销售收入	产品销售量	产品销售实际平均单价	产品销售收入	产品销售量
红松原木	678	4209882	6207	1015	7655087	7543	657	15680038	23878	1024	11071565	10808
白松原木	736	6143607	8350	1234	22164544	17965	650	32584331	50159	749	25016158	33400
落叶松原木	672	22487315	33456	727	19079280	26246	573	58619168	102331	607	8249579	13589
水曲柳原木	832	7114160	8548	1274	9428700	7402	980	17620883	17973	1140	16617024	14573
柞木原木	840	4590780	5468	1320	5818730	4409	917	9883364	10780	1530	19240743	12575
杨木原木	550	6629343	12062	711	5401400	7598	491	20077336	40885	663	12399187	18695
桦木原木	626	8990606	14365	954	8489737	8898	590	39464368	66929	774	19090835	24672
榆木原木	716	5144620	7183	795	6022170	7575	645	12723917	19725	773	18490441	23932
柳木原木	—	—	—	—	—	—	—	—	—	—	—	—
椴木原木	575	3578000	6220	909	1552040	1708	753	11619964	15436	1109	11629499	10491
马尾松原木	—	—	—	—	—	—	—	—	—	—	—	—
杉木原木	—	—	—	—	—	—	—	—	—	—	—	—

重点木材采运企业红松原木销售实际平均价格

单位：元/立方米、元、立方米

企业名称	材长 6m 径级 22～28cm			材长 6m 径级 30cm 以上			材长 4m 径级 22～28cm			材长 4m 径级 30cm 以上		
	产品销售实际平均单价	产品销售收入	产品销售量	产品销售实际平均单价	产品销售收入	产品销售量	产品销售实际平均单价	产品销售收入	产品销售量	产品销售实际平均单价	产品销售收入	产品销售量
全国合计	**678**	**4209882**	**6207**	**1015**	**7655087**	**7543**	**657**	**15680038**	**23878**	**1024**	**11071565**	**10808**
根河	—	—	—	—	—	—	—	—	—	—	—	—
莫尔道嘎	—	—	—	—	—	—	—	—	—	—	—	—
三岔子	599	1712611	2860	920	2921920	3176	670	2222033	3317	1227	2334528	1903
红石	—	—	—	—	—	—	—	—	—	—	—	—
敦化	580	90480	156	640	203520	318	980	177380	181	825	233570	283
白河	984	184031	187	—	—	—	—	—	—	989	331204	335
鹤北	—	—	—	—	—	—	—	—	—	—	—	—
东方红	—	—	—	—	—	—	—	—	—	—	—	—
朗乡	—	—	—	—	—	—	—	—	—	—	—	—
兴隆	740	2212600	2990	1120	3013920	2691	680	2315400	3405	1010	2906780	2878
松岭	—	—	—	—	—	—	—	—	—	—	—	—
新林	—	—	—	—	—	—	—	—	—	—	—	—
天山西部	—	—	—	—	—	—	—	—	—	—	—	—

重点木材采运企业白松原木销售实际平均价格

单位:元/立方米、元、立方米

企业名称	材长 6m 径级 22~28cm			材长 6m 径级 30cm 以上			材长 4m 径级 22~28cm			材长 4m 径级 30cm 以上		
	产品销售实际平均单价	产品销售收入	产品销售量	产品销售实际平均单价	产品销售收入	产品销售量	产品销售实际平均单价	产品销售收入	产品销售量	产品销售实际平均单价	产品销售收入	产品销售量
全国合计	**736**	**6143607**	**8350**	**1234**	**22164544**	**17965**	**650**	**32584331**	**50159**	**749**	**25016158**	**33400**
根河	—	—	—	—	—	—	—	—	—	—	—	—
莫尔道嘎	—	—	—	—	—	—	—	—	—	—	—	—
三岔子	803	2986357	3719	870	1722600	1980	763	5539386	7263	980	917454	936
红石	—	—	—	—	—	—	—	—	—	—	—	—
敦化	650	1759550	2707	730	1761490	2413	650	4099550	6307	730	3153600	4320
白河				1414	17628465	12470	—	—	—	1359	3596086	2647
鹤北	—	—	—	—	—	—	—	—	—	—	—	—
东方红	—	—	—	—	—	—	—	—	—	—	—	—
朗乡					—	—	595	7879585	13243	680	4764760	7007
兴隆	700	924700	1321	980	995680	1016	660	1005840	1524	760	927960	1221
松岭	—	—	—	—	—	—	—	—	—	—	—	—
新林	—	—	—	—	—	—	—	—	—	—	—	—
天山西部	834	330261	396	—	—	—	553	88955	161	621	199969	322

重点木材采运企业落叶松原木销售实际平均价格

单位:元/立方米、元、立方米

企业名称	材长 6m 径级 22~28cm			材长 6m 径级 30cm 以上			材长 4m 径级 22~28cm			材长 4m 径级 30cm 以上		
	产品销售实际平均单价	产品销售收入	产品销售量	产品销售实际平均单价	产品销售收入	产品销售量	产品销售实际平均单价	产品销售收入	产品销售量	产品销售实际平均单价	产品销售收入	产品销售量
全国合计	**672**	**22487315**	**33456**	**727**	**19079280**	**26246**	**573**	**58619168**	**102331**	**607**	**8249579**	**13589**
根河	574	3565607	6215	658	4538714	6899	452	4886572	10811	498	2120211	4256
莫尔道嘎	670	12306450	18364	731	11551631	15793	566	4510086	7973	620	3046925	4914
三岔子	—	—	—	—	—	—	—	—	—	—	—	—
红石	—	—	—	—	—	—	—	—	—	—	—	—
敦化	—	—	—	—	—	—	—	—	—	—	—	—
白河	753	6142415	8153	842	2976789	3537	676	5459649	8082	705	2919172	4142
鹤北	—	—	—	—	—	—	—	—	—	—	—	—
东方红	—	—	—	—	—	—	—	—	—	—	—	—
朗乡	—	—	—	—	—	—	500	2756000	5512	530	46110	87
兴隆	660	192060	291	—	—	—	610	62830	103	—	—	—
松岭	—	—	—	—	—	—	—	—	—	—	—	—
新林	618	62415	101	—	—	—	610	26951364	44168	—	—	—
天山西部	—	—	—	—	—	—	—	—	—	—	—	—

重点木材采运企业水曲柳原木销售实际平均价格

单位:元/立方米、元、立方米

企业名称	材长 6m 径级 22 ~ 28cm			材长 6m 径级 30cm 以上			材长 4m 径级 22 ~ 28cm			材长 4m 径级 30cm 以上		
	产品销售实际平均单价	产品销售收入	产品销售量	产品销售实际平均单价	产品销售收入	产品销售量	产品销售实际平均单价	产品销售收入	产品销售量	产品销售实际平均单价	产品销售收入	产品销售量
全国合计	**832**	**7114160**	**8548**	**1274**	**9428700**	**7402**	**980**	**17620883**	**17973**	**1140**	**16617024**	**14573**
根河	—	—	—	—	—	—	—	—	—	—	—	—
莫尔道嘎	—	—	—	—	—	—	—	—	—	—	—	—
三岔子	—	—	—	—	—	—	1405	5139877	3658	1135	2943741	2593
红石	—	—	—	—	—	—	—	—	—	—	—	—
敦化	880	1459040	1658	1200	2326800	1939	880	1944800	2210	1200	3330000	2775
白河	—	—	—	—	—	—	1138	1371169	1205	1787	1508536	844
鹤北	—	—	—	—	—	—	—	—	—	—	—	—
东方红	—	—	—	—	—	—	—	—	—	—	—	—
朗乡	—	—	—	—	—	—	850	85850	101	1100	45100	41
兴隆	820	5617000	6850	1300	7101900	5463	710	4987040	7024	1120	6157760	5498
松岭	—	—	—	—	—	—	—	—	—	—	—	—
新林	—	—	—	—	—	—	—	—	—	—	—	—
天山西部	—	—	—	—	—	—	—	—	—	—	—	—

重点木材采运企业柞木原木销售实际平均价格

单位:元/立方米、元、立方米

企业名称	材长 6m 径级 22 ~ 28cm			材长 6m 径级 30cm 以上			材长 4m 径级 22 ~ 28cm			材长 4m 径级 30cm 以上		
	产品销售实际平均单价	产品销售收入	产品销售量	产品销售实际平均单价	产品销售收入	产品销售量	产品销售实际平均单价	产品销售收入	产品销售量	产品销售实际平均单价	产品销售收入	产品销售量
全国合计	**840**	**4590780**	**5468**	**1320**	**5818730**	**4409**	**917**	**9883364**	**10780**	**1530**	**19240743**	**12575**
根河	—	—	—	—	—	—	—	—	—	—	—	—
莫尔道嘎	—	—	—	—	—	—	—	—	—	—	—	—
三岔子	—	—	—	—	—	—	—	—	—	—	—	—
红石	—	—	—	—	—	—	—	—	—	—	—	—
敦化	1000	1654000	1654	1280	2439680	1906	1000	3008000	3008	1280	3266560	2552
白河	—	—	—	—	—	—	1384	796899	576	1880	8538539	4541
鹤北	—	—	—	—	—	—	—	—	—	—	—	—
东方红	—	—	—	—	—	—	—	—	—	—	—	—
朗乡	—	—	—	—	—	—	—	—	—	—	—	—
兴隆	770	2936780	3814	1350	3379050	2503	620	2357240	3802	1300	4715100	3627
松岭	—	—	—	—	—	—	—	—	—	—	—	—
新林	—	—	—	—	—	—	—	—	—	—	—	—
天山西部	—	—	—	—	—	—	—	—	—	—	—	—

重点木材采运企业杨木原木销售实际平均价格

单位:元/立方米、元、立方米

企业名称	材长 6m 径级 22~28cm			材长 6m 径级 30cm 以上			材长 4m 径级 22~28cm			材长 4m 径级 30cm 以上		
	产品销售实际平均单价	产品销售收入	产品销售量	产品销售实际平均单价	产品销售收入	产品销售量	产品销售实际平均单价	产品销售收入	产品销售量	产品销售实际平均单价	产品销售收入	产品销售量
全国合计	**550**	**6629343**	**12062**	**711**	**5401400**	**7598**	**491**	**20077336**	**40885**	**663**	**12399187**	**18695**
根河	—	—	—	—	—	—	—	—	—	—	—	—
莫尔道嘎	—	—	—	—	—	—	—	—	—	—	—	—
三岔子	720	3074400	4270	760	2204000	2900	823	2876193	3496	947	4521864	4776
红石	—	—	—	—	—	—	—	—	—	—	—	—
敦化	480	903360	1882	600	925800	1543	480	1439040	2998	600	1143000	1905
白河	557	633933	1138	—	—	—	565	1484783	2627	607	1081286	1782
鹤北	—	—	—	—	—	—	—	—	—	—	—	—
东方红	—	—	—	—	—	—	—	—	—	—	—	—
朗乡	—	—	—	—	—	—	400	4845200	12113	450	1626750	3615
兴隆	450	1987650	4417	720	2271600	3155	480	2394240	4988	690	2218350	3215
松岭	—	—	—	—	—	—	—	—	—	—	—	—
新林	—	—	—	—	—	—	—	—	—	—	—	—
天山西部	—	—	—	—	—	—	—	—	—	—	—	—

重点木材采运企业桦木原木销售实际平均价格

单位:元/立方米、元、立方米

企业名称	材长 6m 径级 22~28cm			材长 6m 径级 30cm 以上			材长 4m 径级 22~28cm			材长 4m 径级 30cm 以上		
	产品销售实际平均单价	产品销售收入	产品销售量	产品销售实际平均单价	产品销售收入	产品销售量	产品销售实际平均单价	产品销售收入	产品销售量	产品销售实际平均单价	产品销售收入	产品销售量
全国合计	**626**	**8990606**	**14365**	**954**	**8489737**	**8898**	**590**	**39464368**	**66929**	**774**	**19090835**	**24672**
根河	—	—	—	—	—	—	584	5004910	8567	—	—	—
莫尔道嘎	—	—	—	—	—	—	444	3465789	7811	—	—	—
三岔子	555	4335136	7808	795	3129697	3935	440	5950266	13535	645	8411405	13039
红石	—	—	—	—	—	—	—	—	—	—	—	—
敦化	—	—	—	—	—	—	580	582900	1005	760	1082240	1424
白河	—	—	—	—	—	—	877	2270752	2588	894	740264	828
鹤北	—	—	—	—	—	—	—	—	—	—	—	—
东方红	—	—	—	—	—	—	—	—	—	—	—	—
朗乡	—	—	—	—	—	—	580	7545220	13009	700	1757700	2511
兴隆	710	4655470	6557	1080	5360040	4963	690	4040640	5856	1060	5459000	5150
松岭	—	—	—	—	—	—	—	—	—	—	—	—
新林	—	—	—	—	—	—	—	—	—	—	—	—
天山西部	—	—	—	—	—	—	—	—	—	—	—	—

重点木材采运企业榆木原木销售实际平均价格

单位:元/立方米、元、立方米

企业名称	材长 6m 径级 22~28cm			材长 6m 径级 30cm 以上			材长 4m 径级 22~28cm			材长 4m 径级 30cm 以上		
	产品销售实际平均单价	产品销售收入	产品销售量	产品销售实际平均单价	产品销售收入	产品销售量	产品销售实际平均单价	产品销售收入	产品销售量	产品销售实际平均单价	产品销售收入	产品销售量
全国合计	**716**	**5144620**	**7183**	**795**	**6022170**	**7575**	**645**	**12723917**	**19725**	**773**	**18490441**	**23932**
根河	—	—	—	—	—	—	—	—	—	—	—	—
莫尔道嘎	—	—	—	—	—	—	709	6419205	9055	—	—	—
三岔子	747	2211120	2960	810	3496770	4317	565	1058192	1872	759	8703431	11473
红石	—	—	—	—	—	—	—	—	—	—	—	—
敦化	900	1361700	1513	900	898200	998	870	1556430	1789	900	2986200	3318
白河	—	—	—	—	—	—	757	612064	809	879	1793067	2040
鹤北	—	—	—	—	—	—	—	—	—	—	—	—
东方红	—	—	—	—	—	—	—	—	—	—	—	—
朗乡	—	—	—	—	—	—	—	—	—	—	—	—
兴隆	580	1571800	2710	720	1627200	2260	540	1020600	1890	680	1483080	2181
松岭	—	—	—	—	—	—	—	—	—	—	—	—
新林	—	—	—	—	—	—	—	—	—	—	—	—
天山西部	—	—	—	—	—	—	—	—	—	—	—	—

重点木材采运企业椴木原木销售实际平均价格

单位:元/立方米、元、立方米

企业名称	材长 6m 径级 22~28cm			材长 6m 径级 30cm 以上			材长 4m 径级 22~28cm			材长 4m 径级 30cm 以上		
	产品销售实际平均单价	产品销售收入	产品销售量	产品销售实际平均单价	产品销售收入	产品销售量	产品销售实际平均单价	产品销售收入	产品销售量	产品销售实际平均单价	产品销售收入	产品销售量
全国合计	**575**	**3578000**	**6220**	**909**	**1552040**	**1708**	**753**	**11619964**	**15436**	**1109**	**11629499**	**10491**
根河	—	—	—	—	—	—	—	—	—	—	—	—
莫尔道嘎	—	—	—	—	—	—	—	—	—	—	—	—
三岔子	560	3416000	6100	870	1383300	1590	695	5369061	7729	1098	6220910	5665
红石	—	—	—	—	—	—	—	—	—	—	—	—
敦化	1350	162000	120	1430	168740	118	1350	209250	155	1430	480480	336
白河	—	—	—	—	—	—	996	573437	576	1201	913888	761
鹤北	—	—	—	—	—	—	—	—	—	—	—	—
东方红	—	—	—	—	—	—	—	—	—	—	—	—
朗乡	—	—	—	—	—	—	760	458280	603	880	124960	142
兴隆	—	—	—	—	—	—	—	—	—	—	—	—
松岭	—	—	—	—	—	—	—	—	—	—	—	—
新林	—	—	—	—	—	—	—	—	—	—	—	—
天山西部	—	—	—	—	—	—	—	—	—	—	—	—

林业工作站和乡村林场基本情况

各地区乡镇林业工

地　区	乡镇林业工作站个数	至本年底实有站个数					本年新建站数	已加挂野保站牌子站数	已加挂仲裁委员会牌子站数	至本年底已核定编制数(人)
		总站个数		派出机构	双重领导	乡镇管理				
		计	片站							
全国总计	**37711**	**29375**	**2803**	**8920**	**10075**	**10380**	**347**	**13125**	**1112**	**110931**
北　京	186	186	—	—	—	186	—	—	—	—
天　津	155	154	—	—	40	114	—	3	—	490
河　北	1958	1408	324	286	348	774	—	200	46	4227
山　西	1264	1251	5	20	990	241	3	346	14	2895
内蒙古	1089	919	68	551	165	203	23	102	—	3558
辽　宁	1087	1067	299	—	553	514	—	722	—	4203
吉　林	697	726	2	218	487	21		237		3364
黑龙江	882	883	11	348	182	353	—	353	16	2150
上　海	118	107	1	—	6	101	—	—	—	364
江　苏	1182	183	7	15	31	137	1	17	—	1346
浙　江	1372	1051	152	109	280	662	3	74	3	5201
安　徽	1582	782	130	431	89	262	6	387	54	3169
福　建	974	902	6	668	222	12	—	747	41	3901
江　西	1511	980	207	871	—	109	2	737	18	5014
山　东	1741	1624	—	49	186	1389	3	95	—	5202
河　南	2000	1512	—	111	433	968	—	692	54	4626
湖　北	1195	983	31	536	229	218	—	629	17	593
湖　南	2303	2091	247	962	736	393	7	1757	50	10948
广　东	1196	1109	115	450	406	253	—	247	2	5537
广　西	1161	1060	32	230	312	518	4	39	—	4026
海　南	200	189	74	73	61	55	—	—	—	839
重　庆	1018	956	26	11	333	612	1	671	56	2717
四　川	4510	2873	595	911	1479	483	176	1567	86	10294
贵　州	1488	1452	25	1290	149	13	5	1204	—	5596
云　南	1491	1476	2	155	650	671	34	804	612	7784
西　藏	683	3	—	—	3	—	3	—	—	—
陕　西	1569	1073	226	298	543	232	41	700	5	3055
甘　肃	1491	874	156	187	443	244	10	269	—	2399
青　海	400	335	32	78	254	3	5	75	22	815
宁　夏	193	198	6	10	135	53	4	94	—	714
新　疆	841	800	24	52	330	418	16	357	16	3771
新疆兵团	174	168	—	—	—	168	—	—	—	2133

说明：

1. 总站数中的“片站”是指管理两个以上乡镇林业工作的林业站。
2. 人、财、物三权属县林业主管部门的站为派出机构；三权属乡镇的为乡镇管理；介于二者之间的为双重领导。三者之和
3. 已加挂野保站牌子站数指截至本年底加挂“野生动植物保护管理站”牌子的林业站总数。
4. 已加挂仲裁委员会牌子站数指截至本年底加挂“林业承包合同仲裁委员会”牌子的林业站总数。
5. 林业站“在岗职工”是指在林业站工作并在林业站开支的人员，不包括林业站临时聘用的后勤服务人员及其所办经济及新分配的大中专毕业生。
6. 有交通工具的站数指配备机动交通工具的站数，该栏目下“本年新增”指本年新增加机动交通工具的站数。
7. 有通讯设备的站数指配备电话或无线通讯设备的站数，“本年新增”意思同6。

作站基本情况

单位:个

年末在岗职工总数(人)		经费渠道(人)				至本年底自有办公用房站数		至本年底有交通工具站数		至本年底有通讯设备站数	
计	其中:长期职工	财政全额	财政差额	林业经费	自收自支	计	本年新建	计	本年新增	计	本年新增
147652	**142815**	**81497**	**18027**	**22839**	**25289**	**23073**	**1063**	**17660**	**1331**	**23602**	**1069**
1178	844	442	191	10	535	126	5	126	9	180	10
490	490	436	51	—	3	150	—	56	1	154	—
4457	4411	3184	640	11	622	1169	26	932	21	1038	23
3487	3268	2823	283	48	333	1171	1	644	43	783	56
3501	3491	3157	253	68	23	897	20	848	21	784	12
4904	3951	1863	435	579	2027	534	19	1067	—	1067	—
3955	3943	2055	651	673	576	513	20	317	4	485	28
2456	2435	1140	337	536	443	590	14	444	33	535	44
378	378	82	150	—	146	107	—	55	3	106	10
2231	2185	893	886	2	450	168	—	43	2	175	11
4440	4328	2330	1123	770	217	749	—	670	18	1012	—
3321	3228	2083	570	285	383	662	14	552	36	719	17
4042	4007	3055	479	356	152	723	13	348	47	570	21
5983	5983	4570	—	333	1080	696	42	555	60	808	47
6665	6621	5588	822	109	146	1213	15	1022	26	1195	11
5955	5472	3523	1036	362	1034	1374	35	1033	11	1240	81
7358	7708	1659	1495	1701	2503	790	54	639	16	859	27
14847	14063	3586	2711	5439	3111	1578	83	894	174	1851	146
8796	8098	848	1498	5130	1320	1003	23	1109	14	1109	7
4748	4729	2972	170	706	900	735	29	760	19	942	22
839	839	167	54	618	—	153	2	148	25	134	25
3027	2990	2413	344	59	211	792	18	706	77	928	53
11638	11363	5112	1765	3565	1196	1993	138	1543	258	2344	209
5972	5972	5065	113	361	433	1180	216	1055	147	1298	76
9331	9260	8921	225	29	156	1161	102	686	160	1234	39
9	9	9	—	—	—	3	—	3	—	3	—
5003	4844	4120	120	711	52	711	53	413	40	788	55
3414	3173	2325	921	117	51	795	—	184	—	316	—
926	908	800	76	47	3	249	45	206	21	217	18
750	750	672	71	7	—	191	8	94	2	107	—
4145	4136	4015	84	7	39	735	68	381	43	459	21
9406	8938	1589	473	200	7144	162	—	127	—	162	—

为总站数。

实体中聘用的人员。“长期职工”是指“在岗职工”中用工期限在一年(含一年)以上的职工,包括正式职工和合同制职工,以

各地区地、县林业工

<table>
<tr><th rowspan="4">地　区</th><th colspan="9">地(市)</th></tr>
<tr><th rowspan="3">林业站个数</th><th colspan="8">管理人员</th></tr>
<tr><th colspan="4">文化程度</th><th colspan="4">专业技术人员</th></tr>
<tr><th>合计</th><th>大专以上学历</th><th>中专学历</th><th>高中以下学历</th><th>合计</th><th>高级</th><th>中级</th><th>初级</th></tr>
<tr><td>**全国总计**</td><td>**255**</td><td>**2899**</td><td>**2063**</td><td>**535**</td><td>**301**</td><td>**2257**</td><td>**431**</td><td>**957**</td><td>**869**</td></tr>
<tr><td>北　京</td><td>—</td><td>—</td><td>—</td><td>—</td><td>—</td><td>—</td><td>—</td><td>—</td><td>—</td></tr>
<tr><td>天　津</td><td>—</td><td>—</td><td>—</td><td>—</td><td>—</td><td>—</td><td>—</td><td>—</td><td>—</td></tr>
<tr><td>河　北</td><td>11</td><td>104</td><td>88</td><td>8</td><td>8</td><td>88</td><td>32</td><td>35</td><td>21</td></tr>
<tr><td>山　西</td><td>11</td><td>133</td><td>92</td><td>28</td><td>13</td><td>109</td><td>16</td><td>47</td><td>46</td></tr>
<tr><td>内蒙古</td><td>14</td><td>421</td><td>220</td><td>125</td><td>76</td><td>340</td><td>66</td><td>108</td><td>166</td></tr>
<tr><td>辽　宁</td><td>11</td><td>57</td><td>32</td><td>21</td><td>4</td><td>51</td><td>15</td><td>24</td><td>12</td></tr>
<tr><td>吉　林</td><td>9</td><td>100</td><td>73</td><td>20</td><td>7</td><td>90</td><td>20</td><td>46</td><td>24</td></tr>
<tr><td>黑龙江</td><td>13</td><td>53</td><td>51</td><td>1</td><td>1</td><td>52</td><td>3</td><td>34</td><td>15</td></tr>
<tr><td>上　海</td><td>10</td><td>197</td><td>125</td><td>25</td><td>47</td><td>147</td><td>20</td><td>62</td><td>65</td></tr>
<tr><td>江　苏</td><td>13</td><td>143</td><td>135</td><td>5</td><td>3</td><td>124</td><td>29</td><td>51</td><td>44</td></tr>
<tr><td>浙　江</td><td>6</td><td>31</td><td>22</td><td>8</td><td>1</td><td>29</td><td>4</td><td>11</td><td>14</td></tr>
<tr><td>安　徽</td><td>9</td><td>68</td><td>61</td><td>6</td><td>1</td><td>59</td><td>17</td><td>28</td><td>14</td></tr>
<tr><td>福　建</td><td>1</td><td>34</td><td>29</td><td>5</td><td>—</td><td>34</td><td>13</td><td>16</td><td>5</td></tr>
<tr><td>江　西</td><td>8</td><td>44</td><td>34</td><td>7</td><td>3</td><td>26</td><td>2</td><td>17</td><td>7</td></tr>
<tr><td>山　东</td><td>15</td><td>129</td><td>120</td><td>6</td><td>3</td><td>118</td><td>50</td><td>48</td><td>20</td></tr>
<tr><td>河　南</td><td>18</td><td>267</td><td>224</td><td>32</td><td>11</td><td>193</td><td>30</td><td>79</td><td>84</td></tr>
<tr><td>湖　北</td><td>17</td><td>42</td><td>20</td><td>19</td><td>3</td><td>39</td><td>4</td><td>18</td><td>17</td></tr>
<tr><td>湖　南</td><td>—</td><td>51</td><td>44</td><td>4</td><td>3</td><td>29</td><td>7</td><td>20</td><td>2</td></tr>
<tr><td>广　东</td><td>—</td><td>42</td><td>31</td><td>11</td><td>—</td><td>19</td><td>—</td><td>18</td><td>1</td></tr>
<tr><td>广　西</td><td>11</td><td>37</td><td>32</td><td>4</td><td>1</td><td>29</td><td>7</td><td>13</td><td>9</td></tr>
<tr><td>海　南</td><td>—</td><td>—</td><td>—</td><td>—</td><td>—</td><td>—</td><td>—</td><td>—</td><td>—</td></tr>
<tr><td>重　庆</td><td>—</td><td>—</td><td>—</td><td>—</td><td>—</td><td>—</td><td>—</td><td>—</td><td>—</td></tr>
<tr><td>四　川</td><td>13</td><td>60</td><td>52</td><td>7</td><td>1</td><td>38</td><td>4</td><td>22</td><td>12</td></tr>
<tr><td>贵　州</td><td>6</td><td>41</td><td>38</td><td>3</td><td>—</td><td>14</td><td>1</td><td>11</td><td>2</td></tr>
<tr><td>云　南</td><td>4</td><td>19</td><td>14</td><td>3</td><td>2</td><td>6</td><td>—</td><td>4</td><td>2</td></tr>
<tr><td>西　藏</td><td>—</td><td>—</td><td>—</td><td>—</td><td>—</td><td>—</td><td>—</td><td>—</td><td>—</td></tr>
<tr><td>陕　西</td><td>10</td><td>282</td><td>176</td><td>61</td><td>45</td><td>196</td><td>35</td><td>71</td><td>90</td></tr>
<tr><td>甘　肃</td><td>14</td><td>159</td><td>64</td><td>63</td><td>32</td><td>125</td><td>11</td><td>53</td><td>61</td></tr>
<tr><td>青　海</td><td>8</td><td>74</td><td>52</td><td>10</td><td>12</td><td>54</td><td>6</td><td>31</td><td>17</td></tr>
<tr><td>宁　夏</td><td>5</td><td>66</td><td>45</td><td>8</td><td>13</td><td>44</td><td>14</td><td>17</td><td>13</td></tr>
<tr><td>新　疆</td><td>9</td><td>189</td><td>147</td><td>33</td><td>9</td><td>158</td><td>18</td><td>54</td><td>86</td></tr>
<tr><td>新疆兵团</td><td>9</td><td>56</td><td>42</td><td>12</td><td>2</td><td>46</td><td>7</td><td>19</td><td>20</td></tr>
</table>

说明：

1."管理人员"指从事林业站管理工作的专兼职人员。

2.有林业站的既统计站数又统计管理人员，无林业站的只统计管理人员。

作站及管理人员情况

单位：个、人

县（市、区）								
林业站个数	管理人员							
	文化程度				专业技术人员			
	合计	大专以上学历	中专学历	高中以下学历	合计	高级	中级	初级
2400	**30554**	**13096**	**9816**	**7642**	**20164**	**1230**	**6532**	**12402**
13	156	114	25	17	99	12	30	57
11	192	108	66	18	167	33	58	76
142	1150	731	311	108	977	122	474	381
115	1628	611	661	356	1240	67	357	816
94	1508	693	479	336	1129	98	419	612
65	225	100	101	24	199	43	105	51
63	585	285	199	101	460	33	156	271
100	593	390	179	24	542	31	234	277
106	378	83	148	147	311	7	123	181
85	919	649	188	82	799	138	251	410
307	1864	672	562	630	1609	39	366	1204
65	410	282	106	22	353	45	174	134
5	246	168	64	14	229	17	135	77
50	349	170	117	62	224	4	98	122
162	1238	833	316	89	1090	207	396	487
3	2229	961	747	521	1341	70	403	868
92	184	63	83	38	109	2	56	51
—	7623	1823	2587	3213	3158	45	835	2278
—	184	103	81	—	92	—	48	44
61	254	173	63	18	220	9	98	113
189	—	—	—	—	169	—	17	152
2	195	142	39	14	142	39	74	29
115	1808	789	565	454	1087	16	287	784
59	475	321	112	42	292	3	72	217
12	113	74	32	7	87	6	25	56
—	—	—	—	—	—	—	—	—
100	2544	914	1051	579	1649	71	445	1133
76	911	261	277	373	537	6	160	371
38	388	248	82	58	276	10	117	149
19	192	157	15	20	145	10	54	81
83	1113	600	347	166	712	21	186	505
168	900	578	213	109	720	26	279	415

各地区乡镇林业工作站

地　区	林业站长期职工人数	文化程度情况				专业技术人员					
									林业大专班		
		大专以上学历人数	中专学历人数	高中文化人数	初中以下文化人数	高级	中级	初级	本年毕业生数	在校生人数	本年入学人数
全国总计	**142815**	**41199**	**48227**	**30604**	**22785**	**1426**	**14311**	**55849**	**3759**	**5602**	**1617**
北　京	844	496	196	93	59	15	94	251	39	28	9
天　津	490	146	239	68	37	32	116	144	3	46	23
河　北	4411	1729	1802	739	141	152	1159	2153	222	92	14
山　西	3268	675	1127	1069	397	99	661	1441	9	17	17
内蒙古	3491	1134	1499	659	199	76	553	1581	55	198	53
辽　宁	3951	1498	1302	712	439	90	737	1904	168	222	109
吉　林	3943	874	2013	873	183	57	328	1890	31	61	15
黑龙江	2435	894	1157	247	137	31	311	1550	44	43	12
上　海	378	83	148	147		7	123	181	—	1	—
江　苏	2185	596	784	453	352	27	286	1228	10	5	8
浙　江	4328	1198	1260	1262	608	19	764	3275	83	121	45
安　徽	3228	1318	1312	453	145	40	550	1834	46	96	12
福　建	4007	1734	1367	639	267	38	712	2020	316	92	15
江　西	5983	1191	1755	2317	720	49	432	2220	32	86	46
山　东	6621	2975	2812	738	96	149	1280	3921	39	81	34
河　南	5472	1265	1975	1820	412	50	432	1736	43	175	52
湖　北	7708	1273	3146	2030	1259	131	1156	2422	126	202	108
湖　南	14063	3650	4524	3908	1981	46	1147	5012	501	723	239
广　东	8098	1505	2582	2620	1391	—	—	—	86	196	97
广　西	4729	1765	1582	1065	317	5	368	2187	190	301	63
海　南	839	66	343	245	185	—	12	87	61	—	—
重　庆	2990	1276	707	722	285	29	175	992	12	15	30
四　川	11363	3695	2734	2722	2212	106	900	3784	319	512	65
贵　州	5972	1941	2684	891	456	1	155	3229	267	654	148
云　南	9260	3287	3644	1125	1204	95	712	4438	555	779	203
西　藏	9	—	9	—	—	—	—	—	—	—	—
陕　西	4844	1229	1973	1256	386	30	404	2051	199	463	130
甘　肃	3173	729	1223	656	565	3	152	858	155	172	20
青　海	908	339	254	222	93	1	38	486	25	61	23
宁　夏	750	413	227	83	27	1	62	450	62	90	13
新　疆	4136	1610	1585	660	281	14	194	2089	54	66	11
新疆兵团	8938	615	262	110	7951	33	298	435	7	4	3

说明：

1. 林业中专班指在林业学校学习的，不包括在农广校参加学习的林业中专人数。
2. 正在接受学历教育的人员按原学历统计。

人员素质和培训情况

单位：人

学历教育情况									岗位培训情况			
林业中专班			农广校中专班			专业证书班			截至本年底已完成培训量		其中本年完成的培训量	
本年毕业生数	在校生总数	本年入学人数	本年毕业生数	在校生总数	本年入学人数	本年毕业生数	在校生总数	本年入学人数	站长	站员	站长	站员
784	**590**	**312**	**733**	**584**	**215**	**930**	**1105**	**394**	**42525**	**121794**	**12410**	**36619**
9	8	—	5	9	8	—	—	—	1098	2565	266	491
—	—	—	4	—	—	—	—	—	160	297	11	83
111	19	9	102	78	10	130	21	8	1664	3808	353	872
—	—	—	12	42	7	3	—	—	1528	2362	414	888
7	1	—	75	15	—	—	3	—	1748	3157	677	1301
63	182	129	34	21	14	14	—	—	3823	12545	1067	2870
—	3	—	5	11	7	2	10	—	1588	5491	485	1712
11	3	—	6	28	4	—	—	—	720	1140	109	165
33	—	—	3	—	—	—	—	—	66	121	33	88
—	—	—	22	4	—	24	2	20	787	5199	198	507
6	10	5	2	40	16	44	51	21	860	2477	397	936
5	—	—	—	4	4	—	1	—	937	2203	70	225
147	5	—	25	1	—	122	13	—	460	588	132	272
17	21	8	15	33	14	16	50	10	1591	6913	412	2319
21	11	6	31	53	19	21	24	13	1552	3418	591	995
38	74	38	104	50	29	7	8	7	3517	7387	759	1513
47	8	3	5	6	2	56	100	34	2124	6369	70	620
161	113	74	80	23	18	226	666	143	3408	14813	1609	6874
2	—	—	3	—	18	7	11	9	989	3833	321	1219
5	—	—	21	—	—	110	23	3	2200	4787	82	797
—	—	—	—	—	—	—	—	—	238	524	—	—
1	11	—	46	24	1	12	45	11	1175	1855	881	987
26	47	12	13	11	3	51	54	7	2575	5838	890	2599
3	14	—	2	2	—	1	—	2	1402	3864	437	1472
14	29	12	18	65	20	10	11	4	1715	8339	607	3050
—	—	—	—	—	—	—	—	—	—	—	—	—
22	13	9	48	41	14	21	4	3	732	2180	387	1127
—	—	—	—	—	—	—	—	—	1040	1643	120	148
11	10	7	26	15	7	38	—	2	243	638	65	152
9	8	—	2	1	—	—	—	—	198	528	125	294
—	—	—	—	7	—	15	8	1	2161	6384	789	1978
15	—	—	24	—	—	—	—	96	226	528	53	65

各地区乡镇林业工作

<table>
<tr><th rowspan="3">地　区</th><th colspan="7">至本年底累计完成投资</th></tr>
<tr><th rowspan="2">合计</th><th colspan="3">国家投资</th><th colspan="3">地方投资</th></tr>
<tr><th>计</th><th>局投资</th><th>三北及其他</th><th>计</th><th>省(自治区、直辖市)</th><th>地(市)、县、乡</th></tr>
<tr><td>**全国总计**</td><td>**247653**</td><td>**45706**</td><td>**29010**</td><td>**16697**</td><td>**201947**</td><td>**27850**</td><td>**174097**</td></tr>
<tr><td>北　京</td><td>7962</td><td>1304</td><td>782</td><td>522</td><td>6658</td><td>169</td><td>6489</td></tr>
<tr><td>天　津</td><td>802</td><td>401</td><td>401</td><td>0</td><td>401</td><td>401</td><td>—</td></tr>
<tr><td>河　北</td><td>5827</td><td>2273</td><td>1536</td><td>737</td><td>3554</td><td>729</td><td>2825</td></tr>
<tr><td>山　西</td><td>6765</td><td>1358</td><td>1077</td><td>281</td><td>5407</td><td>1607</td><td>3800</td></tr>
<tr><td>内蒙古</td><td>1597</td><td>446</td><td>119</td><td>327</td><td>1151</td><td>10</td><td>1141</td></tr>
<tr><td>辽　宁</td><td>9219</td><td>1655</td><td>1439</td><td>216</td><td>7564</td><td>1078</td><td>6486</td></tr>
<tr><td>吉　林</td><td>5675</td><td>2873</td><td>436</td><td>2438</td><td>2802</td><td>335</td><td>2467</td></tr>
<tr><td>黑龙江</td><td>3283</td><td>1242</td><td>1168</td><td>74</td><td>2041</td><td>136</td><td>1905</td></tr>
<tr><td>上　海</td><td>—</td><td>—</td><td>—</td><td>—</td><td>—</td><td>—</td><td>—</td></tr>
<tr><td>江　苏</td><td>6773</td><td>867</td><td>37</td><td>830</td><td>5906</td><td>659</td><td>5247</td></tr>
<tr><td>浙　江</td><td>13624</td><td>2302</td><td>1306</td><td>996</td><td>11322</td><td>1335</td><td>9987</td></tr>
<tr><td>安　徽</td><td>8902</td><td>1279</td><td>1279</td><td>—</td><td>7623</td><td>693</td><td>6930</td></tr>
<tr><td>福　建</td><td>15983</td><td>265</td><td>265</td><td>—</td><td>15718</td><td>1284</td><td>14434</td></tr>
<tr><td>江　西</td><td>16430</td><td>2147</td><td>1117</td><td>1030</td><td>14283</td><td>1383</td><td>12900</td></tr>
<tr><td>山　东</td><td>6186</td><td>1930</td><td>958</td><td>972</td><td>4256</td><td>179</td><td>4077</td></tr>
<tr><td>河　南</td><td>10055</td><td>1150</td><td>1150</td><td>—</td><td>8905</td><td>1233</td><td>7672</td></tr>
<tr><td>湖　北</td><td>—</td><td>—</td><td>—</td><td>—</td><td>—</td><td>—</td><td>—</td></tr>
<tr><td>湖　南</td><td>27883</td><td>2458</td><td>2140</td><td>318</td><td>25425</td><td>1883</td><td>23542</td></tr>
<tr><td>广　东</td><td>19341</td><td>787</td><td>787</td><td>—</td><td>18554</td><td>1316</td><td>17238</td></tr>
<tr><td>广　西</td><td>12515</td><td>1550</td><td>1550</td><td>—</td><td>10965</td><td>2486</td><td>8479</td></tr>
<tr><td>海　南</td><td>2123</td><td>389</td><td>389</td><td>—</td><td>1734</td><td>259</td><td>1475</td></tr>
<tr><td>重　庆</td><td>3608</td><td>1042</td><td>1042</td><td>—</td><td>2566</td><td>759</td><td>1807</td></tr>
<tr><td>四　川</td><td>19019</td><td>2322</td><td>2207</td><td>115</td><td>16697</td><td>645</td><td>16052</td></tr>
<tr><td>贵　州</td><td>10859</td><td>2180</td><td>2144</td><td>36</td><td>8679</td><td>2246</td><td>6433</td></tr>
<tr><td>云　南</td><td>17653</td><td>8237</td><td>2067</td><td>6170</td><td>9416</td><td>3539</td><td>5877</td></tr>
<tr><td>西　藏</td><td>—</td><td>—</td><td>—</td><td>—</td><td>—</td><td>—</td><td>—</td></tr>
<tr><td>陕　西</td><td>4974</td><td>1033</td><td>919</td><td>114</td><td>3941</td><td>897</td><td>3044</td></tr>
<tr><td>甘　肃</td><td>2471</td><td>1187</td><td>700</td><td>487</td><td>1284</td><td>571</td><td>713</td></tr>
<tr><td>青　海</td><td>1671</td><td>561</td><td>467</td><td>94</td><td>1110</td><td>763</td><td>347</td></tr>
<tr><td>宁　夏</td><td>1876</td><td>582</td><td>420</td><td>162</td><td>1294</td><td>1044</td><td>250</td></tr>
<tr><td>新　疆</td><td>4577</td><td>1886</td><td>1108</td><td>778</td><td>2691</td><td>211</td><td>2480</td></tr>
<tr><td>新疆兵团</td><td>—</td><td>—</td><td>—</td><td>—</td><td>—</td><td>—</td><td>—</td></tr>
</table>

站投资完成情况

单位:万元

本年完成投资						
合计	国家投资			地方投资		
	计	局投资	三北及其他	计	省(自治区、直辖市)	地(市)、县、乡
37404	**6106**	**3547**	**2559**	**26745**	**3717**	**23028**
5333	135	70	65	5198	159	5039
72	36	36	—	36	36	—
270	135	135	—	135	—	135
225	108	108	—	117	30	87
216	144	144	—	72	—	72
388	144	144	—	244	—	244
605	376	294	82	229	—	229
288	144	144	—	144	—	144
87	36	36	—	51	—	51
2896	205	50	155	2691	185	2506
216	108	108	—	108	108	—
554	144	144	—	410	—	410
1084	149	149	—	935	63	872
1891	404	144	260	1487	108	1379
2588	128	92	36	2460	—	2460
742	216	216	—	526	100	426
434	144	144	—	290	25	265
3072	218	180	38	2337	377	1960
1530	135	135	—	1395	267	1128
896	180	180	—	716	275	441
72	36	36	—	36	—	36
4079	36	36	—	629	263	366
1577	216	216	—	1361	—	1361
963	144	144	—	819	35	784
4900	2065	144	1921	2213	1226	987
—	—	—	—	—	—	—
1435	110	108	2	1325	60	1265
—	—	—	—	—	—	—
548	66	66	—	482	400	82
222	36	36	—	186	—	186
221	108	108	—	113	—	113
—	—	—	—	—	—	—

各地区乡镇林业工作站职能作用

地区	职能作用主要									
	营林情况						森林病虫鼠害防治面积	采伐设计面积	代收规费	受委托行使林业行政执法权站数
	本年新造林面积		本年新封山育林面积	本年育苗面积	本年抚育作业面积	四旁植树株数（万株）				
	计	林业重点工程造林面积								
全国总计	**33575**	**25998**	**23847**	**4506**	**96644**	**218347**	**165308**	**69655**	**57012**	**15371**
北京	122	68	90	411	567	488	6463	22	82	33
天津	36	36	27	41	82	227	287	2	—	38
河北	3016	2245	2643	519	6937	17720	6031	276	141	216
山西	1402	1368	739	247	1999	12440	940	61	10	342
内蒙古	3838	3776	2867	412	6473	4032	2988	1827	25	230
辽宁	1265	864	685	227	613	16353	13	—	—	768
吉林	310	279	1049	58	2197	1894	759	306	175	554
黑龙江	846	846	398	104	3295	1227	2243	450	27	403
上海	38	—	—	42	501	206	318	—	29	2
江苏	546	162	44	249	1950	8931	1711	171	538	156
浙江	203	57	512	144	931	2002	1108	570	6853	309
安徽	360	257	291	71	2957	7456	933	273	2748	213
福建	611	250	230	60	709	542	440	1087	5	527
江西	236	151	218	9	1398	3047	518	2640	9648	858
山东	1411	89	308	367	8669	55988	57583	1097	298	194
河南	1551	1408	488	190	1146	7037	2006	75	284	430
湖北	1594	1121	2722	90	2668	3949	1223	451	522	519
湖南	1365	1330	210	107	7936	9516	946	2901	24930	1667
广东	183	32	207	37	4415	6084	30628	51534	1981	370
广西	1240	176	964	13	5132	3092	29223	4342	4120	575
海南	183	86	18	4	62	635	252	16	235	131
重庆	1092	979	500	106	1836	6241	949	60	341	751
四川	1957	1673	1456	369	7339	21408	5141	326	2646	2577
贵州	1356	1309	1538	14	2627	2105	1939	587	324	1078
云南	2079	1640	1811	56	1542	9089	525	461	745	1275
西藏	—	—	—	—	—	—	—	—	—	—
陕西	1988	1946	1317	83	5160	8973	2843	17	223	449
甘肃	1689	917	490	132	1342	2902	643	46	24	328
青海	454	451	453	7	459	1071	964	—	—	101
宁夏	1129	1129	293	269	3962	1161	2957	1	2	59
新疆	1475	1353	1279	68	11740	2531	2734	56	56	218
新疆兵团	—	—	—	—	—	—	—	—	—	—

说明：

1. 本表只统计本年基层林业工作站所单独或参与完成的主要工作。
2. 林业重点工程造林面积指林业站当年所完成的各项国家级林业重点工程面积的总和。
3. 本年抚育作业面积指幼林抚育作业面积与成林抚育作业面积之和。
4. 本年推广面积指林业站当年所完成的林业科技推广面积总和，不包括站办科技推广示范基地的面积。
5. 受委托行使林业行政执法权站数指截至到本年底的总站数。

主要指标及多种经营情况

单位:百公顷、个、万元

指标情况						多种经营情况				
受理林政案件(件)		参与调处林权纠纷(件)	受理林业承包合同纠纷(件)	科技推广		站数			年产值	年利润
计	其中:破坏野生动植物案件			站办示范基地面积	本年推广面积	计	年收入3(含3)万元以下站数	年收入3万元以上站数		
107069	**8254**	**48619**	**8250**	**12876**	**27990**	**9448**	**7015**	**2433**	**59148**	**11458**
67	1	120	51	289	53	70	21	49	5706	633
41	16	32	17	5	87	6	5	1	377	44
1015	97	1257	352	12	2200	244	159	85	2107	571
633	21	578	137	85	909	270	232	38	731	1494
6384	133	338	63	158	2303	342	275	67	1269	412
838	322	321	195	22	55	276	195	81	2430	601
6522	148	511	243	27	56	205	157	48	1091	191
1000	153	1034	190	60	180	394	315	79	1155	282
251	32	8	—	3	3	17	1	16	1775	295
425	64	422	136	149	873	294	195	99	4889	933
5278	137	791	257	230	802	149	95	54	1277	208
1572	117	976	357	36	274	221	166	55	1306	170
3016	21	2463	1282	23	12	18	3	15	1078	181
5551	322	16163	286	234	314	259	198	61	1173	229
1364	108	427	343	230	3144	392	274	118	2270	407
4225	510	2159	959	509	1124	659	534	125	3476	623
4852	676	1095	421	166	231	765	339	426	6949	745
23041	1071	8200	891	2528	201	864	643	221	6561	1632
2734	317	2776	418	2895	8640	490	331	159	3535	246
6332	193	1679	167	2287	505	360	303	57	1718	213
176	129	196	29	186	87	91	53	38	264	77
3814	626	1010	492	592	638	711	510	201	2412	385
8057	928	2088	351	1566	1175	1042	904	138	4460	600
4153	136	497	192	177	128	237	230	7	175	41
12059	1687	2191	194	60	364	336	225	111	269	70
—	—	—	—	—	—	—	—	—	—	—
2276	132	1008	154	101	2079	159	117	42	281	46
240	10	107	5	69	732	216	200	16	—	—
107	40	87	31	29	89	113	107	6	121	37
169	14	27	2	59	423	22	21	1	22	5
877	93	58	35	89	309	226	207	19	271	87
—	—	—	—	—	—	—	—	—	—	—

各地区乡村护林

地　区	合计	人员类别		人员结构			
		专职	兼职	乡村林场	村组	其他	大专以上
全国总计	**634050**	**297680**	**336370**	**106929**	**431133**	**95988**	**14697**
北　京	55333	49288	6045	1278	52467	1588	211
天　津	2588	619	1969	299	1700	589	96
河　北	22678	21158	1520	2618	19159	901	859
山　西	29601	8555	21046	1961	19172	8468	368
内蒙古	12466	6970	5496	593	7891	3982	364
辽　宁	30040	14868	15172	12234	6664	11142	281
吉　林	—	—	—	—	—	—	—
黑龙江	11084	4145	6939	1630	6298	3156	376
上　海	11752	11665	87	—	11752	—	—
江　苏	—	—	—	—	—	—	—
浙　江	20070	10593	9477	1755	16229	2086	68
安　徽	28165	9502	18663	6966	16247	4952	92
福　建	13064	9307	3757	365	10571	2128	29
江　西	34550	9221	25329	7929	23192	3429	183
山　东	48955	26843	22112	1988	30697	16270	283
河　南	55926	10534	45392	6758	43201	5967	3217
湖　北	8651	8651	—	8651	—	—	2167
湖　南	39772	14859	24913	14562	22981	2229	498
广　东	21593	8425	13168	5275	9982	6336	1367
广　西	15969	5317	10652	2038	10818	3113	99
海　南	—	—	—	—	—	—	—
重　庆	17284	7026	10258	1735	14716	833	272
四　川	39942	9672	30270	6279	29416	4247	1448
贵　州	20113	9930	10183	3734	12084	4295	493
云　南	30682	19152	11530	4369	19790	6523	181
西　藏	—	—	—	—	—	—	—
陕　西	23244	7512	15732	1171	21151	922	1444
甘　肃	21392	8061	13331	10887	9818	687	16
青　海	5675	2481	3194	1619	2947	1109	23
宁　夏	3201	1138	2063	203	2900	98	2
新　疆	10260	2188	8072	32	9290	938	260
新疆兵团	—	—	—	—	—	—	—

注：1. 本表每 5 年统计一次。
　　2. 部分省份未报数据。

员情况统计表

单位:人

文化程度		年龄结构			报酬来源情况		
中专高中	初中及以下	45 岁以下	46 至 60 岁	61 岁以上	由县补助的人数	由乡补助的人数	由村补助的人数
132987	**486366**	**307272**	**277588**	**49190**	**259734**	**95913**	**278403**
8149	46973	20153	29091	6089	39282	8582	7469
952	1540	1449	958	181	448	779	1361
7463	14356	19058	3412	208	475	866	21337
5597	23636	13622	13481	2498	12095	3837	13669
3790	8312	7996	4269	201	6438	1078	4950
810	28949	21087	8551	402	14868	7143	8029
—	—	—	—	—	—	—	—
3475	7233	6270	4615	199	994	1279	8811
87	11665	5035	6717	—	11752	—	—
—	—	—	—	—	—	—	—
2131	17871	4100	13287	2683	11508	2971	5591
5628	22445	7822	14837	5506	3114	3034	22017
2924	10111	6526	4846	1692	3569	595	8900
6661	27706	13678	19399	1473	5371	4862	24317
8610	40062	17845	24375	6735	11986	11313	25656
10200	42509	17837	33485	4604	12131	7036	36759
4679	1805	6846	1805	—	—	8651	—
9702	29572	16052	19564	4156	7776	9886	22110
7467	12759	12379	8717	497	9360	4502	7731
3247	12623	7393	6904	1672	8769	940	6260
—	—	—	—	—	—	—	—
5038	11974	8992	7578	714	13064	2198	2022
11533	26961	23673	13040	3229	23102	5138	11702
5008	14612	13320	5794	999	16626	1350	2137
4088	26413	24125	5671	886	19269	4432	6981
—	—	—	—	—	—	—	—
8644	13156	10723	9924	2597	21912	423	909
4693	16683	11439	8751	1202	831	2993	17568
405	5247	1941	3291	443	2434	1112	2129
620	2579	1497	1505	199	1677	342	1182
1386	8614	6414	3721	125	883	571	8806
—	—	—	—	—	—	—	—

各地区乡村林场

地区	林场个数							经营面积		
	合计	按经营形式分			按经营状况分			合计	其中：有林地	其中：经济林
		集体林场	联办林场	站办林场	自给有余	基本自给	不能自给			
全国总计	**73161**	**53101**	**18077**	**1983**	**10833**	**25949**	**36379**	**6925696**	**5056485**	**557881**
北京	32	28	1	3	4	14	14	27522	19374	6420
天津	25	19	4	2	3	9	13	2963	2596	377
河北	247	158	74	15	53	124	70	57401	49774	7627
山西	560	325	165	70	99	202	259	129542	94954	34588
内蒙古	723	175	524	24	16	398	309	62567	16540	1491
辽宁	203	143	—	60	—	92	111	5296	4270	1026
吉林	159	106	52	1	33	59	67	189716	55854	298
黑龙江	2232	1213	991	28	221	1244	767	127799	84053	11223
上海	3	3	—	—	—	2	1	455	391	20
江苏	287	198	32	57	63	146	78	21993	15355	5950
浙江	823	647	149	27	152	291	380	70202	60475	5245
安徽	6315	4504	1637	174	1401	2259	2655	254582	233839	22755
福建	604	461	142	1	92	255	257	643518	147302	19158
江西	6255	4715	1493	47	982	2463	2810	607225	556549	42863
山东	1643	1006	634	3	159	586	898	131643	113400	26168
河南	3540	2776	565	199	443	1445	1652	169258	118062	27570
湖北	7557	5308	1876	373	1690	3074	2793	458458	354468	73125
湖南	14310	10828	3126	356	3066	5609	5635	1136884	987829	95637
广东	2892	1733	934	225	641	1232	1019	611403	529830	52960
广西	4028	2532	1422	74	434	1494	2100	632534	493770	38177
海南	14	10	4	—	7	7	—	7901	5643	713
重庆	544	427	100	17	8	105	431	54576	47991	6585
四川	3106	1614	1357	135	152	828	2126	406711	359196	16715
贵州	5340	3252	2022	66	169	652	4519	411324	347137	24116
西藏	—	—	—	—	—	—	—	—	—	—
云南	1040	884	137	19	39	171	830	314742	250602	16714
陕西	2342	2034	305	3	221	525	1596	334825	96594	19346
甘肃	7634	7342	290	2	684	2464	4486	5050	3247	520
青海	535	517	16	2	1	194	340	47157	5656	25
宁夏	164	139	25	—	—	4	160	2195	1515	446
新疆	4	4	—	—	—	1	3	254	219	23
新疆兵团	—	—	—	—	—	—	—	—	—	—

基本情况

单位:公顷、百立方米、百根、万元

蓄积量		本年林业生产				年末实有从业人员	全年收入	户办林场	
林木	毛竹	造林面积	育苗面积	木材产量	毛竹产量			个数（个）	经营面积
55803700	**2566386**	**366495**	**27352**	**1392072**	**1903863**	**408976**	**151557**	**127002**	**925706**
557	—	160	156	4456	—	2347	1798	341	6490
7471	—	—	129	—	—	86	23	23	1703
150706	2015	8290	2181	4898	251	1750	984	368	16097
36307	—	11307	1258	54	—	3567	1265	1878	71938
3578	—	3790	192	15	—	3420	509	321	37299
15250	—	2505	1577	—	—	2379	328	1296	7625
86192	—	2093	3	2422	—	405	436	382	165
70288	—	22307	1081	415	—	3375	615	2622	33518
326	—	—	20	—	—	267	2115	—	—
7775	15315	6138	1901	175	21863	4594	5192	16	725
31735	42470	677	354	9995	11854	2139	6245	866	12631
8572552	160203	6234	536	179548	13902	18401	9481	1958	55917
833	113108	8595	5	691	4059	4134	5992	33	10224
176471	434220	20758	280	2555	19817	40888	10655	1509	74784
152136	—	4346	930	7778	—	22939	12558	72048	69276
331724	7486	26295	4429	7908	965	23358	8634	11869	70446
444870	660	32085	2823	5529	11659	43158	14440	7795	45367
30816317	55412	52195	2676	934426	1430956	56679	33322	2779	51366
11000651	256338	16755	320	59899	224986	11360	10679	13835	137313
290042	16808	16029	121	19933	3644	12122	10313	2753	89493
290329	1200	223	175	31818	800	293	44	10	1000
183940	961053	1122	32	105	134781	913	306	39	2189
1036991	316932	26296	1367	17435	9709.4	93790	3010	1140	31576
186971	26484	33185	402	1671	216	20765	868	1293	66726
—	—	—	—	—	—	—	—	—	—
733631	155125	8890	84	100317	14300	4926	4248	470	11269
52781	1150	54977	4276	28	100	10505	1491	600	12027
1122723	400	—	—	—	—	17099	5193	681	308
265	7	441	24	—	—	1577	25	—	—
71	—	778	6	—	—	590	689	77	8234
217	—	24	14	—	—	1150	99	—	—
—	—	—	—	—	—	—	—	—	—

附录三

全国分县造林情况

分县人工、飞播造林和人工更新、封山(沙)育林完成情况

单位:公顷

地区	一、本年度检查验收合格造林面积			二、人工更新面积	三、新封山(沙)育林面积	
	合计	1. 人工造林	2. 飞播造林		计	其中:无林地和疏林地新封
全国合计	**3647942**	**3231556**	**416386**	**326952**	**2636461**	**1755849**
北京	**12186**	**10186**	**2000**	**636**	**9017**	**2067**
朝阳区	243	243	—	—	—	—
丰台区	407	407	—	—	—	—
海淀区	162	162	—	59	—	—
石景山区	—	—	—	—	—	—
门头沟区	1184	1184	—	—	1000	—
昌平区	1009	1009	—	—	1000	—
顺义区	502	502	—	21	—	—
通州区	108	108	—	85	—	—
大兴区	229	229	—	284	1333	—
房山区	2589	1922	667	25	1000	—
平谷区	531	531	—	38	1000	—
平谷区果办	59	59	—	—	—	—
怀柔区	2173	1506	667	—	1000	67
密云县	1000	1000	—	52	1000	1000
延庆县	1753	1087	666	7	1000	1000
延庆县果品服务中心	95	95	—	—	—	—
市局直属单位	142	142	—	65	684	—
西山林场	47	47	—	—	274	—
共青林场	—	—	—	65	—	—
十三陵林场	48	48	—	—	277	—
八达岭林场	47	47	—	—	133	—
温泉苗圃	—	—	—	—	—	—
天竺苗圃	—	—	—	—	—	—
大东流苗圃	—	—	—	—	—	—
黄垡苗圃	—	—	—	—	—	—
蚕种场	—	—	—	—	—	—
琅山苗圃	—	—	—	—	—	—
南大荒苗圃	—	—	—	—	—	—
天津	**3591**	**3591**	**—**	**—**	**3534**	**—**
和平区	—	—	—	—	—	—
河东区	—	—	—	—	—	—
河西区	—	—	—	—	—	—
南开区	—	—	—	—	—	—
河北区	—	—	—	—	—	—
红桥区	—	—	—	—	—	—
塘沽区	14	14	—	—	—	—
汉沽区	10	10	—	—	—	—
大港区	144	144	—	—	—	—
东丽区	78	78	—	—	—	—
西青区	207	207	—	—	—	—
津南区	43	43	—	—	—	—
北辰区	185	185	—	—	—	—
武清区	1302	1302	—	—	867	—
宝坻区	383	383	—	—	—	—
宁河县	229	229	—	—	—	—
静海县	863	863	—	—	—	—
蓟县	133	133	—	—	2667	—
市局直属单位	—	—	—	—	—	—

分县人工、飞播造林和人工更新、封山(沙)育林完成情况

单位:公顷

地　区	一、本年度检查验收合格造林面积			二、人工更新面积	三、新封山(沙)育林面积	
	合计	1. 人工造林	2. 飞播造林		计	其中:无林地和疏林地新封
河北	**304766**	**276098**	**28668**	**7724**	**216530**	**206506**
石家庄市	**14681**	**11347**	**3334**	**110**	**21333**	**21333**
长安区	67	67	—	—	—	—
桥东区	—	—	—	—	—	—
桥西区	—	—	—	—	—	—
新华区	1	1	—	—	—	—
裕华区	5	5	—	—	—	—
井陉矿区	267	267	—	—	667	667
井陉县	533	533	—	—	1333	1333
正定县	200	200	—	—	—	—
栾城县	433	433	—	—	—	—
行唐县	1333	1333	—	—	5334	5334
灵寿县	1600	933	667	—	2000	2000
高邑县	587	587	—	—	—	—
深泽县	633	633	—	—	—	—
赞皇县	1400	733	667	—	4533	4533
无极县	767	767	—	—	—	—
平山县	3134	1134	2000	110	2667	2667
元氏县	633	633	—	—	3466	3466
赵县	333	333	—	—	—	—
辛集市	333	333	—	—	—	—
藁城市	767	767	—	—	—	—
晋州市	—	—	—	—	—	—
新乐市	334	334	—	—	—	—
鹿泉市	1321	1321	—	—	1333	1333
市直	—	—	—	—	—	—
唐山市	**8404**	**8404**	**—**	**339**	**8001**	**7334**
路南区	13	13	—	—	—	—
路北区	80	80	—	—	—	—
古冶区	127	127	—	—	—	—
开平区	400	400	—	—	—	—
丰润区	67	67	—	47	1000	1000
滦县	941	941	—	64	667	667
滦南县	1392	1392	—	—	—	—
乐亭县	650	650	—	—	—	—
迁西县	1578	1578	—	—	2000	1333
玉田县	—	—	—	—	667	667
唐海县	—	—	—	—	—	—
芦台农场	46	46	—	—	—	—
汉沽农场	67	67	—	20	—	—
遵化市	600	600	—	63	1667	1667
丰南市	1376	1376	—	105	—	—
迁安市	1067	1067	—	40	2000	2000
市直	—	—	—	—	—	—
秦皇岛市	**7868**	**4535**	**3333**	**285**	**6200**	**6200**
海港区	1000	1000	—	—	440	440
山海关区	—	—	—	—	667	667
北戴河区	—	—	—	—	—	—
青龙满族自治县	3134	1134	2000	20	3427	3427
昌黎县	667	667	—	194	—	—

分县人工、飞播造林和人工更新、封山（沙）育林完成情况

单位：公顷

地区	一、本年度检查验收合格造林面积			二、人工更新面积	三、新封山（沙）育林面积	
	合计	1. 人工造林	2. 飞播造林		计	其中：无林地和疏林地新封
抚宁县	2600	1267	1333	38	1333	1333
卢龙县	467	467	—	33	333	333
市直	—	—	—	—	—	—
邯郸市	**22711**	**19377**	**3334**	**400**	**14001**	**14001**
邯山区	—	—	—	—	—	—
丛台区	—	—	—	—	—	—
复兴区	—	—	—	—	—	—
峰峰矿区	634	634	—	—	—	—
邯郸县	333	333	—	—	667	667
临漳县	2000	2000	—	—	—	—
成安县	600	600	—	—	—	—
大名县	934	934	—	—	—	—
涉县	3101	1767	1334	—	3867	3867
磁县	2300	1633	667	—	4200	4200
肥乡县	334	334	—	—	—	—
永年县	—	—	—	400	—	—
丘县	2467	2467	—	—	—	—
鸡泽县	667	667	—	—	—	—
广平县	334	334	—	—	—	—
馆陶县	1333	1333	—	—	—	—
魏县	2000	2000	—	—	—	—
曲周县	2534	2534	—	—	—	—
武安市	**3100**	**1767**	**1333**	**—**	**5267**	**5267**
漳河林场	40	40	—	—	—	—
市直	—	—	—	—	—	—
邢台市	**14867**	**11533**	**3334**	**1687**	**21000**	**21000**
桥东区	—	—	—	—	—	—
桥西区	—	—	—	—	—	—
邢台县	3100	1766	1334	—	7667	7667
临城县	2666	1333	1333	—	7333	7333
内丘县	1867	1200	667	1200	3333	3333
柏乡县	—	—	—	—	—	—
隆尧县	534	534	—	—	—	—
任县	333	333	—	—	—	—
南和县	333	333	—	—	—	—
宁晋县	667	667	—	—	—	—
巨鹿县	—	—	—	—	—	—
新河县	—	—	—	—	—	—
广宗县	1000	1000	—	—	—	—
平乡县	400	400	—	—	—	—
威县	600	600	—	9	—	—
清河县	667	667	—	—	—	—
临西县	867	867	—	478	—	—
南宫市	333	333	—	—	—	—
沙河市	1500	1500	—	—	2667	2667
市直	—	—	—	—	—	—
保定市	**17119**	**17119**	**—**	**360**	**24733**	**24733**
新市区	—	—	—	—	—	—
北市区	185	185	—	—	—	—
南市区	25	25	—	—	—	—

分县人工、飞播造林和人工更新、封山(沙)育林完成情况

单位:公顷

地区	一、本年度检查验收合格造林面积			二、人工更新面积	三、新封山(沙)育林面积	
	合计	1. 人工造林	2. 飞播造林		计	其中:无林地和疏林地新封
满城县	2234	2234	—	—	2000	2000
清苑县	533	533	—	—	—	—
涞水县	1200	1200	—	—	4000	4000
阜平县	1334	1334	—	—	2933	2933
徐水县	267	267	—	—	467	467
定兴县	470	470	—	—	—	—
唐县	2933	2933	—	—	2000	2000
高阳县	533	533	—	—	—	—
容城县	333	333	—	—	—	—
涞源县	967	967	—	—	4334	4334
望都县	733	733	—	33	—	—
安新县	—	—	—	—	—	—
易县	700	700	—	205	3666	3666
曲阳县	1000	1000	—	—	3333	3333
蠡县	336	336	—	—	—	—
顺平县	267	267	—	—	2000	2000
博野县	333	333	—	—	—	—
雄县	735	735	—	22	—	—
涿州市	800	800	—	100	—	—
定州市	667	667	—	—	—	—
安国市	—	—	—	—	—	—
高碑店市	534	534	—	—	—	—
市直	—	—	—	—	—	—
张家口市	**84762**	**76762**	**8000**	**667**	**52664**	**52664**
桥东区	—	—	—	—	333	333
桥西区	533	533	—	—	3533	3533
宣化区	666	666	—	—	—	—
下花园区	333	333	—	—	667	667
宣化县	3633	2300	1333	—	3000	3000
张北县	9050	9050	—	—	667	667
康保县	9600	9600	—	—	1667	1667
沽源县	11844	11844	—	—	2667	2667
尚义县	3393	3393	—	—	3667	3667
蔚县	5424	4091	1333	667	6333	6333
阳原县	6466	6133	333	—	4666	4666
怀安县	5333	4666	667	—	4333	4333
万全县	3387	2720	667	—	4466	4466
怀来县	2728	1061	1667	—	2333	2333
涿鹿县	7666	7666	—	—	3667	3667
赤城县	7466	6133	1333	—	5665	5665
崇礼县	7240	6573	667	—	5000	5000
市直	—	—	—	—	—	—
承德市	**63008**	**55675**	**7333**	**2531**	**63332**	**55975**
双桥区	867	867	—	—	1333	1333
双滦区	133	133	—	—	1333	1333
营子矿区	—	—	—	—	—	—
承德县	6333	4333	2000	68	5333	2323
兴隆县	4000	2667	1333	264	5333	5333
平泉县	5333	3333	2000	533	7333	7333
滦平县	4066	2733	1333	67	8000	8000

分县人工、飞播造林和人工更新、封山(沙)育林完成情况

单位:公顷

地　区	一、本年度检查验收合格造林面积			二、人工更新面积	三、新封山(沙)育林面积	
	合计	1. 人工造林	2. 飞播造林		计	其中:无林地和疏林地新封
隆化县	11600	10933	667	349	7333	7333
丰宁满族自治县	12703	12703	—	517	9334	6987
宽城满族自治县	1667	1667	—	—	7000	7000
围场满族蒙古族自治县	16306	16306	—	733	11000	9000
市直	—	—	—	—	—	—
沧州市	**24027**	**24027**	**—**	**70**	**266**	**266**
新华区	—	—	—	—	—	—
运河区	333	333	—	—	—	—
郊区	—	—	—	—	—	—
开发区	—	—	—	—	—	—
沧县	1333	1333	—	—	—	—
青县	—	—	—	—	—	—
东光县	1800	1800	—	—	—	—
海兴县	2000	2000	—	—	133	133
盐山县	3600	3600	—	—	—	—
肃宁县	667	667	—	—	—	—
南皮县	2867	2867	—	—	—	—
吴桥县	1000	1000	—	—	—	—
献县	2667	2667	—	—	—	—
孟村回族自治县	1000	1000	—	70	—	—
中捷农场	327	327	—	—	—	—
南大港农场	—	—	—	—	—	—
泊头市	800	800	—	—	—	—
任丘市	1000	1000	—	—	—	—
黄骅市	2533	2533	—	—	133	133
河间市	2100	2100	—	—	—	—
市直	—	—	—	—	—	—
廊坊市	**17465**	**17465**	**—**	**10**	**—**	**—**
广阳区	714	714	—	—	—	—
安次区	1200	1200	—	—	—	—
开发区	—	—	—	—	—	—
固安县	1733	1733	—	—	—	—
永清县	2557	2557	—	—	—	—
香河县	1000	1000	—	—	—	—
大成县	2467	2467	—	—	—	—
文安县	3867	3867	—	10	—	—
大厂回族自治县	1333	1333	—	—	—	—
霸州市	1939	1939	—	—	—	—
三河市	655	655	—	—	—	—
市直	—	—	—	—	—	—
衡水市	**29210**	**29210**	**—**	**—**	**—**	**—**
桃城区	2584	2584	—	—	—	—
枣强县	2254	2254	—	—	—	—
武邑县	4013	4013	—	—	—	—
武强县	2200	2200	—	—	—	—
饶阳县	2767	2767	—	—	—	—
安平县	1733	1733	—	—	—	—
故城县	3340	3340	—	—	—	—
景县	2867	2867	—	—	—	—
阜城县	2180	2180	—	—	—	—

分县人工、飞播造林和人工更新、封山(沙)育林完成情况

单位:公顷

地区	一、本年度检查验收合格造林面积			二、人工更新面积	三、新封山(沙)育林面积	
	合计	1. 人工造林	2. 飞播造林		计	其中:无林地和疏林地新封
冀州市	1355	1355	—	—	—	—
深州市	3917	3917	—	—	—	—
市直	—	—	—	—	—	—
孟滦林管局	**311**	**311**	**—**	**702**	**2000**	**—**
塞罕坝机械林场	**333**	**333**	**—**	**563**	**2000**	**2000**
雾灵山自然保护区	**—**	**—**	**—**	**—**	**—**	**—**
小五台自然保护区	**—**	**—**	**—**	**—**	**1000**	**1000**
山西	**140260**	**112728**	**27532**	**243**	**133375**	**105194**
太原市	**3902**	**3902**	**—**	**—**	**4486**	**3875**
太原小店区	400	400	—	—	—	—
太原迎泽区	—	—	—	—	—	—
太原杏花岭区	—	—	—	—	133	133
太原尖草坪区	—	—	—	—	—	—
太原万柏林区	334	334	—	—	334	334
太原晋源区	533	533	—	—	467	467
清徐县	266	266	—	—	67	67
阳曲县	786	786	—	—	933	933
娄烦县	900	900	—	—	1119	1119
古交市	600	600	—	—	966	533
市直	83	83	—	—	467	289
大同市	**29465**	**20464**	**9001**	**—**	**17094**	**13994**
大同南郊区	2733	1066	1667	—	2667	2667
大同新荣区	800	133	667	—	667	667
阳高县	4333	3000	1333	—	3333	500
天镇县	4133	2466	1667	—	2667	2667
广灵县	4400	4400	—	—	360	216
灵丘县	1000	1000	—	—	400	277
浑源县	5733	3733	2000	—	2667	2667
左云县	3800	3133	667	—	2333	2333
大同县	2533	1533	1000	—	2000	2000
市直	—	—	—	—	—	—
阳泉市	**2801**	**2801**	**—**	**243**	**1293**	**333**
阳泉市城区	—	—	—	—	—	—
阳泉市矿区	—	—	—	—	—	—
阳泉市郊区	1067	1067	—	—	—	—
平定县	1067	1067	—	—	693	333
盂县	667	667	—	243	600	—
长治市	**4068**	**4068**	**—**	**—**	**7267**	**6270**
长治市城区	—	—	—	—	—	—
长治市郊区	—	—	—	—	—	—
长治县	67	67	—	—	267	267
襄垣县	200	200	—	—	267	267
屯留县	200	200	—	—	466	466
平顺县	667	667	—	—	1160	990
黎城县	867	867	—	—	1760	933
壶关县	600	600	—	—	760	760
长子县	67	67	—	—	533	533
武乡县	600	600	—	—	693	693
沁县	600	600	—	—	627	627
沁源县	—	—	—	—	467	467

分县人工、飞播造林和人工更新、封山(沙)育林完成情况

单位:公顷

地　区	一、本年度检查验收合格造林面积			二、人工更新面积	三、新封山(沙)育林面积	
	合计	1. 人工造林	2. 飞播造林		计	其中:无林地和疏林地新封
潞城市	200	200	—	—	267	267
市直	—	—	—	—	—	—
晋城市	**2400**	**2400**	**—**	**—**	**3321**	**2780**
晋城市城区	—	—	—	—	—	—
沁水县	400	400	—	—	1000	733
阳城县	400	400	—	—	667	627
陵川县	533	533	—	—	627	393
泽州县	1067	1067	—	—	1027	1027
高平市	—	—	—	—	—	—
市直	—	—	—	—	—	—
朔州市	**25143**	**18610**	**6533**	**—**	**8534**	**5887**
朔州朔城区	7066	5266	1800	—	2333	353
平鲁区	3734	3334	400	—	—	—
山阴县	4319	2186	2133	—	2334	2334
应县	4964	3297	1667	—	2867	2200
右玉县	4467	4267	200	—	—	—
怀仁县	593	260	333	—	1000	1000
市直	—	—	—	—	—	—
晋中市	**5436**	**5002**	**434**	**—**	**9347**	**9347**
榆次区	967	533	434	—	1200	1200
榆社县	667	667	—	—	400	400
左权县	667	667	—	—	560	560
和顺县	667	667	—	—	560	560
昔阳县	734	734	—	—	560	560
寿阳县	266	266	—	—	1167	1167
太谷县	134	134	—	—	1467	1467
祁县	267	267	—	—	1200	1200
平遥县	467	467	—	—	833	833
灵石县	533	533	—	—	1000	1000
介休市	67	67	—	—	400	400
市直	—	—	—	—	—	—
运城市	**5964**	**5964**	**—**	**—**	**4134**	**3442**
盐湖区	67	67	—	—	—	—
临猗县	200	200	—	—	67	67
万荣县	333	333	—	—	267	267
闻喜县	1586	1586	—	—	466	174
稷山县	66	66	—	—	200	200
新绛县	280	280	—	—	200	200
绛县	713	713	—	—	400	400
垣曲县	713	713	—	—	1200	1200
夏县	400	400	—	—	334	267
平陆县	713	713	—	—	467	200
芮城县	427	427	—	—	67	67
永济市	133	133	—	—	266	200
河津市	333	333	—	—	200	200
忻州市	**23801**	**21135**	**2666**	**—**	**21267**	**19789**
忻府区	1534	1534	—	—	—	—
定襄县	1067	1067	—	—	—	—
五台县	667	667	—	—	600	—
代县	2667	1334	1333	—	2333	2333

分县人工、飞播造林和人工更新、封山(沙)育林完成情况

单位:公顷

地区	一、本年度检查验收合格造林面积			二、人工更新面积	三、新封山(沙)育林面积	
	合计	1. 人工造林	2. 飞播造林		计	其中:无林地和疏林地新封
繁峙县	4667	3334	1333	—	2667	1859
宁武县	633	633	—	—	1733	1733
静乐县	1666	1666	—	—	1134	1134
神池县	1134	1134	—	—	1800	1800
五寨县	1000	1000	—	—	2067	2067
岢岚县	1400	1400	—	—	1866	1796
河曲县	833	833	—	—	1667	1667
保德县	2533	2533	—	—	2000	2000
偏关县	2266	2266	—	—	2400	2400
原平市	1734	1734	—	—	1000	1000
临汾市	**13535**	**13535**	**—**	**—**	**17447**	**15811**
尧都区	—	—	—	—	—	—
曲沃县	400	400	—	—	533	533
翼城县	400	400	—	—	1000	937
襄汾县	267	267	—	—	867	867
洪洞县	—	—	—	—	467	—
古县	1667	1667	—	—	1334	1035
安泽县	1067	1067	—	—	1693	1693
浮山县	667	667	—	—	1000	1000
吉县	1933	1933	—	—	2266	1726
乡宁县	—	—	—	—	1000	1000
大宁县	1200	1200	—	—	1333	1333
隰县	2300	2300	—	—	2420	2420
永和县	1934	1934	—	—	1666	1666
蒲县	—	—	—	—	334	334
汾西县	1333	1333	—	—	934	667
侯马市	67	67	—	—	133	133
霍州市	300	300	—	—	467	467
吕梁市	**13334**	**13334**	**—**	**—**	**9999**	**9999**
孝义市	1000	1000	—	—	560	560
离石区	1467	1467	—	—	1133	1133
汾阳市	733	733	—	—	333	333
文水县	333	333	—	—	533	533
交城县	667	667	—	—	1093	1093
兴县	667	667	—	—	960	960
临县	1600	1600	—	—	960	960
柳林县	333	333	—	—	200	200
石楼县	1467	1467	—	—	400	400
岚县	333	333	—	—	667	667
方山县	1467	1467	—	—	1067	1067
中阳县	2000	2000	—	—	1293	1293
交口县	1267	1267	—	—	800	800
省直林区	**10411**	**1513**	**8898**	**—**	**29053**	**13534**
管涔山森林经营局	333	333	—	—	2733	2733
五台山森林经营局	3733	400	3333	—	6693	2930
关帝山森林经营局	333	333	—	—	6333	1063
太行山森林经营局	400	400	—	—	360	84
太岳山森林经营局	—	—	—	—	4000	1193
吕梁山森林经营局	—	—	—	—	3600	2170
中条山森林经营局	279	47	232	—	3067	1094

分县人工、飞播造林和人工更新、封山(沙)育林完成情况

单位:公顷

地　区	一、本年度检查验收合格造林面积			二、人工更新面积	三、新封山(沙)育林面积	
	合计	1. 人工造林	2. 飞播造林		计	其中:无林地和疏林地新封
黑茶山森林经营局	—	—	—	—	2267	2267
杨树丰产林实验局	5333	—	5333	—	—	—
省直其他单位	**—**	**—**	**—**	**—**	**133**	**133**
林校林场	—	—	—	—	133	133
九发公司	—	—	—	—	—	—
内蒙古	**383832**	**283218**	**100614**	**14297**	**294140**	**294140**
呼和浩特市	**13433**	**9320**	**4113**	**—**	**24287**	**24287**
市直	—	—	—	—	4000	4000
新城区	47	47	—	—	2400	2400
回民区	—	—	—	—	—	—
玉泉区	—	—	—	—	—	—
赛罕区	333	333	—	—	1333	1333
土默特左旗	500	500	—	—	5020	5020
托克托县	—	—	—	—	—	—
和林格尔县	4540	2507	2033	—	6067	6067
武川县	2147	2147	—	—	667	667
清水河县	5866	3786	2080	—	4800	4800
包头市	**7207**	**6540**	**667**	**—**	**23333**	**23333**
市直	—	—	—	—	—	—
东河区	—	—	—	—	200	200
青山区	—	—	—	—	—	—
昆都仑区	—	—	—	—	—	—
石拐区	333	333	—	—	2000	2000
白云鄂博区	—	—	—	—	—	—
九原区	207	207	—	—	3800	3800
土默特右旗	600	600	—	—	5333	5333
固阳县	667	667	—	—	6000	6000
达尔罕茂明安联合旗	5400	4733	667	—	6000	6000
稀土高新技术开放区	—	—	—	—	—	—
乌海市	**67**	**67**	**—**	**—**	**6467**	**6467**
海勃湾区	—	—	—	—	967	967
海南区	67	67	—	—	5100	5100
乌达区	—	—	—	—	400	400
赤峰市	**85432**	**76439**	**8993**	**2984**	**68733**	**68733**
市直	—	—	—	—	—	—
红山区	—	—	—	—	—	—
元宝山区	267	267	—	158	267	267
松山区	8833	8640	193	222	5333	5333
阿鲁科尔沁旗	9800	8133	1667	216	8000	8000
巴林左旗	5440	4640	800	200	6667	6667
巴林右旗	10800	9800	1000	174	9667	9667
林西县	6133	6133	—	25	5333	5333
克什克腾旗	7473	7473	—	128	12467	12467
翁牛特旗	12667	10000	2667	—	9333	9333
宁城县	11686	10353	1333	545	1333	1333
敖汉旗	8667	8667	—	933	5333	5333
喀拉沁旗	3666	2333	1333	383	5000	5000
满洲里市	**—**	**—**	**—**	**—**	**—**	**—**
呼伦贝尔市	**67**	**67**	**—**	**360**	**8000**	**8000**
市直	—	—	—	—	—	—

分县人工、飞播造林和人工更新、封山(沙)育林完成情况

单位:公顷

地　区	一、本年度检查验收合格造林面积			二、人工更新面积	三、新封山(沙)育林面积	
	合计	1. 人工造林	2. 飞播造林		计	其中:无林地和疏林地新封
海拉尔区	—	—	—	—	1333	1333
扎兰屯市	—	—	—	—	667	667
牙克石市	—	—	—	128	333	333
额尔古纳市	—	—	—	—	667	667
根河市	—	—	—	—	—	—
阿荣旗	—	—	—	—	667	667
莫力达瓦旗	—	—	—	—	667	667
鄂伦春自治旗	—	—	—	—	—	—
鄂温克自治旗	67	67	—	50	2333	2333
新巴尔虎左旗	—	—	—	—	1333	1333
新巴尔虎右旗	—	—	—	—	—	—
陈巴尔虎旗	—	—	—	—	—	—
免渡河林业局	—	—	—	72	—	—
乌奴尔林业局	—	—	—	110	—	—
巴林林业局	—	—	—	—	—	—
南木林业局	—	—	—	—	—	—
红花尔基林业局	—	—	—	—	—	—
柴河林业局	—	—	—	—	—	—
大杨树农场局	—	—	—	—	—	—
海拉尔农场局	—	—	—	—	—	—
兴安盟	**12006**	**12006**	**—**	**—**	**10000**	**10000**
兴盟盟直	866	866	—	—	333	333
乌兰浩特市	433	433	—	—	533	533
阿尔山市	267	267	—	—	2000	2000
科尔沁右翼前旗	2800	2800	—	—	2333	2333
科尔沁右翼中旗	2040	2040	—	—	800	800
扎赉特旗	2800	2800	—	—	2667	2667
突泉县	2800	2800	—	—	1334	1334
五岔沟林业局	—	—	—	—	—	—
白狼林业局	—	—	—	—	—	—
通辽市	**37446**	**37446**	**—**	**323**	**4721**	**4721**
科尔沁区	4407	4407	—	—	—	—
霍林郭勒市	—	—	—	—	—	—
科尔沁左翼中旗	6667	6667	—	323	667	667
科尔沁左翼后旗	5666	5666	—	—	1000	1000
开鲁县	4773	4773	—	—	—	—
库伦旗	4133	4133	—	—	667	667
奈曼旗	6800	6800	—	—	1387	1387
扎鲁特旗	5000	5000	—	—	1000	1000
通辽市直	—	—	—	—	—	—
锡林郭勒盟	**42867**	**26867**	**16000**	**—**	**40834**	**40834**
锡林浩特市	1867	1200	667	—	6000	6000
阿巴嘎旗	2066	733	1333	—	4667	4667
苏尼特左旗	1867	200	1667	—	3000	3000
苏尼特右旗	2466	1133	1333	—	2667	2667
东乌珠穆沁旗	933	933	—	—	5667	5667
西乌珠穆沁旗	2266	933	1333	—	3440	3440
太仆寺旗	6200	6200	—	—	—	—
镶黄旗	934	267	667	—	5393	5393
正镶白旗	6667	3334	3333	—	3333	3333

分县人工、飞播造林和人工更新、封山(沙)育林完成情况

单位:公顷

地　区	一、本年度检查验收合格造林面积			二、人工更新面积	三、新封山(沙)育林面积	
	合计	1. 人工造林	2. 飞播造林		计	其中:无林地和疏林地新封
正蓝旗	6667	1667	5000	—	2667	2667
多伦县	10934	10267	667	—	4000	4000
锡盟盟直	—	—	—	—	—	—
乌兰察布市	**74034**	**66674**	**7360**	**—**	**48100**	**48100**
市直	—	—	—	—	—	—
集宁区	67	67	—	—	813	813
丰镇市	5334	4667	667	—	4260	4260
卓资县	5507	5507	—	—	5826	5826
化德县	13266	11933	1333	—	5687	5687
商都县	3167	2500	667	—	2847	2847
兴和县	13194	12167	1027	—	6000	6000
凉城县	6000	6000	—	—	3667	3667
察哈尔右翼前旗	4226	3560	666	—	3733	3733
察哈尔右翼中旗	5407	5407	—	—	3400	3400
察哈尔右翼后旗	6200	5533	667	—	5000	5000
四子王旗	11666	9333	2333	—	6867	6867
鄂尔多斯市	**76000**	**30665**	**45335**	**—**	**25333**	**25333**
鄂尔多斯市直	1000	333	667	—	—	—
东胜区	3000	2333	667	—	1000	1000
达拉特旗	7200	4533	2667	—	3333	3333
准格尔旗	6467	4467	2000	—	4333	4333
鄂托克前旗	12666	3333	9333	—	4000	4000
鄂托克旗	18534	3867	14667	—	6667	6667
杭锦旗	5666	2333	3333	—	—	—
乌审旗	11667	3000	8667	—	1333	1333
伊金霍洛旗	5800	5133	667	—	2667	2667
造林总场	4000	1333	2667	—	2000	2000
巴彦淖尔市	**18828**	**13495**	**5333**	**—**	**26000**	**26000**
市直	1600	1600	—	—	4667	4667
临河区	2000	2000	—	—	333	333
五原县	1627	1627	—	—	334	334
磴口县	3267	1267	2000	—	5333	5333
乌拉特前旗	5000	3667	1333	—	2666	2666
乌拉特中旗	1600	1600	—	—	2000	2000
乌拉特后旗	2334	334	2000	—	8000	8000
杭锦后旗	1400	1400	—	—	2667	2667
阿拉善盟	**12879**	**66**	**12813**	**—**	**7666**	**7666**
阿拉善盟直	—	—	—	—	—	—
阿拉善左旗	12846	33	12813	—	5333	5333
阿拉善右旗	—	—	—	—	1000	1000
额济纳旗	33	33	—	—	1333	1333
二连浩特市	**133**	**133**	**—**	**—**	**666**	**666**
内蒙古集团	**3433**	**3433**	**—**	**10630**	**—**	**—**
阿尔山	671	671	—	—	—	—
绰尔	427	427	—	—	—	—
绰源	667	667	—	133	—	—
乌尔旗汉	339	339	—	2	—	—
库都尔	—	—	—	1200	—	—
图里河	—	—	—	1157	—	—
伊图里河	90	90	—	—	—	—

分县人工、飞播造林和人工更新、封山(沙)育林完成情况

单位:公顷

地　区	一、本年度检查验收合格造林面积			二、人工更新面积	三、新封山(沙)育林面积	
	合计	1. 人工造林	2. 飞播造林		计	其中:无林地和疏林地新封
克一河	—	—	—	71	—	—
甘河	—	—	—	135	—	—
吉文	156	156	—	—	—	—
阿里河	262	262	—	34	—	—
根河	142	142	—	2334	—	—
金河	—	—	—	2005	—	—
阿龙山	—	—	—	1165	—	—
满归	—	—	—	204	—	—
得耳布尔	—	—	—	1389	—	—
莫尔道嘎	—	—	—	800	—	—
大杨树	680	680	—	—	—	—
毕拉河	—	—	—	—	—	—
辽宁	**126489**	**126489**	**—**	**—**	**68478**	**68478**
沈阳市	**16133**	**16133**	**—**	**—**	**4667**	**4667**
市直	—	—	—	—	—	—
和平区	—	—	—	—	—	—
沈河区	—	—	—	—	—	—
大东区	—	—	—	—	—	—
皇姑区	—	—	—	—	—	—
铁西区	—	—	—	—	—	—
苏家屯区	227	227	—	—	—	—
东陵区	—	—	—	—	—	—
新城子区	33	33	—	—	—	—
于洪区	—	—	—	—	—	—
辽中县	1667	1667	—	—	—	—
康平县	5120	5120	—	—	2667	2667
法库县	2000	2000	—	—	2000	2000
新民市	7086	7086	—	—	—	—
大连市	**12076**	**12076**	**—**	**—**	**10000**	**10000**
市直	—	—	—	—	—	—
中山区	—	—	—	—	—	—
西岗区	—	—	—	—	—	—
沙河口区	—	—	—	—	—	—
甘井子区	73	73	—	—	—	—
旅顺口区	53	53	—	—	—	—
金州区	37	37	—	—	—	—
开发区	53	53	—	—	—	—
度假区	—	—	—	—	—	—
长海县	47	47	—	—	—	—
庄河市	3065	3065	—	—	2667	2667
瓦房店市	5414	5414	—	—	4666	4666
普兰店市	3334	3334	—	—	2667	2667
鞍山市	**4107**	**4107**	**—**	**—**	**3000**	**3000**
市直	—	—	—	—	—	—
铁东区	—	—	—	—	—	—
铁西区	—	—	—	—	—	—
立山区	—	—	—	—	—	—
千山区	—	—	—	—	—	—
千山风景区	—	—	—	—	—	—
台安县	800	800	—	—	—	—

分县人工、飞播造林和人工更新、封山(沙)育林完成情况

单位:公顷

地 区	一、本年度检查验收合格造林面积			二、人工更新面积	三、新封山(沙)育林面积	
	合计	1.人工造林	2.飞播造林		计	其中:无林地和疏林地新封
岫岩县	2240	2240	—	—	2333	2333
海城市	1067	1067	—	—	667	667
抚顺市	**9034**	**9034**	**—**	**—**	**—**	**—**
市直	—	—	—	—	—	—
新抚区	—	—	—	—	—	—
东洲区	—	—	—	—	—	—
望花区	—	—	—	—	—	—
顺城区	—	—	—	—	—	—
抚顺县	1021	1021	—	—	—	—
新宾满族自治县	6595	6595	—	—	—	—
清原满族自治县	1418	1418	—	—	—	—
本溪市	**9141**	**9141**	**—**	**—**	**—**	**—**
市直	—	—	—	—	—	—
平山区	74	74	—	—	—	—
溪湖区	—	—	—	—	—	—
明山区	80	80	—	—	—	—
南芬区	140	140	—	—	—	—
石桥子区	—	—	—	—	—	—
本溪满族自治县	3007	3007	—	—	—	—
桓仁满族自治县	5840	5840	—	—	—	—
丹东市	**6616**	**6616**	**—**	**—**	**—**	**—**
市直	—	—	—	—	—	—
元宝区	—	—	—	—	—	—
振兴区	—	—	—	—	—	—
振安区	134	134	—	—	—	—
宽甸满族自治县	2992	2992	—	—	—	—
东港市	73	73	—	—	—	—
凤城市	3417	3417	—	—	—	—
锦州市	**7923**	**7923**	**—**	**—**	**6333**	**6333**
市直	—	—	—	—	—	—
古塔区	—	—	—	—	—	—
凌河区	—	—	—	—	—	—
太和区	44	44	—	—	—	—
黑山县	2914	2914	—	—	—	—
义县	2757	2757	—	—	2667	2667
凌海市	1021	1021	—	—	2000	2000
北宁市	1187	1187	—	—	1666	1666
营口市	**2149**	**2149**	**—**	**—**	**667**	**667**
市直	—	—	—	—	—	—
站前区	—	—	—	—	—	—
西市区	—	—	—	—	—	—
鲅鱼圈区	20	20	—	—	—	—
老边区	—	—	—	—	—	—
大石桥市	1302	1302	—	—	667	667
盖州市	827	827	—	—	—	—
阜新市	**16126**	**16126**	**—**	**—**	**8939**	**8939**
市直	—	—	—	—	—	—
海州区	127	127	—	—	—	—
新邱区	178	178	—	—	—	—
太平区	152	152	—	—	—	—

分县人工、飞播造林和人工更新、封山(沙)育林完成情况

单位:公顷

地区	一、本年度检查验收合格造林面积			二、人工更新面积	三、新封山(沙)育林面积	
	合计	1. 人工造林	2. 飞播造林		计	其中:无林地和疏林地新封
清河门区	100	100	—	—	—	—
矿务局林业处	668	668	—	—	—	—
细河区	123	123	—	—	—	—
阜新蒙古族自治县	6545	6545	—	—	4333	4333
彰武县	8233	8233	—	—	4606	4606
辽阳市	**967**	**967**	**—**	**—**	**2667**	**2667**
市直	—	—	—	—	—	—
白塔区	—	—	—	—	—	—
文圣区	—	—	—	—	—	—
宏伟区	—	—	—	—	—	—
弓长岭区	213	213	—	—	133	133
太子河区	87	87	—	—	200	200
辽阳县	467	467	—	—	1667	1667
灯塔市	200	200	—	—	667	667
盘锦市	**519**	**519**	**—**	**—**	**—**	**—**
市直	—	—	—	—	—	—
双台子区	—	—	—	—	—	—
兴隆台区	—	—	—	—	—	—
大洼县	—	—	—	—	—	—
盘山县	519	519	—	—	—	—
铁岭市	**9938**	**9938**	**—**	**—**	**3269**	**3269**
市直	—	—	—	—	—	—
银州区	—	—	—	—	—	—
清河区	216	216	—	—	—	—
开发区	—	—	—	—	—	—
铁岭县	2145	2145	—	—	1333	1333
西丰县	2747	2747	—	—	1333	1333
昌图县	3158	3158	—	—	603	603
调兵山市	265	265	—	—	—	—
开原市	1407	1407	—	—	—	—
朝阳市	**25903**	**25903**	**—**	**—**	**17269**	**17269**
市直	—	—	—	—	—	—
双塔区	—	—	—	—	—	—
龙城区	1334	1334	—	—	1333	1333
朝阳县	3630	3630	—	—	3936	3936
建平县	5948	5948	—	—	2667	2667
喀喇沁左翼蒙古族自治县	5000	5000	—	—	2000	2000
凌源市	2466	2466	—	—	3000	3000
北票市	7525	7525	—	—	4333	4333
葫芦岛市	**5857**	**5857**	**—**	**—**	**11667**	**11667**
市直	—	—	—	—	—	—
连山区	1570	1570	—	—	2667	2667
龙湾新区	—	—	—	—	—	—
南票区	754	754	—	—	1333	1333
绥中县	59	59	—	—	2000	2000
建昌县	2762	2762	—	—	3000	3000
兴城市	712	712	—	—	2667	2667
厅直属单位	**—**	**—**	**—**	**—**	**—**	**—**
实验林场	—	—	—	—	—	—
辽西林场	—	—	—	—	—	—

分县人工、飞播造林和人工更新、封山(沙)育林完成情况

单位:公顷

地　区	一、本年度检查验收合格造林面积			二、人工更新面积	三、新封山(沙)育林面积	
	合计	1. 人工造林	2. 飞播造林		计	其中:无林地和疏林地新封
森经所	—	—	—	—	—	—
固沙所	—	—	—	—	—	—
吉林省	**31049**	**31049**	**—**	**11357**	**12634**	**2000**
长春市	**2575**	**2575**	**—**	**1077**	**1000**	**1000**
榆树市	—	—	—	—	—	—
农安县	349	349	—	566	—	—
德惠市	430	430	—	108	—	—
九台市	85	85	—	133	—	—
双阳区	884	884	—	78	1000	1000
朝阳区	42	42	—	—	—	—
宽城区	51	51	—	105	—	—
南关区	17	17	—	—	—	—
绿园区	203	203	—	82	—	—
二道区	180	180	—	5	—	—
净月开发区	334	334	—	—	—	—
吉林市	**1776**	**1776**	**—**	**930**	**1000**	**—**
桦甸市	273	273	—	84	—	—
舒兰市	—	—	—	87	—	—
蛟河市	1000	1000	—	105	—	—
磐石市	267	267	—	186	—	—
永吉县	33	33	—	207	—	—
昌邑区	—	—	—	27	—	—
龙潭区	—	—	—	83	—	—
船营区	—	—	—	32	—	—
丰满区	—	—	—	119	1000	—
上营森林经营局	—	—	—	—	—	—
直属林场	203	203	—	—	—	—
四平市	**1683**	**1683**	**—**	**1194**	**667**	**—**
公主岭市	167	167	—	—	—	—
双辽市	—	—	—	—	667	—
梨树县	704	704	—	925	—	—
伊通县	—	—	—	228	—	—
铁东区	—	—	—	—	—	—
铁西区	—	—	—	—	—	—
辽河农垦局	745	745	—	17	—	—
实验林场	67	67	—	7	—	—
叶赫林场	—	—	—	17	—	—
辽源市	**134**	**134**	**—**	**338**	**—**	**—**
东辽县	—	—	—	140	—	—
东丰县	—	—	—	173	—	—
西安区	—	—	—	—	—	—
龙山区	134	134	—	—	—	—
西站林场	—	—	—	25	—	—
其他单位	—	—	—	—	—	—
通化市	**3220**	**3220**	**—**	**947**	**—**	**—**
梅河口市	333	333	—	109	—	—
集安市	1000	1000	—	51	—	—
通化县	38	38	—	416	—	—
柳河县	1319	1319	—	220	—	—
辉南县	530	530	—	111	—	—

分县人工、飞播造林和人工更新、封山(沙)育林完成情况

单位:公顷

地区	一、本年度检查验收合格造林面积			二、人工更新面积	三、新封山(沙)育林面积	
	合计	1. 人工造林	2. 飞播造林		计	其中:无林地和疏林地新封
东昌区	—	—	—	11	—	—
二道江区	—	—	—	27	—	—
直属林场	—	—	—	2	—	—
白山市	**1600**	**1600**	**—**	**325**	**—**	**—**
长白县	865	865	—	184	—	—
抚松县	533	533	—	—	—	—
靖宇县	—	—	—	—	—	—
临江市	—	—	—	65	—	—
江源县	127	127	—	28	—	—
八道江区	—	—	—	9	—	—
林管处	—	—	—	—	—	—
长白森林经营局	17	17	—	39	—	—
其他单位	58	58	—	—	—	—
白城市	**12981**	**12981**	**—**	**272**	**1167**	**—**
大安市	1713	1713	—	151	—	—
洮南市	4365	4365	—	—	600	—
通榆县	3367	3367	—	—	—	—
镇赉县	3223	3223	—	—	567	—
洮北区	—	—	—	101	—	—
松原市	**3333**	**3333**	**—**	**345**	**1000**	**1000**
长岭县	—	—	—	—	1000	1000
前郭县	2133	2133	—	—	—	—
扶余县	1000	1000	—	260	—	—
乾安县	—	—	—	—	—	—
宁江区	200	200	—	85	—	—
延边朝鲜族自治州	**2762**	**2762**	**—**	**527**	**5400**	**—**
延吉市	50	50	—	110	5400	—
龙井市	1551	1551	—	131	—	—
和龙市	85	85	—	91	—	—
图们市	30	30	—	44	—	—
珲春市	—	—	—	—	—	—
敦化市	—	—	—	44	—	—
安图县	269	269	—	47	—	—
汪清县	777	777	—	60	—	—
安图森林经营局	—	—	—	—	—	—
白城市芦苇局	**587**	**587**	**—**	**—**	**—**	**—**
延边州林管局	**15**	**15**	**—**	**145**	**—**	**—**
黄泥河	—	—	—	—	—	—
敦化	—	—	—	—	—	—
大石头	—	—	—	35	—	—
八家子	—	—	—	—	—	—
和龙	—	—	—	13	—	—
汪清	15	15	—	10	—	—
大兴沟	—	—	—	53	—	—
天桥岭	—	—	—	—	—	—
白河	—	—	—	34	—	—
珲春	—	—	—	—	—	—
吉林森工集团	**164**	**164**	**—**	**4849**	**—**	**—**
临江	17	17	—	—	—	—
三岔子	37	37	—	66	—	—

分县人工、飞播造林和人工更新、封山(沙)育林完成情况

单位:公顷

地　区	一、本年度检查验收合格造林面积			二、人工更新面积	三、新封山(沙)育林面积	
	合计	1. 人工造林	2. 飞播造林		计	其中:无林地和疏林地新封
湾沟	—	—	—	38	—	—
松江河	—	—	—	593	—	—
泉阳	39	39	—	916	—	—
露水河	24	24	—	208	—	—
白石山	47	47	—	43	—	—
红石	—	—	—	2985	—	—
省林业厅直属	**219**	**219**	**—**	**408**	**2400**	**—**
向海保护局	182	182	—	—	2400	—
莫莫格保护局	—	—	—	—	—	—
三湖保护局	37	37	—	—	—	—
省生防站	—	—	—	—	—	—
省森防总站	—	—	—	—	—	—
吉林林木种子站	—	—	—	—	—	—
蛟河实验局	—	—	—	380	—	—
敦化航空护林站	—	—	—	—	—	—
东北木材市场	—	—	—	—	—	—
省林业宾馆	—	—	—	—	—	—
省种苗繁育中心	—	—	—	—	—	—
厅机关服务中心	—	—	—	—	—	—
省厅机关	—	—	—	—	—	—
辉南森林经营局	—	—	—	28	—	—
龙湾保护局	—	—	—	—	—	—
省林业设计院	—	—	—	—	—	—
省红石管理分局	—	—	—	—	—	—
省林业技工学校	—	—	—	—	—	—
黑龙江	**84701**	**84701**	**—**	**793**	**89998**	**37364**
哈尔滨市	**9934**	**9934**	**—**	**518**	**14000**	**2334**
道里区	—	—	—	—	—	—
南岗区	—	—	—	—	—	—
道外区	—	—	—	—	—	—
香坊区	—	—	—	—	—	—
动力区	—	—	—	—	—	—
平房区	—	—	—	—	—	—
松北区	—	—	—	—	—	—
呼兰区	867	867	—	—	333	—
五常县	266	266	—	—	1334	—
双城市	534	534	—	—	—	—
阿城市	600	600	—	—	1334	—
尚志市	734	734	—	—	—	—
巴彦县	1067	1067	—	—	666	—
宾县	2200	2200	—	—	1000	—
依兰县	1000	1000	—	—	1333	—
延寿县	1000	1000	—	—	2667	2334
木兰县	867	867	—	—	2000	—
通河县	266	266	—	—	2000	—
方正县	333	333	—	—	667	—
市直	200	200	—	518	666	—
齐齐哈尔市	**14866**	**14866**	**—**	**—**	**15134**	**10351**
龙江县	2867	2867	—	—	2667	2667
讷河县	400	400	—	—	667	667

分县人工、飞播造林和人工更新、封山(沙)育林完成情况

单位:公顷

地 区	一、本年度检查验收合格造林面积			二、人工更新面积	三、新封山(沙)育林面积	
	合计	1. 人工造林	2. 飞播造林		计	其中:无林地和疏林地新封
依安县	1333	1333	—	—	—	—
泰来县	2334	2334	—	—	2600	2600
甘南县	2667	2667	—	—	1667	—
富裕县	1933	1933	—	—	1333	1333
克山县	399	399	—	—	667	667
克东县	67	67	—	—	2000	417
拜泉县	1133	1133	—	—	—	—
齐市郊	1733	1733	—	—	3533	2000
市直	—	—	—	—	—	—
鸡西市	**2550**	**2550**	**—**	**5**	**3533**	**1392**
密山市	930	930	—	5	—	—
虎林市	433	433	—	—	667	—
鸡东县	417	417	—	—	667	137
市直	770	770	—	—	2199	1255
鹤岗市	**1434**	**1434**	**—**	**—**	**4665**	**—**
萝北县	563	563	—	—	2000	—
绥滨县	—	—	—	—	—	—
市直	871	871	—	—	2665	—
双鸭山市	**2093**	**2093**	**—**	**—**	**2665**	**766**
集贤县	593	593	—	—	1333	—
宝清县	600	600	—	—	—	—
饶河县	300	300	—	—	—	—
友谊县	—	—	—	—	—	—
市直	600	600	—	—	1332	766
大庆市	**10333**	**10333**	**—**	**—**	**2667**	**2667**
肇州县	633	633	—	—	—	—
肇源县	1067	1067	—	—	667	667
林甸县	1733	1733	—	—	—	—
杜尔伯特蒙古族自治县	4133	4133	—	—	2000	2000
大庆郊区	2767	2767	—	—	—	—
市直	—	—	—	—	—	—
伊春市	**4190**	**4190**	**—**	**—**	**4667**	**4667**
铁力市	108	108	—	—	—	—
嘉荫县	4082	4082	—	—	4667	4667
市直	—	—	—	—	—	—
佳木斯市	**5132**	**5132**	**—**	**270**	**7000**	**3239**
桦南县	733	733	—	94	667	217
汤原县	733	733	—	—	667	—
桦川县	400	400	—	82	—	—
富锦市	533	533	—	17	667	—
同江市	333	333	—	—	1000	—
抚远县	1933	1933	—	—	1333	1333
汤原管局	—	—	—	—	—	—
佳市郊	467	467	—	77	1333	1333
市直	—	—	—	—	1333	356
七台河市	**756**	**756**	**—**	**—**	**3333**	**1066**
勃利县	322	322	—	—	1333	—
市直	434	434	—	—	2000	1066
牡丹江市	**2734**	**2734**	**—**	**—**	**8000**	**1624**
宁安市	133	133	—	—	667	—

分县人工、飞播造林和人工更新、封山(沙)育林完成情况

单位:公顷

地区	一、本年度检查验收合格造林面积			二、人工更新面积	三、新封山(沙)育林面积	
	合计	1.人工造林	2.飞播造林		计	其中:无林地和疏林地新封
海林市	400	400	—	—	1333	—
林口县	1600	1600	—	—	1333	1333
穆棱市	67	67	—	—	2000	—
东宁县	—	—	—	—	1333	181
绥芬河市	—	—	—	—	667	3
管理处	107	107	—	—	580	107
市直	427	427	—	—	87	—
牡丹峰	—	—	—	—	—	—
绥化市	**10332**	**10332**	**—**	**—**	**9668**	**3752**
海伦市	1570	1570	—	—	667	667
海伦公司	30	30	—	—	2000	—
绥棱县	133	133	—	—	667	—
绥棱公司	133	133	—	—	2000	418
庆安县	—	—	—	—	—	—
北林区	667	667	—	—	667	—
望奎县	933	933	—	—	—	—
兰西县	933	933	—	—	—	—
青冈县	1600	1600	—	—	1000	—
明水县	1266	1266	—	—	1334	1334
安达市	2000	2000	—	—	1333	1333
肇东市	1067	1067	—	—	—	—
市直	—	—	—	—	—	—
黑河市	**11173**	**11173**	**—**	**—**	**6000**	**—**
北安市	1607	1607	—	—	—	—
五大连池市	1206	1206	—	—	2667	—
嫩江县	333	333	—	—	—	—
爱辉区	2624	2624	—	—	—	—
孙吴县	3667	3667	—	—	2667	—
逊克县	133	133	—	—	—	—
市直	1336	1336	—	—	666	—
五大连池保护区	267	267	—	—	—	—
大兴安岭地区	**40**	**40**	**—**	**—**	**—**	**—**
林研所	**133**	**133**	**—**	**—**	**667**	**125**
设计院	**—**	**—**	**—**	**—**	**1333**	**1333**
齐林校	**—**	**—**	**—**	**—**	**—**	**—**
制药厂	**—**	**—**	**—**	**—**	**—**	**—**
尚志林管局	**667**	**667**	**—**	**—**	**3333**	**715**
庆安林管局	**667**	**667**	**—**	**—**	**3333**	**3333**
大连办	**—**	**—**	**—**	**—**	**—**	**—**
省直单位	**—**	**—**	**—**	**—**	**—**	**—**
农垦单位	**7667**	**7667**	**—**	**—**	**—**	**—**
龙江集团	**—**	**—**	**—**	**—**	**—**	**—**
大海林	—	—	—	—	—	—
柴河	—	—	—	—	—	—
东京城	—	—	—	—	—	—
穆棱	—	—	—	—	—	—
绥阳	—	—	—	—	—	—
海林	—	—	—	—	—	—
林口	—	—	—	—	—	—
八面通	—	—	—	—	—	—

分县人工、飞播造林和人工更新、封山(沙)育林完成情况

单位:公顷

地　区	一、本年度检查验收合格造林面积			二、人工更新面积	三、新封山(沙)育林面积	
	合计	1. 人工造林	2. 飞播造林		计	其中:无林地和疏林地新封
东方红	—	—	—	—	—	—
迎春	—	—	—	—	—	—
桦南	—	—	—	—	—	—
双鸭山	—	—	—	—	—	—
鹤立	—	—	—	—	—	—
鹤北	—	—	—	—	—	—
双丰	—	—	—	—	—	—
铁力	—	—	—	—	—	—
桃山	—	—	—	—	—	—
朗乡	—	—	—	—	—	—
南岔	—	—	—	—	—	—
金山屯	—	—	—	—	—	—
美溪	—	—	—	—	—	—
乌马河	—	—	—	—	—	—
翠峦	—	—	—	—	—	—
友好	—	—	—	—	—	—
上甘岭	—	—	—	—	—	—
五营	—	—	—	—	—	—
红星	—	—	—	—	—	—
新青	—	—	—	—	—	—
汤旺河	—	—	—	—	—	—
乌伊岭	—	—	—	—	—	—
山河屯	—	—	—	—	—	—
苇河	—	—	—	—	—	—
亚布力	—	—	—	—	—	—
方正	—	—	—	—	—	—
兴隆	—	—	—	—	—	—
清河	—	—	—	—	—	—
绥棱	—	—	—	—	—	—
通北	—	—	—	—	—	—
沾河	—	—	—	—	—	—
带岭实验局	—	—	—	—	—	—
上海	**3827**	**3827**	**—**	**—**	**—**	**—**
黄浦区	—	—	—	—	—	—
卢湾区	—	—	—	—	—	—
徐汇区	—	—	—	—	—	—
长宁区	—	—	—	—	—	—
静安区	—	—	—	—	—	—
普陀区	—	—	—	—	—	—
闸北区	—	—	—	—	—	—
虹口区	—	—	—	—	—	—
杨浦区	—	—	—	—	—	—
闵行区	100	100	—	—	—	—
宝山区	15	15	—	—	—	—
嘉定区	462	462	—	—	—	—
浦东新区	3	3	—	—	—	—
金山区	376	376	—	—	—	—
松江区	643	643	—	—	—	—
青浦区	544	544	—	—	—	—
南汇区	383	383	—	—	—	—

分县人工、飞播造林和人工更新、封山(沙)育林完成情况

单位:公顷

地 区	一、本年度检查验收合格造林面积			二、人工更新面积	三、新封山(沙)育林面积	
	合计	1. 人工造林	2. 飞播造林		计	其中:无林地和疏林地新封
奉贤区	278	278	—	—	—	—
崇明县	1023	1023	—	—	—	—
其他单位	—	—	—	—	—	—
江苏	**54687**	**54687**	**—**	**2624**	**—**	**—**
南京市	**7945**	**7945**	**—**	**—**	**—**	**—**
市辖区	27	27	—	—	—	—
浦口区	1209	1209	—	—	—	—
栖霞区	309	309	—	—	—	—
雨花台区	151	151	—	—	—	—
江宁区	1175	1175	—	—	—	—
六合区	1669	1669	—	—	—	—
溧水县	2192	2192	—	—	—	—
高淳县	1214	1214	—	—	—	—
无锡市	**3175**	**3175**	**—**	**29**	**—**	**—**
市辖区(新区管理委员会)	264	264	—	—	—	—
锡山区	412	412	—	—	—	—
惠山区	550	550	—	—	—	—
滨湖区	263	263	—	29	—	—
江阴市	937	937	—	—	—	—
宜兴市	749	749	—	—	—	—
徐州市	**7472**	**7472**	**—**	**973**	**—**	**—**
贾汪区	391	391	—	—	—	—
丰县	820	820	—	38	—	—
沛县	742	742	—	—	—	—
铜山县	1770	1770	—	122	—	—
睢宁县	492	492	—	9	—	—
新沂市	1085	1085	—	250	—	—
邳州市	2172	2172	—	553	—	—
常州市	**1447**	**1447**	**—**	**19**	**—**	**—**
武进区	150	150	—	—	—	—
溧阳市	1101	1101	—	16	—	—
金坛市	197	197	—	3	—	—
苏州市	**2493**	**2493**	**—**	**—**	**—**	**—**
虎丘区	67	67	—	—	—	—
工业园区	60	60	—	—	—	—
吴中区	200	200	—	—	—	—
相城区	189	189	—	—	—	—
常熟市	355	355	—	—	—	—
张家港市	346	346	—	—	—	—
昆山市	574	574	—	—	—	—
吴江市	110	110	—	—	—	—
太仓市	592	592	—	—	—	—
南通市	**4779**	**4779**	**—**	**11**	**—**	**—**
市直(经济技术开发区)	125	125	—	—	—	—
崇川区	72	72	—	—	—	—
港闸区	109	109	—	—	—	—
海安县	1254	1254	—	—	—	—
如东县	1377	1377	—	—	—	—
启东市	536	536	—	11	—	—
如皋市	319	319	—	—	—	—

分县人工、飞播造林和人工更新、封山(沙)育林完成情况

单位:公顷

地　区	一、本年度检查验收合格造林面积			二、人工更新面积	三、新封山(沙)育林面积	
	合计	1. 人工造林	2. 飞播造林		计	其中:无林地和疏林地新封
通州市	515	515	—	—	—	—
海门市	472	472	—	—	—	—
连云港市	**4209**	**4209**	**—**	**281**	**—**	**—**
市辖区	—	—	—	33	—	—
开发区	54	54	—	3	—	—
连云区	61	61	—	—	—	—
新浦区	4	4	—	—	—	—
海州区	101	101	—	—	—	—
赣榆县	703	703	—	134	—	—
东海县	1188	1188	—	—	—	—
灌云县	1756	1756	—	110	—	—
灌南县	343	343	—	—	—	—
淮安市	**3222**	**3222**	**—**	**297**	**—**	**—**
楚州区	93	93	—	7	—	—
淮阴区	581	581	—	—	—	—
清浦区	134	134	—	—	—	—
涟水县	266	266	—	94	—	—
洪泽县	255	255	—	108	—	—
盱眙县	1459	1459	—	—	—	—
金湖县	433	433	—	88	—	—
盐城市	**7400**	**7400**	**—**	**338**	**—**	**—**
亭湖区	134	134	—	—	—	—
响水县	1190	1190	—	—	—	—
滨海县	1623	1623	—	6	—	—
阜宁县	334	334	—	8	—	—
射阳县	882	882	—	—	—	—
建湖县	269	269	—	—	—	—
盐都区	68	68	—	199	—	—
东台市	476	476	—	125	—	—
大丰市	2423	2423	—	—	—	—
扬州市	**3517**	**3517**	**—**	**457**	**—**	**—**
邗江区	695	695	—	3	—	—
宝应县	473	473	—	408	—	—
仪征市	705	705	—	—	—	—
高邮市	1266	1266	—	20	—	—
江都市	379	379	—	26	—	—
镇江市	**2071**	**2071**	**—**	**69**	**—**	**—**
京口区	128	128	—	—	—	—
润州区	176	176	—	—	—	—
丹徒区	321	321	—	7	—	—
丹阳市	555	555	—	—	—	—
扬中市	101	101	—	—	—	—
句容市	791	791	—	63	—	—
泰州市	**4628**	**4628**	**—**	**—**	**—**	**—**
海陵区	188	188	—	—	—	—
高港区	133	133	—	—	—	—
兴化市	1070	1070	—	—	—	—
靖江市	155	155	—	—	—	—
泰兴市	1003	1003	—	—	—	—
姜堰市	2080	2080	—	—	—	—

分县人工、飞播造林和人工更新、封山(沙)育林完成情况

单位:公顷

地　区	一、本年度检查验收合格造林面积			二、人工更新面积	三、新封山(沙)育林面积	
	合计	1. 人工造林	2. 飞播造林		计	其中:无林地和疏林地新封
宿迁市	**2330**	**2330**	**—**	**150**	**—**	**—**
宿城区	462	462	—	—	—	—
宿豫区	305	305	—	69	—	—
沭阳县	243	243	—	65	—	—
泗阳县	280	280	—	6	—	—
泗洪县	1041	1041	—	10	—	—
浙江	**20341**	**20341**	**—**	**14776**	**34187**	**10105**
杭州市	**1629**	**1629**	**—**	**2277**	**2888**	**1744**
市直	—	—	—	—	—	—
上城区	—	—	—	—	—	—
下城区	—	—	—	—	—	—
江干区	—	—	—	—	—	—
拱墅区	—	—	—	—	—	—
西湖区	—	—	—	—	—	—
滨江区	—	—	—	—	—	—
萧山区	19	19	—	—	—	—
余杭区	—	—	—	—	—	—
桐庐县	379	379	—	850		
淳安县	678	678	—	570	1374	797
建德市	223	223	—	295	600	400
富阳市	244	244	—	312	810	443
临安市	86	86	—	250	104	104
宁波市	**1497**	**1497**	**—**	**442**	**1059**	**—**
市直	—	—	—	—	—	—
海曙区	—	—	—	—	—	—
江东区	—	—	—	—	—	—
江北区	—	—	—	—	—	—
北仑区	35	35	—	34	—	—
大榭开发区	34	34	—	—	—	—
镇海区	49	49	—	6	—	—
鄞州区	244	244	—	100	333	—
东钱湖旅游渡假区	12	12	—	12	—	—
象山县	320	320	—	—	—	—
宁海县	395	395	—	37	59	—
余姚市	71	71	—	120	667	—
慈溪市	57	57	—	—	—	—
奉化市	280	280	—	133	—	—
温州市	**2068**	**2068**	**—**	**5495**	**1939**	**1872**
市直	—	—	—	—	—	—
鹿城区	31	31	—	432	—	—
龙湾区	205	205	—	67	—	—
瓯海区	78	78	—	56	—	—
洞头县	20	20	—	53	—	—
永嘉县	—	—	—	1897	272	272
平阳县	121	121	—	203	—	—
苍南县	614	614	—	514	1000	933
文成县	179	179	—	476	—	—
泰顺县	—	—	—	911	—	—
瑞安市	540	540	—	233	667	667
乐清市	280	280	—	653	—	—

分县人工、飞播造林和人工更新、封山(沙)育林完成情况

单位:公顷

地区	一、本年度检查验收合格造林面积			二、人工更新面积	三、新封山(沙)育林面积	
	合计	1.人工造林	2.飞播造林		计	其中:无林地和疏林地新封
嘉兴市	**1286**	**1286**	**—**	**—**	**—**	**—**
市直	—	—	—	—	—	—
秀城区	167	167	—	—	—	—
秀洲区	143	143	—	—	—	—
嘉善县	64	64	—	—	—	—
海盐县	151	151	—	—	—	—
海宁市	167	167	—	—	—	—
平湖市	307	307	—	—	—	—
桐乡市	287	287	—	—	—	—
湖州市	**536**	**536**	**—**	**366**	**1207**	**—**
吴兴区	55	55	—	28	1000	—
南浔区	159	159	—	—	—	—
市直	—	—	—	—	—	—
德清县	35	35	—	34	—	—
长兴县	254	254	—	117	207	—
安吉县	33	33	—	187	—	—
绍兴市	**1493**	**1493**	**—**	**389**	**1477**	**700**
市直	11	11	—	—	—	—
越城区	20	20	—	—	—	—
其他单位	—	—	—	—	—	—
绍兴县	253	253	—	—	—	—
新昌县	272	272	—	212	349	349
诸暨市	662	662	—	153	267	267
上虞市	228	228	—	6	504	31
嵊州市	47	47	—	18	357	53
金华市	**1264**	**1264**	**—**	**1474**	**2978**	**1054**
市直	—	—	—	—	—	—
婺城区	31	31	—	100	—	—
金东区	20	20	—	53	30	—
武义县	199	199	—	513	778	305
浦江县	35	35	—	390	—	—
磐安县	114	114	—	113	861	129
兰溪市	93	93	—	154	—	—
义乌市	197	197	—	34	—	—
东阳市	457	457	—	67	879	448
永康市	118	118	—	50	430	172
衢州市	**2353**	**2353**	**—**	**1117**	**2334**	**457**
市直	—	—	—	—	—	—
柯城区	107	107	—	39	—	—
衢江区	424	424	—	71	755	457
常山县	472	472	—	99	467	—
开化县	666	666	—	770	—	—
龙游县	380	380	—	138	468	—
江山市	304	304	—	—	644	—
舟山市	**579**	**579**	**—**	**—**	**3195**	**934**
市直	—	—	—	—	—	—
定海区	91	91	—	—	335	—
普陀区	166	166	—	—	633	—
岱山县	182	182	—	—	667	267
嵊泗县	140	140	—	—	1560	667

分县人工、飞播造林和人工更新、封山(沙)育林完成情况

单位:公顷

地区	一、本年度检查验收合格造林面积			二、人工更新面积	三、新封山(沙)育林面积	
	合计	1. 人工造林	2. 飞播造林		计	其中:无林地和疏林地新封
台州市	**3804**	**3804**	**—**	**234**	**3802**	**1773**
市直	—	—	—	—	—	—
椒江区	59	59	—	—	—	—
黄岩区	192	192	—	34	18	18
路桥区	39	39	—	—	—	—
玉环县	307	307	—	—	—	—
三门县	479	479	—	—	735	339
天台县	961	961	—	41	593	207
仙居县	489	489	—	159	585	585
温岭市	626	626	—	—	595	—
临海市	652	652	—	—	1276	624
丽水市	**3832**	**3832**	**—**	**2982**	**13308**	**1571**
市直	14	14	—	—	—	—
莲都区	542	542	—	187	447	128
青田县	450	450	—	36	448	448
缙云县	180	180	—	401	730	—
遂昌县	355	355	—	616	560	143
松阳县	517	517	—	407	—	—
云和县	213	213	—	225	—	—
庆元县	428	428	—	233	10220	145
景宁畲族自治县	668	668	—	186	—	—
龙泉市	465	465	—	691	903	707
安徽	**36095**	**36095**	**—**	**—**	**47646**	**8620**
合肥市	**1280**	**1280**	**—**	**—**	**—**	**—**
庐阳区	—	—	—	—	—	—
瑶海区	—	—	—	—	—	—
包河区	—	—	—	—	—	—
蜀山区	—	—	—	—	—	—
长丰县	400	400	—	—	—	—
肥东县	245	245	—	—	—	—
肥西县	635	635	—	—	—	—
合肥市直	—	—	—	—	—	—
淮北市	**255**	**255**	**—**	**—**	**334**	**334**
烈山区	—	—	—	—	—	—
杜集区	—	—	—	—	—	—
相山区	—	—	—	—	—	—
濉溪县	255	255	—	—	—	—
淮北市直	—	—	—	—	334	334
亳州市	**2268**	**2268**	**—**	**—**	**—**	**—**
谯城区	405	405	—	—	—	—
涡阳县	383	383	—	—	—	—
蒙城县	226	226	—	—	—	—
利辛县	1254	1254	—	—	—	—
亳州市直	—	—	—	—	—	—
宿州市	**1233**	**1233**	**—**	**—**	**1468**	**1468**
埇桥区	533	533	—	—	467	467
砀山县	167	167	—	—	—	—
萧县	333	333	—	—	467	467
灵璧县	200	200	—	—	400	400
泗县	—	—	—	—	—	—

分县人工、飞播造林和人工更新、封山(沙)育林完成情况

单位:公顷

地　区	一、本年度检查验收合格造林面积			二、人工更新面积	三、新封山(沙)育林面积	
	合计	1. 人工造林	2. 飞播造林		计	其中:无林地和疏林地新封
宿州市直	—	—	—	—	134	134
蚌埠市	**535**	**535**	**—**	**—**	**400**	**—**
龙子湖区	—	—	—	—	—	—
蚌山区	—	—	—	—	—	—
禹会区	—	—	—	—	—	—
淮上区	—	—	—	—	—	—
怀远县	400	400	—	—	400	—
五河县	—	—	—	—	—	—
固镇县	135	135	—	—	—	—
蚌埠市直	—	—	—	—	—	—
阜阳市	**3135**	**3135**	**—**	**—**	**—**	**—**
颍州区	—	—	—	—	—	—
颍东区	—	—	—	—	—	—
颍泉区	—	—	—	—	—	—
界首市	361	361	—	—	—	—
临泉县	752	752	—	—	—	—
太和县	1066	1066	—	—	—	—
阜南县	385	385	—	—	—	—
颍上县	571	571	—	—	—	—
阜阳市直	—	—	—	—	—	—
淮南市	**—**	**—**	**—**	**—**	**668**	**668**
大通区	—	—	—	—	—	—
田家庵区	—	—	—	—	—	—
谢家集区	—	—	—	—	—	—
八公山区	—	—	—	—	280	280
潘集区	—	—	—	—	—	—
毛集区	—	—	—	—	—	—
凤台县	—	—	—	—	187	187
淮南市直	—	—	—	—	201	201
滁州市	**2334**	**2334**	**—**	**—**	**3134**	**—**
琅琊区	—	—	—	—	—	—
南谯区	500	500	—	—	533	—
天长市	400	400	—	—	—	—
明光市	267	267	—	—	533	—
来安县	267	267	—	—	334	—
全椒县	167	167	—	—	334	—
定远县	733	733	—	—	533	—
凤阳县	—	—	—	—	200	—
管店林业总场	—	—	—	—	167	—
沙河林业总场	—	—	—	—	500	—
滁州市直	—	—	—	—	—	—
六安市	**3040**	**3040**	**—**	**—**	**5799**	**1346**
金安区	522	522	—	—	367	—
裕安区	267	267	—	—	667	—
叶集区	306	306	—	—	—	—
寿县	200	200	—	—	200	—
霍邱县	118	118	—	—	333	—
舒城县	407	407	—	—	1346	1346
金寨县	493	493	—	—	1333	—
霍山县	727	727	—	—	1553	—

分县人工、飞播造林和人工更新、封山(沙)育林完成情况

单位:公顷

地 区	一、本年度检查验收合格造林面积			二、人工更新面积	三、新封山(沙)育林面积	
	合计	1. 人工造林	2. 飞播造林		计	其中:无林地和疏林地新封
六安市直	—	—	—	—	—	—
马鞍山市	**—**	**—**	**—**	**—**	**167**	**167**
金家庄区	—	—	—	—	—	—
花山区	—	—	—	—	—	—
雨山区	—	—	—	—	—	—
当涂县	—	—	—	—	167	167
马鞍山市直	—	—	—	—	—	—
巢湖市	**2043**	**2043**	**—**	**—**	**2465**	**1119**
居巢区	775	775	—	—	333	333
庐江县	175	175	—	—	333	30
无为县	533	533	—	—	1133	756
含山县	507	507	—	—	333	—
和县	53	53	—	—	333	—
巢湖市直	—	—	—	—	—	—
芜湖市	**133**	**133**	**—**	**—**	**1379**	**333**
镜湖区	—	—	—	—	—	—
马塘区	—	—	—	—	—	—
新芜区	—	—	—	—	—	—
鸠江区	—	—	—	—	—	—
芜湖县	—	—	—	—	333	333
繁昌县	133	133	—	—	333	—
南陵县	—	—	—	—	713	—
芜湖市直	—	—	—	—	—	—
宣城市	**6043**	**6043**	**—**	**—**	**8392**	**987**
宣州区	961	961	—	—	1054	—
宁国市	640	640	—	—	1333	95
郎溪县	1121	1121	—	—	713	333
广德县	1258	1258	—	—	1000	559
泾县	1024	1024	—	—	1333	—
绩溪县	520	520	—	—	1806	—
旌德县	519	519	—	—	1153	—
宣城市直	—	—	—	—	—	—
铜陵市	**527**	**527**	**—**	**—**	**333**	**—**
铜官山区	—	—	—	—	—	—
狮子山区	—	—	—	—	—	—
铜陵郊区	—	—	—	—	—	—
铜陵县	527	527	—	—	333	—
铜陵市直	—	—	—	—	—	—
池州市	**2464**	**2464**	**—**	**—**	**5505**	**1495**
贵池区	205	205	—	—	1306	951
九华山区	40	40	—	—	—	—
东至县	533	533	—	—	1486	—
石台县	673	673	—	—	1000	544
青阳县	1013	1013	—	—	1713	—
池州市直	—	—	—	—	—	—
安庆市	**6865**	**6865**	**—**	**—**	**6601**	**280**
迎江区	143	143	—	—	—	—
大观区	—	—	—	—	—	—
宜秀区	—	—	—	—	280	280
桐城市	1077	1077	—	—	467	—

分县人工、飞播造林和人工更新、封山(沙)育林完成情况

单位:公顷

地区	一、本年度检查验收合格造林面积			二、人工更新面积	三、新封山(沙)育林面积	
	合计	1. 人工造林	2. 飞播造林		计	其中:无林地和疏林地新封
怀宁县	208	208	—	—	—	—
枞阳县	737	737	—	—	1047	—
潜山县	204	204	—	—	1673	—
太湖县	649	649	—	—	800	—
宿松县	737	737	—	—	467	—
望江县	2377	2377	—	—	—	—
岳西县	733	733	—	—	1867	—
安庆市直	—	—	—	—	—	—
黄山市	**3806**	**3806**	**—**	**—**	**11001**	**423**
屯溪区	—	—	—	—	333	333
徽州区	187	187	—	—	467	—
黄山区	779	779	—	—	1907	42
歙县	1118	1118	—	—	2520	36
休宁县	333	333	—	—	1780	—
黟县	420	420	—	—	1667	—
祁门县	969	969	—	—	2127	—
黄山市直	—	—	—	—	200	12
农垦系统	**134**	**134**	**—**	**—**	**—**	**—**
福建	**24218**	**24218**	**—**	**80464**	**14363**	**2825**
福州市	**2228**	**2228**	**—**	**9649**	**1024**	**875**
市直	—	—	—	—	—	—
琅岐区	53	53	—	—	149	—
台江区	—	—	—	—	—	—
仓山区	—	—	—	27	—	—
马尾区	—	—	—	104	—	—
晋安区	31	31	—	133	—	—
闽侯县	371	371	—	1178	—	—
连江县	143	143	—	1388	208	208
罗源县	579	579	—	262	—	—
闽清县	493	493	—	1380	—	—
永泰县	339	339	—	1992	—	—
平潭县	—	—	—	300	—	—
福清县	67	67	—	2503	667	667
长乐县	152	152	—	382	—	—
厦门市	**246**	**246**	**—**	**432**	**—**	**—**
市直	—	—	—	—	—	—
思明区	—	—	—	—	—	—
海沧区	—	—	—	81	—	—
湖里区	—	—	—	—	—	—
集美区	—	—	—	75	—	—
同安区	155	155	—	156	—	—
翔安区	91	91	—	120	—	—
莆田市	**1199**	**1199**	**—**	**4812**	**671**	**348**
湄州岛管委会	20	20	—	—	—	—
城厢区	131	131	—	609	—	—
涵江区	383	383	—	747	323	—
荔城区	8	8	—	145	—	—
秀屿区	61	61	—	44	348	348
仙游县	596	596	—	3267	—	—
三明市	**1532**	**1532**	**—**	**17310**	**11616**	**815**

分县人工、飞播造林和人工更新、封山(沙)育林完成情况

单位:公顷

地　区	一、本年度检查验收合格造林面积			二、人工更新面积	三、新封山(沙)育林面积	
	合计	1. 人工造林	2. 飞播造林		计	其中:无林地和疏林地新封
市直	—	—	—	—	—	—
梅列区	—	—	—	320	—	—
三元区	—	—	—	667	135	—
明溪县	49	49	—	1289	—	—
清流县	111	111	—	582	2173	—
宁化县	—	—	—	495	2101	—
大田县	244	244	—	1089	67	—
尤溪县	969	969	—	2516	2057	585
沙县	124	124	—	2478	671	—
将乐县	35	35	—	1889	1165	—
泰宁县	—	—	—	1034	1412	230
建宁县	—	—	—	361	1169	—
永安市	—	—	—	4590	666	—
泉州市	**3804**	**3804**	**—**	**4681**	**66**	**33**
市直	—	—	—	—	—	—
鲤城区	—	—	—	—	—	—
丰泽区	—	—	—	—	—	—
洛江区	—	—	—	234	—	—
泉港区	10	10	—	89	—	—
惠安县	80	80	—	14	—	—
安溪县	1333	1333	—	1341	33	33
永春县	625	625	—	1094	—	—
德化县	70	70	—	1316	—	—
金门县	—	—	—	—	—	—
石狮市	50	50	—	7	33	—
晋江市	63	63	—	13	—	—
南安市	1573	1573	—	573	—	—
漳州市	**5746**	**5746**	**—**	**10185**	**839**	**607**
市直	—	—	—	—	—	—
芗城区	10	10	—	97	—	—
龙文区	60	60	—	—	—	—
云霄县	1208	1208	—	743	523	523
漳浦县	387	387	—	1186	—	—
诏安县	298	298	—	528	316	84
长泰县	721	721	—	1452	—	—
东山县	3	3	—	143	—	—
南靖县	—	—	—	2207	—	—
平和县	1025	1025	—	1124	—	—
华安县	270	270	—	2095	—	—
龙海市	1764	1764	—	610	—	—
南平市	**4072**	**4072**	**—**	**15860**	**—**	**—**
市直	—	—	—	—	—	—
延平区	298	298	—	2610	—	—
顺昌县	321	321	—	1054	—	—
浦城县	930	930	—	554	—	—
光泽县	694	694	—	808	—	—
松溪县	273	273	—	495	—	—
政和县	642	642	—	410	—	—
邵武市	232	232	—	3642	—	—
武夷山市	243	243	—	863	—	—

分县人工、飞播造林和人工更新、封山(沙)育林完成情况

单位:公顷

地 区	一、本年度检查验收合格造林面积			二、人工更新面积	三、新封山(沙)育林面积	
	合计	1. 人工造林	2. 飞播造林		计	其中:无林地和疏林地新封
建瓯市	253	253	—	3316	—	—
建阳市	186	186	—	2108	—	—
龙岩市	**2231**	**2231**	**—**	**12522**	**—**	**—**
市直	—	—	—	—	—	—
新罗区	348	348	—	1866	—	—
长汀县	608	608	—	249	—	—
永定县	340	340	—	1832	—	—
上杭县	—	—	—	2288	—	—
武平县	128	128	—	1837	—	—
连城县	67	67	—	2186	—	—
漳平市	740	740	—	2264	—	—
宁德市	**3160**	**3160**	**—**	**5013**	**147**	**147**
市直	—	—	—	—	—	—
蕉城区	408	408	—	379	—	—
霞浦县	517	517	—	1229	—	—
古田县	236	236	—	982	—	—
屏南县	333	333	—	130	—	—
寿宁县	8	8	—	1130	—	—
周宁县	31	31	—	294	—	—
柘荣县	157	157	—	287	—	—
福安市	700	700	—	419	—	—
福鼎市	770	770	—	163	147	147
江西	**47589**	**47589**	**—**	**5212**	**60553**	**6499**
南昌市	**1533**	**1533**	**—**	**—**	**—**	**—**
市辖区	—	—	—	—	—	—
湾里区	67	67	—	—	—	—
青山湖区	—	—	—	—	—	—
南昌县	800	800	—	—	—	—
新建县	333	333	—	—	—	—
安义县	333	333	—	—	—	—
进贤县	—	—	—	—	—	—
景德镇市	**1011**	**1011**	**—**	**75**	**2010**	**200**
市辖区	468	468	—	35	200	—
昌江区	300	300	—	—	200	200
珠山区	—	—	—	—	—	—
浮梁县	243	243	—	40	1610	—
乐平市	—	—	—	—	—	—
萍乡市	**732**	**732**	**—**	**—**	**7213**	**—**
市辖区	—	—	—	—	—	—
安源区	—	—	—	—	704	—
安源经济开发区	—	—	—	—	—	—
湘东区	26	26	—	—	1372	—
莲花县	—	—	—	—	667	—
上栗县	330	330	—	—	3033	—
芦溪县	376	376	—	—	1437	—
九江市	**8200**	**8200**	**—**	**446**	**3733**	**—**
市辖区	—	—	—	—	—	—
庐山区	—	—	—	3	—	—
庐山管理局	—	—	—	—	—	—
共青城	—	—	—	—	—	—

分县人工、飞播造林和人工更新、封山(沙)育林完成情况

单位:公顷

地　区	一、本年度检查验收合格造林面积			二、人工更新面积	三、新封山(沙)育林面积	
	合计	1. 人工造林	2. 飞播造林		计	其中:无林地和疏林地新封
开发区	—	—	—	—	—	—
九江县	666	666	—	—	—	—
武宁县	1133	1133	—	—	—	—
修水县	1667	1667	—	—	1000	—
永修县	1067	1067	—	—	1066	—
德安县	—	—	—	—	—	—
星子县	867	867	—	—	—	—
都昌县	1733	1733	—	150	667	—
湖口县	—	—	—	13	333	—
彭泽县	667	667	—	280	667	—
瑞昌市	400	400	—	—	—	—
新余市	**863**	**863**	**—**	**240**	**484**	**484**
市辖区	—	—	—	—	—	—
渝水区	400	400	—	—	—	—
仙女湖	4	4	—	—	423	423
高新开发区	—	—	—	—	—	—
分宜县	459	459	—	240	61	61
鹰潭市	**1169**	**1169**	**—**	**—**	**2066**	**315**
市辖区	—	—	—	—	—	—
月湖区	—	—	—	—	—	—
龙虎山	67	67	—	—	—	—
余江县	569	569	—	—	666	—
贵溪市	533	533	—	—	1400	315
赣州市	**9543**	**9543**	**—**	**—**	**8000**	**—**
市辖区	26	26	—	—	200	—
章贡区	—	—	—	—	—	—
黄金区	—	—	—	—	—	—
赣　县	667	667	—	—	333	—
信丰县	1329	1329	—	—	1334	—
大余县	—	—	—	—	—	—
上犹县	333	333	—	—	333	—
崇义县	401	401	—	—	467	—
安远县	333	333	—	—	333	—
龙南县	1333	1333	—	—	334	—
定南县	667	667	—	—	667	—
全南县	786	786	—	—	1000	—
宁都县	—	—	—	—	666	—
于都县	667	667	—	—	333	—
兴国县	—	—	—	—	333	—
会昌县	—	—	—	—	—	—
寻乌县	1000	1000	—	—	—	—
石城县	667	667	—	—	667	—
瑞金市	667	667	—	—	667	—
南康市	667	667	—	—	333	—
吉安市	**4136**	**4136**	**—**	**2468**	**10499**	**1381**
市辖区	—	—	—	—	—	—
吉州区	—	—	—	—	—	—
青原区	333	333	—	—	667	—
吉安县	177	177	—	235	400	—
吉水县	907	907	—	—	1168	10

分县人工、飞播造林和人工更新、封山(沙)育林完成情况

单位:公顷

地　区	一、本年度检查验收合格造林面积			二、人工更新面积	三、新封山(沙)育林面积	
	合计	1. 人工造林	2. 飞播造林		计	其中:无林地和疏林地新封
峡江县	141	141	—	—	667	—
新干县	4	4	—	143	333	333
永丰县	267	267	—	—	333	—
泰和县	535	535	—	180	1266	32
遂川县	107	107	—	414	2059	—
万安县	—	—	—	—	685	—
安福县	1279	1279	—	1140	667	—
永新县	386	386	—	—	948	—
井冈山市	—	—	—	356	1306	1006
宜春市	**7284**	**7284**	**—**	**1022**	**8863**	**666**
市辖区	—	—	—	—	—	—
袁州区	1667	1667	—	—	667	333
奉新县	1410	1410	—	308	1000	—
万载县	511	511	—	124	1622	—
上高县	267	267	—	—	1000	—
宜丰县	2078	2078	—	392	1333	—
靖安县	218	218	—	175	1474	—
铜鼓县	200	200	—	23	1100	—
丰城市	400	400	—	—	—	—
樟树市	200	200	—	—	—	—
高安市	333	333	—	—	667	333
抚州市	**7967**	**7967**	**—**	**961**	**10518**	**2840**
市辖区	—	—	—	—	—	—
临川区	1133	1133	—	—	333	—
南城县	633	633	—	—	2112	—
黎川县	1805	1805	—	—	766	494
南丰县	146	146	—	—	—	—
崇仁县	702	702	—	—	1188	1188
乐安县	1246	1246	—	440	1294	400
宜黄县	—	—	—	—	—	—
金溪县	824	824	—	—	875	548
资溪县	39	39	—	14	2345	—
东乡县	1071	1071	—	—	605	210
广昌县	368	368	—	507	1000	—
上饶市	**5151**	**5151**	**—**	**—**	**7167**	**613**
市辖区	—	—	—	—	—	—
信州区	—	—	—	—	—	—
上饶县	800	800	—	—	333	—
广丰县	—	—	—	—	667	—
玉山县	—	—	—	—	—	—
铅山县	—	—	—	—	—	—
横峰县	800	800	—	—	667	—
弋阳县	242	242	—	—	1000	—
余干县	—	—	—	—	667	—
鄱阳县	1200	1200	—	—	1333	333
万年县	525	525	—	—	1067	280
婺源县	667	667	—	—	667	—
德兴市	917	917	—	—	766	—
山东	**141141**	**141141**	**—**	**4892**	**12192**	**2240**
济南市	**10249**	**10249**	**—**	**188**	**965**	**293**

分县人工、飞播造林和人工更新、封山(沙)育林完成情况

单位:公顷

地区	一、本年度检查验收合格造林面积			二、人工更新面积	三、新封山(沙)育林面积	
	合计	1.人工造林	2.飞播造林		计	其中:无林地和疏林地新封
市直	—	—	—	—	—	—
历下区	55	55	—	—	—	—
市中区	400	400	—	—	33	—
槐荫区	66	66	—	—	—	—
天桥区	140	140	—	—	—	—
历城区	1876	1876	—	47	288	287
长清区	1085	1085	—	70	—	—
章丘市	2338	2338	—	61	595	6
平阴县	850	850	—	10	50	—
济阳县	1819	1819	—	—	—	—
商河县	1620	1620	—	—	—	—
青岛市	**16085**	**16085**	**—**	**576**	**—**	**—**
市直	—	—	—	—	—	—
市南区	—	—	—	—	—	—
市北区	—	—	—	—	—	—
四方区	—	—	—	—	—	—
黄岛区	340	340	—	—	—	—
崂山区	447	447	—	—	—	—
李沧区	—	—	—	—	—	—
城阳区	538	538	—	—	—	—
胶州市	1685	1685	—	22	—	—
即墨市	3560	3560	—	61	—	—
平度市	3405	3405	—	21	—	—
胶南市	3667	3667	—	414	—	—
莱西市	2443	2443	—	58	—	—
淄博市	**3909**	**3909**	**—**	**—**	**—**	**—**
市直	—	—	—	—	—	—
淄川区	1110	1110	—	—	—	—
张店区	107	107	—	—	—	—
博山区	400	400	—	—	—	—
临淄区	140	140	—	—	—	—
周村区	133	133	—	—	—	—
桓台县	400	400	—	—	—	—
高青县	246	246	—	—	—	—
沂源县	1373	1373	—	—	—	—
枣庄市	**8810**	**8810**	**—**	**141**	**—**	**—**
市直	—	—	—	—	—	—
市中区	950	950	—	46	—	—
薛城区	943	943	—	1	—	—
峄城区	1346	1346	—	6	—	—
台儿庄区	817	817	—	46	—	—
山亭区	2603	2603	—	28	—	—
滕州市	2151	2151	—	14	—	—
东营市	**4835**	**4835**	**—**	**—**	**4666**	**—**
市直	—	—	—	—	—	—
东营区	474	474	—	—	—	—
河口区	1040	1040	—	—	3333	—
垦利县	1041	1041	—	—	1333	—
利津县	1067	1067	—	—	—	—
广饶县	1213	1213	—	—	—	—

分县人工、飞播造林和人工更新、封山(沙)育林完成情况

单位:公顷

地区	一、本年度检查验收合格造林面积			二、人工更新面积	三、新封山(沙)育林面积	
	合计	1. 人工造林	2. 飞播造林		计	其中:无林地和疏林地新封
烟台市	**5380**	**5380**	**—**	**111**	**376**	**220**
市直	25	25	—	—	100	—
芝罘区	—	—	—	10	—	—
福山区	57	57	—	—	—	—
牟平区	74	74	—	—	—	—
莱山区	200	200	—	—	—	—
长岛县	8	8	—	—	—	—
龙口市	300	300	—	—	—	—
莱阳市	580	580	—	27	—	—
莱州市	338	338	—	20	—	—
蓬莱市	871	871	—	—	—	—
招远市	60	60	—	36	—	—
栖霞市	490	490	—	18	176	120
海阳市	2377	2377	—	—	100	100
潍坊市	**12968**	**12968**	**—**	**—**	**—**	**—**
市直	—	—	—	—	—	—
潍城区	146	146	—	—	—	—
寒亭区	360	360	—	—	—	—
坊子区	94	94	—	—	—	—
奎文区	—	—	—	—	—	—
临朐县	1584	1584	—	—	—	—
昌乐县	2338	2338	—	—	—	—
青州市	1394	1394	—	—	—	—
诸城市	1752	1752	—	—	—	—
寿光市	410	410	—	—	—	—
安丘市	2412	2412	—	—	—	—
高密市	1670	1670	—	—	—	—
昌邑市	808	808	—	—	—	—
济宁市	**17392**	**17392**	**—**	**231**	**874**	**501**
市直	—	—	—	—	—	—
市中区	3	3	—	—	—	—
任城区	431	431	—	81	—	—
微山县	1870	1870	—	—	533	280
鱼台县	666	666	—	—	—	—
金乡县	928	928	—	—	—	—
嘉祥县	2405	2405	—	—	213	133
汶上县	1221	1221	—	—	—	—
泗水县	2808	2808	—	133	68	68
梁山县	1434	1434	—	—	—	—
曲阜市	2754	2754	—	—	60	20
兖州市	332	332	—	17	—	—
邹城市	2540	2540	—	—	—	—
泰安市	**10834**	**10834**	**—**	**375**	**3208**	**1123**
市直	—	—	—	—	—	—
泰山区	237	237	—	—	67	—
岱岳区	1097	1097	—	100	797	289
宁阳县	1691	1691	—	60	268	87
东平县	1197	1197	—	31	708	200
新泰市	2204	2204	—	36	833	50
肥城市	4408	4408	—	148	534	497

分县人工、飞播造林和人工更新、封山(沙)育林完成情况

单位:公顷

地 区	一、本年度检查验收合格造林面积			二、人工更新面积	三、新封山(沙)育林面积	
	合计	1. 人工造林	2. 飞播造林		计	其中:无林地和疏林地新封
威海市	**3953**	**3953**	—	—	—	—
市直	—	—	—	—	—	—
环翠区	400	400	—	—	—	—
文登市	700	700	—	—	—	—
荣成市	1470	1470	—	—	—	—
乳山市	1383	1383	—	—	—	—
日照市	**2796**	**2796**	—	**1211**	—	—
市直	755	755	—	132	—	—
东港区	163	163	—	265	—	—
五莲县	243	243	—	242	—	—
莒县	1635	1635	—	572	—	—
莱芜市	**2034**	**2034**	—	—	—	—
市直	—	—	—	—	—	—
莱城区	1092	1092	—	—	—	—
钢城区	942	942	—	—	—	—
临沂市	**10476**	**10476**	—	**1569**	—	—
市直	—	—	—	—	—	—
兰山区	330	330	—	27	—	—
罗庄区	134	134	—	30	—	—
河东区	347	347	—	—	—	—
沂南县	1226	1226	—	428	—	—
郯城县	1396	1396	—	—	—	—
沂水县	1533	1533	—	511	—	—
苍山县	824	824	—	15	—	—
费县	2098	2098	—	102	—	—
平邑县	1000	1000	—	110	—	—
莒南县	115	115	—	188	—	—
蒙阴县	654	654	—	86	—	—
临沭县	819	819	—	72	—	—
德州市	**7468**	**7468**	—	—	—	—
市直	300	300	—	—	—	—
德城区	154	154	—	—	—	—
陵县	300	300	—	—	—	—
宁津县	20	20	—	—	—	—
庆云县	1535	1535	—	—	—	—
临邑县	1573	1573	—	—	—	—
齐河县	400	400	—	—	—	—
平原县	408	408	—	—	—	—
夏津县	135	135	—	—	—	—
武城县	200	200	—	—	—	—
乐陵市	1000	1000	—	—	—	—
禹城市	1443	1443	—	—	—	—
聊城市	**9874**	**9874**	—	**134**	—	—
市直	—	—	—	—	—	—
东昌府区	908	908	—	—	—	—
阳谷县	501	501	—	—	—	—
莘县	826	826	—	134	—	—
茌平县	3102	3102	—	—	—	—
东阿县	1279	1279	—	—	—	—
冠县	1024	1024	—	—	—	—

分县人工、飞播造林和人工更新、封山(沙)育林完成情况

单位:公顷

地　区	一、本年度检查验收合格造林面积			二、人工更新面积	三、新封山(沙)育林面积	
	合计	1. 人工造林	2. 飞播造林		计	其中:无林地和疏林地新封
高唐县	2000	2000	—	—	—	—
临清市	234	234	—	—	—	—
滨州市	**4544**	**4544**	**—**	**273**	**2103**	**103**
市直	—	—	—	—	—	—
滨城区	1300	1300	—	20	—	—
惠民县	520	520	—	—	—	—
阳信县	472	472	—	—	—	—
无棣县	233	233	—	—	—	—
沾化县	400	400	—	—	2000	—
博兴县	866	866	—	—	—	—
邹平县	753	753	—	253	103	103
菏泽市	**9534**	**9534**	**—**	**83**	**—**	**—**
市直	100	100	—	—	—	—
牡丹区	1170	1170	—	—	—	—
曹县	410	410	—	—	—	—
单县	1350	1350	—	20	—	—
成武县	450	450	—	—	—	—
巨野县	1523	1523	—	—	—	—
郓城县	1460	1460	—	—	—	—
鄄城县	1240	1240	—	—	—	—
定陶县	617	617	—	—	—	—
东明县	1214	1214	—	63	—	—
其他单位	**—**	**—**	**—**	**—**	**—**	**—**
河南	**186715**	**173381**	**13334**	**120**	**78493**	**76841**
郑州市	**8351**	**8351**	**—**	**—**	**2999**	**2999**
市直	—	—	—	—	—	—
中原区	67	67	—	—	—	—
二七区	—	—	—	—	—	—
管城区	67	67	—	—	—	—
金水区	67	67	—	—	—	—
上街区	—	—	—	—	—	—
惠济区	67	67	—	—	—	—
荥阳市	533	533	—	—	—	—
中牟县	400	400	—	—	—	—
新郑市	1637	1637	—	—	333	333
巩义市	1133	1133	—	—	1000	1000
登封市	2977	2977	—	—	1333	1333
新密市	1403	1403	—	—	333	333
开封市	**9334**	**9334**	**—**	**—**	**—**	**—**
市直	—	—	—	—	—	—
龙亭区	100	100	—	—	—	—
顺河区	—	—	—	—	—	—
鼓楼区	—	—	—	—	—	—
禹王台区	—	—	—	—	—	—
金明区	33	33	—	—	—	—
杞县	2850	2850	—	—	—	—
通许县	867	867	—	—	—	—
尉氏县	2890	2890	—	—	—	—
开封县	927	927	—	—	—	—
兰考县	1667	1667	—	—	—	—

分县人工、飞播造林和人工更新、封山(沙)育林完成情况

单位:公顷

地　区	一、本年度检查验收合格造林面积			二、人工更新面积	三、新封山(沙)育林面积	
	合计	1. 人工造林	2. 飞播造林		计	其中:无林地和疏林地新封
洛阳市	**15084**	**13084**	**2000**	**—**	**15865**	**14848**
市直	—	—	—	—	—	—
老城区	33	33	—	—	—	—
西工区	—	—	—	—	—	—
廛河区	—	—	—	—	—	—
涧西区	—	—	—	—	—	—
吉利区	—	—	—	—	—	—
洛龙区	—	—	—	—	—	—
高新区	—	—	—	—	—	—
偃师县	1507	1507	—	—	333	333
孟津县	873	873	—	—	666	666
新安县	1433	1433	—	—	2333	1961
栾川县	1267	267	1000	—	1600	1600
嵩县	1527	1527	—	—	2800	2800
汝阳县	1937	1937	—	—	2333	2333
宜阳县	3373	2373	1000	—	2333	2333
洛宁县	2367	2367	—	—	3134	2489
伊川县	767	767	—	—	333	333
平顶山市	**7474**	**7474**	**—**	**—**	**4200**	**4200**
市直	—	—	—	—	—	—
新华区	140	140	—	—	—	—
卫东区	267	267	—	—	—	—
石龙区	67	67	—	—	—	—
湛河区	267	267	—	—	—	—
宝丰县	1233	1233	—	—	—	—
叶县	1100	1100	—	—	333	333
鲁山县	2000	2000	—	—	2200	2200
郏县	534	534	—	—	333	333
舞钢市	733	733	—	—	667	667
汝州市	1133	1133	—	—	667	667
安阳市	**6270**	**6270**	**—**	**20**	**2233**	**2233**
市直	—	—	—	—	—	—
文峰区	—	—	—	—	—	—
北关区	—	—	—	—	—	—
殷都区	—	—	—	—	—	—
龙安区	550	550	—	—	—	—
林州市	3043	3043	—	—	2000	2000
安阳县	1100	1100	—	—	233	233
汤阴县	257	257	—	—	—	—
滑县	—	—	—	20	—	—
内黄县	1320	1320	—	—	—	—
鹤壁市	**3774**	**3774**	**—**	**—**	**2667**	**2667**
市直	—	—	—	—	—	—
鹤山区	434	434	—	—	1000	1000
山城区	400	400	—	—	—	—
淇滨区	1043	1043	—	—	667	667
浚县	600	600	—	—	—	—
淇县	1297	1297	—	—	1000	1000
新乡市	**12734**	**10067**	**2667**	**—**	**4000**	**4000**
市直	—	—	—	—	—	—

分县人工、飞播造林和人工更新、封山(沙)育林完成情况

单位:公顷

地　区	一、本年度检查验收合格造林面积			二、人工更新面积	三、新封山(沙)育林面积	
	合计	1. 人工造林	2. 飞播造林		计	其中:无林地和疏林地新封
红旗区	20	20	—	—	—	—
卫滨区	15	15	—	—	—	—
凤泉区	15	15	—	—	—	—
牧野区	15	15	—	—	—	—
新乡县	273	273	—	—	—	—
获嘉县	774	774	—	—	—	—
原阳县	378	378	—	—	—	—
延津县	2154	2154	—	—	—	—
封丘县	100	100	—	—	—	—
长垣县	1300	1300	—	—	—	—
卫辉市	2050	1050	1000	—	1333	1333
辉县市	5640	3973	1667	—	2667	2667
焦作市	**7508**	**5508**	**2000**	**—**	**1733**	**1733**
市直	60	60	—	—	—	—
解放区	—	—	—	—	—	—
中站区	260	260	—	—	267	267
马村区	20	20	—	—	—	—
山阳区	—	—	—	—	—	—
修武县	2187	1187	1000	—	533	533
博爱县	287	287	—	—	467	467
武陟县	907	907	—	—	—	—
温县	1427	1427	—	—	—	—
孟州市	173	173	—	—	—	—
沁阳市	2187	1187	1000	—	466	466
濮阳市	**10560**	**10560**	**—**	**—**	**—**	**—**
市直	—	—	—	—	—	—
华龙区	—	—	—	—	—	—
高新区	—	—	—	—	—	—
清丰县	3133	3133	—	—	—	—
南乐县	2227	2227	—	—	—	—
范县	2267	2267	—	—	—	—
台前县	1266	1266	—	—	—	—
濮阳县	1667	1667	—	—	—	—
许昌市	**8301**	**8301**	**—**	**—**	**2000**	**2000**
市直	—	—	—	—	—	—
魏都区	—	—	—	—	—	—
禹州市	3763	3763	—	—	2000	2000
长葛县	1063	1063	—	—	—	—
许昌县	1196	1196	—	—	—	—
襄城县	1619	1619	—	—	—	—
鄢陵县	660	660	—	—	—	—
漯河市	**1767**	**1767**	**—**	**—**	**—**	**—**
市直	30	30	—	—	—	—
源汇区	185	185	—	—	—	—
舞阳县	360	360	—	—	—	—
临颍县	310	310	—	—	—	—
郾城区	700	700	—	—	—	—
召陵区	182	182	—	—	—	—
三门峡市	**19227**	**16560**	**2667**	**—**	**14065**	**13630**
市直	—	—	—	—	466	466

分县人工、飞播造林和人工更新、封山(沙)育林完成情况

单位:公顷

地 区	一、本年度检查验收合格造林面积			二、人工更新面积	三、新封山(沙)育林面积	
	合计	1.人工造林	2.飞播造林		计	其中:无林地和疏林地新封
湖滨区	1553	1553	—	—	333	333
渑池县	3060	3060	—	—	3666	3666
陕县	2907	2907	—	—	2333	1898
灵宝市	5466	4133	1333	—	3667	3667
卢氏县	5641	4307	1334	—	3467	3467
义马市	600	600	—	—	133	133
商丘市	**5887**	**5887**	**—**	**12**	**—**	**—**
市直	—	—	—	—	—	—
梁园区	1053	1053	—	—	—	—
睢阳区	600	600	—	—	—	—
虞城县	1233	1233	—	—	—	—
民权县	933	933	—	12	—	—
宁陵县	633	633	—	—	—	—
睢县	600	600	—	—	—	—
夏邑县	133	133	—	—	—	—
柘城县	136	136	—	—	—	—
永城市	566	566	—	—	—	—
周口市	**6869**	**6869**	**—**	**—**	**—**	**—**
市直	50	50	—	—	—	—
扶沟县	1167	1167	—	—	—	—
西华县	67	67	—	—	—	—
商水县	1400	1400	—	—	—	—
太康县	400	400	—	—	—	—
鹿邑县	1000	1000	—	—	—	—
郸城县	1060	1060	—	—	—	—
淮阳县	1060	1060	—	—	—	—
沈丘县	215	215	—	—	—	—
项城市	450	450	—	—	—	—
驻马店市	**10500**	**10500**	**—**	**—**	**3000**	**3000**
市直	—	—	—	—	—	—
驿城区	33	33	—	—	—	—
确山县	1983	1983	—	—	1333	1333
泌阳县	2000	2000	—	—	1333	1333
遂平县	913	913	—	—	334	334
西平县	735	735	—	—	—	—
上蔡县	1150	1150	—	—	—	—
汝南县	1840	1840	—	—	—	—
平舆县	1613	1613	—	—	—	—
新蔡县	200	200	—	—	—	—
正阳县	33	33	—	—	—	—
南阳市	**27888**	**25221**	**2667**	**—**	**13732**	**13732**
市直	—	—	—	—	—	—
卧龙区	1466	1466	—	—	333	333
宛城区	600	600	—	—	—	—
邓州市	2166	2166	—	—	333	333
南召县	1800	1800	—	—	2333	2333
方城县	3424	3424	—	—	593	593
西峡县	3006	2006	1000	—	2333	2333
镇平县	693	693	—	—	807	807
内乡县	3133	2466	667	—	2333	2333

分县人工、飞播造林和人工更新、封山(沙)育林完成情况

单位:公顷

地　区	一、本年度检查验收合格造林面积			二、人工更新面积	三、新封山(沙)育林面积	
	合计	1. 人工造林	2. 飞播造林		计	其中:无林地和疏林地新封
淅川县	3850	2850	1000	—	2667	2667
社旗县	2750	2750	—	—	—	—
唐河县	1334	1334	—	—	—	—
新野县	500	500	—	—	—	—
桐柏县	3166	3166	—	—	2000	2000
信阳市	**21907**	**21907**	**—**	**88**	**9332**	**9332**
市直	268	268	—	88	—	—
师河区	1152	1152	—	—	666	666
平桥区	4367	4367	—	—	1000	1000
息县	733	733	—	—	—	—
淮滨县	1340	1340	—	—	—	—
潢川县	920	920	—	—	—	—
光山县	2527	2527	—	—	1333	1333
固始县	2040	2040	—	—	1333	1333
商城县	2920	2920	—	—	1999	1999
罗山县	3000	3000	—	—	1334	1334
新县	2640	2640	—	—	1667	1667
济源市	**3280**	**1947**	**1333**	**—**	**2667**	**2467**
其他单位						
湖北	**177946**	**177946**	**—**	**2261**	**100308**	**41068**
武汉市	**5867**	**5867**	**—**	**199**	**3133**	**820**
市直	—	—	—	—	—	—
洪山区	100	100	—	—	667	667
汉南区	—	—	—	—	—	—
东西湖区	—	—	—	—	—	—
城区	—	—	—	—	—	—
蔡甸区	767	767	—	—	333	—
江夏区	2334	2334	—	133	800	—
新洲区	1333	1333	—	—	—	—
黄陂区	1333	1333	—	66	1333	153
黄石市	**5695**	**5695**	**—**	**—**	**6490**	**67**
市直	—	—	—	—	—	—
大冶市	1807	1807	—	—	2267	67
阳新县	3888	3888	—	—	4223	—
十堰市	**11955**	**11955**	**—**	**—**	**19633**	**7910**
市直	161	161	—	—	505	505
丹江口市	2522	2522	—	—	6667	211
郧县	3200	3200	—	—	267	—
竹山县	1400	1400	—	—	2733	2733
竹溪县	667	667	—	—	5333	3000
房县	1805	1805	—	—	4128	1461
郧西县	2200	2200	—	—	—	—
荆州市	**16965**	**16965**	**—**	**—**	**400**	**400**
市郊区	1600	1600	—	—	—	—
江陵县	599	599	—	—	—	—
公安县	3000	3000	—	—	—	—
石首市	2146	2146	—	—	—	—
监利县	4650	4650	—	—	—	—
洪湖市	1833	1833	—	—	—	—
松滋市	3137	3137	—	—	400	400

分县人工、飞播造林和人工更新、封山(沙)育林完成情况

单位:公顷

地区	一、本年度检查验收合格造林面积			二、人工更新面积	三、新封山(沙)育林面积	
	合计	1. 人工造林	2. 飞播造林		计	其中:无林地和疏林地新封
宜昌市	**14456**	**14456**	**—**	**79**	**14632**	**4776**
市郊区	—	—	—	—	667	667
宜陵区	2840	2840	—	—	1333	453
宜都市	334	334	—	—	1333	675
枝江市	1767	1767	—	—	—	—
当阳市	1666	1666	—	—	—	—
远安县	667	667	—	—	2000	173
兴山县	1147	1147	—	—	1333	78
秭归县	2133	2133	—	—	3333	2067
长阳县	1267	1267	—	—	1667	—
五峰县	2635	2635	—	79	2966	663
襄樊市	**20312**	**20312**	**—**	**7**	**15704**	**10333**
市直	—	—	—	—	—	—
襄城区	533	533	—	—	133	133
樊城区	1168	1168	—	—	500	500
襄阳区	1600	1600	—	—	—	—
宜城市	2333	2333	—	7	2000	1000
南漳县	3800	3800	—	—	3911	3500
谷城县	3673	3673	—	—	6667	4667
保康县	3139	3139	—	—	2000	533
老河口市	2733	2733	—	—	493	—
枣阳市	1333	1333	—	—	—	—
鄂州市	**2153**	**2153**	**—**	**—**	**400**	**—**
荆门市	**11836**	**11836**	**—**	**121**	**2174**	**906**
市直	215	215	—	68	719	719
东宝区	2333	2333	—	—	—	—
掇刀区	1303	1303	—	—	770	—
林业局机关	—	—	—	—	—	—
沙洋县	1666	1666	—	49	—	—
京山县	3300	3300	—	—	—	—
钟祥市	2600	2600	—	1	187	187
沙洋监狱管理局	352	352	—	3	—	—
五三农场	67	67	—	—	498	—
黄冈市	**23573**	**23573**	**—**	**252**	**1623**	**1473**
市郊区	1626	1626	—	40	200	200
麻城市	3667	3667	—	—	—	—
武穴市	2133	2133	—	40	—	—
团风县	2354	2354	—	—	1050	1050
红安县	3393	3393	—	172	—	—
罗田县	3400	3400	—	—	—	—
浠水县	2000	2000	—	—	167	167
蕲春县	2000	2000	—	—	206	56
黄梅县	1000	1000	—	—	—	—
龙感湖	—	—	—	—	—	—
英山县	2000	2000	—	—	—	—
孝感市	**16711**	**16711**	**—**	**77**	**2693**	**914**
市郊区	2000	2000	—	—	—	—
孝昌县	4003	4003	—	—	280	280
大悟县	3986	3986	—	—	1146	—
安陆市	2600	2600	—	—	1267	634

分县人工、飞播造林和人工更新、封山(沙)育林完成情况

单位:公顷

地　区	一、本年度检查验收合格造林面积			二、人工更新面积	三、新封山(沙)育林面积	
	合计	1. 人工造林	2. 飞播造林		计	其中:无林地和疏林地新封
云梦县	1053	1053	—	27	—	—
应城市	1000	1000	—	50	—	—
汉川市	2069	2069	—	—	—	—
咸宁市	**14084**	**14084**	**—**	**965**	**10346**	**3446**
市郊区	—	—	—	—	—	—
咸安区	2000	2000	—	—	—	—
赤壁市	2800	2800	—	67	3333	333
嘉鱼县	2266	2266	—	—	—	—
通城县	2947	2947	—	—	4000	100
崇阳县	1705	1705	—	232	1013	1013
通山县	2366	2366	—	666	2000	2000
恩施土家族苗族自治州	**19565**	**19565**	**—**	**31**	**16333**	**9263**
恩施市	1867	1867	—	31	2000	382
星斗山自然保护区	—	—	—	—	—	—
利川市	1800	1800	—	—	2667	2667
建始县	1800	1800	—	—	2000	2000
巴东县	3030	3030	—	—	1333	169
宣恩县	1667	1667	—	—	1333	821
咸丰县	7067	7067	—	—	2000	557
来凤县	1667	1667	—	—	1667	1667
鹤峰县	667	667	—	—	3333	1000
随州市	**8740**	**8740**	**—**	**263**	**2080**	**93**
曾都区	4940	4940	—	13	747	
广水市	3800	3800	—	250	1333	93
天门市	**3400**	**3400**	**—**	**267**	**—**	**—**
潜江市	**667**	**667**	**—**	**—**		
仙桃市	**1700**	**1700**	**—**	**—**	**—**	**—**
神农架林区林管局	**267**	**267**	**—**	**—**	**4667**	**667**
湖南	**136479**	**136479**	**—**	**13380**	**20967**	**20967**
长沙市	**1901**	**1901**	**—**	**345**	**454**	**454**
长沙县	61	61	—	134	—	
望城县	—	—	—	155	—	—
浏阳市	1145	1145	—	—		
宁乡县	695	695	—	56	454	454
株洲市	**2928**	**2928**	**—**	**892**	**1733**	**1733**
荷塘区	21	21	—	120	400	400
石峰区	5	5	—	93	525	525
芦淞区	13	13	—	34	194	194
天元区	51	51	—	16	214	214
醴陵市	434	434	—	—	200	200
株洲县	1001	1001	—	64	200	200
攸县	433	433	—	—	—	—
茶陵县	867	867	—	—	—	—
炎陵县	103	103	—	565	—	—
湘潭市	**1571**	**1571**	**—**	**257**	**200**	**200**
雨湖区	18	18	—	—	—	—
岳塘区	—	—	—	90	—	—
韶山市	286	286	—	—	—	—
湘乡市	634	634	—	—	—	—
湘潭县	633	633	—	167	200	200

分县人工、飞播造林和人工更新、封山(沙)育林完成情况

单位:公顷

地区	一、本年度检查验收合格造林面积			二、人工更新面积	三、新封山(沙)育林面积	
	合计	1.人工造林	2.飞播造林		计	其中:无林地和疏林地新封
衡阳市	**11535**	**11535**	**—**	**—**	**573**	**573**
城北区	33	33	—	—	—	—
耒阳市	1601	1601	—	—	—	—
衡阳县	2967	2967	—	—	—	—
衡南县	1600	1600	—	—	—	—
衡山县	667	667	—	—	—	—
衡东县	800	800	—	—	—	—
常宁市	2267	2267	—	—	573	573
祁东县	1600	1600	—	—	—	—
邵阳市	**14459**	**14459**	**—**	**3447**	**800**	**800**
北塔区	7	7	—	—	—	—
邵东县	3080	3080	—	—	—	—
新邵县	2400	2400	—	—	—	—
邵阳县	2533	2533	—	—	—	—
隆回县	2269	2269	—	365	—	—
洞口县	733	733	—	167	—	—
武冈市	2067	2067	—	182	—	—
绥宁县	—	—	—	2659	800	800
新宁县	1054	1054	—	—	—	—
城步苗族自治县	316	316	—	74	—	—
岳阳市	**12520**	**12520**	**—**	**93**	**400**	**400**
岳阳楼区	96	96	—	5	—	—
云溪区	167	167	—	—	200	200
君山区	844	844	—	88	—	—
汨罗市	1367	1367	—	—	200	200
岳阳县	1940	1940	—	—	—	—
临湘市	2787	2787	—	—	—	—
华容县	937	937	—	—	—	—
湘阴县	1781	1781	—	—	—	—
平江县	2601	2601	—	—	—	—
益阳市	**11441**	**11441**	**—**	**69**	**867**	**867**
赫山区	473	473	—	—	—	—
资阳区	3167	3167	—	—	667	667
南县	1368	1368	—	69	—	—
沅江市	3466	3466	—	—	—	—
桃江县	400	400	—	—	—	—
安化县	1567	1567	—	—	200	200
益阳直属农场	1000	1000	—	—	—	—
常德市	**13088**	**13088**	**—**	**116**	**2286**	**2286**
武陵区	34	34	—	—	414	414
津市市	—	—	—	—	180	180
鼎城区	2204	2204	—	—	719	719
安乡县	2757	2757	—	—	—	—
汉寿县	667	667	—	—	—	—
澧县	1334	1334	—	—	200	200
临澧县	1667	1667	—	—	—	—
桃源县	3792	3792	—	116	773	773
石门县	633	633	—	—	—	—
娄底市	**6754**	**6754**	**—**	**—**	**1725**	**1725**
娄星区	331	331	—	—	—	—

分县人工、飞播造林和人工更新、封山(沙)育林完成情况

单位:公顷

地区	一、本年度检查验收合格造林面积			二、人工更新面积	三、新封山(沙)育林面积	
	合计	1. 人工造林	2. 飞播造林		计	其中:无林地和疏林地新封
冷水江市	842	842	—	—	725	725
涟源市	1600	1600	—	—	713	713
双峰县	647	647	—	—	287	287
新化县	3334	3334	—	—	—	—
郴洲市	**8996**	**8996**	**—**	**1144**	**1926**	**1926**
苏仙区	1000	1000	—	—	—	—
北湖区	23	23	—	—	—	—
资兴市	1621	1621	—	1029	—	—
桂阳县	1600	1600	—	—	—	—
永兴县	667	667	—	34	426	426
宜章县	1286	1286	—	47	1093	1093
嘉禾县	466	466	—	—	—	—
临武县	333	333	—	—	—	—
汝城县	800	800	—	—	407	407
桂东县	667	667	—	—	—	—
安仁县	533	533	—	34	—	—
永州市	**10559**	**10559**	**—**	**1963**	**3001**	**3001**
芝山区	1419	1419	—	17	667	667
冷水滩市	400	400	—	—	485	485
东安县	768	768	—	—	667	667
道县	667	667	—	—	—	—
宁远县	200	200	—	181	—	—
江永县	333	333	—	315	—	—
江华瑶族自治县	1622	1622	—	206	801	801
蓝山县	1333	1333	—	—	—	—
新田县	1176	1176	—	—	381	381
双牌县	400	400	—	874	—	—
祁阳县	1233	1233	—	—	—	—
金洞林场	686	686	—	360	—	—
回龙圩	322	322	—	10	—	—
怀化市	**15635**	**15635**	**—**	**4901**	**4034**	**4034**
鹤城区	866	866	—	—	—	—
洪江市	880	880	—	—	—	—
中方县	955	955	—	—	648	648
沅陵县	727	727	—	33	—	—
辰溪县	1933	1933	—	—	667	667
溆浦县	3400	3400	—	3995	—	—
麻阳苗族自治县	2807	2807	—	—	1374	1374
新晃侗族自治县	333	333	—	—	519	519
芷江侗族自治县	1780	1780	—	—	—	—
会同县	934	934	—	33	413	413
靖州苗侗自治县	1020	1020	—	807	—	—
通道侗族自治县	—	—	—	33	413	413
湘西自治州	**21329**	**21329**	**—**	**153**	**1768**	**1768**
吉首市	454	454	—	—	200	200
泸溪县	1935	1935	—	—	—	—
凤凰县	767	767	—	—	697	697
花垣县	264	264	—	—	—	—
保靖县	4000	4000	—	—	—	—
古丈县	400	400	—	—	—	—

分县人工、飞播造林和人工更新、封山（沙）育林完成情况

单位：公顷

地　区	一、本年度检查验收合格造林面积			二、人工更新面积	三、新封山（沙）育林面积	
	合计	1. 人工造林	2. 飞播造林		计	其中：无林地和疏林地新封
永顺县	11168	11168	—	—	667	667
龙山县	2341	2341	—	153	204	204
张家界市	**3763**	**3763**	**—**	**—**	**1200**	**1200**
永定区	1196	1196	—	—	200	200
慈利县	1433	1433	—	—	200	200
桑植县	1134	1134	—	—	800	800
广东	**18337**	**18337**	**—**	**92464**	**1764**	**1544**
广州市	**—**	**—**	**—**	**1547**	**—**	**—**
萝岗区	—	—	—	180	—	—
天河区	—	—	—	—	—	—
白云区	—	—	—	—	—	—
黄埔区	—	—	—	—	—	—
番禺区	—	—	—	—	—	—
花都区	—	—	—	573	—	—
从化市	—	—	—	333	—	—
增城市	—	—	—	333	—	—
流溪河林场	—	—	—	—	—	—
大岭山林场	—	—	—	—	—	—
增城林场	—	—	—	107	—	—
梳脑林场	—	—	—	21	—	—
市事业站	—	—	—	—	—	—
市农垦局	—	—	—	—	—	—
市林科所	—	—	—	—	—	—
市局机关	—	—	—	—	—	—
深圳市	**—**	**—**	**—**	**—**	**—**	**—**
市直	—	—	—	—	—	—
宝安区	—	—	—	—	—	—
福田区	—	—	—	—	—	—
南山区	—	—	—	—	—	—
盐田区	—	—	—	—	—	—
罗湖区	—	—	—	—	—	—
珠海市	**—**	**—**	**—**	**161**	**—**	**—**
香洲区	—	—	—	53	—	—
斗门区	—	—	—	108	—	—
金湾区	—	—	—	—	—	—
万山开发区	—	—	—	—	—	—
市林业局本部	—	—	—	—	—	—
汕头市	**155**	**155**	**—**	**—**	**—**	**—**
龙湖区	—	—	—	—	—	—
金平区	—	—	—	—	—	—
濠江区	—	—	—	—	—	—
澄海区	67	67	—	—	—	—
潮阳区	88	88	—	—	—	—
潮南区	—	—	—	—	—	—
南澳县	—	—	—	—	—	—
市林科所	—	—	—	—	—	—
市林业局本部	—	—	—	—	—	—
韶关市	**1641**	**1641**	**—**	**3376**	**—**	**—**
市直	—	—	—	—	—	—
浈江区	333	333	—	267	—	—

分县人工、飞播造林和人工更新、封山(沙)育林完成情况

单位:公顷

地 区	一、本年度检查验收合格造林面积			二、人工更新面积	三、新封山(沙)育林面积	
	合计	1. 人工造林	2. 飞播造林		计	其中:无林地和疏林地新封
北江区	—	—	—	—	—	—
武江区	—	—	—	51	—	—
曲江县	180	180	—	—	—	—
仁化县	—	—	—	159	—	—
南雄县	295	295	—	408	—	—
始兴县	—	—	—	606	—	—
乐昌县	333	333	—	52	—	—
乳源瑶族自治县	126	126	—	—	—	—
翁源县	374	374	—	987	—	—
新丰县	—	—	—	63	—	—
韶关林场	—	—	—	90	—	—
曲江林场	—	—	—	158	—	—
仁化林场	—	—	—	223	—	—
河口林场	—	—	—	137	—	—
九曲水林场	—	—	—	141	—	—
华溪林场	—	—	—	34	—	—
河源市	**8048**	**8048**	**—**	**9010**	**1173**	**1173**
市直	—	—	—	—	—	—
源城区	—	—	—	—	—	—
东源县	—	—	—	176	—	—
紫金县	3686	3686	—	4487	193	193
龙川县	2800	2800	—	3240	191	191
连平县	600	600	—	740	191	191
和平县	950	950	—	217	191	191
新丰江林管局	—	—	—	—	—	—
牛岭水林场	—	—	—	47	—	—
下石林场	9	9	—	79	—	—
黎明林场	—	—	—	—	—	—
桂山林场	3	3	—	—	—	—
红星林场	—	—	—	—	407	407
坪山林场	—	—	—	24	—	—
市林业局本部	—	—	—	—	—	—
梅州市	**2393**	**2393**	**—**	**203**	**25**	**—**
市直	—	—	—	—	—	—
梅江区	—	—	—	—	—	—
兴宁市	1233	1233	—	—	—	—
梅县	—	—	—	—	—	—
平远县	—	—	—	123	—	—
蕉岭县	—	—	—	—	—	—
大埔县	160	160	—	80	—	—
丰顺县	—	—	—	—	—	—
五华县	1000	1000	—	—	—	—
梅南林场	—	—	—	—	—	—
洲瑞林场	—	—	—	—	25	—
大埔林场	—	—	—	—	—	—
水口林场	—	—	—	—	—	—
七畲径林场	—	—	—	—	—	—
惠州市	**185**	**185**	**—**	**835**	**—**	**—**
市直	—	—	—	—	—	—
惠城区	—	—	—	180	—	—

分县人工、飞播造林和人工更新、封山(沙)育林完成情况

单位:公顷

地　区	一、本年度检查验收合格造林面积			二、人工更新面积	三、新封山(沙)育林面积	
	合计	1. 人工造林	2. 飞播造林		计	其中:无林地和疏林地新封
惠阳市	—	—	—	—	—	—
惠东县	—	—	—	70	—	—
博罗县	185	185	—	465	—	—
龙门县	—	—	—	120	—	—
大亚湾区	—	—	—	—	—	—
梁化林场	—	—	—	—	—	—
九龙峰林场	—	—	—	—	—	—
罗浮山林场	—	—	—	—	—	—
象头山林场	—	—	—	—	—	—
汤泉林场	—	—	—	—	—	—
白芒林场	—	—	—	—	—	—
鸡笼山林场	—	—	—	—	—	—
水东陂林场	—	—	—	—	—	—
油田林场	—	—	—	—	—	—
象头山自然保护区	—	—	—	—	—	—
市林科所	—	—	—	—	—	—
市林业培训中心	—	—	—	—	—	—
市林产工业公司	—	—	—	—	—	—
市林业局本部	—	—	—	—	—	—
汕尾市	**1623**	**1623**	**—**	**748**	**405**	**304**
城区	53	53	—	7	—	—
海丰县	267	267	—	400	—	—
陆丰市	230	230	—	—	300	300
陆河县	762	762	—	100	—	—
黄羌林场	—	—	—	133	—	—
吉溪林场	26	26	—	88	105	4
红岭林场	—	—	—	—	—	—
罗经嶂林场	—	—	—	—	—	—
东海岸林场	—	—	—	—	—	—
湖东林场	45	45	—	—	—	—
红海湾开发区	240	240	—	20	—	—
东莞市	**—**	**—**	**—**	**—**	**—**	**—**
清溪林场	—	—	—	—	—	—
大岭山林场	—	—	—	—	—	—
大屏障林场	—	—	—	—	—	—
市林科所	—	—	—	—	—	—
市林业局本部	—	—	—	—	—	—
中山市	**—**	**—**	**—**	**—**	**—**	**—**
江门市	**—**	**—**	**—**	**18190**	**—**	**—**
江海区	—	—	—	—	—	—
蓬江区	—	—	—	213	—	—
新会区	—	—	—	627	—	—
台山市	—	—	—	9098	—	—
恩平市	—	—	—	2140	—	—
开平市	—	—	—	939	—	—
鹤山市	—	—	—	3555	—	—
古兜山林场	—	—	—	213	—	—
大沙林场	—	—	—	389	—	—
狮山林场	—	—	—	96	—	—
河排林场	—	—	—	307	—	—

分县人工、飞播造林和人工更新、封山(沙)育林完成情况

单位:公顷

地区	一、本年度检查验收合格造林面积			二、人工更新面积	三、新封山(沙)育林面积	
	合计	1. 人工造林	2. 飞播造林		计	其中:无林地和疏林地新封
西坑林场	—	—	—	261	—	—
古斗林场	—	—	—	183	—	—
四堡林场	—	—	—	169	—	—
市林科所	—	—	—	—	—	—
市林业局本部	—	—	—	—	—	—
佛山市	**—**	**—**	**—**	**420**	**—**	**—**
市直	—	—	—	—	—	—
禅城区	—	—	—	—	—	—
三水区	—	—	—	—	—	—
南海区	—	—	—	—	—	—
高明区	—	—	—	420	—	—
顺德区	—	—	—	—	—	—
云勇林场	—	—	—	—	—	—
市林科所	—	—	—	—	—	—
市林业局本部	—	—	—	—	—	—
阳江市	**684**	**684**	**—**	**4898**	**—**	**—**
江城区	—	—	—	200	—	—
阳东县	307	307	—	848	—	—
阳西县	377	377	—	1005	—	—
阳春市	—	—	—	1600	—	—
阳江林场	—	—	—	1030	—	—
花滩林场	—	—	—	215	—	—
市林科所	—	—	—	—	—	—
市苗圃场	—	—	—	—	—	—
市林业开发总公司	—	—	—	—	—	—
市林业局本部	—	—	—	—	—	—
湛江市	**192**	**192**	**—**	**8095**	**—**	**—**
坡头区	26	26	—	426	—	—
麻章区	155	155	—	241	—	—
东海试验区	—	—	—	281	—	—
吴川市	—	—	—	569	—	—
廉江市	—	—	—	1572	—	—
遂溪县	—	—	—	3256	—	—
雷州市	—	—	—	1489	—	—
徐闻县	11	11	—	129	—	—
国有防护林场	—	—	—	50	—	—
国有东海林场	—	—	—	15	—	—
国有吴川林场	—	—	—	67	—	—
市林业良种场	—	—	—	—	—	—
市林科所	—	—	—	—	—	—
市林业局本部	—	—	—	—	—	—
茂名市	**225**	**225**	**—**	**5025**	**94**	**—**
茂港区	6	6	—	60	—	—
茂南区	213	213	—	40	—	—
信宜市	—	—	—	1200	—	—
高州市	—	—	—	600	—	—
化州市	—	—	—	1780	—	—
电白县	—	—	—	171	—	—
八一林场	—	—	—	50	—	—
厚元林场	—	—	—	37	94	—

分县人工、飞播造林和人工更新、封山(沙)育林完成情况

单位:公顷

地区	一、本年度检查验收合格造林面积			二、人工更新面积	三、新封山(沙)育林面积	
	合计	1. 人工造林	2. 飞播造林		计	其中:无林地和疏林地新封
大雾岭林场	6	6	—	—	—	—
东镇林场	—	—	—	12	—	—
新田林场	—	—	—	80	—	—
荷塘林场	—	—	—	80	—	—
文楼林场	—	—	—	182	—	—
播扬林场	—	—	—	200	—	—
平定林场	—	—	—	249	—	—
丽岗林场	—	—	—	254	—	—
电白林场	—	—	—	30	—	—
市林业科技推广中心	—	—	—	—	—	—
河尾山林场	—	—	—	—	—	—
肇庆市	**—**	**—**	**—**	**16031**	**—**	**—**
市直	—	—	—	—	—	—
端州区	—	—	—	—	—	—
鼎湖区	—	—	—	87	—	—
高要市	—	—	—	1467	—	—
四会市	—	—	—	814	—	—
广宁县	—	—	—	2999	—	—
怀集县	—	—	—	5288	—	—
封开县	—	—	—	2953	—	—
德庆县	—	—	—	1673	—	—
高新开发区	—	—	—	27	—	—
北岭山林场	—	—	—	58	—	—
清桂林场	—	—	—	58	—	—
葵洞林场	—	—	—	54	—	—
大南山林场	—	—	—	74	—	—
大水口林场	—	—	—	259	—	—
大坑山林场	—	—	—	80	—	—
新岗林场	—	—	—	140	—	—
清远市	**1051**	**1051**	**—**	**6943**	**67**	**67**
市直	—	—	—	—	—	—
清城区	217	217	—	544	—	—
飞来峡区	—	—	—	—	—	—
清新县	—	—	—	1846	—	—
佛冈县	—	—	—	1764	—	—
英德市	713	713	—	547	—	—
阳山县	121	121	—	—	—	—
连州市	—	—	—	714	—	—
连山壮族瑶族自治县	—	—	—	335	67	67
连南瑶族自治县	—	—	—	433	—	—
银盏林场	—	—	—	118	—	—
笔架林场	—	—	—	—	—	—
天堂林场	—	—	—	45	—	—
英德林场	—	—	—	39	—	—
长江坝林场	—	—	—	—	—	—
金鸡林场	—	—	—	53	—	—
铁溪林场	—	—	—	57	—	—
羊角山林场	—	—	—	28	—	—
小龙林场	—	—	—	131	—	—
涡水林场	—	—	—	20	—	—

分县人工、飞播造林和人工更新、封山(沙)育林完成情况

单位:公顷

地　区	一、本年度检查验收合格造林面积			二、人工更新面积	三、新封山(沙)育林面积	
	合计	1. 人工造林	2. 飞播造林		计	其中:无林地和疏林地新封
龙坪林场	—	—	—	62	—	—
杨梅林场	—	—	—	207	—	—
连州刨花板厂	—	—	—	—	—	—
潮州市	**20**	**20**	**—**	**73**	**—**	**—**
湘桥区	—	—	—	—	—	—
枫溪区	—	—	—	—	—	—
饶平县	20	20	—	27	—	—
潮安县	—	—	—	46	—	—
韩江林场	—	—	—	—	—	—
揭阳市	**—**	**—**	**—**	**95**	**—**	**—**
榕城区	—	—	—	—	—	—
普宁市	—	—	—	—	—	—
揭东县	—	—	—	—	—	—
惠来县	—	—	—	—	—	—
揭西县	—	—	—	95	—	—
大北山林场	—	—	—	—	—	—
后溪林场	—	—	—	—	—	—
青坑林场	—	—	—	—	—	—
云浮市	**2120**	**2120**	**—**	**9317**	**—**	**—**
云城区	403	403	—	1210	—	—
云安县	722	722	—	1809	—	—
新兴县	91	91	—	3013	—	—
郁南县	524	524	—	494	—	—
罗定市	377	377	—	2056	—	—
大云雾林场	—	—	—	193	—	—
龙墉林场	—	—	—	276	—	—
飞马林场	—	—	—	125	—	—
同乐林场	—	—	—	36	—	—
水台林场	3	3	—	105	—	—
雷州林业局	**—**	**—**	**—**	**4844**	**—**	**—**
省直属林场	**—**	**—**	**—**	**2653**	**—**	**—**
西江林业局	—	—	—	1385	—	—
乳阳林业局	—	—	—	—	—	—
沙头角林场	—	—	—	—	—	—
龙眼洞林场	—	—	—	10	—	—
天井山林场	—	—	—	—	—	—
樟木头林场	—	—	—	170	—	—
乐昌林场	—	—	—	241	—	—
连山林场	—	—	—	230	—	—
东江林场	—	—	—	497	—	—
九连山林场	—	—	—	120	—	—
广西	**123970**	**123970**	**—**	**45807**	**96417**	**59928**
南宁市	**14946**	**14946**	**—**	**4970**	**7129**	**2767**
青秀区	749	749	—	131	—	—
兴宁区	67	67	—	885	—	—
江南区	601	601	—	362	—	—
西乡塘区	203	203	—	175	—	—
邕宁区	668	668	—	20	—	—
良庆区	912	912	—	753	—	—
经济开发区	—	—	—	—	—	—

分县人工、飞播造林和人工更新、封山(沙)育林完成情况

单位:公顷

地　区	一、本年度检查验收合格造林面积			二、人工更新面积	三、新封山(沙)育林面积	
	合计	1. 人工造林	2. 飞播造林		计	其中:无林地和疏林地新封
高新技术开发区	—	—	—	—	—	—
华侨投资区	—	—	—	11	—	—
武鸣县	2546	2546	—	1003	2767	2100
横县	4573	4573	—	758	—	—
宾阳县	2033	2033	—	282	—	—
上林县	1334	1334	—	130	2667	—
马山县	275	275	—	238	667	667
隆安县	985	985	—	222	1028	—
柳州市	**8264**	**8264**	**—**	**2634**	**3134**	**500**
柳北区	80	80	—	220	—	—
柳南区	36	36	—	10	—	—
城中区	—	—	—	47	—	—
鱼峰区	5	5	—	—	688	—
阳和开发区	24	24	—	—	1110	500
柳江县	1141	1141	—	309	—	—
柳城县	1120	1120	—	227	667	—
鹿寨县	3097	3097	—	292	669	—
融安县	614	614	—	161	—	—
融水县	1517	1517	—	1221	—	—
三江县	630	630	—	147	—	—
桂林市	**4790**	**4790**	**—**	**2799**	**12168**	**6722**
市郊区	111	111	—	—	1980	—
阳朔县	314	314	—	169	—	—
临桂县	421	421	—	143	1334	1334
灵川县	678	678	—	310	1333	—
全州县	212	212	—	580	1333	1333
兴安县	128	128	—	369	—	—
永福县	29	29	—	407	—	—
灌阳县	467	467	—	190	2000	1200
龙胜县	491	491	—	28	—	—
资源县	650	650	—	125	333	—
平乐县	184	184	—	271	1333	1333
荔浦县	718	718	—	20	1000	—
恭城县	387	387	—	187	1522	1522
梧州市	**10086**	**10086**	**—**	**3333**	**2347**	**1822**
长州区	100	100	—	134	189	—
苍梧县	2671	2671	—	1882	267	267
岑溪市	1213	1213	—	205	—	—
藤县	3709	3709	—	860	—	—
蒙山县	1340	1340	—	27	1333	1333
蝶山区	377	377	—	147	222	222
万秀区	676	676	—	78	336	—
北海市	**3440**	**3440**	**—**	**880**	**—**	**—**
海城区	—	—	—	—	—	—
银海区	46	46	—	—	—	—
铁山港区	603	603	—	49	—	—
合浦县	2791	2791	—	831	—	—
防城港市	**5434**	**5434**	**—**	**1965**	**—**	**—**
港口区	378	378	—	13	—	—
防城区	1804	1804	—	136	—	—

分县人工、飞播造林和人工更新、封山(沙)育林完成情况

单位:公顷

地　区	一、本年度检查验收合格造林面积			二、人工更新面积	三、新封山(沙)育林面积	
	合计	1. 人工造林	2. 飞播造林		计	其中:无林地和疏林地新封
东兴市	1385	1385	—	82	—	—
上思县	1867	1867	—	1734	—	—
钦州市	**9994**	**9994**	—	**1027**	—	—
钦南区	4465	4465	—	189	—	—
钦北区	2189	2189	—	536	—	—
钦城区	—	—	—	—	—	—
钦港区	—	—	—	—	—	—
灵山县	1286	1286	—	244	—	—
浦北县	2054	2054	—	58	—	—
贵港市	**4562**	**4562**	—	**1745**	**1333**	—
港南区	278	278	—	401	—	—
港北区	538	538	—	68	—	—
覃塘区	582	582	—	162	—	—
桂平市	2733	2733	—	400	1333	—
平南县	431	431	—	714	—	—
玉林市	**16311**	**16311**	—	**5280**	—	—
玉州区	161	161	—	7	—	—
福绵区	1000	1000	—	—	—	—
兴业县	381	381	—	476	—	—
容县	1688	1688	—	2086	—	—
北流县	2095	2095	—	1021	—	—
陆川县	3698	3698	—	744	—	—
博白县	7288	7288	—	946	—	—
百色市	**15480**	**15480**	—	**1697**	**32287**	**21525**
右江区	2067	2067	—	92	—	—
田阳县	1086	1086	—	145	3667	3241
田东县	1960	1960	—	116	3334	3334
平果县	903	903	—	378	3334	—
德保县	1464	1464	—	9	2358	1816
靖西县	134	134	—	21	6047	6047
那坡县	502	502	—	37	2681	2681
凌云县	1100	1100	—	—	2667	—
乐业县	447	447	—	93	2666	2666
田林县	2052	2052	—	642	1000	—
隆林县	3233	3233	—	—	4533	1740
西林县	532	532	—	164	—	—
贺州市	**4667**	**4667**	—	**2923**	**3000**	**3000**
八步区	3099	3099	—	2434	—	—
昭平县	1160	1160	—	336	667	667
钟山县	141	141	—	86	667	667
富川县	267	267	—	67	1666	1666
河池市	**14476**	**14476**	—	**2216**	**21895**	**10935**
金城江区	140	140	—	136	1334	755
宜山县	1221	1221	—	534	1334	1334
罗城县	767	767	—	150	1333	1333
环江县	1856	1856	—	242	—	—
南丹县	2639	2639	—	449	334	—
天峨县	1414	1414	—	208	1334	934
凤山县	2422	2422	—	192	3354	—
东兰县	1274	1274	—	114	2667	241

分县人工、飞播造林和人工更新、封山(沙)育林完成情况

单位:公顷

地区	一、本年度检查验收合格造林面积			二、人工更新面积	三、新封山(沙)育林面积	
	合计	1.人工造林	2.飞播造林		计	其中:无林地和疏林地新封
巴马县	1800	1800	—	51	3338	2005
都安县	733	733	—	33	4333	4333
大化县	210	210	—	107	2534	—
来宾市	**5625**	**5625**	**—**	**1152**	**6720**	**6720**
兴宾区	2245	2245	—	375	2667	2667
合山市	165	165	—	152	—	—
象州县	1458	1458	—	307	353	353
武宣县	1258	1258	—	38	1699	1699
金秀县	208	208	—	166	—	—
忻城县	291	291	—	114	2001	2001
崇左市	**4749**	**4749**	**—**	**1915**	**6404**	**5937**
江州区	401	401	—	234	467	—
扶绥县	985	985	—	986	2200	2200
大新县	69	69	—	373	—	—
天等县	1581	1581	—	8	2404	2404
宁明县	1273	1273	—	297	—	—
龙州县	314	314	—	7	1333	1333
凭祥市	126	126	—	10	—	—
高峰林场	—	—	—	1361	—	—
七坡林场	61	61	—	600	—	—
东门林场	159	159	—	1087	—	—
派阳山林场	—	—	—	305	—	—
钦廉林场	549	549	—	673	—	—
六万林场	35	35	—	1297	—	—
博白林场	—	—	—	2261	—	—
维都林场	—	—	—	259	—	—
三门江林场	—	—	—	430	—	—
黄冕林场	—	—	—	1125	—	—
大桂山林场	—	—	—	895	—	—
雅长林场	333	333	—	151	—	—
南宁良凤江森林公园	9	9	—	277	—	—
热林中心	—	—	—	523	—	—
沙塘林场	—	—	—	27	—	—
海南	**32380**	**32380**	**—**	**7296**	**7667**	**3755**
海口市	957	957	—	309	—	—
三亚市	272	272	—	7	333	—
五指山市	421	421	—	44	217	—
文昌市	3366	3366	—	473	—	—
琼海市	409	409	—	157	—	—
万宁市	639	639	—	151	333	—
定安县	1813	1813	—	67	—	—
屯昌县	1617	1617	—	999	—	—
澄迈县	2337	2337	—	594	—	—
临高县	3962	3962	—	746	—	—
儋州市	5315	5315	—	699	155	155
白沙黎族自治县	1382	1382	—	1175	1333	—
昌江黎族自治县	4086	4086	—	630	1000	—
东方市	3981	3981	—	—	1067	1067
乐东黎族自治县	1338	1338	—	—	1000	1000
陵水黎族自治县	105	105	—	279	200	200

分县人工、飞播造林和人工更新、封山(沙)育林完成情况

单位:公顷

地　区	一、本年度检查验收合格造林面积			二、人工更新面积	三、新封山(沙)育林面积	
	合计	1. 人工造林	2. 飞播造林		计	其中:无林地和疏林地新封
保亭黎族苗族自治县	319	319	—	10	696	—
琼中黎族苗族自治县	61	61	—	956	1333	1333
重庆	**109272**	**109272**	**—**	**—**	**77294**	**55945**
市辖区	**23416**	**23416**	**—**	**—**	**20335**	**17118**
万州区	8587	8587	—	—	5267	4554
黔江区	3154	3154	—	—	3000	3000
涪陵区	3840	3840	—	—	4000	4000
渝中区	—	—	—	—	—	—
大渡口区	67	67	—	—	—	—
江北区	200	200	—	—	67	—
沙坪坝区	67	67	—	—	200	17
九龙坡区	67	67	—	—	200	200
南岸区	313	313	—	—	334	334
北碚区	867	867	—	—	1066	654
万盛区	867	867	—	—	800	467
渝北区	1400	1400	—	—	1867	1867
巴南区	1434	1434	—	—	1734	1320
长寿区	2486	2486	—	—	1800	705
双桥区	67	67	—	—	—	—
县级	**85856**	**85856**	**—**	**—**	**56959**	**38827**
江津市	2533	2533	—	—	3400	313
合川市	2700	2700	—	—	1666	645
永川市	2466	2466	—	—	1266	1266
綦江县	1800	1800	—	—	1333	260
潼南县	2873	2873	—	—	1333	1333
铜梁县	7000	7000	—	—	2000	2000
大足县	3000	3000	—	—	1667	1667
荣昌县	1934	1934	—	—	1334	1334
璧山县	467	467	—	—	933	—
梁平县	2600	2600	—	—	2867	2378
城口县	4000	4000	—	—	3266	—
南川市	1407	1407	—	—	2667	2000
丰都县	2880	2880	—	—	2133	493
垫江县	1400	1400	—	—	1333	1333
武隆县	2027	2027	—	—	1800	1334
忠县	4781	4781	—	—	2134	1280
开县	3406	3406	—	—	1760	1760
云阳县	7347	7347	—	—	4333	4066
奉节县	6920	6920	—	—	4267	1467
巫山县	6614	6614	—	—	3267	3267
巫溪县	2801	2801	—	—	1734	1734
石柱县	2167	2167	—	—	2800	2800
秀山县	4053	4053	—	—	2333	764
酉阳县	6480	6480	—	—	3333	3333
彭水县	2200	2200	—	—	2000	2000
四川	**241883**	**179142**	**62741**	**3197**	**294954**	**150651**
成都市	**4708**	**4708**	**—**	**—**	**8778**	**2179**
青白江区	100	100	—	—	333	—
锦江区	—	—	—	—	—	—
青羊区	—	—	—	—	—	—

分县人工、飞播造林和人工更新、封山(沙)育林完成情况

单位:公顷

地　区	一、本年度检查验收合格造林面积			二、人工更新面积	三、新封山(沙)育林面积	
	合计	1. 人工造林	2. 飞播造林		计	其中:无林地和疏林地新封
金牛区	—	—	—	—	—	—
武侯区	—	—	—	—	—	—
成华区	—	—	—	—	—	—
高新区	—	—	—	—	—	—
龙泉驿区	—	—	—	—	—	—
金堂县	2166	2166	—	—	806	333
双流县	147	147	—	—	786	167
温江县	—	—	—	—	—	—
郫县	—	—	—	—	—	—
新都县	33	33	—	—	—	—
彭州市	237	237	—	—	1440	333
崇州市	—	—	—	—	1800	333
大邑县	33	33	—	—	1513	880
邛崃市	536	536	—	—	1340	—
蒲江县	13	13	—	—	—	—
新津县	110	110	—	—	133	133
都江堰市	1333	1333	—	—	627	—
其他单位	—	—	—	—	—	—
自贡市	**4824**	**4824**	**—**	**—**	**3287**	**2499**
市直	—	—	—	—	—	—
自流井区	20	20	—	—	133	—
贡井区	333	333	—	—	167	167
大安区	581	581	—	—	200	200
沿滩区	1058	1058	—	—	387	387
荣县	667	667	—	—	1400	1400
富顺县	2165	2165	—	—	1000	345
其他单位	—	—	—	—	—	—
攀枝花市	**3772**	**3772**	**—**	**—**	**15986**	**9367**
市直	—	—	—	—	—	—
东区	—	—	—	—	—	—
西区	—	—	—	—	160	—
仁和区	333	333	—	—	1397	—
米易县	533	533	—	—	734	—
盐边县	2133	2133	—	—	2000	1642
市林科所	—	—	—	—	—	—
市林产公司	—	—	—	—	—	—
市国有林场	333	333	—	—	3696	852
市森防站	—	—	—	—	—	—
市苏铁管理处	—	—	—	—	—	—
市二滩公园	—	—	—	—	—	—
市林业局机关	—	—	—	—	—	—
盐边林业局	140	140	—	—	4067	2967
普威林业局	300	300	—	—	3932	3906
其他单位	—	—	—	—	—	—
泸州市	**8577**	**8577**	**—**	**642**	**12020**	**9390**
市直	—	—	—	—	—	—
江阳区	400	400	—	—	333	36
龙马潭区	67	67	—	—	—	—
泸县	467	467	—	—	553	553
合江县	1833	1833	—	—	2600	800

分县人工、飞播造林和人工更新、封山(沙)育林完成情况

单位:公顷

地区	一、本年度检查验收合格造林面积			二、人工更新面积	三、新封山(沙)育林面积	
	合计	1. 人工造林	2. 飞播造林		计	其中:无林地和疏林地新封
纳溪区	1167	1167	—	—	866	333
叙永县	3010	3010	—	642	3734	3734
古蔺县	1633	1633	—	—	3934	3934
其他单位	—	—	—	—	—	—
德阳市	**834**	**834**	**—**	**—**	**3473**	**422**
市直	—	—	—	—	—	—
旌阳区	467	467	—	—	240	—
罗江区	367	367	—	—	400	—
绵竹市	—	—	—	—	1253	11
中江县	—	—	—	—	600	278
什邡市	—	—	—	—	620	—
广汉市	—	—	—	—	227	—
方大集团	—	—	—	—	—	—
德阳市伐木厂	—	—	—	—	133	133
其他单位	—	—	—	—	—	—
绵阳市	**6833**	**6833**	**—**	**—**	**15453**	**1666**
市直	—	—	—	—	—	—
涪城区	67	67	—	—	—	—
游仙区	600	600	—	—	667	—
三台县	2000	2000	—	—	1533	333
盐亭县	1000	1000	—	—	1133	333
安县	1367	1367	—	—	2660	333
梓潼县	—	—	—	—	667	—
北川县	1133	1133	—	—	4427	334
平武县	333	333	—	—	2240	—
江油市	333	333	—	—	2126	333
其他单位	—	—	—	—	—	—
广元市	**28487**	**14666**	**13821**	**—**	**12358**	**9689**
市直	—	—	—	—	—	—
市中区	3600	1353	2247	—	1293	1293
元坝区	1274	667	607	—	906	117
朝天区	2880	2200	680	—	934	934
旺苍县	11840	3100	8740	—	3213	1333
青川县	7494	5947	1547	—	4500	4500
剑阁县	733	733	—	—	666	666
苍溪县	666	666	—	—	846	846
其他单位	—	—	—	—	—	—
遂宁市	**3268**	**3268**	**—**	**—**	**2783**	**—**
船山区	534	534	—	—	234	—
安居区	1200	1200	—	—	681	—
市中区木材公司	—	—	—	—	—	—
市木材公司	—	—	—	—	—	—
蓬溪县	714	714	—	—	934	—
射洪县	80	80	—	—	334	—
大英县	740	740	—	—	600	—
其他单位	—	—	—	—	—	—
内江市	**2893**	**2893**	**—**	**—**	**5156**	**—**
市直	—	—	—	—	—	—
市中区	—	—	—	—	233	—
内江市木材总公司	—	—	—	—	—	—

分县人工、飞播造林和人工更新、封山(沙)育林完成情况

单位:公顷

地区	一、本年度检查验收合格造林面积			二、人工更新面积	三、新封山(沙)育林面积	
	合计	1. 人工造林	2. 飞播造林		计	其中:无林地和疏林地新封
鸿森木材公司	—	—	—	—	—	—
林产二公司	—	—	—	—	—	—
东兴区	—	—	—	—	467	—
威远县	—	—	—	—	1466	—
资中县	2227	2227	—	—	1895	—
隆昌县	666	666	—	—	1095	—
其他单位	—	—	—	—	—	—
乐山市	**11164**	**11164**	**—**	**—**	**12509**	**6459**
市直	—	—	—	—	—	—
市中区	—	—	—	—	—	—
沙湾区	133	133	—	—	—	—
五通桥区	1766	1766	—	—	633	—
金口河区	200	200	—	—	1533	1533
犍为县	333	333	—	—	133	—
井研县	333	333	—	—	—	—
夹江县	333	333	—	—	—	—
沐川县	1532	1532	—	—	933	357
峨边彝族自治县	667	667	—	—	1210	667
马边彝族自治县	914	914	—	—	1667	1667
峨眉山市	1266	1266	—	—	800	800
川南林业局	3687	3687	—	—	5600	1435
眉山市	**7306**	**7306**	**—**	**—**	**5079**	**67**
东坡区	1700	1700	—	—	700	—
彭山	1200	1200	—	—	367	67
仁寿	1633	1633	—	—	1433	—
丹棱	773	773	—	—	700	—
青神	—	—	—	—	633	—
洪雅	2000	2000	—	—	1246	—
其他单位	—	—	—	—	—	—
南充市	**11672**	**11672**	**—**	**—**	**8285**	**6845**
顺庆区	667	667	—	—	1200	1150
高坪区	453	453	—	—	733	733
嘉陵区	567	567	—	—	886	886
阆中市	1533	1533	—	—	666	509
南部县	1933	1933	—	—	700	700
营山县	920	920	—	—	933	933
蓬安县	2266	2266	—	—	1233	—
仪陇县	1800	1800	—	—	1334	1334
西充县	1533	1533	—	—	600	600
其他单位	—	—	—	—	—	—
宜宾市	**8986**	**8986**	**—**	**920**	**9325**	**2789**
翠屏区	333	333	—	141	533	533
宜宾县	1000	1000	—	—	767	—
南溪县	666	666	—	—	733	—
江安县	540	540	—	—	420	—
长宁县	560	560	—	—	1000	—
高县	1934	1934	—	353	1100	767
筠连县	700	700	—	199	933	933
珙县	520	520	—	227	966	556
兴文县	1800	1800	—	—	1566	—

分县人工、飞播造林和人工更新、封山(沙)育林完成情况

单位:公顷

地　区	一、本年度检查验收合格造林面积			二、人工更新面积	三、新封山(沙)育林面积	
	合计	1. 人工造林	2. 飞播造林		计	其中:无林地和疏林地新封
屏山县	933	933	—	—	1307	—
其他单位	—	—	—	—	—	—
广安市	**6334**	**6334**	**—**	**—**	**6664**	**5094**
华蓥市	667	667	—	—	1100	838
广安县	933	933	—	—	966	560
岳池县	1667	1667	—	—	1033	1033
武胜县	1800	1800	—	—	1331	1331
邻水县	1267	1267	—	—	2234	1332
其他单位	—	—	—	—	—	—
达州市	**9186**	**9186**	**—**	**—**	**19200**	**15213**
通川区	—	—	—	—	773	217
万源市	2600	2600	—	—	5266	5266
达县	2600	2600	—	—	2934	667
宣汉县	1200	1200	—	—	4686	4686
开江县	1466	1466	—	—	2254	2254
大竹县	587	587	—	—	1980	816
渠县	733	733	—	—	1307	1307
巴中市	**4801**	**4801**	**—**	**—**	**16413**	**4481**
巴州区	600	600	—	—	2080	1234
通江县	1335	1335	—	—	4333	1183
南江县	1733	1733	—	—	5333	1397
平昌县	1133	1133	—	—	4667	667
其他单位	—	—	—	—	—	—
资阳市	**4199**	**4199**	**—**	**—**	**3420**	**3420**
乐至县	1133	1133	—	—	687	687
安岳县	1133	1133	—	—	800	800
雁江区	1200	1200	—	—	1133	1133
简阳市	733	733	—	—	800	800
其他单位	—	—	—	—	—	—
雅安市	**6579**	**6579**	**—**	**—**	**16013**	**1666**
雨城区	1466	1466	—	—	1133	—
名山县	594	594	—	—	933	333
荥经县	1000	1000	—	—	1507	—
汉源县	1000	1000	—	—	3266	666
石棉县	599	599	—	—	3267	—
天全县	267	267	—	—	1533	—
芦山县	853	853	—	—	1247	—
宝兴县	133	133	—	—	1600	667
夹金山	667	667	—	—	1527	—
其他单位	—	—	—	—	—	—
阿坝藏族羌族自治州	**13732**	**13732**	**—**	**—**	**33780**	**18158**
汶川县	191	191	—	—	1466	333
理县	—	—	—	—	273	15
茂县	2767	2767	—	—	2510	2510
松潘县	333	333	—	—	1793	1293
九寨县	687	687	—	—	2694	2066
金川县	—	—	—	—	1920	1333
小金县	362	362	—	—	1726	1669
黑水县	433	433	—	—	2641	8
马尔康县	467	467	—	—	2220	—

分县人工、飞播造林和人工更新、封山(沙)育林完成情况

单位:公顷

地　区	一、本年度检查验收合格造林面积			二、人工更新面积	三、新封山(沙)育林面积	
	合计	1. 人工造林	2. 飞播造林		计	其中:无林地和疏林地新封
壤塘县	—	—	—	—	1814	—
阿坝县	58	58	—	—	550	391
若尔盖县	—	—	—	—	547	547
红原县	—	—	—	—	1015	307
州林业局及直属单位	106	106	—	—	905	905
川西林业局	433	433	—	—	1094	286
黑水林业局	1062	1062	—	—	2202	2202
松潘林业局	888	888	—	—	1368	1186
南坪林业局	813	813	—	—	913	48
马尔康林业局	1087	1087	—	—	2003	2003
观音桥林业局	707	707	—	—	704	567
小金林业局	814	814	—	—	1107	—
壤塘林业局	181	181	—	—	1301	489
岷江水运局	2100	2100	—	—	—	—
阿坝州筑路处	243	243	—	—	1014	—
其他单位	—	—	—	—	—	—
甘孜藏族自治州	**26202**	**5422**	**20780**	**—**	**20381**	**18504**
康定县	269	269	—	—	672	672
泸定县	429	429	—	—	1003	1003
丹巴县	827	614	213	—	667	667
九龙县	—	—	—	—	667	383
雅江县	3534	201	3333	—	1080	1080
道孚县	4507	227	4280	—	1337	1337
炉霍县	—	—	—	—	880	880
甘孜县	3334	—	3334	—	537	537
新龙县	134	134	—	—	1200	1200
德格县	—	—	—	—	542	542
白玉县	—	—	—	—	886	886
石渠县	—	—	—	—	453	453
色达县	—	—	—	—	534	213
理塘县	1333	—	1333	—	1000	1000
巴塘县	5528	135	5393	.	855	855
乡城县	—	—	—	—	669	—
稻城县	—	—	—	—	684	684
得荣县	67	67	—	—	1000	1000
白玉林业局	447	447	—	—	467	467
力邱河林业局	528	261	267	—	670	670
丹巴林业局	1647	160	1487	—	1333	1333
道孚林业局	949	842	107	—	668	601
炉霍林业局	467	467	—	—	539	539
翁达林场	200	200	—	—	453	453
新龙林业局	700	700	—	—	780	244
甘孜木综厂	—	—	—	—	—	—
甘孜林运司	—	—	—	—	—	—
甘孜成都采购站	—	—	—	—	—	—
甘孜州工程处	1302	269	1033	—	805	805
其他单位	—	—	—	—	—	—
凉山彝族自治州	**26393**	**21234**	**5159**	**1635**	**50210**	**21454**
西昌市	91	91	—	—	800	191
木里藏族自治县	1333	1333	—	—	200	200

分县人工、飞播造林和人工更新、封山(沙)育林完成情况

单位:公顷

地　区	一、本年度检查验收合格造林面积			二、人工更新面积	三、新封山(沙)育林面积	
	合计	1. 人工造林	2. 飞播造林		计	其中:无林地和疏林地新封
盐源县	91	91	—	—	2600	—
德昌县	867	867	—	—	1627	110
会理县	1200	400	800	—	927	—
会东县	566	566	—	—	2234	924
宁南县	445	445	—	—	867	800
普格县	200	200	—	—	1433	481
布拖县	1147	1147	—	—	2433	2433
金阳县	1809	1809	—	—	1867	228
昭觉县	1850	417	1433	—	1900	—
喜德县	1686	1686	—	—	1920	454
冕宁县	5607	4258	1349	1635	1907	—
越西县	313	313	—	—	2067	1820
甘洛县	898	898	—	—	2400	—
美姑县	867	867	—	—	2334	127
雷波县	207	207	—	—	2467	—
雷波林业局	1319	1319	—	—	5440	5440
木里林业局	3310	1733	1577	—	6600	184
凉北林业局	1547	1547	—	—	4260	4135
川林五处	1040	1040	—	—	3927	3927
其他单位	—	—	—	—	—	—
大渡河造林局	**19338**	**8005**	**11333**	**—**	**7394**	**4436**
长江造林局	**21795**	**10147**	**11648**	**—**	**6987**	**6853**
贵州	**135597**	**132183**	**3414**	**84**	**131933**	**103155**
贵阳市	**3466**	**3466**	**—**	**—**	**1999**	**1923**
南明区	—	—	—	—	—	—
云岩区	—	—	—	—	—	—
花溪区	800	800	—	—	467	467
乌当区	80	80	—	—	867	867
白云区	—	—	—	—	—	—
开阳县	406	406	—	—	67	50
息烽县	267	267	—	—	132	73
修文县	640	640	—	—	466	466
清镇县	1273	1273	—	—	—	—
小河区	—	—	—	—	—	—
金阳高新	—	—	—	—	—	—
长坡岭林场	—	—	—	—	—	—
顺海林场	—	—	—	—	—	—
六盘水市	**7366**	**7366**	**—**	**14**	**8434**	**8434**
钟山区	167	167	—	—	167	167
盘县	3766	3766	—	14	3333	3333
六枝特区	333	333	—	—	1267	1267
水城县	3100	3100	—	—	3667	3667
遵义市	**32394**	**30460**	**1934**	**—**	**27934**	**16760**
遵义县	2967	2967	—	—	1333	1333
赤水市	6667	6667	—	—	4000	—
桐梓县	2334	1667	667	—	2667	2001
绥阳县	4000	4000	—	—	3200	3200
正安县	4000	4000	—	—	3800	3092
道真仡佬族苗族自治县	1667	1000	667	—	2667	2447
务川仡佬族苗族自治县	3193	3193	—	—	2800	259

分县人工、飞播造林和人工更新、封山(沙)育林完成情况

单位:公顷

地 区	一、本年度检查验收合格造林面积			二、人工更新面积	三、新封山(沙)育林面积	
	合计	1. 人工造林	2. 飞播造林		计	其中:无林地和疏林地新封
凤冈县	2020	1687	333	—	1667	1000
湄潭县	1373	1106	267	—	1000	1000
余庆县	553	553	—	—	—	—
仁怀县	167	167	—	—	300	142
习水县	2400	2400	—	—	4000	1953
红花岗区	227	227	—	—	167	—
开发区	—	—	—	—	—	—
汇川区	366	366	—	—	333	333
市林业局	460	460	—	—	—	—
铜仁地区	**16201**	**15973**	**228**	**—**	**14041**	**11190**
铜仁市	1440	1307	133	—	1000	183
江口县	334	334	—	—	1334	1334
玉屏侗族自治县	606	606	—	—	634	634
石阡县	1553	1553	—	—	1934	1934
思南县	1067	1067	—	—	1367	1319
印江土家族苗族自治县	1448	1353	95	—	1505	1254
德江县	2000	2000	—	—	1333	1333
沿河土家族自治县	3047	3047	—	—	2667	1063
松桃苗族自治县	4333	4333	—	—	1667	1536
万山特区	373	373	—	—	600	600
黔西南布依族苗族自治州	**19847**	**19847**	**—**	**—**	**13936**	**13936**
兴义市	2033	2033	—	—	966	966
兴仁县	700	700	—	—	1000	1000
普安县	3220	3220	—	—	1200	1200
晴隆县	1847	1847	—	—	2667	2667
贞丰县	2247	2247	—	—	667	667
望谟县	3353	3353	—	—	2467	2467
册亨县	2920	2920	—	—	3003	3003
安龙县	3527	3527	—	—	1833	1833
顶效开发区	—	—	—	—	133	133
州普晴林场	—	—	—	—	—	—
州巧马林场	—	—	—	—	—	—
毕节地区	**18185**	**17600**	**585**	**10**	**20882**	**14579**
毕节县	2826	2826	—	—	1667	1667
大方县	3333	3333	—	—	6000	1500
黔西县	980	980	—	—	1467	1467
金沙县	2607	2607	—	—	1000	1000
织金县	1807	1807	—	6	2133	2133
纳雍县	2273	2273	—	4	1600	1467
威宁彝族回族苗族自治县	2252	1667	585	—	4549	2879
赫章县	2107	2107	—	—	2466	2466
百里杜鹃保护处	—	—	—	—	—	—
安顺市	**7366**	**6966**	**400**	**5**	**6504**	**6504**
西秀区	1000	800	200	—	600	600
平坝县	67	67	—	—	539	539
普定县	233	233	—	—	100	100
关岭布依族苗族自治县	999	999	—	5	1199	1199
镇宁布依族苗族自治县	1867	1667	200	—	1333	1333
紫云苗族布依族自治县	3000	3000	—	—	2333	2333
黄果树管委会	133	133	—	—	333	333

分县人工、飞播造林和人工更新、封山(沙)育林完成情况

单位:公顷

地 区	一、本年度检查验收合格造林面积			二、人工更新面积	三、新封山(沙)育林面积	
	合计	1. 人工造林	2. 飞播造林		计	其中:无林地和疏林地新封
开发区	67	67	—	—	67	67
黔东南苗族侗族自治州	**15554**	**15554**	**—**	**—**	**19156**	**13716**
凯里市	167	167	—	—	1168	1044
黄平县	2307	2307	—	—	2068	2068
施秉县	734	734	—	—	1534	1534
三穗县	287	287	—	—	701	701
镇远县	1087	1087	—	—	1535	1107
岑巩县	267	267	—	—	534	421
天柱县	—	—	—	—	547	500
锦屏县	334	334	—	—	1395	1395
剑河县	734	734	—	—	2668	2507
台江县	1131	1131	—	—	367	367
黎平县	1801	1801	—	—	1967	—
榕江县	1188	1188	—	—	1668	392
从江县	1202	1202	—	—	1001	1001
雷山县	1287	1287	—	—	1034	216
麻江县	499	499	—	—	434	—
丹寨县	975	975	—	—	535	463
雷公山自然保护区	—	—	—	—	—	—
州林业局	1554	1554	—	—	—	—
黔南布依族苗族自治州	**14951**	**14951**	**—**	**—**	**14189**	**13937**
都匀市	867	867	—	—	1000	1000
荔波县	1667	1667	—	—	333	333
贵定县	2060	2060	—	—	2133	2133
福泉县	387	387	—	—	667	667
瓮安县	120	120	—	—	367	367
独山县	1621	1621	—	—	886	886
平塘县	1047	1047	—	—	569	569
罗甸县	1620	1620	—	—	2600	2600
长顺县	1801	1801	—	—	2001	2001
龙里县	520	520	—	—	800	548
惠水县	1666	1666	—	—	2000	2000
三都水族自治县	1575	1575	—	—	833	833
省直单位	**267**	**—**	**267**	**55**	**4858**	**2176**
省龙里林场	—	—	—	55	—	—
省扎佐林场	—	—	—	—	333	269
梵净山自然保护区	—	—	—	—	133	133
茂兰自然保护区	—	—	—	—	667	667
习水自然保护区	—	—	—	—	266	266
麻阳河自然保护区	—	—	—	—	667	—
大沙河自然保护区	—	—	—	—	1659	—
宽阔水自然保护区	267	—	267	—	1133	841
云南	**207923**	**163598**	**44325**	**10926**	**188385**	**71197**
昆明市	**6134**	**3134**	**3000**	**—**	**11601**	**9236**
五华区	67	67	—	—	667	667
盘龙区	—	—	—	—	—	—
东川区	2066	733	1333	—	4000	4000
官渡区	—	—	—	—	—	—
西山区	67	67	—	—	667	—
呈贡县	67	67	—	—	67	—

分县人工、飞播造林和人工更新、封山(沙)育林完成情况

单位:公顷

地区	一、本年度检查验收合格造林面积			二、人工更新面积	三、新封山(沙)育林面积	
	合计	1.人工造林	2.飞播造林		计	其中:无林地和疏林地新封
晋宁县	133	133	—	—	267	—
安宁县	67	67	—	—	67	67
富民县	334	334	—	—	67	—
宜良县	1000	1000	—	—	466	466
石林县	—	—	—	—	—	—
嵩明县	400	133	267	—	600	467
禄劝县	1733	333	1400	—	2733	2733
寻甸县	200	200	—	—	2000	836
昭通市	**13653**	**7865**	**5788**	**—**	**14278**	**1333**
昭阳区	113	66	47	—	820	—
鲁甸县	533	333	200	—	1333	1333
巧家县	4667	2934	1733	—	3333	—
盐津县	533	133	400	—	667	—
大关县	1200	733	467	—	466	—
永善县	433	333	100	—	2900	—
绥江县	3067	2800	267	—	67	—
镇雄县	1733	133	1600	—	—	—
彝良县	907	66	841	—	4159	—
威信县	67	67	—	—	400	—
水富县	400	267	133	—	133	—
曲靖市	**8571**	**6505**	**2066**	**—**	**16734**	**5296**
麒麟区	400	400	—	—	833	100
马龙县	240	240	—	—	267	267
宣威县	1333	467	866	—	4533	4533
富源县	1533	1533	—	—	1667	—
罗平县	2333	1533	800	—	2667	396
师宗县	133	133	—	—	1267	—
陆良县	1333	1333	—	—	1333	—
会泽县	533	533	—	—	2667	—
沾益县	733	333	400	—	1500	—
楚雄彝族自治州	**5867**	**4300**	**1567**	**19**	**10212**	**6338**
楚雄市	67	67	—	—	667	667
双柏县	2320	1686	634	19	433	433
牟定县	133	133	—	—	133	133
南华县	400	400	—	—	713	157
姚安县	67	67	—	—	133	133
大姚县	207	207	—	—	867	—
永仁县	566	233	333	—	467	—
元谋县	1707	1107	600	—	4133	2149
武定县	67	67	—	—	1733	1733
禄丰县	333	333	—	—	933	933
玉溪市	**8668**	**5801**	**2867**	**—**	**8965**	**1800**
红塔区	—	—	—	—	667	—
江川县	—	—	—	—	1333	565
澂江县	—	—	—	—	1053	—
通海县	467	467	—	—	1000	333
华宁县	400	400	—	—	1713	569
易门县	1267	1267	—	—	—	—
峨山县	934	934	—	—	1533	—
新平县	4934	2067	2867	—	333	333

分县人工、飞播造林和人工更新、封山(沙)育林完成情况

单位:公顷

地　区	一、本年度检查验收合格造林面积			二、人工更新面积	三、新封山(沙)育林面积	
	合计	1. 人工造林	2. 飞播造林		计	其中:无林地和疏林地新封
元江县	666	666	—	—	1333	—
红河哈尼族彝族自治州	**24498**	**21763**	**2735**	**548**	**46513**	**5309**
个旧市	1573	1264	309	81	1000	64
开远市	540	247	293	—	2533	2533
蒙自县	1133	1133	—	467	16000	—
屏边县	2867	2867	—	—	867	—
建水县	1267	1267	—	—	1000	288
石屏县	584	584	—	—	1713	556
弥勒县	5867	3734	2133	—	467	467
泸西县	—	—	—	—	1333	—
元阳县	2067	2067	—	—	1467	1310
红河县	1933	1933	—	—	1466	—
金平县	2000	2000	—	—	667	—
绿春县	4000	4000	—	—	17333	—
河口县	667	667	—	—	667	91
文山壮族苗族自治州	**24642**	**17029**	**7613**	**443**	**15759**	**5471**
文山县	837	837	—	—	667	—
砚山县	4263	4263	—	—	1373	—
西畴县	446	446	—	209	2600	—
麻栗坡县	560	560	—	—	1733	1073
马关县	800	800	—	67	1333	—
丘北县	2860	1447	1413	—	1653	10
广南县	11067	4867	6200	—	4667	4388
富宁县	3809	3809	—	167	1733	—
思茅市	**29201**	**29201**	**—**	**9916**	**7266**	**2600**
翠云区	2340	2340	—	2180	—	—
普洱县	4065	4065	—	—	800	133
墨江县	3981	3981	—	—	—	—
景东县	3178	3178	—	—	1400	67
景谷县	2056	2056	—	7003	—	—
镇沅县	1123	1123	—	733	—	—
江城县	1527	1527	—	—	1333	—
孟连县	1569	1569	—	—	667	667
澜沧县	7262	7262	—	—	1333	—
西盟县	2100	2100	—	—	1733	1733
西双版纳傣族自治州	**13519**	**12852**	**667**	**—**	**6333**	**5333**
景洪市	4693	4026	667	—	2000	2000
勐海县	4526	4526	—	—	3333	3333
勐腊县	4300	4300	—	—	1000	—
大理白族自治州	**14678**	**8688**	**5990**	**—**	**9268**	**7454**
大理市	67	67	—	—	200	200
漾濞县	1704	1314	390	—	867	867
祥云县	1800	800	1000	—	333	333
宾川县	2867	200	2667	—	1333	1033
弥渡县	1533	1533	—	—	67	—
南涧县	1133	467	666	—	200	200
巍山县	1000	1000	—	—	67	—
永平县	1174	841	333	—	2333	1553
云龙县	1800	1333	467	—	1667	1667
洱源县	200	200	—	—	600	—

分县人工、飞播造林和人工更新、封山(沙)育林完成情况

单位:公顷

地　区	一、本年度检查验收合格造林面积			二、人工更新面积	三、新封山(沙)育林面积	
	合计	1. 人工造林	2. 飞播造林		计	其中:无林地和疏林地新封
剑川县	333	333	—	—	267	267
鹤庆县	1067	600	467	—	1334	1334
保山市	**6667**	**6667**	**—**	**—**	**10399**	**2602**
隆阳区	2333	2333	—	—	1333	1186
施甸县	—	—	—	—	1334	781
腾冲县	1000	1000	—	—	1333	361
龙陵县	800	800	—	—	1333	274
昌宁县	2534	2534	—	—	5066	—
德宏傣族景颇族自治州	**6940**	**6940**	**—**	**—**	**4666**	**2296**
潞西县	2310	2310	—	—	667	—
梁河县	666	666	—	—	1333	—
盈江县	1200	1200	—	—	1000	630
陇川县	2278	2278	—	—	1000	1000
瑞丽市	266	266	—	—	333	333
畹町市	220	220	—	—	333	333
丽江市	**7898**	**4667**	**3231**	**—**	**7133**	**2498**
玉龙县	940	740	200	—	1913	1381
古城区	213	213	—	—	20	20
永胜县	1713	855	858	—	3067	630
华坪县	3013	1680	1333	—	133	—
宁蒗县	2019	1179	840	—	2000	467
怒江傈僳族自治州	**7906**	**2966**	**4940**	**—**	**5494**	**667**
泸水县	1813	133	1680	—	1467	667
福贡县	1893	1300	593	—	1800	—
贡山县	1667	400	1267	—	1400	—
兰坪县	2533	1133	1400	—	827	—
迪庆藏族自治州	**6501**	**2640**	**3861**	**—**	**9364**	**8564**
中甸县	3980	833	3147	—	2373	1573
德钦县	1880	1213	667	—	6133	6133
维西县	641	594	47	—	858	858
临沧市	**22580**	**22580**	**—**	**—**	**4400**	**4400**
临翔区	1000	1000	—	—	400	400
凤庆县	6567	6567	—	—	667	667
云县	4660	4660	—	—	—	—
永德县	1453	1453	—	—	667	667
镇康县	1200	1200	—	—	667	667
双江县	3587	3587	—	—	667	667
耿马县	760	760	—	—	666	666
沧源县	3353	3353	—	—	666	666
西藏	**13488**	**13488**	**—**	**1844**	**92803**	**9613**
陕西	**198853**	**89372**	**109481**	**—**	**156391**	**68819**
西安市	**5451**	**5451**	**—**	**—**	**9333**	**1376**
新城区	—	—	—	—	—	—
碑林区	—	—	—	—	—	—
莲湖区	—	—	—	—	—	—
灞桥区	133	133	—	—	1000	177
未央区	—	—	—	—	—	—
雁塔区	33	33	—	—	—	—
阎良区	100	100	—	—	—	—
临潼区	406	406	—	—	1333	—

分县人工、飞播造林和人工更新、封山(沙)育林完成情况

单位:公顷

地　区	一、本年度检查验收合格造林面积			二、人工更新面积	三、新封山(沙)育林面积	
	合计	1. 人工造林	2. 飞播造林		计	其中:无林地和疏林地新封
长安区	393	393	—	—	2000	212
蓝田县	1333	1333	—	—	1667	182
周至县	726	726	—	—	1000	667
户县	1974	1974	—	—	2000	—
高陵县	220	220	—	—	—	—
市林业物资公司	—	—	—	—	—	—
市中心苗圃	—	—	—	—	—	—
陕西周至国家级自然保护区	133	133	—	—	333	138
市直	—	—	—	—	—	—
西安泾渭湿地省级自然保护区	—	—	—	—	—	—
铜川市	**12599**	**7666**	**4933**	**—**	**12000**	**3909**
王益区	2466	1933	533	—	2000	—
印台区	2200	1533	667	—	3000	599
耀州区	3866	2533	1333	—	3000	1667
宜君县	4067	1667	2400	—	4000	1643
市直	—	—	—	—	—	—
宝鸡市	**21354**	**11355**	**9999**	**—**	**13633**	**8792**
渭滨区	233	233	—	—	533	318
金台区	667	667	—	—	—	—
陈仓区	3174	1841	1333	—	834	426
凤翔县	2133	800	1333	—	667	217
岐山县	1467	800	667	—	1667	1667
扶风县	934	934	—	—	1266	1266
眉县	1134	1134	—	—	1333	667
陇县	2199	866	1333	—	1333	496
千阳县	3134	1134	2000	—	2000	2000
麟游县	2733	733	2000	—	1000	69
凤县	3133	1800	1333	—	1333	1333
太白县	133	133	—	—	1334	—
辛家山林业局			—	—	333	333
马头滩林业局	280	280	—	—	—	—
市直	—	—	—	—	—	—
咸阳市	**13520**	**8853**	**4667**	**—**	**9734**	**5867**
秦都区	—	—	—	—	—	—
渭城区	—	—	—	—	—	—
三原县	434	434	—	—	333	—
泾阳县	600	600	—	—	667	—
乾县	400	400	—	—	667	667
礼泉县	1800	1133	667	—	1533	—
永寿县	800	800	—	—	1000	333
彬县	1466	1466	—	—	1200	1200
长武县	2487	1820	667	—	1334	1334
旬邑县	2000	667	1333	—	1000	1000
淳化县	3533	1533	2000	—	2000	1333
武功县	—	—	—	—	—	—
兴平市	—	—	—	—	—	—
市直	—	—	—	—	—	—
渭南市	**17622**	**6797**	**10825**	**—**	**12727**	**8946**
临渭区	1734	267	1467	—	1667	1667
华县	2200	866	1334	—	1293	1293

分县人工、飞播造林和人工更新、封山(沙)育林完成情况

单位:公顷

地区	一、本年度检查验收合格造林面积			二、人工更新面积	三、新封山(沙)育林面积	
	合计	1. 人工造林	2. 飞播造林		计	其中:无林地和疏林地新封
潼关县	1433	600	833	—	1167	—
大荔县	333	333	—	—	600	600
合阳县	2200	600	1600	—	867	867
澄城县	2266	799	1467	—	1134	1134
蒲城县	133	133	—	—	666	666
白水县	1333	200	1133	—	1000	1000
富平县	799	799	—	—	1334	1334
韩城市	2133	1200	933	—	2333	—
华阴市	3058	1000	2058	—	666	385
市直	—	—	—	—	—	—
延安市	**20837**	**6837**	**14000**	**—**	**14632**	**7789**
宝塔区	2334	334	2000	—	733	733
延长县	667	—	667	—	667	667
延川县	801	134	667	—	1367	1367
子长县	333	333	—	—	—	—
安塞县	1333	666	667	—	600	600
志丹县	1946	1280	666	—	333	—
吴旗县	1501	834	667	—	333	333
甘泉县	—	—	—	—	—	—
富县	—	—	—	—	333	333
洛川县	3467	134	3333	—	667	—
宜川县	2667	667	2000	—	1333	1126
黄龙县	2900	900	2000	—	1333	1333
黄陵县	—	—	—	—	—	—
劳山林业局	267	267	—	—	1067	1067
桥北林业局	1600	267	1333	—	2000	—
桥山林业局	507	507	—	—	1966	41
黄龙山林业局	514	514	—	—	1900	189
市直	—	—	—	—	—	—
汉中市	**18534**	**8534**	**10000**	**—**	**15266**	**5004**
汉台区	333	333	—	—	667	337
南郑县	934	934	—	—	1333	—
城固县	934	934	—	—	1667	1667
洋县	1601	934	667	—	1333	1333
西乡县	4133	1466	2667	—	1667	—
勉县	1133	1133	—	—	1667	1667
宁强县	3467	800	2667	—	2000	—
略阳县	2133	800	1333	—	1667	—
镇巴县	2200	867	1333	—	1333	—
留坝县	—	—	—	—	599	—
佛坪县	1666	333	1333	—	1333	—
市直	—	—	—	—	—	—
榆林市	**33200**	**16533**	**16667**	**—**	**30067**	**12770**
榆阳区	5000	1000	4000	—	1600	1600
神木县	5000	1000	4000	—	20000	4000
府谷县	1067	1067	—	—	667	370
横山县	6667	2667	4000	—	2334	2334
靖边县	4800	2133	2667	—	1000	—
定边县	4666	3333	1333	—	333	333
绥德县	333	333	—	—	666	666

分县人工、飞播造林和人工更新、封山(沙)育林完成情况

单位:公顷

地　区	一、本年度检查验收合格造林面积			二、人工更新面积	三、新封山(沙)育林面积	
	合计	1. 人工造林	2. 飞播造林		计	其中:无林地和疏林地新封
米脂县	667	667	—	—	333	333
佳县	2467	1800	667	—	667	667
吴堡县	133	133	—	—	667	667
清涧县	1934	1934	—	—	1667	1667
子洲县	466	466	—	—	133	133
市直	—	—	—	—	—	—
安康市	**29202**	**8811**	**20391**	**—**	**11334**	**3882**
汉滨区	5083	400	4683	—	333	—
汉阴县	3215	1133	2082	—	1667	1667
石泉县	933	933	—	—	1667	548
宁陕县	679	679	—	—	2000	—
紫阳县	5904	466	5438	—	667	—
岚皋县	1835	467	1368	—	667	667
平利县	2200	2200	—	—	1667	1000
镇坪县	533	533	—	—	333	—
旬阳县	5834	467	5367	—	667	—
白河县	2986	1533	1453	—	1666	—
市直	—	—	—	—	—	—
商洛市	**26067**	**8068**	**17999**	**—**	**14533**	**10484**
商州区	3401	734	2667	—	1200	1200
洛南县	3534	867	2667	—	2000	800
丹凤县	2200	867	1333	—	1667	1516
商南县	3200	867	2333	—	1667	861
山阳县	3866	1533	2333	—	2333	2333
镇安县	4933	1600	3333	—	2333	1000
柞水县	4933	1600	3333	—	3333	2774
市直	—	—	—	—	—	—
杨凌区	**200**	**200**	**—**	**—**	**—**	**—**
省直单位	**267**	**267**	**—**	**—**	**13132**	**—**
宁西林业局	—	—	—	—	1600	—
太白林业局	—	—	—	—	2800	—
宁东林业局	—	—	—	—	3533	—
汉西林业局	—	—	—	—	1533	—
龙草坪林业局	—	—	—	—	1333	—
长青林业局	—	—	—	—	—	—
朱鹮站	—	—	—	—	—	—
楼观台	267	267	—	—	1000	—
基金站	—	—	—	—	—	—
长青局	—	—	—	—	1000	—
太白局	—	—	—	—	—	—
省治沙所	—	—	—	—	333	—
甘肃	**247601**	**234335**	**13266**	**—**	**96066**	**87592**
兰州市	**9595**	**9595**	**—**	**—**	**3666**	**3399**
市直	3195	3195	—	—	333	333
城关区	68	68	—	—	200	200
七里河区	67	67	—	—	200	200
西固区	633	633	—	—	333	333
安宁区	—	—	—	—	—	—
红古区	538	538	—	—	200	200
永登县	2000	2000	—	—	1267	1000

分县人工、飞播造林和人工更新、封山(沙)育林完成情况

单位:公顷

地区	一、本年度检查验收合格造林面积			二、人工更新面积	三、新封山(沙)育林面积	
	合计	1.人工造林	2.飞播造林		计	其中:无林地和疏林地新封
皋兰县	2605	2605	—	—	800	800
榆中县	489	489	—	—	333	333
嘉峪关市	**470**	**470**	**—**	**—**	**333**	**333**
市直	470	470	—	—	333	333
金昌市	**800**	**800**	**—**	**—**	**2713**	**2333**
市直	133	133	—	—	—	—
金川区	—	—	—	—	913	533
永昌县	667	667	—	—	1800	1800
白银市	**19551**	**19551**	**—**	**—**	**5472**	**4666**
市直	—	—	—	—	—	—
白银区	860	860	—	—	333	333
平川区	755	755	—	—	333	333
靖远县	5923	5923	—	—	1867	1667
会宁县	8480	8480	—	—	1333	1333
景泰县	3533	3533	—	—	1606	1000
天水市	**23454**	**23454**	**—**	**—**	**9953**	**9953**
市直	—	—	—	—	—	—
秦城区	4000	4000	—	—	2353	2353
北道区	4066	4066	—	—	1800	1800
清水县	5907	5907	—	—	1467	1467
秦安县	733	733	—	—	466	466
甘谷县	4380	4380	—	—	1667	1667
武山县	3794	3794	—	—	1000	1000
张家川回族自治县	574	574	—	—	1200	1200
酒泉市	**2261**	**2261**	**—**	**—**	**8873**	**8873**
玉门市	800	800	—	—	3000	3000
肃州区	336	336	—	—	1240	1240
敦煌市	200	200	—	—	2287	2287
金塔县	200	200	—	—	1240	1240
肃北蒙古族自治县	—	—	—	—	333	333
阿克塞哈萨克族自治县	—	—	—	—	200	200
安西县	725	725	—	—	573	573
市直	—	—	—	—	—	—
张掖市	**6976**	**6976**	**—**	**—**	**5667**	**5667**
甘州区	480	480	—	—	667	667
肃南裕固族自治县	—	—	—	—	667	667
民乐县	1941	1941	—	—	1667	1667
临泽县	27	27	—	—	333	333
高台县	7	7	—	—	333	333
山丹县	4121	4121	—	—	1333	1333
市直	400	400	—	—	667	667
武威市	**2621**	**2621**	**—**	**—**	**7972**	**7592**
凉州区	267	267	—	—	833	833
林业局机关	—	—	—	—	—	—
林业技术服务中心	—	—	—	—	—	—
石羊河林业总场	200	200	—	—	473	473
苏武山林场	—	—	—	—	667	667
钱学森沙产业中心实验室	—	—	—	—	—	—
上方寺林场	—	—	—	—	—	—
民勤县	1554	1554	—	—	4666	4666

分县人工、飞播造林和人工更新、封山(沙)育林完成情况

单位:公顷

地　区	一、本年度检查验收合格造林面积			二、人工更新面积	三、新封山(沙)育林面积	
	合计	1. 人工造林	2. 飞播造林		计	其中:无林地和疏林地新封
古浪县	533	533	—	—	620	620
天祝藏族自治县	67	67	—	—	713	333
定西市	**28791**	**28458**	**333**	**—**	**5773**	**5773**
安定区	11132	10932	200	—	1088	1088
通渭县	3767	3634	133	—	466	466
陇西县	2573	2573	—	—	667	667
渭源县	1533	1533	—	—	800	800
临洮县	2866	2866	—	—	1086	1086
漳县	3867	3867	—	—	1200	1200
岷县	3053	3053	—	—	466	466
市直	—	—	—	—	—	—
陇南市	**35233**	**34366**	**867**	**—**	**8800**	**8800**
武都区	6767	6767	—	—	867	867
宕昌县	3733	3733	—	—	733	733
成县	3000	3000	—	—	1333	1333
康县	3933	3933	—	—	1000	1000
文县	3200	3200	—	—	1000	1000
西和县	4333	4333	—	—	867	867
礼县	5600	5000	600	—	600	600
两当县	1467	1200	267	—	800	800
徽县	2867	2867	—	—	1200	1200
岷江林业总场	133	133	—	—	267	267
康南林业总场	200	200	—	—	133	133
地直单位	—	—	—	—	—	—
平凉市	**38141**	**35608**	**2533**	**—**	**5661**	**5188**
崆峒区	2320	2120	200	—	940	940
泾川县	7966	7633	333	—	1140	667
灵台县	7266	6933	333	—	667	667
崇信县	5467	5200	267	—	333	333
华亭县	2414	2214	200	—	667	667
庄浪县	3740	3407	333	—	713	713
静宁县	5367	5167	200	—	667	667
关山林管局	2001	1334	667	—	534	534
市直	1600	1600	—	—	—	—
庆阳市	**44979**	**41379**	**3600**	**—**	**9626**	**9626**
西峰区	2733	2733	—	—	333	333
庆城县	7360	7227	133	—	667	667
环县	11706	11440	266	—	1980	1980
华池县	4733	4533	200	—	1380	1380
合水县	1266	1066	200	—	333	333
正宁县	2433	2233	200	—	333	333
宁县	4360	4160	200	—	333	333
镇原县	5447	5314	133	—	533	533
华池林业总场	1380	713	667	—	1667	1667
合水林业总场	1367	700	667	—	1000	1000
正宁林业总场	727	460	267	—	467	467
湘乐林业总场	1467	800	667	—	600	600
巴家嘴林场	—	—	—	—	—	—
临夏回族自治州	**12031**	**11764**	**267**	**—**	**5267**	**5267**
临夏市	—	—	—	—	—	—

分县人工、飞播造林和人工更新、封山(沙)育林完成情况

单位:公顷

地区	一、本年度检查验收合格造林面积			二、人工更新面积	三、新封山(沙)育林面积	
	合计	1. 人工造林	2. 飞播造林		计	其中:无林地和疏林地新封
临夏县	2073	2073	—	—	667	667
康乐县	2449	2449	—	—	667	667
永靖县	2333	2333	—	—	667	667
广河县	2000	2000	—	—	667	667
和政县	843	576	267	—	333	333
东乡族自治县	1333	1333	—	—	1933	1933
积石山保安族东乡族撒拉族自治县	1000	1000	—	—	333	333
州直单位	—	—	—	—	—	—
甘南藏族自治州	**1022**	**1022**	**—**	**—**	**4334**	**4334**
临潭县	33	33	—	—	334	334
卓尼县	333	333	—	—	534	534
舟曲县	334	334	—	—	533	533
迭部县	255	255	—	—	1000	1000
玛曲县	—	—	—	—	—	—
碌曲县	—	—	—	—	666	666
夏河县	—	—	—	—	800	800
合作市	67	67	—	—	467	467
州直单位	—	—	—	—	—	—
厅直单位	**21676**	**16010**	**5666**	**—**	**11956**	**5788**
甘肃祁连山国家自然保护区管理局	—	—	—	—	1800	1800
甘肃兴隆山国家自然保护区管理局	—	—	—	—	—	—
甘肃莲花山自然保护区管理局	—	—	—	—	—	—
太子山林场	1333	1000	333	—	1466	1333
甘肃省白水江国家级自然保护区管理局	717	717	—	—	867	667
省农垦公司	533	533	—	—	—	—
尕海则岔国家级自然保护区管理局	—	—	—	—	206	206
甘肃省白龙江林业管理局	13087	7754	5333	—	3593	593
甘肃省小陇山林业实验局	6006	6006	—	—	4024	1189
青海	**46748**	**46748**	**—**	**—**	**64443**	**61522**
西宁市	**2750**	**2750**	**—**	**—**	**8067**	**8067**
市林业局	743	743	—	—	—	—
城东区	42	42	—	—	—	—
城中区	—	—	—	—	—	—
城西区	69	69	—	—	—	—
城北区	—	—	—	—	—	—
城南区	—	—	—	—	—	—
大通回族土族自治县	307	307	—	—	2200	2200
湟中县	733	733	—	—	2867	2867
湟源县	856	856	—	—	3000	3000
海东地区	**11211**	**11211**	**—**	**—**	**16200**	**16200**
平安县	1356	1356	—	—	1000	1000
民和回族土族自治县	2180	2180	—	—	3267	3267
乐都县	2405	2405	—	—	1667	1667
互助土族自治县	2807	2807	—	—	3933	3933
化隆回族自治县	952	952	—	—	2800	2800
循化撒拉族自治县	1511	1511	—	—	2600	2600
孟达自然保护区管理局	—	—	—	—	—	—
海东林业局	—	—	—	—	933	933
海北藏族自治州	**546**	**546**	**—**	**—**	**4600**	**4600**
州林业局	—	—	—	—	—	—

分县人工、飞播造林和人工更新、封山(沙)育林完成情况

单位:公顷

地 区	一、本年度检查验收合格造林面积			二、人工更新面积	三、新封山(沙)育林面积	
	合计	1. 人工造林	2. 飞播造林		计	其中:无林地和疏林地新封
门源回族自治县	113	113	—	—	3267	3267
祁连县	33	33	—	—	333	333
海晏县	400	400	—	—	1000	1000
刚察县	—	—	—	—	—	—
青海湖农场	—	—	—	—	—	—
浩门农场	—	—	—	—	—	—
三角城种羊场	—	—	—	—	—	—
黄南藏族自治州	**300**	**300**	**—**	**—**	**667**	**667**
州林业局	—	—	—	—	—	—
同仁县	233	233	—	—	—	—
尖扎县	67	67	—	—	—	—
泽库县	—	—	—	—	667	667
河南蒙古族自治县	—	—	—	—	—	—
海南藏族自治州	**10787**	**10787**	**—**	**—**	**9068**	**9068**
州林业局	—	—	—	—	—	—
共和县	466	466	—	—	667	667
同德县	680	680	—	—	667	667
贵德县	667	667	—	—	667	667
兴海县	446	446	—	—	2867	2867
贵南县	2325	2325	—	—	1667	1667
贵南草业开发公司	—	—	—	—	—	—
塘格木农场	50	50	—	—	—	—
巴仓农场	—	—	—	—	733	733
同德牧草良种繁殖场	6153	6153	—	—	—	—
河卡种羊场	—	—	—	—	1000	1000
湖东种羊场	—	—	—	—	800	800
果洛藏族自治州	**55**	**55**	**—**	**—**	**3643**	**1609**
州林业局	—	—	—	—	—	—
玛沁县	55	55	—	—	933	933
班玛县	—	—	—	—	676	676
甘德县	—	—	—	—	701	—
达日县	—	—	—	—	333	—
久治县	—	—	—	—	1000	—
玛多县	—	—	—	—	—	—
玉树藏族自治州	**1043**	**1043**	**—**	**—**	**933**	**933**
州林业局	33	33	—	—	933	933
玉树县	121	121	—	—	—	—
杂多县	—	—	—	—	—	—
称多县	470	470	—	—	—	—
治多县	—	—	—	—	—	—
囊谦县	286	286	—	—	—	—
曲麻莱县	133	133	—	—	—	—
海西蒙古族藏族自治州	**19662**	**19662**	**—**	**—**	**20332**	**20332**
格尔木市	8	8	—	—	333	333
德令哈市	6041	6041	—	—	5333	5333
乌兰县	6413	6413	—	—	6667	6667
都兰县	6200	6200	—	—	6000	6000
天峻县	—	—	—	—	1333	1333
州林业局	—	—	—	—	—	—
大柴旦	667	667	—	—	333	333

分县人工、飞播造林和人工更新、封山(沙)育林完成情况

单位:公顷

地　区	一、本年度检查验收合格造林面积			二、人工更新面积	三、新封山(沙)育林面积	
	合计	1. 人工造林	2. 飞播造林		计	其中:无林地和疏林地新封
芒崖	333	333	—	—	333	333
冷湖	—	—	—	—	—	—
格尔木农场	—	—	—	—	—	—
诺木洪农场	—	—	—	—	—	—
局属单位	**394**	**394**	**—**	**—**	**933**	**46**
南北山绿化指挥部办公室	287	287	—	—	—	—
玛可河林业局	107	107	—	—	933	46
宁夏	**112924**	**108580**	**4344**	**—**	**44200**	**34373**
银川市	**11773**	**9496**	**2278**	**—**	**9333**	**9333**
兴庆区	135	135	—	—	667	667
金凤区	130	130	—	—	—	—
西夏区	724	724	—	—	2000	2000
灵武市	7758	5480	2278	—	2667	2667
永宁县	863	863	—	—	2000	2000
贺兰县	1460	1460	—	—	667	667
银川市直	704	704	—	—	667	667
贺兰山林管局	—	—	—	—	667	667
监狱局	—	—	—	—	—	—
石嘴山市	**4930**	**4196**	**733**	**—**	**2200**	**1533**
市直	533	533	—	—	667	667
惠农县	826	826	—	—	667	667
平罗县	3570	2837	733	—	867	200
大武口区	—	—	—	—	—	—
吴忠市	**32662**	**31329**	**1333**	**—**	**14667**	**10000**
利通区	2467	2467	—	—	2000	—
青铜峡市	1533	1533	—	—	3133	3133
盐池县	15632	14298	1333	—	3533	3533
同心县	10787	10787	—	—	2667	—
红寺堡管委会	2244	2244	—	—	3333	3333
罗山林管所	—	—	—	—	—	—
固原市	**41620**	**41620**	**—**	**—**	**9333**	**4840**
原洲区	8820	8820	—	—	2000	—
彭阳县	9920	9920	—	—	1333	1333
西吉县	6000	6000	—	—	1333	—
隆德县	5373	5373	—	—	1333	1333
泾源县	11507	11507	—	—	2000	840
六盘山林业局	—	—	—	—	1333	1333
中卫市	**15402**	**15402**	**—**	**—**	**6000**	**6000**
沙坡头区	6038	6038	—	—	4000	4000
中宁县	4546	4546	—	—	667	667
海原县	4819	4819	—	—	1333	1333
农垦管理局	6538	6538	—	—	2667	2667
新疆	**136990**	**130323**	**6667**	**6437**	**122396**	**97506**
乌鲁木齐市	**1864**	**1864**	**—**	**—**	**2000**	**2000**
天山区	233	233	—	—	—	—
沙依巴克区	133	133	—	—	—	—
新市区	20	20	—	—	—	—
头屯河区	10	10	—	—	—	—
水磨沟区	67	67	—	—	—	—
达坂城区	467	467	—	—	333	333

分县人工、飞播造林和人工更新、封山(沙)育林完成情况

单位:公顷

地　区	一、本年度检查验收合格造林面积			二、人工更新面积	三、新封山(沙)育林面积	
	合计	1. 人工造林	2. 飞播造林		计	其中:无林地和疏林地新封
东山区	200	200	—	—	333	333
乌鲁木齐县	734	734	—	—	1334	1334
吐鲁番地区	**2055**	**2055**	**—**	**342**	**2001**	**2001**
吐鲁番市	1487	1487	—	336	667	667
鄯善县	267	267	—	—	667	667
托克逊县	301	301	—	6	667	667
地区林业局	—	—	—	—	—	—
哈密地区	**2375**	**2375**	**—**	**—**	**1666**	**1666**
哈密市	1140	1140	—	—	—	—
巴里坤县	768	768	—	—	1000	1000
伊吾县	467	467	—	—	666	666
昌吉回族自治州	**37786**	**31119**	**6667**	**2053**	**31633**	**31633**
昌吉市	1333	1333	—	—	4233	4233
米泉市	776	776	—	—	—	—
呼图壁县	1998	1998	—	—	667	667
玛纳斯县	1823	1823	—	53	667	667
奇台县	5781	5781	—	—	14666	14666
阜康市	12240	5573	6667	—	8400	8400
吉木萨尔县	9969	9969	—	2000	1667	1667
木垒县	3826	3826	—	—	1333	1333
阜康林场	40	40	—	—	—	—
博尔塔拉蒙古自治州	**2668**	**2668**	**—**	**78**	**10173**	**10173**
博乐市	1998	1998	—	4	3133	3133
精河县	301	301	—	26	2000	2000
温泉县	334	334	—	48	1667	1667
阿拉山口林业局	35	35	—	—	3333	3333
哈日图热格林场	—	—	—	—	40	40
三台林场	—	—	—	—	—	—
精河林场	—	—	—	—	—	—
哈夏林场	—	—	—	—	—	—
巴音郭楞蒙古自治州	**9492**	**9492**	**—**	**116**	**14998**	**12132**
库尔勒市	3132	3132	—	6	2666	666
轮胎县	235	235	—	—	1333	1333
尉犁县	700	700	—	5	3333	2800
若羌县	686	686	—	—	1333	1333
且末县	848	848	—	16	2000	2000
焉耆县	310	310	—	4	2000	2000
和静县	967	967	—	56	667	667
和硕县	2488	2488	—	20	1333	1333
博湖县	126	126	—	9	333	—
巩乃斯林场	—	—	—	—	—	—
州直	—	—	—	—	—	—
阿克苏地区	**23996**	**23996**	**—**	**1065**	**8333**	**8333**
阿克苏市	3899	3899	—	557	—	—
温宿县	2830	2830	—	—	1333	1333
库车县	3186	3186	—	6	—	—
沙雅县	2538	2538	—	6	—	—
新和县	2914	2914	—	—	6667	6667
拜城县	4603	4603	—	183	—	—

分县人工、飞播造林和人工更新、封山(沙)育林完成情况

单位:公顷

地区	一、本年度检查验收合格造林面积			二、人工更新面积	三、新封山(沙)育林面积	
	合计	1.人工造林	2.飞播造林		计	其中:无林地和疏林地新封
乌什县	1651	1651	—	307	333	333
阿瓦提县	2321	2321	—	6	—	—
柯坪县	54	54	—	—	—	—
克孜勒苏柯尔克孜自治州	**6779**	**6779**	**—**	**—**	**4000**	**4000**
阿图什市	3133	3133	—	—	3000	3000
阿克陶县	1733	1733	—	—	—	—
阿合奇县	1133	1133	—	—	667	667
乌恰县	780	780	—	—	333	333
喀什地区	**16225**	**16225**	**—**	**274**	**8727**	**8060**
喀什市	51	51	—	3	—	—
疏附县	2229	2229	—	25	—	—
疏勒县	1241	1241	—	5	—	—
英吉莎县	1333	1333	—	1	2667	2667
泽普县	523	523	—	39	—	—
莎车县	3596	3596	—	186	—	—
叶城县	963	963	—	9	—	—
麦盖提县	343	343	—	6	333	333
岳普湖县	684	684	—	—	2000	2000
伽师县	4139	4139	—	—	1727	1727
巴楚县	1044	1044	—	—	667	—
塔什库尔干县	79	79	—	—	—	—
昆仑山林场	—	—	—	—	1333	1333
和田地区	**11182**	**11182**	**—**	**476**	**7666**	**4439**
和田市	427	427	—	29	667	—
和田县	2834	2834	—	25	2133	—
墨玉县	1464	1464	—	91	667	667
皮山县	1817	1817	—	56	333	333
洛浦县	778	778	—	156	667	240
策勒县	1337	1337	—	54	—	—
于田县	1834	1834	—	65	2666	2666
民丰县	691	691	—	—	533	533
克拉玛依市林业局	**444**	**444**	**—**	**—**	**1267**	**—**
伊犁哈萨克自治州	**12675**	**12675**	**—**	**1642**	**9466**	**4435**
伊宁市	353	353	—	71	—	—
伊宁县	1174	1174	—	631	667	—
察布查尔县	4248	4248	—	30	2000	2000
霍城县	1291	1291	—	67	333	333
巩留县	2067	2067	—	667	1333	135
新源县	548	548	—	113	667	667
昭苏县	533	533	—	—	1333	500
特克斯县	733	733	—	10	800	800
尼勒克县	1179	1179	—	13	2000	—
奎屯市	549	549	—	—	333	—
州直属	—	—	—	40	—	—
塔城地区	**2039**	**2039**	**—**	**—**	**6800**	**1334**
塔城市	362	362	—	—	667	667
额敏县	281	281	—	—	—	—
乌苏市	261	261	—	—	—	—

分县人工、飞播造林和人工更新、封山(沙)育林完成情况

单位:公顷

地区	一、本年度检查验收合格造林面积			二、人工更新面积	三、新封山(沙)育林面积	
	合计	1. 人工造林	2. 飞播造林		计	其中:无林地和疏林地新封
沙湾县	653	653	—	—	3333	—
托里县	307	307	—	—	2000	—
裕民县	148	148	—	—	667	667
和布克赛尔县	27	27	—	—	133	—
阿勒泰地区	**6971**	**6971**	**—**	**322**	**13666**	**7300**
阿勒泰市	733	733	—	—	2400	2000
布尔津县	1567	1567	—	—	1600	667
富蕴县	67	67	—	322	1667	1667
福海县	1707	1707	—	—	666	666
哈巴河县	757	757	—	—	1333	667
青河县	1667	1667	—	—	2000	1633
吉木乃县	473	473	—	—	4000	—
石河子市农林局	**233**	**233**	**—**	**69**	**—**	**—**
林业厅直属单位	**206**	**206**	**—**	**—**	**—**	**—**
天山西部林业局	75	75	—	—	—	—
巩留林场	—	—	—	—	—	—
昭苏林场	—	—	—	—	—	—
特克斯林场	—	—	—	—	—	—
新源林场	—	—	—	—	—	—
尼勒克林场	—	—	—	—	—	—
察布查尔林场	—	—	—	—	—	—
蒙巴拉林场	—	—	—	—	—	—
伊宁林场	—	—	—	—	—	—
霍成林场	—	—	—	—	—	—
青和林场	—	—	—	—	—	—
富蕴林场	—	—	—	—	—	—
福海林场	—	—	—	—	—	—
阿勒泰林场	—	—	—	—	—	—
布尔津林场	—	—	—	—	—	—
哈巴和林场	—	—	—	—	—	—
哈密林场	4	4	—	—	—	—
奇台林场	—	—	—	—	—	—
木垒林场	—	—	—	—	—	—
吉木萨尔林场	3	3	—	—	—	—
米泉林场	—	—	—	—	—	—
板房沟林场	—	—	—	—	—	—
乌鲁木齐南山林场	5	5	—	—	—	—
玛纳斯南山林场	—	—	—	—	—	—
呼图壁林场	—	—	—	—	—	—
玛纳斯平原林场	11	11	—	—	—	—
沙弯林场	—	—	—	—	—	—
乌苏林场	108	108	—	—	—	—
新疆兵团	**26063**	**26063**	**—**	**119**	**14667**	**14667**
农一师	**2559**	**2559**	**—**	**—**	**—**	**—**
1 团	133	133	—	—	—	—
2 团	60	60	—	—	—	—
3 团	424	424	—	—	—	—
4 团	89	89	—	—	—	—

分县人工、飞播造林和人工更新、封山(沙)育林完成情况

单位:公顷

地区	一、本年度检查验收合格造林面积			二、人工更新面积	三、新封山(沙)育林面积	
	合计	1. 人工造林	2. 飞播造林		计	其中:无林地和疏林地新封
5 团	84	84	—	—	—	—
6 团	153	153	—	—	—	—
7 团	153	153	—	—	—	—
8 团	157	157	—	—	—	—
10 团	62	62	—	—	—	—
11 团	220	220	—	—	—	—
12 团	140	140	—	—	—	—
13 团	43	43	—	—	—	—
14 团	143	143	—	—	—	—
15 团	206	206	—	—	—	—
16 团	55	55	—	—	—	—
塔水处	33	33	—	—	—	—
水工处	40	40	—	—	—	—
建安公司	—	—	—	—	—	—
沙水处	6	6	—	—	—	—
阿拉尔农场	130	130	—	—	—	—
南口农场	75	75	—	—	—	—
幸福城农场	46	46	—	—	—	—
阿拉尔市	107	107	—	—	—	—
农二师	**2447**	**2447**	**—**	**—**	**666**	**666**
21 团	308	308	—	—	—	—
22 团	49	49	—	—	—	—
23 团	40	40	—	—	—	—
24 团	145	145	—	—	—	—
25 团	50	50	—	—	—	—
26 团	13	13	—	—	666	666
27 团	37	37	—	—	—	—
28 团	84	84	—	—	—	—
29 团	108	108	—	—	—	—
30 团	117	117	—	—	—	—
31 团	99	99	—	—	—	—
32 团	113	113	—	—	—	—
33 团	73	73	—	—	—	—
34 团	77	77	—	—	—	—
35 团	67	67	—	—	—	—
36 团	497	497	—	—	—	—
223 团	570	570	—	—	—	—
农三师	**1881**	**1881**	**—**	**94**	**—**	**—**
41 团	31	31	—	14	—	—
42 团	45	45	—	15	—	—
43 团	26	26	—	—	—	—
44 团	124	124	—	—	—	—
45 团	277	277	—	—	—	—
46 团	392	392	—	—	—	—
48 团	130	130	—	—	—	—
49 团	38	38	—	—	—	—
50 团	52	52	—	20	—	—
51 团	—	—	—	—	—	—

分县人工、飞播造林和人工更新、封山(沙)育林完成情况

单位:公顷

地　区	一、本年度检查验收合格造林面积			二、人工更新面积	三、新封山(沙)育林面积	
	合计	1. 人工造林	2. 飞播造林		计	其中:无林地和疏林地新封
52 团	392	392	—	37	—	—
53 团	41	41	—	8	—	—
伽师总场	112	112	—	—	—	—
东风农场	—	—	—	—	—	—
红旗农场	—	—	—	—	—	—
叶城二牧场	120	120	—	—	—	—
前进水管处	—	—	—	—	—	—
小海子水管处	—	—	—	—	—	—
图木舒克市	101	101	—	—	—	—
农四师	**1338**	**1338**	**—**	**25**	**1999**	**1999**
61 团	296	296	—	—	—	—
62 团	265	265	—	—	—	—
63 团	144	144	—	1	667	667
64 团	154	154	—	—	1332	1332
65 团	21	21	—	—	—	—
66 团	—	—	—	9	—	—
67 团	52	52	—	—	—	—
68 团	100	100	—	—	—	—
69 团	20	20	—	—	—	—
70 团	85	85	—	—	—	—
71 团	22	22	—	—	—	—
72 团	25	25	—	—	—	—
73 团	59	59	—	13	—	—
74 团	26	26	—	—	—	—
75 团	—	—	—	—	—	—
76 团	13	13	—	—	—	—
77 团	37	37	—	—	—	—
78 团	13	13	—	—	—	—
79 团	3	3	—	—	—	—
良繁场	—	—	—	2	—	—
拜什墩	3	3	—	—	—	—
农五师	**255**	**255**	**—**	**—**	**—**	**—**
81 团	54	54	—	—	—	—
82 团	5	5	—	—	—	—
83 团	83	83	—	—	—	—
84 团	19	19	—	—	—	—
85 团	27	27	—	—	—	—
86 团	5	5	—	—	—	—
87 团	6	6	—	—	—	—
88 团	1	1	—	—	—	—
89 团	49	49	—	—	—	—
90 团	3	3	—	—	—	—
91 团	3	3	—	—	—	—
农六师	**1315**	**1315**	**—**	**—**	**2667**	**2667**
101 团	20	20	—	—	—	—
102 团	50	50	—	—	—	—
103 团	46	46	—	—	667	667
105 团	144	144	—	—	2000	2000

分县人工、飞播造林和人工更新、封山(沙)育林完成情况

单位:公顷

地　区	一、本年度检查验收合格造林面积			二、人工更新面积	三、新封山(沙)育林面积	
	合计	1. 人工造林	2. 飞播造林		计	其中:无林地和疏林地新封
106 团	20	20	—	—	—	—
107 团	—	—	—	—	—	—
108 团	—	—	—	—	—	—
109 团	—	—	—	—	—	—
110 团	—	—	—	—	—	—
111 团	—	—	—	—	—	—
新湖	342	342	—	—	—	—
芳草湖	184	184	—	—	—	—
红旗	311	311	—	—	—	—
军户	3	3	—	—	—	—
共青团	20	20	—	—	—	—
六运湖	3	3	—	—	—	—
土墩子	8	8	—	—	—	—
奇台	97	97	—	—	—	—
园艺场	67	67	—	—	—	—
农七师	**2602**	**2602**	**—**	**—**	**1333**	**1333**
123 团	180	180	—	—	—	—
124 团	146	146	—	—	—	—
125 团	174	174	—	—	—	—
126 团	340	340	—	—	—	—
127 团	390	390	—	—	—	—
128 团	527	527	—	—	—	—
129 团	153	153	—	—	—	—
130 团	432	432	—	—	1333	1333
131 团	100	100	—	—	—	—
137 团	113	113	—	—	—	—
师直	47	47	—	—	—	—
农八师	**3946**	**3946**	**—**	**—**	**6001**	**6001**
121 团	486	486	—	—	667	667
122 团	235	235	—	—	—	—
132 团	269	269	—	—	667	667
133 团	107	107	—	—	—	—
134 团	227	227	—	—	—	—
135 团	220	220	—	—	667	667
136 团	180	180	—	—	667	667
138 团	—	—	—	—	—	—
139 团	—	—	—	—	—	—
140 团	—	—	—	—	—	—
141 团	48	48	—	—	—	—
142 团	261	261	—	—	—	—
143 团	135	135	—	—	—	—
144 团	170	170	—	—	—	—
145 团	—	—	—	—	—	—
石河子总场	288	288	—	—	—	—
147 团	288	288	—	—	—	—
148 团	385	385	—	—	2666	2666
149 团	420	420	—	—	667	667
150 团	205	205	—	—	—	—
151 团	1	1	—	—	—	—
152 团	14	14	—	—	—	—
玛管处	7	7	—	—	—	—

分县人工、飞播造林和人工更新、封山(沙)育林完成情况

单位:公顷

地　区	一、本年度检查验收合格造林面积			二、人工更新面积	三、新封山(沙)育林面积	
	合计	1. 人工造林	2. 飞播造林		计	其中:无林地和疏林地新封
农九师	**3541**	**3541**	**—**	**—**	**667**	**667**
161 团	1209	1209	—	—	—	—
162 团	277	277	—	—	—	—
163 团	361	361	—	—	—	—
164 团	378	378	—	—	—	—
165 团	400	400	—	—	—	—
166 团	23	23	—	—	—	—
167 团	302	302	—	—	—	—
168 团	280	280	—	—	—	—
169 团	14	14	—	—	—	—
170 团	29	29	—	—	667	667
团结农场	268	268	—	—	—	—
农十师	**2125**	**2125**	**—**	**—**	**—**	**—**
181 团	346	346	—	—	—	—
182 团	360	360	—	—	—	—
183 团	344	344	—	—	—	—
184 团	67	67	—	—	—	—
185 团	467	467	—	—	—	—
186 团	13	13	—	—	—	—
187 团	20	20	—	—	—	—
188 团	267	267	—	—	—	—
189 团	5	5	—	—	—	—
190 团	33	33	—	—	—	—
青河农场	203	203	—	—	—	—
农十二师	**820**	**820**	**—**	**—**	**667**	**667**
头屯河农场	221	221	—	—	—	—
三坪农场	248	248	—	—	—	—
104 团	71	71	—	—	—	—
五一农场	216	216	—	—	—	—
西山农场	13	13	—	—	—	—
养禽场	3	3	—	—	—	—
221 团	48	48	—	—	667	667
农十三师	**752**	**752**	**—**	**—**	**667**	**667**
红星 1 场	7	7	—	—	—	—
红星 2 场	10	10	—	—	—	—
红星 3 场	3	3	—	—	—	—
红星 4 场	10	10	—	—	—	—
黄田农场	273	273	—	—	—	—
火箭农场	3	3	—	—	—	—
柳树泉农场	6	6	—	—	667	667
红山农场	343	343	—	—	—	—
淖毛湖农场	74	74	—	—	—	—
红星一牧场	22	22	—	—	—	—
红星二牧场	1	1	—	—	—	—
农十四师	**2482**	**2482**	**—**	**—**	**—**	**—**
47 团	21	21	—	—	—	—
皮山农场	10	10	—	—	—	—
一牧场	26	26	—	—	—	—
224 团	2425	2425	—	—	—	—

中国林业统计年鉴 2005

CHINA FORESTRY STATISTICAL YEARBOOK

附录四

全国历年主要统计指标完成情况

全国历年造林面积

单位:千公顷

年份	造林面积			年份	造林面积		
	合计	人工造林	飞播造林		合计	人工造林	飞播造林
1949~1952	1707.33	1707.33		1986	5274.00	4158.20	1115.80
1953	1112.93	1112.93		1987	5414.20	4207.27	1206.93
1954	1166.20	1166.20		1988	5533.27	4574.80	958.47
1955	1710.53	1710.53		1989	5023.33	4109.53	913.80
1956	5723.27	5723.27		1990	5208.47	4353.34	855.13
1957	4355.07	4355.07		1991	5594.47	4751.80	842.67
1958	6098.67	6098.67		1992	6030.40	5083.70	946.70
1959	5449.67	5442.67	7.00	1993	5903.40	5044.40	859.00
1960	4143.93	4136.93	7.00	1994	5992.66	5190.24	802.42
1961	1441.33	1432.33	9.00	1995	5214.61	4629.35	585.26
1962	1198.73	1188.73	10.00	1996	4919.38	4314.96	604.42
1963	1530.13	1516.03	14.10	1997	4354.93	3737.75	617.18
1964	2911.33	2893.23	18.10	1998	4811.05	4086.00	725.05
1965	3425.33	3403.23	22.10	1999	4900.71	4276.85	623.86
1966	4533.33	4351.83	181.50	2000	5105.14	4345.01	760.13
1967	3904.00	3540.99	363.01	2001	4953.04	3977.32	975.72
1968	3413.33	2858.81	554.52	2002	7770.97	6896.04	874.93
1969	3479.33	2753.31	726.02	2003	9118.89	8432.48	686.41
1970	3884.00	2976.48	907.52	2004	5598.08	5018.89	579.19
1971	4525.13	3404.40	1120.73	2005	3637.68	3221.29	416.39
1972	4635.73	3473.33	1162.40				
1973	4982.87	3925.47	1057.40	1949~1952	1707.33	1707.33	
1974	5002.47	4114.74	887.73	1953~1957	14068.00	14068.00	
1975	4973.73	4437.66	536.07	1958~1962	18332.33	18299.33	33.00
1976	4925.73	4323.06	602.67	1963~1965	7866.79	7812.49	54.30
1977	4793.27	4218.54	574.73	1966~1970	19213.99	16481.42	2732.57
1978	4496.33	4125.73	370.60	1971~1975	24119.93	19355.60	4764.33
1979	4489.27	3910.27	579.00	1976~1980	23256.60	20517.60	2739.00
1980	4552.00	3940.00	612.00	1981~1985	31520.54	27639.47	3881.07
1981	4110.07	3681.00	429.07	1986~1990	26453.27	21403.14	5050.13
1982	4495.60	4115.80	379.80	1991~1995	28735.54	24699.49	4036.05
1983	6324.40	5603.13	721.27	1996~2000	24091.21	20760.57	3330.64
1984	8253.67	7290.74	962.93	2001~2005	31078.66	27546.03	3532.64
1985	8336.80	6948.80	1388.00	1949~2005	250444.19	220290.47	30153.73

注:1985 年以前,造林成活率达到 40% 即统计造林面积,以后为达到 85% 以上统计。

全国历年迹地更新面积

单位:千公顷

年份	迹地更新面　积	其中:人工更新	年份	迹地更新面　积	其中:人工更新
1949～1952	22.53	22.47	1986	577.40	485.13
1953	16.53	16.07	1987	703.50	586.93
1954	38.80	30.07	1988	636.90	542.60
1955	39.20	31.87	1989	719.10	571.20
1956	94.13	48.47	1990	671.50	537.67
1957	55.80	44.07	1991	664.10	539.60
1958	391.13	193.67	1992	673.60	565.70
1959	560.33	342.13	1993	739.20	609.00
1960	483.73	301.93	1994	722.70	608.73
1961	157.07	103.53	1995	750.96	638.95
1962	106.33	86.00	1996	794.75	683.27
1963	183.00	146.87	1997	798.38	659.39
1964	206.53	170.20	1998	806.30	665.93
1965	238.93	210.87	1999	1042.83	585.75
1966	321.00	227.00	2000	919.80	568.31
1967	303.00	278.27	2001	515.29	386.57
1968	240.00	209.73	2002	379.00	298.37
1969	233.00	200.00	2003	285.99	220.87
1970	325.00	265.13	2004	319.31	271.26
1971	307.53	253.00	2005	407.55	326.95
1972	319.00	259.53			
1973	356.73	293.40	1949～1952	22.53	22.47
1974	362.00	318.27	1953～1957	244.46	170.55
1975	422.00	366.67	1958～1962	1698.59	1027.26
1976	420.80	374.33	1963～1965	628.46	527.94
1977	416.40	369.53	1966～1970	1422.00	1180.13
1978	458.40	390.93	1971～1975	1767.26	1490.87
1979	409.33	355.27	1976～1980	2126.86	1859.59
1980	421.93	369.53	1981～1985	2580.47	2191.00
1981	442.60	371.80	1986～1990	3308.40	2723.53
1982	438.80	375.27	1991～1995	3550.56	2961.98
1983	508.80	422.93	1996～2000	4362.06	3162.65
1984	552.00	476.07	2001～2005	1907.14	1504.02
1985	638.27	544.93	1949～2005	23618.79	18821.99

全国林业重点工程

年 份	合 计	天然林资源保护工程	退耕还林工程		京津风沙源治理工程	
			退耕还林工程合计	其中：退耕地造林		小 计
1979～1985 年	**10109.80**					**10109.80**
1986 年	1106.73					1106.73
1987 年	1064.80					1064.80
1988 年	1063.93					1063.93
1989 年	1001.80					1001.80
1990 年	1662.06					1662.06
七五小计	**5899.32**					**5899.32**
1991 年	2082.20					2082.20
1992 年	2308.00					2308.00
1993 年	2602.10				132.80	2211.80
1994 年	2729.59				139.79	2366.48
1995 年	2862.17				168.59	2450.71
八五小计	**12584.06**				**441.18**	**11419.19**
1996 年	2669.49				164.95	2316.73
1997 年	2642.61				215.95	2233.46
1998 年	2856.00	290.35			231.58	2196.02
1999 年	3275.63	477.56	447.93	381.47	211.58	2032.46
2000 年	3345.92	426.37	683.60	328.42	280.27	1708.80
九五小计	**14789.65**	**1194.28**	**1131.53**	**709.89**	**1104.33**	**10487.47**
2001 年	3160.18	948.08	870.99	386.14	217.32	1034.92
2002 年	6777.38	856.08	4423.61	2039.77	676.38	775.63
2003 年	8262.78	688.26	6196.13	3085.93	824.43	533.54
2004 年	4802.85	641.45	3217.54	824.90	473.27	448.32
2005 年	3109.10	424.81	1898.36	667.39	408.25	368.20
十五小计	**26112.30**	**3558.68**	**16606.63**	**7004.13**	**2599.64**	**3160.62**
1979～2005 年	**69495.13**	**4752.96**	**17738.16**	**7714.01**	**4145.15**	**41076.40**

注：太行山绿化工程 1990 年造林面积 354.60 千公顷系指 1984～1990 年的造林面积，其中 1990 年造林面积为 109.73 千
京津风沙源治理工程 1993～2000 年数据为原全国防沙治沙工程数据。速丰林基地工程 1993～2000 年数据为原利用
本表数据从 2001 年开始，将原有的 16 个工程整合形成 10 个重点防护林工程。

历年完成造林面积

单位:千公顷

三北及长江流域等防护林建设工程						速生丰产用材林基地建设工程
三北防护林体系工程	长江中上游防护林体系工程	沿海防护林体系工程	珠江流域防护林体系工程	太行山绿化工程	平原绿化工程	
10109.80						
1106.73						
1064.80						
1063.93						
956.07	45.73					
983.33	324.13			354.60		
5174.86	**369.86**			**354.60**		
1170.47	462.40	223.60		225.73		
1255.20	584.60	235.80		232.40		
1160.00	573.00	131.20		275.20	72.40	257.50
1255.49	546.00	152.78		358.22	53.99	223.32
1333.26	535.71	103.27		427.04	51.43	242.87
6174.42	**2701.71**	**846.65**		**1518.59**	**177.82**	**723.69**
1342.28	463.96	72.17		402.46	35.86	187.81
1266.12	447.75	63.48	56.72	366.32	33.07	193.20
1243.96	448.60	60.29	39.85	343.74	59.58	138.05
1245.41	369.84	44.48	32.09	293.36	47.28	106.10
1053.16	206.94	56.91	30.68	298.51	62.60	246.88
6150.93	**1937.09**	**297.33**	**159.34**	**1704.39**	**238.39**	**872.04**
541.71	162.72	90.90	27.05	141.29	71.25	88.87
453.76	110.29	55.71	46.55	76.15	33.16	45.68
275.30	108.75	38.56	44.71	50.05	16.18	20.43
232.34	113.28	30.18	31.76	30.92	9.85	22.27
217.89	65.94	22.68	30.67	28.52	2.50	9.49
1721.00	**560.98**	**238.03**	**180.74**	**326.93**	**132.94**	**186.73**
29331.01	**5569.64**	**1382.01**	**340.08**	**3904.51**	**549.15**	**1782.46**

公顷。
世界银行贷款营造速丰林工程数据。

全国林业重点工程历年实

指标名称		合计	天然林资源保护工程	退耕还林工程	京津风沙源治理工程	
						小 计
1979～1989 年	**实际完成投资**	**62295**				**62295**
	其中:国家投资	**35443**				**35443**
1990 年	实际完成投资	25537				25537
	其中:国家投资	13469				13469
1991 年	实际完成投资	34949				34949
	其中:国家投资	20247				20247
1992 年	实际完成投资	44640				44640
	其中:国家投资	22888				22888
1993 年	实际完成投资	118913			3351	66925
	其中:国家投资	32351			1914	27613
1994 年	实际完成投资	144563			6822	79326
	其中:国家投资	36779			3064	32187
1995 年	实际完成投资	162611			7259	86411
	其中:国家投资	43062			3523	36285
“八五”小计	**实际完成投资**	**505676**			**17432**	**312251**
	其中:国家投资	**155327**			**8501**	**139220**
1996 年	实际完成投资	203110			15741	124720
	其中:国家投资	54772			4506	47433
1997 年	实际完成投资	244737			33782	152324
	其中:国家投资	68989			12247	52494
1998 年	实际完成投资	495760	227761		37741	176215
	其中:国家投资	285611	206365		10176	63797
1999 年	实际完成投资	761756	409225	33595	35477	235521
	其中:国家投资	506707	351309	33595	8198	108432
2000 年	实际完成投资	1106412	608414	154075	43102	300821
	其中:国家投资	881704	582886	146623	15655	136540
“九五”小计	**实际完成投资**	**2811775**	**1245400**	**187670**	**165843**	**989601**
	其中:国家投资	**1797783**	**1140560**	**180218**	**50782**	**408696**
2001 年	实际完成投资	1795799	949319	314547	183275	303066
	其中:国家投资	1355797	887717	248459	59283	145743
2002 年	实际完成投资	2558004	933712	1106096	123238	316711
	其中:国家投资	2250647	881617	1061504	120022	157582
2003 年	实际完成投资	3339160	679020	2085573	258781	232083
	其中:国家投资	2978139	650304	1926019	239513	136239
2004 年	实际完成投资	3510242	681985	2142905	267666	352661
	其中:国家投资	2983123	640983	1920609	261857	135782
2005 年	实际完成投资	3616302	620148	2404111	332625	192556
	其中:国家投资	3212387	584777	2185928	325408	91292
“十五”小计	**实际完成投资**	**14819507**	**3864184**	**8053232**	**1165585**	**1397077**
	其中:国家投资	**12780093**	**3645398**	**7342519**	**1006083**	**666638**
1979～2005 年	**实际完成投资**	**18224790**	**5109584**	**8240902**	**1348860**	**2786761**
	其中:国家投资	**14782115**	**4785958**	**7522737**	**1065366**	**1263466**

注:本表数据从 2001 年开始,将原有的 16 个工程整合形成 10 个重点防护林工程。

际完成投资及国家投资情况

单位:万元

三北及长江流域等防护林建设工程						野生动物植物保护及自然保护区建设工程	速生丰产用材林基地建设工程
三北防护林体系工程	长江流域防护林体系工程	沿海防护林体系工程	珠江流域防护林体系工程	太行山绿化工程	平原绿化工程		
53781	**1167**			**7347**			
33076	**427**			**1940**			
16733	6676			2128			
10291	2616			562			
19750	7747	5214		2238			
14315	3205	1983		744			
24921	10342	7250		2127			
15978	3608	2613		689			
35080	15112	9773		4436	2524		48637
18076	5283	2346		949	959		2824
38928	18587	9485		6903	5423		58415
19589	6535	1899		1643	2521		1528
42459	18308	10268		7443	7933		68941
21454	5474	2089		2253	5015		3254
161138	**70096**	**41990**		**23147**	**15880**		**175993**
89412	**24105**	**10930**		**6278**	**8495**		**7606**
71169	23114	16548		7371	6518		62649
30802	7455	2531		2085	4560		2833
80567	21095	12653	16430	12247	9332		58631
34704	7196	2198	502	2853	5041		4248
90289	27774	21029	12060	11970	13093		54043
37206	11154	3340	1557	5411	5129		5273
118754	31384	22897	16463	24232	21791		47938
57383	16345	5717	2775	14195	12017		5173
143682	31273	31551	14392	23781	56142		
71602	18427	13768	6831	13327	12585		
504461	**134640**	**104678**	**59345**	**79601**	**106876**		**223261**
231697	**60577**	**27554**	**11665**	**37871**	**39332**		**17527**
102468	53406	40026	10678	16169	80319	20917	24675
56163	22736	14425	6499	8832	37088	12109	2486
139272	45837	41164	17657	17151	55630	39261	38986
66512	27942	13839	15481	10920	22888	28460	1462
85437	41442	29155	13136	10436	52477	52406	31297
49105	27758	20127	11083	8097	20069	25609	455
86645	109028	51946	11922	13048	80072	44465	20560
44014	26017	29705	9797	11268	14981	22133	1759
85231	53607	23029	9134	14620	6936	51452	15410
41252	12808	19704	7039	10095	394	24450	532
499053	**303320**	**185320**	**62527**	**71423**	**275434**	**208501**	**130928**
257046	**117261**	**97800**	**49899**	**49212**	**95420**	**112761**	**6694**
1235166	**515899**	**331988**	**121872**	**183646**	**398190**	**208501**	**530182**
621522	**204986**	**136284**	**61564**	**95863**	**143247**	**112761**	**31827**

全国历年木材、竹材及木材加工、林产化学主要产品产量(一)

时期	年份	木材产量（万立方米）	竹材产量（万根）	锯材产量（万立方米）	人造板产量（立方米）	其中:三板产量				松香产量（吨）	栲胶产量（吨）	紫胶产量（吨）
						合计	胶合板	纤维板	刨花板			
	1949	567.00										
恢	1950	664.40										
复	1951	764.40										
	1952	1233.20	*2710	*1151.40	*44539	*44539	*44539			*78056	*88	*180
	1953	1753.90	2643	664.00	35353	35353	35353			22267	120	15
一	1954	2220.60	5021	759.90	46542	46542	46542			45905	157	105
	1955	2093.30	5902	678.20	51752	51752	51752			80091	568	142
五	1956	2104.80	12490	890.80	56435	56435	56435			109992	1275	154
	1957	2786.90	9348	824.10	69835	69835	69835			116799	1633	143
	1958	3579.40	14873	1187.60	125744	125744	125715	29		98373	3679	245
二	1959	4517.70	15547	1454.70	164701	164701	153068	11633		79387	11266	201
	1960	4129.30	8869	1622.90	207146	207146	147575	59571		78429	13650	245
五	1961	2193.50	4993	778.70	95843	95843	74337	21506		39227	6661	332
	1962	2374.60	6076	672.80	95165	95165	74211	15541	5413	33595	4800	241
调	1963	3250.20	6853	826.40	135989	135989	104316	18639	13034	97982	6078	180
	1964	3800.00	6726	1063.90	168882	168882	119542	27951	21389	162914	9276	220
整	1965	3978.00	7031	1160.10	220602	220602	138975	50188	31439	167172	13064	440
	1966	4192.40	6991	1117.80	231311	231311	150425	62394	18492	178943	15789	640
三	1967	3249.60	7223	1157.40	167838	167838	122333	34626	10879	166119	14320	800
	1968	2791.20	6603	909.10	140741	140741	105850	25854	9037	181911	13100	1400
五	1969	3283.30	6619	1004.80	200550	200550	146663	41792	12095	204158	18969	1100
	1970	3781.80	6958	1100.30	240379	240379	170684	54706	14989	189288	22098	1800
	1971	4067.30	7542	1104.90	278076	278076	172129	87257	18690	200411	23209	1873
四	1972	4253.50	7629	957.80	317373	317373	182441	108152	26780	240074	21850	1076
	1973	4466.90	11493	993.10	351965	351965	188409	131368	32188	261467	17581	1302
五	1974	4607.10	9954	1009.00	339905	339905	176166	133448	30291	289287	18085	1562
	1975	4702.70	9073	1069.10	373678	373678	192142	154868	26668	266224	20861	915
	1976	4572.80	10439	1001.10	381053	381053	184416	170164	26473	237773	19066	807
五	1977	4967.20	10799	1125.20	458748	458748	208491	221324	28933	259150	23959	783
	1978	5162.30	11181	1105.50	624504	624504	252154	328781	43569	282027	30130	1384
五	1979	5438.93	10507	1271.40	774578	774578	292402	429321	52855	297034	33831	2234
	1980	5359.31	9621	1368.70	914300	914300	329900	506200	78200	327283	36314	2134
	1981	4942.31	8656	1301.06	996100	996100	351100	568300	76700	406214	40159	1095
六	1982	5041.25	10183	1360.85	1166700	1166700	394100	669900	102700	400784	36000	1397
	1983	5232.32	9601	1394.48	1389500	1316700	454800	734500	12740	246916	34131	1045
五	1984	6384.81	9117	1508.59	1513800	1390400	489700	735900	164800	307993	36523	1489
	1985	6323.44	5641	1590.76	1659300	1615800	538700	895000	182100	255736	36875	2102

全国历年木材、竹材及木材加工、林产化学主要产品产量(二)

时期	年份	木材产量(万立方米)	竹材产量(万根)	锯材产量(万立方米)	人造板产量(立方米)	其中:三板产量				松香产量(吨)	栲胶产量(吨)	紫胶产量(吨)
						合计	胶合板	纤维板	刨花板			
	1986	6502.42	7716	1505.20	1894400	1848100	610800	1027000	210300	293500	42059	1661
七	1987	6407.86	11855	1471.91	2476600	2360600	776300	1206500	377800	395692	50306	1909
	1988	6217.60	26211	1468.40	2898800	2794100	826900	1484100	483100	376482	41862	1482
五	1989	5801.80	15238	1393.30	2705600	2612500	727800	1442700	442000	409463	26411	833
	1990	5571.00	18714	1284.90	2446000	2359100	758700	1172400	428000	344003	20402	829
	1991	5807.30	29173	1141.50	2960100	2842100	1054000	1174300	613800	343300	19516	876
八	1992	6173.60	40430	1118.70	4289000	4167700	1564700	1444500	1158500	419503	26141	732
	1993	6392.20	43356	1401.30	5797900	5505500	2124500	1809700	1571300	503681	26176	931
五	1994	6615.10	50430	1294.30	6647200	6218500	2606200	1930300	1682000	437269	18177	1001
	1995	6766.90	44792	4183.80	16846000	14107600	7592600	2164000	4351000	481264	19662	1393
	1996	6710.27	42175	2442.40	12032600	10341000	4903200	2055000	3382800	501221	23766	1450
九	1997	6394.79	44921	2012.40	16484800	13948100	7584500	2759200	3604400	675758	19814	579
	1998	5966.20	69253	1787.60	10563300	9323300	4465200	2195100	2663000	416016	14081	255
五	1999	5236.80	53921	1585.94	15030500	13591900	7276400	3905900	2409600	434528	10972	294
	2000	4723.97	56183	634.44	20016600	17937400	9925400	5144300	2867700	386760	7510	778
	2001	4552.03	58146	763.83	21112700	18191500	9045100	5701100	3445300	377793	9446	431
十	2002	4436.07	66811	851.61	29301800	22719400	11352100	7674200	3693100	395273	9132	561
	2003	4758.87	96867	1126.87	45533600	37780900	21023500	11283300	5474100	443306	11970	1078
五	2004	5197.33	109846	1532.54	54464900	43020000	20986200	15604600	6429200	485863	12113	1117
	2005	5560.31	115174	1790.29	63928917	51516114	25149721	20605569	5760824	606594	7668	779
总　计		**250624.09**	**1286124**	**67977.66**	**351470244**	**296984641**	**146699021**	**98082682**	**52202938**	**15136250**	**1002349**	**48750**
恢复时期		3229.00	2710	1151.40	44539	44539	44539			78056	88	180
一五小计		10959.50	35404	3817.00	259917	259917	259917			375054	3753	559
二五小计		16794.50	50358	5716.70	688599	688599	574906	108280	5413	329011	40056	1264
调整时期		11028.20	20610	3050.40	525473	525473	362833	96778	65862	428068	28418	840
三五小计		17298.30	34394	5289.40	980819	980819	695955	219372	65492	920419	84276	5740
四五小计		22097.50	45691	5133.90	1660997	1660997	911287	615093	134617	1257463	101586	6728
五五小计		25500.54	52547	5871.90	3153183	3153183	1267363	1655790	230030	1403267	143300	7342
六五小计		27924.13	43198	7155.74	6725400	6485700	2228400	3603600	653700	1617643	183688	7128
七五小计		30500.68	79734	7123.71	12421400	11974400	3700500	6332700	1941200	1819140	181040	6714
八五小计		31755.10	208181	9139.60	36540200	32841400	14942000	8522800	9376600	2185017	109672	4933
九五小计		29032.03	266453	8462.78	74127800	65141700	34154700	16059500	14927500	2414283	76143	3356
十五小计		24504.61	446844	6065.13	214341917	173227914	87556621	60868769	24802524	2308829	50329	3966

注:标有 * 号的产品产量数据为 1949 年至 1952 年合计数。

全国历年林业系统固定资产投资完成额(一)

单位:万元

年份	固定资产投资完成总额	营林固定资产投资			森工固定资产			
		合计	基本建设	更新改造	合计	基本建设	更新改造	其他
1950 年	1010				1010	1010		
1951 年	1666				1666	1666		
1952 年	5524				5524	5524		
三年恢复时期	**8199**				**8199**	**8199**		
1953 年	13874	512	512		13361	13361		
1954 年	12415	423	423		11992	11992		
1955 年	11483	725	725		10758	10758		
1956 年	17733	7507	7507		10226	10226		
1957 年	21393	3332	3332		18061	18061		
"一五"时期	**76897**	**12500**	**12500**		**64398**	**64398**		
1958 年	32666	3787	3787		28879	28879		
1959 年	61240	9290	9290		51949	51949		
1960 年	84021	15516	15516		68505	68505		
1961 年	34396	7051	7051		27345	27345		
1962 年	39329	12065	12065		27265	27265		
"二五"时期	**251652**	**47709**	**47709**		**203943**	**203943**		
1963 年	63498	18144	18144		45353	45353		
1964 年	81209	23770	23770		57439	57439		
1965 年	80974	19366	19366		61608	61608		
三年调整时期	**225680**	**61280**	**61280**		**164401**	**164401**		
1966 年	79469	18654	18654		60815	60815		
1967 年	60233	17789	17789		42445	42445		
1968 年	47492	15175	15175		32317	32317		
1969 年	56252	16373	16373		39878	39878		
1970 年	62235	15588	15588		46647	46647		
"三五"时期	**305681**	**83579**	**83579**		**222101**	**222101**		
1971 年	76123	20034	20034		56089	56089		
1972 年	89978	25348	25348		64630	64630		
1973 年	93597	27733	27733		65864	65864		
1974 年	99317	29139	29139		70178	70178		
1975 年	98806	30738	30738		68069	68069		
"四五"时期	**457821**	**132991**	**132991**		**324830**	**324830**		

全国历年林业系统固定资产投资完成额(二)

单位:万元

年份	固定资产投资完成总额	营林固定资产投资			森工固定资产			
		合计	基本建设	更新改造	合计	基本建设	更新改造	其他
1976 年	68669	30723	30723		37946	37946		
1977 年	58757	24984	24984		33774	33774		
1978 年	105730	31249	31249		74481	53926	20555	
1979 年	138977	57404	57404		81573	59249	22324	
1980 年	144954	57303	57303		87651	81271	6381	
“五五”时期	**517087**	**201662**	**201662**		**315424**	**266165**	**49259**	
1981 年	140752	51231	51231		89521	81959	7563	
1982 年	168725	54403	54403		114321	64442	10166	39713
1983 年	164399	46578	46578		117822	73066	15414	29341
1984 年	180111	53300	53300		126811	78863	14059	33889
1985 年	183303	61898	61898		121405	76700	12771	31934
“六五”时期	**837291**	**267411**	**267411**		**569880**	**375031**	**59972**	**134877**
1986 年	231994	60296	59191	1105	171698	78862	16095	76741
1987 年	295048	69691	68157	1534	225357	87292	26561	111504
1988 年	261413	83782	81559	2223	177631	79603	37930	60098
1989 年	237553	93261	92160	1101	144292	75567	33100	35625
1990 年	246131	100957	100024	933	145174	84966	28508	31700
“七五”时期	**1272139**	**407987**	**401091**	**6896**	**864152**	**406290**	**142194**	**315668**
1991 年	272236	109462	107639	1823	162774	104359	27322	31093
1992 年	329800	140826	137411	3415	188974	120749	34706	33519
1993 年	409238	162777	158849	3928	246461	145700	54853	45908
1994 年	476997	194633	189541	5092	282364	173920	56376	52068
1995 年	563972	212546	208531	4015	351426	206932	112608	31886
“八五”时期	**2052243**	**820244**	**801971**	**18273**	**1231999**	**751660**	**285865**	**194474**
1996 年	638626	295283	278722	16561	343343	203809	96678	42856
1997 年	741802	392904	384653	8251	348898	215739	80701	52458
1998 年	874648	610303	606051	4252	264345	164192	61143	39010
1999 年	1084077	917812	915591	2221	166265	79703	50288	36274
2000 年	1677712	1510541	1506583	3958	167171	62672	65347	39152
“九五”时期	**5016865**	**3726843**	**3691600**	**35243**	**1290022**	**726115**	**354157**	**209750**
2001 年	2095636	1919835	1916182	3653	175801	61071	63968	50762
2002 年	3152374	2976388	2961367	15021	175986	101037	39574	35375
2003 年	4072782	3892793	3884708	8085	179989	67196	59867	52926
2004 年	4118669	3989023	3984506	4517	129646	55980	35139	38527
2005 年	4593443	4419596	4397842	21754	173847	69678	72280	31889
“十五”时期	**18032904**	**17197635**	**17144605**	**53030**	**835269**	**354962**	**270828**	**209479**
1950～2005 年	**29054459**	**22959840**	**22846398**	**113442**	**6094619**	**3868095**	**1162275**	**1064248**

全国历年林业系统基本建设投资完成额(一)

单位:万元

年份	林业系统基本建设投资完成额					
	合计	其中:国投	营林		森工	
			合计	其中:国投	合计	其中:国投
1950 年	1009.7	1009.7			1009.7	1009.7
1951 年	1665.6	1665.6			1665.6	1665.6
1952 年	5523.9	5523.9			5523.9	5523.9
三年恢复时期	**8199.2**	**8199.2**			**8199.2**	**8199.2**
1953 年	13873.6	13873.6	512.3	512.3	13361.3	13361.3
1954 年	12414.9	12414.9	423.0	423.0	11991.9	11991.9
1955 年	11482.8	11482.8	725.2	725.2	10757.6	10757.6
1956 年	17732.9	17732.9	7507.1	7507.1	10225.8	10225.8
1957 年	21393.2	21393.2	3332.0	3332.0	18061.2	18061.2
"一五"时期	**76897.4**	**76897.4**	**12499.6**	**12499.6**	**64397.8**	**64397.8**
1958 年	32666.0	32666.0	3787.0	3787.0	28879.0	28879.0
1959 年	61239.8	51647.5	9290.4	7765.1	51949.4	43882.4
1960 年	84021.0	74052.2	15516.0	13795.7	68505.0	60256.5
1961 年	34396.3	31284.1	7051.3	6460.1	27345.0	24824.0
1962 年	39329.2	29084.8	12064.7	6989.6	27264.5	22095.2
"二五"时期	**251652.3**	**218734.6**	**47709.4**	**38797.5**	**203942.9**	**179937.1**
1963 年	63497.6	52505.6	18144.2	13892.2	45353.4	38613.4
1964 年	81208.6	68758.8	23769.5	19278.3	57439.1	49480.5
1965 年	80974.1	69974.4	19365.8	16567.7	61608.3	53406.7
三年调整时期	**225680.3**	**191238.8**	**61279.5**	**49738.2**	**164400.8**	**141500.6**
1966 年	79469.0	62657.3	18654.3	13557.5	60814.7	49099.8
1967 年	60233.4	44232.2	17788.8	13880.7	42444.6	30351.5
1968 年	47492.1	34054.3	15174.8	11742.2	32317.3	22312.1
1969 年	56251.6	39680.4	16373.4	11179.3	39878.2	28501.1
1970 年	62234.5	42977.1	15587.9	9713.1	46646.6	33264.0
"三五"时期	**305680.6**	**223601.3**	**83579.2**	**60072.8**	**222101.4**	**163528.5**
1971 年	76122.5	50339.0	20033.7	9972.5	56088.8	40366.5
1972 年	89978.2	58054.9	25347.8	12982.7	64630.4	45072.2
1973 年	93597.3	64052.2	27733.1	16088.8	65864.2	47963.4
1974 年	99316.7	63436.2	29138.7	16325.3	70178.0	47110.9
1975 年	98806.3	55519.3	30737.5	15491.3	68068.8	40028.0
"四五"时期	**457821.0**	**291401.6**	**132990.8**	**70860.6**	**324830.2**	**220541.0**

全国历年林业系统基本建设投资完成额(二)

单位:万元

年份	林业系统基本建设投资完成额					
	合计	其中:国投	营林		森工	
			合计	其中:国投	合计	其中:国投
1976 年	68668.9	49658.7	30723.0	15086.7	37945.9	34572.0
1977 年	58757.4	46008.4	24983.8	15142.6	33773.6	30865.8
1978 年	85175.0	65368.8	31248.8	15691.9	53926.2	49676.9
1979 年	116652.9	90757.6	57403.8	34415.5	59249.1	56342.1
1980 年	138573.3	68480.7	57302.7	28797.2	81270.6	39683.5
“五五”时期	**467827.5**	**320274.2**	**201662.1**	**109133.9**	**266165.4**	**211140.3**
1981 年	133189.8	61024.5	51230.9	21747.3	81958.9	39277.2
1982 年	118845.8	68432.1	54403.4	22528.5	64442.4	45903.6
1983 年	119644.2	73556.6	46577.8	26435.2	73066.4	47121.4
1984 年	132163.4	81782.4	53300.4	30891.4	78863.0	50891.0
1985 年	138598.0	78732.0	61898.0	31375	76700.0	47357.0
“六五”时期	**642441.2**	**363527.6**	**267410.5**	**132977.4**	**375030.7**	**230550.2**
1986 年	138053.0	81753.0	59191.0	29510.0	78862.0	52243.0
1987 年	155449.0	97348.0	68157.0	32720.0	87292.0	64628.0
1988 年	161162.0	91504.0	81559.0	36758.0	79603.0	54746.0
1989 年	167727.0	90604.0	92160.0	36305.0	75567.0	54299.0
1990 年	184990.0	107246.0	100024.0	46327.0	84966.0	60919.0
“七五”时期	**807381.0**	**468455.0**	**401091.0**	**181620.0**	**406290.0**	**286835.0**
1991 年	211998.0	134816.0	107639.0	53691.0	104359.0	81125.0
1992 年	258160.0	138679.0	137411.0	55936.0	120749.0	82743.0
1993 年	304549.0	142025.0	158849.0	54300.0	145700.0	87725.0
1994 年	363461.0	141198.0	189541.0	59283.0	173920.0	81915.0
1995 年	415463.0	179222.0	208531.0	73435.0	206932.0	105787.0
“八五”时期	**1553631.0**	**735940.0**	**801971.0**	**296645.0**	**751660.0**	**439295.0**
1996 年	482531.0	176439.0	278722.0	90844.0	203809.0	85595.0
1997 年	600392.0	187715.0	384653.0	121998.0	215739.0	65717.0
1998 年	770243.0	369898.0	606051.0	305910.0	164192.0	63988.0
1999 年	995294.0	593752.0	915591.0	575578.0	79703.0	18174.0
2000 年	1569255.0	1124523.0	1506583.0	1101385.0	62672.0	23138.0
“九五”时期	**4417715.0**	**2452327.0**	**3691600.0**	**2195715.0**	**726115.0**	**256612.0**
2001 年	1977253.0	1538650.0	1916182.0	1514627.0	61071.0	24023.0
2002 年	3062404.0	2511947.0	2961367.0	2487550.0	101037.0	24397.0
2003 年	3951904.0	3123465.0	3884708.0	3092898.0	67196.0	30567.0
2004 年	4040486.3	3220609.4	3984506.3	3198943.4	55980.0	21666.0
2005 年	4467519.7	3505283.7	4397841.7	3483791.7	69678.0	21492.0
“十五”时期	**17499567.0**	**13899955.1**	**17144605.0**	**13777810.1**	**354962.0**	**122145.0**
1950 ~ 2005 年	**26714493.5**	**19250551.8**	**22846398.1**	**16925870.1**	**3868095.4**	**2324681.7**

1996~2005 年主要林产品进出口情况

1996~2005 年主要林产品进出口金额（一）

单位:千美元

产品			1996	1997	1998	1999	2000	2001	2002	2003	2004	2005
总计		出口	5683762	6121667	5595813	6124730	7295465	7855079	9579666	12235984	16300854	20574172
		进口	5753508	6641340	6915387	8792000	10526328	10106051	11908206	15502480	18647755	20715437
原木	针叶原木	出口	5525	3865	2182	1304	231	178	0	57	0	91
		进口	48522	69360	95474	274828	378859	541914	997164	945157	1168493	1387979
	阔叶原木	出口	23771	25609	10277	6703	7706	5375	3174	2830	1959	1950
		进口	409257	607668	503617	973804	1276781	1152063	1141095	1501992	1635825	1855561
	合计	出口	29296	29473	12459	8007	7937	5553	3174	2887	1959	2040
		进口	457780	677029	599091	1248631	1655641	1693977	2138260	2447149	2804318	3243540
锯材		出口	194156	193842	114983	139375	179143	196860	192332	236790	219843	281431
		进口	180087	268110	348260	661936	982031	988518	1167462	1198789	1387144	1516885
单板		出口	27436	43126	41550	46431	55669	69746	89297	110806	120710	128529
		进口	93604	168360	152635	204976	192257	95889	89383	95536	109913	121181
特形材		出口	58739	51408	41865	82260	99777	94361	122967	187866	278238	557133
		进口	6301	7156	17396	11964	7723	9236	16018	21359	15043	25099
刨花板		出口	4694	9266	4727	6854	8879	6063	21940	20022	21394	18396
		进口	19971	28484	29679	50647	65595	83714	104455	113224	123197	115461
纤维板		出口	11081	9146	5983	5339	10213	9280	20536	20662	125121	396067
		进口	70054	105937	134172	206841	282882	279101	302642	320892	272725	229268
胶合板		出口	62286	151509	64960	123648	188958	242272	427048	495433	1249941	1879039
		进口	643835	605492	543617	415837	436784	254445	258957	355124	384280	276681
木制品		出口	897455	1004967	976654	1214722	1456873	1578047	1864973	2299221	2934699	3139195
		进口	64597	58505	84841	69821	46957	28190	26834	35366	52953	49605
家具		出口	697902	959138	1084662	1309540	1668491	1852066	2706327	3815513	5229343	6843165
		进口	17453	22510	31487	24816	23078	28567	38628	60661	72706	87217
木片		出口	162816	154370	120906	111837	120365	105358	90730	95223	102486	92893
		进口	1419	1029	1234	2525	1466	3873	6184	31878	39929	122141
木浆		出口	7979	8648	7342	1002	6081	2704	2373	2041	925	10728
		进口	768167	740830	912340	1403427	2093664	2061438	2154478	2643336	3526709	3694780
废纸		出口	—	—	—	—	—	20	15	37	24	8
		进口	—	—	—	—	—	526889	585792	984995	1381599	1965743
纸和纸制品		出口	153332	190206	188250	175732	309266	415259	444050	599608	768335	1060777
		进口	2377298	2772442	2883838	3185898	3170537	2919600	3309378	3514422	3710008	3509871
木炭		出口	18275	27009	26181	30323	42570	54710	56191	63494	39067	22501
		进口	126	375	665	593	1553	2731	1283	2051	2809	6070
松香		出口	130887	159389	135558	141678	138772	141747	159505	139805	163850	254515
		进口	1732	2407	2329	2276	2296	1377	1901	3574	4392	4849

1996～2005年主要林产品进出口金额(二)

单位:千美元

产品			1996	1997	1998	1999	2000	2001	2002	2003	2004	2005
水果	柑橘属	出口	66846	75845	48886	41636	47102	40367	55673	75574	105020	143383
		进口	1951	3927	1924	11761	28802	30868	27969	47922	48433	44859
	鲜苹果	出口	69146	77512	64543	75936	96560	100648	149425	209773	274407	306313
		进口	2730	3494	2806	10269	11679	17074	22441	23708	29417	25428
	鲜梨	出口	47942	52748	35029	30196	35799	40826	59415	79968	90665	122078
		进口	292	114	2312	624	336	287	258	239	234	52
	鲜葡萄	出口	—	—	—	—	—	—	—	5827	7382	9982
		进口	—	—	—	—	—	—	—	41608	67482	82385
	山竹果	出口	—	—	—	—	—	—	—	—	10	1
		进口	—	—	—	—	—	—	—	—	29764	39547
	鲜榴莲	出口	—	—	—	—	—	—	—	—	1	—
		进口	—	—	—	—	—	—	—	—	52501	47863
	鲜龙眼	出口	—	—	—	—	—	—	—	—	1131	1348
		进口	—	—	—	—	—	—	—	—	69286	73265
坚果	核桃	出口	40297	39341	30287	23679	23278	27693	21927	25842	31043	46112
		进口	39	136	316	55	352	372	1131	1081	2648	3767
	板栗	出口	66120	60435	65249	60913	61311	52196	47236	49989	58461	49803
		进口	3447	1882	760	1345	2848	3625	9096	22454	21813	21993
	松子仁	出口	31987	22866	49092	31419	18660	30468	46420	51334	68896	76324
		进口	16	72	113	2300	607	636	205	36	100	154
	开心果	出口	—	—	—	—	—	—	—	3233	4800	6403
		进口	—	—	—	—	—	—	—	15295	17432	19252
干果	梅干及李干	出口	6681	4140	5032	5798	5141	5240	2332	1488	1568	1073
		进口	38	91	67	175	1410	1745	2573	883	972	591
	龙眼干、肉	出口	6833	4187	4478	1895	1012	731	1013	858	1041	883
		进口	8581	24570	2831	6370	22639	13930	14789	19544	28730	26933
	柿饼	出口	10492	10794	7305	11100	10980	10389	10838	12911	13210	16314
		进口	—	—	—	24	—	23	7	—	11	43
	红枣	出口	12468	8802	8313	6862	6356	6276	7939	9838	10942	11561
		进口	10	9	20	395	—	7	17	1	25	1
	葡萄干	出口	—	—	—	—	—	—	—	10831	18397	21762
		进口	—	—	—	—	—	—	—	9572	14666	15747
果汁	柑橘属果汁	出口	470	1245	3514	2910	3066	3916	3657	3680	3347	3974
		进口	2432	3680	5268	8999	10132	16986	46090	65640	50443	62562
	苹果汁	出口	30040	36040	55952	75560	116385	147671	173066	254178	325345	458169
		进口	210	549	593	297	283	459	372	348	1042	412
其他		出口	2838106	2736215	2392053	2360078	2576822	2614608	2799266	3351253	4029252	4612272
		进口	1031339	1144150	1156792	1259198	1484776	1042493	1581604	3425793	4325028	5282191

说明:

①资料来源:1996～1999年《中国海关统计年鉴》,2000～2005年数据由海关总署信息中心提供;

②木浆中未包括从回收纸与纸板中提取的木浆;

③纸和纸制品中未包括回收纸和纸板及印刷品等;

④将从回收的纸与纸板中提取的纤维桨、回收纸与纸板折算为木制林产品价值的系数为:进口额取0.8,出口额:1996～1999取0.15,2000年取0.18,2001年取0.23,2002～2003年取0.21,2004～2005年取0.22;

⑤将纸和纸制品价值折算为木制林产品价值的系数为:进口额取0.8,出口额:1996～1999年取0.19,2000年取0.22,2001年取0.28,2002～2003年取0.26,2004～2005年取0.27;

⑥将印刷品、手稿、打字稿等的进(出)口额=进(出)口折算量×纸和纸制品的平均价格;

1996~2005 年主要林产品进出口数量(一)

产品			单位	1996	1997	1998	1999	2000	2001	2002	2003	2004	2005
原木	针叶原木	出口	立方米	13558	6025	4330	3708	1135	646	—	417	—	742
		进口	立方米	653038	955363	1486280	4573354	6400661	9142210	15782950	15019747	16003654	18270100
	阔叶原木	出口	立方米	50612	57294	27596	19308	25576	17093	10957	8980	6137	6185
		进口	立方米	2532444	3506948	3336762	5562329	7211085	7721541	8550093	10435720	10304868	11097886
	合计	出口	立方米	64170	63319	31926	23016	26711	17739	10957	9397	6137	6927
		进口	立方米	3185482	4462311	4823042	10135683	13611746	16863751	24333043	25455467	26308522	29367986
锯材		出口	立方米	384064	389640	258081	354591	414336	449748	448337	543013	489331	682072
		进口	立方米	938483	1331473	1690315	2756371	3613693	4034120	5483706	5598051	6051670	6054178
单板		出口	立方米	26899	40625	45060	48495	53430	62324	93120	106626	110498	104091
		进口	立方米	380222	454029	538658	641292	649488	335736	286652	223395	154142	151800
特形材		出口	吨	43509	37379	38224	68745	80277	78006	99850	146197	221247	424922
		进口	吨	12858	15148	34590	24799	11548	13000	23384	22566	11962	13127
刨花板		出口	立方米	10459	16911	10967	16865	26273	24958	51183	67463	130751	95035
		进口	立方米	107613	147860	156329	248146	343773	447559	589686	623999	652594	633972
纤维板		出口	立方米	56141	36975	19779	18577	35308	26815	80338	63556	509945	1376697
		进口	立方米	340132	462826	572401	794880	1014513	1070243	1251646	1394223	1377045	1137113
胶合板		出口	立方米	176834	437703	176876	422542	686991	965361	1792423	2040470	4305484	5583972
		进口	立方米	1775110	1488436	1690636	1042430	1001808	650859	636130	797810	799298	589120
木制品		出口	吨	—	—	—	—	—	—	1300712	1593213	1983984	2009708
		进口	吨	—	—	—	—	—	—	27195	31660	37844	39018
家具		出口	件	39559551	53740664	68081315	78374918	91340898	93611649	117969289	142179765	175777874	211601212
		进口	件	481962	600136	803745	728154	624847	576391	571981	876469	851909	863112
木片		出口	吨	1848712	1948365	1570723	1600959	1854972	1771351	1559915	1137770	1094162	880655
		进口	吨	1259	2060	1522	2835	1202	3596	52271	279741	302680	871274
木浆		出口	吨	11794	16388	13327	1676	12829	5776	4639	3763	1504	20456
		进口	吨	1457572	1529007	2179198	3080230	3294418	4873085	5232622	5988591	7214995	7520149
废纸		出口	吨	—	—	—	—	—	201	143	228	163	30
		进口	吨	—	—	—	—	—	5135287	5498087	7505435	9845481	13628936
纸和纸制品		出口	吨	119835	146108	141244	134646	263340	352519	364822	502386	576634	790907
		进口	吨	4125104	4956593	5023409	5529826	5049529	4693795	5285423	5301144	5100886	4372254
木炭		出口	吨	32688	45612	46842	63429	81540	97690	103759	106615	68141	37497
		进口	吨	603	1047	3153	4952	24852	31279	21839	26654	31066	43013
松香		出口	吨	175945	204693	253925	261060	281420	302279	356308	301173	342888	347455
		进口	吨	1400	1755	1323	1228	1556	836	1136	1924	2152	2345

1996～2005 年主要林产品进出口数量(二)

产品			单位	1996	1997	1998	1999	2000	2001	2002	2003	2004	2005
水果	柑橘属	出口	吨	166128	223122	175458	176291	200271	171240	216847	292034	361385	465623
		进口	吨	6895	13836	5592	29685	61861	67860	58195	76637	66889	61530
	鲜苹果	出口	吨	164976	188443	170255	219196	297651	303558	438738	609052	774131	824050
		进口	吨	7658	11542	8587	27433	25475	39371	56014	41524	37281	33204
	鲜梨	出口	吨	88113	120395	112676	121435	146425	182270	243438	296962	318218	368298
		进口	吨	816	364	8523	1844	633	622	746	689	500	81
	鲜葡萄	出口	吨	—	—	—	—	—	—	—	13433	17800	21257
		进口	吨	—	—	—	—	—	—	—	53412	58887	57490
	山竹果	出口	吨	—	—	—	—	—	—	—	—	2	3
		进口	吨	—	—	—	—	—	—	—	—	30811	35200
	鲜榴莲	出口	吨	—	—	—	—	—	—	—	—	1	—
		进口	吨	—	—	—	—	—	—	—	—	85500	75371
	鲜龙眼	出口	吨	—	—	—	—	—	—	—	—	1547	3251
		进口	吨	—	—	—	—	—	—	—	—	109418	143375
坚果	核桃	出口	吨	34649	32698	26281	23106	21399	24560	18614	22411	25805	32267
		进口	吨	44	144	334	39	789	583	1270	1468	2687	3717
	板栗	出口	吨	32015	29852	36307	31291	30768	27884	29660	32369	37581	37065
		进口	吨	1526	1087	690	1139	2132	3041	5755	9902	13503	13763
	松子仁	出口	吨	5836	1829	4896	4877	3528	6497	7015	6080	9542	11655
		进口	吨	54	161	59	2138	604	668	216	33	70	27
	开心果	出口	吨	—	—	—	—	—	—	—	2177	3572	4992
		进口	吨	—	—	—	—	—	—	—	11435	9473	11965
干果	梅干及李干	出口	吨	5113	3718	5276	5895	4364	5296	3561	2041	1697	663
		进口	吨	40	130	112	334	1629	2647	3834	785	1010	503
	龙眼干、肉	出口	吨	1473	1925	1087	864	261	280	347	292	311	250
		进口	吨	21518	37044	3365	7212	45260	32652	35582	38361	55461	44385
	柿饼	出口	吨	7273	6214	6561	9886	7777	6549	8809	11535	11067	11603
		进口	吨	—	—	—	48	—	16	3	—	21	59
	红枣	出口	吨	8895	7662	9634	10369	11241	9024	12277	17483	15796	13080
		进口	吨	10	35	70	943	—	16	45	1	26	1
	葡萄干	出口	吨	—	—	—	—	—	—	—	7778	12122	13392
		进口	吨	—	—	—	—	—	—	—	7931	10772	11274
果汁	柑橘属果汁	出口	吨	420	1014	2902	2675	2920	3686	3716	4214	3266	3848
		进口	吨	2566	4574	5382	9788	9554	18635	37956	53057	48255	60814
	苹果汁	出口	吨	20579	33685	80580	98700	142315	228394	296568	418235	487139	648463
		进口	吨	415	1078	933	386	531	802	570	478	1344	461

说明：

①资料来源:1996～1999 年《中国海关统计年鉴》,2000～2005 年数据由海关总署信息中心提供;

②表中数据体积与重量按刨花板 650 千克/立方米,单板 750 千克/立方米的标准换算;1995～2003 年按纤维板 700 千克/立方米折算,2004～2005 年纤维板分别按硬质纤维板 950 千克/立方米、中密度纤维板 650 千克/立方米、绝缘板 250 千克/立方米的标准折算;

③木浆中未包括从回收纸和纸板中提取的木浆;

④纸和纸制品中未包括回收的废纸和纸板、印刷品、手稿等;

⑤纸和纸制品进(出)口量按纸和纸产品中木浆比例折算,进口量的折算系数为 0.8,出口量的折算系数:1996～1999 年为 0.15,2000 年为 0.18,2001 年为 0.23,2002～2003 年为 0.21,2004～2005 年为 0.22;

⑥核桃进(出)口量包括未去壳核桃和核桃仁的折算量,其中核桃仁的折算量是以 40% 的出仁率将核桃仁数量折算为未去壳的核桃数量;

⑦柑桔属水果中包括橙、柚、蕉柑、其他柑桔、柠檬酸橙、其他柑桔属水果。

附录六

野生动植物进出口情况

全国野生动植物进出口情况（一）

指标名称					单位	2005 年
一、进出口证明书						
(一)证书核发数量					个	28668
	1. 进口	小计			个	4387
		动物			个	3389
		植物			个	998
	2. 出口	小计			个	18924
		动物			个	2732
		植物			个	16192
	3. 再出口	小计			个	5357
		动物			个	4453
		植物			个	904
(二)作废证书		数量			个	1004
		废证率			%	3.50
(三)海关签注返回证书		数量			个	4175
		返回率			%	14.56
二、物种证明核发总数量					**个**	**28738**
	进口	小计			个	15447
		动物			个	2350
		植物			个	13097
	出口	小计			个	13291
		动物			个	3788
		植物			个	9503
三、进出口管理费					**万元**	**3261**
	进口	小计			万元	260
		动物			万元	182
		植物			万元	78
	出口	小计			万元	3001
		动物			万元	627
		植物			万元	2374
四、进出口贸易额					**万元**	**14113361**
(一)进出口证明书		合计			万元	3064692
		进口	小计		万元	265817
			动物	计	万元	56718
				观赏活体类	万元	2120
				实验类	万元	917
				毛皮类	万元	17340
				食用类	万元	7278
				药用或中成药类	万元	26896
				其他	万元	2168
			植物	计	万元	209099
				观赏类	万元	2093
				食用类	万元	208
				用材类	万元	1415
				药用或中成药类	万元	8562
				其他	万元	196821

全国野生动植物进出口情况(二)

指标名称				单位	2005 年
(一)进出口证明书	出口	小计		万元	2718455
		动物	计	万元	126430
			观赏活体类	万元	258
			实验类	万元	18735
			毛皮类	万元	823
			食用类	万元	61665
			药用或中成药类	万元	19450
			其他	万元	25499
		植物	计	万元	2592025
			观赏类	万元	4259
			食用类	万元	79811
			用材类	万元	271
			药用或中成药类	万元	6996
			其他	万元	2500689
	再出口	小计		万元	80419
		动物	计	万元	38832
			观赏活体类	万元	1
			实验类	万元	—
			毛皮类	万元	32028
			食用类	万元	4217
			药用或中成药类	万元	1287
			其他	万元	1299
		植物	计	万元	41587
			观赏类	万元	246
			食用类	万元	23166
			用材类	万元	1449
			药用或中成药类	万元	16726
			其他	万元	—
(二)物种证明	合计			万元	11048669
	进口	小计		万元	10159234
		动物		万元	357659
		植物		万元	9801575
	出口	小计		万元	889435
		动物		万元	310347
		植物		万元	579088

各办事处野生动植物

单位	进出口证明书核发数量(份)											
	合计	进口			出口			再出口			作废证书	
		小计	动物	植物	小计	动物	植物	小计	动物	植物	数量	废证率(%)
总计	**28668**	**4387**	**3389**	**998**	**18924**	**2732**	**16192**	**5357**	**4453**	**904**	**1004**	**3.50**
国家濒管办	105	21	7	14	67	51	16	17	—	17	7	6.00
濒管办北京办事处	1275	295	278	17	961	618	343	19	19	—	38	3.00
濒管办天津办事处	1267	244	98	146	789	425	364	234	217	17	88	6.90
濒管办石家庄办事处	—	—	—	—	—	—	—	—	—	—	—	—0.00
濒管办呼和浩特办事处	—	—	—	—	—	—	—	—	—	—	—	—
濒管办沈阳办事处	3076	171	160	11	2521	66	2455	384	67	317	15	0.05
濒管办哈尔滨办事处	328	18	18	—	235	89	146	75	—	75	—	—
濒管办上海办事处	1254	476	410	66	502	373	129	276	162	114	74	5.90
濒管办杭州办事处	23	7	1	6	16	3	13	—	—	—	—	—
濒管办福州办事处	854	104	101	3	627	46	581	123	100	23	90	10.50
濒管办济南办事处	—	—	—	—	—	—	—	—	—	—	—	—
濒管办广州办事处	9123	2934	2305	629	2002	1021	981	4187	3886	301	345	3.78
濒管办南宁办事处	4	2	2	—	—	—	—	2	2	—	—	—
濒管办海口办事处	25	25	4	21	—	—	—	—	—	—	—	—
濒管办成都办事处	3366	18	4	14	3308	9	3299	40	—	40	150	4.45
濒管办昆明办事处	7782	71	—	71	7711	28	7683	—	—	—	166	2.13
濒管办拉萨办事处	182	—	—	—	182	—	182	—	—	—	31	17.00
濒管办乌鲁木齐办事处	4	1	1	—	3	3	—	—	—	—	—	—

注：石家庄、呼和浩特、杭州、济南、南宁、海口、拉萨和乌鲁木齐 8 个办事处于 2005 年 8 月份开始授权办理进出口证明书，

进出口情况(一)

		物种证明核发数量(份)							进出口管理费(万元)						
海签注返回证书		合计	进口			出口			合计	进口			出口		
数量	返回率(%)		小计	动物	植物	小计	动物	植物		小计	动物	植物	小计	动物	植物
4175	**14.56**	**28738**	**15447**	**2350**	**13097**	**13291**	**3788**	**9503**	**3261**	**260**	**182**	**78**	**3002**	**627**	**2375**
4	3.80	—	—	—	—	—	—	—	36	2	2	—	35	35	—
73	5.72	631	355	123	232	276	57	219	266	23	19	3	244	210	34
669	52.80	1270	518	17	501	752	150	602	465	16	10	6	449	19	430
—	—	957	162	52	110	795	461	334	—	—	—	—	—	—	—
—	—	568	90	34	56	478	6	472	—	—	—	—	—	—	—
653	21.22	3228	721	232	489	2507	322	2185	417	9	9	—	408	32	375
4	1.21	1461	311	9	302	1150	—	1150	67	4	4	—	62	1	61
735	58.61	5425	3737	308	3429	1688	617	1071	117	73	59	13	45	33	12
—	—	5230	3858	457	3401	1372	613	759	10	2	1	2	7	7	—
64	0.46	1131	732	252	480	399	45	354	79	6	—	6	72	65	7
—	—	666	401	118	283	265	47	218	—	—	—	—	—	—	—
1905	20.88	5745	3527	649	2878	2218	1358	860	302	108	76	31	195	171	24
—	—	401	202	26	176	199	35	164	0.28	0.28	0.28	—	—	—	—
—	—	142	105	60	45	37	9	28	1	1	1	—	—	—	—
68	2.00	816	25	2	23	791	23	768	568	7	—	7	562	1	561
—	—	930	581	10	571	349	43	306	924	10	—	10	915	53	861
—	—	33	28	—	28	5	—	5	9	—	—	—	9	—	9
—	—	104	94	1	93	10	2	8	—	—	—	—	—	—	—

因此办理证书量很小。

各办事处野生动植物

单位	进出口									
	总计	进出口证明书								
		合计	进口							
			小计	动物						
				计	观赏活体类	实验类	毛皮类	食用类	药用或中成药类	其他
总计	**14113359**	**3064691**	**265817**	**56718**	**2120**	**917**	**17340**	**7278**	**26896**	**2168**
国家濒管办	11991	11991	1520	66	66	—	—	—	—	—
濒管办北京办事处	30601	15718	3105	2577	412	—	1543	206	—	415
濒管办天津办事处	75686	23395	1942	1054	431	—	508	32	49	34
濒管办石家庄办事处	76600	—	—	—	—	—	—	—	—	—
濒管办呼和浩特办事处	552349	—	—	—	—	—	—	—	—	—
濒管办沈阳办事处	216108	35964	2776	2760	662	—	238	—	1846	13
濒管办哈尔滨办事处	654742	8599	265	265	265	—	—	—	—	—
濒管办上海办事处	3300641	13286	6701	4767	4	—	3843	269	20	632
濒管办杭州办事处	3008183	2716898	193276	40	—	—	—	—	—	40
濒管办福州办事处	75813	13176	1209	808	—	—	106	590	—	112
濒管办济南办事处	441732	—	—	—	—	—	—	—	—	—
濒管办广州办事处	1974885	168020	52933	44298	280	861	11093	6181	24980	903
濒管办南宁办事处	87941	20	18	18	—	—	—	—	—	18
濒管办海口办事处	27531	14	14	4	—	—	4	—	—	—
濒管办成都办事处	130419	25349	1356	5	—	—	5	—	—	—
濒管办昆明办事处	3436025	31796	645	—	—	—	—	—	—	—
濒管办拉萨办事处	1070	312	—	—	—	—	—	—	—	—
濒管办乌鲁木齐办事处	11042	152	56	56	—	56	—	—	—	—

进出口情况(二)

贸　易　额													
贸易额(万元)													
						出　口							
植物						小计	动物						
计	观赏类	食用类	用材类	药用或中成药类	其他		计	观赏活体类	实验类	毛皮类	食用类	药用或中成药类	其他
209099	**2093**	**208**	**1415**	**8562**	**196821**	**2718455**	**126430**	**258**	**18735**	**823**	**61665**	**19450**	**25499**
1454	—	—	—	1454	—	585	583	—	—	240	336	—	8
528	71	13	—	444	—	12309	11198	11	6715	79	0	2644	1749
888	701	—	124	63	—	19474	4500	94	—	203	10	4193	—
—	—	—	—	—	—	—	—	—	—	—	—	—	—
—	—	—	—	—	—	—	—	—	—	—	—	—	—
17	17	—	—	—	—	15146	1416	—	—	—	—	1380	36
—	—	—	—	—	—	2059	66	30	—	—	—	35	1
1933	152	—	554	1224	3	2032	1310	—	362	17	707	117	108
193236	—	—	—	—	193236	2523622	23464	—	—	—	—	—	23464
401	7	—	—	394	—	11563	10969	—	—	206	—	10763	—
—	—	—	—	—	—	—	—	—	—	—	—	—	—
8634	972	195	737	3331	3400	76911	71318	83	10317	77	60613	222	6
—	—	—	—	—	—	—	—	—	—	—	—	—	—
10	—	—	—	8	2	—	—	—	—	—	—	—	
1351	2	—	—	1349	—	23195	40	40	—	—	—	—	1
645	169	—	—	296	180	31151	1468	—	1341	—	—	—	127
—	—	—	—	—	—	312	—	—	—	—	—	—	—
—	—	—	—	—	—	96	96	—	—	—	—	96	—

各办事处野生动植物

单位	进出口								
	进出口证明书								
	出口								
	植物						小计		
	计	观赏类	食用类	用材类	药用或中成药类	其他		计	观赏活体类
总计	**2592025**	**4259**	**79811**	**271**	**6996**	**2500689**	**80419**	**38832**	**1**
国家濒管办	1	1	—	—	—	—	9886	—	—
濒管办北京办事处	1111	225	407	—	478	—	302	302	1
濒管办天津办事处	14974	723	13418	—	768	65	1979	533	—
濒管办石家庄办事处	—	—	—	—	—	—	—	—	—
濒管办呼和浩特办事处	—	—	—	—	—	—	—	—	—
濒管办沈阳办事处	13730	71	13351	35	273	—	18042	1047	—
濒管办哈尔滨办事处	1993	—	1757	236	—	—	6275	—	—
濒管办上海办事处	721	459	134	—	128	—	4554	2109	—
濒管办杭州办事处	2500158	—	—	—	—	2500158	—	—	—
濒管办福州办事处	594	402	44	—	147	—	404	242	—
濒管办济南办事处	—	—	—	—	—	—	—	—	—
濒管办广州办事处	5594	1214	9	—	4217	154	38176	34600	—
濒管办南宁办事处	—	—	—	—	—	—	2	2	—
濒管办海口办事处	—	—	—	—	—	—	—	—	—
濒管办成都办事处	23155	830	21366	—	959	—	798	—	—
濒管办昆明办事处	29683	332	29325	—	25	—	—	—	—
濒管办拉萨办事处	312	—	—	—	—	312	—	—	—
濒管办乌鲁木齐办事处	—	—	—	—	—	—	—	—	—

进出口情况(三)

贸易额										
贸易额(万元)										
再出口										
动物					植物					
实验类	毛皮类	食用类	药用或中成药类	其他	计	观赏类	食用类	用材类	药用或中成药类	其他
—	**32028**	**4217**	**1287**	**1299**	**41587**	**246**	**23166**	**1449**	**16726**	**—**
—	—	—	—	—	9886	72	—	—	9814	—
—	301	—	—	—	—	—	—	—	—	—
—	527	—	—	5	1447	—	—	—	1447	—
—	—	—	—	—	—	—	—	—	—	—
—	—	—	—	—	—	—	—	—	—	—
—	—	37	908	103	16995	138	16856	—	—	—
—	—	—	—	—	6275	—	6275	—	—	—
—	876	205	371	656	2445	—	—	1144	1301	—
—	—	—	—	—	—	—	—	—	—	—
—	101	—	—	141	161	18	—	11	133	—
—	—	—	—	—	—	—	—	—	—	—
—	30222	3975	8	392	3579	—	35	294	3250	—
—	—	—	—	2	—	—	—	—	—	—
—	—	—	—	—	—	—	—	—	—	—
—	—	—	—	—	798	17	—	—	781	—
—	—	—	—	—	—	—	—	—	—	—
—	—	—	—	—	—	—	—	—	—	—
—	—	—	—	—	—	—	—	—	—	—

各办事处野生动植物进出口情况(四)

单位	进出口贸易额						
	物种证明书贸易额(万元)						
	合计	进口			出口		
		小计	动物	植物	小计	动物	植物
总计	**11048668**	**10159234**	**357659**	**9801575**	**889434**	**310347**	**579088**
国家濒管办	—	—	—	—	—	—	—
濒管办北京办事处	14884	13545	2858	10688	1338	158	1180
濒管办天津办事处	52290	30909	339	30570	21382	561	20821
濒管办石家庄办事处	76600	10697	10217	480	65903	60935	4968
濒管办呼和浩特办事处	552349	475146	801	474346	77203	61	77142
濒管办沈阳办事处	180144	69202	4359	64843	110942	3771	107171
濒管办哈尔滨办事处	646143	619573	378	619195	26570	—	26570
濒管办上海办事处	3287355	3205901	7598	3198303	81454	16865	64589
濒管办杭州办事处	291285	261388	8971	252417	29896	15886	14009
濒管办福州办事处	62637	50476	1564	48912	12161	2420	9741
濒管办济南办事处	441732	282082	12480	269602	159650	129393	30257
濒管办广州办事处	1806865	1662848	288136	1374713	144017	70026	73991
濒管办南宁办事处	87921	43271	1060	42211	44650	1109	43541
濒管办海口办事处	27517	18629	7589	11040	8888	8489	399
濒管办成都办事处	105070	4103	14	4088	100967	7	100961
濒管办昆明办事处	3404229	3399990	11255	3388734	4239	666	3573
濒管办拉萨办事处	758	660	—	660	98	—	98
濒管办乌鲁木齐办事处	10889	10813	40	10772	76	—	76

附录七

世界主要国家林业情况

2000 年世界主要国家森林面积及变化

国家(地区)	土地面积(千公顷)	2000 年森林总面积				1990~2000 年森林覆盖率变化	
		面积(千公顷)	占土地面积的百分比(%)	人均面积(公顷)	人工林面积(千公顷)	年变化量(千公顷)	年变化率(%)
世界合计	**13063900**	**3869455**	**29.6**	**0.6**	**186733**	**-9391**	**-0.2**
非洲合计	**2978394**	**649866**	**21.8**	**0.8**	**8036**	**-5262**	**-0.8**
中　非	62297	22907	36.8	6.5	4	-30	-0.1
刚果民主共和国	34150	22060	64.6	7.7	83	-17	-0.1
加　蓬	25767	21826	84.7	18.2	36	-10	n.s.
苏　丹	237600	61627	25.9	2.1	641	-959	-1.4
亚洲合计	**3084746**	**547793**	**17.8**	**0.2**	**115847**	**-364**	**-0.1**
印度尼西亚	181157	104986	58	0.5	9871	-1312	-1.2
日　本	37652	24081	64	0.2	10682	3	n.s.
老　挝	23080	12561	54.4	2.4	54	-53	-0.4
马来西亚	32855	19292	58.7	0.9	1750	-237	-1.2
蒙　古	156650	10645	6.8	4.1	—	-60	-0.5
缅　甸	65755	34419	52.3	0.8	821	-517	-1.4
韩　国	9873	6248	63.3	0.1	—	-5	-0.1
泰　国	51089	14762	28.9	0.2	4920	-112	-0.7
越　南	32550	9819	30.2	0.1	1711	52	0.5
欧洲合计	**2259957**	**1039251**	**46**	**1.4**	**32015**	**881**	**0.1**
芬　兰	30459	21935	72	4.2	—	8	n.s.
法　国	55010	15341	27.9	0.3	961	62	0.4
德　国	34927	10740	30.7	0.1	—	n.s.	n.s.
意大利	29406	10003	34	0.2	133	30	0.3
俄罗斯	1688851	851392	50.4	5.8	17340	135	n.s.
西班牙	49945	14370	28.8	0.4	1904	86	0.6
瑞　典	41162	27134	65.9	3.1	569	1	n.s.
中北美洲合计	**2136966**	**549304**	**25.7**	**1.1**	**17533**	**-570**	**-0.1**
加拿大	922097	244571	26.5	7.9	—	n.s.	n.s.
墨西哥	190869	55205	28.9	0.6	267	-631	-1.1
美　国	915895	225993	24.7	0.8	16238	388	0.2
大洋洲合计	**849096**	**197623**	**23.3**	**6.6**	**2848**	**-365**	**-0.2**
澳大利亚	768230	154539	20.1	8.3	1043	-282	-0.2
新西兰	26799	7946	29.7	2.1	1542	39	0.5
巴布亚新几内亚	45239	30601	67.6	6.5	90	-113	-0.4
南美洲合计	**1754741**	**885618**	**50.5**	**2.6**	**10455**	**-3711**	**-0.4**
巴　西	845651	543905	64.3	3.2	4982	-2309	-0.4
智　利	74881	15536	20.7	1.0	2017	-20	-0.1
哥伦比亚	103871	49601	47.8	1.2	141	-190	-0.4
苏里南	15600	14113	90.5	34.0	13	n.s.	n.s.
委内瑞拉	88206	49506	56.1	2.1	863	-218	-0.4

说明:1. 资料来源为联合国粮食及农业组织《2005 世界森林状况》;

2. n.s. 指数值太小,可以忽略不计。

2000年世界主要国家林产品产量、贸易量和消费量(一)

国家/地区	工业原木(千立方米)				锯　材(千立方米)			
	产　量	进口量	出口量	消费量	产　量	进口量	出口量	消费量
世界总计	**1587715**	**122996**	**115523**	**1595188**	**390918**	**115924**	**118481**	**388361**
非洲合计	**66785**	**361**	**5481**	**61665**	**7761**	**4083**	**1920**	**9924**
喀麦隆	1270	—	219	1051	800	—	795	5
加蓬	2584	—	2500	84	117	—	103	14
尼日利亚	9418	1	4	9415	2000	1	—	2001
南非	18616	1	386	18231	1498	380	—	1878
亚洲合计	**222563**	**51346**	**8034**	**265875**	**61157**	**24205**	**8136**	**77226**
印度尼西亚	32997	180	502	32675	6500	144	2016	4628
日本	15092	12662	4	27750	14402	8584	22	22964
马来西亚	17913	414	5176	13151	4594	657	2550	2701
蒙古	445	7	1	451	300	2	3	299
缅甸	5539	—	877	4662	381	—	269	112
菲律宾	3079	434	1	3512	154	401	91	464
韩国	1592	7657	—	9249	5194	848	14	6028
泰国	7800	688	—	8488	288	1924	1558	654
越南	4183	54	15	4222	2950	207	15	3142
欧洲合计	**480118**	**57053**	**71936**	**465235**	**127844**	**45119**	**58928**	**114035**
芬兰	48529	12586	404	60711	13390	257	8187	5460
法国	33500	1934	3916	31518	10540	3287	1406	12421
德国	37755	2459	4427	35787	16879	4862	4439	17302
意大利	3222	5277	16	8483	1605	7857	187	9275
俄罗斯	125400	796	36546	89650	19200	16	9020	10196
瑞典	61600	9543	1747	69396	16560	439	11476	5523
中北美洲合计	**615136**	**14180**	**15956**	**613360**	**152281**	**41369**	**42242**	**151408**
加拿大	197373	7458	4905	199926	57641	1488	37357	21772
墨西哥	7420	48	8	7460	3387	1473	44	4816
美国	404735	6618	11001	400352	89151	37416	4520	122047
大洋洲合计	**49644**	**12**	**11446**	**38210**	**8691**	**849**	**2114**	**7426**
澳大利亚	24322	2	1325	22999	4119	736	233	4622
新西兰	22613	5	7859	14759	4352	36	1834	2554
巴布亚新几内亚	1708	—	1858	—	70	—	28	42
南美洲合计	**153469**	**43**	**2670**	**150842**	**33183**	**299**	**5142**	**28340**
巴西	102994	18	885	102127	21200	139	2009	19330
智利	25491	—	512	24979	6439	36	2311	4164

说明:资料来源为联合国粮食及农业组织《2005 世界森林状况》

2000 年世界主要国家林产品产量、贸易量和消费量(二)

国家/地区	人造板(千立方米)				纸　浆(千吨)				纸和纸板(千吨)			
	产 量	进口量	出口量	消费量	产 量	进口量	出口量	消费量	产 量	进口量	出口量	消费量
世界总计	**195359**	**65937**	**63953**	**197343**	**184715**	**39067**	**38418**	**185364**	**324649**	**95000**	**95425**	**324224**
非洲合计	**2254**	**727**	**809**	**2172**	**2550**	**277**	**501**	**2326**	**3277**	**1693**	**689**	**4281**
喀麦隆	98	—	74	24	—	1	—	1	—	38	—	38
加蓬	251	—	165	86	—	—	—	—	—	6	—	6
尼日利亚	95	74	—	169	23	17	—	40	19	182	2	199
南非	476	99	101	474	1903	63	223	1743	2267	166	613	1820
亚洲合计	**58768**	**19184**	**16147**	**61805**	**40325**	**12911**	**2720**	**50516**	**97823**	**20505**	**11225**	**107103**
印度尼西亚	12635	129	5997	6767	5587	599	2244	3942	6995	262	2348	4909
日本	4893	6342	44	11191	10663	2428	107	12984	30686	1805	665	31826
马来西亚	6803	293	5639	1457	124	60	—	184	851	1107	149	1809
蒙古	2	4	1	5	—	—	—	—	—	5	—	5
缅甸	20	4	79	—	47	—	—	47	42	52	—	94
菲律宾	620	227	25	822	202	44	—	246	1056	571	171	1456
韩国	3513	3349	101	6761	587	2521	—	3108	9812	784	2430	8166
泰国	705	53	1019	—	999	356	191	1164	2444	259	787	1916
越南	40	42	9	73	314	33	—	347	384	140	2	522
欧洲合计	**63275**	**24634**	**27821**	**60088**	**47008**	**17191**	**12289**	**51910**	**102039**	**47163**	**58401**	**90801**
芬兰	1860	261	1500	621	11729	96	2114	9711	12776	383	11487	1672
法国	5593	1608	270	6931	2561	2224	487	4298	9798	5885	4754	10929
德国	13758	3587	5410	11935	2148	4125	486	5787	18526	9293	9732	18087
意大利	5520	1896	1142	6274	588	3464	18	4034	9273	3501	1047	11727
俄罗斯	5636	646	1583	5832	6284	42	1788	4538	5915	602	2441	4076
瑞典	850	676	231	1295	11740	379	3280	8839	10724	652	8934	2442
中北美洲合计	**57534**	**20580**	**14249**	**63865**	**78910**	**7533**	**17156**	**69287**	**106463**	**21757**	**22738**	**105482**
加拿大	16215	1823	12058	5980	25543	271	11640	14174	20226	2851	14276	8801
墨西哥	518	690	36	1172	385	642	37	990	4056	1681	165	5572
美国	40516	17635	2061	56090	52914	6579	5477	54016	81792	15941	8225	89508
大洋洲合计	**3940**	**416**	**1872**	**2484**	**4383**	**324**	**763**	**3944**	**3522**	**1768**	**1128**	**4162**
澳大利亚	1903	371	878	1396	2832	310	2	3140	2645	1289	622	3312
新西兰	1948	19	949	1018	1551	11	761	801	877	358	505	730
巴布五新几内亚	79	1	39	40	—	—	—	—	—	16	—	16
南美洲合计	**9588**	**396**	**3054**	**6930**	**11539**	**830**	**4990**	**7379**	**11524**	**2114**	**1244**	**12394**
巴西	6283	153	1760	4676	7390	422	2579	5233	7354	509	452	7411
智利	1543	—	607	936	2687	29	2152	564	1177	318	402	1093